概率论与数理统计

李荣华　丁永臻　陈晓林　主编

中国石油大学出版社
CHINA UNIVERSITY OF PETROLEUM PRESS

图书在版编目(CIP)数据

概率论与数理统计/李荣华,丁永臻,陈晓林主编.—东营:中国石油大学出版社,2018.4

ISBN 978-7-5636-5561-8

Ⅰ.①概… Ⅱ.①李… ②丁… ③陈… Ⅲ.①概率论－高等学校－教材②数理统计－高等学校－教材 Ⅳ.①O21

中国版本图书馆 CIP 数据核字(2018)第 072327 号

中国石油大学(华东)规划教材

书　　名:概率论与数理统计

作　　者:李荣华　丁永臻　陈晓林

责任编辑:张　廉(电话　0532—86981531)

封面设计:青岛友一广告传媒有限公司

出 版 者:中国石油大学出版社

(地址:山东省青岛市黄岛区长江西路 66 号　邮编:266580)

网　　址:http://www.uppbook.com.cn

电子邮箱:shiyoujiaoyu@126.com

排 版 者:青岛汇英栋梁文化传媒有限公司

印 刷 者:山东省东营市新华印刷厂

发 行 者:中国石油大学出版社(电话　0532—86981531,86983437)

开　　本:185 mm×260 mm

印　　张:25

字　　数:605 千

版 印 次:2018 年 5 月第 1 版　2018 年 5 月第 1 次印刷

书　　号:ISBN 978-7-5636-5561-8

印　　数:1—1 000 册

定　　价:50.00 元

概率论与数理统计是数学与应用数学、信息与计算科学、统计学等专业的学科基础课，也是全国硕士研究生入学考试的必考内容。鉴于概率论与数理统计的研究对象(随机现象)深奥抽象，研究方法新颖独特，概念抽象难懂，为便于读者学习概率论与数理统计内容，编者结合自己多年来的教学经验以及教学实际情况编写了本书，力求基本概念注释化、理论知识实用化、习题实战化。

基本概念注释化是指在给出基本概念后，从不同角度以注释形式加深理解基本概念的本质。例如在阐述两个随机变量的独立性时，编者给出了9条注释。通过这9条注释，可以让读者对两个随机变量的独立性有更深刻、更全面的理解。

理论知识实用化是指：① 淡化理论定理的证明，强化概率论与数理统计基本概念和基本方法的应用。例如在讲独立同分布的中心极限定理时，虽然书中是利用特征函数来证明定理的结论，但着重强调的是它的思想和方法。② 结合现代教育技术 Matlab 语言，实现一些例题的计算、数值的模拟、图形的输出，使读者体会到概率论与数理统计的抽象知识与计算机技术的完美结合。例如在第二章，利用常用 Matlab 函数计算所要求的概率。③ 与金融数学结合，阐述概率论与数理统计基本知识在金融领域中的应用。例如在第二章，结合随机变量阐述期权定价的两种方法；在第四章，结合期望和方差阐述金融数学中的均值方差投资组合理论。

习题实战化是指：① 每章后面的部分习题来源于全国硕士研究生入学考试试题。② 设置很多结合金融数学的习题。

本书建议计划学时为120学时。本书能够出版首先感谢中国石油大学(华东)理学院和应用数学系老师的热情鼓励和帮助；其次感谢中国石油大学(华东)教务处各位领导的大力支持；最后，感谢李元教授和王子亭教授的宝贵意见及建议。

本书前四章由李荣华编写，第六至第九章由丁永臻编写，第五章和第十章由陈晓林编写。全书由李荣华统稿。

鉴于编者水平有限，不当之处在所难免，敬请各位读者批评指正。

2017年7月14日

目
录
Contents

第1章 随机事件及其概率

本章从概率论与数理统计的研究对象——随机现象——出发，运用集合论的观点，建立随机事件的基本概念，给出概率的公理化定义和性质，讨论概率的几种确定方法，进而建立随机现象的数学模型(即概率空间)，最后介绍条件概率和独立性这两个概率论中极其重要的概念及其应用.

1.1 随机事件

1.1.1 随机试验

在自然界和人类社会活动中，人们会遇到各种各样的现象. 通过对各种各样的现象进行分析，人们发现所观察到的现象可以分为两类：一类是必然发生的现象，即在一定条件下肯定发生(或出现)的现象，称为确定性现象(Deterministic Phenomenon). 例如，在地球上，在一个标准大气压($1\ \text{atm}=1.01\times10^5\ \text{Pa}$)下，水加热到 100 ℃时必然沸腾；一个盒中有 10 只次品，从中任取一只必然为次品；在地球上，一枚硬币上抛后必然下落，等等. 另一类是可能发生也可能不发生的现象，即在一定条件下可能出现不同结果的现象，称为随机现象(Random Phenomenon). 例如，向上抛掷一枚硬币，其下落后可能正面朝上，也可能反面朝上；购买一张彩票可能中奖，也可能不中奖，等等. 概率论与数理统计就是一门从数量方面研究随机现象及其统计规律性的学科.

通过分析，人们不难发现随机现象有两个特点：① 结果不止一个；② 人们事先不知道哪一个结果会出现. 为了研究随机现象，将在相同条件下能重复进行的随机现象称为随机试验(Random Experiment)，简称试验(Experiment)，用大写字母 E 表示. 本书后面提到的试验均为随机试验. 随机试验具有以下 3 个特点.

(1) 可观测性：试验的结果不止一个，且所有的结果在事先都是已知的.

(2) 不确定性：在试验之前不能肯定哪一个结果会出现，但可以肯定会出现上述可能结果中的一个.

(3) 可重复性：试验可以在相同的条件下重复进行.

例 1.1.1 以下是随机试验的几个例子.

E_1：向上抛掷一枚均匀硬币，观察其正反面(正面用 H 表示，反面用 T 表示).

E_2:将一枚均匀硬币连续抛掷两次,观察其正面、反面出现的情况.

E_3:投掷一颗均匀骰子,观察其向上出现的点数.

E_4:记录一天内进入某大超市的顾客数量.

E_5:从一批某种型号的电视机中任取一台,测试其寿命.

注 有很多随机现象是不能重复的.例如,某场球赛的输赢,某些经济现象(如失业、经济增长速度等)等.概率论与数理统计也研究不能重复的随机现象及其统计规律性.

1.1.2 样本空间

由于随机试验具有可观测性,因此,任何一个随机试验 E 的所有可能结果都是已知的.为此,将随机试验 E 的所有可能结果组成的集合称为试验 E 的样本空间(Sample Space),用 Ω 表示.Ω 中的元素,即 E 的每一个可能试验结果,称为试验 E 的样本点(Sample Point).样本点一般用 ω 表示,于是有 $\Omega=\{\omega\}$.

例 1.1.2 以例 1.1.1 为条件,记随机试验 E_k 的样本空间为 Ω_k $(k=1,2,3,4,5)$,则容易得到:

Ω_1="随机试验 E_1 的所有可能的结果"$=\{H,T\}$;

Ω_2="随机试验 E_2 的所有可能的结果"$=\{HH,HT,TH,TT\}$;

Ω_3="随机试验 E_3 的所有可能的结果"$=\{1,2,3,4,5,6\}$;

Ω_4="随机试验 E_4 的所有可能的结果"$=\{0,1,2,3,\cdots\}=\{n\,|\,n\geqslant 0,n\in\mathbf{N}\}$;

Ω_5="随机试验 E_5 的所有可能的结果"$=\{t\,|\,t\geqslant 0,t\in\mathbf{R}\}$.

值得注意的是:

(1) 样本空间的元素可以是数,也可以不是数.

(2) 样本空间的元素至少有两个.

(3) 样本空间按照所含样本点个数的多少分为离散样本空间和连续样本空间.只含有限或可列个样本点的样本空间称为离散样本空间(Discrete Sample Space),例如 $\Omega_1\sim\Omega_4$;含不可列个样本点的样本空间称为连续样本空间(Continuous Sample Space),例如 Ω_5.在数学处理上,两者有本质差别.

(4) 建立样本空间是建立随机现象数学模型的开始.一个抽象的样本空间可以概括许多内容不同的实际问题.例如 Ω_1 是只包含两个样本点的样本空间,但它既可以作为抛掷硬币出现正面或反面的模型,也可作为产品检验中产品合格与不合格的模型,还可用于公共事业排队现象中有人排队与无人排队的模型,以及作为气象预报中下雨与不下雨的模型,等等.这说明尽管问题的实际内容不同,但有时却能归结为相同的概率模型.因此,常以抛掷硬币、摸球等这样一些既典型又形象且易于理解的例子阐明一些问题,使问题的阐述更明确,问题的本质更突出.

1.1.3 随机事件

随机试验 E 的样本空间 Ω 的(某些)子集称为随机试验 E 的随机事件(Random Event),简称事件(Event),通常用大写字母 $A,B,C,\cdots$ 表示.随机事件有 4 种表示方法:文字叙述法、元素陈列法、维恩图法和随机变量法.样本空间 Ω 中的哪些子集称为随机事件?1.1.6 中将给出严格的定义.一般地,一次随机试验中可能出现(发生)的结果,就是一个随机事件. 例如投掷骰子试验中,A=“向上的点数为1”=$\{1\}$,B=“向上的点数为偶数”=$\{2,4,6\}$. 设A是随机事件,则当且仅当A中的样本点至少有一个出现(发生)时,随机事件A在试验中发生.

特别地,由一个样本点组成的单点集合称为基本事件(Elementary Event). 例如,试验E_1有两个基本事件$\{H\}$和$\{T\}$;试验E_4有无穷多个基本事件$\{0\},\{1\},\{2\},\cdots$. 由两个及两个以上样本点组成的多点集合称为复合事件(Compound Event).

将每次试验中都必然发生的事件称为必然事件(Certain Event),将任一次试验中都不可能发生的事件称为不可能事件(Impossible Event). 这两个事件没有随机性,但为了研究方便,把它们看成随机事件的两个极端情形:最大的事件和最小的事件,分别用样本空间的符号Ω和空集的符号$\varnothing$来表示. 例如,在投掷一颗均匀骰子的试验中,Ω=“点数不大于6”是必然事件,$\varnothing$=“点数大于6”是不可能事件. 样本空间和事件可用维恩(Venn)图表示,如图1.1.1所示.

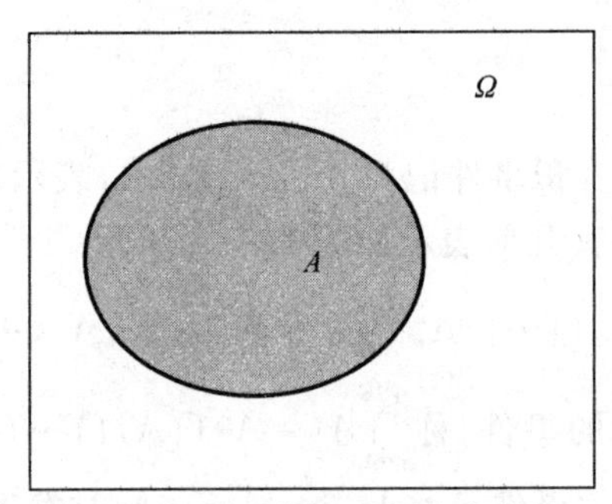

图1.1.1 样本空间和事件

1.1.4 事件间的关系与运算

按照事件的定义,事件与集合间可以建立起一一对应关系,因此事件间的关系和运算就可按照集合论中集合间的关系和运算处理.

设Ω为试验E的样本空间,$A,B,A_k(k=1,2,\cdots)$是试验E的随机事件,也是Ω的子集.

1. 包含关系(Inclusion)

如果事件A中的样本点都属于事件B,则称事件B包含事件A,或称事件A是事件B的子事件,记为$A\subset B$或者$B\supset A$,其含义是事件A发生必然导致事件B发生,其几何表示如图1.1.2所示.

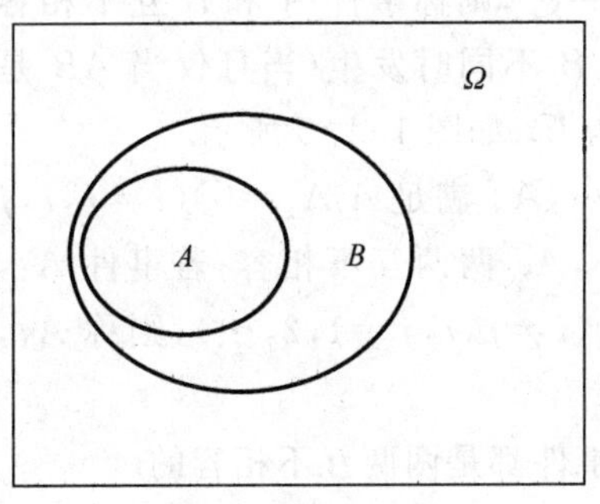

图1.1.2 $A\subset B$

2. 相等关系(Equivalence)

若事件 A 的样本点都属于事件 B,且事件 B 的样本点都属于事件 A,即 $A\subset B$ 且 $B\subset A$,则称事件 A 与事件 B 相等,记为 $A=B$. 直观地说,$A=B$ 即 A,B 中含有相同的样本点.

3. 并事件(Union)

事件 A 和 B 的并事件记为 $A\cup B$,表示事件 A 和事件 B 至少有一个发生. 显然,当且仅当事件 A 发生或者事件 B 发生(当且仅当事件 A 与事件 B 至少有一个发生)时,事件 $A\cup B$ 发生. $A\cup B=\{\omega\mid\omega\in A$ 或者 $\omega\in B\}$,其几何表示如图 1. 1. 3 所示.

类似地,称 $\bigcup\limits_{i=1}^{n}A_i=A_1\cup A_2\cup\cdots\cup A_n$ 为 n 个事件 $A_1,A_2,\cdots,A_n$ 的并事件,它表示事件 $A_1,A_2,\cdots,A_n$ 中至少有一个发生构成的事件;称 $\bigcup\limits_{i=1}^{+\infty}A_i=A_1\cup A_2\cup\cdots\cup A_n\cup\cdots$ 为可列个事件 $A_1,A_2,\cdots,A_n,\cdots$ 的并事件,它表示事件 $A_1,A_2,\cdots,A_n,\cdots$ 中至少有一个发生构成的事件.

4. 交事件(Intersection)

事件 A 和 B 的交事件或者积事件记为 $A\cap B$ 或 AB,表示事件 A 与 B 同时发生. 显然 $A\cap B=\{\omega\mid\omega\in A$ 且 $\omega\in B\}$,其几何表示如图 1. 1. 4 所示.

类似地,称 $\bigcap\limits_{i=1}^{n}A_i=A_1\cap A_2\cap\cdots\cap A_n$ 为 n 个事件 $A_1,A_2,\cdots,A_n$ 的交事件,它表示事件 $A_1,A_2,\cdots,A_n$ 同时发生构成的事件;称 $\bigcap\limits_{i=1}^{+\infty}A_i=A_1\cap A_2\cap\cdots\cap A_n\cap\cdots$ 为可列个事件 A_1, $A_2,\cdots,A_n,\cdots$ 的交事件,它表示事件 $A_1,A_2,\cdots,A_n,\cdots$ 同时发生构成的事件.

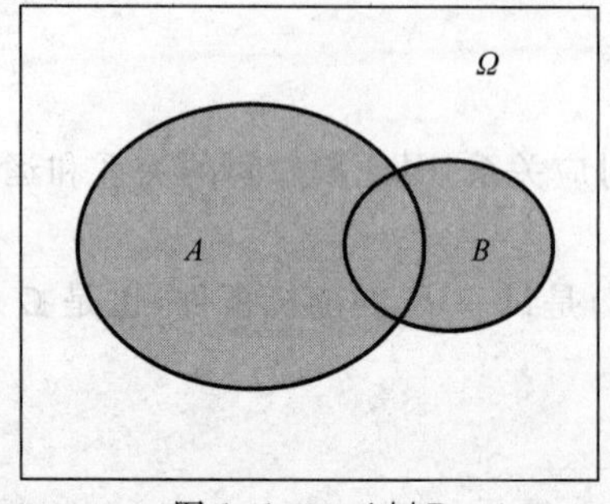

图 1. 1. 3　$A\cup B$

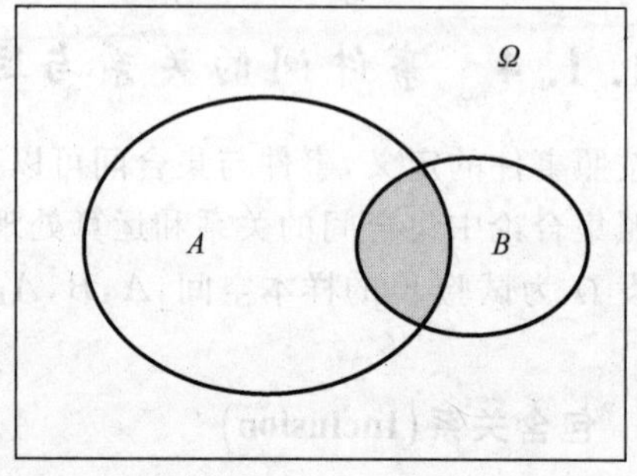

图 1. 1. 4　$A\cap B$

5. 互不相容事件(Mutually Exclusive 或者 Disjoint)

对于事件 A 和 B,若 $AB=\varnothing$,则称事件 A 和 B 互不相容或互斥. 显然,当且仅当 A 与 B 不同时发生(当且仅当 AB 是一个不可能事件)时,A 和 B 互斥,如图 1. 1. 5 所示.

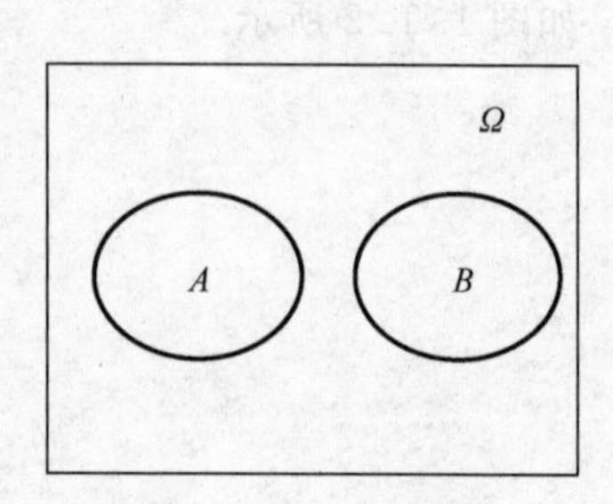

图 1. 1. 5　$AB=\varnothing$

类似地,若事件 $A_1,A_2,\cdots,A_n$ 满足 $A_iA_j=\varnothing(i\neq j,i,j=1,2,\cdots,n)$,则称 $A_1,A_2,\cdots,A_n$ 两两互不相容;若事件 A_1, $A_2,\cdots,A_n,\cdots$ 满足 $A_iA_j=\varnothing(i\neq j,i,j=1,2,\cdots)$,则称 A_1, $A_2,\cdots,A_n,\cdots$ 两两互不相容.

任何随机试验 E 的基本事件都是两两互不相容的.

对于互不相容的事件A,B,并事件$A\cup B$可记为$A+B$;

对于两两互不相容的事件$A_1,A_2,\cdots,A_n$,$\bigcup\limits_{i=1}^{n}A_i$可记为$\sum\limits_{i=1}^{n}A_i$;

对于两两互不相容的事件$A_1,A_2,\cdots,A_n,\cdots$,$\bigcup\limits_{i=1}^{+\infty}A_i$可记为$\sum\limits_{i=1}^{+\infty}A_i$.

6. 差事件(Minus)

事件A和B的差事件记为$A-B$,表示事件A发生而事件B不发生. 其几何表示如图1.1.6所示. 显然事件$A-B=\{\omega|\omega\in A \text{ 且 } \omega\notin B\}$,可以证明$A-B=A-AB=A\bar{B}$.

7. 对立事件(Complement)

对于事件A和B,若$AB=\varnothing$,且$A\cup B=\Omega$,则称事件A与B是相互对立(互补)的,事件A称为事件B的对立事件,记为$A=\bar{B}$,当然事件B也是事件A的对立事件. 显然,当且仅当A和B只能发生其一时,事件A与B相互对立,其几何表示如图1.1.7所示.

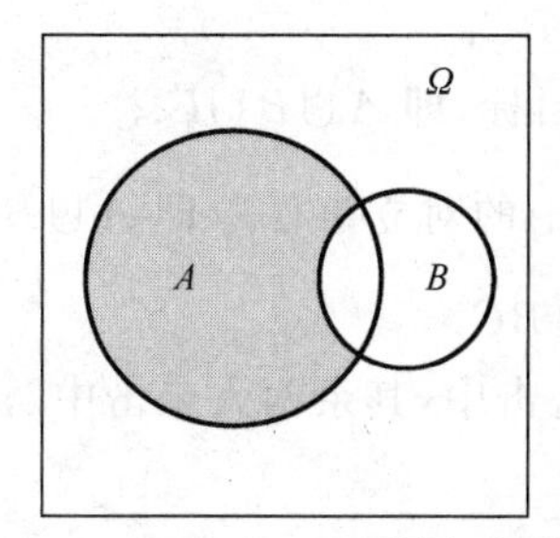

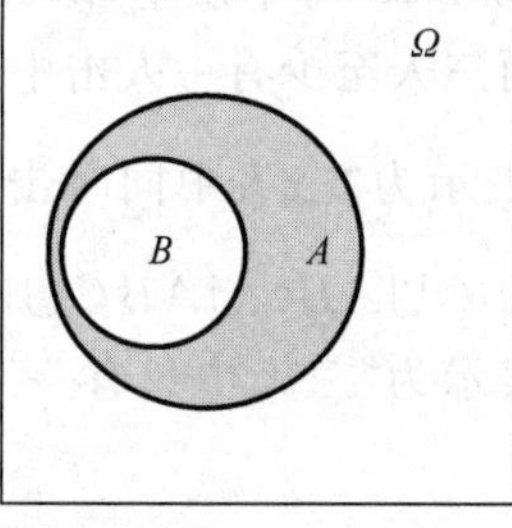

图1.1.6 $A-B$

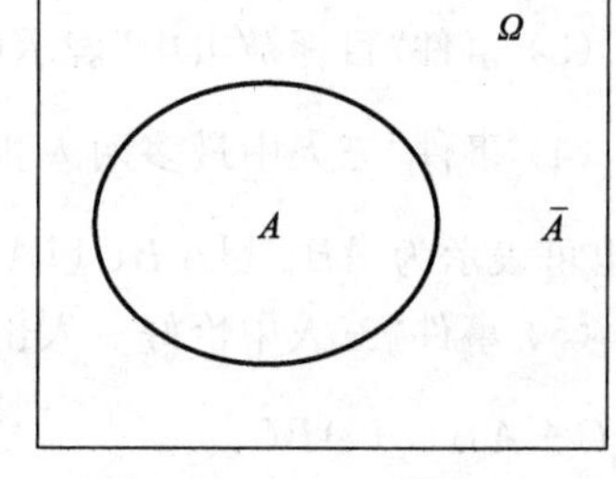

图1.1.7 $\bar{A}$

1.1.5 事件的运算规律

1. 交换律(Commutative Law)

$$A\cup B=B\cup A,$$
$$A\cap B=B\cap A. \tag{1.1.1}$$

2. 结合律(Associative Law)

$$(A\cup B)\cup C=A\cup(B\cup C), \tag{1.1.2}$$
$$(A\cap B)\cap C=A\cap(B\cap C). \tag{1.1.3}$$

3. 分配律(Distributive Law)

$$(A\cup B)\cap C=(A\cap C)\cup(B\cap C), \tag{1.1.4}$$
$$(A\cap B)\cup C=(A\cup C)\cap(B\cup C). \tag{1.1.5}$$

4. 对偶律(De. Morgan 公式)

$$\overline{A\cup B}=\bar{A}\cap\bar{B},$$
$$\overline{A\cap B}=\bar{A}\cup\bar{B}. \tag{1.1.6}$$

上述各种事件运算的规律可以推广到多个事件的情形. 例如,对偶律可推广为

$$\overline{\bigcup_i A_i}=\bigcap_i\bar{A}_i,\quad \overline{\bigcap_{i=1}^{n}A_i}=\bigcup_{i=1}^{n}\bar{A}_i. \tag{1.1.7}$$

这些性质的证明留给读者. 根据已有的集合论知识，可以发现事件间的关系及运算，可以类比布尔(Boole)代数中集合间的关系和运算.

对初学概率论的读者来说，重要的是学会用概率论的语言来解释集合间的关系及运算，并能运用它们.

例 1.1.3 甲、乙、丙三人对某目标射击，分别用 A,B,C 表示“甲击中”“乙击中”和“丙击中”，试用 A,B,C 表示下列事件：

(1) 甲、乙都击中而丙未击中；

(2) 只有甲击中；

(3) 目标被击中；

(4) 三人中最多两人击中；

(5) 三人中恰好一人击中.

解 (1) 事件“甲、乙都击中而丙未击中”表示 A,B 与 $\overline{C}$ 同时发生，即 $AB\overline{C}$.

(2) 事件“只有甲击中”表示 A 发生而 B,C 都不发生，即 $A\overline{B}\overline{C}$.

(3) 事件“目标被击中”表示甲、乙、丙三人至少有一人击中目标，即 $A\cup B\cup C$.

(4) 事件“三人中最多两人击中”可表示为“三人中同时击中的对立事件”，即 $\overline{A}\cup\overline{B}\cup\overline{C}$，也可表示为 $AB\overline{C}\cup A\overline{B}C\cup\overline{A}BC\cup A\overline{B}\overline{C}\cup\overline{A}B\overline{C}\cup\overline{A}\overline{B}C\cup\overline{A}\overline{B}\overline{C}$.

(5) 事件“三人中恰好一人击中”可表示为“三人中只有一人击中，其余两人未击中”，即 $A\overline{B}\overline{C}+\overline{A}B\overline{C}+\overline{A}\overline{B}C$.

例 1.1.4 在数学系的学生中任选一名，令事件 A 表示被选学生是男生，事件 B 表示被选学生是三年级学生，事件 C 表示该生是运动员.

(1) 叙述 $AB\overline{C}$ 的意义.

(2) $ABC=C$ 在什么条件下成立？

(3) 关系式 $C\subset B$ 在什么条件下成立？

(4) $\overline{A}=B$ 在什么条件下成立？

解 (1) 事件 $AB\overline{C}$ 表示该学生是三年级男生，但不是运动员.

(2) $ABC=C$ 等价于 $C\subset AB$，即当全系运动员都是三年级的男生时，$ABC=C$ 成立.

(3) 当全系运动员都是三年级学生时，$C\subset B$ 成立.

(4) 当全系女生都在三年级并且三年级学生都是女生时，$\overline{A}=B$ 成立.

例 1.1.5 连抛均匀硬币 3 次，观察正、反面出现的情况. 令 $A_1=$“第一次出现正面”，$A_2=$“3 次出现同一面”，用正面 H 和反面 T 表达 $A_1\cup A_2$，$A_1\cap A_2$，A_2-A_1，$\overline{A_1\cup A_2}$.

解 由题意知，$\Omega=\{HHH,HHT,HTT,HTH,TTH,THH,THT,TTT\}$，故

$$A_1=\text{“第一次出现 }H\text{”}=\{HHH,HHT,HTH,HTT\},$$

$$A_2=\text{“3 次出现同一面”}=\{HHH,TTT\}.$$

因此，有

$$A_1\cup A_2=\{HHH,HHT,HTH,HTT,TTT\},$$

$$A_1\cap A_2=\{HHH\},$$

$$A_2-A_1=\{TTT\},$$
$$\overline{A_1\cup A_2}=\{THH,THT,TTH\}.$$

1.1.6 事件域

上文中将样本空间 Ω 的某些子集定义为随机事件，根据定义 1.1.1 可知随机事件就是事件域中的元素. 那么什么是事件域呢?

所谓事件域，就是一个样本空间 Ω 中所研究的事件组成的集合类，通常记为 $\mathcal{F}$，即 $\mathcal{F}=\{A\mid A$ 是 Ω 的子集且为事件$\}$. 虽然事件是样本空间 Ω 的子集，但 Ω 的子集不一定是事件，故只需将感兴趣的子集(又称可测集)看成事件，所以 $\mathcal{F}$ 不一定是 Ω 全部子集构成的子集类.

那么，$\mathcal{F}$ 中应该有哪些元素? 首先，$\mathcal{F}$ 应该包括 Ω 和 $\varnothing$，其次应该保证事件经过前面定义的各种运算(并、积、差、对立)后仍然是事件，即 $\mathcal{F}$ 对集合的运算有封闭性. 经过研究，人们发现：积的运算可通过并与对立来实现，差的运算可通过对立与积来实现. 因此，并与对立是最基本的运算，于是给出事件域的定义如下.

定义 1.1.1 设 Ω 为一样本空间，$\mathcal{F}$ 为 Ω 的某些子集所组成的集合(类)，满足：

(1) $\Omega\in\mathcal{F}$;

(2) 若 $A\in\mathcal{F}$，则其补集 $\overline{A}\in\mathcal{F}$;

(3) 若 $A_n\in\mathcal{F}$，$n=1,2,\cdots$，则其可列并 $\bigcup\limits_{n=1}^{+\infty}A_n\in\mathcal{F}$.

则称 $\mathcal{F}$ 为事件域(Event Field)，也称为 σ 域或 σ 代数(Sigma Algebra). $\mathcal{F}$ 中的元素称为随机事件，简称为事件. 在概率论中，称 $(\Omega,\mathcal{F})$ 为可测空间(Measurable Space)，这里的“可测”是指 $\mathcal{F}$ 中的事件都有概率.

由定义 1.1.1 和事件运算规律，不难得到事件域满足下列性质：

设 $\mathcal{F}$ 为一个事件域，$A_n\in\mathcal{F}$，$n=1,2,\cdots$，则有

(1) $\varnothing\in\mathcal{F}$;　　(2) $\bigcup\limits_{i=1}^{n}A_i\in\mathcal{F}$;

(3) $\bigcap\limits_{i=1}^{n}A_i\in\mathcal{F}$;　　(4) $\bigcap\limits_{i=1}^{+\infty}A_i\in\mathcal{F}$;

(5) $A_1-A_2\in\mathcal{F}$.

证明 (1) $\varnothing=\overline{\Omega}\in\mathcal{F}$.　　(2) $\bigcup\limits_{i=1}^{n}A_i=\bigcup\limits_{i=1}^{n}A_i\cup\varnothing\cup\varnothing\cup\cdots\in\mathcal{F}$.

(3) $\bigcap\limits_{i=1}^{n}A_i=\overline{\bigcup\limits_{i=1}^{n}\overline{A_i}}\in\mathcal{F}$.　　(4) $\bigcap\limits_{i=1}^{+\infty}A_i=\overline{\bigcup\limits_{i=1}^{+\infty}\overline{A_i}}\in\mathcal{F}$.

(5) $A_1-A_2=A_1\cap\overline{A_2}\in\mathcal{F}$.

例 1.1.6 常见的事件域有：

(1) 最小的事件域 $\mathcal{F}=\{\varnothing,\Omega\}$;

(2) 包含事件 A 的最小事件域 $\mathcal{F}=\{\varnothing,\Omega,A,\overline{A}\}$;

(3) 样本空间 Ω 为离散样本空间，事件域 $\mathcal{F}$ 一般可由其全部子集构成;

(4) 样本空间 Ω 为连续样本空间，事件域 $\mathcal{F}$ 只能由其满足某些条件的子集构成.

设 $\Omega=\mathbf{R}=(-\infty,+\infty)$，此时事件域 $\mathcal{F}$ 的元素无法一一列出，而是由一个基本集合类扩展而成，具体操作如下.

第一步:取基本集合类$\mathcal{A}$="全体半闭直线组成的类",即

$$\mathcal{A}=\{(-\infty,x];-\infty<x<+\infty\}.$$

第二步:利用事件域的要求,把有限的左开右闭区间扩展进来.

$$(a,b]=(-\infty,b]-(-\infty,a],\text{其中 } a,b \text{ 为任意实数}.$$

第三步:把闭区间、单点集、左闭右开、开区间扩展进来.

$$[a,b]=\bigcap_{n=1}^{+\infty}\left(a-\frac{1}{n},b\right],$$

$$\{a\}=[a,b]-(a,b],$$

$$[a,b)=[a,b]-\{b\},$$

$$(a,b)=(a,b]-\{b\}.$$

第四步:用(有限个或可列个)并运算和交运算把实数集中一切有限集、可列集、开集、闭集都扩展进来.

经过上述几步扩展所得的集的全体就是人们希望得到的事件域$\mathcal{F}$,因为它满足事件域的定义. 这样的事件域$\mathcal{F}$又称为波雷尔(Borel)事件域$\mathcal{B}$,域中的每个元素称为一维波雷尔集,或称为可测集.

1.2 概率及其性质

在一次试验中,随机事件中的样本点可能出现,也可能不出现,故随机事件在一次试验中可能发生,也可能不发生. 对于一个随机事件,人们关心它在这次试验中发生的可能性大小. 这种随机事件发生的可能性大小在概率论中常用一个数(量)来描述. 描述一次试验中随机事件 A 发生可能性大小的数(量)称为随机事件 A 的概率(Probability),记为$P(A)$. 在给出概率的严格定义之前,需要先了解与概率关系密切的另一个概念——频率. 本节将先介绍频率,再给出概率的公理化定义,最后研究概率的性质.

1.2.1 频率

定义 1.2.1 在相同条件下对随机试验 E 进行 n 次试验,随机事件 A 在这 n 次重复试验中出现的次数记为$n(A)$,称$\frac{n(A)}{n}$为随机事件 A 发生的频率(Frequency),记为$f_n(A)$,即

$$f_n(A)=\frac{n(A)}{n}. \tag{1.2.1}$$

随机事件 A 的频率反映了 n 次试验中随机事件 A 发生的频繁程度. 频率越大,表明随机事件 A 的发生越频繁,意味着随机事件 A 在一次试验中发生的可能性越大;频率越小,意味着事件 A 在一次试验中发生的可能性越小. 不难证明,频率具有如下性质.

(1) 非负性:对任意事件 A,$0\leqslant f_n(A)\leqslant 1$.

(2) 规范性:$f_n(\Omega)=1$.

(3) 可加性:对于任意有限个两两互不相容的事件 $A_1,A_2,\cdots,A_m$,有

$$f_n\left(\sum_{i=1}^{m}A_i\right)=\sum_{i=1}^{m}f_n(A_i).$$

表1.2.1给出了20组抛掷均匀硬币试验中出现正面的频率,其试验次数分别为 $n=10,100,1\,000,10\,000\,000$,表中的频率是通过Matlab编程实现的.通过表1.2.1,人们发现:即使试验次数 n 相同,频率 $f_n(H)$ 也不尽相同.试验表明,频率 $f_n(H)$ 具有随机波动性.

表1.2.2给出了历史上几位科学家抛掷硬币试验的结果.通过表1.2.2,人们发现:随着试验次数 n 的增大,频率 $f_n(H)$ 越来越靠近0.5,0.5称为抛掷硬币试验中正面向上的概率.试验表明,频率 $f_n(H)$ 具有渐近稳定性.

表1.2.1 随机抛掷硬币试验数据

试验组	试验次数 n	正面出现次数 $n(H)$	频率 $f_n(H)$
1	10	7	0.700 0
2	10	4	0.400 0
3	10	5	0.500 0
4	10	4	0.400 0
5	10	6	0.600 0
6	100	44	0.440 0
7	100	46	0.460 0
8	100	52	0.520 0
9	100	45	0.450 0
10	100	52	0.520 0
11	1 000	508	0.508 0
12	1 000	517	0.517 0
13	1 000	503	0.503 0
14	1 000	504	0.504 0
15	1 000	493	0.493 0
16	10 000 000	5 000 608	0.500 060 8
17	10 000 000	4 999 472	0.499 947 2
18	10 000 000	5 001 836	0.500 183 6
19	10 000 000	5 001 041	0.500 104 1
20	10 000 000	4 999 385	0.499 938 5

表1.2.2 经典抛掷硬币试验数据

试验者	试验次数 n	正面出现次数 $n(H)$	频率 $f_n(H)$
德·摩根	2 048	1 061	0.518 1
蒲丰	4 040	2 048	0.506 9
卡尔·皮尔逊	12 000	6 019	0.501 6
卡尔·皮尔逊	24 000	12 012	0.500 5

大量试验表明:当试验次数 n 越来越大时,频率 $f_n(A)$ 越来越靠近某一常数 p,即 $\lim\limits_{n\to+\infty} f_n(A)=p$,称常数 p 为事件 A 发生的概率,记为 $P(A)=p$.这就是概率的统计性定义

(Statistical Definition of Probability).

概率的统计性定义给出了一种近似确定概率的方法. 当 n 很大时,用事件 A 的频率 $f_n(A)$ 作为概率 $P(A)$ 的近似值. 下面给出概率的严格定义.

1.2.2 概率的公理化定义

概率的统计性定义虽然给出了概率的一种近似计算方法,但主要问题有:① 试验次数 n 选择多大才合适. 试验次数 n 小了,频率 $f_n(A)$ 呈现波动性;试验次数 n 大了,浪费人力、物力和财力. ② 无论怎么选择试验次数 n,频率 $f_n(A)$ 总是概率 $P(A)$ 的近似值. ③ 大部分随机现象根本不能重复. 因此,1933 年之前概率的严格定义一直困扰着人们.

虽然概率论历史悠久,但它的严格的数学基础的建立以及理论研究和实际应用的极大发展却集中在 20 世纪. 19 世纪末以来,数学的各个分支流行着一股公理化潮流,主张把最基本的假设公理化,其他结论则由此演绎推出. 在这个背景下,1933 年苏联数学家柯尔莫哥洛夫(A. H. Kolmogorov)成功地将概率论实现了公理化,为普遍而严格地数学化概率理论奠定了基础,在这个基础上建立起概率论的宏伟大厦,现代概率论从此开始.

定义 1.2.2 设 Ω 是一个样本空间,$\mathcal{F}$ 为 Ω 的某些子集所组成的一个事件域. 对于每一事件 $A\in\mathcal{F}$,赋予一个实数 $P(A)$ 与之对应. 如果集合函数 $P(\cdot)$ 满足:

(1) 非负性:对于每个事件 A,有 $P(A)\geqslant 0$.

(2) 规范性:$P(\Omega)=1$.

(3) 可列可加性:若 $A_1,A_2,\cdots,A_n,\cdots$ 是两两互不相容的事件,有

$$P\left(\sum_{i=1}^{+\infty}A_i\right)=\sum_{i=1}^{+\infty}P(A_i). \tag{1.2.2}$$

则称 $P(\cdot)$ 为事件域 $\mathcal{F}$ 上的概率(测度)(Probability Measure),$P(A)$ 为事件 A 的概率.

概率(测度)$P(\cdot)$ 是定义在事件域 $\mathcal{F}$ 上的函数,它的定义域是 $\mathcal{F}$,值域是实数区间$[0,1]$.

概率 $P(A)$ 是概率(测度)$P(\cdot)$ 在事件 A 处的函数值. 概率的公理化定义表明:只有随机事件才有概率,因此在以后计算概率时,必须知道是求哪个随机事件的概率,即首先将所关心的随机事件用一个大写英文字母(如 A)来表示.

该定义称为概率的公理化定义或概率的数学定义,称三元素组$(\Omega,\mathcal{F},P)$为概率空间(Probability Space),它是随机现象的数学模型. 后面的内容总假定对所研究的随机现象已经建立起了概率空间,即 Ω, $\mathcal{F}$ 和 P 都是存在的.

在多数计算问题中,并不要求给(写)出具体的 Ω 和 $\mathcal{F}$,只要会计算所求概率 $P(A)$ 即可.

1.2.3 概率的性质

由概率的公理化定义可以得到概率的一些重要性质.

性质 1.2.1 不可能事件的概率为零,即 $P(\varnothing)=0$.

证明 因为对任一事件 A, $A=A\cup\varnothing\cup\cdots\cup\varnothing\cup\cdots$,由可列可加性得

$$P(A)=P(A)+P(\varnothing)+\cdots+P(\varnothing)+\cdots,$$

又 $0\leqslant P(\varnothing)\leqslant 1$,故 $P(\varnothing)=0$.

注 虽然 $P(\varnothing)=0$,但概率为零的事件不一定是不可能事件. 这一点将在第二章给出例子.

性质 1.2.2(有限可加性) 若 $A_1,A_2,\cdots,A_n$ 为同一样本空间两两互不相容的事件,则

$$P\left(\sum_{i=1}^{n}A_i\right)=\sum_{i=1}^{n}P(A_i). \tag{1.2.3}$$

证明 由于 $A_1,A_2,\cdots,A_n$ 两两互不相容,由可列可加性知

$$\begin{aligned}P\left(\sum_{i=1}^{n}A_i\right)&=P(A_1\cup\cdots\cup A_n\cup\varnothing\cup\cdots)=P(A_1)+\cdots+P(A_n)+P(\varnothing)+\cdots\\&=P(A_1)+\cdots+P(A_n)\\&=\sum_{i=1}^{n}P(A_i).\end{aligned} \tag{1.2.4}$$

性质 1.2.3 对于任一事件 A,恒有 $P(A)=1-P(\bar{A})$.

证明 因为 $A\cup\bar{A}=\Omega$,且 $A\bar{A}=\varnothing$,所以

$$1=P(\Omega)=P(A)+P(\bar{A}),$$

故有

$$P(A)=1-P(\bar{A}).$$

本性质的重要性在于:当计算事件 A 的概率 $P(A)$ 比较困难,而事件 A 中含有"至少"字眼时,一般可以先求 $P(\bar{A})$,通过 $P(A)=1-P(\bar{A})$ 求得 $P(A)$.

性质 1.2.4 设事件 A 和 B 满足 $A\subset B$,则 $P(B-A)=P(B)-P(A)$.

证明 因为 $A\subset B$,所以 $B=A\cup(B-A)$. 由于 $A\cap(B-A)=\varnothing$,故由性质 1.2.2 得

$$P(B)=P(A)+P(B-A),$$

从而有

$$P(B-A)=P(B)-P(A). \tag{1.2.5}$$

注 如果将概率 $P(A)$ 看成平面上图形 A 的面积,则由性质 1.2.4 可知,两个图形之间圆环的面积等于较大图形 B 的面积 $P(B)$ 减去较小图形 A 的面积 $P(A)$.

推论 1.2.1 设事件 A 和 B 满足 $A\subset B$,则 $P(A)\leqslant P(B)$. (1.2.6)

推论 1.2.2 一般地,对任意两个事件 A 和 B,有 $P(B-A)=P(B)-P(AB)$. (1.2.7)

性质 1.2.5(加法公式) 对任意两个事件 A 和 B,恒有

$$P(A\cup B)=P(A)+P(B)-P(AB). \tag{1.2.8}$$

证明 因为 $A\cup B=A\cup(B-AB)$,且 $A(B-AB)=\varnothing$,故

$$P(A\cup B)=P(A)+P(B-AB)=P(A)+P(B)-P(AB).$$

两个事件的加法公式可以推广到有限多个事件的情形. 例如,对任意 3 个事件 A,B,C,有

$$P(A\cup B\cup C)=P(A)+P(B)+P(C)-P(AB)-P(BC)-P(AC)+P(ABC). \tag{1.2.9}$$

一般地,对任意 n 个事件 $A_1,A_2,\cdots,A_n$,有

$$P\left(\bigcup_{i=1}^{n} A_i\right)=\sum_{i=1}^{n} P(A_i)-\sum_{1\leqslant i<j\leqslant n} P(A_iA_j)+\sum_{1\leqslant i<j<k\leqslant n} P(A_iA_jA_k)+\cdots+(-1)^{n-1}P(A_1A_2\cdots A_n). \tag{1.2.10}$$

推论 1.2.3(次可加性)　对有限或可列个事件,有

$$P\left(\bigcup_i A_i\right)\leqslant \sum_i P(A_i). \tag{1.2.11}$$

性质 1.2.6(概率的下连续性)　设$(\Omega,\mathcal{F},P)$为概率空间.对于$\mathcal{F}$中任意单调不减的事件列$\{A_n\}$:$A_1\subset A_2\subset\cdots\subset A_n\subset\cdots$,$\bigcup\limits_{n=1}^{+\infty} A_n$称为单调不减事件列$\{A_n\}$的极限事件,记为$\lim\limits_{n\to+\infty} A_n=\bigcup\limits_{n=1}^{+\infty} A_n$.对于单调不减事件列$\{A_n\}$,概率$P$满足下连续性

$$\lim_{n\to+\infty} P(A_n)=P(\lim_{n\to+\infty} A_n)=P\left(\bigcup_{n=1}^{+\infty} A_n\right). \tag{1.2.12}$$

证明　令$B_n=A_n-A_{n-1}$,$A_0=\varnothing$,则$\bigcup\limits_{n=1}^{+\infty} B_n=\bigcup\limits_{n=1}^{+\infty} A_n$,且$B_1,B_2,\cdots$两两互不相容.故

$$P\left(\bigcup_{n=1}^{+\infty} A_n\right)=P\left(\bigcup_{n=1}^{+\infty} B_n\right)=\sum_{n=1}^{+\infty} P(B_n)=\lim_{n\to+\infty}\sum_{j=1}^{n} P(B_j)$$

$$=\lim_{n\to+\infty}\sum_{j=1}^{n}[P(A_j)-P(A_{j-1})]=\lim_{n\to+\infty} P(A_n).$$

注　式(1.2.12)表明,对于单调不减事件列,概率P和极限号可交换.

性质 1.2.7(概率的上连续性)　设$(\Omega,\mathcal{F},P)$为概率空间.对于$\mathcal{F}$中任意单调不增的事件列$\{A_n\}$:$A_1\supset A_2\supset\cdots\supset A_n\supset\cdots$,$\bigcap\limits_{n=1}^{+\infty} A_n$称为单调不增事件列$\{A_n\}$的极限事件,记为$\lim\limits_{n\to+\infty} A_n=\bigcap\limits_{n=1}^{+\infty} A_n$.对于单调不增事件列$\{A_n\}$,概率$P$满足上连续性

$$\lim_{n\to+\infty} P(A_n)=P(\lim_{n\to+\infty} A_n)=P\left(\bigcap_{n=1}^{+\infty} A_n\right). \tag{1.2.13}$$

证明　因为$A_1\supset A_2\supset\cdots\supset A_n\supset\cdots$,所以$\overline{A_1}\subset\overline{A_2}\subset\cdots\subset\overline{A_n}\subset\cdots$.由概率的下连续性知

$$\lim_{n\to+\infty} P(\overline{A_n})=P\left(\bigcup_{n=1}^{+\infty}\overline{A_n}\right)=P\left(\overline{\bigcap_{n=1}^{+\infty} A_n}\right)=1-P\left(\bigcap_{n=1}^{+\infty} A_n\right),$$

从而

$$1-\lim_{n\to+\infty} P(A_n)=1-P\left(\bigcap_{n=1}^{+\infty} A_n\right),$$

所以

$$\lim_{n\to+\infty} P(A_n)=P(\lim_{n\to+\infty} A_n)=P\left(\bigcap_{n=1}^{+\infty} A_n\right).$$

注　式(1.2.13)表明,对于单调不增事件列,概率P和极限号可交换.

例 1.2.1　设事件$A,B,A\cup B$的概率分别为$p,q,r(r>p,r>q)$.求:

(1) $P(AB)$;

(2) $P(A\overline{B})$,$P(\overline{A}B)$;

(3) $P(\overline{A}\overline{B})$.

解　(1) 因为

$$P(A\cup B)=P(A)+P(B)-P(AB),$$

所以

$$P(AB)=p+q-r.$$

(2) 因为 $A\bar{B}=A-AB$ 且 $AB\subset A$,故

$$P(A\bar{B})=P(A)-P(AB)=p-(p+q-r)=r-q,$$

同理可得

$$P(\bar{A}B)=r-p.$$

(3) 因为 $\overline{A\cup B}=\bar{A}\bar{B}$,所以

$$P(\bar{A}\bar{B})=1-p(A\cup B)=1-r.$$

例 1.2.2 设 A,B,C 是同一试验 E 的 3 个事件,$P(AB)=P(AC)=\frac{1}{8}$,$P(BC)=0$,

$P(A)=P(B)=P(C)=\frac{1}{3}$. 求:

(1) $P(B-A)$;

(2) $P(B\cup C)$;

(3) $P(A\cup B\cup C)$.

解 由概率的性质可得

(1) $P(B-A)=P(B)-P(AB)=\frac{1}{3}-\frac{1}{8}=\frac{5}{24}$.

(2) $P(B\cup C)=P(B)+P(C)-P(BC)=\frac{1}{3}+\frac{1}{3}-0=\frac{2}{3}$.

(3) 由于 $ABC\subset BC$,所以 $P(ABC)\leqslant P(BC)$,即 $P(ABC)=0$.

于是

$$\begin{aligned}P(A\cup B\cup C)&=P(A)+P(B)+P(C)-P(AB)-P(BC)-P(AC)+P(ABC)\\&=\frac{1}{3}+\frac{1}{3}+\frac{1}{3}-\frac{1}{8}-0-\frac{1}{8}+0=\frac{3}{4}.\end{aligned}$$

1.2.4 主观概率

例 1.2.3 下面为用主观方法确定概率的例子.

(1) 今天早晨出门时,家人提醒你要带雨伞,并说今天下雨的概率为 85%. 85%就是家人根据多年的经验积累和今天早晨的气象情况给出的主观概率.

(2) 一位股票投资者根据多年的经验和当时的一些市场信息,认为某股票在未来几天上涨的可能性为 75%.

(3) 一位地产销售商根据多年的经验和当前市场的资金情况,认为房价下跌的概率为 90%.

从以上例子可以看出:主观概率就是当事人根据自己的实际经验和当时的情况给出的随机事件概率. 它是基于随机事件的一种主观推断和估计,是对频率方法的一种补充. 主观概率的给定也要符合概率的公理化定义.

1.3 古典概率

上一节的概率公理化定义虽然给出了概率必须满足的3个条件，但没有给出概率的具体计算方法；概率的性质虽然能用来计算，但太笼统、太理论化. 本节将介绍概率计算的常用方法——古典概率法.

从第1.1节可知，尽管随机试验 E_1 和 E_3 不同，但它们也有一些共性：① 样本空间元素个数有限；② 试验中每个基本结果发生的可能性都一样. 这样的随机试验在日常生活中经常遇到，是最简单的一类随机试验，本节将对此进行介绍.

1.3.1 古典试验

满足下列两个条件的随机试验称为古典试验(Classical Experiment)，即

(1) 随机试验 E 的样本点(即基本事件)只有有限个，即 $\Omega=\{\omega_1,\omega_2,\cdots,\omega_n\}$；

(2) 每个基本事件出现的可能性相等，即 $P(\omega_1)=P(\omega_2)=\cdots=P(\omega_n)$.

古典试验的概率空间 $(\Omega,\mathcal{F},P)$ 称为古典概型(Classical Model)，也称为等可能概型(Equiprobable Model). 在概率论发展初期，古典概型是主要的研究对象，许多最初的概率论结果是对它做出的.

1.3.2 古典概率的计算公式

顾名思义，古典概率就是古典概型中随机事件的概率. 设 A 为古典试验 E 的随机事件，由随机事件和古典概型的定义可知，随机事件 $A=\{\omega_{i1},\omega_{i2},\cdots,\omega_{ik}\}$，$1\leqslant i_1<i_2<\cdots<i_k\leqslant n$. 因为 $P(\Omega)=\sum\limits_{i=1}^{n}P(\omega_i)=1$，所以由古典概型的等可能性知，$P(\omega_i)=\dfrac{1}{n}$，$i=1,2,\cdots,n$. 由于基本事件两两互不相容，故

$$P(A)=P\Big(\bigcup_{j=1}^{k}\{\omega_{i_j}\}\Big)=\sum_{j=1}^{k}P(\omega_{i_j})=\frac{k}{n},$$

即

$$P(A)=\frac{k}{n}=\frac{A\text{包含的基本事件数}}{\text{基本事件总数}}=\frac{n(A)}{n(\Omega)}. \tag{1.3.1}$$

$P(A)$ 称为事件 A 的古典概率(Classical Probability). 1812年法国数学家拉普拉斯(Laplace)把式(1.3.1)作为概率的定义，该定义在19世纪被人们广泛接受. 现在将式(1.3.1)称为概率的古典定义，因为它只适合于古典概型. 由于这个定义要求试验的可能结果总数有限，同时要求某种等可能性，因此其具有一定的局限性.

注 (1) 对于古典概率的计算，关键是求 $n(A)$ 和 $n(\Omega)$；

(2) 计算 $n(A)$ 和 $n(\Omega)$ 时，必须是对于同一个试验 E 或同一个样本空间 Ω 而言，需要用到加法原理、乘法原理以及排列组合知识.

1.3.3 计算古典概率的预备知识

1. 加法原理

完成一件事有两种平行的不同的方式,第一种方式有 m 种方法,第二种方式有 n 种方法,则完成这件事总共有 $m+n$ 种方法.

2. 乘法原理

完成一件事需分为前后两个步骤,第一个步骤有 m 种方法,第二个步骤有 n 种方法,则完成这件事总共有 $m\times n$ 种方法.

3. 排列

(1) 可重复的排列:从 n 个不同的元素中任取 r 个元素(允许重复),并按一定顺序排成一列,称为一个可重复的排列,其排列总数为 n^r.

(2) 不可重复的排列(选排列):在 n 个不同元素中任取 r 个元素(不许重复,$r\leqslant n$),并按一定顺序排成一列,称为一个选排列,其排列总数为

$$A_n^r=n(n-1)\cdots(n-r+1)=\frac{n!}{(n-r)!}$$

特别地,全排列数 $P_n=n(n-1)\cdots 3\cdot 2\cdot 1=n!$

(3) 在 Matlab 中,计算阶乘的函数为 factorial(n),其中 n 为正整数.

4. 组合

(1) 从 n 个不同元素中任取 r 个元素(不许重复,$r\leqslant n$),不计顺序构成一组,称为一个组合,其组合总数为

$$C_n^r=\binom{n}{r}=\frac{A_n^r}{r!}=\frac{n(n-1)\cdots(n-r+1)}{r!}=\frac{n!}{r!\,(n-r)!}.$$

(2) 从 n 个元素中有放回地取出 r 个元素而不考虑其顺序,称为可重复的组合,其总数为

$$C_{n+r-1}^r=C_{n+r-1}^{n-1}.$$

(3) 若把 n 个不同的元素分成 k 个部分,第一部分有 n_1 个元素,第二部分有 n_2 个元素,……,第 k 部分有 n_k 个元素,$n_1+n_2+\cdots+n_k=n$,则有 $\frac{n!}{n_1!\ n_2!\ \cdots n_k!}$ 个不同的分法.

(4) 在 Matlab 中,计算组合的函数为 nchoosek(n,m),即 C_n^m.

注 (1) $C_n^r=C_n^{n-r}$;

(2) $C_{n+1}^r=C_n^r+C_n^{r-1}$;

(3) $C_{-n}^r=(-1)^r C_{n+r-1}^r$($r$ 为正整数,n 为实数).

例 1.3.1 从某电话号码簿中任取一电话号码,问后 4 位数各不相同的概率是多少?

解 设 A="后 4 位数各不相同的电话号码".

因为

$$n(\Omega)=10^4,\quad n(A)=A_{10}^4,$$

所以

$$P(A)=\frac{n(A)}{n(\Omega)}=\frac{A_{10}^4}{10^4}=0.504.$$

例 1.3.2 在 11 张不同的卡片上分别写上 p,r,o,b,a,b,i,l,i,t,y 这 11 个字母. 现从中不放回地任意抽取 7 张卡片,求卡片上的字母组成 ability 的概率.

解　设 A="7 张卡片上的字母组成 ability".

因为
$$n(\Omega)=A_{11}^{7},\quad n(A)=A_1^1A_2^1A_2^1A_1^1A_1^1A_1^1A_1^1,$$
所以
$$P(A)=\frac{n(A)}{n(\Omega)}=\frac{4}{A_{11}^{7}}\approx 0.000\,002\,405.$$

例 1.3.3　有 10 个电阻,其阻值分别为 1 Ω,2 Ω,…,10 Ω. 现从中任取 3 个,要求取出的 3 个电阻:一个小于 5 Ω,一个等于 5 Ω,一个大于 5 Ω,问取一次就能达到要求的概率是多少?

解　设 A="取 3 个电阻一次就能达到要求".

因为
$$n(\Omega)=C_{10}^{3},\quad n(A)=C_4^1C_1^1C_5^1,$$
所以
$$P(A)=\frac{n(A)}{n(\Omega)}=\frac{C_4^1C_1^1C_5^1}{C_{10}^{3}}=\frac{1}{6}.$$

例 1.3.4　已知甲袋中有 6 个红球、9 个白球、10 个黑球,乙袋中有 7 个红球、10 个白球、8 个黑球,现从甲、乙两袋中各取一球,问取到的两球颜色相同的概率是多少?

解　设 A="取到的两球颜色相同",A_1="取到的两球颜色为红色",A_2="取到的两球颜色为白色",A_3="取到的两球颜色为黑色",则 $A=A_1\cup A_2\cup A_3$,且 A_1,A_2,A_3 两两互不相容. 故所求概率为
$$P(A)=P(A_1\cup A_2\cup A_3)=P(A_1)+P(A_2)+P(A_3)$$
$$=\frac{C_6^1C_7^1}{C_{25}^1C_{25}^1}+\frac{C_9^1C_{10}^1}{C_{25}^1C_{25}^1}+\frac{C_{10}^1C_8^1}{C_{25}^1C_{25}^1}=\frac{212}{625}.$$

例 1.3.5　现有 4 人利用一副扑克打桥牌,求 4 张 A 集中在一个人手里的概率是多少?

解　设 B="4 张 A 集中在一个人手里".

因为
$$n(\Omega)=C_{52}^{13},\quad n(B)=C_4^1C_4^4C_{48}^{9},$$
所以
$$P(B)=\frac{n(B)}{n(\Omega)}=\frac{C_4^1C_4^4C_{48}^{9}}{C_{52}^{13}}=\frac{44}{4165}.$$

例 1.3.6　设有 m 件产品,其中有 k 件次品,$m-k$ 件合格品. 现从中任意抽取 n 件,问其中恰有 j 件($j\leqslant k$)次品的概率是多少?

解　设 A="抽取的 n 件产品中恰有 j 件次品".

因为
$$n(\Omega)=C_m^n,\quad n(A)=C_k^jC_{m-k}^{n-j},$$
所以
$$P(A)=\frac{n(A)}{n(\Omega)}=\frac{C_k^jC_{m-k}^{n-j}}{C_m^n}.$$
其中 $0\leqslant j\leqslant k,n-j\geqslant 0$,即 $0\leqslant j\leqslant \min\{k,n\}$.

例 1.3.7　从 0,1,2,3 这 4 个数字中任取 3 个不同数字进行排列,求取得的 3 个数字排成的是三位数且是偶数的概率.

解　设 A="取得的 3 个数字排成的是三位数且是偶数",A_0="取得的 3 个数字排成的是三位数且末位是 0",A_2="取得的 3 个数字排成的是三位数且末位是 2",则 $A=A_0\cup A_2$,且 $A_0A_2=\varnothing$,故所求概率为
$$P(A)=P(A_0)+P(A_2)=\frac{n(A_0)}{n(\Omega)}+\frac{n(A_2)}{n(\Omega)}=\frac{A_3^2A_1^1}{A_4^3}+\frac{A_2^1A_2^1A_1^1}{A_4^3}=\frac{5}{12}.$$

例 1.3.8　从 5 双不同的鞋子中任取 4 只,问这 4 只鞋子恰有 2 只配成一双的概率是多少?

解　设 A="取出的 4 只鞋子中恰有 2 只配成一双".

因为 $$n(\Omega)=C_{10}^4,\quad n(A)=C_5^1C_4^2C_2^1C_2^1,$$

所以 $$P(A)=\frac{n(A)}{n(\Omega)}=\frac{C_5^1C_4^2C_2^1C_2^1}{C_{10}^4}=\frac{4}{7}.$$

例 1.3.9 从数字1,2,…,9中可重复地任取 n 次,求 n 次所取数字的乘积能被10整除的概率.

解 乘积要能被10整除必须既取到数字5又取到偶数. 记 A="取到数字5",B="取到偶数",故所求概率为 $P(AB)$. 不难看出,取不到5的概率为 $P(\bar{A})$,取不到偶数的概率为 $P(\bar{B})$,5和偶数都取不到的概率为 $P(\bar{A}\bar{B})$. 容易求得

$$P(\bar{A})=\left(\frac{8}{9}\right)^n,\quad P(\bar{B})=\left(\frac{5}{9}\right)^n,\quad P(\bar{A}\bar{B})=\left(\frac{4}{9}\right)^n.$$

所以

$$P(AB)=1-P(\overline{AB})=1-P(\bar{A}\cup\bar{B})=1-P(\bar{A})-P(\bar{B})+P(\bar{A}\bar{B})=1-\frac{8^n+5^n-4^n}{9^n}.$$

例 1.3.10(分房问题) 有 n 个人,每个人都以相同的概率 $\frac{1}{N}$ 被分到 $N(n\leqslant N)$ 间房的每一间中去,求下列事件的概率.

(1) 某指定的 n 间房中各有一人;

(2) 任意的 n 间房中恰各有一人;

(3) 某指定的房中恰有 $m(m<n)$ 个人.

解 每个人分到 N 间房中的任一个,故 n 个人分到 N 间房中去可看成 n 重可重复的排列,因此 $n(\Omega)=C_N^1C_N^1\cdots C_N^1=N^n$.

(1) 设 A="某指定的 n 间房中各有一人".

因为 $$n(A)=C_n^1C_{n-1}^1\cdots C_2^1C_1^1=n(n-1)\cdot\cdots 3\cdot 2\cdot 1=n!,$$

所以 $$P(A)=\frac{n(A)}{n(\Omega)}=\frac{n!}{N^n}.$$

(2) 设 B="任意的 n 间房中恰各有一人".

因为 $$n(B)=C_N^n\cdot n!=A_N^n,$$

所以 $$P(B)=\frac{n(B)}{n(\Omega)}=\frac{A_N^n}{N^n}.$$

(3) 设 C="某指定的房中恰有 $m(m<n)$ 个人".

因为 $$n(C)=C_n^m\,(C_{N-1}^1)^{n-m}=C_n^m\,(N-1)^{n-m},$$

所以 $$P(C)=\frac{n(C)}{n(\Omega)}=\frac{C_n^m\,(N-1)^{n-m}}{N^n}.$$

这个例子被称为分房问题. 可用分房问题来讨论历史上著名的生日问题.

例 1.3.11(生日问题) $n(n\leqslant 365)$ 个人的生日全不相同的概率是多少?

解 将一年365 d看成 $N=365$ 个房间,则所求概率就是分房问题中的第二个问题,即所求概率为 $P_n=\frac{365!}{365^n(365-n)!}$. 对于不同的 n 值,其概率见表1.3.1. 从表中可以发现什么问题?与你的直观想法一致吗?

表 1.3.1 P_n 的近似值

n	10	20	30	40	50	60
P_n	0.884	0.594	0.304	0.118	0.035	0.008
$1-P_n$	0.116	0.406	0.696	0.882	0.965	0.992

例 1.3.12(配对问题) 某班 n 个战士各有 1 支归个人保管使用的枪,这些枪的外形完全一样,在一次夜间紧急集合中,每人随机地取了 1 支枪,求至少有 1 人拿到自己枪的概率.

解 令 A_i="第 i 人拿到自己的枪",$i=1,2,\cdots,n$,则所求概率为 $P\left(\bigcup_{i=1}^{n} A_i\right)$.

易知有

$$P(A_i)=\frac{(n-1)!}{n!}=\frac{1}{n},\quad \sum_{i=1}^{n}P(A_i)=1,$$

$$P(A_iA_j)=\frac{(n-2)!}{n!}=\frac{1}{n(n-1)},\quad \sum_{1\leqslant i<j\leqslant n}P(A_iA_j)=C_n^2\frac{1}{n(n-1)}=\frac{1}{2!},$$

$$P(A_iA_jA_k)=\frac{1}{n(n-1)(n-2)},\quad \sum_{1\leqslant i<j<k\leqslant n}P(A_iA_jA_k)=C_n^3\frac{1}{n(n-1)(n-2)}=\frac{1}{3!},$$

$$\vdots$$

$$P(A_1A_2\cdots A_n)=\frac{1}{n!},$$

因此由概率的一般加法公式得

$$\begin{aligned}P\left(\bigcup_{i=1}^{n}A_i\right)&=\sum_{i=1}^{n}P(A_i)-\sum_{1\leqslant i<j\leqslant n}P(A_iA_j)+\sum_{1\leqslant i<j<k\leqslant n}P(A_iA_jA_k)+\\&\quad\cdots+(-1)^{n-1}P(A_1A_2\cdots A_n)\\&=1-\frac{1}{2!}+\frac{1}{3!}-\frac{1}{4!}+\cdots+(-1)^{n-1}\frac{1}{n!}.\end{aligned}$$

显然,当 n 充分大时,概率近似等于 $1-\mathrm{e}^{-1}$.

1.4 几何概率

以有限性和等可能性为前提讨论了古典概型中事件概率的计算公式,下面将其推广到无限多个基本事件的情形,而这些基本事件也具有某种等可能性.

定义 1.4.1 称随机试验 E 为几何试验,若它满足如下两个条件:

(1) 样本空间 Ω 可以用一个几何区域(仍记为 Ω)来表示,其测度 $m(\Omega)$ 大于零;

(2) 样本点 ω 落在 Ω 的任一子区域 A 中的可能性与区域 A 的测度成正比,但与 A 的形状以及 A 在 Ω 中所处的位置无关(图 1.4.1),即样本点的出现具有等可能性. 设 A 是 E 的任一事件(Ω 的子区域),其概率定义为

$$P(A)=\frac{A\text{ 的测度}}{\Omega\text{ 的测度}}=\frac{m(A)}{m(\Omega)},\tag{1.4.1}$$

$P(A)$ 称为几何概率(Geometric Probability),如图 1.4.2 所示. 通常称这类随机试验的概率

模型为几何概型.

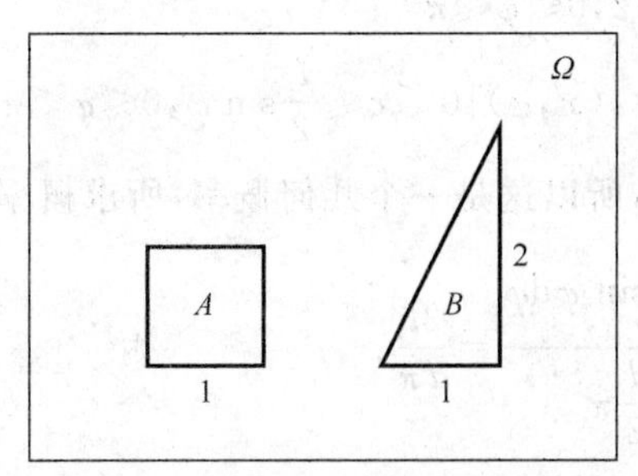

图 1.4.1 测度相同的两个子区域

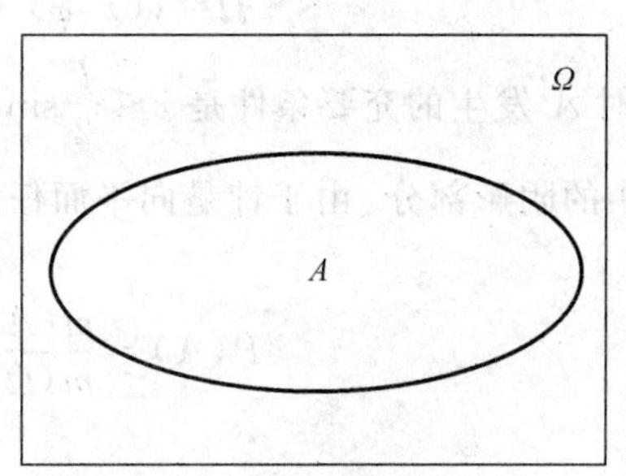

图 1.4.2 几何概率

注 测度是指一维空间中的长度 L、二维空间中的面积 S、三维空间中的体积 V 等.

例 1.4.1 甲、乙两船在某码头的同一泊位停靠卸货，每只船都可能在早晨 7 点至 8 点间的任一时刻到达，并且卸货时间都是 20 min，求两只船使用泊位时发生冲突的概率.

解 因为甲、乙两船都在 7 点至 8 点间 60 min 内的任一时刻到达，所以甲到达的时刻 x 和乙到达的时刻 y 满足

$$0<x<60,\quad 0<y<60,$$

即 (x,y) 为平面区域

$$\Omega=\{(x,y)\mid 0<x<60,0<y<60\}$$

内的任一点，这是一个平面上的几何概型问题. 设 A 表示事件"两只船使用泊位时发生冲突"，则

$$A=\{(x,y)\in\Omega \mid |x-y|<20\},$$

如图 1.4.3 所示，因此

$$P(A)=\frac{60^2-\frac{1}{2}\times 40\times 40\times 2}{60^2}=\frac{5}{9}.$$

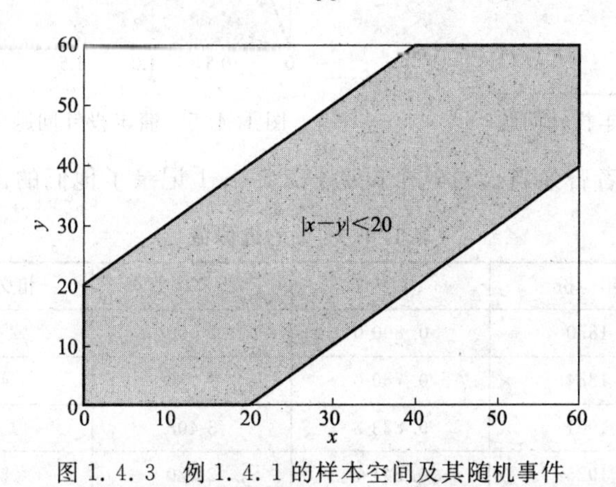

图 1.4.3 例 1.4.1 的样本空间及其随机事件

例 1.4.2［蒲丰(Buffon)投针问题］ 平面上画有间隔为 d 的等距离平行线，向平面任意投掷一枚长为 l 的针 $(l<d)$，求针与平行线相交的概率.

解 记 $A=$"针与平行线相交"，用 x 表示针的中点与最近的一条平行线的距离，又以 φ

表示针与此直线间的交角，易知样本空间 Ω 可表示为平面上的矩形区域(图 1.4.4)

$$\Omega=\{(x,\varphi)\mid 0\leqslant x\leqslant d/2,0\leqslant\varphi\leqslant\pi\}.$$

此时 A 发生的充要条件是 $x\leqslant\frac{l}{2}\sin\varphi$，即 $A=\{(x,\varphi)\mid 0\leqslant x\leqslant\frac{l}{2}\sin\varphi,0\leqslant\varphi\leqslant\pi\}$，如图 1.4.5中的阴影部分. 由于针是向平面任意投掷的，所以这是一个几何概率，所求概率为

$$P(A)=\frac{m(A)}{m(\Omega)}=\frac{\int_0^{\pi}\frac{l}{2}\sin\varphi\mathrm{d}\varphi}{\frac{d}{2}\pi}=\frac{2l}{d\pi}.$$

如果 l,d 为已知，则将 π 代入上式即可计算 $P(A)$；反之，如果已知 $P(A)$，则也可以利用上式求 π. 关于 $P(A)$，可用从试验中获得的频率代替：即投针 N 次，其中针与平行线相交 n 次，则频率 n/N 可作为 $P(A)$的估计值，于是由

$$\frac{n}{N}\approx P(A)=\frac{2l}{d\pi}$$

可得

$$\pi\approx\frac{2lN}{dn}.$$

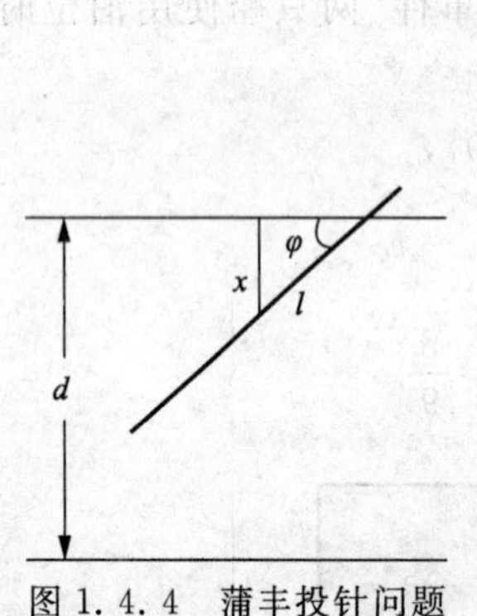

图 1.4.4　蒲丰投针问题

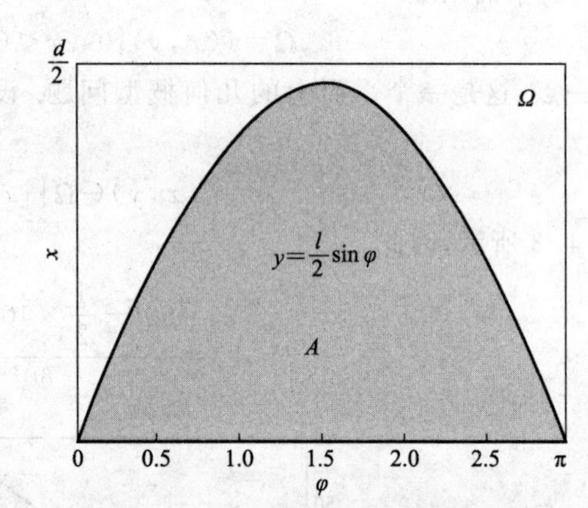

图 1.4.5　蒲丰投针问题中的 Ω 和 A

历史上有一些学者曾亲自做过这个试验，表 1.4.1 记录了他们的试验结果.

表 1.4.1　π 的近似值

试验者	年　份	l/d	投掷次数	相交次数	π 的近似值
Wol	1850	0.800 0	5 000	2 532	3.159 6
Fox	1884	0.750 0	1 030	489	3.159 5
Lazzerni	1901	0.833 3	3 408	1 808	3.141 5
Rei Na	1925	0.541 7	2 520	859	3.178 3

这是一个颇为奇妙的方法：设计一个随机试验，使得事件 A 的概率 $P(A)$与某个未知数 θ 有关，然后通过重复试验，以频率 $f_n(A)$近似代替概率 $P(A)$即可求得未知数 θ 的近似值 $\hat{\theta}$. 一般来说，试验次数越多，求得的近似值越精确. 随着计算机的出现，人们便可用计算机来

大量重复地模拟所设计的随机试验. 这种方法得到迅速发展和广泛应用,人们称这种方法为随机模拟法,或蒙特卡洛(Monte Carlo)方法.

例 1.4.3 设 $a>0$,有任意两个数 x,y,且 $0<x<a$,$0<y<a$,求 $xy<a^2/4$ 的概率.

解 由于 x,y 在区间 $(0,a)$ 中任意取值,故这是几何概率问题. 由题意知

$$\Omega=\{(x,y)\mid 0<x<a,0<y<a\},$$

$$A=\{(x,y)\mid 0<x<a,0<y<a,xy<a^2/4\},$$

Ω,A 的示意图如图 1.4.6 所示. 因为

$$m(A)=\frac{a^2}{4}+\int_{\frac{a}{4}}^{a}\frac{a^2}{4x}\mathrm{d}x=\frac{1}{4}\left(a^2+a^2\ln x\left|\begin{matrix}a\\ \\ \frac{a}{4}\end{matrix}\right.\right)=\frac{a^2+a^2\ln 4}{4},$$

故所求概率为

$$P(A)=\frac{m(A)}{m(\Omega)}=\frac{a^2+a^2\ln 4}{4a^2}=\frac{1+\ln 4}{4}.$$

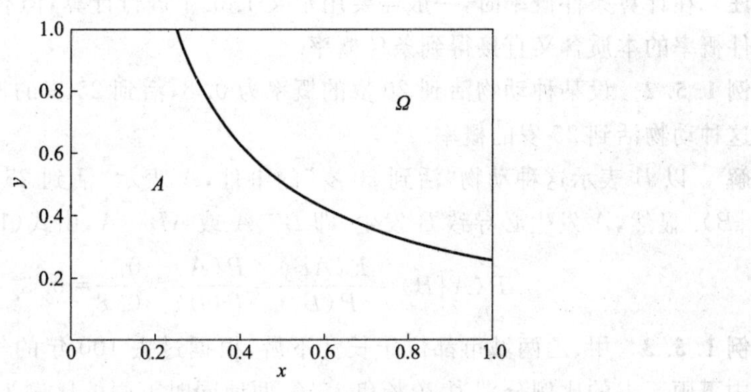

图 1.4.6 例 1.4.3 样本空间示意图

1.5 条件概率

前面所讲的概率都是随机事件发生或出现的概率,而实际问题中随机事件的发生或出现都是有一定条件的,因此,求一定条件下的概率更具有实际意义. 一定条件下的概率即本节所要介绍的条件概率.

1.5.1 条件概率定义

在实际问题中,常常要考虑在事件 B 已经发生的条件下,事件 A 发生的概率. 由于有附加条件,它与事件 A 的概率的意义是不同的,把这种概率叫作事件 B 发生条件下事件 A 发生的条件概率,记为 $P(A|B)$.

例 1.5.1 一个家庭中有两个小孩,已知其中一个是女孩,问另一个是男孩的概率是多少(假定一个小孩是男还是女是等可能的)?

解 观察两个小孩性别的随机试验所构成的样本空间 $\Omega=\{$(男,男),(男,女),(女,男),

(女,女)}. 设 A="两个小孩中另一个为男孩", B="两个小孩中其中一个是女孩",则

$$A=\{(男,男),(男,女),(女,男)\},$$
$$B=\{(女,女),(男,女),(女,男)\},$$

显然,$P(A)=P(B)=\frac{3}{4}$. 现在 B 已经发生,排除了有两个男孩的可能性,相当于样本空间由原来的 Ω 缩小到现在的 $\Omega_B=B$,而事件 A 相应地缩小到 $AB=\{(男,女),(女,男)\}$,因此另一个是男孩的概率为

$$P(A|B)=\frac{2}{3}=\frac{2/4}{3/4}=\frac{P(AB)}{P(B)}.$$

受例 1.5.1 的启发,对条件概率有如下定义.

定义 1.5.1 设 A,B 是试验 E 的两个事件,且 $P(B)>0$,称

$$P(A|B)=\frac{P(AB)}{P(B)} \tag{1.5.1}$$

为在事件 B 发生的条件下事件 A 发生的条件概率(Conditional Probability Given B).

注 在计算条件概率时,一般需要用定义 1.5.1 进行计算,但有时可以根据试验的结构从条件概率的本质含义直接得到条件概率.

例 1.5.2 设某种动物活到 20 岁的概率为 0.8,活到 25 岁的概率为 0.4,求现龄为 20 岁的这种动物活到 25 岁的概率.

解 以 B 表示这种动物"活到 20 岁"的事件,A 表示"活到 25 岁"的事件,所求概率为 $P(A|B)$. 显然,A 发生必导致 B 发生,即 $B\supset A$ 或 $AB=A$,由式(1.5.1)得

$$P(A|B)=\frac{P(AB)}{P(B)}=\frac{P(A)}{P(B)}=\frac{0.4}{0.8}=0.5.$$

例 1.5.3 甲、乙两城市都位于长江下游,根据过去 100 年的气象记录可知甲、乙两市一年中下雨天占的比例分别为 20%和 25%,两地同时下雨的比例为 10%.求:

(1) 乙市下雨时,甲市也下雨的概率;

(2) 甲市下雨时,乙市也下雨的概率.

解 设 A="甲市下雨", B="乙市下雨",则由题意有

$$P(A)=20\%,\quad P(B)=25\%,\quad P(AB)=10\%.$$

由式(1.5.1)得

$$P(A|B)=\frac{P(AB)}{P(B)}=\frac{10\%}{25\%}=40\%,$$

$$P(B|A)=\frac{P(AB)}{P(A)}=\frac{10\%}{20\%}=50\%.$$

因此,认为甲、乙两市下雨情况有关联.

例 1.5.4 已知 $P(A)=\frac{1}{4}$,$P(A|B)=\frac{1}{2}$,$P(B|A)=\frac{1}{3}$,求 $P(A\cup B)$.

解 因为 $P(B|A)=\frac{1}{3}$,所以

$$P(AB)=P(A)P(B|A)=\frac{1}{12}.$$

因为 $P(A|B)=\frac{1}{2}$，所以

$$P(B)=\frac{P(AB)}{P(A|B)}=\frac{1/12}{1/2}=\frac{1}{6},$$

故

$$P(A\cup B)=P(A)+P(B)-P(AB)=\frac{1}{4}+\frac{1}{6}-\frac{1}{12}=\frac{1}{3}.$$

注 条件概率是一种特殊的概率(测度)，属于概率的一种形式，即条件概率 $P(\cdot|B)$满足概率定义中的 3 个条件及其概率性质. 例如，

(1) 非负性：对于任意事件 A，有 $P(A|B)>0$.

(2) 规范性：对于必然事件 Ω，有 $P(\Omega|B)=1$.

(3) 可列可加性：对于两两互不相容的事件 $A_1, A_2, \cdots$，有

$$P\left(\bigcup_{i=1}^{+\infty} A_i|B\right)=\sum_{i=1}^{+\infty} P(A_i|B).$$

(4) $P(\varnothing|B)=0$.

(5) $P(\bar{A}|B)=1-P(A|B)$.

(6) $P[(A_1\cup A_2)|B]=P(A_1|B)+P(A_2|B)-P(A_1A_2|B)$.

注 对于概率问题，要先判断它是求条件概率 $P(A|B)$还是求前面所讲的一般(无条件)概率 $P(A)$.

1.5.2 乘法公式

利用条件概率的定义，易得以下定理.

定理 1.5.1(乘法公式) 对试验 E 的两事件 A, B，恒有

$$P(AB)=P(A)P(B|A) \quad [条件\ P(A)>0] \tag{1.5.2}$$

$$=P(B)P(A|B) \quad [条件\ P(B)>0]. \tag{1.5.3}$$

乘法公式的意义在于：当计算 $P(AB)$比较困难时，可以将 $P(AB)$转化为两个比较容易计算的概率的乘积. 上述乘法公式可以推广到有限个情形.

定理 1.5.2(推广的乘法公式) 对于试验 E 的事件 A, B, C，若 $P(AB)>0$，则

$$P(ABC)=P(A)P(B|A)P(C|AB). \tag{1.5.4}$$

定理 1.5.3(一般乘法公式) 若 $P(A_1\cdots A_{n-1})>0$，则

$$P(A_1A_2\cdots A_n)=P(A_1)P(A_2|A_1)\cdots P(A_n|A_1\cdots A_{n-1}). \tag{1.5.5}$$

证明 反复应用两个事件的乘法公式，得到

$$\begin{aligned}P(A_1A_2\cdots A_n)&=P(A_1A_2\cdots A_{n-1})P(A_n|A_1A_2\cdots A_{n-1})\\&=P(A_1A_2\cdots A_{n-2})P(A_{n-1}|A_1A_2\cdots A_{n-2})P(A_n|A_1A_2\cdots A_{n-1})\\&=\cdots=P(A_1)P(A_2|A_1)\cdots P(A_{n-1}|A_1A_2\cdots A_{n-2})P(A_n|A_1A_2\cdots A_{n-1}).\end{aligned}$$

例 1.5.5 袋中有 4 个红球、6 个白球，随机地取出一只，观察颜色后把它放回，并加进相同颜色的球 2 个，这样再摸第二次，问第一次取到红球、第二次取到白球的概率是多少？

解 设 A=“第一次取到红球”，B=“第二次取到白球”，则所求为

$$P(AB)=P(A)P(B|A)=\frac{4}{10}\times\frac{6}{12}=\frac{1}{5}.$$

例 1.5.6 把字母 M,A,X,A,M 分别写在不同的卡片上,充分混合后重新排列,问卡片上的字母组成 MAXAM 的概率是多少?

解 设 A_1="取到第一个 M",A_2="取到第一个 A",A_3="取到 X",A_4="取到第二个 A",A_5="取到第二个 M",则所求概率为

$$P(A_1A_2A_3A_4A_5)=P(A_1)P(A_2|A_1)P(A_3|A_1A_2)P(A_4|A_1A_2A_3)P(A_5|A_1A_2A_3A_4)$$
$$=\frac{2}{5}\times\frac{2}{4}\times\frac{1}{3}\times\frac{1}{2}\times\frac{1}{1}=\frac{1}{30}.$$

例 1.5.7[波利亚(Polya)罐子模型] 罐子中有 b 只黑球、r 只红球,每次任取一球,观察颜色后放回,并加进 c 个同色球和 d 个异色球. 求:

(1) 第一次取到黑球,第二、三次取到红球的概率;

(2) 第一、三次取到红球,第二次取到黑球的概率;

(3) 第一、二次取到红球,第三次取到黑球的概率.

解 令 B_i="第 i 次取到黑球",R_j="第 j 次取到红球",$i,j=1,2,3$,则

(1) $$P(B_1R_2R_3)=P(B_1)P(R_2|B_1)P(R_3|B_1R_2)$$
$$=\frac{b(r+d)(r+d+c)}{(b+r)(b+r+c+d)(b+r+2c+2d)}.$$

(2) $$P(R_1B_2R_3)=P(R_1)P(B_2|R_1)P(R_3|R_1B_2)$$
$$=\frac{r(b+d)(r+d+c)}{(b+r)(b+r+c+d)(b+r+2c+2d)}.$$

(3) $$P(R_1R_2B_3)=P(R_1)P(R_2|R_1)P(B_3|R_1R_2)$$
$$=\frac{r(r+c)(b+2d)}{(b+r)(b+r+c+d)(b+r+2c+2d)}.$$

注意以上概率与黑球在第几次被抽取有关. 这个模型曾被波利亚用作描述传染病的数学模型,有多种变化,详细分析从略.

概率论中重要的研究课题之一就是从已知的简单事件的概率来推算未知的复杂事件的概率. 为了达到这个目的,本节将利用概率的可加性和条件概率导出全概率公式与贝叶斯公式.

1.5.3 全概率公式

在计算比较复杂事件的概率时,首先需要将其分解成若干个两两互不相容的比较简单的事件的和,分别计算出这些简单事件的概率,然后根据概率的可加性求得复杂事件的概率,这就是全概率公式. 首先介绍关于样本空间划分的概念.

定义 1.5.2 设 Ω 为随机试验 E 的样本空间, $B_1,B_2,\cdots,B_n$ 为一组事件,如果

(1) $B_iB_j=\varnothing,i\neq j,i,j=1,2,\cdots,n$;

(2) $\bigcup\limits_{i=1}^{n}B_i=\Omega$.

则称 $B_1,B_2,\cdots,B_n$ 为样本空间 Ω 的一个划分,或称 $B_1,B_2,\cdots,B_n$ 为完备事件组,如图 1.5.1 所示.

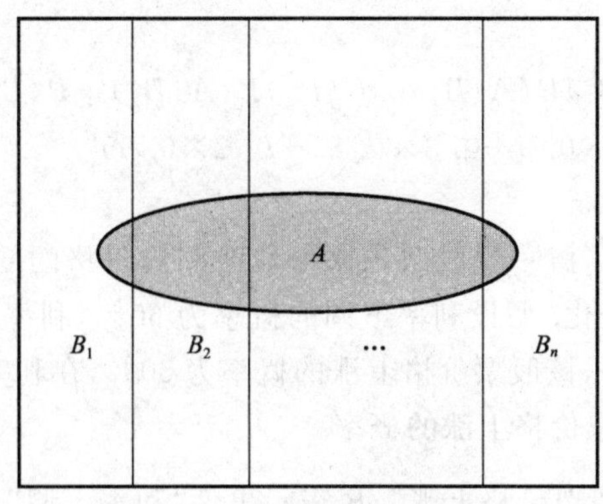

图 1.5.1　样本空间的划分

定理 1.5.4　设 Ω 为试验 E 的样本空间，$B_1,B_2,\cdots,B_n$ 为 Ω 的一个划分，且 $P(B_i)>0,i=1,2,\cdots,n$，则对任一事件 A，有

$$P(A)=\sum_{i=1}^{n}P(B_i)P(A|B_i). \tag{1.5.6}$$

证明　因为

$$A=A\Omega=A\left(\bigcup_{i=1}^{n}B_i\right)=\bigcup_{i=1}^{n}AB_i,$$

而 $AB_1,AB_2,\cdots,AB_n$ 两两互不相容，所以

$$P(A)=P\left(\bigcup_{i=1}^{n}AB_i\right)=\sum_{i=1}^{n}P(AB_i)=\sum_{i=1}^{n}P(B_i)P(A\mid B_i).$$

式(1.5.6)为全概率公式(Total Probability Formula)，它是概率论中最基本的公式之一. 如果把事件 A 看成一个“结果”，$B_1,B_2,\cdots,B_n$ 看成导致结果 A 的各种“原因”，则已知“原因”求“结果”时利用全概率公式，或者当 $P(A)$ 的计算比较困难，而能找到 Ω 的一个划分 $B_1,B_2,\cdots,B_n$，且易计算 $P(B_i)$ 及 $P(A|B_i)$，那么这时利用全概率公式计算比较简单.

利用全概率公式的关键是给出 Ω 的一个完备事件组 $B_1,B_2,\cdots,B_n$.

全概率公式最简单的形式是：如果 $0<P(B)<1$，则

$$P(A)=P(B)P(A|B)+P(\bar{B})P(A|\bar{B}). \tag{1.5.7}$$

定理 1.5.4 中的条件可改为：如果 $B_1,B_2,\cdots,B_n$ 两两互不相容，$A\subset\bigcup_{i=1}^{n}B_i$，结论仍然成立.

比较全概率公式思想和平面面积计算以及曹冲称象方法的异同.

例 1.5.8　市场供应的某种商品中，甲厂生产的产品占 50%，乙厂生产的产品占 30%，丙厂生产的产品占 20%. 已知甲、乙、丙厂产品的合格率分别为 90%，85%，95%，求顾客买到这种产品为合格品的概率.

解　设 A 表示事件“顾客买到的产品是合格品”，B_1,B_2,B_3 分别表示事件“买到的产品是甲厂生产的”“买到的产品是乙厂生产的”“买到的产品是丙厂生产的”，则 B_1,B_2,B_3 是一个完备事件组，且

$$P(B_1)=50\%=0.5,\quad P(B_2)=30\%=0.3,$$
$$P(B_3)=20\%=0.2,\quad P(A|B_1)=90\%=0.9,$$
$$P(A|B_2)=85\%=0.85,\quad P(A|B_3)=95\%=0.95,$$

于是由全概率公式,有

$$\begin{aligned}P(A)&=P(B_1)P(A|B_1)+P(B_2)P(A|B_2)+P(B_3)P(A|B_3)\\&=0.5\times0.9+0.3\times0.85+0.2\times0.95\\&=0.895.\end{aligned}$$

例 1.5.9 人们为了了解一支股票未来一段时间内价格的变化,往往会分析影响股票价格的因素,比如利率的变化.假设利率下调的概率为60%,利率不变的概率为40%.根据经验,在利率下调的情况下,该股票价格上涨的概率为80%,在利率不变的情况下,其价格上涨的概率为40%.求该股票价格上涨的概率.

解 设 A 表示事件"股票价格上涨",B 表示事件"利率下调",$\overline{B}$ 表示事件"利率不变",根据题意有

$$P(B)=60\%=0.6,\qquad P(\overline{B})=40\%=0.4,$$

$$P(A|B)=80\%=0.8,\quad P(A|\overline{B})=40\%=0.4,$$

由全概率公式知

$$P(A)=P(B)P(A|B)+P(\overline{B})P(A|\overline{B})=0.6\times0.8+0.4\times0.4=0.64.$$

例 1.5.10 口袋中有10个乒乓球,其中3个黄球、7个白球,从中任取一球,观察颜色后不放回,然后再任取一球.

(1) 已知第一次取到的是黄球,求第二次取到的仍是黄球的概率;

(2) 求第二次取到黄球的概率.

解 (1) 设 A_i 表示事件"第 i 次取到黄球"$(i=1,2)$,则所求概率为 $P(A_2|A_1)$.由式(1.5.1)知

$$P(A_2|A_1)=\frac{P(A_1A_2)}{P(A_1)}=\frac{\frac{3}{10}\times\frac{2}{9}}{\frac{3}{10}}=\frac{2}{9}.$$

(2) 所求概率为 $P(A_2)$.由全概率公式知

$$\begin{aligned}P(A_2)&=P(A_2A_1\cup A_2\overline{A}_1)=P(A_1)P(A_2|A_1)+P(\overline{A}_1)P(A_2|\overline{A}_1)\\&=\frac{3}{10}\times\frac{2}{9}+\frac{7}{10}\times\frac{3}{9}=\frac{3}{10}.\end{aligned}$$

1.5.4 贝叶斯公式

在全概率公式(1.5.6)中,可以把事件 A 看成一个"结果",而把完备事件组 $B_1,B_2,\cdots,B_n$ 理解成导致这一结果发生的不同"原因"(或决定"结果"A 发生的不同情形),$P(B_i)(i=1,2,\cdots,n)$是各种原因发生的概率,通常是在"结果"发生之前就已经明确的,有时可以从以往的经验中得到,因此称为先验概率(Prior Probability).

在实际问题中经常遇到"结果"A 已经发生,如何判断导致"结果"A 发生的原因,这就是下面所讲的贝叶斯公式.

定理 1.5.5 设 Ω 为试验 E 的样本空间,$B_1,B_2,\cdots,B_n$ 为 Ω 的一个划分,且 $P(B_i)>0,i=1,2,\cdots,n$,A 为任意随机事件,$P(A)>0$,则

$$P(B_i|A)=\frac{P(B_i)P(A|B_i)}{\sum_{j=1}^{n}P(B_j)P(A|B_j)},\quad i=1,2,\cdots,n.\tag{1.5.8}$$

证明 结合条件概率定义、乘法公式和全概率公式知

$$P(B_i|A)=\frac{P(AB_i)}{P(A)}=\frac{P(B_i)P(A|B_i)}{P(A)}=\frac{P(B_i)P(A|B_i)}{\sum_{j=1}^{n}P(B_j)P(A|B_j)}.$$

$P(B_i|A)(i=1,2,\cdots,n)$称为后验概率(Posterior Probability). 先计算 n 个后验概率 $P(B_i|A)$,再比较它们的大小,就能找到导致"结果"A 发生的原因.

贝叶斯公式最简单的形式是:如果 $P(A)>0$,则

$$P(B|A)=\frac{P(B)P(A|B)}{P(B)P(A|B)+P(\bar{B})P(A|\bar{B})}.\tag{1.5.9}$$

例 1.5.11 某学生接连参加同一课程的两次考试,第一次及格的概率为 p,若第一次及格,则第二次及格的概率也为 p;若第一次不及格,则第二次及格的概率为$\frac{p}{2}$. 若已知他第二次已经及格,求他第一次及格的概率.

解 记 A_i="该学生第 i 次考试及格",$i=1,2$,则所求概率为 $P(A_1|A_2)$. 由题意知

$$P(A_1)=p,\quad P(A_2|A_1)=p,\quad P(A_2|\bar{A}_1)=\frac{p}{2}.$$

故由全概率公式(1.5.7)得

$$P(A_2)=P(A_1)P(A_2|A_1)+P(\bar{A}_1)P(A_2|\bar{A}_1)=\frac{1}{2}p(1+p).$$

由贝叶斯公式(1.5.9)得

$$P(A_1|A_2)=\frac{P(A_1)P(A_2|A_1)}{P(A_2)}=\frac{2p}{1+p}.$$

例 1.5.12 以往数据的分析结果表明,当某机器处于良好状态时,生产出来的产品合格率为 90%,而当该机器存在某些故障时,生产出来的产品合格率为 30%,并且每天机器开动时,处于良好状态的概率为 75%. 已知某日生产出来的第一件产品为合格品,求此时该机器处于良好状态的概率.

解 设 B 表示事件"机器处于良好状态",A 表示事件"生产出来的产品是合格品",则所求概率为 $P(B|A)$. 由题意知

$$P(B)=75\%=0.75,\quad P(\bar{B})=25\%=0.25,$$

$$P(A|B)=90\%=0.9,\quad P(A|\bar{B})=30\%=0.3.$$

根据贝叶斯公式,有

$$P(B|A)=\frac{P(B)P(A|B)}{P(B)P(A|B)+P(\bar{B})P(A|\bar{B})}=\frac{0.75\times0.9}{0.75\times0.9+0.25\times0.3}=0.9=90\%.$$

根据以往的数据可知,机器处于良好状态的概率为 75%,该概率为先验概率. 当得知"第一个产品是合格品"这一新的信息之后,可计算得出机器处于良好状态的概率为 90%,该概率为后验概率,这对机器的状态有了进一步的了解.

如前所述,贝叶斯公式常用来解决下列问题:设事件 A 是伴随着"原因"之一 B_i(所谓"原因"也是指某种事件)出现的,通常称 $P(B_i)$ 为先验概率,它反映了各种"原因"发生的可能性大小,而现在要计算在事件 A 出现的条件下"原因"B_i 出现的概率,条件概率 $P(B_i|A)$ 称作后验概率,它反映了试验之后对各种"原因"发生的可能性大小的重新认识. 如果 B_1, $B_2,\cdots,B_n$ 是病人可能患的 n 种不同的疾病,在诊断前先检验与这些疾病有关的某些指标,若病人的某些指标偏离正常值(即 A 发生),从概率论的角度考虑,若 $P(B_i|A)$ 较大,则病人患 B_i 这种病的可能性就较大. 此时就可利用贝叶斯公式来计算 $P(B_i|A)$,在医学上称 $P(B_i)$ 为 B_i 病的发病率,此概率可由过去的病例资料得到. 人们常常喜欢找有经验的医生给自己治病,这是因为过去的经验能帮助医生做出比较准确的诊断,并更好地做到对症下药,而贝叶斯公式正是利用了"经验"(先验概率).

例 1.5.13 某医院对某种疾病有一种很有效的检验方法,97%的患者检验结果为阳性,95%的未患病者检验结果为阴性,设该病的发病率为 0.4%. 现有某人的检验结果为阳性,问他确实患病的概率是多少?

解 记 A 表示"某人患有该病",B 表示"检验结果是阳性",则所求概率为 $P(A|B)$. 由题意知

$$P(A)=0.4\%=0.004,\quad P(\bar{A})=99.6\%=0.996,$$
$$P(B|A)=97\%=0.97,\quad P(\bar{B}|\bar{A})=95\%=0.95.$$

于是有

$$P(B|\bar{A})=1-P(\bar{B}|\bar{A})=0.05,$$

由贝叶斯公式(1.5.9)得

$$P(A|B)=\frac{P(A)P(B|A)}{P(A)P(B|A)+P(\bar{A})P(B|\bar{A})}=\frac{0.004\times0.97}{0.004\times0.97+0.996\times0.05}=0.072=7.2\%.$$

有人经检验为阳性,他觉得检验方法是有效的,因此认为自己患病无疑了. 但计算表明,即使检验为阳性,得病的概率也只有 7.2%,即平均 1 000 个阳性患者中大约只有 72 人会得病,不必十分紧张. 那么这到底是怎么回事呢? 问题在于先验概率(发病率)上. 尽管未患病者只有 5%经检验为阳性,但未患病者占到 99.6%,因此检验为阳性的人中还是未患病者占多数,这就是症结所在. 另外,检验为阳性使患病的可能性由 0.4%增加到 7.2%,还是起了重要参考作用. 从医学上讲,很多疾病都可能导致同一症状出现,根据临床经验,只能做出大体的判断. 在实际中为了确诊应采取多种检验方法进行综合诊断,各种方法的效果积累起来就能提高确诊率.

1.6 事件的独立性

1.6.1 两个事件的独立性

例 1.6.1 设盒中有 10 个球,其中 6 个红球、4 个白球,做有放回的抽取,问第一次取到红球、第二次取到白球的概率是多少?

解 设 A="第一次取到红球",B="第二次取到白球",则所求概率为

$$P(AB)=P(A)P(B|A)=\frac{6}{10}\times\frac{4}{10}=\frac{6}{25}.$$

因为 $$P(A)=\frac{6}{10},\quad P(B)=\frac{4}{10},$$

所以 $$P(A)P(B)=\frac{6}{10}\times\frac{4}{10}=\frac{6}{25}=P(AB).$$

通过例 1.6.1,人们知道对于事件 A,B,在一定情况下满足 $P(AB)=P(A)P(B)$,而且在日常生活和实际问题中经常遇到这种情况,为此引入事件独立性概念.

定义 1.6.1 若试验 E 的两个事件 A,B 满足

$$P(AB)=P(A)P(B), \tag{1.6.1}$$

则称事件 A 与 B 是相互独立的(Mutually Independent),简称事件 A,B 独立. 否则称事件 A 与 B 是不独立的或相依的(Dependent).

根据定义 1.6.1,容易验证必然事件 Ω 和不可能事件 $\varnothing$ 与任何事件是相互独立的,事实上,Ω 与 $\varnothing$ 是否发生不受任何事件影响,也不影响其他事件是否发生.

注 (1) 若事件 A,B 相互独立,则 $P(A|B)=P(A)$;

(2) 若 $P(A|B)=P(A)$,$P(B)>0$,则事件 A,B 是相互独立的.

根据上面的注释,人们有时将事件 A,B 的相互独立性定义如下.

定义 1.6.2 对于事件 A,B,$P(B)>0$,若满足

$$P(A|B)=P(A), \tag{1.6.2}$$

则称事件 A 与 B 是相互独立的,简称事件 A,B 独立,否则称事件 A 与 B 是不独立的或相依的.

定义 1.6.1 和定义 1.6.2 相互等价. 对于事件 A,B 是否相互独立,有时根据定义进行判断,有时根据实际情况具体分析. 如果 A,B 两事件之间没有关联或关联很微弱,就认为它们是相互独立的. 例如,A,B 分别表示甲、乙两人患感冒,如果甲、乙两人所在地区相距很远,就认为 A,B 相互独立,若甲、乙两人同住一个房间,那就不能认为 A,B 相互独立了.

定理 1.6.1 若事件 A 与 B 相互独立,则事件 $\bar{A}$ 与 B,A 与 $\bar{B}$,$\bar{A}$ 与 $\bar{B}$ 也相互独立.

证明 由于 $\bar{A}B=B-AB$,$B\supseteq AB$,且 A 与 B 独立,所以

$$P(\bar{A}B)=P(B-AB)=P(B)-P(AB)=P(B)-P(A)P(B)=P(\bar{A})P(B),$$

故 $\bar{A}$ 与 B 独立. 由于 A 与 B 的对称性,可见 A 与 $\bar{B}$ 也相互独立. 对 $\bar{A}$ 与 $\bar{B}$ 重复应用上述证明方法,可得 $\bar{A}$ 与 $\bar{B}$ 也相互独立.

事实上,在 4 对事件 A 与 B,$\bar{A}$ 与 B,A 与 $\bar{B}$,$\bar{A}$ 与 $\bar{B}$ 中,只要有 1 对相互独立,则其余 3 对也必定相互独立.

值得注意的是,事件 A,B 相互独立与事件 A,B 互不相容有着本质的区别. 互不相容意味着 A 发生则 B 一定不发生,或 B 发生则 A 一定不发生,因此 A 发生与否与 B 发生与否不是无关的,恰恰是极其相关的;当 $P(A)>0$,$P(B)>0$ 时,互不相容一定不相互独立,相互独立一定不互不相容;只有当 $P(A)$ 和 $P(B)$ 中至少有一个为 0 时,A 和 B 才可能既相互独立又互不相容.

例 1.6.2 甲、乙两人各自同时向一架敌机射击,已知甲击中敌机的概率为 0.8,乙击中

敌机的概率为 0.7,求敌机被击中的概率.

解 设 A="敌机被击中",B="甲击中敌机",C="乙击中敌机",则 $A=B\cup C$,故所求概率为

$$P(A)=P(B\cup C)=P(B)+P(C)-P(BC).$$

因为甲击中敌机与乙击中敌机没有相互影响,所以

$$P(A)=P(B)+P(C)-P(B)P(C)=0.8+0.7-0.8\times 0.7=0.94,$$

或

$$P(A)=P(B\cup C)=1-P(\overline{B}\overline{C})=1-P(\overline{B})P(\overline{C})=0.94.$$

1.6.2 多个事件的独立性

下面将独立性的概念推广到 3 个事件的情形.

定义 1.6.3 设 A,B,C 是试验 E 的 3 个事件,如果满足等式

$$\begin{cases}P(AB)=P(A)P(B),\\P(AC)=P(A)P(C),\\P(BC)=P(B)P(C),\end{cases}\tag{1.6.3}$$

$$P(ABC)=P(A)P(B)P(C),\tag{1.6.4}$$

则称事件 A,B,C 相互独立. 如果 A,B,C 仅满足式(1.6.3),则称它们是两两独立的. 显然,相互独立一定两两独立;反之,两两独立不一定相互独立.

例 1.6.3 某个均匀的正四面体,其第一面染上红色,第二面染上白色,第三面染上黑色,而第四面同时染上红、白、黑三种颜色. 设 A="掷一次该四面体向上一面出现红色",B="掷一次该四面体向上一面出现白色",C="掷一次该四面体向上一面出现黑色",则

$$P(A)=P(B)=P(C)=\frac{1}{2},$$

$$P(AB)=P(BC)=P(AC)=\frac{1}{4},$$

从而有

$$P(AB)=\frac{1}{4}=P(A)P(B),$$

$$P(BC)=\frac{1}{4}=P(B)P(C),$$

$$P(AC)=\frac{1}{4}=P(A)P(C).$$

因此事件 A,B,C 两两独立.

但因为 $P(ABC)=\frac{1}{4}\neq\frac{1}{8}=P(A)P(B)P(C)$,所以事件 A,B,C 不相互独立.

例 1.6.4 甲、乙、丙三人独立地破译一份密码,已知每人能译出的概率分别为 $\frac{1}{5}$,$\frac{1}{3}$,$\frac{1}{4}$,问此密码被译出的概率是多少?

解 方法一:

设 A="甲译出此密码",B="乙译出此密码",C="丙译出此密码",则所求概率为

$$\begin{aligned}P(A\cup B\cup C)&=P(A)+P(B)+P(C)-P(AB)-P(BC)-P(AC)+P(ABC)\\&=P(A)+P(B)+P(C)-P(A)P(B)-P(B)P(C)-P(A)P(C)+\\&\quad P(A)P(B)P(C)\\&=\frac{1}{5}+\frac{1}{3}+\frac{1}{4}-\frac{1}{5}\times\frac{1}{3}-\frac{1}{3}\times\frac{1}{4}-\frac{1}{5}\times\frac{1}{4}+\frac{1}{5}\times\frac{1}{3}\times\frac{1}{4}=\frac{3}{5}.\end{aligned}$$

方法二：

设 A="甲译出此密码",B="乙译出此密码",C="丙译出此密码",则所求概率为

$$\begin{aligned}P(A\cup B\cup C)&=1-P(\overline{A\cup B\cup C})=1-P(\overline{A}\,\overline{B}\,\overline{C})=1-P(\overline{A})P(\overline{B})P(\overline{C})\\&=1-\left(1-\frac{1}{5}\right)\left(1-\frac{1}{3}\right)\left(1-\frac{1}{4}\right)=\frac{3}{5}.\end{aligned}$$

下面将独立性推广到4个以上事件.

定义 1.6.4　设 $A_1,A_2,\cdots,A_n$ 是 $n(n\geqslant 2)$ 个事件,如果对于其中任意 $k(2\leqslant k\leqslant n)$ 个事件 $A_{i_1},A_{i_2},\cdots,A_{i_k}$ 及任意 $1\leqslant i_1<i_2<\cdots<i_k\leqslant n$ 都有

$$P(A_{i_1}A_{i_2}\cdots A_{i_k})=P(A_{i_1})P(A_{i_2})\cdots P(A_{i_k}),\tag{1.6.5}$$

则称事件 $A_1,A_2,\cdots,A_n$ 相互独立.

式(1.6.5)实际上包含了

$$C_n^2+C_n^3+\cdots+C_n^n=(1+1)^n-C_n^1-C_n^0=2^n-n-1$$

个等式.

定义 1.6.5　设 $A_1,A_2,\cdots,A_n$ 为 $n(n\geqslant 2)$ 个事件,如果对任意两个事件 A_i,A_j,只要 $i\neq j$,就有

$$P(A_iA_j)=P(A_i)P(A_j),\tag{1.6.6}$$

则称 $A_1,A_2,\cdots,A_n$ 是两两独立的.

由上述定义,可以得到以下结论:

(1) 若事件 $A_1,A_2,\cdots,A_n(n\geqslant 2)$ 相互独立,则其中任意 $k(2\leqslant k\leqslant n)$ 个事件也相互独立.

(2) 若事件 $A_1,A_2,\cdots,A_n$ 相互独立,则将 $A_1,A_2,\cdots,A_n$ 中任意多个事件换成它们的对立事件,其余事件保持不变,所得的 n 个事件仍相互独立.

(3) 若事件 $A_1,A_2,\cdots,A_n$ 相互独立,则将它们分成 m 组后分别经和、积、差、对立等事件运算所得的 m 个事件仍然独立.

(4) 若事件 $A_1,A_2,\cdots,A_n$ 相互独立,则事件 $A_1,A_2,\cdots,A_n$ 两两独立.

例 1.6.5　设每个人的血清中含有肝炎病毒的概率为0.4%.现混合100个人的血清,求此血清中含有肝炎病毒的概率.

解　设 A_i="第 i 个人的血清中含有肝炎病毒",$i=1,2,\cdots,100$,则事件 $A_1,A_2,\cdots,A_{100}$ 相互独立,故所求概率为

$$\begin{aligned}P(A_1\cup A_2\cup\cdots\cup A_{100})&=1-P(\overline{A}_1\overline{A}_2\cdots\overline{A}_{100})=1-P(\overline{A}_1)P(\overline{A}_2)\cdots P(\overline{A}_{100})\\&=1-(1-0.004)^{100}\approx 0.33.\end{aligned}$$

注　(1) 尽管每个人血清中含有肝炎病毒的概率非常小,但将多人血清混合后含有肝炎病毒的概率已非常大.这样的实例在生活中经常遇到,同时也蕴含着一些做人的道理:勿以恶小而为之,勿以善小而不为.

(2) 根据例1.6.2、例1.6.4以及例1.6.5,当求多个事件至少发生其一的概率时,如果

事件相互独立，则将所求概率转化为多个概率的乘积时计算比较容易.

例 1.6.6 一个元件能正常工作的概率叫作这个元件的可靠性，由元件组成的系统能正常工作的概率叫作这个系统的可靠性. 设构成系统的每个元件的可靠性为 $r(0<r<1)$，且各个元件能否正常工作是相互独立的. 设有 $2n(n>1)$ 个元件组成如图 1.6.1 所示的两个系统，求这两个系统的可靠性，并比较它们的大小.

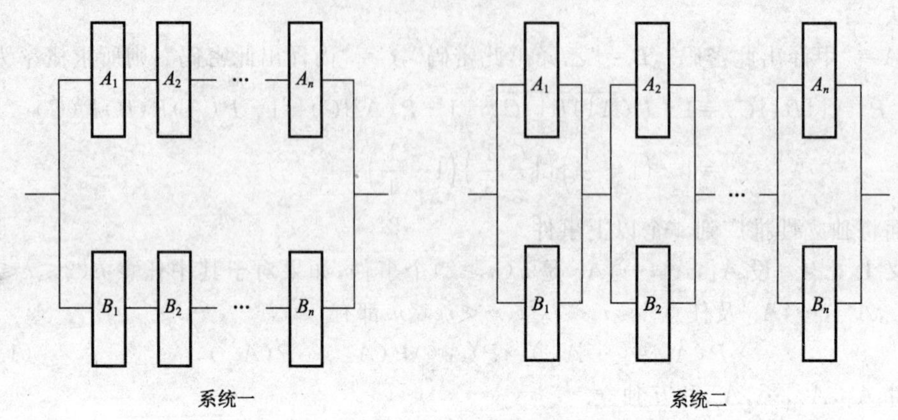

图 1.6.1 $2n(n>1)$个元件组成的两个系统

解 设 C_1="系统一正常工作"，C_2="系统二正常工作"，A_i="上面的第 i 个元件正常工作"，B_i="下面的第 i 个元件正常工作"，$i=1,2,\cdots,n$，则有

$$\begin{aligned}
P(C_1) &= P(A_1A_2\cdots A_n \cup B_1B_2\cdots B_n) \\
&= P(A_1A_2\cdots A_n) + P(B_1B_2\cdots B_n) - P(A_1\cdots A_nB_1\cdots B_n) \\
&= r^n + r^n - r^{2n} = r^n(2-r^n),
\end{aligned}$$

$$\begin{aligned}
P(C_2) &= P[(A_1 \cup B_1) \cap (A_2 \cup B_2) \cap \cdots \cap (A_n \cup B_n)] \\
&= P(A_1 \cup B_1)P(A_2 \cup B_2)\cdots P(A_n \cup B_n) \\
&= \prod_{i=1}^{n} P(A_i \cup B_i) = \prod_{i=1}^{n} [P(A_i) + P(B_i) - P(A_iB_i)] \\
&= \prod_{i=1}^{n} (2r - r^2) = r^n\,(2-r)^n.
\end{aligned}$$

当 $n>1$ 时，总有 $(2-r)^n > 2-r^n$，所以 $P(C_2)>P(C_1)$，即系统二的可靠性大于系统一的可靠性，故在实际问题中一般采用系统二的形式.

1.6.3 试验的独立性

利用事件的独立性可以定义试验的独立性.

定义 1.6.6 设有两个试验 E_1 和 E_2，如果试验 E_1 的任一结果(事件)与试验 E_2 的任一结果(事件)都是相互独立的，则称这两个试验相互独立.

例如，掷一枚硬币(试验 E_1)与掷一颗骰子(试验 E_2)是相互独立的试验.

类似地，可以定义 n 个试验的相互独立性.

选读材料：概率论发展简史

综观数学史，公元前 3000—公元前 500 年产生的数学处于萌芽产生时期；公元前 500—

1700年产生的数学称为初等数学(常量数学),也就是小学、初中、高中所学的数学;1700—1900年产生的数学称为高等数学(变量数学),也就是大学里所学的大部分数学;从19世纪末至今产生的数学称为现代数学.概率论就是现代数学中的一门学科.

1654年,法国数学家帕斯卡(1623—1662)和费马(1601—1665)在来往信函中研究了概率问题,即历史上有名的"赌点问题".法国狂热赌徒梅累向帕斯卡提出了一个令他苦恼很久的问题:"两个赌徒相约若干局,谁先赢 s 局就算赢了.现在一个人赢 $a(a<s)$ 局,另一个人赢 $b(b<s)$ 局,因某种原因赌博中止.问赌本应怎样分才合理?"当帕斯卡接到这个问题后,把它转给了费马,他们两人都对这个问题得出了正确的答案,但所用方法不同,由此奠定了古典概率论的基础.他们的这项研究很快引起了人们的兴趣,概率论的研究就是这样开始的.

1657年,荷兰数学家Huygens(1629—1695)发表了关于概率论的早期著作——《论赌博的计算》,这是最早的概率论著作.1714年,瑞士数学家雅各布·伯努利(1654—1705)出版了《猜测术》,提出了著名的伯努利大数定理.之后,由于丹尼尔·伯努利(1700—1782)、贝叶斯(1701—1761)、蒲丰(1707—1788)、拉格朗日(1736—1813)、勒让德(1752—1833)、高斯(1777—1855)、泊松(1781—1840)等人的工作,概率论的研究内容越来越多.

1812年,法国数学家拉普拉斯(1749—1827)发表了第一部近代古典概率论专著——《分析概率论》,这部先驱性巨著集古典概率论成果之大成,收纳了到那时为止的主要成果,采用数学分析方法研究随机现象,建立了一些基本概念,如"事件""概率""随机变量""数学期望"等,完善了古典概率论的结构.

拉普拉斯所给出的古典先验概率定义虽然在整个19世纪被广泛接受,但是由于他未探讨这一理论和应用的基础,因此该定义缺少数学的严密性.因此,1920年以前的概率论呈现出的是一幅相当混乱的图像.

1919年,德国数学家冯·米塞斯撰文说:"今天,概率论不是一门数学学科."1921年,英国经济学家凯恩斯在评论古典概率时说:"对科学家来讲,它有一点占星术和炼金术的味道."

1933年,苏联数学家柯尔莫哥洛夫(1903—1987)出版了划时代的巨著——《概率论基本概念》,它标志着概率论新纪元的开始.在这本书里,利用勒贝格在20世纪初创立的测度论和康托尔创立的集合论,柯尔莫哥洛夫集前人之大成,提出了概率论的公理化结构,明确了概率的定义和概率论的基本概念,开创了现代概率论.

1933年以后,概率论成为一门严谨的现代数学分支.它的思想渗透到各个学科,应用范围大大扩大,概率论在近代物理、无线电与自动控制、工厂产品的质量控制、农业试验、公用事业等方面都得到了重要应用.

习题

1. 写出下列试验的样本空间:

(1) 抛3枚硬币,观察正反面情况;

(2) 抛3颗骰子,观察向上的点数之和;

(3) 某人进行射击,射击进行到命中目标为止,记录射击次数;

(4) 在单位圆内随机取一点,记录它的坐标.

2. 设 A,B,C 为 3 个事件,用 A,B,C 表示下列各事件:

(1) A,B,C 都发生;

(2) A,B 发生,C 不发生;

(3) A,B,C 都不发生;

(4) A,B 中至少有 1 个发生而 C 不发生;

(5) A,B,C 中至少有 1 个发生;

(6) A,B,C 中不多于 1 个发生;

(7) A,B,C 中至多有 2 个发生;

(8) A,B,C 中恰有 2 个发生.

3. 对于组合数 C_n^r,证明:

(1) $C_a^0C_b^n+C_a^1C_b^{n-1}+\cdots+C_a^nC_b^0=C_{a+b}^n, n\leqslant\min(a,b)$;

(2) $(C_n^0)^2+(C_n^1)^2+\cdots+(C_n^n)^2=C_{2n}^n$.

4. 掷两颗骰子,求下列事件的概率:

(1) 点数之和为 8;

(2) 两个点数中一个恰是另一个的两倍.

5. 口袋中有 6 个白球、4 个黑球,从中任取两个,求取到的两个球颜色相同的概率.

6. 考虑一元二次方程 $x^2+Bx+C=0$,其中 B,C 分别是将一枚骰子接连投掷两次先后出现的点数,求该方程有实根的概率 p 和有重根的概率 q.

7. 设 A,B,C 是随机事件,A,C 互不相容,$P(AB)=\frac{1}{2}$,$P(C)=\frac{1}{3}$,求 $P(AB|\overline{C})$.

8. 已知 A,B 两个事件满足条件 $P(AB)=P(\overline{A}\,\overline{B})$,且 $P(A)=p$,求 $P(B)$.

9. 已知 $P(A)=P(B)=P(C)=\frac{1}{4}$,$P(AB)=0$,$P(AC)=P(BC)=\frac{1}{8}$,求事件 A,B,C 全不发生的概率为多少?

10. 设随机事件 A,B 及其和事件 $A\cup B$ 的概率分别是 0.4,0.3,0.6. 若 $\overline{B}$ 表示 B 的对立事件,那么积事件 $A\overline{B}$ 的概率 $P(A\overline{B})$ 为多少?

11. 口袋中有 10 个球,分别标有号码 1 到 10. 现从中不放回地任取 3 个,记下取出球的号码,试求:

(1) 最小号码为 5 的概率;

(2) 最大号码为 5 的概率.

12. 从 5 双不同的鞋子中任取 4 只,问这 4 只鞋子至少有 2 只配成一双的概率是多少?

13. 将 3 个球随机地放入 4 个杯子中,求杯子中球的最大个数分别为 1,2,3 的概率.

14. 已知在 10 件产品中有 3 件次品,从中任取 4 件. 试求下列事件的概率:

(1) 恰有 2 件次品;

(2) 全部为正品;

(3) 至少有 1 件次品.

15. (1) 已知 $P(A)=0.4$,$P(B\overline{A})=0.2$,$P(C\overline{A}\,\overline{B})=0.1$,求 $P(A\cup B\cup C)$;

(2) 已知 $P(A)=0.4, P(B)=0.25, P(A-B)=0.25$，求 $P(B-A)$ 与 $P(\overline{A}B)$.

16. 设 A_1, A_2 为两个随机事件，证明：

(1) $P(A_1A_2)=1-P(\overline{A}_1)-P(\overline{A}_2)+P(\overline{A}_1\overline{A}_2)$；

(2) $1-P(\overline{A}_1)-P(\overline{A}_2)\leqslant P(A_1A_2)\leqslant P(A_1\cup A_2)\leqslant P(A_1)+P(A_2)$.

17. 对任意事件 A, B, C，证明：

(1) $P(AB)+P(AC)-P(BC)\leqslant P(A)$；

(2) $P(AB)+P(AC)+P(BC)\geqslant P(A)+P(B)+P(C)-1$.

18. 证明：$|P(AB)-P(A)P(B)|\leqslant\frac{1}{4}$.

19. 一副扑克牌 52 张，从中任取 13 张，求至少取到 1 张 A 的概率.

20. 在区间$(0,1)$中随机地取两个数，求事件“两数之差的绝对值小于$\frac{1}{2}$”的概率.

21. 在区间$(0,1)$中随机地取两个数，求事件“两数之和小于$\frac{6}{5}$”的概率.

22. 随机地向半圆 $0<y<\sqrt{2ax-x^2}\ (a>0)$ 内投掷一点，点落在半圆内任何区域的概率与该区域的面积成正比. 求原点与该点的连线与 x 轴的夹角小于 $\frac{\pi}{4}$ 的概率.

23. 两艘轮船都要停靠同一个泊位，它们可能在一昼夜的任意时刻到达. 设两船停靠泊位的时间分别为 1 h 和 2 h，求有一艘船停靠泊位时另一艘船必须等待的概率.

24. 任取两个不大于 1 的正数，求它们的积不大于 $\frac{2}{9}$，且它们和不大于 1 的概率.

25. 将线段$(0,a)$任意折成 3 折，求此 3 折线段构成三角形的概率$(a>0)$.

26. 已知随机事件 A 的概率 $P(A)=0.5$，随机事件 B 的概率 $P(B)=0.6$ 及条件概率 $P(B|A)=0.8$，求和事件 $A\cup B$ 的概率 $P(A\cup B)$为多少？

27. 已知 $P(A)=0.7, P(\overline{B})=0.6, P(A\overline{B})=0.5$，求：

(1) $P[A|(A\cup B)]$；

(2) $P[AB|(A\cup B)]$；

(3) $P[A|(\overline{A}\cup\overline{B})]$.

28. 设 A, B 是两个随机事件，且 $0<P(A)<1, P(B)>0, P(B|A)=P(B|\overline{A})$，则必有（　　）.

A. $P(A|B)=P(\overline{A}|B)$　　B. $P(A|B)\neq P(\overline{A}|B)$

C. $P(AB)=P(A)P(B)$　　D. $P(AB)\neq P(A)P(B)$

29. 设 A, B 为随机事件，且 $P(B)>0, P(A|B)=1$，则必有（　　）.

A. $P(A\cup B)>P(A)$　　B. $P(A\cup B)>P(B)$

C. $P(A\cup B)=P(A)$　　D. $P(A\cup B)=P(B)$

30. 某工厂有 3 条流水线生产同一种产品，各流水线的产量分别占总产量的 30%，40%，30%，其产品的合格率依次为 96%，95%，98%. 现从出厂产品中任取一件，问该产品为合格品的概率.

31. 有 10 个人抽签，其中 3 个人抽中. 抽签时，一个人抽完后下一个人接着抽，求第二个人抽中的概率.

32. 设工厂 A 和工厂 B 产品的次品率分别为 1% 和 2%，现从 A 和 B 产品分别占 60% 和 40% 的一批产品中随机抽取一件，发现是次品，求该次品属工厂 A 生产的概率.

33. 袋中有 50 个乒乓球，其中 20 个是黄球，30 个是白球. 今有两人依次随机地从袋中各取一球，取后不放回，求第二个人取得黄球的概率.

34. 一批产品有 10 个正品和 2 个次品，任意抽取两次，每次取一个，抽出后不再放回，求第二次抽取的是次品的概率.

35. 已知甲、乙两箱中装有同种产品，其中甲箱中装有 3 件合格品和 3 件次品，乙箱中仅装有 3 件合格品. 从甲箱中任取 3 件产品放入乙箱后，求从乙箱中任取一件产品是次品的概率.

36. 3 个箱子，第一个箱子中有 4 个黑球、1 个白球，第二个箱子中有 3 个黑球、3 个白球，第三个箱子中有 3 个黑球、5 个白球. 现随机地取一个箱子，再从这个箱子中取出 1 个球，这个球为白球的概率是多少？已知取出的球是白球，此球属于第二个箱子的概率是多少？

37. 设有来自 3 个地区的各 10 名、15 名和 25 名考生的报名表，其中女生的报名表分别为 3 份、7 份和 5 份. 随机取一个地区的报名表，从中先后抽出两份. 求：

(1) 先抽出的一份是女生的报名表的概率 p；

(2) 已知后抽到的一份是男生的报名表，求先抽到的一份是女生的报名表的概率 q.

38. 将一枚硬币独立地抛掷两次，引进事件：$A_1=\{$抛掷第一次出现正面$\}$，$A_2=\{$抛掷第二次出现正面$\}$，$A_3=\{$正反面各出现一次$\}$，$A_4=\{$正面出现两次$\}$，则事件(　　).

A. A_1,A_2,A_3 相互独立　　B. A_2,A_3,A_4 相互独立

C. A_1,A_2,A_3 两两独立　　D. A_2,A_3,A_4 两两独立

39. 甲、乙两人独立地对同一目标射击一次，其命中率分别为 0.6 和 0.5. 现已知目标被击中，求目标是甲射中的概率.

40. 设两两相互独立的 3 个事件 A,B 和 C 满足条件：$ABC=\varnothing$，$P(A)=P(B)=P(C)<\frac{1}{2}$，且已知 $P(A\cup B\cup C)=\frac{9}{16}$，求 $P(A)$.

41. 设两个相互独立的事件 A 和 B 都不发生的概率为$\frac{1}{9}$，A 发生 B 不发生的概率与 A 不发生 B 发生的概率相等，求 $P(A)$.

42. 设随机事件 A 和 B 相互独立，且 $P(B)=0.5$，$P(A-B)=0.3$，求 $P(B-A)$.

43. 某人向同一目标独立重复射击，每次射击命中目标的概率为 $p(0<p<1)$，求此人第四次射击恰好第二次命中目标的概率.

44. 设在一次试验中，事件 A 发生的概率为 p. 现进行 n 次独立试验，则 A 至少发生一次的概率为多少？事件 A 至多发生一次的概率为多少？

45. 设 3 次独立试验中，事件 A 出现的概率相等. 若已知 A 至少出现一次的概率等于 $\frac{19}{27}$，求事件 A 在一次试验中出现的概率为多少？

46. 若 $P(A|B)=P(A|\bar{B})$，证明：事件 A,B 相互独立.

47. 口袋中有1个白球、1个黑球，从中任取1个，若取出白球则试验停止；若取出黑球，则把取出的黑球放回的同时，再加入1个黑球. 如此下去，直到取出的是白球为止. 试求下列事件的概率：

(1) 取到第 n 次，试验还没有结束；

(2) 取到第 n 次，试验恰好结束.

48. 设 M 件产品中有 m 件是不合格品，从中任取两件.

(1) 在所取产品中有一件是不合格品的条件下，求另一件也是不合格品的概率；

(2) 在所取产品中有一件是合格品的条件下，求另一件是不合格品的概率.

49. 设 $P(A)=a$，$P(B)=b$，证明：$P(A|B)\geqslant\dfrac{a+b-1}{b}$.

50. 设 $P(A)>0$，证明：$P(B|A)\geqslant 1-\dfrac{P(\bar{B})}{P(A)}$.

51. 一盒晶体管中有6只合格品、4只不合格品，从中不放回地一只一只取出，试求第二次取出合格品的概率.

52. 甲口袋有 a 个黑球、b 个白球，乙口袋有 n 个黑球、m 个白球.

(1) 从甲口袋任取1个球放入乙口袋，然后再从乙口袋任取1个球，试求最后从乙口袋取出的是黑球的概率；

(2) 从甲口袋中任取2个球放入乙口袋，然后再从乙袋任取1个球，试求最后从乙口袋取出的是黑球的概率.

53. 有两箱同种类的零件，第一箱装50只，其中一等品10只；第二箱装30只，其中一等品18只，今从两箱中任选一箱，然后从该箱中取零件两次，每次任取一只，做不放回抽样，试求：

(1) 第一次取到的零件是一等品的概率；

(2) 第一次取到的零件是一等品的条件下，第二次取到的也是一等品的概率.

54. 发报台分别以概率0.6和0.4发出信号0和1. 由于通信系统受到干扰，当发出信号0时，收报台未必收到信号0，而是分别以概率0.8和0.2收到信号0和1；同样，当发出信号1时，收报台分别以0.9和0.1收到信号1和0，求：

(1) 收报台收到信号0的概率；

(2) 当收到信号0时，发报台确实是发出信号0的概率.

55. 已知一个母鸡生 k 个蛋的概率为$\dfrac{\lambda^k}{k!}e^{-\lambda}(\lambda>0)$，而每一个蛋能孵化成小鸡的概率为 p. 证明：一个母鸡恰有 r 个下一代(即小鸡)的概率为$\dfrac{(\lambda p)^r}{r!}e^{-\lambda p}$.

56. 设电路由 A,B,C 三个元件组成，若元件 A,B,C 发生故障的概率分别是0.3，0.2，0.2，且各元件独立工作，试在以下情况下，求此电路发生故障的概率：

(1) A,B,C 三个元件串联；

(2) A,B,C 三个元件并联；

(3) 元件 A 与两个并联的元件 B 及 C 串联.

57. 甲、乙、丙三门大炮对敌机进行独立射击，每门炮的命中率依次为0.7，0.8，0.9，若敌机被命中两弹或两弹以上则被击落. 设 3 门炮同时射击一次,试求敌机被击落的概率.

58. 甲、乙、丙三人独立地向一架飞机射击. 设甲、乙、丙的命中率分别为 0.4,0.5,0.7,飞机中 1 弹、2 弹、3 弹而坠毁的概率分别为 0.2,0.6,1.0. 若三人各向飞机射击一次,求:

(1) 飞机坠毁的概率;

(2) 已知飞机坠毁,求飞机被击中两弹的概率.

59. 甲、乙两人比赛射击,每个回合射击中取胜者得 1 分,假设每个回合射击中,甲胜的概率为 α,乙胜的概率为 β,$\alpha+\beta=1$,比赛进行到一人比另一人多 2 分时停止,多 2 分者最终获胜. 求甲最终获胜的概率.

60. 有两个盒子,第一盒中装有 2 个红球、1 个黑球,第二盒中装有 2 个红球、2 个黑球,现从这两盒中各任取一球放在一起,再从中任取一球,求:

(1) 这个球是红球的概率;

(2) 若发现这个球是红球,问第一盒中取出的球是红球的概率.

61. (Banach 问题)某数学家有两盒火柴,每盒都有 n 根火柴,每次用火柴时他在两盒中任取一盒并从中抽出一根. 求他用完一盒时,另一盒中还有 r 根火柴($1\leqslant r\leqslant n$)的概率.

第2章 随机变量

本章主要从数学分析的角度描述或刻画随机现象. 首先引进概率论中一个重要的概念——随机变量,然后介绍随机变量的分布函数及其性质,介绍常见的离散型随机变量和连续型随机变量,最后学习随机变量函数的分布.

2.1 随机变量及其分布函数

通过第1章的学习,对随机现象(或者说样本空间)有了一定的感性认识. 为了更进一步地研究随机现象,有必要将感性认识上升到理性认识,即从数学分析的角度来认识随机现象. 在数学分析中,最常用的知识是函数(或者说映射),如何从函数的角度认识随机现象呢?换句话说,如何将在第1章遇到的新问题——随机现象——转化为我们熟悉的数(字)去认识呢? 首先要建立从随机现象到实数之间的关系,这种关系就是本章所讲的一个最基本的概念——随机变量(Random Variable).

2.1.1 随机变量

例 2.1.1 抛掷一枚均匀的硬币,则其样本空间 $\Omega_1=\{H,T\}$. 令

$$X(\omega)=\begin{cases}1, & \omega=H,\\ 0, & \omega=T,\end{cases}$$

则 $X(\omega)$建立了样本空间 Ω_1 和数(或者说实数)之间的关系,也就是说,$X(\omega)$是建立在样本空间 Ω_1 上的函数,从而将人们以前对随机现象(或均匀硬币正反面)的研究转化为对数的研究. $X(\omega)$称为随机变量.

同样,令

$$Y(\omega)=\begin{cases}2, & \omega=H,\\ -1, & \omega=T,\end{cases}$$

则 $Y(\omega)$也为一随机变量. 根据上述分析,对同一个样本空间而言,随机变量并不唯一.

例 2.1.2 投掷一颗均匀的骰子,则其样本空间 $\Omega_2=\{1,2,3,4,5,6\}$. 令 $Z(\omega)=\omega,\omega\in\Omega_2$,则 $Z(\omega)$是建立在样本空间 Ω_2 上的函数. 通过 $Z(\omega)$,人们以前从对随机现象(或均匀骰子点数)的研究转化为对数的研究. $Z(\omega)$称为随机变量.

注 比较例 2. 1. 2 中的 $Z(\omega)$ 与例 2. 1. 1 中的 $X(\omega)$ 或 $Y(\omega)$ 的异同.

例 2. 1. 3 将均匀硬币抛掷 3 次,观察其正反面. 假设正面用 H 表示,反面用 T 表示,则其样本空间为 $\Omega_3=\{HHH,HHT,HTH,THH,HTT,THT,TTH,TTT\}$. 令

$$X(HHH)=3,\quad X(HHT)=X(HTH)=X(THH)=2,$$

$$X(HTT)=X(THT)=X(TTH)=1,\quad X(TTT)=0,$$

则 $X(\omega)$ 就是建立在样本空间 Ω_3 上的函数,称 $X(\omega)$ 为随机变量.

下面给出随机变量的确切定义.

定义 2. 1. 1 设 $\Omega=\{\omega\}$ 是随机试验 E 的样本空间,$\{\Omega,\mathcal{F},P\}$ 为概率空间. 如果对任意 $\omega\in\Omega$,存在实数 $X(\omega)$ 与之对应,且对每一个 $x\in\mathbf{R}=(-\infty,+\infty)$,$\{\omega\mid X(\omega)\leqslant x\}\in\mathcal{F}$,则称 $X(\omega)$ 为 $\{\Omega,\mathcal{F},P\}$ 上的随机变量,简记为 X.

在本书中,一般常用大写的 X,Y,Z 等表示随机变量,大写的 A,B,C 等表示随机事件,小写的 x,y,z 等表示实数.

注 (1) 第 1 章所讲的随机事件可以通过本章的随机变量来描述,从而对随机事件的研究转化为随机变量的研究. 例如,在例 2. 1. 2 中,令 A 表示"点数不超过 3"的随机事件,则 $A=\{1,2,3\}=\{\omega\mid Z(\omega)\leqslant 3\}$;在例 2. 1. 3 中,令 B 表示"抛掷 3 次均匀硬币出现 2 次正面"的随机事件,则 $B=\{HHT,HTH,THH\}=\{\omega\mid X(\omega)=2\}$.

(2) 随机变量的取值是有一定概率的. 例如,在例 2. 1. 1 中,$X(\omega)$ 取值 1 还是 0 依赖于 ω 为正面 H 还是反面 T,而出现正面 H 和出现反面 T 是有一定概率的,因此在这个意义上,随机变量 $X(\omega)$ 的取值也是有一定概率的.

(3) 随机变量和普通函数的异同. 普通函数的定义域和值域都是实数或者实数的一部分;而随机变量的定义域是 Ω,其值域为实数或者实数的一部分. 随机变量有分布函数,普通函数无分布函数.

(4) 随机变量就是一个随机变化的量. 换句话说,只要一个量不固定取值,则它就是随机变量. 例如某地区男性的身高,由于某人的身高和另一个人的身高不一定相等,因此令 X="某地区男性的身高",则 X 就是一随机变量.

(5) 随机变量的几何意义(图 2. 1. 1). 随机变量 X 就是在实数轴上跳来跳去的一个随机点.

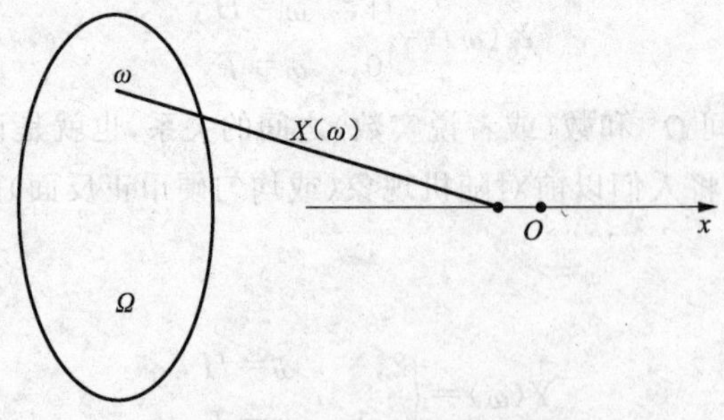

图 2. 1. 1 随机变量示意图

随机变量的引入使人们对随机现象的研究转化为对实数的研究,但由于随机变量的取值是跳来跳去的,因此数学分析中的连续性质或者求导性质对随机变量不适用. 另外,鉴于对任意 $x\in\mathbf{R}=(-\infty,+\infty)$,$\{\omega\mid X(\omega)\leqslant x\}\in\mathcal{F}$,即 $P\{\omega\mid X(\omega)\leqslant x\}$ 存在,因此需要考虑另

一个具有良好数学分析性质的函数——分布函数.

2.1.2 随机变量的分布函数

定义 2.1.2 设 X 为 $\{\Omega, \mathcal{F}, P\}$ 上的随机变量. 对任意 $x \in \mathbf{R}=(-\infty,+\infty)$，称

$$F(x)=P\{\omega \mid X(\omega) \leqslant x\}=P\{\omega \mid X \leqslant x\}=P\{X \leqslant x\} \tag{2.1.1}$$

为随机变量 X 的(累积)分布函数(Cumulative Distribution Function).

注 (1) 随机变量 X 的分布函数 $F(x)$ 的定义域为整个实数 $\mathbf{R}$，值域为 $[0,1]$. 这说明在求随机变量的分布函数时，必须求出实数轴上每一点处的分布函数值，且该函数值既不能大于 1 也不能小于 0.

(2) 任何一个随机变量 X 都对应着一个分布函数 $F(x)$，可记为 $F_X(x)$. 式(2.1.1)是分布函数最基本的定义. 不同的随机变量可以有不同的分布函数，也可以有相同的分布函数.

(3) 分布函数的几何含义. 随机变量 X 的分布函数在点 x 处的值 $F(x)$ 就是实数轴上随机点 X 落在区间 $(-\infty, x]$ 内的概率，如图 2.1.2 所示.

(4) 对任意的 $-\infty<a<b<+\infty$，

$$P\{a<X \leqslant b\} \equiv F(b)-F(a), \tag{2.1.2}$$

$$P\{X=a\} \equiv F(a)-F(a-0). \tag{2.1.3}$$

以上两式说明只要知道随机变量的分布函数，则就能求出该随机变量落在任意区间或任一点的概率. 从这个意义上讲，分布函数完整地描述了随机变量取值的统计规律，如图 2.1.3 所示.

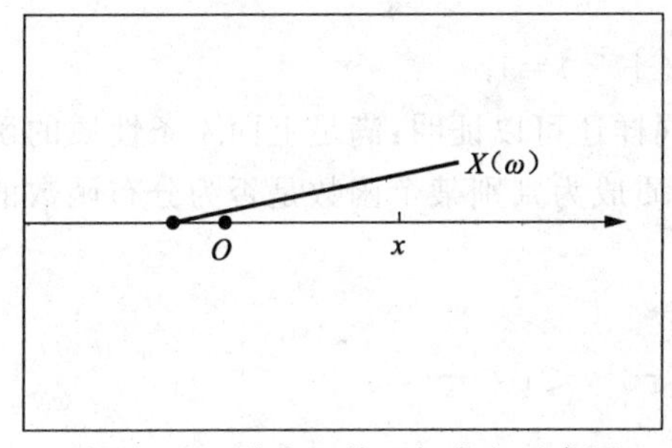

图 2.1.2 分布函数几何意义示意图

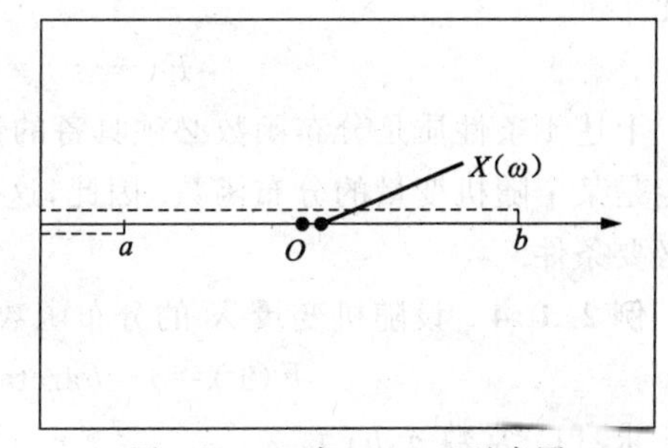

图 2.1.3 式(2.1.2)示意图

(5) 有的书中定义 $F(x)=P\{X<x\}$，因此在求分布函数时，要看清楚是哪种定义. 在本书中，以式(2.1.1)定义随机变量的分布函数.

2.1.3 分布函数的性质

任一随机变量的分布函数都具有以下基本性质.

(1) 有界性(Boundness)：对任意 $-\infty<x<+\infty$，$0 \leqslant F(x) \leqslant 1$. 由定义 2.1.1 易证.

(3) 单调性(Monotonicity)：对任意 $-\infty<a<b<+\infty$，$F(a) \leqslant F(b)$. 由式(2.1.2)易证.

(3) 右连续性(Right Continuity)：函数 $F(x)$ 是 x 的右连续函数. 即对任意的 x_0，有

$$\lim_{x \to x_0^+} F(x)=F(x_0), \quad \text{或者} \quad F(x_0^+)=F(x_0).$$

证明 因为 $F(x)$ 是单调有界非降函数，所以其任一点 x_0 的右极限 $F(x_0^+)$ 一定存在.

要证明右连续性，只要证明对单调下降的数列 $x_1>x_2>\cdots>x_n>\cdots>x_0$，当 $x_n\to x_0(n\to+\infty)$ 时，$\lim\limits_{n\to+\infty}F(x_n)=F(x_0)$ 即可. 因为

$$F(x_1)-F(x_0)=P\{x_0<X\leqslant x_1\}=P\left\{\bigcup_{i=1}^{+\infty}\{x_{i+1}<X\leqslant x_i\}\right\}=\sum_{i=1}^{+\infty}P\{x_{i+1}<X\leqslant x_i\}$$

$$=\sum_{i=1}^{+\infty}[F(x_i)-F(x_{i+1})]=\lim_{n\to+\infty}\sum_{i=1}^{n}[F(x_i)-F(x_{i+1})]$$

$$=\lim_{n\to+\infty}[F(x_1)-F(x_{n+1})]=F(x_1)-\lim_{n\to+\infty}F(x_n),$$

所以

$$F(x_0)=\lim_{n\to+\infty}F(x_n)=F(x_0^+).$$

(4) $F(-\infty)=\lim\limits_{x\to-\infty}F(x)=0,F(+\infty)=\lim\limits_{x\to+\infty}F(x)=1.$

证明 由 $F(x)$ 的单调性知，对任意整数 m 和 n，

$$\lim_{x\to-\infty}F(x)=\lim_{m\to-\infty}F(m),\quad \lim_{x\to+\infty}F(x)=\lim_{n\to+\infty}F(n)$$

都存在. 又由概率的可列可加性得

$$1=P\{-\infty<X<+\infty\}=P\left\{\bigcup_{i=-\infty}^{+\infty}\{i-1<X\leqslant i\}\right\}=\sum_{i=-\infty}^{+\infty}P\{i-1<X\leqslant i\}$$

$$=\lim_{\substack{m\to-\infty\\ n\to+\infty}}\sum_{i=m}^{n}[F(i)-F(i-1)]=\lim_{\substack{m\to-\infty\\ n\to+\infty}}[F(n)-F(m-1)]=\lim_{n\to+\infty}F(n)-\lim_{m\to-\infty}F(m),$$

因此

$$F(-\infty)=0,\quad F(+\infty)=1.$$

上述 4 条性质是分布函数必须具备的性质. 同样还可以证明：满足上面 4 条性质的函数一定是某个随机变量的分布函数. 因此，这 4 条性质成为判别某个函数是否为分布函数的充分必要条件.

例 2.1.4 设随机变量 X 的分布函数为

$$F(x)=a+b\arctan x,\quad -\infty<x<+\infty .$$

求：(1) 常数 a,b；

(2) X 落在区间 $(0,1]$ 内的概率.

解 (1) 因为 $F(-\infty)=0,F(+\infty)=1$，所以

$$\begin{cases}a+b\left(-\dfrac{\pi}{2}\right)=0,\\ a+b\left(\dfrac{\pi}{2}\right)=1,\end{cases}$$

故

$$a=\frac{1}{2},\quad b=\frac{1}{\pi}.$$

(2) 所要求的概率为

$$P\{0<X\leqslant1\}=F(1)-F(0)$$
$$=b(\arctan 1-\arctan 0)$$
$$=\frac{1}{4}.$$

本例中的分布函数称为柯西(Cauchy)分布函数，其图形如图 2.1.4 所示.

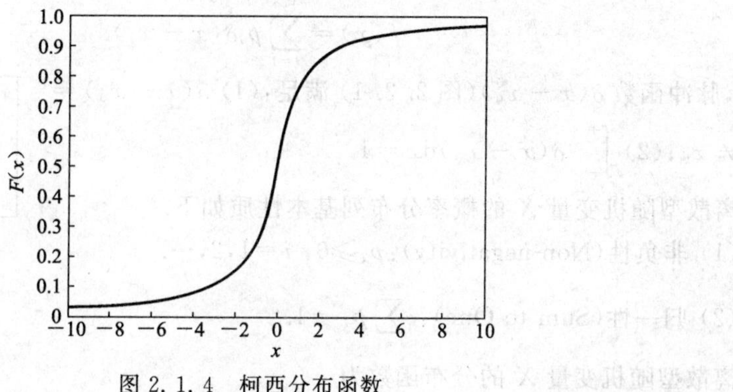

图 2.1.4 柯西分布函数

由测度论知识可知，随机变量分为离散型随机变量、连续型随机变量和奇异型随机变量. 本书主要讲解离散型随机变量和连续型随机变量.

2.2 离散型随机变量

2.2.1 离散型随机变量的概率分布列

在第 2.1 节的例 2.1.1～例 2.1.3 中，所引入的随机变量 X，Y 和 Z 取值的个数都是有限个. 在日常生活中，经常会遇到这样的随机变量. 对于随机变量 X，如果 X 的所有取值为 $x_1,x_2,\cdots,x_n$ 或者 $x_1,x_2,\cdots,x_n,\cdots$，其中下标 n 为正整数，就称 X 为离散型随机变量(Discrete Random Variable). 对于离散型随机变量 X，不仅要知道它取哪些数值，更重要的是要知道它取每一个值的概率.

设离散型随机变量 X 的所有取值为 $x_1,x_2,\cdots,x_n,\cdots$，定义

$$p_i=P\{X=x_i\},\quad i=1,2,\cdots, \tag{2.2.1}$$

称 $\{p_i\}_{i=1}^{+\infty}$ 为离散型随机变量 X 的概率分布列或者概率分布律，简称为分布列或者分布律.

例如，在例 2.1.3 中，$p_0=P\{X=0\}=\dfrac{1}{8}$，$p_1=P\{X=1\}=\dfrac{3}{8}$，$p_2=P\{X=2\}=\dfrac{3}{8}$，$p_3=P\{X=3\}=\dfrac{1}{8}$.

离散型随机变量 X 的概率分布列可用表 2.2.1 或者

$$\begin{pmatrix} x_1 & x_2 & \cdots & x_n & \cdots \\ p_1 & p_2 & \cdots & p_n & \cdots \end{pmatrix} \tag{2.2.2}$$

表示.

表 2.2.1 离散型随机变量 X 的概率分布列

X	x_1	x_2	$\cdots$	x_n	$\cdots$
p_i	p_1	p_2	$\cdots$	p_n	$\cdots$

离散型随机变量 X 的概率分布列有时也可写为

$$f(x)=\sum_{i=1}^{+\infty}p_i\delta(x-x_i).$$

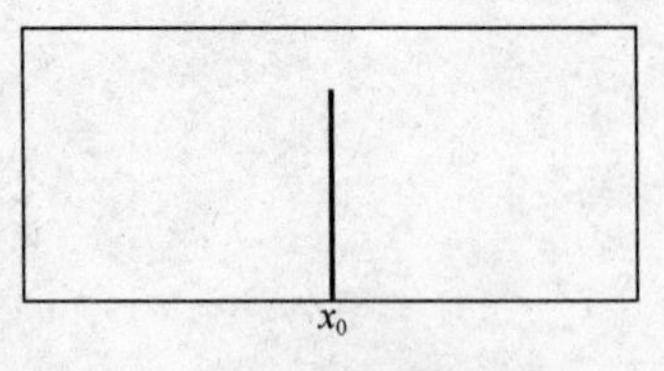

图 2.2.1 脉冲函数

其中,脉冲函数 $\delta(x-x_0)$(图 2.2.1)满足:(1) $\delta(x-x_0)=0,x\neq x_0$;(2) $\int_{-\infty}^{+\infty}\delta(x-x_0)\mathrm{d}x=1$.

离散型随机变量 X 的概率分布列基本性质如下.

(1) 非负性(Non-negativity):$p_i\geqslant 0$, $i=1,2,\cdots$.

(2) 归一性(Sum to One):$\sum\limits_{i=1}^{+\infty}p_i=1$.

离散型随机变量 X 的分布函数为

$$F(x)=P\{X\leqslant x\}=\sum_{x_i\leqslant x}p_i=\int_{-\infty}^{x}f(x)\mathrm{d}x=\sum_{i=1}^{+\infty}p_iu(x-x_i),\tag{2.2.3}$$

其中

$$u(x)=\begin{cases}1, & x\geqslant 0,\\ 0, & x<0.\end{cases}$$

上述函数称为单位阶跃函数. 易证 $\dfrac{\mathrm{d}u(x)}{\mathrm{d}x}=\delta(x)$.

例 2.2.1 设袋中有 1 个白球、4 个红球. 每次从袋中取 1 个球,取出后不再放回,直到取到白球为止. 求取球次数的分布列及其分布函数.

解 设 X=“取到白球为止的取球次数”,则 X 的所有可能取值为 1,2,3,4,5,故 X 为离散型随机变量. 为了求 X 的分布列,令 A_i=“第 i 次取到白球”,$i=1,2,3,4,5$,则

$$p_1=P\{X=1\}=P(A_1)=\frac{1}{5},$$

$$p_2=P\{X=2\}=P(\overline{A}_1A_2)=P(\overline{A}_1)\times P(A_2|\overline{A}_1)=\frac{4}{5}\times\frac{1}{4}=\frac{1}{5},$$

$$p_3=P\{X=3\}=P(\overline{A}_1\ \overline{A}_2A_3)=P(\overline{A}_1)P(\overline{A}_2|\overline{A}_1)P(A_3|\overline{A}_1\ \overline{A}_2)=\frac{4}{5}\times\frac{3}{4}\times\frac{1}{3}=\frac{1}{5}.$$

同理

$$p_4=p_5=\frac{1}{5}.$$

随机变量 X 的分布函数为

$$F(x)=P\{X\leqslant x\}=\sum_{x_i\leqslant x}p_i=\begin{cases}0, & x<1,\\ \dfrac{1}{5}, & 1\leqslant x<2,\\ \dfrac{2}{5}, & 2\leqslant x<3,\\ \dfrac{3}{5}, & 3\leqslant x<4,\\ \dfrac{4}{5}, & 4\leqslant x<5,\\ 1, & x\geqslant 5.\end{cases}$$

$F(x)$的图形如图 2.2.2 所示，它是一条阶梯形曲线，在 X 的可能取值 1,2,3,4,5 处有跳跃点，其跳跃度分别为 0.2,0.2,0.2,0.2,0.2.

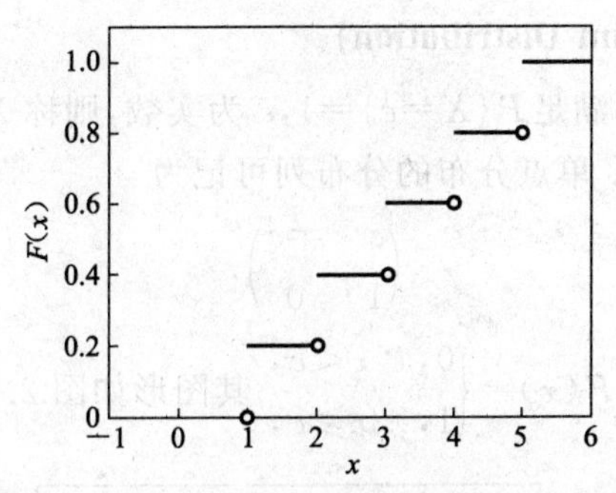

图 2.2.2　例 2.2.1 中的分布函数示意图

例 2.2.2　设离散型随机变量 X 的概率分布列为

$$\begin{pmatrix} -1 & 0 & 1 \\ 0.3 & 0.4 & p \end{pmatrix}.$$

求：(1) 常数 p；　　(2) $P\{X \leqslant -0.1\}$；

(3) $P\{-0.5 < X \leqslant 2.5\}$；　　(4) 分布函数.

解　(1) 由分布列的归一性可知

$$0.3 + 0.4 + p = 1,$$

故

$$p = 0.3.$$

(2) $P\{X \leqslant -0.1\} = P\{X = -1\} = 0.3.$

(3) $P\{-0.5 < X \leqslant 2.5\} = P\{X = 0\} + P\{X = 1\} = 0.7.$

(4) 所求分布函数为

$$F(x) = P\{X \leqslant x\} = \sum_{x_i \leqslant x} p_i = \begin{cases} 0, & x < -1, \\ 0.3, & -1 \leqslant x < 0, \\ 0.7, & 0 \leqslant x < 1, \\ 1.0, & x \geqslant 1. \end{cases}$$

$F(x)$的图形如图 2.2.3 所示，它是一条阶梯形曲线，在 X 的可能取值 -1,0,1 处有跳跃点，其跳跃度分别为 0.3,0.4,0.3.

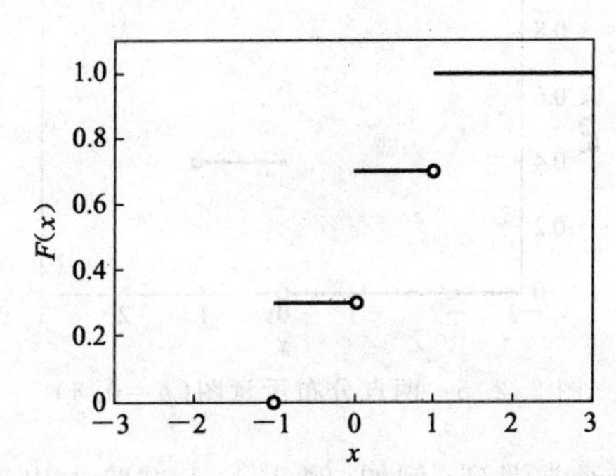

图 2.2.3　例 2.2.2 中的分布函数示意图

2.2.2 常用的离散型分布

1. 单点分布(Single Point Distribution)

如果离散型随机变量 X 满足 $P\{X=c\}=1$,c 为实数,则称 X 为单点分布或者退化分布(Degeneration Distribution). 单点分布的分布列可记为

$$\begin{pmatrix} c & \neq c \\ 1 & 0 \end{pmatrix}. \tag{2.2.4}$$

单点分布的分布函数为 $F(x)=\begin{cases}0, & x<c, \\ 1, & x\geqslant c,\end{cases}$ 其图形如图 2.2.4 所示.

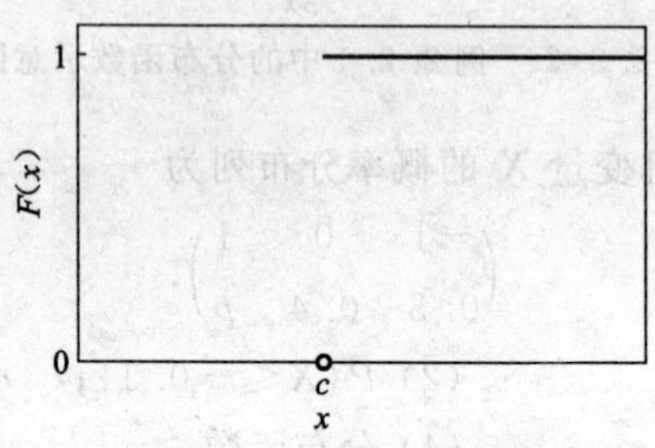

图 2.2.4 单点分布示意图

2. 两点分布(Two-point Distribution 或 Zero-one Distribution 或 Bernoulli Distribution)

如果离散型随机变量 X 的分布列为

$$\begin{pmatrix} 0 & 1 \\ p & q \end{pmatrix} \quad 或者 \quad \begin{pmatrix} a & b \\ p & q \end{pmatrix}, \tag{2.2.5}$$

其中,$0<p<1$,$q=1-p$,$b\neq a$,则称 X 为两点分布或者伯努利(Bernoulli)分布.

两点分布的分布函数为

$$F(x)=\begin{cases}0, & x<0, \\ p, & 0\leqslant x<1, \\ 1, & x\geqslant 1.\end{cases}$$

其图形如图 2.2.5 所示.

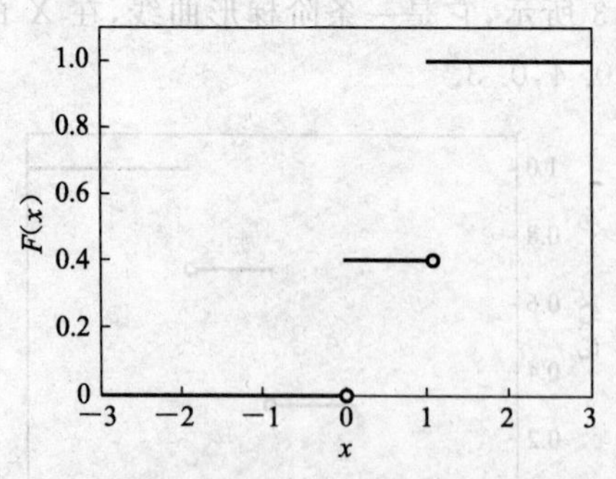

图 2.2.5 两点分布示意图($p=0.4$)

两点分布在日常生活中经常遇到. 例如,例 2.1.1 试验中出现的硬币正反面、新生婴儿的性别、电闸的开关、成绩的高低、社区管理的好坏等.

3. 二项分布(Binomial Distribution)

对于随机试验 E,将关心的随机事件记为 A,不关心的随机事件记为 $\bar{A}$. 记 $p=P(A)(0<p<1)$. 将随机试验 E 独立地重复地进行 n 次所得的一连串试验称为 n 重伯努利试验(Bernoulli Trials).

例如,将一枚均匀硬币独立地重复地进行 100 次抛掷所得的一连串试验就是 100 重伯努利试验;将一枚均匀骰子独立地重复地进行 25 次抛掷所得的一连串试验就是 25 重伯努利试验.

在 n 重伯努利试验中,所关心的是随机事件 A 发生的次数. 令 X="n 重伯努利试验中随机事件 A 发生的次数",则 X 的所有可能取值为 $0,1,2,\cdots,n$,故 X 为离散型随机变量.

下面求 X 的分布列. 记 A_i="第 i 次试验中随机事件 A 发生",$i=1,2,\cdots,n$,则对 $k=0,1,2,\cdots,n$,有

$$\begin{aligned} p_k &= P\{X=k\}=P(\text{在 } n \text{ 次试验中 } A \text{ 发生 } k \text{ 次}, \bar{A} \text{ 发生 } n-k \text{ 次}) \\ &= C_n^k P(\text{在 } n \text{ 次试验中固定的 } k \text{ 次试验发生 } A,\text{其余的 } n-k \text{ 次试验发生 } \bar{A}) \\ &= C_n^k p^k q^{n-k}. \end{aligned} \tag{2.2.6}$$

显然,

(1) $p_k \geqslant 0, k=0,1,2,\cdots,n$;

(2) $\sum_{k=0}^{n} p_k = \sum_{k=0}^{n} C_n^k p^k q^{n-k} = (q+p)^n = 1$.

因为 p_k 为 $(q+p)^n$ 二项展开式中的通项,故称 X 服从二项分布,记为 $X \sim B(n,p)$.特别地,当 $n=1$ 时,二项分布就是两点分布. 因此,两点分布是二项分布的特例,二项分布是两点分布的推广. 在例 2. 1. 3 中,设 X 为 3 重抛掷硬币试验中出现正面的次数,则 $X \sim B\left(3,\frac{1}{2}\right)$. 二项分布分布律示意图如图 2. 2. 6 所示.

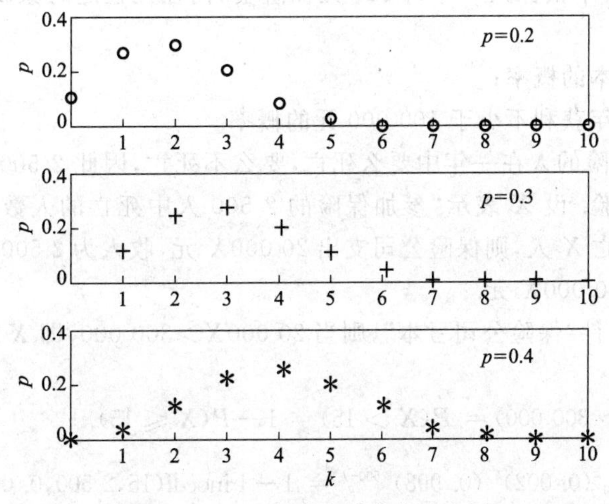

图 2. 2. 6 二项分布分布律示意图

在二项分布中，称满足 $C_n^m p^m q^{n-m}=\max\limits_{0\leqslant k\leqslant n} C_n^k p^k q^{n-k}$ 的 m 为最可能成功次数. 由二项分布性质知，$m=[(n+1)p]$，即 m 是 $(n+1)p$ 的整数部分. 若 $(n+1)p$ 是整数，则 $m-1$ 也为最可能成功次数.

在 Matlab 中，与二项分布有关的常用函数有：binopdf，binocdf.

binopdf(x,n,p)：参数为 n,p 的二项分布分布律在 x 点处的值.

binocdf(x,n,p)：参数为 n,p 的二项分布分布函数在 x 点处的函数值.

二项分布在日常生活中经常遇到. 例如，某地区一年中所生男(女)婴的个数、100 次均匀硬币抛掷试验中出现正面的次数、25 次均匀骰子投掷试验中出现 6 点的次数等.

二项分布是概率论中最常用的三大分布之一.

例 2.2.3 王某向同一目标连续射击 400 次，每次射击击中目标的概率为 0.01. 求王某射击 400 次至少击中一次目标的概率.

解 设 $A=$"王某射击 400 次至少击中一次目标"，$X=$"王某射击 400 次击中目标的次数"，则 $X\sim B(400,0.01)$，$A=\{X\geqslant 1\}$，故所求概率为

$$p=P(A)=P\{X\geqslant 1\}=1-P\{X=0\}=1-C_{400}^0 p^0 q^{400}$$
$$=1-\text{binopdf}(0,400,0.01)\approx 0.982.$$

例 2.2.4 设 $X\sim B(4,p)$，$Y\sim B(3,p)$. 若 $P\{X\geqslant 1\}=\dfrac{15}{16}$，求 $P\{Y\geqslant 1\}$.

解 因为

$$P\{X\geqslant 1\}=1-P\{X=0\}=1-(1-p)^4=\frac{15}{16},$$

所以

$$p=\frac{1}{2}.$$

故

$$P\{Y\geqslant 1\}=1-P\{Y=0\}=1-C_3^0 p^0 q^{3-0}=\frac{7}{8}.$$

例 2.2.5 有 2 500 个同一年龄和同一社会阶层的人参加了人寿保险，在一年里每人死亡的概率为 0.002，每个投保人一年付 120 元保险费，而在死亡之时家属可从保险公司领取 20 000 元，求：

(1) 保险公司亏本的概率；

(2) 保险公司每年获利不少于 100 000 元的概率.

解 每个参加保险的人在一年中要么死亡，要么不死亡，因此 2 500 人参加保险可看作 2 500 次独立重复试验. 设 X 表示"参加保险的 2 500 人中死亡的人数"，则 $X\sim B(2\,500,0.002)$. 若一年中死亡 X 人，则保险公司支出 $20\,000X$ 元，收入为 $2\,500\times 120=300\,000$ 元，净利润为 $300\,000-20\,000X$ 元.

(1) 令 A 表示事件"保险公司亏本"，则当 $20\,000X>300\,000$，即 $X>15$ 时，保险公司亏本，故

$$P(A)=P(2\,000X>300\,000)=P(X>15)=1-P(X\leqslant 15)$$
$$=1-\sum_{k=0}^{15}C_{2\,500}^k\,(0.002)^k\,(0.998)^{2\,500-k}=1-\text{binocdf}(15,2\,500,0.002)\approx 0.000\,067\,4,$$

即保险公司亏本的概率约为 6.7/100 000，不足 1/10 000.

(2) 令 B 表示事件"保险公司每年获利不少于 100 000 元",则 B 等价于事件$\{300\ 000-20\ 000X\geqslant 100\ 000\}$,即$\{X\leqslant 10\}$,故

$$P(B)=P(X\leqslant 10)=\sum_{k=0}^{10}C_{2\ 500}^{k}\ (0.002)^{k}\ (0.998)^{2\ 500-k}$$
$$=\text{binocdf}(10,2\ 500,0.002)\approx 0.986\ 395,$$

即保险公司每年获利不少于 100 000 元的概率在 98%以上.

例 2.2.6 设随机试验 E 中,事件 A 出现的概率为 $r(0<r<1)$. 证明在不断独立重复试验时,A 迟早会出现的概率为 1.

证明 设 A_i="A 在第 i 次试验中出现",则 $P(A_i)=r,i=1,2,\cdots n$,则在 n 次试验中 A 至少出现一次的概率为

$$P(A_1\cup A_2\cup\cdots\cup A_n)=1-P(\overline{A}_1\overline{A}_2\cdots\overline{A}_n)=1-(1-r)^n.$$

令 $n\to+\infty$,则 $P(A_1\cup A_2\cup\cdots\cup A_n)\to 1$,故在不断独立重复试验时,$A$ 迟早会出现的概率为 1. 即使 A 是小概率事件,也迟早会发生.

概率很小的事件(称为小概率事件或稀有事件)在一次试验中几乎是不可能发生的,这是人们长期实践的经验总结,或者换句话说,如果一个随机事件在一次试验中发生了,则该随机事件发生的概率就比较大,这也称为实际推断原理.

尽管小概率事件在一次试验中几乎不可能发生,但并不能因此而忽视小概率事件的发生. 飞机的失事率很低,但还是能听到发生空难的消息,原因是小概率事件在大量重复试验中几乎必然会发生.

4. 泊松分布(Poisson Distribution)

如果离散型随机变量 X 的概率分布列为

$$p_k=P\{X=k\}=\frac{\lambda^k}{k!}e^{-\lambda},\quad k=0,1,2,\cdots,\tag{2.2.7}$$

其中,$\lambda>0$,则称 X 服从参数为 λ 的泊松分布,记为 $X\sim P(\lambda)$.

显然,

(1) $p_k\geqslant 0,k=0,1,2\cdots$;

(2) $\sum\limits_{k=0}^{+\infty}p_k=\sum\limits_{k=0}^{+\infty}\frac{\lambda^k}{k!}e^{-\lambda}=e^{-\lambda}e^{\lambda}=1.$

泊松分布在社会服务和物理中经常遇到. 例如,经过某十字路口的车流、到某理发店理发的人数、到某窗口打饭的人数、照射在某区域的太阳 γ 射线数等.

泊松分布分布律示意图如图 2.2.7 所示.

在 Matlab 中,与泊松分布有关的常用函数有:poisspdf,poisscdf.

poisspdf(x,λ):参数为 λ 的泊松分布分布律在 x 点处的值.

poisscdf(x,λ):参数为 λ 的泊松分布分布函数在 x 点处的函数值.

泊松分布是概率论中最常用的三大分布之一. 泊松分布函数值的计算也可以通过泊松分布函数表查得. 在计算时,泊松分布有时可以看作二项分布的近似.

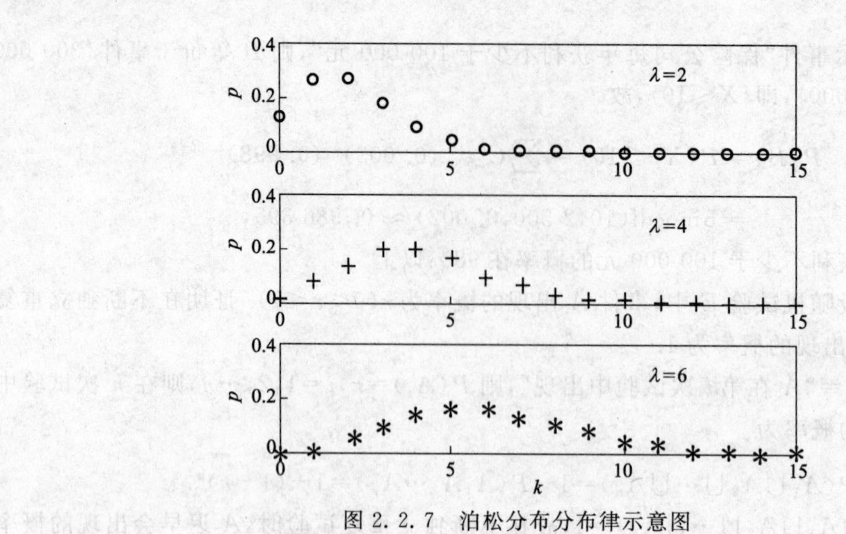

图 2.2.7　泊松分布分布律示意图

定理 2.2.1(泊松定理)　设 $X \sim B(n,p)$. 如果 $np \to \lambda(n \to +\infty)$, 则对固定的 k, 有

$$C_n^k p^k q^{n-k} \approx \frac{\lambda^k}{k!} e^{-\lambda} (n \to +\infty). \tag{2.2.8}$$

证明　令 $np=\lambda_n$, 则对固定 $k=0,1,2,\cdots,n$,

$$C_n^k p^k q^{n-k} = \frac{n(n-1)\cdots(n-k+1)}{k!}\left(\frac{\lambda_n}{n}\right)^k \left(1-\frac{\lambda_n}{n}\right)^{n-k}$$

$$= \frac{\lambda_n^k}{k!}\left(1-\frac{1}{n}\right)\left(1-\frac{2}{n}\right)\cdots\left(1-\frac{k-1}{n}\right)\left(1-\frac{\lambda_n}{n}\right)^{n-k} \to \frac{\lambda^k}{k!}e^{-\lambda}(n \to +\infty).$$

由于泊松定理是在 $np \to \lambda(n \to +\infty)$ 条件下取得的, 故在计算二项分布 $B(n,p)$ 时, 当 n 很大, p 很小, $\lambda=np$ 大小适中时, 才能用泊松分布近似. 在实际问题中, 一般要求 $n \geqslant 50$, $p \leqslant 0.1$.

例 2.2.7(续例 2.2.3)　其他条件不变, 求王某射击 400 次至少击中 10 次目标的概率.

解　设 A="王某射击 400 次至少击中 10 次目标", X="王某射击 400 次击中目标的次数", 则 $X \sim B(400, 0.01)$, $A=\{X \geqslant 10\}$, 故所求概率为

$$p = P(A) = P\{X \geqslant 10\} = 1 - P\{X \leqslant 9\} = 1 - \sum_{k=0}^{9} C_{400}^k p^k q^{400-k}$$

$$\approx 1 - \sum_{k=0}^{9} \frac{4^k}{k!} e^{-4} = 1 - \text{poisscdf}(9,4) \approx 1 - 0.991\,868 = 0.008\,132.$$

例 2.2.8　有 10 000 个同年龄段且同社会阶层的人参加了某保险公司的一项人寿保险. 每个投保人在每年初需缴纳 200 元保费, 而在这一年中若投保人死亡, 则受益人可从保险公司获得 100 000 元的赔偿费. 据生命表知这类人的年死亡率为 0.001 5. 求:

(1) 保险公司在这项业务上亏本的概率;

(2) 保险公司在这项业务上至少获利 500 000 元的概率.

解　设 X="10 000 名投保人在一年中死亡的人数", 则 $X \sim B(10\,000, 0.001\,5)$. 保险公司在这项业务上一年的总收入为 $200 \times 10\,000 = 2\,000\,000$(元). 因为 $n=10\,000$ 很大, $p=0.001\,5$ 很小, 所以在计算时用 $\lambda=np=15$ 的泊松分布近似.

(1) 保险公司在这项业务上亏本, 即 $100\,000X \geqslant 2\,000\,000$, $X \geqslant 20$, 因此所求概率为

$$P\{X \geqslant 20\} = 1 - P\{X \leqslant 19\} \approx 1 - \sum_{k=0}^{19} \frac{15^k}{k!} \mathrm{e}^{-15} = 1 - \mathrm{poisscdf}(19,15) \approx 0.1248.$$

(2) 所求概率为

$$P\{2\,000\,000 - 100\,000X \geqslant 500\,000\} = P\{X \leqslant 15\} \approx \sum_{k=0}^{15} \frac{15^k}{k!} \mathrm{e}^{-15}$$

$$= \mathrm{poisscdf}(15,15) \approx 0.568.$$

例 2.2.9 为保证设备正常工作,需要配备一些维修工. 假设各台设备发生故障是相互独立的,且每台设备发生故障的概率都是 0.01,试在以下各种情况下,求设备发生故障而不能及时修理的概率:

(1) 1 名维修工负责 30 台设备;

(2) 3 名维修工负责 120 台设备;

(3) 6 名维修工负责 300 台设备.

解 (1) 设 X_1 表示"30 台设备中同时发生故障的台数",则 $X_1 \sim B(30,0.01)$. 用 $\lambda = 30 \times 0.01 = 0.3$ 的泊松分布近似,得所求概率为

$$P\{X_1 > 1\} = 1 - P\{X_1 \leqslant 1\} \approx 1 - \sum_{k=0}^{1} \frac{0.3^k}{k!} \mathrm{e}^{-0.3}$$

$$= 1 - \mathrm{poisscdf}(1,0.3) \approx 1 - 0.963 = 0.037.$$

(2) 设 X_2 表示"120 台设备中同时发生故障的台数",则 $X_2 \sim B(120,0.01)$. 用 $\lambda = 120 \times 0.01 = 1.2$ 的泊松分布近似,得所求概率为

$$P\{X_2 \geqslant 4\} = 1 - P\{X_2 \leqslant 3\} \approx 1 - \sum_{k=0}^{3} \frac{1.2^k}{k!} \mathrm{e}^{-1.2} = 1 - \mathrm{poisscdf}(3,1.2) \approx 0.0338.$$

此种情况下,不但所求概率比(1)中低,而且 3 名维修工负责 120 台设备相当于每个维修工负责 40 台,工作效率是(1)中的 1.3 倍.

(3) 设 X_3 表示 300 台设备中同时发生故障的台数,则 $X_2 \sim B(300,0.01)$. 用 $\lambda = 300 \times 0.01 = 3$ 的泊松分布近似,得所求概率为

$$P\{X_3 \geqslant 7\} = 1 - P\{X_3 \leqslant 6\} \approx 1 - \sum_{k=0}^{6} \frac{3^k}{k!} \mathrm{e}^{-3} = 1 - \mathrm{poisscdf}(6,3) \approx 0.0335.$$

此种情况下所求概率比(1)中低,而且 6 名维修工负责 300 台设备相当于每个维修工负责 50 台,工作效率是(1)中的 1.67 倍,是(2)中的 1.25 倍.

由此可知,在工业化时代,集体(规模)生产要胜过包产到户.

5. 几何分布(Geometry Distribution)

如果离散型随机变量 X 的概率分布列为

$$P\{X = k\} = q^{k-1} p, \quad k = 1,2,\cdots, \tag{2.2.9}$$

其中 $0 < p < 1, q = 1 - p$,则称 X 服从几何分布,记为 $X \sim Ge(p)$.

在日常生活中常见的几何分布有:掷一颗均匀的骰子,首次出现 6 点的试验次数服从 $Ge(1/6)$;某射手的命中率为 0.02,首次命中目标的试验次数服从 $Ge(0.02)$.

在 Matlab 中,与几何分布有关的常用函数有:geopdf,geocdf.

geopdf(x,p):参数为 p 的几何分布分布律在 x 点处的值.

geocdf(x,p):参数为 p 的几何分布分布函数在 x 点处的函数值.

几何分布具有无记忆性:若 $X\sim Ge(p)$,则对任意正整数 m 和 n 有

$$P\{X>m+n|X>m\}=P\{X>n\}.$$

这个性质表明,在前 m 次试验中所关心的随机事件 A 没有出现的条件下,接下来的 n 次试验中 A 仍没有出现的概率只与 n 有关,而与以前的 m 次试验无关.该性质请读者自己证明.

6. 帕斯卡分布(Pascal Distribution)

在伯努利试验中,随机事件 A 在每次试验中发生的概率为 $p(0<p<1)$,考虑第 r 次随机事件 A 发生或出现的试验次数. 如果令 X 为伯努利试验中随机事件 A 第 r 次发生或出现的试验次数,则 X 的所有可能取值为 $r,r+1,r+2,\cdots$,故 X 为离散型随机变量. 因为随机事件 $\{X=k\}$ 意味着第 k 次试验一定发生 A,而在前面的 $k-1$ 次试验中 A 发生 $r-1$ 次,$\bar{A}$ 发生 $k-1-(r-1)=k-r$ 次,所以 X 分布列为

$$p_k=P\{X=k\}=C_{k-1}^{r-1}p^rq^{k-r},\quad k=r,r+1,r+2,\cdots,\tag{2.2.10}$$

称 X 服从负二项分布或者帕斯卡分布,记为 $X\sim Nb(r,p)$.

当 $r=1$ 时,帕斯卡分布即为几何分布. 因此,帕斯卡分布是几何分布的推广.

显然,

(1) $p_k\geqslant 0,k=r,r+1,r+2,\cdots$;

(2) $\sum\limits_{k=r}^{+\infty}C_{k-1}^{r-1}p^rq^{k-r}=\sum\limits_{l=0}^{+\infty}C_{r+l-1}^{r-1}p^rq^l=\sum\limits_{l=0}^{+\infty}C_{-r}^{l}(-1)^lp^rq^l=p^r(1-q)^{-r}=1.$

其中,上式利用了推广的二项系数公式 $C_{-r}^{l}=(-1)^lC_{r+l-1}^{l}$.

在 Matlab 中,与负二项分布有关的常用函数有:nbinpdf,nbincdf.

nbinpdf(x,r,p):参数为 r,p 的负二项分布分布律在 x 点处的值.

nbincdf(x,r,p):参数为 r,p 的负二项分布分布函数在 x 点处的函数值.

7. 超几何分布(Hypergeometric Distribution)

若某批 N 件产品中有 M 件次品. 现从这批产品中不放回抽样随机抽出 n 件产品,则在这 n 件产品中出现的次品数 X 是随机变量,可能取值为 $0,1,2,\cdots,n$,其概率分布列为

$$p_k=P\{X=k\}=\frac{C_M^kC_{N-M}^{n-k}}{C_N^n},\quad k=0,1,2,\cdots,n,\tag{2.2.11}$$

称 X 服从超几何分布,记为 $X\sim H(n,N,M)$.

在 Matlab 中,与超几何分布有关的常用函数有:hygepdf,hygecdf.

hygepdf(x,k,n,m):参数为 k,n,m 的超几何分布分布律在 x 点处的值.

hygecdf(x,k,n,m):参数为 k,n,m 的超几何分布分布函数在 x 点处的函数值.

2.3 连续型随机变量

2.3.1 连续型随机变量

定义 2.3.1 设随机变量 X 的分布函数为 $F(x)$. 如果存在非负可积函数 $f(x)$,使得对任意 $x\in(-\infty,+\infty)$,有

$$F(x)=\int_{-\infty}^{x} f(x)\mathrm{d}x, \tag{2.3.1}$$

则称 X 为连续型随机变量(Continuous Random Variable),非负可积函数 $f(x)$ 称为连续型随机变量 X 的概率密度函数(Probability Density Function),简称为分布密度或者概率密度.

注 (1) 连续型随机变量 X 的分布函数一定是连续的.

(2) 已知连续型随机变量 X 的分布函数 $F(x)$,则其导函数为 X 的分布密度.

(3) 已知连续型随机变量 X 的分布密度,则可利用式(2.3.1)求其分布函数.

2.3.2 分布密度函数的性质

连续型随机变量 X 的分布密度 $f(x)$ 满足如下性质.

性质 2.3.1 $f(x)\geqslant 0$.

性质 2.3.2 $\int_{-\infty}^{+\infty} f(x)\mathrm{d}x=1$. 其图形如图 2.3.1 所示.

性质 2.3.3 对任意实数 $a<b$, $P\{a<X\leqslant b\}=F(b)-F(a)=\int_{a}^{b} f(x)\mathrm{d}x$. 其图形如图 2.3.2 所示.

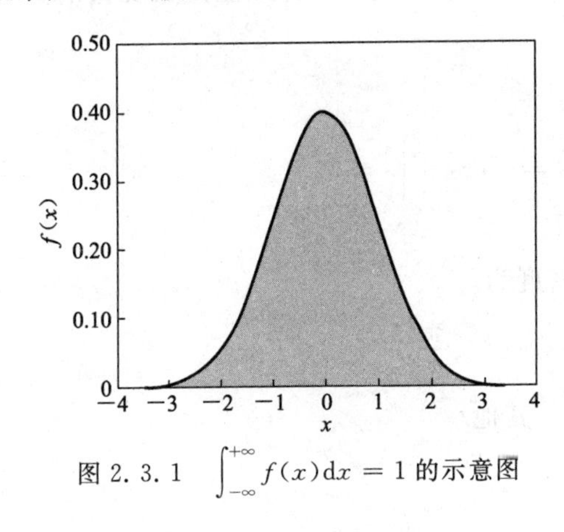

图 2.3.1 $\int_{-\infty}^{+\infty} f(x)\mathrm{d}x=1$ 的示意图

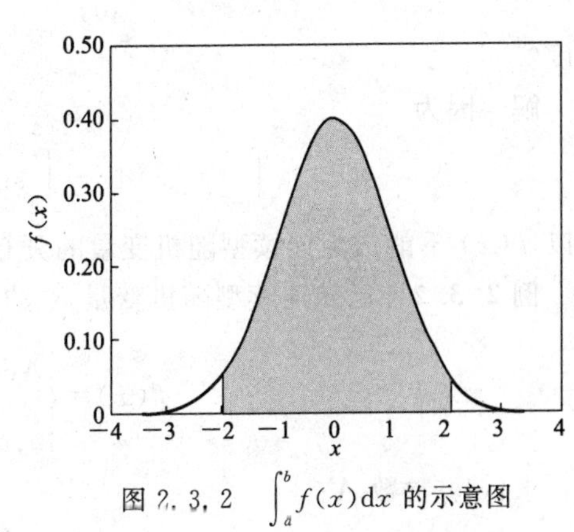

图 2.3.2 $\int_{a}^{b} f(x)\mathrm{d}x$ 的示意图

性质 2.3.4 设 x 为分布密度 $f(x)$ 的连续点,则 $f(x)=F'(x)=\dfrac{\mathrm{d}F(x)}{\mathrm{d}x}$.

性质 2.3.5 对任意实数 a, $P\{X=a\}=0$.

性质 2.3.1 由连续型随机变量的定义得到;性质 2.3.2 可由 $F(+\infty)=1$ 和式(2.3.1)结合得到;性质 2.3.3 可由式(2.1.2)和式(2.3.1)结合得到. 下面证明性质 2.3.4.

证明 由定义知

$$F(x+\Delta x)-F(x)=\int_{-\infty}^{x+\Delta x} f(x)\mathrm{d}x-\int_{-\infty}^{x} f(x)\mathrm{d}x=\int_{x}^{x+\Delta x} f(x)\mathrm{d}x,$$

所以

$$\lim_{\Delta x\to 0}\frac{F(x+\Delta x)-F(x)}{\Delta x}=\lim_{\Delta x\to 0}\frac{\int_{x}^{x+\Delta x} f(x)\mathrm{d}x}{\Delta x}=f(x).$$

下面证明性质 2.3.5.

证明 由性质 2.3.3 知,对任意 $\Delta x>0$,$P\{a-\Delta x<X\leqslant a\}=\int_{a-\Delta x}^{a}f(x)\mathrm{d}x$,所以

$$P\{X=a\}=\lim_{\Delta x\to 0^+}P\{a-\Delta x<X\leqslant a\}=\lim_{\Delta x\to 0^+}\int_{a-\Delta x}^{a}f(x)\mathrm{d}x=0.$$

注 (1) 对任何连续型随机变量 X,对任意实数 $a<b$,有

$$P\{a<X\leqslant b\}=P\{a\leqslant X\leqslant b\}=P\{a<X<b\}=P\{a\leqslant X<b\}=\int_a^b f(x)\mathrm{d}x. \tag{2.3.2}$$

(2) 对任何连续型随机变量 X 及充分小的正数 Δx,有

$$P\{x<X\leqslant x+\Delta x\}=F(x+\Delta x)-F(x)=\int_x^{x+\Delta x}f(x)\mathrm{d}x\approx f(x)\Delta x. \tag{2.3.3}$$

(3) 由于连续型随机变量取任意实数值的概率等于零,所以在求其分布密度表达式时,不必计算间断点及端点处的函数值. 在这个意义上,密度函数并不唯一.

(4) 概率等于零的事件未必是不可能事件. 同理,概率等于 1 的事件未必是必然事件.

(5) 请读者自行列出离散型随机变量和连续型随机变量的异同.

例 2.3.1 判断函数 $f(x)=\begin{cases}\sin x, & 0<x<\pi,\\ 0, & \text{其他}\end{cases}$ 能否成为某个连续型随机变量的分布密度?

解 因为

$$\int_{-\infty}^{+\infty}f(x)\mathrm{d}x=\int_0^{\pi}\sin x\mathrm{d}x=-\cos x\Big|_0^{\pi}=2,$$

所以 $f(x)$ 不能成为连续型随机变量的分布密度.

例 2.3.2 已知连续型随机变量 X 的分布密度为

$$f(x)=\begin{cases}A\cos x, & |x|<\dfrac{\pi}{2},\\ 0, & \text{其他}.\end{cases}$$

求:(1) 常数 A;

(2) X 落在 $\left(0,\dfrac{\pi}{4}\right)$ 内的概率;

(3) X 的分布函数.

解 (1) 因为

$$1=\int_{-\infty}^{+\infty}f(x)\mathrm{d}x=\int_{-\frac{\pi}{2}}^{\frac{\pi}{2}}A\cos x\mathrm{d}x=2A\int_0^{\frac{\pi}{2}}\cos x\mathrm{d}x=2A\sin x\Big|_0^{\frac{\pi}{2}}=2A,$$

所以

$$A=\frac{1}{2}.$$

(2) 所求概率为

$$P\left\{0<X<\frac{\pi}{4}\right\}=\int_0^{\frac{\pi}{4}}f(x)\mathrm{d}x=\int_0^{\frac{\pi}{4}}A\cos x\mathrm{d}x=A\sin x\Big|_0^{\frac{\pi}{4}}=\frac{\sqrt{2}}{4}.$$

(3) 所求分布函数为

$$F(x)=P\{X\leqslant x\}=\int_{-\infty}^{x}f(t)\mathrm{d}t.$$

当 $x<-\frac{\pi}{2}$ 时，$F(x)=\int_{-\infty}^{x} f(t)\mathrm{d}t=\int_{-\infty}^{x} 0\mathrm{d}t=0$；

当 $-\frac{\pi}{2}\leqslant x<\frac{\pi}{2}$ 时，$F(x)=\int_{-\infty}^{x} f(t)\mathrm{d}t=\int_{-\infty}^{-\frac{\pi}{2}} 0\mathrm{d}t+\int_{-\frac{\pi}{2}}^{x} \frac{\cos t}{2}\mathrm{d}t=\frac{1+\sin x}{2}$；

当 $x\geqslant\frac{\pi}{2}$ 时，$F(x)=\int_{-\infty}^{x} f(t)\mathrm{d}t=\int_{-\infty}^{-\frac{\pi}{2}} 0\mathrm{d}t+\int_{-\frac{\pi}{2}}^{\frac{\pi}{2}} \frac{\cos t}{2}\mathrm{d}t+\int_{\frac{\pi}{2}}^{x} 0\mathrm{d}t=1$.

故
$$F(x)=\begin{cases}0, & x<-\frac{\pi}{2},\\ \frac{1+\sin x}{2}, & -\frac{\pi}{2}\leqslant x<\frac{\pi}{2},\\ 1, & x\geqslant\frac{\pi}{2}.\end{cases}$$

例 2.3.3 设连续型随机变量 X 的分布函数为

$$F(x)=\begin{cases}0, & x<0,\\ Ax^2, & 0\leqslant x<1,\\ B, & x\geqslant 1.\end{cases}$$

求：(1) 常数 A 和 B；

(2) X 落在(0.2,0.8)内的概率；

(3) X 的分布密度.

解 (1) 因为 X 为连续型随机变量，所以 $\lim\limits_{x\to 1} F(x)=F(1)$. 又 $\lim\limits_{x\to+\infty} F(x)=1$，可得

$$\begin{cases}\lim\limits_{x\to 1^-} Ax^2=B,\\ 1=\lim\limits_{x\to+\infty} F(x)=B,\end{cases}$$

所以
$$A=B=1.$$

(2) 所求概率为

$P\{0.2<X<0.8\}=P\{0.2<X\leqslant 0.8\}=F(0.8)-F(0.2)=0.8^2-0.2^2=0.6$.

(3) 所求分布密度为

$$f(x)=F'(x)=\begin{cases}2x, & 0<x<1,\\ 0, & \text{其他}.\end{cases}$$

除了离散型分布和连续型分布外，还有既非离散型又非连续型的分布，见下例.

例 2.3.4 设函数

$$F(x)=\begin{cases}0, & x<1,\\ \frac{1+x}{3}, & 1\leqslant x<2,\\ 1, & x\geqslant 2.\end{cases}$$

其图形如图 2.3.3 所示.

从图 2.3.3 可知，$F(x)$既不是阶梯函数，也不是连续函数，故其为既非离散型又非连续型的分布，它是一类新的分布. 本书不研究此类分布.

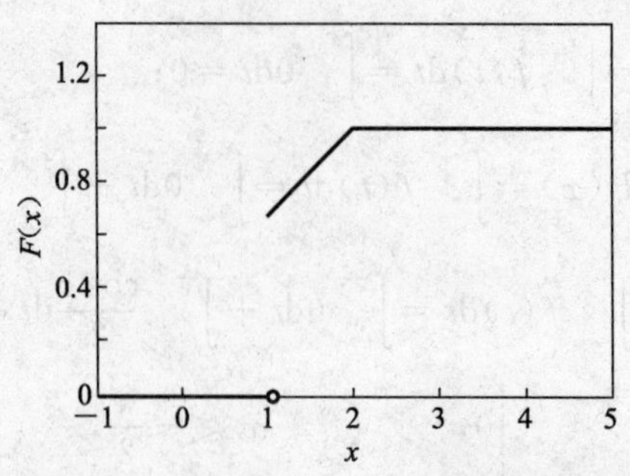

图 2.3.3　例 2.3.4 中分布函数示意图

2.3.3　常用的连续型分布

1. 均匀分布(Uniform Distribution)

如果连续型随机变量 X 的分布密度(图 2.3.4a)为

$$f(x)=\begin{cases}\dfrac{1}{b-a}, & a<x<b,\\ 0, & \text{其他},\end{cases} \tag{2.3.4}$$

其中,$a<b$ 为实数,则称 X 在区间(a,b)上服从均匀分布,记为 $X\sim U(a,b)$.

均匀分布的分布函数为

$$F(x)=\begin{cases}0, & x<a,\\ \dfrac{x-a}{b-a}, & a\leqslant x<b,\\ 1, & x\geqslant b.\end{cases}$$

其图形如图 2.3.4(b)所示.

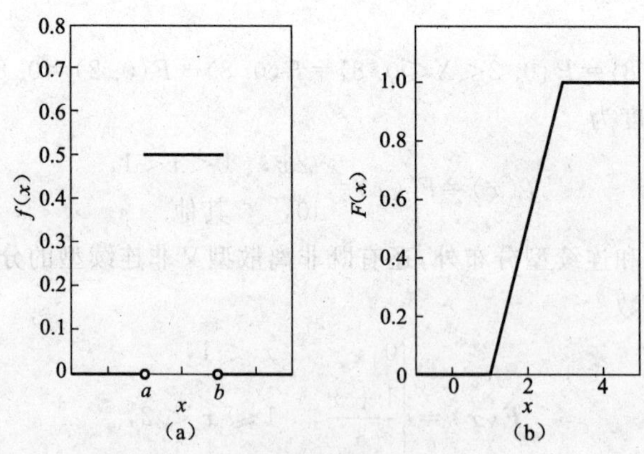

图 2.3.4　均匀分布示意图($a=1,b=3$)

在 Matlab 中,与均匀分布有关的常用函数有:unifpdf,unifcdf.

unifpdf(x,a,b):区间(a,b)上的连续均匀分布分布密度在 x 点处的函数值.

unifcdf(x,a,b):区间(a,b)上的连续均匀分布分布函数在 x 点处的函数值.

2. 正态分布(Normal Distribution)

如果连续型随机变量 X 的分布密度(图 2.3.5a)为

$$f(x)=\frac{1}{\sqrt{2\pi}\sigma}\mathrm{e}^{-\frac{(x-\mu)^2}{2\sigma^2}},\quad -\infty<x<+\infty, \tag{2.3.5}$$

其中,参数 μ 为实数,$\sigma>0$,则称 X 服从参数 μ 和 σ^2 的正态分布(高斯分布,钟形分布,Gauss Distribution, Bell-shape Distribution),记为 $X\sim N(\mu,\sigma^2)$.

图 2.3.5(a)和(b)给出了正态分布 $N(2,1)$的分布密度和分布函数曲线. 由图 2.3.5(a)可知,正态分布的分布密度 $f(x)$关于直线 $x=\mu$ 对称. 随着直线 $x=\mu$ 左右移动,$f(x)$图形也左右移动(图 2.3.5c),因此称 μ 为平移(位置)参数. $f(x)$在点 $x=\mu$ 处达到最大值$\frac{1}{\sqrt{2\pi}\sigma}$.

随着 σ 增大,$\frac{1}{\sqrt{2\pi}\sigma}$越来越小,$f(x)$图形越来越扁;随着 σ 变小,$\frac{1}{\sqrt{2\pi}\sigma}$越来越大,$f(x)$图形越来越尖(图 2.3.5d). 因此,称 σ 为形状(尺度)参数.

正态分布的分布函数为

$$F(x)=\frac{1}{\sqrt{2\pi}\sigma}\int_{-\infty}^{x}\mathrm{e}^{-\frac{(t-\mu)^2}{2\sigma^2}}\mathrm{d}t,\quad -\infty<x<+\infty. \tag{2.3.6}$$

其图形如图 2.3.5(b)所示.

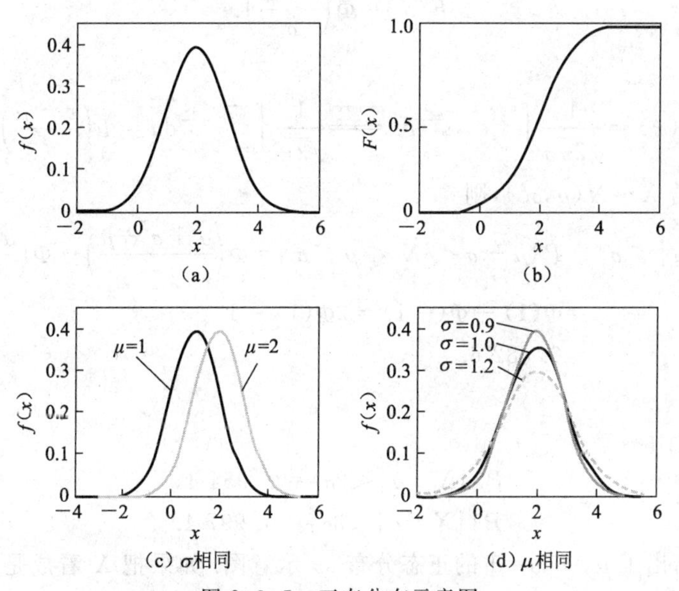

图 2.3.5 正态分布示意图

特别地,当 $\mu=0$ 和 $\sigma=1$ 时的正态分布称为标准正态分布,记为 $N(0,1)$. 标准正态分布 $N(0,1)$的分布密度和分布函数分别记为 $\varphi(x)$和 $\Phi(x)$,即

$$\varphi(x)=\frac{1}{\sqrt{2\pi}}\mathrm{e}^{-\frac{x^2}{2}},\quad -\infty<x<+\infty, \tag{2.3.7}$$

$$\Phi(x)=\frac{1}{\sqrt{2\pi}}\int_{-\infty}^{x}\mathrm{e}^{-\frac{t^2}{2}}\mathrm{d}t,\quad -\infty<x<+\infty. \tag{2.3.8}$$

$\varphi(x)$和 $\Phi(x)$的图形分别见图 2.3.6.

标准正态分布的分布函数 $\Phi(x)$满足 $\Phi(0)=0.5$,$\Phi(x)+\Phi(-x)\equiv 1$,$-\infty<x<+\infty$. 标准正态分布的分布函数 $\Phi(x)$在 $x>0$ 处的函数值可通过查表求得. 因此,标准正态分布

的分布函数 $\Phi(x)$ 在 $x<0$ 处的函数值容易计算.

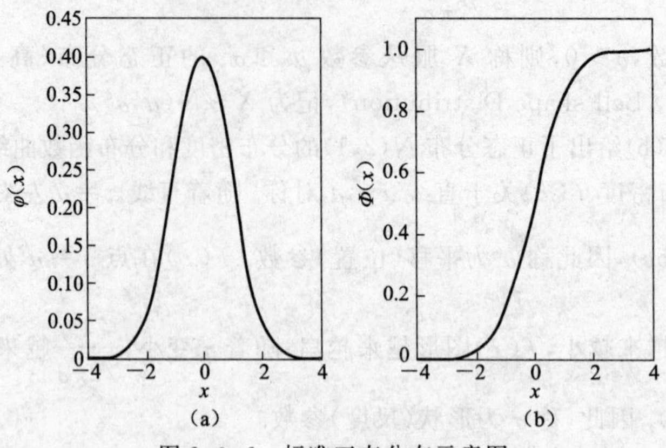

图 2.3.6 标准正态分布示意图

一般正态分布函数可转化为标准正态分布函数计算,即若 $X\sim N(\mu,\sigma^2)$,则 X 的分布函数 $F(x)$ 在点 x 处满足

$$F(x)=\Phi\left(\frac{x-\mu}{\sigma}\right). \tag{2.3.9}$$

这是因为

$$F(x)=\frac{1}{\sqrt{2\pi}\sigma}\int_{-\infty}^{x}\mathrm{e}^{-\frac{(t-\mu)^2}{2\sigma^2}}\mathrm{d}t\xlongequal{t=\mu+\sigma u}\frac{1}{\sqrt{2\pi}}\int_{-\infty}^{\frac{x-\mu}{\sigma}}\mathrm{e}^{-\frac{u^2}{2}}\mathrm{d}u=\Phi\left(\frac{x-\mu}{\sigma}\right).$$

容易计算:若 $X\sim N(\mu,\sigma^2)$,则

$$\begin{aligned}P\{|X-\mu|<\sigma\}&=P\{\mu-\sigma<X<\mu+\sigma\}=\Phi\left(\frac{\mu+\sigma-\mu}{\sigma}\right)-\Phi\left(\frac{\mu-\sigma-\mu}{\sigma}\right)\\&=\Phi(1)-\Phi(-1)=2\Phi(1)-1\\&=0.6826.\end{aligned} \tag{2.3.10}$$

同理

$$P\{|X-\mu|<2\sigma\}=0.9544, \tag{2.3.11}$$

$$P\{|X-\mu|<3\sigma\}=0.9974. \tag{2.3.12}$$

图 2.3.7 给出了 $\mu=0,\sigma=1$ 的正态分布 3σ 示意图. 如果把 X 看成是实数轴上的随机点,则 X 有 99.74%的概率落在 $(\mu-3\sigma,\mu+3\sigma)$ 区间内. 换句话说,随机变量 X 几乎都落在 $(\mu-3\sigma,\mu+3\sigma)$ 区间内. 这就是日常生活中人们常用的“3σ”准则. 如果随机变量 X 的取值落在 $(\mu-3\sigma,\mu+3\sigma)$ 区间外,则称随机事件 $\{\omega||X-\mu|\geqslant 3\sigma\}$ 为小概率事件. 小概率事件在一次试验中是几乎不可能发生的.

在实际应用中,还经常遇到正态分布下分位数的概念. 设 $X\sim N(\mu,\sigma^2)(\sigma>0)$,如果对任意 $\alpha(0<\alpha<1)$,称满足 $F(u_\alpha)=P\{X\leqslant u_\alpha\}=\alpha$ 的 u_α 为正态分布 X 的下 α 分位数(Lower α Percentile).

在 Matlab 中,与正态分布有关的常用函数有:normrnd,normpdf,normcdf,norminv.

normrnd(μ,σ,m):产生均值为 μ、标准差为 σ 的 m 个正态分布随机数.

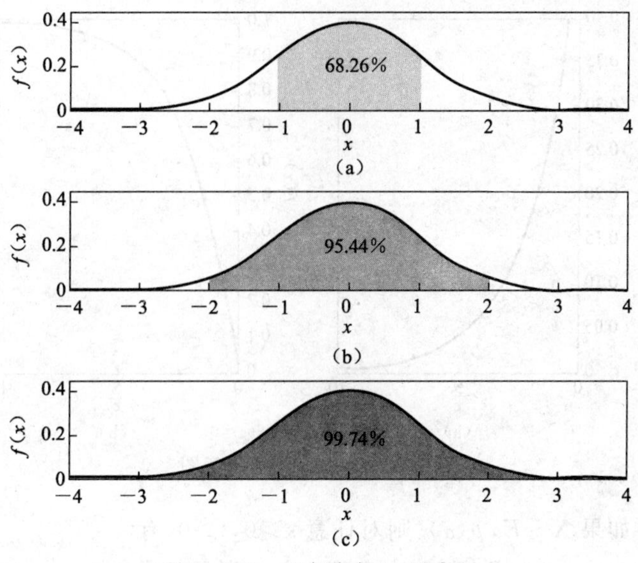

图 2.3.7 正态分布 3σ 示意图

normpdf(x,μ,σ):均值为 μ、标准差为 σ 的正态分布分布密度在 x 点处的函数值.

normcdf(x,μ,σ):均值为 μ、标准差为 σ 的正态分布分布函数在 x 点处的函数值.

norminv(p,μ,σ):均值为 μ、标准差为 σ 的正态分布下 p 分位数.

正态分布是概率论中最重要的一种分布. 一方面,正态分布具有很多良好的性质,是许多常用分布的极限分布,同时一些分布可以通过正态分布导出,因此在理论研究中,正态分布十分重要;另一方面,在应用上很多随机变量分布可看成正态分布,例如,人的体重、人的身高、测量的误差等都近似服从正态分布. 在实际问题中,只要随机变量的观测值呈现"两头小、中间大"的特征,则该随机变量就服从或者近似服从正态分布.

正态分布是概率论中最常用的三大分布之一.

3. 指数分布(Exponential Distribution)

如果随机变量 X 的分布密度(图 2.3.8a)为

$$f(x)=\begin{cases}0, & x\leqslant 0,\\ \alpha e^{-\alpha x}, & x>0,\end{cases} \tag{2.3.13}$$

其中,α 为正常数,则称 X 服从指数分布,记为 $X\sim Exp(\alpha)$.

指数分布的分布函数为

$$F(x)=\begin{cases}0, & x<0,\\ 1-e^{-\alpha x}, & x\geqslant 0.\end{cases}$$

其图形如图 2.3.8(b)所示.

指数分布有许多重要应用,常用它作为各种寿命分布的近似,如电子元件的寿命、动物的寿命、电话的通话时间、随机服务系统中的服务时间等. 指数分布在可靠性和排队论中有着广泛的应用.

指数分布的重要性还表现在它具有类似于几何分布的无记忆性.

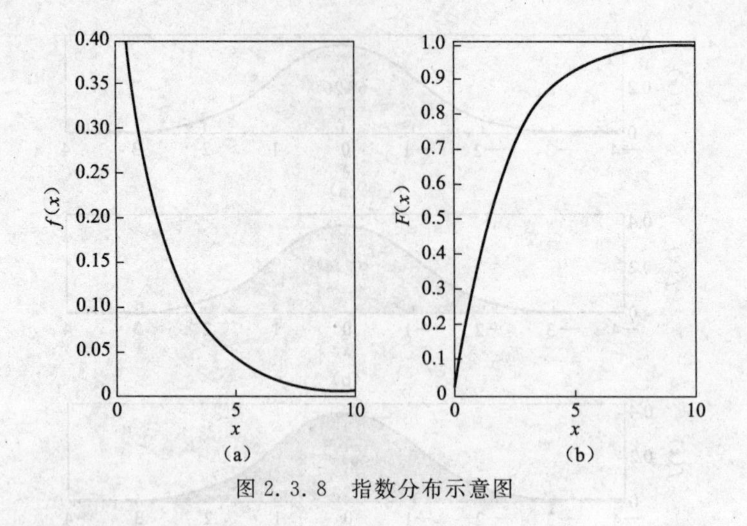

图 2.3.8 指数分布示意图

定理 2.3.1 如果 $X \sim Exp(\alpha)$，则对任意 $s>0, t>0$，有

$$P\{X>s+t \mid X>s\}=P\{X>t\}.$$

上式的含义为：如果把 X 解释为寿命，则在已知寿命长于 s 年的条件下，再活 t 年的概率与年龄 s 无关. 因此，有时风趣地称指数分布是"永葆青春"的.

该定理证明省略. 请读者自己予以证明.

在 Matlab 中，与指数分布有关的常用函数有：exppdf，expcdf.

exppdf(x，α)：参数为 α 的指数分布概率密度在 x 点处的函数值.

expcdf(x，α)：参数为 α 的指数分布分布函数在 x 点处的函数值.

4. 伽马分布(Gamma Distribution)

如果随机变量 X 的分布密度(图 2.3.9)为

$$f(x)=\begin{cases}\dfrac{\lambda^{\alpha}}{\Gamma(\alpha)}x^{\alpha-1}\mathrm{e}^{-\lambda x}, & x>0,\\ 0, & x\leqslant 0,\end{cases} \tag{2.3.14}$$

其中，形状参数 $\alpha>0$，尺度参数 $\lambda>0$，则称 X 服从伽马分布，记为 $X\sim Ga(\alpha,\lambda)$.

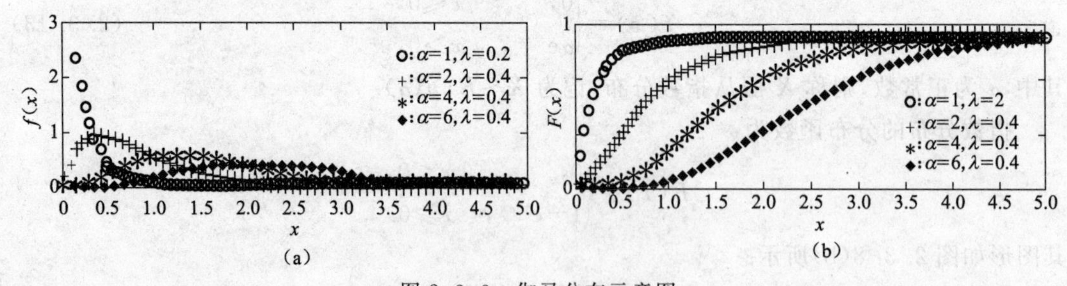

图 2.3.9 伽马分布示意图

伽马函数 $\Gamma(\alpha)=\int_0^{+\infty}x^{\alpha-1}\mathrm{e}^{-x}\mathrm{d}x\ (\alpha>0)$ 具有如下性质：

(1) $\Gamma(1)=1$；

(2) $\Gamma\left(\dfrac{1}{2}\right)=\sqrt{\pi}$；

(3) $\Gamma(\alpha+1)=\alpha\Gamma(\alpha)$.

伽马分布中两个常用的特例如下：

(1) $\alpha=1$ 时的伽马分布就是指数分布，即

$$Ga(1,\lambda)=Exp(\lambda). \tag{2.3.15}$$

(2) 称 $\alpha=\frac{n}{2},\lambda=\frac{1}{2}$ 时的伽马分布是自由度为 n 的 χ^2（卡方）分布（图 2.3.10），记为 $\chi^2(n)$，即

$$Ga\left(\frac{n}{2},\frac{1}{2}\right)=\chi^2(n),$$

其分布密度为

$$f(x)=\begin{cases}\dfrac{1}{2^{\frac{n}{2}}\Gamma\left(\dfrac{n}{2}\right)}x^{\frac{n}{2}-1}\mathrm{e}^{-\frac{1}{2}x}, & x>0,\\ 0, & x\leqslant 0.\end{cases} \tag{2.3.16}$$

这里 n 是 χ^2 分布的唯一参数，称为自由度，它可以是正实数，但更多情况下取正整数，其统计含义将在后文中介绍.

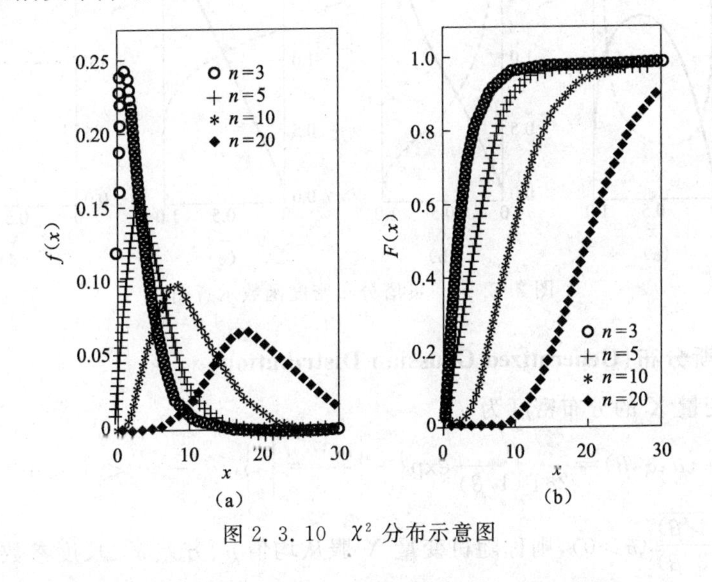

图 2.3.10 χ^2 分布示意图

设 $X\sim Ga(\alpha,\lambda)$，如果对任意 $p(0<p<1)$，称满足 $F(u_p)=P\{X\leqslant u_p\}=p$ 的 u_p 为伽马分布 X 的下 p 分位数(Lower p Percentile).

在 Matlab 中，与伽马分布有关的常用函数有：gamrnd，gampdf，gamcdf，gaminv.

gamrnd(α，λ，m)：产生参数为 α,λ 的 m 个伽马分布随机数.

gampdf(x，α，λ)：参数为 α,λ 的伽马分布分布密度在 x 点处的函数值.

gamcdf(x，α，λ)：参数为 α,λ 的伽马分布分布函数在 x 点处的函数值.

gaminv(p，α，λ)：参数为 α,λ 的伽马分布下 p 分位数.

在 Matlab 中，与 χ^2 分布有关的常用函数有：chi2rnd，chi2pdf，chi2cdf，chi2inv.

chi2rnd(n，m)：产生自由度为 n 的 m 个 χ^2 分布随机数.

chi2pdf(x，n)：自由度为 n 的 χ^2 分布分布密度在 x 点处的函数值.

chi2cdf(x,n)：自由度为 n 的 χ^2 分布分布函数在 x 点处的函数值.

chi2inv(p,n)：自由度为 n 的 χ^2 分布下 p 分位数.

5. 贝塔分布(Beta Distribution)

如果随机变量 X 的分布密度为

$$f(x)=\begin{cases}\dfrac{\Gamma(\mathrm{a}+\mathrm{b})}{\Gamma(\mathrm{a})\Gamma(\mathrm{b})}x^{a-1}(1-x)^{b-1}, & 0<x<1,\\ 0, & \text{其他},\end{cases} \tag{2.3.17}$$

其中，形状参数 $a>0,b>0$，则称 X 服从贝塔分布，记为 $X\sim Be(a,b)$.

图 2.3.11 给出了几种典型的贝塔分布密度函数曲线.

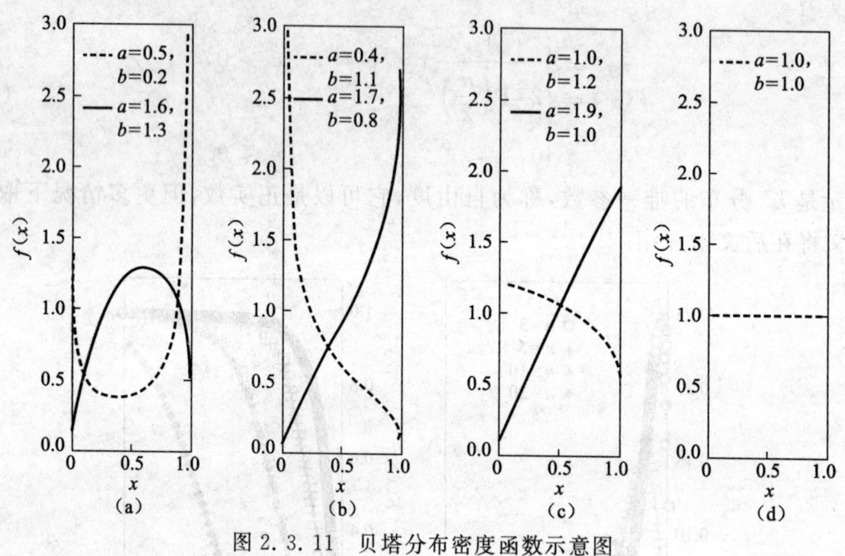

图 2.3.11 贝塔分布密度函数示意图

6. 广义高斯分布(Generalized Gaussian Distribution)

如果随机变量 X 的分布密度为

$$f(x;\mu,\alpha,\beta)=\frac{\beta}{2\alpha\Gamma(1/\beta)}\exp\left\{-\left|\frac{x-\mu}{\alpha}\right|^{\beta}\right\},\quad -\infty<x<+\infty, \tag{2.3.18}$$

其中，$\alpha=\sigma\sqrt{\dfrac{\Gamma(1/\beta)}{\Gamma(3/\beta)}}\ (\sigma>0)$，则称随机变量 X 服从均值 μ、方差 σ^2、尺度参数 α、形状参数 β 的广义高斯分布，简记为 GGD.

拉普拉斯分布和高斯分布可看作广义高斯分布的特例. 脉冲函数和均匀分布可看作广义高斯分布的极限形式.

(1) 如果 $\beta=1$，此时 $\alpha=\dfrac{\sqrt{2}}{2}\sigma$，GGD 变为拉普拉斯分布

$$f\left(x;\mu,\frac{\sqrt{2}}{2}\sigma,1\right)=\frac{1}{\sqrt{2}\sigma}\exp\left\{-\frac{\sqrt{2}\mid x-\mu\mid}{\sigma}\right\},\quad -\infty<x<+\infty. \tag{2.3.19}$$

(2) 如果 $\beta=2$，此时 $\alpha=\sqrt{2}\sigma$，GGD 变为高斯分布

$$f(x;\mu,\sqrt{2}\sigma,2)=\frac{1}{\sqrt{2\pi}\sigma}\exp\left\{-\frac{(x-\mu)^2}{2\sigma^2}\right\},\quad -\infty<x<+\infty.$$

(3) 如果 $\beta \to 0$,此时概率分布集中于 0 点附近,GGD 逼近于脉冲函数

$$\delta=\begin{cases}1, & \beta=0,\\ 0, & \beta\neq 0.\end{cases} \tag{2.3.20}$$

(4) 如果 $\beta \to +\infty$, GGD 逼近于均匀分布.

图 2.3.12 给出了 GGD 分布密度函数的示意图,图中均值为 0、方差为 1,从上到下形状参数分别为 0.65,1.2,2.5,120.

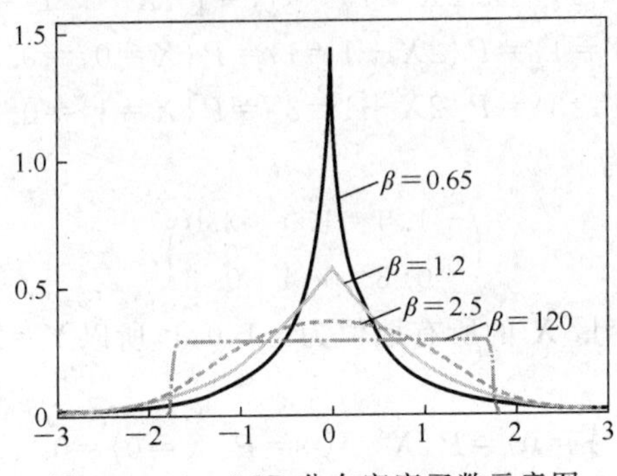

图 2.3.12 GGD 分布密度函数示意图

2.4 随机变量函数的分布

在实际中,人们常对某些随机变量的函数更感兴趣. 例如,对圆轴截面来说,人们更关心它的面积. 假设所测量的圆轴截面的直径为 D,则该圆轴截面的面积为 $S=\frac{\pi D^2}{4}$. 由于这次测量的 D 值和下次测量的 D 值不一定相同,则 D 可看为随机变量,则圆轴截面面积 $S=\frac{\pi D^2}{4}$是随机变量 D 的函数. 现在的问题是已知随机变量 D 的分布,如何求随机变量的函数 S 的分布。在实际问题中,经常遇到求随机变量函数的分布,下面分两种情况对已知随机变量 X 的分布,求随机变量的函数 $Y=g(X)$的分布[一般$g(\cdot)$为连续函数]的问题进行研究.

2.4.1 离散型随机变量函数的分布(列)

已知离散型随机变量 X 的分布列为

$$\begin{pmatrix} x_1 & x_2 & \cdots & x_n & \cdots \\ p_1 & p_2 & \cdots & p_n & \cdots \end{pmatrix},$$

则 $Y=g(X)$也为离散型随机变量,且其分布列为

$$\begin{pmatrix} g(x_1) & g(x_2) & \cdots & g(x_n) & \cdots \\ p_1 & p_2 & \cdots & p_n & \cdots \end{pmatrix}.$$

注 若 $g(x_i)$相同,则对应的概率相加.

例 2.4.1 设离散型随机变量 X 的概率分布列为

$$\begin{pmatrix} -1.0 & 0 & 1.0 \\ 0.3 & 0.4 & 0.3 \end{pmatrix},$$

求：(1) $Y=2X+1$ 的分布列；

(2) $Y=X^2$ 的分布列.

解 (1) 因为离散型随机变量 X 的所有取值为 $-1,0,1$，所以 $Y=2X+1$ 的所有取值为 $-1,1,3$. 因为

$$P\{Y=-1\}=P\{2X+1=-1\}=P\{X=-1\}=0.3,$$
$$P\{Y=1\}=P\{2X+1=1\}=P\{X=0\}=0.4,$$
$$P\{Y=3\}=P\{2X+1=3\}=P\{X=1\}=0.3,$$

所以 $Y=2X+1$ 的分布列为

$$\begin{pmatrix} -1.0 & 1.0 & 3.0 \\ 0.3 & 0.4 & 0.3 \end{pmatrix}.$$

(2) 因为离散型随机变量 X 的所有取值为 $-1,0,1$，所以 $Y=X^2$ 的所有取值为 $0,1$. 因为

$$P\{Y=0\}=P\{X^2=0\}=P\{X=0\}=0.4,$$
$$P\{Y=1\}=P\{X^2=1\}=P\{X=-1\}+P\{X=1\}=0.6,$$

所以 $Y=X^2$ 的分布列为

$$\begin{pmatrix} 0 & 1.0 \\ 0.4 & 0.6 \end{pmatrix}.$$

2.4.2 连续型随机变量函数的分布(密度)

下面给出求连续型随机变量函数 $Y=g(X)$ 的分布密度的两种方法.

1. 定理法

定理法就是按照定理 2.4.1 陈述的公式来求随机变量函数 $Y=g(X)$ 的分布密度的方法. 在利用定理法时，一定要注意 $Y=g(X)$ 对应的函数 $y=g(x)$ 是否满足定理条件. 如果 $y=g(x)$ 不满足定理条件，显然不能使用定理法. 下面叙述定理 2.4.1.

定理 2.4.1 设连续型随机变量 X 的分布密度为 $f_X(x)$，$-\infty<x<+\infty$. 若函数 $y=g(x)$ 的导函数在 $-\infty<x<+\infty$ 上连续且恒大于零(或者恒小于零)，则 $Y=g(X)$ 为连续型随机变量，且其分布密度为

$$f_Y(y)=\begin{cases} f_X[h(y)]\,|h'(y)|, & \alpha<y<\beta, \\ 0, & \text{其他}. \end{cases} \tag{2.4.1}$$

其中，$x=h(y)$ 为 $y=g(x)$ 的反函数，$\alpha=\min\{g(-\infty),g(+\infty)\}$，$\beta=\max\{g(-\infty),g(+\infty)\}$.

证明 仅就 $g'(x)<0$ 证明. 此时 $y=g(x)$ 在 $-\infty<x<+\infty$ 内是单调减少的函数，它的反函数 $x=h(y)$ 存在，在 (α,β) 内单调减少且可导. 下面先求 $Y=g(X)$ 的分布函数.

因为 $Y=g(X)$ 在 (α,β) 取值，故

当 $y\leqslant\alpha$ 时，$F_Y(y)=0$；

当 $y\geqslant\beta$ 时，$F_Y(y)=1$；

当 $\alpha<y<\beta$ 时，

$$F_Y(y)=P\{Y\leqslant y\}=P\{g(X)\leqslant y\}=P\{X\geqslant h(y)\}=1-F_X[h(y)].$$

因此，$Y=g(X)$的分布密度为

$$f_Y(y)=F'_Y(y)=[1-F_X(h(y))]'=-f_X[h(y)]h'(y)=f_X[h(y)]|h'(y)|,\quad \alpha<y<\beta.$$

综上所述，得

$$f_Y(y)=F'_Y(y)=\begin{cases}f_X[h(y)]|h'(y)|, & \alpha<y<\beta,\\ 0, & \text{其他}.\end{cases}$$

例 2.4.2 设随机变量 X 服从正态分布 $N(\mu,\sigma^2)$，$a\neq 0$，b 为常数，求 $Y=aX+b$ 的分布.

解 因为 X 为连续型随机变量，所以 $aX+b$ 也为连续型随机变量，故求 $Y=aX+b$ 的分布就是求 $Y=aX+b$ 的分布密度.

令 $y=g(x)=ax+b$，$-\infty<x<+\infty$，则 $y=g(x)=ax+b$ 处处可导且单调，其反函数为 $x=h(y)=\dfrac{y-b}{a}$，满足定理 2.4.1 条件，故 $Y=aX+b$ 的分布密度为

$$f_Y(y)=f_X[h(y)]|h'(y)|=\frac{1}{\sqrt{2\pi}\sigma}e^{-\frac{[h(y)-\mu]^2}{2\sigma^2}}\frac{1}{|a|}=\frac{1}{\sqrt{2\pi}\sigma|a|}e^{-\frac{[y-(a\mu+b)]^2}{2\sigma^2a^2}},\quad -\infty<y<+\infty.$$

因此，
$$Y=aX+b\sim N(a\mu+b,a^2\sigma^2).$$

推论 2.4.1 服从正态分布的随机变量的线性组合也服从正态分布.

特别地，当 $a=\dfrac{1}{\sigma}$，$b=-\dfrac{\mu}{\sigma}$时，$Y=aX+b=\dfrac{X-\mu}{\sigma}\sim N(0,1)$.

推论 2.4.2 若 $X\sim N(\mu,\sigma^2)$，则 X 的标准化随机变量为

$$Y=\frac{X-\mu}{\sigma}\sim N(0,1).\tag{2.4.2}$$

例 2.4.3 设 $X\sim N(\mu,\sigma^2)$，求 $Y=e^X$ 的分布密度.

解 因为 X 是随机变量，所以 $Y=e^X$ 是随机变量 X 的函数，从而问题转化为连续型随机变量函数的分布密度计算问题.

令 $y=e^x$，则 $y=e^x$ 满足定理条件，其反函数 $x=h(y)=\ln y$，故所求分布密度为

$$f_Y(y)=f_X[h(y)]\mid h'(y)\mid=\frac{1}{\sqrt{2\pi}\sigma}e^{-\frac{(\ln y-\mu)^2}{2\sigma^2}}\cdot\frac{1}{y}=\frac{1}{\sqrt{2\pi}\sigma y}e^{-\frac{(\ln y-\mu)^2}{2\sigma^2}},\quad y>0.\tag{2.4.3}$$

此时称 $Y=e^X$ 服从对数正态分布(Logarithm Normal Distribution)，记为 $Y\sim LN(\mu,\sigma^2)$.

反之也成立. 即 $Y\sim LN(\mu,\sigma^2)$，则 $X=\ln Y\sim N(\mu,\sigma^2)$.

对数正态分布在金融数学中经常遇到. 设 X 服从标准正态分布 $N(0,1)$，则股票价格 $S_t=S_0e^{\left(\mu-\frac{\sigma^2}{2}\right)t+\sigma\sqrt{t}X}$ $(t>0)$就服从对数正态分布.

定理 2.4.2 设随机变量 X 服从伽马分布 $Ga(\alpha,\beta)$，则当 $k>0$ 时，$Y=kX$ 服从伽马分布 $Ga(\alpha,\beta/k)$，即

$$Y=kX\sim Ga(\alpha,\beta/k).\tag{2.4.4}$$

证明 令 $y=kx$，则 $y=kx$ 满足定理 2.4.1 条件，得

当 $y\leqslant 0$ 时，$f_Y(y)=0$；

当 $y>0$ 时,$f_Y(y)=f_X[h(y)]|h'(y)|=\dfrac{\beta^\alpha}{k\Gamma(\alpha)}\left(\dfrac{y}{k}\right)^{\alpha-1}\mathrm{e}^{-\frac{\beta}{k}y}=\dfrac{(\beta/k)^\alpha}{\Gamma(\alpha)}y^{\alpha-1}\mathrm{e}^{-\frac{\beta}{k}y}$.

故
$$Y=kX\sim Ga(\alpha,\beta/k).$$

特别地,若 $X\sim Ga(\alpha,\beta)$,则 $2\beta X\sim Ga(\alpha,1/2)=\chi^2(2\alpha)$,即将任意伽马分布可转化为 χ^2 分布.

2. 定义法

定义法就是先求连续型随机变量函数的分布函数,然后按照连续型随机变量的定义,再求其分布密度的方法. 其步骤如下.

第一步:先求随机变量 $Y=g(X)$ 的分布函数 $F_Y(y)$.

第二步:利用连续型随机变量分布函数和分布密度的关系,对分布函数 $F_Y(y)$ 求导,即得所求分布密度 $f_Y(y)$.

注 (1) 只有满足定理 2.4.1 的条件时才能使用定理法,任何连续型随机变量函数的分布密度计算都可用定义法.

(2) 定理法是定义法的特例,定义法是定理法的推广.

(3) 定理法具有特殊性,定义法具有一般性.

例 2.4.4 设随机变量 $X\sim N(0,1)$,求 $Y=X^2$ 的分布密度.

解 因为 X 为随机变量,故 $Y=X^2$ 为随机变量的函数,从而问题转化为求连续型随机变量函数的分布密度. $g(x)=x^2$ 不满足定理 2.4.1 的条件,故求 $Y=X^2$ 的分布密度不能采用定理 2.4.1 中的方法. 这里采用定义法.

$Y=X^2$ 的分布函数为

$$F_Y(y)=P\{Y\leqslant y\}=P\{X^2\leqslant y\}=\begin{cases}P\{|X|\leqslant\sqrt{y}\}, & y>0,\\ 0, & y\leqslant 0\end{cases}$$

$$=\begin{cases}P\{-\sqrt{y}\leqslant X\leqslant\sqrt{y}\}, & y>0,\\ 0, & y\leqslant 0\end{cases}$$

$$=\begin{cases}\Phi(\sqrt{y})-\Phi(-\sqrt{y}), & y>0,\\ 0, & y\leqslant 0\end{cases}$$

$$=\begin{cases}2\Phi(\sqrt{y})-1, & y>0,\\ 0, & y\leqslant 0.\end{cases}$$

故所求的分布密度为

$$f_Y(y)=F_Y{}'(y)=\begin{cases}2\varphi(\sqrt{y})\dfrac{1}{2\sqrt{y}}, & y\geqslant 0,\\ 0, & y<0\end{cases}=\begin{cases}\dfrac{1}{\sqrt{2\pi y}}\mathrm{e}^{-\frac{y}{2}}, & y>0,\\ 0, & y\leqslant 0.\end{cases}\qquad(2.4.5)$$

对照 χ^2 分布的分布密度,可知 $Y=X^2\sim\chi^2(1)$.

例 2.4.5 设随机变量 $X\sim U\left(-\dfrac{\pi}{2},\dfrac{\pi}{2}\right)$,求 $Y=\cos X$ 的分布.

解 因为 X 为随机变量,故 $Y=\cos X$ 为随机变量的函数,从而问题转化为求连续型随机变量函数的分布密度. $g(x)=\cos x$ 不满足定理 2.4.1 的条件,故求 $Y=\cos X$ 的分布密度不能采用定理 2.4.1 中的方法. 这里采用定义法.

因为 X 在 $\left(-\frac{\pi}{2},\frac{\pi}{2}\right)$ 上取值，故 $Y=\cos X$ 的可能取值范围为 $(0,1)$.

当 $y\leqslant 0$ 时，$F_Y(y)=P\{Y\leqslant y\}=0$；

当 $y\geqslant 1$ 时，$F_Y(y)=1$；

当 $0<y<1$ 时，

$$\begin{aligned}F_Y(y)&=P\{Y\leqslant y\}=P\{\cos X\leqslant y\}\\&=P\left\{-\frac{\pi}{2}<X\leqslant -\arccos y\right\}+P\left\{\arccos y\leqslant X<\frac{\pi}{2}\right\}\\&=\int_{-\frac{\pi}{2}}^{-\arccos y}\frac{1}{\pi}\mathrm{d}x+\int_{\arccos y}^{\frac{\pi}{2}}\frac{1}{\pi}\mathrm{d}x=1-\frac{2}{\pi}\arccos y.\end{aligned}$$

故所求分布密度为

$$\begin{aligned}f_Y(y)=F'_Y(y)&=\begin{cases}\left(1-\dfrac{2}{\pi}\arccos y\right)', & 0<y<1,\\ 0 & \text{其他}\end{cases}\\&=\begin{cases}\dfrac{2}{\pi\sqrt{1-y^2}}, & 0<y<1,\\ 0, & \text{其他}.\end{cases}\end{aligned}$$

例 2.4.6 设连续型随机变量 X 的分布函数为 $F_X(x)$. 令 $F_X^{-1}(y)=\inf\{x\,|\,F_X(x)\geqslant y\}$，则 $Y=F_X(X)$ 服从 $(0,1)$ 上的均匀分布 $U(0,1)$.

证明 由于 $F_X(x)$ 只在 $[0,1]$ 上取值，所以

当 $y<0$ 时，

$$F_Y(y)=P\{Y\leqslant y\}=P\{F_X(X)\leqslant y\}=0;$$

当 $y\geqslant 1$ 时，

$$F_Y(y)=P\{Y\leqslant y\}=P\{F_X(X)\leqslant y\}=1;$$

当 $0\leqslant y<1$ 时，

$$F_Y(y)=P\{Y\leqslant y\}=P\{F_X(X)\leqslant y\}=P\{X\leqslant F_X^{-1}(y)\}=F_X[F_X^{-1}(y)]=y.$$

综上所述，$Y=F_X(X)$ 的分布函数为

$$F_Y(y)=P\{Y\leqslant y\}=\begin{cases}0, & y<0,\\ y, & 0\leqslant y<1,\\ 1, & y\geqslant 1.\end{cases}\tag{2.4.6}$$

故 $$Y=F_X(X)\sim U(0,1).$$

选读材料：二项期权定价公式

1. 期权基本知识

1) 期权(Option)

期权是一个合约(或协议)，它令其持有者有权而非义务在给定未来时刻 T 或之前以给定的价格 K 购买或出售一定数量的标的资产.

每一份期权都要标明：

(1) 期权的类型，包括看涨期权和看跌期权.

(2) 标的资产. 从本质上讲,它可以是股票、债券、外汇等.

(3) 买卖标的资产的数量.

(4) 截止日 T. 假若期权可在截止日之前的任何时间执行,该期权称为美式期权; 如果它仅能在截止日执行,该期权称为欧式期权.

(5) 执行价格 K,即当期权执行时交易完成的价格.

2) 欧式看涨期权(European Call)

欧式看涨期权是指其持有者有权而非义务在截止日 T 以给定的价格 K 购买一定数量的标的资产的协议. 在截止日 T,只有当标的资产的价格 S_T 大于等于执行价格 K 时,欧式看涨期权才被执行. 此时看涨期权的持有者将该协议和 K(美元)交给空头,得到价值为 S_T 的标的资产. 欧式看涨期权在截止日 T 时刻的价值为 $\max\{S_T-K,0\}$.

3) 欧式看跌期权(European Put)

欧式看跌期权是指其持有者有权而非义务在截止日 T 以给定的价格 K 出售一定数量的标的资产的协议. 在截止日 T,只有当标的资产的价格 S_T 小于等于执行价格 K 时,欧式看跌期权才被执行. 此时看跌期权的持有者将该协议和价值为 S_T 的标的资产交给空头,得到 K(美元). 欧式看跌期权在截止日 T 时刻的价值为 $\max\{K-S_T,0\}$.

4) 期权定价(Option Pricing)

以欧式看涨期权为例阐述期权定价. 在截止日 T,欧式看涨期权的价值为 $\max\{S_T-K,0\}$,那么在 $t=0$ 时刻欧式看涨期权的价值是多少? 或者欧式看涨期权的多头在 $t=0$ 时刻花费多少才能买到在 T 时刻价值为 $\max\{S_T-K,0\}$ 的该协议? 这就是期权定价问题.

引例 有现价为 80 美元的某股票. 在一年以后,股票价格可以是 100 美元或 70 美元,概率并未给出,即期利率为 5%(今天投资的 1 美元在一年后价值 1.05 美元). 一年以后到期执行价为 85 美元的股票看涨期权的一个公平价格是多少?

解 下面给出两种计算股票期权公平价格的方法. 第一种方法称为博弈论方法,第二种方法是资产组合复制的方法. 两种方法都要用到下列假设:① 假设股票在到期日价格必须是两种特定价格的一种;② 假设市场无套利.

记购买股票的时刻为 $t=0$,然后一直持有股票,期间不再买卖股票,直到一年后出售该股票. 出售股票的时刻记为 $t=\tau$. 这个过程可近似看作单阶段市场的投资问题. 上述引例可看作单阶段期权定价问题.

2. 博弈论方法

首先构造一个包含 a 股看涨期权和 b 股股票的资产组合,数 a 和 b 可以为负数. 如果 b 是负数,则表示卖空股票;如果 a 为负数,则表示卖出看涨期权. 令 V_t 为看涨期权在时刻 t 的价格,S_t 为股票在时刻 t 的价格,Π_t 表示该资产组合在时刻 t 的价值,$t=0,1$,则

$$\Pi_0=aV_0+bS_0,$$

其中,a 和 b 待定,V_0 就是所要求的期权价格.

站在时刻 $t=0$ 观察 S_1,则 S_1 是一个取两个值的随机变量. 因为资产组合在时刻 $t=1$ 的价值为

$$\Pi_1=\begin{cases}(100-85)a+100b, & S_1=100,\\ 0a+70b, & S_1=70.\end{cases}$$

故 Π_1 是随机变量 S_1 的函数，因而也是一个随机变量.

1）主要思想

博弈论的主要思想是：资产组合在 $t=1$ 时刻的价值 Π_1 不依赖于股价的涨跌，即 Π_1 在不同状态的值相等. 因此令

$$(100-85)a+100b=0\times a+70\times b$$

则待定 a 和 b 满足 $15a=-30b$，选择 $b=1,a=-2$ 即可.

由这个策略可知，应该在卖出两股期权的同时买入一股股票. 此时资产组合在时刻 $t=1$ 的价值就是一个常数，不再是随机的，从而该资产组合在单阶段内可看成无风险资产.

2）期权定价

因为

$$\Pi_0=-2V_0+1\times 80,\quad \Pi_1=-15\times 2+(+1)\times 100=70,$$

该资产组合在单阶段内可看成无风险资产，故应有

$$1.05\Pi_0=1.05(80-2V_0)=\Pi_1=70,$$

从而

$$80-2V_0=\frac{70}{1.05},$$

故
$$V_0=6.6667.$$

3）博弈论方法——一般公式

对单阶段的投资，一般先画出股票价格的二叉树和相应期权价格的二叉树. 假设股票在时间 τ 只有两个价值. 如果股票处在上升状态 S_u，那么期权价值为 U；如果股票处在下降状态 S_d，那么期权价值为 D（图 1）.

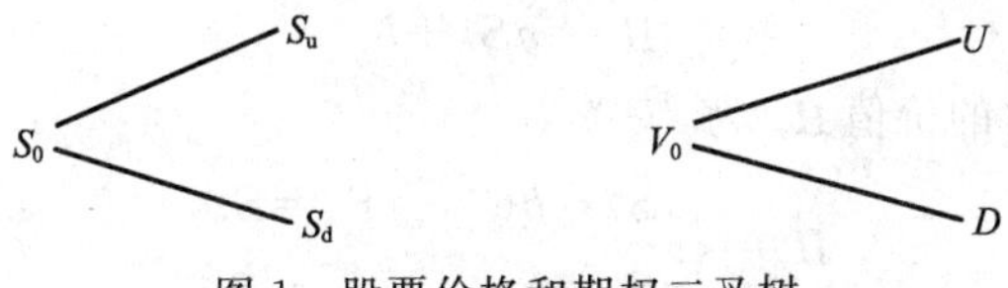

图 1 股票价格和期权二叉树

通过买入一股价格为 V_0 的期权和卖出 a 股股票来构造一个资产组合. 该资产组合的初始价值为

$$\Pi_0=V_0-aS_0.$$

选择这样的 a，该资产组合在 $t=\tau$ 的价值

$$\Pi_\tau=\begin{cases}U-aS_u, & S_\tau=S_u,\\ D-aS_d, & S_\tau=S_d\end{cases}$$

与股票的最终状态无关. 令

$$U-aS_u=D-aS_d,$$

则

$$a=\frac{U-D}{S_u-S_d}=\frac{\Delta V}{\Delta S}.$$

比率 $\Delta V/\Delta S$ 在期权和衍生产品定价中起着至关重要的作用，在实际操作中经常遇到.

由于该资产组合投资没有风险并且无风险回报率为 r，故

$$V_0-aS_0=\mathrm{e}^{-r\tau}(U-aS_u),$$

从而得到期权定价公式

$$V_0=aS_0+(U-aS_u)\mathrm{e}^{-r\tau}. \tag{1}$$

上式给出了期权的正确价格.如果期权价格与 V_0 不一致,那么就会有无风险利润的套利机会.

3. 资产组合复制

资产组合复制的主要思想是:构造一个由股票和债券组成的资产组合,使得 $t=\tau$ 时刻资产组合的价值和股票期权的价值相等.

1) 画出二叉树

设某股票在 $t=0$ 时刻的价格为 S_0,在 $t=\tau$ 时刻或为 S_u,或为 S_d(图 2.5.2).

图 2　股票价格和期权二叉树

股票期权二叉树中的 U 和 D 是已知的,V_0 是待求的.通过上述二叉树可知,如果 $S_u \geqslant S_0$,则股票期权的价值为 U;如果 $S_d < S_0$,则股票期权的价值为 D.

2) 资产组合匹配

构造包含 a 单位股票和 b 单位债券(现金)的资产组合 Π.债券的初值为 1 美元,无风险(银行存在)利率为 r,那么经过时间 t,债券的价值将是 e^{rt}.资产组合在时间 $t=0$ 的价值 Π_0 为

$$\Pi_0=aS_0+b.$$

资产组合在 $t=\tau$ 时的价值 Π_τ 为

$$\Pi_\tau=\begin{cases} aS_u+b\mathrm{e}^{r\tau}, & S_\tau=S_u, \\ aS_d+b\mathrm{e}^{r\tau}, & S_\tau=S_d. \end{cases}$$

令

$$\begin{cases} aS_u+b\mathrm{e}^{r\tau}=U, \\ aS_d+b\mathrm{e}^{r\tau}=D, \end{cases} \tag{2}$$

则资产组合的价值 Π 与期权的价值相等,此时称该资产组合复制了股票期权.因为该资产组合和期权在时间 $t=\tau$ 有相同的价值,所以根据无套利知它们在初始时刻也有相同的价值,从而有

$$V_0=aS_0+b.$$

通过式(2)解出 a 和 b,则

$$a=\frac{U-D}{S_u-S_d},$$

$$b=\left(U-\frac{U-D}{S_u-S_d}S_u\right)\mathrm{e}^{-r\tau}. \tag{3}$$

将式(3)代入 $V_0=aS_0+b$,得

$$V_0=aS_0+(U-aS_u)\mathrm{e}^{-r\tau}$$

此即前面的定价公式(1). 化简得

$$
\begin{aligned}
V_0 &= \frac{U-D}{S_u-S_d}S_0+\left(U-\frac{U-D}{S_u-S_d}S_u\right)e^{-r\tau} \\
&= U\left(\frac{S_0}{S_u-S_d}+e^{-r\tau}-\frac{S_u}{S_u-S_d}e^{-r\tau}\right)+D\left(\frac{-S_0}{S_u-S_d}+\frac{S_u}{S_u-S_d}e^{-r\tau}\right) \\
&= e^{-r\tau}U\left(\frac{e^{r\tau}S_0}{S_u-S_d}-\frac{S_d}{S_u-S_d}\right)+e^{-r\tau}D\left(\frac{S_u}{S_u-S_d}-\frac{e^{r\tau}S_0}{S_u-S_d}\right).
\end{aligned}
$$

令

$$q=\frac{e^{r\tau}S_0-S_d}{S_u-S_d},\quad 1-q=\frac{S_u-e^{r\tau}S_0}{S_u-S_d},$$

则

$$V_0=e^{-r\tau}[qU+(1-q)D]. \tag{4}$$

根据引例中的数据,可以利用公式(4)计算 V_0,结果仍然是 6.666 7 美元.

3) 风险中性概率

可以证明上述定义的 q 满足 $0\leqslant q\leqslant 1$. 因为

$$q=\frac{e^{r\tau}S_0-S_d}{S_u-S_d}, \tag{5}$$

如果 q 为负数,则 $e^{r\tau}S_0<S_d$,故在 $t=0$ 时刻借入 S_0,然后买入一股股票,在 $t=\tau$ 时刻卖出该股票,稳赚 $S_d-e^{r\tau}S_0$ 美元,即存在套利. 同样地,$1-q$ 为负数也是不可能的.

因为 q 满足 $0\leqslant q\leqslant 1$,所以可将 q 看成概率. 在金融数学中 q 被称为风险中性概率(Risk Neutral Probability). 将公式(4)记为

$$V_0=e^{-r\tau}[qU+(1-q)D]=e^{-r\tau}Eq[V_1] \tag{6}$$

公式(6)描述了资产组合的现值是通过对未来资产组合价值的平均值进行贴现($e^{-r\tau}$ 被称为贴现因子)得到的.

4) 风险中性概率的记忆方法

风险中性概率 q 可看成股票单期投资中的上涨概率,即

$$e^{r\tau}S_0=qS_u+(1-q)S_d. \tag{7}$$

该过程由图 3 的二叉树给出.

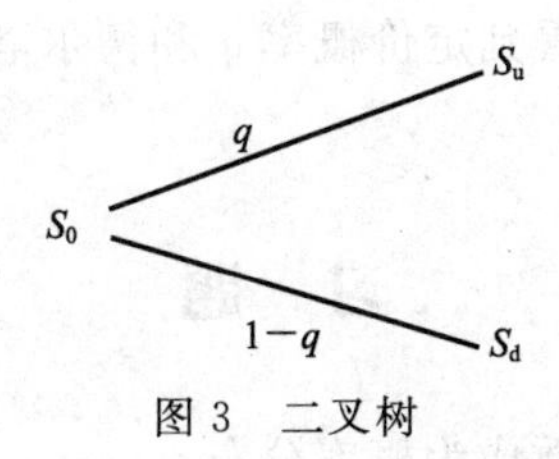

图 3 二叉树

尽管式(7)仅是一个期望价值例子,但对于理解 q 的作用来说是重要的. 只要给出股票的 3 个参数和利率,就能根据该二叉树计算定价概率.

例 一股股票现价为 60 美元,一年后它的价值或为 70 美元,或为 50 美元,一年期利率为 5%.假设希望知道两种看涨期权的价格,一种执行价为 60 美元,另一种执行价为 65 美元,同时也希望为执行价为 56 美元的看跌期权定价. 问怎样应用式(6)快速地求出这 3 个

价格?

解 步骤一:从股票二叉树(图 4)获得 q.

根据公式(7)有

$$1.05\times60=70q+50(1-q),$$

所以

$$q=\frac{13}{20}=0.65.$$

步骤二:对期权价值 U 和 D 求平均值.

(1) 如果看涨期权的执行价为 60 美元,那么 $U=10$ 且 $D=0$. 看涨期权的价格为

$$\frac{1}{1.05}[10q+0\times(1-q)]=\frac{6.5}{1.05}=6.1905\ (\text{美元})$$

(2) 如果执行价为 65 美元,那么 $U=5$. 看涨期权的价格为

$$\frac{1}{1.05}(0.65\times5+0)=\frac{3.25}{1.05}=3.0952\ (\text{美元})$$

(3) 如果看跌期权的执行价为 56 美元,那么 $U=0$ 以及 $D=6$. 看跌期权的价格为

$$\frac{1}{1.05}(0+0.35\times6)=\frac{2.1}{1.05}=2\ (\text{美元})$$

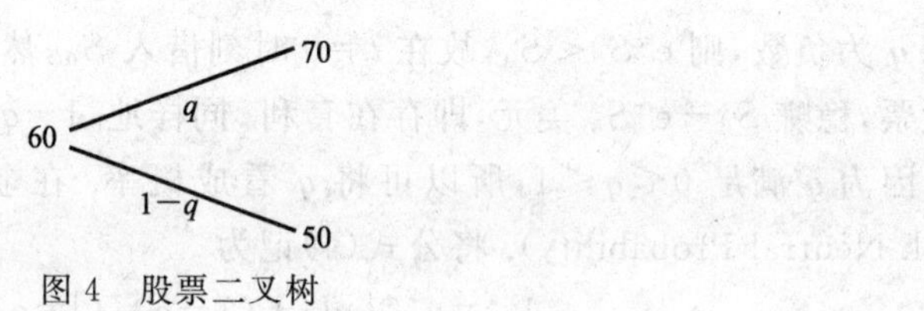

图 4 股票二叉树

除 q 值外,还存在另外一个重要的量. 匹配或复制股权的资产组合的关键思想是持有适当量的某一股票. 式(3)表明应持有的股票数为

$$\text{股数}=\frac{U-D}{S_u-S_d}.$$

这个量恰好是出现在式(1)中的 a.

注意到该比率是被复制的股权的变化和股价变化之比. 在投资决策过程中,该比率被称为德尔塔量. 在金融数学中,将会看到定价概率 q 和德尔塔量 Δ 出现在资产组合行为的多次计算中.

习 题

1. C 为何值时才能使下列函数成为概率分布:

(1) $f(x)=\sum\limits_{k=1}^{N}\frac{C}{N}\delta(x-k)$;

(2) $f(x)=\sum\limits_{k=1}^{+\infty}\frac{C\lambda^k}{k!}\delta(x-k),\lambda>0$.

2. 证明函数 $f(x)=\frac{1}{\sqrt{2\pi}\sigma}e^{-\frac{(x-\mu)^2}{2\sigma^2}}$ $(-\infty<x<+\infty,\sigma>0)$是一个分布密度函数.

3. 证明函数 $f(x)=\frac{1}{2}e^{-|x|}(-\infty<x<+\infty)$ 是一个分布密度函数.

4. 口袋中有 7 个白球、3 个红球，求：

(1) 每次从中任取一个不放回，首次取到白球的取球次数的概率分布列；

(2) 如果取出的是红球则不放回，并另外放入一个白球，首次取到白球的取球次数的概率分布列.

5. 设随机变量 X 的分布函数为

$$F(x)=\begin{cases}0, & x<0,\\ 1/3, & 0\leqslant x<2,\\ 1/2, & 2\leqslant x<5,\\ 1, & x\geqslant 5.\end{cases}$$

求：(1) X 的分布列；

(2) $P\{X\leqslant 3\}, P\{X<3\}, P\{X\geqslant 2\}$.

6. 设随机变量 X 的分布函数为 $F(x)=\begin{cases}0, & x<0,\\ \frac{1}{2}, & 0\leqslant x<1,\\ 1-e^{-x}, & x\geqslant 1,\end{cases}$ 求 $P\{X=1\}$.

7. 一汽车沿一街道行驶，需要通过 3 个设有红绿信号灯的路口，每个信号灯为红或绿与其他信号灯为红或绿相互独立，且红绿两种信号灯显示的时间相等.以 X 表示该汽车首次遇到红灯前已通过的路口的个数，求 X 的概率分布.

8. 从学校乘汽车到火车站的途中有 3 个交通岗，假设在各个交通岗遇到红灯的事件是相互独立的，并且概率都是 $\frac{2}{5}$. 设 X 为途中遇到红灯的次数，求随机变量 X 的分布律、分布函数.

9. 有一繁忙的汽车站，每天有大量汽车通过，设每辆汽车在一天的某个时间段内出事故的概率为 0.001. 在某天的该段时间内有 1 000 辆汽车通过，求出事故的次数不小于 2 的概率.

10. 某电话交换台每分钟收到呼叫的次数服从参数为 4 的泊松分布. 求：

(1) 每分钟恰有 8 次呼叫的概率；

(2) 每分钟的呼叫次数大于 10 的概率.

11. 某射手击中目标的概率为 0.6. 现该射手独立射击多次，求直到击中目标为止的射击次数的分布律及击中目标奇数次的概率.

12. 设随机变量 X 的分布密度为

$$f(x)=\begin{cases}x, & 0\leqslant x<1,\\ 2-x, & 1\leqslant x<2,\\ 0, & \text{其他}.\end{cases}$$

求 X 的分布函数.

13. 已知随机变量 X 的分布密度 $f(x)=\frac{1}{2}e^{-|x|}$，$-\infty<x<+\infty$，求 X 的概率分布函数 $F(x)$.

14. 设 $F_1(x)$ 和 $F_2(x)$ 为两个分布函数，其相应的分布密度 $f_1(x)$ 和 $f_2(x)$ 为连续函数，则必为分布密度的是(　　).

A. $f_1(x)f_2(x)$　　B. $2F_1(x)f_2(x)$

C. $f_1(x)F_2(x)$　　D. $f_1(x)F_2(x)+F_1(x)f_2(x)$

15. 设随机变量 $X\sim N(\mu_1,\sigma_1^2)$，$Y\sim N(\mu_2,\sigma_2^2)$，且 $P\{|X-\mu_1|<1\}>P\{|Y-\mu_2|<1\}$，则必有(　　).

A. $\sigma_1<\sigma_2$　　B. $\sigma_1>\sigma_2$

C. $\mu_1<\mu_2$　　D. $\mu_1>\mu_2$

16. 设 $f_1(x)$ 为标准正态分布的概率密度，$f_2(x)$ 为 $[-1,3]$ 上均匀分布的概率密度，若 $f(x)=\begin{cases}af_1(x), & x\leqslant 0,\\ bf_2(x), & x>0,\end{cases}$ $a>0,b>0$ 为概率密度，则 a,b 应满足(　　).

A. $2a+3b=4$　　B. $3a+2b=4$

C. $a+b=1$　　D. $a+b=2$

17. 设随机变量 X 在区间(1,6)上服从均匀分布，求方程 $x^2+Xx+1=0$ 有实根的概率.

18. 设随机变量 X 服从均值为 2，方差为 σ^2 的正态分布，且 $P\{2<X<4\}=0.3$，求 $P\{X<0\}$.

19. 设随机变量 X 服从均值为 10，均方差为 0.02 的正态分布. $\Phi(x)=\int_{-\infty}^{x}\frac{1}{\sqrt{2\pi}}e^{-\frac{u^2}{2}}du$，$\Phi(2.5)=0.9938$，求 X 落在区间(9.95,10.05)内的概率为多少？

20. 已知连续型随机变量 X 的分布密度为 $f(x)=\frac{1}{\sqrt{\pi}}e^{-x^2+2x-1}$，$-\infty<x<+\infty$，则 $\mu=$ ______，$\sigma=$ ______.

21. 设 X_1,X_2,X_3 是随机变量，且 $X_1\sim N(0,1)$，$X_2\sim N(0,4)$，$X_3\sim N(5,9)$，$P_j=P\{-2<X_j<2\}$，$j=1,2,3$，则有(　　).

A. $P_1>P_2>P_3$　　B. $P_2>P_1>P_3$

C. $P_3>P_1>P_2$　　D. $P_1>P_3>P_2$

22. 设随机变量 X 与 Y 均服从正态分布，$X\sim N(\mu,4^2)$，$Y\sim N(\mu,5^2)$，试比较以下 $p_1=P\{X\leqslant\mu-4\}$ 和 $p_2=P\{Y\geqslant\mu+5\}$ 的大小.

23. 设随机变量 Y 服从参数为 1 的指数分布，$a>0$，则 $P\{Y\leqslant a+1|Y>a\}=$ ______.

24. 某种型号电子元件的寿命 X(单位:h)的分布密度为

$$f(x)=\begin{cases}\frac{1\,000}{x^2}, & x>1\,000,\\ 0, & 其他.\end{cases}$$

现有一大批此种元件(设各元件工作相互独立)，求：

(1) 任取一只，其寿命大于 1 500 h 的概率；

(2) 任取 4 只，4 只寿命都大于 1 500 h 的概率；

(3) 任取 4 只，4 只中至少有 1 只寿命大于 1 500 h 的概率；

(4) 若已知某只元件的寿命大于 1 500 h，则该元件的寿命大于 2 000 h 的概率.

25. 设连续型随机变量 X 的分布密度为

$$f(x)=\begin{cases}4x^3, & 0<x<1,\\ 0, & \text{其他}.\end{cases}$$

(1) 已知 $P\{X<a\}=P\{X>a\}$，试求常数 a（此 a 称为该分布的中位数）；

(2) 已知 $P\{X>b\}=0.05$，试求常数 b.

26. 设随机变量 X 和 Y 同分布，X 的分布密度为

$$f(x)=\begin{cases}\frac{3}{8}x^2, & 0<x<2,\\ 0, & \text{其他}.\end{cases}$$

已知事件 $A=\{X>a\}$ 和 $B=\{Y>a\}$ 独立，且 $P(A\cup B)=3/4$，求常数 a.

27. 设连续型随机变量 X 的分布密度 $f(x)$ 是一个偶函数，$F(x)$ 为 X 的分布函数，证明对任意实数 a，有

(1) $F(-a)=1-F(a)=0.5-\int_0^a f(x)\mathrm{d}x$；

(2) $P\{|X|<a\}=2F(a)-1$；

(3) $P\{|X|>a\}=2[1-F(a)]$.

28. 设随机变量 X 的分布密度为

$$f(x)=\begin{cases}2x, & 0<x<1,\\ 0, & \text{其他}.\end{cases}$$

以 Y 表示对 X 的 3 次独立重复观察中事件 $\{X\leqslant 1/2\}$ 出现的次数，求 $P\{Y=2\}$.

29. 设随机变量 X 的分布密度为

$$f(x)=\begin{cases}\frac{1}{2}\cos\frac{x}{2}, & 0\leqslant x\leqslant \pi,\\ 0, & \text{其他}.\end{cases}$$

对 X 独立地重复观察 4 次，用 Y 表示观察值大于 $\frac{\pi}{3}$ 的次数，求 Y 的分布律.

30. 已知某商场一天来的顾客数 X 服从参数为 λ 的泊松分布，而每个来到商场的顾客购物的概率为 p，证明该商场一天内购物的顾客数服从参数为 λp 的泊松分布.

31. 设 X 服从泊松分布，且已知 $P\{X=1\}=P\{X=2\}$，求 $P\{X=4\}$.

32. 设随机变量 X 服从二项分布 $B(2,p)$，随机变量 Y 服从二项分布 $B(4,p)$. 若已知 $P\{X\geqslant 1\}=\frac{8}{9}$，求 $P\{Y\geqslant 1\}$.

33. 设随机变量 X 服从区间 $(2,5)$ 上的均匀分布，求对 X 进行 3 次独立观测中，至少有两次的观测值大于 3 的概率.

34. 设 X 为区间 $(0,1)$ 上任取的一点，求 $P\left\{X^2-\frac{3}{4}X+\frac{1}{8}\geqslant 0\right\}$.

35. 设 X 服从 $(1,6)$ 上的均匀分布，求方程 $x^2+Xx+1=0$ 有实根的概率.

36. 设 $X\sim N(3,2^2)$.

求：(1) $P\{2<X\leqslant 5\}$；

(2) $P\{|X|>2\}$；

(3) 确定 c 使得 $P\{X>c\}=P\{X<c\}$.

37. 测量某一目标的距离所产生的随机误差 X(单位:m)的分布密度为

$$f(x)=\frac{1}{40\sqrt{2\pi}}\mathrm{e}^{-\frac{(x-20)^2}{3\,200}},\quad -\infty<x<+\infty.$$

求在 3 次测量中,至少有一次误差的绝对值不超过 30 m 的概率.

38. 设随机变量 X 服从正态分布 $N(\mu,\sigma^2)$,试问随着 σ 的增大,概率 $P\{|X-\mu|<\sigma\}$是如何变化的?

39. 设随机变量 $X\sim N(0,\sigma^2)$,若 $P\{|X|>k\}=0.1$,求 $P\{X<k\}$.

40. 设随机变量 X 的分布密度为

$$f(x)=\begin{cases}1/3, & 0\leqslant x\leqslant 1,\\ 2/9, & 3\leqslant x\leqslant 6,\\ 0, & 其他.\end{cases}$$

若 $P\{X\geqslant k\}=2/3$,求 k 的取值范围.

41. 设随机变量 X 在$[0,1]$上取任意值,若 $P\{x<X\leqslant y\}$只与长度 $y-x$ 有关(对于一切 $0\leqslant x\leqslant y\leqslant 1$),求 X 的分布函数及分布密度.

42. 若随机变量 X 满足 $P\{X\leqslant x_2\}\geqslant 1-\beta$, $P\{X\geqslant x_1\}\geqslant 1-\alpha$,证明 $P\{x_1\leqslant X\leqslant x_2\}\geqslant 1-(\alpha+\beta)$.

43. 若随机变量 X 服从正态分布 $N(5,4)$,求常数 a,使得:

(1) $P\{X<a\}=0.90$;

(2) $P\{|X-5|>a\}=0.01$.

44. 设随机变量 X 的分布密度为 $f(x)=\begin{cases}\mathrm{e}^{-x}, & x\geqslant 0,\\ 0, & x<0,\end{cases}$ 求随机变量 $Y=\mathrm{e}^X$ 的分布密度.

45. 设随机变量 X 的分布密度为 $f_X(x)=\dfrac{1}{\pi(1+x^2)}$,求随机变量 $Y=1-\sqrt[3]{X}$ 的分布密度 $f_Y(y)$.

46. 设随机变量 X 服从$(0,2)$上的均匀分布,求随机变量 $Y=X^2$ 在$(0,4)$内的分布密度 $f_Y(y)$.

47. 某股票的价格为 90 美元,一年以后股票价格将为 105 美元或者 80 美元(未给定概率),即期(在时刻 0)无风险利率为 4%. 试运用博弈论方法为一年后到期、执行价格为 110 美元的股票看跌期权定价.

48. 某股票的价格为 110 美元,一年以后股票价格将为 102 美元或者 122 美元(未给定概率),即期(在时刻 0)无风险利率为 4%. 试运用资产组合复制方法为一年后到期、执行价格为 110 美元的股票看跌期权定价.

49. 假设你是一个期权交易商. 给定股票价格的二项模型 $S_0=50$ 美元,$S_u=60$ 美元,$S_d=40$美元,$K=55$ 美元,$r=0.05$,$\tau=\dfrac{1}{2}$ a. 现在你卖出看涨期权 1 000 股,

(1) 计算看涨期权的公平市场价格;

(2) 假设以公平市场价格+0.10 美元卖出 1 000 股期权,计算进行套期保值需买入的股票数量;

(3) 计算不依赖于股价结果的利润.

50. 设随机变量 X 的绝对值不大于 1，$P\{X=-1\}=\frac{1}{8}$，$P\{X=1\}=\frac{1}{4}$. 在事件$\{-1<X<1\}$出现的条件下，X 在$(-1,1)$内的任一子区间上取值的条件概率与该子区间长度成正比. 试求 X 的分布函数 $F(x)=P\{X\leqslant x\}$.

51. 设随机变量 X 的概率分布为 $P\{X=1\}=P\{X=2\}=\frac{1}{2}$，在给定 $X=i$ 的条件下，随机变量 Y 服从均匀分布 $U(0,i)(i=1,2)$. 求 Y 的分布函数 $F_Y(y)$.

52. 使用了 t 时间的电子管，在以后 Δt 时间内损坏的概率等于 $\lambda\Delta t+o(\Delta t)$，其中 λ 为不依赖于 t 的正数. 假定在不相重叠的时间内，电子管损坏与否是相互独立的，试求电子管在 t 时间内损坏的概率.

53. 假设一设备开机后无故障工作的时间 X 服从指数分布，平均无故障工作的时间(EX)为 5 h. 设备定时开机，出现故障时自动关机，并且在无故障的情况下工作 2 h 便关机. 试求该设备每次开机无故障工作的时间 Y 的分布函数.

第3章 多维随机变量

本章主要介绍多维随机变量(随机向量)的联合分布函数及其性质、多维离散型随机变量的联合分布列及其性质、多维连续型随机变量的联合分布密度及其性质、多维随机变量的边际分布和条件分布、多维随机变量的独立性以及多维随机变量函数的分布.

3.1 多维随机变量及其联合分布函数

3.1.1 多维随机变量的概念

在考虑实际问题时往往引入不止一个随机变量. 例如,研究某地区的人口状况时,既要考虑人口的身高,又要考虑人口的体重. 通过前面的知识可知,人口的身高 X 是随机变量,人口的体重 Y 也是随机变量. 现在的问题是既要考虑人口的身高 X,又要考虑人口的体重 Y,从数学角度就是要同时考虑 X 和 Y,即 (X,Y). 相对于 X 和 Y,(X,Y) 称为二维随机变量(或者二维随机向量). 另外,在考虑某种钢管的组成成分时,要同时考虑钢管中的铁、硅、碳含量. 通过前面的学习可知,钢管中的铁含量 X 是一随机变量,钢管中的硅含量 Y 是一随机变量,钢管中的碳含量 Z 也是一随机变量. 当同时考虑钢管中的铁、硅、碳含量时,即从数学角度考虑 (X,Y,Z),(X,Y,Z) 称为三维随机变量(或者三维随机向量). 下面给出多维随机变量的一般定义.

定义 3.1.1 设 $X_1,X_2,\cdots,X_n$ 为定义在同一个样本空间 Ω 上的 n 个随机变量,称 $(X_1,X_2,\cdots,X_n)$ 为 n 维随机变量,或者 n 维随机向量.

当 $n\geqslant 2$ 时,$(X_1,X_2,\cdots,X_n)$ 称为多维随机变量或者多维随机向量. 因为多维随机变量的性质与二维随机变量的性质类似,因此下面以介绍二维随机变量 (X,Y) 为主,如图 3.1.1 所示.

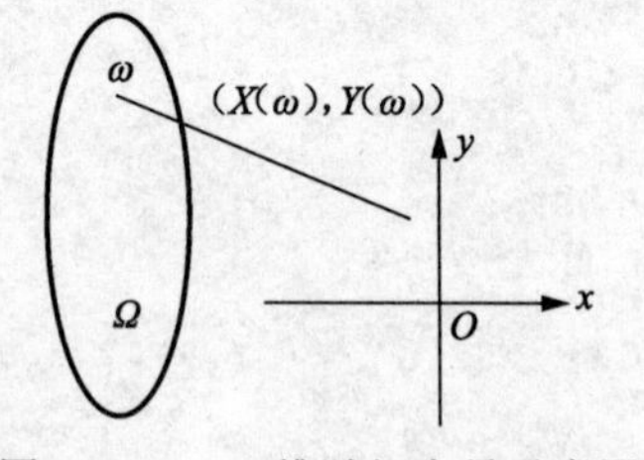

图 3.1.1 二维随机变量示意图

3.1.2 多维随机变量的联合分布函数

定义 3.1.2 设 (X,Y) 为二维随机变量,x 和 y 为两个任意实数,称同时满足两个事件 $\{\omega|X(\omega)\leqslant x\}$,$\{\omega|Y(\omega)\leqslant y\}$ 的概率

$$F(x,y)=P\{X\leqslant x,Y\leqslant y\}=P\{\omega\mid X(\omega)\leqslant x,Y(\omega)\leqslant y\}$$

为(X,Y)的分布函数,或者 X 与 Y 的联合分布函数(Joint Cumulative Distribution Function).

如果说把一个随机变量 X 看成实数轴上的一个随机点,那么(X,Y)可以看作二维平面 xOy 上的随机点. 函数 $F(x,y)$在点(x,y)的值等于二维随机点(X,Y)落在 xOy 平面上的左下方区域$(-\infty,x]\times(-\infty,y]$的概率,也可看作左下方区域$(-\infty,x]\times(-\infty,y]$的面积,如图 3.1.2 所示.

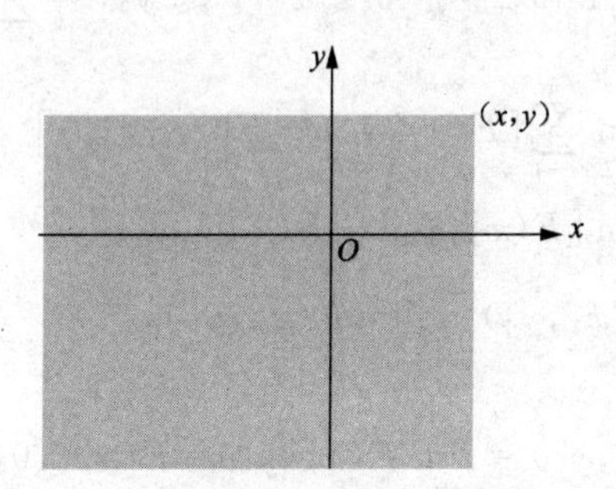

图 3.1.2 二维随机变量分布函数示意图

定理 3.1.1 分布函数 $F(x,y)$的基本性质如下.

(1) 有界性:对任意实数 x 和 y,有

$$0\leqslant F(x,y)\leqslant 1$$

$$F(-\infty,y)=\lim_{x\to-\infty}F(x,y)=0;$$

$$F(x,-\infty)=\lim_{y\to-\infty}F(x,y)=0;$$

$$F(-\infty,-\infty)=\lim_{\substack{x\to-\infty\\ y\to-\infty}}F(x,y)=0;$$

$$F(+\infty,+\infty)=\lim_{\substack{x\to+\infty\\ y\to+\infty}}F(x,y)=1.$$

(2) 单调性:对任意给定的 y,$F(x,y)$关于 x 是单调不减函数;对任意给定的 x,$F(x,y)$关于 y 是单调不减函数.

(3) 右连续性:对任意给定的 y,$F(x,y)$关于 x 具有右连续性;对任意给定的 x,$F(x,y)$关于 y 具有右连续性.

(4) 非负性:对任意 $a<c$,$b<d$,有 $F(c,d)-F(a,d)-F(c,b)+F(a,b)\geqslant 0$.

证明 (1) 由概率性质知,$0\leqslant F(x,y)\leqslant 1$. 对任意正整数 n,有

$$\lim_{x\to-\infty}\{X\leqslant x\}=\lim_{n\to+\infty}\bigcap_{m=1}^{n}\{X\leqslant -m\}=\varnothing.$$

再根据概率的上连续性,知

$$F(-\infty,y)=\lim_{x\to-\infty}F(x,y)=\lim_{x\to-\infty}P\{X\leqslant x,Y\leqslant y\}=\lim_{n\to+\infty}P\Big(\bigcap_{m=1}^{n}\{X\leqslant -m,Y\leqslant y\}\Big)$$

$$=P\Big(\lim_{n\to+\infty}\bigcap_{m=1}^{n}\{X\leqslant -m,Y\leqslant y\}\Big)=P\Big(\bigcap_{m=1}^{+\infty}\{X\leqslant -m,Y\leqslant y\}\Big)=P(\varnothing)=0.$$

同理可证其他等式.

(2) 对任意 $x_1<x_2$,有$\{X\leqslant x_1,Y\leqslant y\}\subset\{X\leqslant x_2,Y\leqslant y\}$. 由概率单调性知 $P\{X\leqslant x_1,Y\leqslant y\}\leqslant P\{X\leqslant x_2,Y\leqslant y\}$,即 $F(x_1,y)\leqslant F(x_2,y)$,故 $F(x,y)$关于 x 是单调不减函数. 同

理，$F(x,y)$关于 y 是单调不减函数.

(3) 与一维右连续性的证明类似. 由性质(1)和(2)知，对任意实数 x_0 和 y_0，极限 $F(x_0+0,y_0)$一定存在. 为了证明函数 $F(x,y)$关于 x 的右连续性，只要证明对单调下降的数列 $x_1>x_2>\cdots>x_n>\cdots>x_0$，当 $x_n\to x_0(n\to+\infty)$时，$\lim\limits_{n\to+\infty}F(x_n,y_0)=F(x_0,y_0)$即可. 因为

$$\begin{aligned}F(x_1,y_0)-F(x_0,y_0)&=P\{x_0<X\leqslant x_1,Y\leqslant y_0\}=P\{\bigcup_{i=1}^{+\infty}\{x_{i+1}<X\leqslant x_i,Y\leqslant y_0\}\}\\&=\sum_{i=1}^{+\infty}P\{x_{i+1}<X\leqslant x_i,Y\leqslant y_0\}=\sum_{i=1}^{+\infty}[F(x_i,y_0)-F(x_{i+1},y_0)]\\&=\lim_{n\to+\infty}\sum_{i=1}^{n}[F(x_i,y_0)-F(x_{i+1},y_0)]\\&=\lim_{n\to+\infty}[F(x_1,y_0)-F(x_{n+1},y_0)]\\&=F(x_1,y_0)-\lim_{n\to+\infty}F(x_n,y_0),\end{aligned}$$

所以

$$F(x_0,y_0)=\lim_{n\to+\infty}F(x_n,y_0)=F(x_0+0,y_0).$$

同理可证 $F(x,y)$关于 y 具有右连续性.

(4) 只要证明 $P\{a<X\leqslant c,b<Y\leqslant d\}=F(c,d)-F(a,d)-F(c,b)+F(a,b)$即可. 令

$$A=\{X\leqslant a\},\quad B=\{Y\leqslant b\},$$
$$C=\{X\leqslant c\},\quad D=\{Y\leqslant d\}.$$

则

$$A\subset C,\quad B\subset D,$$
$$\{a<X\leqslant c\}=C-A=C\overline{A},$$
$$\{b<Y\leqslant d\}=D-B=D\overline{B}.$$

因为

$$\begin{aligned}P\{a<X\leqslant c,b<Y\leqslant d\}&=P(C\overline{A}D\overline{B})=P(CD\overline{A\cup B})=P[CD-(A\cup B)]\\&=P[CD-CD(A\cup B)]=P(CD)-P[CD(A\cup B)]\\&=P(CD)-P(CDA\cup CDB)\\&=P(CD)-P(DA\cup CB)\\&=P(CD)-P(DA)-P(CB)+P(DACB)\\&=P(CD)-P(DA)-P(CB)+P(AB)\\&=F(c,d)-F(a,d)-F(c,b)+F(a,b),\end{aligned}$$

所以

$$F(c,d)-F(a,d)-F(c,b)+F(a,b)\geqslant0.$$

可以证明：具有上述 4 条性质的二元函数 $F(x,y)$一定是某个二维随机变量的分布函数，即一个二元函数 $F(x,y)$是否具备上述 4 条性质是判断该函数是否为某个二维随机变量的分布函数的充分必要条件.

例 3.1.1 判断下列函数能否成为某个二维随机变量的分布函数.

$$G(x,y)=\begin{cases}1, & x+y\geqslant0,\\0, & x+y<0.\end{cases}$$

解 $G(x,y)$的图形如3.1.3所示. 容易验证函数$G(x,y)$满足有界性、单调性和右连续性. 下证函数$G(x,y)$不满足非负性. 取4个点$(1,1)$,$(-1,1)$,$(-1,-1)$和$(1,-1)$,则

$$G(1,1)-G(-1,1)-G(1,-1)+G(-1,-1)=1-1-1+0=-1<0.$$

故$G(x,y)$不满足非负性,因而$G(x,y)$不能成为某个二维随机变量的分布函数.

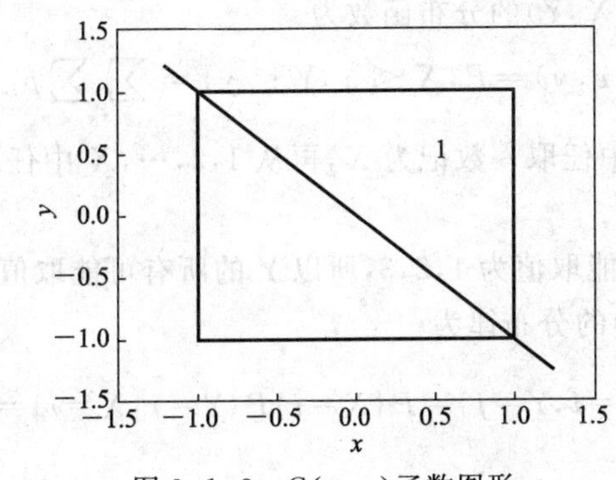

图3.1.3 $G(x,y)$函数图形

定义3.1.3 设$(X_1,X_2,\cdots,X_n)$为n维随机变量,$x_1,x_2,\cdots,x_n$为n个任意实数,称

$$F(x_1,x_2,\cdots,x_n)=P\{X_1\leqslant x_1,X_2\leqslant x_2,\cdots,X_n\leqslant x_n\}$$

为$(X_1,X_2,\cdots,X_n)$的分布函数.

n维随机变量$(X_1,X_2,\cdots,X_n)$的分布函数$F(x_1,x_2,\cdots,x_n)$的性质和二维随机变量(X,Y)的分布函数$F(x,y)$的性质类似.

3.2 多维离散型随机变量

3.2.1 二维离散型随机变量的联合分布列

定义3.2.1 如果二维随机变量(X,Y)只取有限个或可数个数对(x_i,y_j),$i,j=1,2,\cdots$,则称(X,Y)为二维离散型随机变量,称

$$p_{ij}=P\{X=x_i,Y=y_j\},\quad i,j=1,2,\cdots$$

为二维离散型随机变量(X,Y)的联合分布列或联合分布律.

二维离散型随机变量(X,Y)的联合分布列也可用表3.2.1表示.

表3.2.1 二维离散型随机变量(X,Y)的联合分布列

X \ Y	y_1	y_2	…	y_j	…
x_1	p_{11}	p_{12}	…	p_{1j}	…
x_2	p_{21}	p_{22}	…	p_{2j}	…
⋮	⋮	⋮	⋮	⋮	⋮
x_i	p_{i1}	p_{i2}	…	p_{ij}	…
⋮	⋮	⋮	⋮	⋮	⋮

二维离散型随机变量(X,Y)的联合分布律性质如下：

(1) 对任意$i,j=1,2,\cdots,p_{ij}\geqslant 0$.

(2) $\sum_{i=1}^{+\infty}\sum_{j=1}^{+\infty}p_{ij}=1$.

二维离散型随机变量(X,Y)的分布函数为

$$F(x,y)=P\{X\leqslant x,Y\leqslant y\}=\sum_{x_i\leqslant x}\sum_{y_j\leqslant y}p_{ij}.$$

例 3.2.1 从1,2,3中任取一数记为X,再从$1,2,\cdots,X$中任取一数记为Y,求(X,Y)的联合分布列及$P\{X=Y\}$.

解 因为X的所有可能取值为1,2,3,所以Y的所有可能取值为1,2,3,故(X,Y)为二维离散型随机变量.(X,Y)的分布律为

当$j\leqslant i$时,$p_{ij}=P\{X=i,Y=j\}=P\{X=i\}P\{Y=j\mid X=i\}=\frac{1}{3}\times\frac{1}{i}=\frac{1}{3i}$;

当$j>i$时,$p_{ij}=P\{X=i,Y=j\}=P\{X=i\}P\{Y=j\mid X=i\}=\frac{1}{3}\times 0=0$.

故(X,Y)的分布列为

X \ Y	1	2	3
1	$\frac{1}{3}$	0	0
2	$\frac{1}{6}$	$\frac{1}{6}$	0
3	$\frac{1}{9}$	$\frac{1}{9}$	$\frac{1}{9}$

由联合分布列可得

$$P\{X=Y\}=p_{11}+p_{22}+p_{33}=\frac{1}{3}+\frac{1}{6}+\frac{1}{9}=\frac{11}{18}.$$

3.2.2 常用的多维离散型分布

下面介绍两种常用的多维离散型分布.

1. 多项分布

设随机试验E有r个可能结果:$A_1,A_2,\cdots,A_r$,且每次试验中结果A_i发生的概率为$P(A_i)=p_i(i=1,2,\cdots,r)$,$p_1+p_2+\cdots+p_r=1$.将随机试验$E$独立地重复地进行$n$次,记$X_i$为$n$次试验中$A_i$出现的次数,$i=1,2,\cdots,r$,则$(X_1,X_2,\cdots,X_r)$取值$(n_1,n_2,\cdots,n_r)$的概率,即$A_1$出现$n_1$次,$A_2$出现$n_2$次,…,$A_r$出现$n_r$次的概率为

$$P\{X_1=n_1,X_2=n_2,\cdots,X_r=n_r\}=\frac{n!}{n_1!\ n_2!\ \cdots n_r!}p_1^{n_1}p_2^{n_2}\cdots p_r^{n_r}$$

其中,$n_1+n_2+\cdots+n_r=n$.

这个联合分布列称为r项分布,或者多项分布,记为$M(n,p_1,p_2,\cdots,p_r)$.当$r=2$时,

多项分布就是二项分布，故多项分布是二项分布的推广，二项分布是多项分布的特例.

例 3.2.2 一批产品中有一等品 50%、二等品 30%、三等品 20%. 从中有放回地抽取 3 件，用 X,Y 分别表示取出的 3 件中一等品、二等品的件数，求(X,Y)的联合分布列.

解 由题意知 X,Y 的所有可能取值为 0,1,2,3，此题属于多项分布问题.

当 $i+j>3$ 时，$p_{ij}=0$；

当 $i+j\leqslant 3$ 时，

$$P\{X=i,Y=j\}=\frac{3!}{i!\ j!\ (3-i-j)!}0.5^i\ 0.3^j\ 0.2^{3-i-j}.$$

故(X,Y)的联合分布列为

X \ Y	0	1	2	3
0	0.008	0.036	0.054	0.027
1	0.060	0.180	0.135	0
2	0.150	0.225	0	0
3	0.125	0	0	0

$$P\{X=Y\}=0.008+0.180+0+0=0.188.$$

此例是第 2 章第 2.2 节中二项分布的推广，差别在于：第 2.2 节中讨论的是从合格品、不合格品两种情况中抽取，本题则是从一等品、二等品、三等品三种情况中抽取. 这里称其为三项分布，是一种特殊的多项分布.

2. 多维超几何分布

下面给出多维超几何分布的描述：袋中有 N 只球，其中有 N_i 只 i 号球，$i=1,2,\cdots,r$，则 $N=N_1+N_2+\cdots+N_r$. 从中任意取出 n 只球，若记 X_i 为取出的 n 个球中 i 号球的个数，$i=1,2,\cdots,r$，则

$$P\{X_1=n_1,X_2=n_2,\cdots,X_r=n_r\}=\frac{C_{N_1}^{n_1}C_{N_2}^{n_2}\cdots C_{N_r}^{n_r}}{C_N^n},$$

其中，$n_1+n_2+\cdots+n_r=n$.

例 3.2.3 盒子里装有 3 个黑球、2 个红球、2 个白球，从中任取 4 个，以 X 表示取到黑球的个数，以 Y 表示取到红球的个数，求(X,Y)的联合分布列.

解 此题属于超几何分布问题.

当 $i+j>4$ 时，$p_{ij}=0$；

当 $i+j<2$ 时，$p_{ij}=0$；

当 $2\leqslant i+j\leqslant 4$ 时，$P\{X=i,Y=j\}=\dfrac{C_3^iC_2^jC_2^{4-i-j}}{C_7^4}$.

故(X,Y)的联合分布列为

X \ Y	0	1	2
0	0	0	$\frac{1}{35}$
1	0	$\frac{6}{35}$	$\frac{6}{35}$
2	$\frac{3}{35}$	$\frac{12}{35}$	$\frac{3}{35}$
3	$\frac{2}{35}$	$\frac{2}{35}$	0

根据该概率分布列,可以计算有关事件的概率. 例如

$$P\{X\leqslant 2,Y\leqslant 1\}=0+0+0+\frac{6}{35}+\frac{3}{35}+\frac{12}{35}=\frac{21}{35}.$$

3.3 多维连续型随机变量

3.3.1 二维连续型随机变量的联合分布密度函数

定义 3.3.1 设(X,Y)为二维随机变量. 如果存在非负可积二元函数 $f(x,y)$,使得(X,Y)的联合分布函数 $F(x,y)$满足

$$F(x,y)=\int_{-\infty}^{x}\int_{-\infty}^{y}f(u,v)\mathrm{d}u\mathrm{d}v,\quad \forall -\infty < x,y < +\infty, \tag{3.3.1}$$

则称(X,Y)为二维连续型随机变量,$f(x,y)$称为二维连续型随机变量(X,Y)的(联合)概率密度函数,或者概率密度,或者(联合)分布密度(函数).

联合分布密度函数 $f(x,y)$的基本性质如下.

(1) 非负性:$f(x,y)\geqslant 0$.

(2) 归一性:$\int_{-\infty}^{+\infty}\int_{-\infty}^{+\infty}f(x,y)\mathrm{d}x\mathrm{d}y=1$. 以整个 xOy 平面为底、以 $f(x,y)$ 为顶的曲顶柱体的体积等于 1.

(3) 假设 $F(x,y)$二阶偏导数连续,则

$$f(x,y)=\frac{\partial^2 F(x,y)}{\partial x\partial y}. \tag{3.3.2}$$

已知二维连续型随机变量的分布函数,可知其二阶混合偏导数就是所求的联合分布密度.

(4) 设G 为平面上的一个区域,则事件$\{(X,Y)\in G\}$的概率可表示成在 G 上对 $f(x,y)$的二重积分

$$P\{(X,Y)\in G\}=\iint_G f(x,y)\mathrm{d}x\mathrm{d}y. \tag{3.3.3}$$

由式(3.3.3)可知,二维连续型随机变量落入 xOy 平面某区域G 的概率问题转化为以 G 为底、以 $f(x,y)$为顶的曲顶柱体体积计算问题.

特别地,当 G 为 xOy 平面一矩形区域时,

$$P\{a < X < b,c < Y < d\}=\int_a^b\int_c^d f(x,y)\mathrm{d}x\mathrm{d}y. \tag{3.3.4}$$

例 3.3.1 设(X,Y)的联合分布密度为

$$f(x,y)=\begin{cases}k\mathrm{e}^{-3x-2y}, & x>0,y>0,\\ 0, & \text{其他}.\end{cases}$$

求:(1) 常数 k;

(2) $P\{X<1,Y>1\}$;

(3) $P\{X<Y\}$;

(4) 分布函数 $F(x,y)$.

解 联合分布密度 $f(x,y)$的示意图如图 3.3.1 所示.

(1) 因为

$$1=\int_{-\infty}^{+\infty}\int_{-\infty}^{+\infty}f(x,y)\mathrm{d}x\mathrm{d}y=\int_0^{+\infty}\mathrm{d}x\int_0^{+\infty}k\mathrm{e}^{-3x-2y}\mathrm{d}y=\frac{k}{6},$$

所以

$$k=6.$$

(2) 令 $G=\{(x,y)\mid 0<x<1,y>1\}$,$G$ 的示意图如图 3.3.2 所示. 所求概率为

$$P\{X<1,Y>1\}=P\{(X,Y)\in G\}=\iint_G f(x,y)\mathrm{d}x\mathrm{d}y=6\int_0^1\mathrm{d}x\int_1^{+\infty}\mathrm{e}^{-3x-2y}\mathrm{d}y=\mathrm{e}^{-2}(1-\mathrm{e}^{-3}).$$

(3) 令 $D=\{(x,y)\mid x<y,x>0\}$,D 的示意图如图 3.3.3 所示. 所求概率为

$$P\{X<Y\}=P\{(X,Y)\in D\}=\iint_D f(x,y)\mathrm{d}x\mathrm{d}y=6\int_0^{+\infty}\mathrm{d}x\int_x^{+\infty}\mathrm{e}^{-3x-2y}\mathrm{d}y=\frac{3}{5}.$$

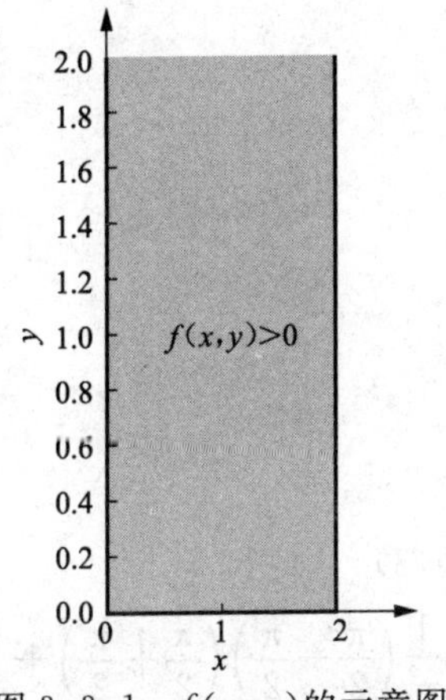

图 3.3.1 $f(x,y)$的示意图

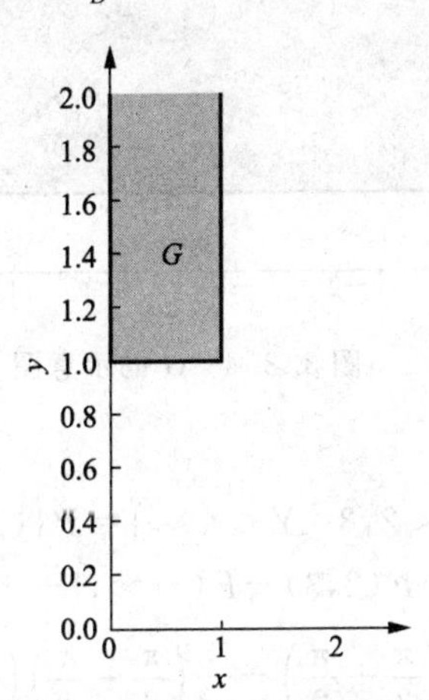

图 3.3.2 G 的示意图

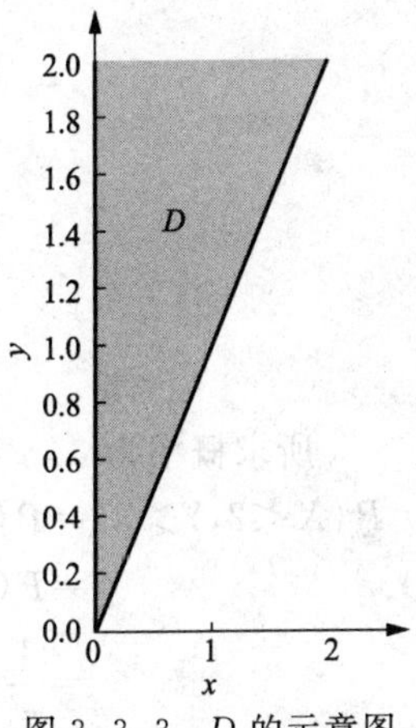

图 3.3.3 D 的示意图

(4) 由定义知,$F(x,y)=\int_{-\infty}^{x}\int_{-\infty}^{y}f(u,v)\mathrm{d}u\mathrm{d}v$,则当 $x>0,y>0$ 时,

$$F(x,y)=\int_{-\infty}^{x}\int_{-\infty}^{y}f(u,v)\mathrm{d}u\mathrm{d}v=\int_0^x\int_0^y 6\mathrm{e}^{-3u-2v}\mathrm{d}u\mathrm{d}v=(1-\mathrm{e}^{-3x})(1-\mathrm{e}^{-2y});$$

其他情况下,$F(x,y)=0$.

故所求联合分布函数为

$$F(x,y)=\begin{cases}(1-\mathrm{e}^{-3x})(1-\mathrm{e}^{-2y}), & x>0,y>0,\\ 0, & \text{其他}.\end{cases}$$

注 由此题可知如何从联合分布密度出发求解一系列问题.

例 3.3.2 设(X,Y)的分布函数为

$$F(x,y)=A\left(B+\arctan\frac{x}{2}\right)\left(C+\arctan\frac{y}{3}\right),\quad -\infty<x,y<+\infty.$$

求：(1) 常数 A,B,C；

(2) $P\{X<2,Y>3\}$；

(3) 联合分布密度 $f(x,y)$.

解 (1) 因为 $F(+\infty,+\infty)=1, F(+\infty,-\infty)=0, F(-\infty,+\infty)=0$，所以

$$A\left(B+\frac{\pi}{2}\right)\left(C+\frac{\pi}{2}\right)=1,$$

$$A\left(B+\frac{\pi}{2}\right)\left(C-\frac{\pi}{2}\right)=0,$$

$$A\left(B-\frac{\pi}{2}\right)\left(C+\frac{\pi}{2}\right)=0.$$

故
$$A=\frac{1}{\pi^2},\quad B=C=\frac{\pi}{2}.$$

(2) 令 $G=\{(x,y)\mid x<2,y>3\}$，G 的示意图如图 3.3.4 所示.

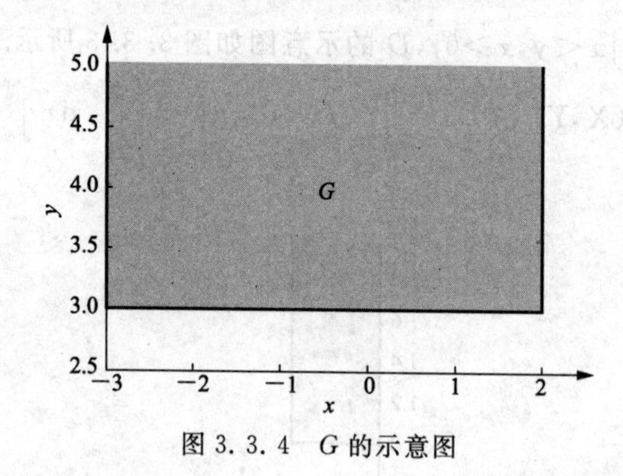

图 3.3.4 G 的示意图

所求概率为

$$\begin{aligned}P\{X<2,Y>3\}&=P\{-\infty<X<2,3<Y<+\infty\}=P\{(X,Y)\in G\}\\&=F(2,+\infty)-F(2,3)-F(-\infty,+\infty)+F(-\infty,3)\\&=\frac{1}{\pi^2}\left(\frac{\pi}{2}+\frac{\pi}{4}\right)\left(\frac{\pi}{2}+\frac{\pi}{2}\right)-\frac{1}{\pi^2}\left(\frac{\pi}{2}+\frac{\pi}{4}\right)\left(\frac{\pi}{2}+\frac{\pi}{4}\right)-\frac{1}{\pi^2}\left(\frac{\pi}{2}-\frac{\pi}{2}\right)\left(\frac{\pi}{2}+\frac{\pi}{2}\right)+\\&\quad\frac{1}{\pi^2}\left(\frac{\pi}{2}-\frac{\pi}{2}\right)\left(\frac{\pi}{2}+\frac{\pi}{4}\right)\\&=\frac{3}{16}.\end{aligned}$$

(3) 所求联合分布密度为

$$\begin{aligned}f(x,y)&=\frac{\partial^2F(x,y)}{\partial x\partial y}=\frac{1}{\pi^2}\left(\frac{\pi}{2}+\arctan\frac{x}{2}\right)'_x\left(\frac{\pi}{2}+\arctan\frac{y}{3}\right)'_y\\&=\frac{6}{\pi^2(4+x^2)(9+y^2)},\quad -\infty<x,y<+\infty.\end{aligned}$$

注 由此题可知如何从联合分布函数出发求解一系列问题.

定义 3.3.2 设 $(X_1,X_2,\cdots,X_n)$ 为 n 维随机向量. 如果存在非负可积函数 $f(x_1,x_2,$

$\cdots, x_n)$，使得$(X_1, X_2, \cdots, X_n)$的联合分布函数$F(x_1, x_2, \cdots, x_n)$满足

$$F(x_1, x_2, \cdots, x_n) = \int_{-\infty}^{x_1}\int_{-\infty}^{x_2}\cdots\int_{-\infty}^{x_n} f(u_1, u_2, \cdots, u_n)\mathrm{d}u_1\mathrm{d}u_2\cdots\mathrm{d}u_n \quad (3.3.5)$$

则称$(X_1, X_2, \cdots, X_n)$为n维连续型随机向量，称$f(x_1, x_2, \cdots, x_n)$为n维连续型随机向量$(X_1, X_2, \cdots, X_n)$的(联合)概率密度函数，或者概率密度，或者(联合)分布密度(函数).

3.3.2 常用的多维连续型分布

下面给出两种常见的二维连续型随机变量分布.

1. 二维均匀分布

设D为xOy平面一区域，其面积A满足$0<A<+\infty$. 如果二维随机变量(X,Y)的联合分布密度为

$$f(x,y)=\begin{cases}\dfrac{1}{A}, & (x,y)\in D,\\ 0, & \text{其他},\end{cases} \quad (3.3.6)$$

则称(X,Y)在区域D上服从二维均匀分布.

二维均匀分布所描述的随机现象就是向平面区域D中随机投点，如果该点坐标(X,Y)落在D的子区域G中的概率只与G的面积有关，而与G的位置无关，则由第1章可知这是几何概率问题. 现在通过二维均匀分布来描述，则

$$P\{(X,Y)\in G\}=\iint_G f(x,y)\mathrm{d}x\mathrm{d}y=\iint_G \frac{1}{A}\mathrm{d}x\mathrm{d}y=\frac{G\text{ 的面积}}{D\text{ 的面积}}.$$

上式为几何概率的计算公式.

2. 二维正态分布

如果二维随机变量(X,Y)的联合分布密度为

$$f(x,y)=\frac{1}{2\pi\sigma_1\sigma_2\sqrt{1-\rho^2}}\exp\left\{-\frac{1}{2(1-\rho^2)}\left[\left(\frac{x-\mu_1}{\sigma_1}\right)^2-2\rho\frac{x-\mu_1}{\sigma_1}\frac{y-\mu_2}{\sigma_2}+\left(\frac{y-\mu_2}{\sigma_2}\right)^2\right]\right\},$$
$$-\infty<x<+\infty,\quad -\infty<y<+\infty,$$

则称(X,Y)服从二维正态分布，记为$(X,Y)\sim N(\mu_1,\mu_2;\sigma_1^2,\sigma_2^2;\rho)$. 其中5个参数的取值范围为$-\infty<\mu_1<+\infty$，$-\infty<\mu_2<+\infty$，$\sigma_1>0$，$\sigma_2>0$，$-1<\rho<1$.

二维正态分布的联合分布密度图形如图3.3.5所示.

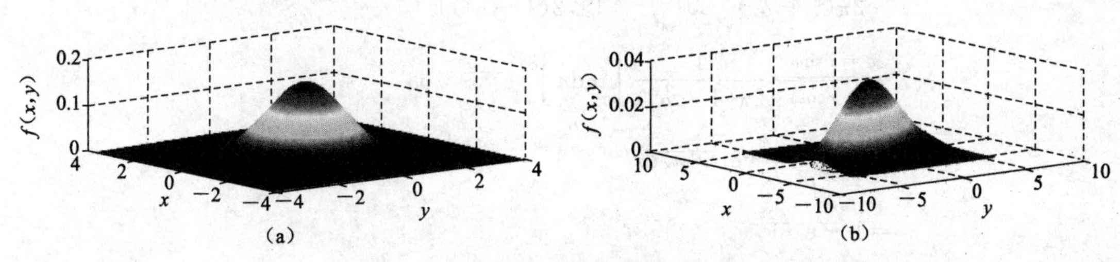

图3.3.5 二维正态分布的密度函数图

由后面的内容可以得到，μ_1，μ_2分别是二维正态随机变量(X,Y)中X和Y的均值，σ_1^2和σ_2^2分别是X和Y的方差，ρ是X和Y的相关系数.

例 3.3.3 设二维随机变量$(X,Y)\sim N(\mu_1,\mu_2;\sigma_1^2,\sigma_2^2;\rho)$，求$(X,Y)$落入区域$D$内的概率. 其中$D=\left\{(x,y)\mid\left(\frac{x-\mu_1}{\sigma_1}\right)^2-2\rho\frac{x-\mu_1}{\sigma_1}\frac{y-\mu_2}{\sigma_2}+\left(\frac{y-\mu_2}{\sigma_2}\right)^2\leqslant\lambda^2\right\}$，$\lambda>0$.

解 所求概率为

$$p=P\{(X,Y)\in D\}=\iint_D f(x,y)\mathrm{d}x\mathrm{d}y$$

$$=\frac{1}{2\pi\sigma_1\sigma_2\sqrt{1-\rho^2}}\cdot\iint_D\exp\left\{-\frac{1}{2(1-\rho^2)}\left[\left(\frac{x-\mu_1}{\sigma_1}\right)^2-2\rho\frac{x-\mu_1}{\sigma_1}\frac{y-\mu_2}{\sigma_2}+\left(\frac{y-\mu_2}{\sigma_2}\right)^2\right]\right\}\mathrm{d}x\mathrm{d}y$$

$$=\frac{1}{2\pi\sigma_1\sigma_2\sqrt{1-\rho^2}}\cdot\iint_D\exp\left\{-\frac{1}{2(1-\rho^2)}\left[\left(\frac{x-\mu_1}{\sigma_1}-\rho\frac{y-\mu_2}{\sigma_2}\right)^2+(1-\rho^2)\left(\frac{y-\mu_2}{\sigma_2}\right)^2\right]\right\}\mathrm{d}x\mathrm{d}y.$$

令

$$\begin{cases}u=\dfrac{x-\mu_1}{\sigma_1}-\rho\dfrac{y-\mu_2}{\sigma_2},\\ v=\dfrac{y-\mu_2}{\sigma_2}\sqrt{1-\rho^2},\end{cases}$$

则

$$\frac{\partial(u,v)}{\partial(x,y)}=\begin{vmatrix}\dfrac{1}{\sigma_1} & 0\\ -\dfrac{\rho}{\sigma_2} & \dfrac{\sqrt{1-\rho^2}}{\sigma_2}\end{vmatrix}=\frac{\sqrt{1-\rho^2}}{\sigma_1\sigma_2},\quad |J|=\frac{\sigma_1\sigma_2}{\sqrt{1-\rho^2}},$$

故

$$p=\frac{1}{2\pi\sigma_1\sigma_2\sqrt{1-\rho^2}}\iint_{u^2+v^2\leqslant\lambda^2}\exp\left\{-\frac{u^2+v^2}{2(1-\rho^2)}\right\}\frac{\sigma_1\sigma_2}{\sqrt{1-\rho^2}}\mathrm{d}u\mathrm{d}v$$

$$=\frac{1}{2\pi(1-\rho^2)}\iint_{u^2+v^2\leqslant\lambda^2}\exp\left\{-\frac{u^2+v^2}{2(1-\rho^2)}\right\}\mathrm{d}u\mathrm{d}v$$

$$\xlongequal[u=r\cos\alpha]{v=r\sin\alpha}\frac{1}{2\pi(1-\rho^2)}\int_0^\lambda r\mathrm{d}r\int_0^{2\pi}\mathrm{e}^{-\frac{r^2}{2(1-\rho^2)}}\mathrm{d}\alpha$$

$$=\frac{1}{1-\rho^2}\int_0^\lambda r\mathrm{e}^{-\frac{r^2}{2(1-\rho^2)}}\mathrm{d}r$$

$$=1-\mathrm{e}^{-\frac{\lambda^2}{2(1-\rho^2)}}.$$

令$\lambda^2=1-\rho^2$，则

$$p=1-\mathrm{e}^{-0.5};$$

令$\lambda\to+\infty$，则

$$p\to1.$$

3.4 多维随机变量的边际分布与条件分布

二维联合分布函数(二维联合分布列或二维联合分布密度)含有丰富的信息,主要有以下3个方面的信息:

(1) 每个分量的分布(每个分量的所有信息),即边际分布(Marginal Distribution).

(2) 两个分量之间的关联程度,即协方差和相关系数.

(3) 给定一个分量时,另一个分量的分布,即条件分布.

研究的目的是将这些信息从联合分布中挖掘出来. 本节先介绍边际分布,然后介绍条件分布.

3.4.1 边际分布

设二维随机变量(X,Y)的联合分布函数为$F(x,y)$. (X,Y)作为二维随机变量时,(X,Y)中的每个分量X和Y都是一维随机变量. 随机变量X和Y的分布称为二维随机变量(X,Y)的边际分布. 记X和Y的分布函数分别为$F_X(x)$和$F_Y(y)$,则$F_X(x)$和$F_Y(y)$称为(X,Y)的边际分布函数. 根据下面的定理可以得到从联合分布函数求其边际分布函数的方法.

定理 3.4.1 设二维随机变量(X,Y)的联合分布函数为$F(x,y)$,X和Y的边际分布函数分别为$F_X(x)$和$F_Y(y)$,则

$$F_X(x)=F(x,+\infty)=\lim_{y\to+\infty}F(x,y),\quad x\in(-\infty,+\infty);\tag{3.4.1}$$

$$F_Y(y)=F(+\infty,y)=\lim_{x\to+\infty}F(x,y),\quad y\in(-\infty,+\infty).\tag{3.4.2}$$

证明 $F_X(x)=P\{X\leqslant x\}=P\{X\leqslant x,Y\in(-\infty,+\infty)\}=P\{X\leqslant x,Y<\infty\}$

$$=\lim_{y\to+\infty}P\{X\leqslant x,Y\leqslant y\}=\lim_{y\to+\infty}F(x,y),\quad x\in(-\infty,+\infty).$$

同理可证$F_Y(y)=F(+\infty,y)=\lim_{x\to+\infty}F(x,y),y\in(-\infty,+\infty)$.

设二维连续型随机变量(X,Y)的联合密度函数为$f(x,y)$. (X,Y)作为二维连续型随机变量时,(X,Y)中的每个分量X和Y都是一维连续型随机变量. 随机变量X和Y的分布密度$f_X(x)$和$f_Y(y)$称为二维随机变量(X,Y)的边际分布密度. 根据下面的定理可以得到从联合分布密度求其边际分布密度的方法.

定理 3.4.2 设二维连续型随机变量(X,Y)的联合分布密度为$f(x,y)$,X和Y的边际分布密度函数分别为$f_X(x)$和$f_Y(y)$,则

$$f_X(x)=\int_{-\infty}^{+\infty}f(x,y)\mathrm{d}y,\quad x\in(-\infty,+\infty);\tag{3.4.3}$$

$$f_Y(y)=\int_{-\infty}^{+\infty}f(x,y)\mathrm{d}x,\quad y\in(-\infty,+\infty).\tag{3.4.4}$$

证明 由定理3.4.1知,X的分布函数为

$$F_X(x)=F(x,+\infty)=\int_{-\infty}^{x}\int_{-\infty}^{+\infty}f(u,v)\mathrm{d}u\mathrm{d}v,$$

所以X的分布密度为

$$f_X(x)=[F_X(x)]'=\left[\int_{-\infty}^{x}\int_{-\infty}^{+\infty}f(u,v)\mathrm{d}u\mathrm{d}v\right]'$$
$$=\int_{-\infty}^{+\infty}f(x,v)\mathrm{d}v=\int_{-\infty}^{+\infty}f(x,y)\mathrm{d}y,\quad x\in(-\infty,+\infty).$$

同理可证 $f_Y(y)=\int_{-\infty}^{+\infty}f(x,y)\mathrm{d}x, y\in(-\infty,+\infty)$.

设二维离散型随机变量(X,Y)的联合分布列为 $p_{ij}(i,j=1,2,\cdots)$. (X,Y)作为二维离散型随机变量时,(X,Y)中的每个分量 X 和 Y 都是一维离散型随机变量. 随机变量 X 和 Y 的分布列 $P\{X=x_i\}$和 $P\{Y=y_j\}$称为二维离散型随机变量(X,Y)的边际分布列. 根据下面的定理可以得到从联合分布列求其边际分布列的方法.

定理 3.4.3 设二维离散型随机变量(X,Y)的联合分布列为 $p_{ij}(i,j=1,2,\cdots)$,X 和 Y 的边际分布列分别为 $P\{X=x_i\}$和 $P\{Y=y_j\}$,则

$$p_{i\cdot}=P\{X=x_i\}=\sum_{j=1}^{+\infty}p_{ij},\quad i=1,2,\cdots;\tag{3.4.5}$$

$$p_{\cdot j}=P\{Y=y_j\}=\sum_{i=1}^{+\infty}p_{ij},\quad j=1,2,\cdots.\tag{3.4.6}$$

证明
$$p_{i\cdot}=P\{X=x_i\}=P\{X=x_i,Y<+\infty\}=P\{X=x_i,\bigcup_{j=1}^{+\infty}\{Y=y_j\}\}$$
$$=\sum_{j=1}^{+\infty}P\{X=x_i,Y=y_j\}=\sum_{j=1}^{+\infty}p_{ij}.$$
$$p_{\cdot j}=P\{Y=y_j\}=P\{X<+\infty,Y=y_j\}=P\{\bigcup_{i=1}^{+\infty}\{X=x_i\},Y=y_j\}$$
$$=\sum_{i=1}^{\infty}P\{X=x_i,Y=y_j\}=\sum_{i=1}^{\infty}p_{ij}.$$

例 3.4.1(续例 3.3.1) 已知(X,Y)的分布函数为

$$F(x,y)=\begin{cases}(1-\mathrm{e}^{-3x})(1-\mathrm{e}^{-2y}), & x>0,y>0,\\ 0, & \text{其他}.\end{cases}$$

求 X 和 Y 的边际分布函数.

解 由定理 3.4.1 知,X 和 Y 的边际分布函数为

$$F_X(x)=F(x,+\infty)=\begin{cases}1-\mathrm{e}^{-3x}, & x>0,\\ 0, & \text{其他}.\end{cases}$$

$$F_Y(y)=F(+\infty,y)=\begin{cases}1-\mathrm{e}^{-2y}, & y>0,\\ 0, & \text{其他}.\end{cases}$$

例 3.4.2(续例 3.3.1) 已知(X,Y)的联合分布密度为

$$f(x,y)=\begin{cases}6\mathrm{e}^{-3x-2y}, & x>0,y>0,\\ 0, & \text{其他}.\end{cases}$$

求 X 和 Y 的边际分布密度.

解 方法一:由定理 3.4.2 知,X 和 Y 的边际分布密度分别为

$$f_X(x)=\int_{-\infty}^{+\infty}f(x,y)\mathrm{d}y=\begin{cases}\int_0^{+\infty}6\mathrm{e}^{-3x-2y}\mathrm{d}y, & x>0,\\ 0, & x\leqslant 0\end{cases}=\begin{cases}3\mathrm{e}^{-3x}, & x>0,\\ 0, & x\leqslant 0.\end{cases}$$

$$f_Y(y)=\int_{-\infty}^{+\infty}f(x,y)\mathrm{d}x=\begin{cases}\int_0^{+\infty}6\mathrm{e}^{-3x-2y}\mathrm{d}x, & y>0,\\ 0, & y\leqslant 0\end{cases}=\begin{cases}2\mathrm{e}^{-2y}, & y>0,\\ 0, & y\leqslant 0.\end{cases}$$

方法二:由例 3.4.1 知,X 和 Y 的边际分布密度分别为

$$f_X(x)=[F_X(x)]'=\left[\begin{cases}1-\mathrm{e}^{-3x}, & x>0,\\ 0, & \text{其他}\end{cases}\right]'=\begin{cases}3\mathrm{e}^{-3x}, & x>0,\\ 0, & x\leqslant 0.\end{cases}$$

$$f_Y(y)=[F_Y(y)]'=\left[\begin{cases}1-\mathrm{e}^{-2y}, & y>0,\\ 0, & \text{其他}\end{cases}\right]'=\begin{cases}2\mathrm{e}^{-2y}, & y>0,\\ 0, & y\leqslant 0.\end{cases}$$

例 3.4.3 设$(X,Y)\sim N(\mu_1,\mu_2;\sigma_1^2,\sigma_2^2;\rho)$,求 X 和 Y 的边际分布密度.

解 (X,Y)的联合分布密度为

$$f(x,y)=\frac{1}{2\pi\sigma_1\sigma_2\sqrt{1-\rho^2}}\exp\left\{-\frac{1}{2(1-\rho^2)}\left[\left(\frac{x-\mu_1}{\sigma_1}\right)^2-2\rho\frac{x-\mu_1}{\sigma_1}\frac{y-\mu_2}{\sigma_2}+\left(\frac{y-\mu_2}{\sigma_2}\right)^2\right]\right\}.$$

由定理 3.4.2 知,X 的边际分布密度为

$$\begin{aligned}f_X(x)&=\int_{-\infty}^{+\infty}f(x,y)\mathrm{d}y\\&=\frac{1}{2\pi\sigma_1\sigma_2\sqrt{1-\rho^2}}\int_{-\infty}^{+\infty}\exp\left\{-\frac{1}{2(1-\rho^2)}\left[\left(\frac{x-\mu_1}{\sigma_1}\right)^2-2\rho\frac{x-\mu_1}{\sigma_1}\frac{y-\mu_2}{\sigma_2}+\left(\frac{y-\mu_2}{\sigma_2}\right)^2\right]\right\}\mathrm{d}y\\&=\frac{\exp\left\{-\frac{1}{2}\left(\frac{x-\mu_1}{\sigma_1}\right)^2\right\}}{2\pi\sigma_1\sigma_2\sqrt{1-\rho^2}}\int_{-\infty}^{+\infty}\exp\left\{-\frac{1}{2(1-\rho^2)}\left[\frac{y-\mu_2}{\sigma_2}-\rho\frac{x-\mu_1}{\sigma_1}\right]^2\right\}\mathrm{d}y.\end{aligned}$$

令 $u=\frac{1}{\sqrt{1-\rho^2}}\left(\frac{y-\mu_2}{\sigma_2}-\rho\frac{x-\mu_1}{\sigma_1}\right)$,则

$$\begin{aligned}f_X(x)&=\frac{\exp\left\{-\frac{1}{2}\left(\frac{x-\mu_1}{\sigma_1}\right)^2\right\}}{2\pi\sigma_1\sigma_2\sqrt{1-\rho^2}}\int_{-\infty}^{+\infty}\exp\left\{-\frac{u^2}{2}\right\}\sigma_2\sqrt{1-\rho^2}\mathrm{d}u\\&=\frac{\exp\left\{-\frac{1}{2}\left(\frac{x-\mu_1}{\sigma_1}\right)^2\right\}}{2\pi\sigma_1}\int_{-\infty}^{+\infty}\exp\left\{-\frac{u^2}{2}\right\}\mathrm{d}u=\frac{1}{\sqrt{2\pi}\sigma_1}\exp\left\{-\frac{1}{2}\left(\frac{x-\mu_1}{\sigma_1}\right)^2\right\}.\end{aligned}$$

故 $X\sim N(\mu_1,\sigma_1^2)$. 同理 $Y\sim N(\mu_2,\sigma_2^2)$.

由此可知:(1) 二维正态分布的边际分布仍为一维正态分布,与参数 $\rho(|\rho|<1)$无关.

(2) 二维正态分布 $N(\mu_1,\mu_2;\sigma_1^2,\sigma_2^2;0.2)$与 $N(\mu_1,\mu_2;\sigma_1^2,\sigma_2^2;-0.5)$的边际分布相同.

(3) 具有相同边际分布的二维正态分布可以是不同的.

例 3.4.4 设(X,Y)的联合分布密度为

$$f(x,y)=\begin{cases}1, & 0<x<1,|y|<x,\\ 0, & \text{其他}.\end{cases}$$

求边际分布密度.

解 $f(x,y)$的图形如图 3.4.1 所示.

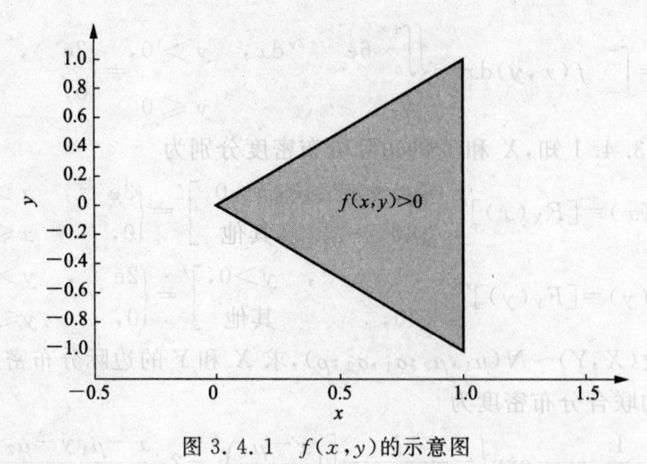

图 3.4.1　$f(x,y)$的示意图

X 的边际分布密度为

$$f_X(x)=\int_{-\infty}^{+\infty}f(x,y)\mathrm{d}y=\begin{cases}\int_{-x}^{x}1\mathrm{d}y, & 0<x<1,\\ 0, & \text{其他}\end{cases}=\begin{cases}2x, & 0<x<1,\\ 0, & \text{其他}.\end{cases}$$

Y 的边际分布密度为

$$f_Y(y)=\int_{-\infty}^{+\infty}f(x,y)\mathrm{d}x=\begin{cases}\int_{y}^{1}\mathrm{d}x, & 0\leqslant y<1,\\ \int_{-y}^{1}\mathrm{d}x, & -1<y<0,\\ 0, & \text{其他}\end{cases}=\begin{cases}1-y, & 0\leqslant y<1,\\ 1+y, & -1<y<0,\\ 0, & \text{其他}.\end{cases}$$

例 3.4.5(续例 3.2.2)　求 X 和 Y 的边际分布列.

解　X 和 Y 的边际分布列为

X \ Y	0	1	2	3	$p_{i\cdot}$
0	0.008	0.036	0.054	0.027	0.125
1	0.060	0.180	0.135	0	0.375
2	0.150	0.225	0	0	0.375
3	0.125	0	0	0	0.125
$p_{\cdot j}$	0.343	0.441	0.189	0.027	

3.4.2　条件分布

在多维随机变量中,随机变量 X_i 与 X_j 往往呈现出某种相依关系,即 X_i 与 X_j 的取值是相互影响的. 在概率论中,条件分布就是研究两个随机变量相依关系的一种工具. 对二维随机变量(X,Y)而言，所谓随机变量X关于Y的条件分布，就是在给定Y取某个值的条件下的X的分布. 例如，记X为人的体重，Y为人的身高，则X和Y有一定的相依关系. 现在如果限定$Y=1.7$ m，在这个条件下体重X的分布显然与X的无条件分布(无此限制下体重的分布)会有很大的不同. 仿照条件概率的定义，下面将给出条件分布的严格定义及其计算公式.

1. 二维离散型随机变量的条件分布列

设二维离散型随机变量(X,Y)的联合分布列为

$$p_{ij}=P\{X=x_i,Y=y_j\},\quad i,j=1,2,\cdots.$$

定义 3.4.1 如果$p_{\cdot j}=P\{Y=y_j\}=\sum\limits_{i=1}^{+\infty}p_{ij}>0$，则称

$$p_{i|j}=P\{X=x_i|Y=y_j\}=\frac{P\{X=x_i,Y=y_j\}}{P\{Y=y_j\}}=\frac{p_{ij}}{p_{\cdot j}},\quad i=1,2,\cdots \tag{3.4.7}$$

为给定$Y=y_j$条件下X的条件分布列.

同理，如果$p_{i\cdot}=P\{X=x_i\}=\sum\limits_{j=1}^{+\infty}p_{ij}>0$，则称

$$p_{j|i}=P\{Y=y_j\mid X=x_i\}=\frac{P\{X=x_i,Y=y_j\}}{P\{X=x_i\}}=\frac{p_{ij}}{p_{i\cdot}},\quad j=1,2,\cdots \tag{3.4.8}$$

为给定$X=x_i$条件下Y的条件分布列.

有了条件分布列，就可以给出离散型随机变量的条件分布函数.

定义 3.4.2 给定$Y=y_j$条件下X的条件分布函数的定义为

$$F(x\mid y_j)=P\{X\leqslant x\mid Y=y_j\}=\sum_{x_i\leqslant x}P\{X=x_i\mid Y=y_j\}=\sum_{x_i\leqslant x}p_{i|j}. \tag{3.4.9}$$

给定$X=x_i$条件下Y的条件分布函数的定义为

$$F(y\mid x_i)=P\{Y\leqslant y\mid X=x_i\}=\sum_{y_j\leqslant y}P\{Y=y_j\mid X=x_i\}=\sum_{y_j\leqslant y}p_{j|i}. \tag{3.4.10}$$

例 3.4.6(续例 3.4.5) 设二维离散型随机变量(X,Y)的联合分布列为

X \ Y	0	1	2	3	$p_{i\cdot}$
0	0.008	0.036	0.054	0.027	0.125
1	0.060	0.180	0.135	0	0.375
2	0.150	0.225	0	0	0.375
3	0.125	0	0	0	0.125
$p_{\cdot j}$	0.343	0.441	0.189	0.027	

求X关于$Y=0$的条件分布列.

解 由式(3.4.7)知，要求X关于$Y=0$的条件分布列，就是用第一列各元素分别除以0.343，即X关于$Y=0$的条件分布列为

$X\|Y=0$	0	1	2	3
$p_{i\|j}$	$\frac{8}{343}$	$\frac{60}{343}$	$\frac{150}{343}$	$\frac{125}{343}$

注 (1) 同理可求其他条件分布列,例如 X 关于 $Y=1$ 的条件分布列、X 关于 $Y=2$ 的条件分布列、X 关于 $Y=3$ 的条件分布列,以及 Y 关于 X 的各种条件分布列.

(2) (X,Y)的联合分布列只有一个,但条件分布列却有 8 个. 每个条件分布都从一个侧面描述随机变量的分布. 可见条件分布的内容丰富,应用甚广.

2. 二维连续型随机变量的条件分布密度

设(X,Y)二维连续型随机变量,其联合分布密度为 $f(x,y)$. 因为一维连续型随机变量取任意一点(值)的概率等于零,所以不能像定义 3.4.1 那样直接定义二维连续型随机变量的条件分布密度,而应先定义二维连续型随机变量的条件分布函数.

定义 3.4.3 设(X,Y)二维连续型随机变量,称

$$F(x|y)=P\{X\leqslant x|Y=y\}=\lim_{h\to 0^+}P\{X\leqslant x|y-h<Y\leqslant y\} \tag{3.4.11}$$

为给定 $Y=y$ 条件下 X 的条件分布函数.

同理,称

$$F(y|x)=P\{Y\leqslant y|X=x\}=\lim_{h\to 0^+}P\{Y\leqslant y|x-h<X\leqslant x\} \tag{3.4.12}$$

为给定 $X=x$ 条件下 Y 的条件分布函数.

设二维连续型随机变量(X,Y)的联合分布密度为 $f(x,y)$,某边际分布密度分别为 $f_X(x)$和 $f_Y(y)$. 由式(3.4.11)知,对于 $f_Y(y)>0$ 的 y,X 关于 $Y=y$ 的条件分布函数为

$$\begin{aligned}F(x|y)&=\lim_{h\to 0^+}P\{X\leqslant x\mid y-h<Y\leqslant y\}=\lim_{h\to 0^+}\frac{P\{X\leqslant x,y-h<Y\leqslant y\}}{P\{y-h<Y\leqslant y\}}\\&=\lim_{h\to 0^+}\frac{\int_{-\infty}^{x}\int_{y-h}^{y}f(u,v)\,\mathrm{d}u\,\mathrm{d}v}{\int_{y-h}^{y}f_Y(u)\,\mathrm{d}u}=\frac{\int_{-\infty}^{x}\lim\limits_{h\to 0^+}\int_{y-h}^{y}f(u,v)\,\mathrm{d}u\,\mathrm{d}v}{\lim\limits_{h\to 0^+}\int_{y-h}^{y}f_Y(u)\,\mathrm{d}u}=\frac{\int_{-\infty}^{x}f(u,y)\,\mathrm{d}u}{f_Y(y)}\\&=\int_{-\infty}^{x}\frac{f(u,y)}{f_Y(y)}\mathrm{d}u.\end{aligned} \tag{3.4.13}$$

同理,对于 $f_X(x)>0$ 的 x,Y 关于 $X=x$ 的条件分布函数为

$$F(y\mid x)=\int_{-\infty}^{y}\frac{f(x,v)}{f_X(x)}\mathrm{d}v. \tag{3.4.14}$$

由此,下面给出条件分布密度的定义.

定义 3.4.4 设二维连续型随机变量(X,Y)的分布密度为 $f(x,y)$,边际分布密度分别为 $f_X(x)$和 $f_Y(y)$. 对于一切使 $f_Y(y)>0$ 的 y,X 关于 $Y=y$ 的条件分布密度为

$$f(x|y)=\frac{f(x,y)}{f_Y(y)}. \tag{3.4.15}$$

同理,对于一切使 $f_X(x)>0$ 的 x,Y 关于 $X=x$ 的条件分布密度为

$$f(y|x)=\frac{f(x,y)}{f_X(x)}. \tag{3.4.16}$$

根据条件分布函数和条件分布密度的定义,在一定条件下,有

$$F(x|y)=\int_{-\infty}^{x} f(u|y)\mathrm{d}u, \tag{3.4.17}$$

$$F(y|x)=\int_{-\infty}^{y} f(v|x)\mathrm{d}v. \tag{3.4.18}$$

例 3.4.7 设(X,Y)服从区域 $G=\{(x,y)|x^2+y^2\leqslant 1\}$上的均匀分布,求给定 $X=x$ 条件下 Y 的条件分布密度 $f(y|x)$.

解 (X,Y)的联合分布密度为

$$f(x,y)=\begin{cases}\dfrac{1}{\pi}, & x^2+y^2\leqslant 1,\\ 0, & \text{其他}.\end{cases}$$

故 X 的边际分布密度为

$$f_X(x)=\int_{-\infty}^{+\infty} f(x,y)\mathrm{d}y=\begin{cases}\displaystyle\int_{-\sqrt{1-x^2}}^{\sqrt{1-x^2}}\frac{1}{\pi}\mathrm{d}y, & |x|<1,\\ 0, & \text{其他}\end{cases}=\begin{cases}\dfrac{2}{\pi}\sqrt{1-x^2}, & |x|<1,\\ 0, & \text{其他}.\end{cases}$$

当$-1<x<1$时,有

$$f(y|x)=\frac{f(x,y)}{f_X(x)}=\begin{cases}\dfrac{\dfrac{1}{\pi}}{\left(\dfrac{2}{\pi}\right)\sqrt{1-x^2}}=\dfrac{1}{2\sqrt{1-x^2}}, & -\sqrt{1-x^2}<y<\sqrt{1-x^2},\\ 0, & \text{其他}.\end{cases}$$

将 $x=0$ 和 $x=0.6$ 分别代入上式得(两个均匀分布)

$$f(y|x=0)=\begin{cases}\dfrac{1}{2}, & -1<y<1,\\ 0, & \text{其他}.\end{cases}$$

$$f(y|x=0.6)=\begin{cases}\dfrac{5}{8}, & -0.8<y<0.8,\\ 0, & \text{其他}.\end{cases}$$

进一步,当$-1<x<1$时,在给定 $X=x$ 条件下,Y 服从$(-\sqrt{1-x^2},\sqrt{1-x^2})$上的均匀分布. 同理,当$-1<y<1$时,在给定 $Y=y$ 条件下,X 服从$(-\sqrt{1-y^2},\sqrt{1-y^2})$上的均匀分布.

3.4.3 连续场合的全概率公式和贝叶斯公式

根据条件分布密度的概念,可以给出连续随机变量场合的全概率公式和贝叶斯公式. 根据定义 3.4.4,将式(3.4.15)和式(3.4.16)改写为

$$f(x,y)=f_X(x)f(y|x), \tag{3.4.19}$$

$$f(x,y)=f_Y(y)f(x|y). \tag{3.4.20}$$

再对 $f(x,y)$求其边际分布密度,得到全概率公式的分布密度形式

$$f_X(x)=\int_{-\infty}^{+\infty} f_Y(y)f(x|y)\mathrm{d}y, \tag{3.4.21}$$

$$f_Y(y)=\int_{-\infty}^{+\infty} f_X(x)f(y|x)\mathrm{d}x. \tag{3.4.22}$$

将式(3.4.19)、式(3.4.22)代入式(3.4.15),将式(3.4.20)、式(3.4.21)代入式(3.4.16),得到贝叶斯公式的分布密度为

$$f(x \mid y)=\frac{f_X(x)f(y \mid x)}{\int_{-\infty}^{+\infty} f_X(x)f(y|x)\mathrm{d}x}, \tag{3.4.23}$$

$$f(y \mid x)=\frac{f_Y(y)f(x \mid y)}{\int_{-\infty}^{+\infty} f_Y(y)f(x|y)\mathrm{d}y}. \tag{3.4.24}$$

注 虽然由边际分布无法得到联合分布,但式(3.4.19)和式(3.4.20)表明,由边际分布和条件分布就可得到联合分布.

例 3.4.8 设 $Y\sim N(\mu,\sigma_2^2)$,在 $Y=y$ 的条件下 $X|Y=y\sim N(y,\sigma_1^2)$,试求 X 的(无条件)分布密度 $f_X(x)$.

解 由题意知

$$f_Y(y)=\frac{1}{\sqrt{2\pi}\sigma_2}\mathrm{e}^{-\frac{(y-\mu)2}{2\sigma_2^2}},\quad f(x|y)=\frac{1}{\sqrt{2\pi}\sigma_1}\mathrm{e}^{-\frac{(x-y)2}{2\sigma_1^2}}.$$

(X,Y)的分布密度为

$$f(x,y)=f_Y(y)f(x|y)=\frac{1}{2\pi\sigma_1\sigma_2}\exp\left\{-\frac{(y-\mu)^2}{2\sigma_2^2}-\frac{(x-y)^2}{2\sigma_1^2}\right\}.$$

故所求分布密度为

$$\begin{aligned}f_X(x)&=\int_{-\infty}^{+\infty}f(x,y)\mathrm{d}y=\frac{1}{2\pi\sigma_1\sigma_2}\int_{-\infty}^{+\infty}\exp\left\{-\frac{(y-\mu)^2}{2\sigma_2^2}-\frac{(x-y)^2}{2\sigma_1^2}\right\}\mathrm{d}y\\&=\frac{1}{2\pi\sigma_1\sigma_2}\int_{-\infty}^{+\infty}\exp\left\{-\frac{1}{2}\left[\left(\frac{1}{\sigma_1^2}+\frac{1}{\sigma_2^2}\right)y^2-2\left(\frac{x}{\sigma_1^2}+\frac{\mu}{\sigma_2^2}\right)y+\frac{x^2}{\sigma_1^2}+\frac{\mu^2}{\sigma_2^2}\right]\right\}\mathrm{d}y.\end{aligned}$$

令 $c=\dfrac{\sigma_1^2\sigma_2^2}{\sigma_1^2+\sigma_2^2}$,则上式化为

$$\begin{aligned}f_X(x)&=\frac{1}{2\pi\sigma_1\sigma_2}\int_{-\infty}^{+\infty}\exp\left\{-\frac{1}{2c}\left[y-c\left(\frac{x}{\sigma_1^2}+\frac{\mu}{\sigma_2^2}\right)\right]^2-\frac{1}{2}\,\frac{(x-\mu)^2}{\sigma_1^2+\sigma_2^2}\right\}\mathrm{d}y\\&=\frac{1}{2\pi\sigma_1\sigma_2}\sqrt{2\pi c}\exp\left\{-\frac{1}{2}\,\frac{(x-\mu)^2}{\sigma_1^2+\sigma_2^2}\right\}=\frac{1}{\sqrt{2\pi(\sigma_1^2+\sigma_2^2)}}\exp\left\{-\frac{1}{2}\,\frac{(x-\mu)^2}{\sigma_1^2+\sigma_2^2}\right\}.\end{aligned}$$

故 $X\sim N(\mu,\sigma_1^2+\sigma_2^2)$.

3.5 随机变量的独立性

已知边际分布和条件分布,可求联合分布. 本节给出从边际分布求联合分布的另一个充分条件(或者方法)——随机变量独立性. 随机变量的独立性是随机事件的独立性在随机变量方面的体现,是概率论中一个十分重要的概念.

3.5.1 两个随机变量的独立性

定义 3.5.1 设(X,Y)的分布函数和边际分布函数分别为 $F(x,y)$,$F_X(x)$,$F_Y(y)$. 如

果对任意实数 x 和 y，恒有

$$F(x,y)\equiv F_X(x)F_Y(y), \tag{3.5.1}$$

或者

$$P\{X\leqslant x,Y\leqslant y\}\equiv P\{X\leqslant x\}P\{Y\leqslant y\},$$

则称随机变量 X 和 Y 是(相互)独立的(Independent).

注 (1) 随机变量 X 和 Y 相互独立的充分必要条件是对 xOy 平面上的任意一点(x,y)，均有 $F(x,y)=F_X(x)F_Y(y)$.

(2) 要证明随机变量 X 和 Y 不相互独立，只要证明存在一点(x_0,y_0)使得 $F(x_0,y_0)\neq F_X(x_0)F_Y(y_0)$即可.

(3) 离散型随机变量 X 和 Y 相互独立的充分必要条件是

$$p_{ij}\equiv p_{i\cdot}\, p_{\cdot j},\quad i,j=1,2,\cdots. \tag{3.5.2}$$

(4) 连续型随机变量 X 和 Y 相互独立的充分必要条件是

$$f(x,y)\equiv f_X(x)f_Y(y),\quad -\infty<x,y<+\infty. \tag{3.5.3}$$

(5) 如果把概率理解成面积，则随机变量 X 和 Y 相互独立的充分必要条件是平面上的随机点(X,Y)落入平面上任一矩形区域的概率(面积)等于该区域的长乘以该区域的宽.

(6) 在实际问题中，判断随机变量 X 和 Y 是否相互独立，一般判断式(3.5.2)或者式(3.5.3)是否成立，尽量不要利用定义式(3.5.1)来判断随机变量 X 和 Y 的独立性.

(7) 通俗地讲，在概率意义下，只要随机变量 X 和 Y 的取值没有相互影响，那么 X 和 Y 就是相互独立的.

(8) 在实际问题中，根据具体情况，判断随机变量 X 和 Y 的相互独立性.

(9) 重要结论：设随机变量 X 和 Y 相互独立，如果普通函数 $f(x)$和 $g(y)$连续，则随机变量 $f(X)$和 $g(Y)$也相互独立.

例 3.5.1(续例 3.4.5) 设二维离散型随机变量(X,Y)的联合分布列为

X \ Y	0	1	2	3	$p_{i\cdot}$
0	0.008	0.036	0.054	0.027	0.125
1	0.060	0.180	0.135	0	0.375
2	0.150	0.225	0	0	0.375
3	0.125	0	0	0	0.125
$p_{\cdot j}$	0.343	0.441	0.189	0.027	

试判断随机变量 X 和 Y 的相互独立性.

解 因为 $p_{3\cdot}\, p_{\cdot 3}=0.125\times 0.027\neq p_{33}$，所以随机变量 X 和 Y 不相互独立.

例 3.5.2(续例 3.4.4) 设(X,Y)的联合密度函数为

$$f(x,y)=\begin{cases}1, & 0<x<1,|y|<x, \\ 0, & 其他.\end{cases}$$

试判断随机变量 X 和 Y 的相互独立性.

解 由例 3.4.4 知,随机变量 X 和 Y 边际密度分别为

$$f_X(x)=\int_{-\infty}^{+\infty}f(x,y)\mathrm{d}y=\begin{cases}\int_{-x}^{x}1\mathrm{d}y, & 0<x<1, \\ 0, & 其他\end{cases}=\begin{cases}2x, & 0<x<1, \\ 0, & 其他.\end{cases}$$

$$f_Y(y)=\int_{-\infty}^{+\infty}f(x,y)\mathrm{d}x=\begin{cases}\int_{y}^{1}\mathrm{d}x, & 0\leqslant y<1, \\ \int_{-y}^{1}\mathrm{d}x, & -1<y<0, \\ 0, & 其他\end{cases}=\begin{cases}1-y, & 0\leqslant y<1, \\ 1+y, & -1<y<0, \\ 0, & 其他.\end{cases}$$

显然,$f(x,y)\neq f_X(x)f_Y(y)$,所以随机变量 X 和 Y 不相互独立.

例 3.5.3(续例 3.4.2) 已知(X,Y)的分布密度函数为

$$f(x,y)=\begin{cases}6\mathrm{e}^{-3x-2y}, & x>0,y>0, \\ 0, & 其他.\end{cases}$$

判断 X 和 Y 的相互独立性.

解 由例 3.4.2 知,X 和 Y 的边际分布密度函数分别为

$$f_X(x)=\int_{-\infty}^{+\infty}f(x,y)\mathrm{d}y=\begin{cases}\int_{0}^{+\infty}6\mathrm{e}^{-3x-2y}\mathrm{d}y, & x>0 \\ 0, & x\leqslant 0\end{cases}=\begin{cases}3\mathrm{e}^{-3x}, & x>0, \\ 0, & x\leqslant 0.\end{cases}$$

$$f_Y(y)=\int_{-\infty}^{+\infty}f(x,y)\mathrm{d}x=\begin{cases}\int_{0}^{+\infty}6\mathrm{e}^{-3x-2y}\mathrm{d}x, & y>0 \\ 0, & y\leqslant 0\end{cases}=\begin{cases}2\mathrm{e}^{-2y}, & y>0, \\ 0, & y\leqslant 0.\end{cases}$$

显然,$f(x,y)=f_X(x)f_Y(y)$,$-\infty<x,y<+\infty$,故 X 和 Y 相互独立.

例 3.5.4 在长为 a 的线段的中点的两边随机地各选取一点,求两点间的距离小于 $\frac{a}{3}$ 的概率.

解 以线段的中点为坐标原点,建立数轴. 设 X 和 Y 为长为 a 的线段的中点的两边随机地各选取的点,则 $X\sim U(0,\frac{a}{2})$,$Y\sim U(-\frac{a}{2},0)$,且 X 和 Y 相互独立. 故(X,Y)的分布密度为

$$f(x,y)=\begin{cases}\frac{4}{a^2}, & 0<x<\frac{a}{2},-\frac{a}{2}<y<0, \\ 0, & 其他.\end{cases}$$

因此,所求的概率为

$$p=P\{X-Y<\frac{a}{3}\}=\iint\limits_{\substack{x-y<\frac{a}{3} \\ x>0,y<0}}f(u,v)\mathrm{d}u\mathrm{d}v=\int_{0}^{\frac{a}{3}}\mathrm{d}u\int_{u-\frac{a}{3}}^{0}\frac{4}{a^2}\mathrm{d}v=\frac{2}{9}.$$

3.5.2 多个随机变量的独立性

定义 3.5.2 设 n 维随机变量$(X_1,X_2,\cdots,X_n)$的联合分布函数为 $F(x_1,x_2,\cdots,x_n)$,

边际分布函数分别为 $F_1(x_1),F_2(x_2),\cdots,F_n(x_n)$. 如果对任意实数 $x_1,x_2,\cdots,x_n$,恒有

$$F(x_1,x_2,\cdots,x_n)=F_1(x_1)F_2(x_2)\cdots F_n(x_n),\tag{3.5.4}$$

则称随机变量 $X_1,X_2,\cdots,X_n$ 是相互独立的.

对 n 维离散型随机变量$(X_1,X_2,\cdots,X_n)$,如果对任意实数 $x_1,x_2,\cdots,x_n$,恒有

$$P\{X_1=x_1,X_2=x_2,\cdots,X_n=x_n\}=P\{X_1=x_1\}P\{X_2=x_2\}\cdots P\{X_n=x_n\},\tag{3.5.5}$$

则称随机变量 $X_1,X_2,\cdots,X_n$ 是相互独立的.

对 n 维连续型随机变量$(X_1,X_2,\cdots,X_n)$,如果对任意实数 $x_1,x_2,\cdots,x_n$,恒有

$$f(x_1,x_2,\cdots,x_n)=f_1(x_1)f_2(x_2)\cdots f_n(x_n),\tag{3.5.6}$$

则称随机变量 $X_1,X_2,\cdots,X_n$ 是相互独立的.

例 3.5.5 令 X="n 重伯努利试验中随机事件 A 发生的次数",

$$X_i=\begin{cases}1, & \text{第 } i \text{ 次试验中随机事件 } A \text{ 发生},\\ 0, & \text{第 } i \text{ 次试验中随机事件 } \bar{A} \text{ 发生},\end{cases}\quad i=1,2,\cdots,n,$$

则 $X_i(i=1,2,\cdots,n)$ 相互独立,且服从两点分布,$X=X_1+X_2+\cdots+X_n=\sum\limits_{i=1}^{n}X_i$. 这就是二项分布 $B(n,p)$ 与两点分布 $B(1,p)$ 之间的关系,即二项分布随机变量是 n 个相互独立的两点分布随机变量的和.

3.6 多维随机变量函数的分布

在实际问题中,经常会遇到多个随机变量函数的情况. 例如,现有两个电子元件 A,B,其组成方式如图 3.6.1 所示. 如果记 A,B 的寿命分别为 X,Y,则 X,Y 分别为随机变量.

由图 3.6.1 知,串联系统的寿命为 $T_1=\min\{X,Y\}$;并联系统的寿命为 $T_2=\max\{X,Y\}$;备用系统的寿命为 $T_3=X+Y$. T_1,T_2,T_3 分别是随机变量 X,Y 的函数. 更一般地,设$(X_1,X_2,\cdots,X_n)$为 n 维随机变量,$y=g(x_1,x_2,\cdots,x_n)$为普通 n 元连续函数,则有 $Y=g(X_1,X_2,\cdots,X_n)$为 n 维随机变量$(X_1,X_2,\cdots,X_n)$函数. 它是一个一维随机变量. 如果函数 $y_1=g_1(x_1,x_2,\cdots,x_n),\cdots,y_m=g_m(x_1,x_2,\cdots,x_n)$都连续,令 $Y_j=g_j(X_1,X_2,\cdots,X_n),j=1,2,\cdots,m$,则$(Y_1,Y_2,\cdots,Y_m)$为 m 维随机变量,称$(Y_1,Y_2,\cdots,Y_m)$是$(X_1,X_2,\cdots,X_n)$向量值函数.

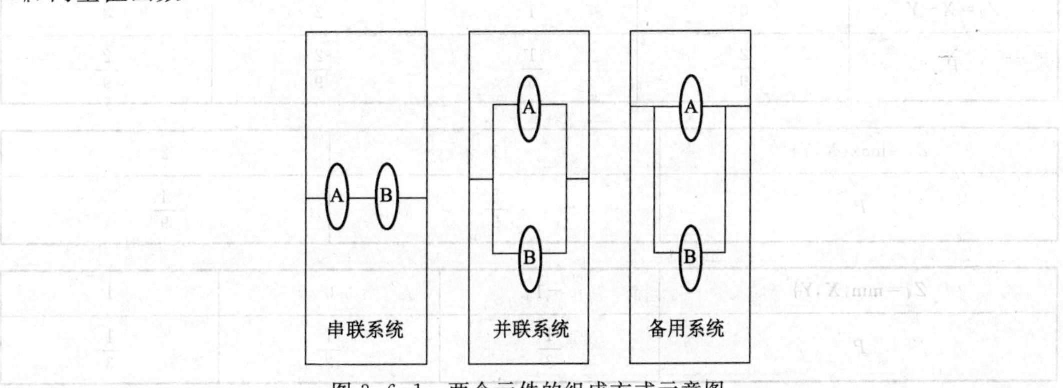

图 3.6.1 两个元件的组成方式示意图

本节主要介绍在已知二维随机变量(X,Y)分布的情况下，如何求随机变量函数$Z=g(X,Y)$的分布和满足$U=g_1(X,Y)$，$V=g_2(X,Y)$的向量值函数(U,V)分布.

3.6.1 二维离散型随机变量函数的分布(律)

设(X,Y)为二维离散型随机变量，则$Z=g(X,Y)$为一维离散型随机变量，因此求$Z=g(X,Y)$的分布就是求$Z=g(X,Y)$的分布律. 下面通过具体例子予以阐述.

例 3.6.1 设二维离散型随机变量(X,Y)的联合分布列为

X \ Y	-1	0	1
1	$\frac{1}{9}$	$\frac{2}{9}$	$\frac{2}{9}$
2	$\frac{2}{9}$	$\frac{1}{9}$	$\frac{1}{9}$

试求分布列：(1) $Z_1=X+Y$； (2) $Z_2=X-Y$；

(3) $Z_3=\max\{X,Y\}$； (4) $Z_4=\min\{X,Y\}$.

解 将(X,Y)及各个函数的取值对应列于同一个表中

P	$\frac{1}{9}$	$\frac{2}{9}$	$\frac{2}{9}$	$\frac{2}{9}$	$\frac{1}{9}$	$\frac{1}{9}$
(X,Y)	$(1,-1)$	$(1,0)$	$(1,1)$	$(2,-1)$	$(2,0)$	$(2,1)$
$Z_1=X+Y$	0	1	2	1	2	3
$Z_2=X-Y$	2	1	0	3	2	1
$Z_3=\max\{X,Y\}$	1	1	1	2	2	2
$Z_4=\min\{X,Y\}$	-1	0	1	-1	0	1

经合并整理得到最后结果如下

$Z_1=X+Y$	0	1	2	3
P	$\frac{1}{9}$	$\frac{4}{9}$	$\frac{1}{3}$	$\frac{1}{9}$

$Z_2=X-Y$	0	1	2	3
P	$\frac{2}{9}$	$\frac{1}{3}$	$\frac{2}{9}$	$\frac{2}{9}$

$Z_3=\max\{X,Y\}$	1	2
P	$\frac{5}{9}$	$\frac{4}{9}$

$Z_4=\min\{X,Y\}$	-1	0	1
P	$\frac{1}{3}$	$\frac{1}{3}$	$\frac{1}{3}$

例 3.6.2(泊松分布的可加性) 设 $X\sim P(\lambda)$,$Y\sim P(\gamma)$,且 X 和 Y 相互独立,证明 $Z=X+Y\sim P(\lambda+\gamma)$.

证明 因为 X,Y 都为离散型随机变量,所以 $Z=X+Y$ 也为离散型随机变量. 因为 X,Y 的所有可能取值均为 $0,1,2,\cdots$,所以 $Z=X+Y$ 的所有可能取值也为 $0,1,2,\cdots$. 故

$$P\{Z=k\}=P\{X+Y=k\}=P\{\bigcup_{i=0}^{k}\{X=i,Y=k-i\}\}=\sum_{i=0}^{k}P\{X=i,Y=k-i\}$$

$$=\sum_{i=0}^{k}P\{X=i\}\times P\{Y=k-i\}=\sum_{i=0}^{k}\frac{\lambda^{i}}{i!}\mathrm{e}^{-\lambda}\frac{\gamma^{k-i}}{(k-i)!}\mathrm{e}^{-\gamma}$$

$$=\frac{(\lambda+\gamma)^{k}}{k!}\mathrm{e}^{-(\lambda+\gamma)}\sum_{i=0}^{k}\frac{k!}{i!(k-i)!}\left(\frac{\lambda}{\lambda+\gamma}\right)^{i}\left(\frac{\gamma}{\lambda+\gamma}\right)^{k-i}$$

$$=\frac{(\lambda+\gamma)^{k}}{k!}\mathrm{e}^{-(\lambda+\gamma)}\left(\frac{\lambda}{\lambda+\gamma}+\frac{\gamma}{\lambda+\gamma}\right)^{k}=\frac{(\lambda+\gamma)^{k}}{k!}\mathrm{e}^{-(\lambda+\gamma)},\quad k=0,1,2,\cdots.$$

$$Z=X+Y\sim P(\lambda+\gamma).$$

注 (1) 称

$$P\{X+Y=k\}=\sum_{i=0}^{k}P\{X=i,Y=k-i\}\tag{3.6.1}$$

为离散场合的卷积公式.

(2) 泊松分布的这个性质可叙述为:相互独立的泊松分布的卷积仍为泊松分布,并记为

$$P(\lambda)*P(\gamma)=P(\lambda+\gamma).\tag{3.6.2}$$

(3) 上述性质可以推广到有限个相互独立随机变量之和的分布情形,即

$$P(\lambda_1)*P(\lambda_2)*\cdots*P(\lambda_n)=P(\lambda_1+\lambda_2+\cdots+\lambda_n).\tag{3.6.3}$$

特别地,

$$P(\lambda)*P(\lambda)*\cdots*P(\lambda)=P(n\lambda).\tag{3.6.4}$$

(4) 泊松分布具有可加性. 如果随机变量 X,Y 相互独立且均服从泊松分布,则 $X+Y$ 也服从泊松分布.

(5) $X-Y$ 不服从泊松分布.

例 3.6.3(二项分布的可加性) 设 $X\sim B(n,p)$,$Y\sim B(m,p)$,且 X 和 Y 相互独立,证明 $Z=X+Y\sim B(n+m,p)$.

证明 因为 X,Y 都为离散型随机变量,所以 $Z=X+Y$ 也为离散型随机变量. 因为 X 的所有可能取值为 $0,1,2,\cdots,n$,Y 的所有可能取值为 $0,1,2,\cdots,m$,所以 $Z=X+Y$ 的所有可能取值为 $0,1,2,\cdots,n+m$. 因此

$$P\{Z=k\}=P\{X+Y=k\}=P\{\bigcup_{i=0}^{k}\{X=i,Y=k-i\}\}=\sum_{i=0}^{k}P\{X=i,Y=k-i\}$$

$$=\sum_{i=0}^{k}P\{X=i\}\times P\{Y=k-i\}=\sum_{i=0}^{k}C_n^i p^i(1-p)^{n-i}C_m^{k-i}p^{k-i}(1-p)^{m-k+i}$$

$$=\sum_{i=0}^{k}C_n^iC_m^{k-i}p^k(1-p)^{m+n-k}=p^k(1-p)^{m+n-k}\sum_{i=0}^{k}C_n^iC_m^{k-i}$$

$$=C_{m+n}^{k}p^k(1-p)^{m+n-k},\quad k=0,1,2,\cdots,n+m.$$

$$Z=X+Y\sim B(n+m,p).$$

注 (1) 上述性质可以推广到有限个相互独立随机变量之和的分布情形,即

$$B(n_1,p)*B(n_2,p)*\cdots*B(n_m,p)=B(n_1+n_2+\cdots+n_m,p). \tag{3.6.5}$$

特别地,

$$B(1,p)*B(1,p)*\cdots*B(1,p)=B(n,p). \tag{3.6.6}$$

即如果 $X_1,X_2,\cdots,X_n$ 互相独立且均服从 $B(1,p)$,则 $X_1+X_2+\cdots+X_n\sim B(n,p)$;反之,若 $X\sim B(n,p)$,则 $X=X_1+X_2+\cdots+X_n$,且 $X_i\sim B(1,p)(i=1,2,\cdots,n)$.

(2) 二项分布具有可加性.

3.6.2 二维连续型随机变量函数的分布

设 (X,Y) 为二维连续型随机变量,则 $Z=g(X,Y)$ 为一维连续型随机变量,因此求 $Z=g(X,Y)$ 的分布就是求 $Z=g(X,Y)$ 的分布密度. 下面对 $Z=g(X,Y)$ 的几种特殊形式进行介绍.

1. $Z=g(X,Y)=X+Y$ 的分布密度

设 (X,Y) 的联合分布密度为 $f(x,y)$. 先求 $Z=g(X,Y)=X+Y$ 的分布函数 $F_Z(z)$.

$$F_Z(z)=P\{Z\leqslant z\}=P\{X+Y\leqslant z\}=\iint\limits_{x+y\leqslant z}f(x,y)\mathrm{d}x\mathrm{d}y=\int_{-\infty}^{+\infty}\mathrm{d}x\int_{-\infty}^{z-x}f(x,y)\mathrm{d}y$$

$$\xlongequal{y=t-x}\int_{-\infty}^{+\infty}\mathrm{d}x\int_{-\infty}^{z}f(x,t-x)\mathrm{d}t=\int_{-\infty}^{z}\mathrm{d}t\int_{-\infty}^{+\infty}f(x,t-x)\mathrm{d}x.$$

故 $Z=g(X,Y)=X+Y$ 的分布密度为

$$f_Z(z)=[F_Z(z)]'=\left[\int_{-\infty}^{z}\mathrm{d}t\int_{-\infty}^{+\infty}f(x,t-x)\mathrm{d}x\right]'=\int_{-\infty}^{+\infty}f(x,z-x)\mathrm{d}x,\ -\infty<z<+\infty. \tag{3.6.7}$$

同理

$$f_Z(z)=\int_{-\infty}^{+\infty}f(z-y,y)\mathrm{d}y,\quad -\infty<z<+\infty. \tag{3.6.8}$$

特别地,当随机变量 X 和 Y 相互独立,X 的分布密度为 $f_X(x)$,Y 的分布密度为 $f_Y(y)$,则 $Z=X+Y$ 的分布密度为

$$f_Z(z)=\int_{-\infty}^{+\infty}f_X(x)f_Y(z-x)\mathrm{d}x,\quad -\infty<z<+\infty, \tag{3.6.9}$$

或者

$$f_Z(z)=\int_{-\infty}^{+\infty}f_X(z-y)f_Y(y)\mathrm{d}y,\quad -\infty<z<+\infty. \tag{3.6.10}$$

式(3.6.9)和式(3.6.10)统称为连续场合的卷积公式,记为 f_X*f_Y.

例 3.6.4(正态分布的可加性) 设 $X\sim N(\mu_1,\sigma_1^2)$,$Y\sim N(\mu_2,\sigma_2^2)$,且 X 和 Y 相互独立,证明 $Z=X+Y\sim N(\mu_1+\mu_2,\sigma_1^2+\sigma_2^2)$.

证明 令 $c=\dfrac{\sigma_1^2\sigma_2^2}{\sigma_1^2+\sigma_2^2}$. 由题意和式(3.6.9)知,$Z=X+Y$ 的分布密度为

$$f_Z(z)=\int_{-\infty}^{+\infty}f_X(x)f_Y(z-x)\mathrm{d}x=\int_{-\infty}^{+\infty}\frac{1}{\sqrt{2\pi}\sigma_1}\mathrm{e}^{-\frac{(x-\mu_1)^2}{2\sigma_1^2}}\frac{1}{\sqrt{2\pi}\sigma_2}\mathrm{e}^{-\frac{(z-x-\mu_2)^2}{2\sigma_2^2}}\mathrm{d}x$$

$$=\frac{1}{2\pi\sigma_1\sigma_2}\int_{-\infty}^{+\infty}\mathrm{e}^{-\frac{(x-\mu_1)^2}{2\sigma_1^2}-\frac{(z-x-\mu_2)^2}{2\sigma_2^2}}\mathrm{d}x=\frac{1}{2\pi\sigma_1\sigma_2}\mathrm{e}^{-\frac{(z-\mu_1-\mu_2)^2}{2(\sigma_1^2+\sigma_2^2)}}\int_{-\infty}^{+\infty}\mathrm{e}^{-\frac{1}{2c}\left[x-c\left(\frac{\mu_1}{\sigma_1^2}+\frac{z-\mu_2}{\sigma_2^2}\right)\right]^2}\mathrm{d}x$$

$$=\frac{1}{2\pi\sigma_1\sigma_2}\mathrm{e}^{-\frac{(z-\mu_1-\mu_2)^2}{2(\sigma_1^2+\sigma_2^2)}}\sqrt{2\pi c}=\frac{1}{\sqrt{2\pi(\sigma_1^2+\sigma_2^2)}}\mathrm{e}^{-\frac{(z-\mu_1-\mu_2)^2}{2(\sigma_1^2+\sigma_2^2)}},\quad -\infty<z<+\infty.$$

故
$$Z=X+Y\sim N(\mu_1+\mu_2,\sigma_1^2+\sigma_2^2).$$

注 (1) 此例说明:两个相互独立的服从正态分布的随机变量的和服从正态分布.

(2) 上述性质可推广至:有限个相互独立的服从正态分布的随机变量的线性组合服从正态分布,即若 $X_i\sim N(\mu_i,\sigma_i^2)$,$i=1,2,\cdots,n$,且 $X_1,X_2,\cdots,X_n$ 相互独立,则

$$\alpha_1X_1+\alpha_2X_2+\cdots+\alpha_nX_n\sim N\left(\sum_{k=1}^{n}\alpha_k\mu_k,\sum_{k=1}^{n}\alpha_k^2\sigma_k^2\right).\tag{3.6.11}$$

例 3.6.5(伽马分布的可加性) 设 $X\sim Ga(\alpha_1,\beta)$,$Y\sim Ga(\alpha_2,\beta)$,且 X 和 Y 相互独立,证明 $Z=X+Y\sim Ga(\alpha_1+\alpha_2,\beta)$.

证明 由题意和式(3.6.9)知,$Z=X+Y$ 的分布密度为

$$f_Z(z)=\int_{-\infty}^{+\infty}f_X(x)f_Y(z-x)\mathrm{d}x\xlongequal{z>0}\int_0^z\frac{\beta^{\alpha_1}}{\Gamma(\alpha_1)}x^{\alpha_1-1}\mathrm{e}^{-\beta x}\frac{\beta^{\alpha_2}}{\Gamma(\alpha_2)}(z-x)^{\alpha_2-1}\mathrm{e}^{-\beta(z-x)}\mathrm{d}x$$

$$=\frac{\beta^{\alpha_1+\alpha_2}}{\Gamma(\alpha_1)\Gamma(\alpha_2)}\mathrm{e}^{-\beta z}\int_0^z x^{\alpha_1-1}(z-x)^{\alpha_2-1}\mathrm{d}x$$

$$\xlongequal{x=zt}\frac{\beta^{\alpha_1+\alpha_2}}{\Gamma(\alpha_1)\Gamma(\alpha_2)}z^{\alpha_1+\alpha_2-1}\mathrm{e}^{-\beta z}\int_0^1 t^{\alpha_1-1}(1-t)^{\alpha_2-1}\mathrm{d}t$$

$$=\frac{\beta^{\alpha_1+\alpha_2}}{\Gamma(\alpha_1)\Gamma(\alpha_2)}z^{\alpha_1+\alpha_2-1}\mathrm{e}^{-\beta z}B(\alpha_1,\alpha_2)$$

$$=\frac{\beta^{\alpha_1+\alpha_2}}{\Gamma(\alpha_1+\alpha_2)}z^{\alpha_1+\alpha_2-1}\mathrm{e}^{-\beta z}.$$

故

$$Z=X+Y\sim Ga(\alpha_1+\alpha_2,\beta).$$

注 (1) 尺度参数相同的两个独立的服从伽马分布的随机变量的和仍服从伽马分布,即

$$Ga(\alpha_1,\beta)*Ga(\alpha_2,\beta)=Ga(\alpha_1+\alpha_2,\beta).\tag{3.6.12}$$

显然此性质可推广至尺度参数相同的有限个独立的服从伽马分布的随机变量的和情形.

(2) 因为指数分布是伽马分布的特例,$Exp(\lambda)=Ga(1,\lambda)$,所以 m 个相互独立的服从指数分布的随机变量的和服从伽马分布,即

$$Exp(\lambda)*Exp(\lambda)*\cdots*Exp(\lambda)=Ga(m,\lambda).\tag{3.6.13}$$

(3) 因为 χ^2 分布是伽马分布的另一个特例,$\chi^2(n)=Ga(n/2,1/2)$,所以 m 个相互独立的服从 χ^2 分布的随机变量的和服从 χ^2 分布,即

$$\chi^2(n_1)*\chi^2(n_2)*\cdots*\chi^2(n_m)=\chi^2(n_1+n_2+\cdots+n_m).\tag{3.6.14}$$

例 3.6.6 设 $X_1,X_2,\cdots,X_n$ 独立同服从 $N(0,1)$,证明 $Y=X_1^2+X_2^2+\cdots+X_n^2\sim$

$\chi^2(n)$.

证明 由第2章例2.4.4知,当 $X_i \sim N(0,1)$ 时,有 $X_i^2 \sim \chi^2(1)$. 因此根据式(3.6.14)可知,

$$Y = X_1^2 + X_2^2 + \cdots + X_n^2 \sim \chi^2(n).$$

由此可见,$\chi^2(n)$分布中的参数 n 就是相互独立的服从标准正态分布的随机变量的个数,称这个参数 n 为自由度.

2. $Z=g(X,Y)=XY$ 的分布密度

设(X,Y)的联合分布密度为 $f(x,y)$. $Z=g(X,Y)=XY$ 的分布函数 $F_Z(z)$ 为

$$F_Z(z) = P\{Z \leqslant z\} = P\{XY \leqslant z\} = \iint\limits_{xy \leqslant z} f(x,y)\mathrm{d}x\,\mathrm{d}y$$

$$\xlongequal{z>0} \int_{-\infty}^{0} \mathrm{d}x \int_{z/x}^{0} f(x,y)\mathrm{d}y + \int_{0}^{+\infty} \mathrm{d}x \int_{0}^{\frac{z}{x}} f(x,y)\mathrm{d}y$$

$$\xlongequal{y=t/x} -\int_{-\infty}^{0} \mathrm{d}x \int_{0}^{z} f\left(x,\frac{t}{x}\right)\frac{1}{x}\mathrm{d}t + \int_{0}^{+\infty} \mathrm{d}x \int_{0}^{z} f\left(x,\frac{t}{x}\right)\frac{1}{x}\mathrm{d}t$$

$$= \int_{-\infty}^{+\infty} \mathrm{d}x \int_{0}^{z} f\left(x,\frac{t}{x}\right)\frac{1}{|x|}\mathrm{d}t = \int_{0}^{z} \mathrm{d}t \int_{-\infty}^{+\infty} f\left(x,\frac{t}{x}\right)\frac{1}{|x|}\mathrm{d}x.$$

同理,当 $z<0$ 时,有

$$F_Z(z) = \int_{-\infty}^{z} \mathrm{d}t \int_{-\infty}^{+\infty} f\left(x,\frac{t}{x}\right)\frac{1}{|x|}\mathrm{d}x.$$

故 $Z=g(X,Y)=XY$ 的分布密度为

$$f_Z(z) = [F_Z(z)]' = \int_{-\infty}^{+\infty} f\left(x,\frac{z}{x}\right)\frac{1}{|x|}\mathrm{d}x, \quad -\infty < z < +\infty. \tag{3.6.15}$$

3. $Z=g(X,Y)=\dfrac{X}{Y}$的分布密度

设(X,Y)的分布密度为 $f(x,y)$. $Z=g(X,Y)=\dfrac{X}{Y}$的分布函数 $F_Z(z)$ 为

$$F_Z(z) = P\{Z \leqslant z\} = P\left\{\frac{X}{Y} \leqslant z\right\} = \iint\limits_{\frac{x}{y} \leqslant z} f(x,y)\mathrm{d}x\,\mathrm{d}y$$

$$= \iint\limits_{\substack{x \leqslant yz \\ y>0}} f(x,y)\mathrm{d}x\,\mathrm{d}y + \iint\limits_{\substack{x \geqslant yz \\ y<0}} f(x,y)\mathrm{d}x\,\mathrm{d}y$$

$$= \int_{0}^{+\infty} \mathrm{d}y \int_{-\infty}^{yz} f(x,y)\mathrm{d}x + \int_{-\infty}^{0} \mathrm{d}y \int_{yz}^{+\infty} f(x,y)\mathrm{d}x$$

$$\xlongequal{x=ty} \int_{0}^{+\infty} \mathrm{d}y \int_{-\infty}^{z} f(ty,y)y\,\mathrm{d}t + \int_{-\infty}^{0} \mathrm{d}y \int_{z}^{-\infty} f(ty,y)y\,\mathrm{d}t$$

$$= \int_{-\infty}^{+\infty} \mathrm{d}y \int_{-\infty}^{z} f(ty,y)\,|y|\,\mathrm{d}t = \int_{-\infty}^{z} \mathrm{d}t \int_{-\infty}^{+\infty} f(ty,y)\,|y|\,\mathrm{d}y.$$

故 $Z=g(X,Y)=\dfrac{X}{Y}$的分布密度为

$$f_Z(z) = [F_Z(z)]' = \left[\int_{-\infty}^{z} \mathrm{d}t \int_{-\infty}^{+\infty} f(ty,y)\,|y|\,\mathrm{d}y\right]' = \int_{-\infty}^{+\infty} f(zy,y)\,|y|\,\mathrm{d}y, -\infty<z<+\infty.$$

(3.6.16)

3.6.3 极值的分布

下面通过例题介绍3种形式的极值分布:最大值分布、最小值分布和极值差分布.

例3.6.7(最大值分布) 设$X_1,X_2,\cdots,X_n$是n个相互独立的随机变量,$X_i \sim F_i(x_i)$,$i=1,2,\cdots,n$,试求$Y=\max\{X_1,X_2,\cdots,X_n\}$的分布函数.

解 $Y=\max\{X_1,X_2,\cdots,X_n\}$的分布函数为

$$F_Y(y)=P\{\max\{X_1,X_2,\cdots,X_n\}\leqslant y\}=P\{X_1\leqslant y,X_2\leqslant y,\cdots,X_n\leqslant y\}$$

$$=P\{X_1\leqslant y\}P\{X_2\leqslant y\}\cdots P\{X_n\leqslant y\}=\prod_{i=1}^{n}F_i(y). \tag{3.6.17}$$

例3.6.8 设$X_1,X_2,\cdots,X_n$是n个独立同分布的连续型随机变量,其分布密度为$f(x)$,试求$Y=\max\{X_1,X_2,\cdots,X_n\}$的分布密度.

解 由例3.6.7知Y的分布函数为$F_Y(y)=[F(y)]^n$,$F(x)=\int_{-\infty}^{x}f(t)\mathrm{d}t$.关系式$F_Y(y)=[F(y)]^n$两边关于$y$求导得$Y$的分布密度为

$$f_Y(y)=[F_Y(y)]'=n[F(y)]^{n-1}f(y). \tag{3.6.18}$$

例3.6.9(最小值分布) 设$X_1,X_2,\cdots,X_n$是n个相互独立的随机变量,$X_i \sim F_i(x_i)$,$i=1,2,\cdots,n$,试求$Y=\min\{X_1,X_2,\cdots,X_n\}$的分布函数.

解 $Y=\min\{X_1,X_2,\cdots,X_n\}$的分布函数为

$$F_Y(y)=P\{\min\{X_1,X_2,\cdots,X_n\}\leqslant y\}=1-P\{\min\{X_1,X_2,\cdots,X_n\}>y\}$$

$$=1-P\{X_1>y,X_2>y,\cdots,X_n>y\}$$

$$=1-P\{X_1>y\}P\{X_2>y\}\cdots P\{X_n>y\}$$

$$=1-\prod_{i=1}^{n}[1-F_i(y)]. \tag{3.6.19}$$

例3.6.10 设$X_1,X_2,\cdots,X_n$是n个独立同分布的连续型随机变量,其分布密度为$f(x)$,试求$Y=\min\{X_1,X_2,\cdots,X_n\}$的分布密度.

解 由例3.6.9知Y的分布函数为$F_Y(y)=1-[1-F(y)]^n$,$F(x)=\int_{-\infty}^{x}f(t)\mathrm{d}t$.上式关于$y$求导得$Y$的分布密度为

$$f_Y(y)=[F_Y(y)]'=n[1-F(y)]^{n-1}f(y). \tag{3.6.20}$$

例3.6.11(极值差分布) 设$X_1,X_2,\cdots,X_n$是n个独立同分布的连续型随机变量,X_1的分布密度为$f(x)$,求$Z=\max\{X_1,X_2,\cdots,X_n\}-\min\{X_1,X_2,\cdots,X_n\}$的分布密度.

解 令$F(x)$为X_1的分布函数,$X=\max\{X_1,X_2,\cdots,X_n\}$,$Y=\min\{X_1,X_2,\cdots,X_n\}$,$G(x,y)=P\{X\leqslant x,Y\leqslant y\}$.

当$x\leqslant y$时,

$$G(x,y)=P\{X\leqslant x,Y\leqslant y\}=P\{X\leqslant x\}=[F(x)]^n;$$

当$x>y$时,

$$G(x,y)=P\{X\leqslant x,Y\leqslant y\}=P\{X\leqslant x\}-P\{X\leqslant x,Y>y\}$$

$$=[F(x)]^n-[F(x)-F(y)]^n.$$

故(X,Y)的分布密度为

$$f(x,y)=\begin{cases}0, & x\leqslant y,\\ n(n-1)[F(x)-F(y)]^{n-2}f(x)f(y), & x>y.\end{cases}$$

当$z\geqslant 0$时，$Z=X-Y$的分布函数有

$$F_Z(z)=P\{Z\leqslant z\}=P\{X-Y\leqslant z\}=\iint\limits_{x-y\leqslant z}f(x,y)\mathrm{d}x\mathrm{d}y$$

$$=\int_{-\infty}^{+\infty}\mathrm{d}y\int_{-\infty}^{y+z}f(x,y)\mathrm{d}x\xlongequal{x=t+y}\int_{-\infty}^{+\infty}\mathrm{d}y\int_{-\infty}^{z}f(t+y,y)\mathrm{d}y$$

$$=\int_{-\infty}^{z}\mathrm{d}t\int_{-\infty}^{+\infty}f(t+y,y)\mathrm{d}y.$$

故$Z=X+Y$的分布密度为

$$f_Z(z)=\int_{-\infty}^{+\infty}f(z+y,y)\mathrm{d}y\xlongequal{z\geqslant 0}n(n-1)\int_{-\infty}^{+\infty}[F(z+y)-F(y)]^{n-2}f(z+y)f(y)\mathrm{d}y.$$

3.6.4 向量值函数的分布

下面主要介绍$n=m=2$时，连续随机变量的向量值函数分布密度.

1. 变量变换法

设(X,Y)的联合分布密度为$f(x,y)$. 如果函数

$$\begin{cases}u=g_1(x,y),\\ v=g_2(x,y)\end{cases}$$

有连续偏导数，且存在唯一的反函数

$$\begin{cases}x=x(u,v),\\ y=y(u,v),\end{cases}$$

其变换的雅可比行列式为

$$J=\frac{\partial(x,y)}{\partial(u,v)}=\begin{vmatrix}\dfrac{\partial x}{\partial u} & \dfrac{\partial y}{\partial u}\\ \dfrac{\partial x}{\partial v} & \dfrac{\partial y}{\partial v}\end{vmatrix}=\left[\frac{\partial(u,v)}{\partial(x,y)}\right]^{-1}=\left(\begin{vmatrix}\dfrac{\partial u}{\partial x} & \dfrac{\partial v}{\partial y}\\ \dfrac{\partial u}{\partial x} & \dfrac{\partial v}{\partial y}\end{vmatrix}\right)^{-1}\neq 0. \quad (3.6.21)$$

若

$$\begin{cases}U=g_1(X,Y),\\ V=g_2(X,Y),\end{cases}$$

则(U,V)的分布密度为

$$f_{UV}(u,v)=f(x(u,v),y(u,v))|J|. \quad (3.6.22)$$

此方法为二重积分的变量变换法. 其证明过程参见数学分析相关教材.

例 3.6.12 设随机变量X和Y独立同分布，其分布密度为

$$f(x)=\begin{cases}\mathrm{e}^{-x}, & x>0,\\ 0, & \text{其他}.\end{cases}$$

求$U=X+Y$与$V=\dfrac{X}{X+Y}$的联合分布密度，并判断U与V的独立性.

解 因为X和Y独立同分布，所以(X,Y)的分布密度为

$$f(x,y)=\begin{cases}e^{-x-y}, & x>0,y>0,\\0, & \text{其他}.\end{cases}$$

令 $u=x+y,v=\dfrac{x}{x+y}$，则 $x=uv,y=u(1-v),u>0,0<v<1$. 故由式(3.6.21)知雅可比行列式为

$$J=\frac{\partial(x,y)}{\partial(u,v)}=\begin{vmatrix}\dfrac{\partial x}{\partial u} & \dfrac{\partial y}{\partial u}\\ \dfrac{\partial x}{\partial v} & \dfrac{\partial y}{\partial v}\end{vmatrix}=\begin{vmatrix}v & 1-v\\ u & -u\end{vmatrix}=-u.$$

因此，由式(3.6.22)知(U,V)的分布密度为

$$f_{UV}(u,v)=f(x(u,v),y(u,v))|J|=\begin{cases}u\mathrm{e}^{-u}, & u>0,0<v<1,\\0, & \text{其他}.\end{cases}$$

因为U与V的边际分布密度分别为

$$f_U(u)=\int_{-\infty}^{+\infty}f_{UV}(u,v)\mathrm{d}v=\begin{cases}u\mathrm{e}^{-u}, & u>0,\\0, & u\leqslant 0;\end{cases}$$

$$f_V(v)=\int_{-\infty}^{+\infty}f_{UV}(u,v)\mathrm{d}u=\begin{cases}1, & 0<v<1,\\0, & \text{其他}.\end{cases}$$

所以 $f_{UV}(u,v)\equiv f_U(u)f_V(v)$，故$U$与$V$独立.

2. 增补变量法

增补变量法的主要思路是：为了求出二维连续型随机变量(X,Y)的函数$U=g(X,Y)$的分布密度，必须首先增补一个新的随机变量$V=h(X,Y)$，一般令$V=X$或者$V=Y$；再求出(U,V)的分布密度 $f_{UV}(u,v)$；最后利用边际分布密度和联合分布密度之间的关系，求出所需的分布密度 $f_U(u)$.

下面通过例子进行阐述.

例 3.6.13 设随机变量X和Y独立同服从$N(0,1)$，试求$U=\dfrac{X}{Y}$的分布密度.

解 本题可以利用式(3.6.16)计算，也可以利用增补变量法计算. 下面利用增补变量法. 因为X和Y独立同分布，所以(X,Y)的分布密度为

$$f(x,y)=\frac{1}{2\pi}\mathrm{e}^{-\frac{x^2+y^2}{2}},\quad -\infty<x,y<+\infty.$$

令 $u=\dfrac{x}{y},v=y$，则 $x=uv,y=v$. 由式(3.6.21)知雅可比行列式为

$$J=\frac{\partial(x,y)}{\partial(u,v)}=\begin{vmatrix}\dfrac{\partial x}{\partial u} & \dfrac{\partial y}{\partial u}\\ \dfrac{\partial x}{\partial v} & \dfrac{\partial y}{\partial v}\end{vmatrix}=\begin{vmatrix}v & 0\\ u & 1\end{vmatrix}=v.$$

由(3.6.22)知(U,V)的分布密度为

$$f_{UV}(u,v)=f[x(u,v),y(u,v)]|J|=\frac{1}{2\pi}\mathrm{e}^{-\frac{x^2+y^2}{2}}|v|=\frac{|v|}{2\pi}\mathrm{e}^{-\frac{v^2(1+u^2)}{2}},-\infty<u,v<+\infty.$$

故U的分布密度为

$$f_U(u)=\int_{-\infty}^{+\infty} f_{UV}(u,v)\mathrm{d}v=\frac{1}{2\pi}\int_{-\infty}^{+\infty}|v|\mathrm{e}^{-\frac{v^2(1+u^2)}{2}}\mathrm{d}v=\frac{1}{\pi(1+u^2)},-\infty<u<+\infty.$$

因此 U 服从柯西分布.

3.6.5 随机变量函数的独立性

定理 3.6.1 设 $X_1,X_2,\cdots,X_n$ 是 n 个相互独立的随机变量，$f_1(x_1),f_2(x_2),\cdots,f_n(x_n)$是普通的连续函数，则 $f_1(X_1),f_2(X_2),\cdots,f_n(X_n)$相互独立.

证明略去.

定理 3.6.2 设随机变量 X 和 Y 独立同服从均匀分布 $U(0,1)$，令

$$U=\sqrt{-2\ln X}\cos(2\pi Y),$$

$$V=\sqrt{-2\ln X}\sin(2\pi Y),$$

则 U,V 相互独立且均服从标准正态分布.

请读者自己进行证明.

选读材料：概率统计学家简介 1

布莱士·帕斯卡(Blaise Pascal，1623—1662)是法国数学家、物理学家、哲学家、散文家，史书上称其为“数学天才”，他和费马并称为概率论创始人.

1623 年 6 月 19 日帕斯卡出生于法国多姆山省克莱蒙费朗城. 他 4 岁时母亲病故，没有受过正规的学校教育. 他自幼聪颖，很小时就精通欧几里得几何，独立地发现了欧几里得的前 32 条定理，并且顺序完全正确. 他 12 岁时独自发现了“三角形的内角和等于 180 度”；16 岁时写成《论圆锥曲线》，这本书的大部分已经散失，但是保留下了一个重要结论，即帕斯卡定理，笛卡尔对此书大为赞赏，但是不敢相信这是出自一个 16 岁少年之手；19 岁时设计并制作了一台能自动进位的加减法计算装置，该装置被认为是世界上第一台数字计算器，为以后的计算机设计提供了基本原理.

布莱士·帕斯卡

1662 年 8 月 19 日帕斯卡逝世，终年 39 岁. 后人为纪念帕斯卡，用他的名字来命名压强的单位“帕斯卡”，简称“帕”.

费马(Pierre de Fermat，1601—1665)是法国著名数学家，被誉为“业余数学家之王”. 1601 年 8 月 17 日费马(也译为“费尔玛”)出生于法国南部图卢兹附近的博蒙·德·洛马涅. 费马的职业是律师，数学只是他的一个爱好，但费马在数学上所做出的贡献并不逊色于一个真正的数学家. 费马在数学上主要贡献有：和勒奈·笛卡儿分享解析几何创始人的角色；微积分的开拓者；和帕斯卡分享概率论创始人的角色；数论方面的贡献.

在 17 世纪的法国找不到可以与费马匹敌的数学家，他堪称是 17 世纪法国最伟大的数学家之一.

费马

习 题

1. 一批产品共有100件，其中一等品60件、二等品30件、三等品10件. 现从这批产品中有放回地任取3件，以X和Y分别表示取出的3件产品中一等品、二等品的件数，求二维随机变量(X,Y)的分布列.

2. 设二维随机变量(X,Y)的分布密度为

$$f(x,y)=\begin{cases}k(1-y), & 0<x<y<1,\\ 0, & \text{其他}.\end{cases}$$

求：(1) 常数k；(2) $P\{X>0.5,Y>0.5\}$；

(3) $P\{X<0.5\}$；(4) $P\{X+Y<1\}$.

3. 设二维随机变量(X,Y)的分布密度为

$$f(x,y)=\begin{cases}\dfrac{1}{2}, & 0<x<1,0<y<2,\\ 0, & \text{其他}.\end{cases}$$

求X与Y中至少有一个小于$\dfrac{1}{2}$的概率.

4. 设二维离散型随机变量(X,Y)的概率分布为

X \ Y	0	1	2
0	$\frac{1}{4}$	0	$\frac{1}{4}$
1	0	$\frac{1}{3}$	0
2	$\frac{1}{12}$	0	$\frac{1}{12}$

求$P\{X=2Y\}$.

5. 从1,2,3,4中任取一个数，记为X，再从$1,2,\cdots,X$中任取一个数，记为Y，求$P\{Y=2\}$.

6. 设随机变量Y服从参数为$\lambda=1$的指数分布，定义随机变量X_k如下：

$$X_k=\begin{cases}0, & Y\leqslant k,\\ 1, & Y>k,\end{cases}\quad k=1,2.$$

求X_1与X_2的联合分布列.

7. 设随机变量X与Y的概率分布为

X	0	1
P	$\frac{1}{3}$	$\frac{2}{3}$

Y	-1	0	1
P	$\frac{1}{3}$	$\frac{1}{3}$	$\frac{1}{3}$

且 $P\{X^2=Y^2\}=1$. 求:(1) 二维随机变量(X,Y)的概率分布;(2) $Z=XY$ 的概率分布.

8. 设二维随机变量(X,Y)的分布密度为

$$f(x,y)=\begin{cases}6x, & 0\leqslant x\leqslant y\leqslant 1,\\ 0, & \text{其他}.\end{cases}$$

求 $P\{X+Y\leqslant 1\}$.

9. 已知随机变量 X 和 Y 的联合分布密度为

$$f(x,y)=\begin{cases}4xy, & 0\leqslant x\leqslant 1,0\leqslant y\leqslant 1,\\ 0, & \text{其他}.\end{cases}$$

求 X 和 Y 的联合分布函数 $F(x,y)$.

10. 从区间$(0,1)$中随机地取两个数,求其积不小于 $\frac{3}{16}$ 且其和不大于 1 的概率.

11. 设随机变量 $X_i,i=1,2$ 的分布列如下,且满足 $P\{X_1X_2=0\}=1$,求 $P\{X_1=X_2\}$.

X_i	-1	0	1
P	0.25	0.50	0.25

12. 设二维随机变量(X,Y)的分布密度为

$$f(x,y)=\begin{cases}1, & 0<x<1,0<y<2x,\\ 0, & \text{其他}.\end{cases}$$

求:(1) (X,Y)的边缘分布密度 $f_X(x),f_Y(y)$;

(2) $Z=2X-Y$ 的分布密度 $f_Z(z)$.

13. 设二维随机变量(X,Y)的分布密度为

$$f(x,y)=\begin{cases}2-x-y, & 0<x<1,0<y<1,\\ 0, & \text{其他}.\end{cases}$$

求:(1) $P\{X>2Y\}$;

(2) $Z=X+Y$ 的分布密度 $f_Z(z)$.

14. 设二维随机变量(X,Y)的分布密度为

$$f(x,y)=\begin{cases}2\mathrm{e}^{-x-2y}, & x>0,y>0,\\ 0, & \text{其他}.\end{cases}$$

求随机变量 $Z=X+2Y$ 的分布函数.

15. 设平面区域 D 由曲线 $y=\frac{1}{x}$ 及直线 $y=0,x=1,x=\mathrm{e}^2$ 围成,随机变量(X,Y)在区域 D 上服从均匀分布. 求(X,Y)关于 X 的边缘分布密度在 $x=2$ 处的值为多少?

16. 设随机变量 X 的分布密度为 $f_X(x)=\begin{cases}\frac{1}{2}, & -1<x<0,\\ \frac{1}{4}, & 0\leqslant x<2,\\ 0, & \text{其他}.\end{cases}$ 令 $Y=X^2$,$F(x,y)$为二

维随机变量(X,Y)的分布函数. 求:(1) Y 的分布密度 $f_Y(y)$;(2) $F(-\frac{1}{2},4)$.

17. 设 X 和 Y 为两个随机变量,且

$$P\{X\geqslant 0,Y\geqslant 0\}=\frac{3}{7},\quad P\{X\geqslant 0\}=P\{Y\geqslant 0\}=\frac{4}{7}.$$

求 $P\{\max\{X,Y\}\geqslant 0\}$.

18. 设随机变量 X 与 Y 的分布列为

X	-2	0	2
P	$\frac{1}{4}$	$\frac{1}{2}$	$\frac{1}{4}$

Y	0	2
P	$\frac{1}{2}$	$\frac{1}{2}$

已知 $P\{XY=0\}=1$,试求 $Z=\max\{X,Y\}$ 的分布列.

19. 设(X,Y)的分布密度为

$$f(x,y)=\begin{cases}k, & x^2+y^2<r^2,\\ 0, & \text{其他}.\end{cases}$$

试求:(1)常数 k;(2)边际分布密度.

20. 设二维随机变量(X,Y)的分布函数为

$$F(x,y)=\begin{cases}1-e^{-x}-e^{-y}+e^{-x-y-\lambda xy}, & x>0,y>0,\\ 0, & \text{其他}.\end{cases}$$

求 X 和 Y 的各自边际分布函数.

21. 设平面区域 D 由曲线 $y=x^2$ 及 $y^2=x$ 所围成,二维随机变量(X,Y)在区域 D 上服从均匀分布,求:(1) 边际分布密度;(2) 条件分布密度.

22. 袋中有 1 个红球、2 个黑球与 3 个白球. 现有放回地从袋中取两次,每次取一个球. 以 X,Y,Z 分别表示两次取球所取得的红球、黑球与白球的个数. 求:(1) $P\{X=1|Z=0\}$;(2) 二维随机变量(X,Y)的概率分布.

23. X 记作某医院一天内出生的婴儿的个数,Y 记作男婴的个数. 设 X 与 Y 的联合分布列为

$$P\{X=n,Y=m\}=\frac{e^{-14}(7.14)^m(6.86)^n}{m!\,(n-m)!},\quad m=0,1,\cdots,n,\quad n=0,1,2,\cdots.$$

求条件分布列 $P\{Y=m|X=n\}$.

24. 设二维连续型随机变量(X,Y)的分布密度为

$$f(x,y)=\begin{cases}kx^2y, & x^2\leqslant y\leqslant 1,\\ 0, & \text{其他}.\end{cases}$$

求:(1) 常数 k;

(2) 边际分布密度;

(3) $P\{Y\geqslant 0.5|X=0.5\}$.

25. 设 $X \sim N(\mu, \sigma_1^2)$，在 $X=x$ 的条件下 $Y|X=x \sim N(x, \sigma_2^2)$. 求 Y 的(无条件)分布密度 $f_Y(y)$.

26. 设随机变量 X 与 Y 相互独立，且 $X \sim P(\lambda_1)$，$Y \sim P(\lambda_2)$. 在已知 $X+Y=n$ 的条件下，求 X 的条件分布.

27. 设某班车起点站上客人数 X 服从参数为 $\lambda(\lambda>0)$ 的泊松分布，每位乘客在中途下车的概率为 $p(0<p<1)$，且途中下车与否相互独立，以 Y 表示在途中下车的人数，求：(1) 在发车时有 n 个乘客的条件下，中途有 m 人下车的概率；(2) 二维随机变量 (X,Y) 的概率分布.

28. 设随机变量 X 在区间 $(0,1)$ 上服从均匀分布，在 $X=x(0<x<1)$ 的条件下，随机变量 Y 在区间 $(0,x)$ 上服从均匀分布. 求：(1) 随机变量 X 和 Y 的联合分布密度；(2) Y 的分布密度；(3) 概率 $P\{X+Y>1\}$.

29. 设二维随机变量 (X,Y) 的分布密度为 $f(x,y)=A\mathrm{e}^{-2x^2+2xy-y^2}$，$-\infty<x,y<+\infty$. 求常数 A 及条件分布密度 $f_{Y|X}(y|x)$.

30. 设二维随机变量 (X,Y) 服从区域 G 上的均匀分布，其中 G 是由 $x-y=0$，$x+y=2$ 与 $y=0$ 所围成的三角形区域. 求：(1) X 的分布密度 $f_X(x)$；(2) 条件分布密度 $f_{X|Y}(x|y)$.

31. 设随机变量 (X,Y) 服从二维正态分布，且 X 与 Y 不相关，$f_X(x)$，$f_Y(y)$ 分别表示 X，Y 的分布密度，则在 $Y=y$ 的条件下，X 的条件分布密度 $f_{X|Y}(x|y)$ 为(　　).

A. $f_X(x)$　　B. $f_Y(y)$

C. $f_X(x)f_Y(y)$　　D. $f_X(x)/f_Y(y)$

32. 设随机变量 X 和 Y 相互独立，下表列出二维随机变量 (X,Y) 联合分布列及关于 X 和关于 Y 的边缘分布列中的部分数值，试将其余数填入表中空白处.

$X \backslash Y$	y_1	y_2	y_3	$P\{X=x_i\}=p_{i\cdot}$
x_1		$\frac{1}{8}$		
x_2	$\frac{1}{8}$			
$P\{Y=y_j\}=p_{\cdot j}$	$\frac{1}{6}$			1

33. 设随机变量 X 与 Y 相互独立，X 与 Y 的概率分布分别为

X	0	1	2	3
P	$\frac{1}{2}$	$\frac{1}{4}$	$\frac{1}{8}$	$\frac{1}{8}$

Y	-1	0	1
P	$\frac{1}{3}$	$\frac{1}{3}$	$\frac{1}{3}$

求 $P\{X+Y=2\}$.

34. 设二维随机变量 (X,Y) 的概率分布为

X \ Y	0	1
0	0.4	a
1	b	0.1

已知随机事件$\{X=0\}$与$\{X+Y=1\}$相互独立,则有(　　).

A. $a=0.2,b=0.3$　　B. $a=0.4,b=0.1$

C. $a=0.3,b=0.2$　　D. $a=0.1,b=0.4$

35. 设随机变量 X 和 Y 相互独立,且均服从区间$[0,3]$上均匀分布. 求 $P\{\max\{X,Y\}\leqslant 1\}$.

36. 设两个相互独立的随机变量 X 和 Y 分别服从正态分布 $N(0,1)$和 $N(1,1)$,则有(　　).

A. $P\{X+Y\leqslant 0\}=\frac{1}{2}$　　B. $P\{X+Y\leqslant 1\}=\frac{1}{2}$

C. $P\{X-Y\leqslant 0\}=\frac{1}{2}$　　D. $P\{X-Y\leqslant 1\}=\frac{1}{2}$

37. 设随机变量 X 和 Y 独立同分布,且 X 的分布函数为 $F(x)$,则 $Z=\max\{X,Y\}$的分布函数为(　　).

A. $F^2(x)$　　B. $F(x)F(y)$

C. $1-[1-F(x)]^2$　　D. $[1-F(x)][1-F(y)]$

38. 设随机变量 X 与 Y 相互独立,且 X 服从标准正态分布 $N(0,1)$,Y 的概率分布为 $P\{Y=0\}=P\{Y=1\}=\frac{1}{2}$. 记 $F_Z(z)$为随机变量 $Z=XY$ 的分布函数,则函数 $F_Z(z)$的间断点个数为(　　).

A. 0　　B. 1

C. 2　　D. 3

39. 设 X 和 Y 是相互独立的随机变量,$X\sim U(0,1)$,$Y\sim Exp(1)$. 求:(1) X 与 Y 的联合分布密度;(2) $P\{X\leqslant Y\}$;(3) $P\{X+Y\leqslant 1\}$.

40. 设二维随机变量(X,Y)的分布密度为

$$f(x,y)=\begin{cases}1, & |x|<y,0<y<1,\\ 0, & \text{其他}.\end{cases}$$

求:(1) 边际分布密度;　　(2) 判断 X 和 Y 的独立性;

(3) $P\{X\leqslant 0.5\}$,$P\{Y\leqslant 0.5\}$;　　(4) 条件分布密度.

41. 设二维随机变量(X,Y)的分布密度为 $f(x,y)$. 证明 X 与 Y 相互独立的充分必要条件是 $f(x,y)$可分离变量,即 $f(x,y)=h(x)g(y)$,并求出 $h(x)$,$g(y)$与边际分布密度之间的关系.

42. 已知随机变量 X_1 和 X_2 的概率分布为 $X_1\sim\begin{pmatrix}-1 & 0 & 1\\ \frac{1}{4} & \frac{1}{2} & \frac{1}{4}\end{pmatrix}$,$X_2\sim\begin{pmatrix}0 & 1\\ \frac{1}{2} & \frac{1}{2}\end{pmatrix}$,并且

$P\{X_1X_2=0\}=1$. 求:(1) X_1 和 X_2 的联合分布列;(2) X_1 和 X_2 是否独立? 为什么?

43. 设随机变量 X 和 Y 相互独立,X 的概率分布为 $P\{X=i\}=\frac{1}{3}(i=-1,0,1)$,$Y$ 的分布密度为 $f_Y(y)=\begin{cases}1, & 0\leqslant y<1,\\ 0, & \text{其他},\end{cases}$ 记 $Z=X+Y$. 求:(1) $P\left\{Z\leqslant\frac{1}{2}\mid X=0\right\}$;(2) Z 的分布密度 $f_Z(z)$.

44. 设 X 和 Y 独立同分布,且都服从 $N(0,1)$,试求 $Z=\sqrt{X^2+Y^2}$ 的分布密度.

45. 设离散型随机变量 X 与 Y 独立同分布,其分布列为

X	1	2
P	0.4	0.6

求 $X+Y$ 的分布列.

46. 设 X_1 和 X_2 是任意两个相互独立的连续型随机变量,它们的分布密度分别为 $f_1(x)$和$f_2(x)$,分布函数分别为 $F_1(x)$和 $F_2(x)$,则有(　　).

A. $f_1(x)+f_2(x)$必为某一随机变量的分布密度

B. $f_1(x)f_2(x)$必为某一随机变量的分布密度

C. $F_1(x)+F_2(x)$必为某一随机变量的分布函数

D. $F_1(x)F_2(x)$必为某一随机变量的分布函数

47. 设 ξ,η 是相互独立且服从同一分布的两个随机变量,ξ 的分布律为 $P\{\xi=i\}=\frac{1}{3}$,$i=1,2,3$,又设 $X=\max(\xi,\eta)$,$Y=\min(\xi,\eta)$. 试写出二维随机变量(X,Y)的分布律.

48. 设随机变量 X 的分布律为 $P\{X=0\}=P\{X=1\}=\frac{1}{2}$,随机变量 X 和 Y 独立具有同一分布律,求随机变量 $Z=\max\{X,Y\}$的分布律.

49. 设随机变量 X 与 Y 相互独立,其分布密度分别为

$$f_X(x)=\begin{cases}1, & 0\leqslant x\leqslant 1,\\ 0, & \text{其他};\end{cases}$$

$$f_Y(y)=\begin{cases}e^{-y}, & y>0,\\ 0, & y\leqslant 0.\end{cases}$$

求随机变量 $Z=2X+Y$ 的分布密度.

50. 设随机变量 X 与 Y 相互独立,且 $X\sim N(1,2)$,$Y\sim N(0,1)$,令 $Z=2X-Y+3$. 求随机变量 Z 的分布密度.

51. 设随机变量 X 与 Y 相互独立,并且分别服从参数为 1 与参数为 4 的指数分布. 求 $P\{X<Y\}$.

52. 设在一段时间内进入某一商店的顾客人数 X 服从泊松分布 $P(\lambda)$,每个顾客购买某种物品的概率为 p,并且各个顾客是否购买该种物品相互独立. 试求进入商店的顾客购买这种物品的人数 Y 的分布列.

53. 设随机变量 X 与 Y 相互独立,且同服从泊松分布 $P(1)$. 试求 $Z=\frac{X+Y}{2}$的分布函数

和分布密度.

54. 设 X 和 Y 相互独立,其分布密度分别为 $f_X(x)$ 和 $f_Y(y)$,用增补变量法求 $U=XY$ 的分布密度.

55. 设 X 和 Y 相互独立,其分布密度分别为 $f_X(x)$ 和 $f_Y(y)$,用增补变量法求 $U=X/Y$ 的分布密度.

56. 设某种型号的电子管寿命(单位:h)近似地服从 $N(1\,600,40^2)$,现随机地选取4只.试求其中没有一只寿命小于1 800 h的概率.

57. 设随机变量 X 与 Y 的联合分布密度为

$$f(x,y)=\begin{cases}3x, & 0<x<1,0<y<x,\\ 0, & \text{其他}.\end{cases}$$

求:(1) 边际分布密度; (2) 条件分布密度;

(3) 判断 X 与 Y 的相互独立性; (4) $Z=X-Y$ 的分布密度.

58. 某种商品一周的需要量是一个随机变量,其分布密度为

$$f_1(t)=\begin{cases}t\mathrm{e}^{-t}, & t>0,\\ 0, & t\leqslant 0.\end{cases}$$

设各周的需要量是相互独立的.求:(1) 两周需要量的分布密度;(2) 三周需要量的分布密度.

59. 设二维随机变量 (X,Y) 在矩形 $D=\{(x,y)\mid 0\leqslant x\leqslant 1,0\leqslant y\leqslant 2\}$ 上服从均匀分布.求边长分别为 X 和 Y 的矩形面积 Z 的分布密度.

60. 设随机变量 X 与 Y 的联合分布是正方形 $G=\{(x,y)\mid 1\leqslant x\leqslant 3,1\leqslant y\leqslant 3\}$ 上的均匀分布.求随机变量 $U=|X-Y|$ 的分布密度 $p(u)$.

61. 设某一设备装有4个同类的电器元件,元件工作与否相互独立,且工作时间都服从参数为 λ 的指数分布.当4个元件都正常工作时,设备才正常工作.求设备正常工作时间T的概率分布.

62. 设随机变量 X 和 Y 相互独立,且 $X\sim Ga(\alpha_1,\lambda)$,$Y\sim Ga(\alpha_2,\lambda)$.令 $U=X+Y$,$V=X/Y$.求:(1) (U,V) 的分布密度;(2) 判断 U 和 V 的相互独立性.

63. 设随机变量 X_1,X_2,X_3,X_4 相互独立同分布,$P\{X_i=-1\}=0.7$,$P\{X_i=0\}=0.3$,$i=1,2,3,4$.求行列式 $X=\begin{vmatrix}X_1 & X_3\\ X_2 & X_4\end{vmatrix}$ 的分布列.

64. 设二维随机变量 (X,Y) 的分布密度为

$$f(x,y)=\begin{cases}4.8y(2-x), & 0\leqslant x\leqslant 1,0\leqslant y\leqslant x,\\ 0, & \text{其他}.\end{cases}$$

求:(1) 边际分布密度;

(2) 条件分布密度;

(3) 判断 X 与 Y 的相互独立性.

65. 设随机变量 X 与 Y 相互独立,且同服从均匀分布 $U(-a,a)(a>0)$.求 $Z=XY$ 的分布函数和分布密度.

66. 设随机变量 X 与 Y 相互独立,且同服从均匀分布 $U(0,a)(a>0)$.求 $Z=X/Y$ 的分布函数和分布密度.

67. 设 A,B 为随机事件，且 $P(A)=\frac{1}{4},P(B|A)=\frac{1}{3},P(A|B)=\frac{1}{2}$. 令

$$X=\begin{cases}1, & A\text{ 发生},\\ 0, & A\text{ 不发生};\end{cases}\qquad Y=\begin{cases}1, & B\text{ 发生},\\ 0, & B\text{ 不发生}.\end{cases}$$

求二维随机变量(X,Y)的概率分布.

68. 设(X,Y)是二维随机变量，X 的边缘分布密度为

$$f_X(x)=\begin{cases}3x^2, & 0<x<1,\\ 0, & \text{其他}.\end{cases}$$

在给定 $X=x(0<x<1)$的条件下，Y 的条件分布密度为

$$f_{Y|X}(y|x)=\begin{cases}\dfrac{3y^2}{x^3}, & 0<y<x,\\ 0, & \text{其他}.\end{cases}$$

求：(1) (X,Y)的分布密度 $f(x,y)$；

(2) Y 的边缘分布密度为 $f_Y(y)$；

(3) $P\{X>2Y\}$.

69. 设 $X_1,X_2,\cdots,X_n$ 是 n 个相互独立的随机变量，均服从参数为 $\lambda(\lambda>0)$的指数分布. 求 $Y=\max\{X_1,X_2,\cdots,X_n\}$的分布密度.

70. 设 $X_1,X_2,\cdots,X_n$ 是 n 个相互独立的连续型随机变量，均服从参数为 $\lambda(\lambda>0)$的指数分布. 求 $Y=\min\{X_1,X_2,\cdots,X_n\}$的分布密度.

71. 设随机变量 X 与 Y 独立，其中 X 的概率分布为 $X\sim\begin{pmatrix}1 & 2\\ 0.3 & 0.7\end{pmatrix}$，而 Y 的分布密度为 $f(y)$. 求随机变量 $U=X+Y$ 的分布密度 $g(u)$.

72. 随机变量 X 与 Y 独立，X 服从正态分布 $N(\mu,\sigma^2)$，Y 服从$[-\pi,\pi]$上的均匀分布. 求 $U=X+Y$ 的分布密度 $g(u)$[计算结果用标准正态分布函数 Φ 表示，其中 $\Phi(x)=\frac{1}{\sqrt{2\pi}}\int_{-\infty}^{x}e^{-\frac{t^2}{2}}dt$].

73. 设随机变量 X 的分布密度为 $f(x)=\begin{cases}\dfrac{1}{a}x^2, & 0<x<3,\\ 0, & \text{其他},\end{cases}$ 令 $Y=\begin{cases}2, & X\leqslant 1,\\ X & 1<X<2,\\ 1, & X\geqslant 2.\end{cases}$

求：(1) Y 的分布函数；

(2) 概率 $P\{X\leqslant Y\}$.

第4章
随机变量的数字特征

虽然分布函数完整地描述了随机变量的取值规律，但它比较笼统和抽象，且大多数很难计算；另一方面，在实际问题中，人们有时并不需要去全面考察随机变量的变化情况，仅需要知道随机变量的某些特征，因此并不需要求出它的分布函数. 例如，考查某地区高校大学生的身体状况时，只需要知道该地区大学生的平均身高、平均体重等指标即可. 从上面的例子可知，与随机变量有关的某些数值虽然不能完整地描述随机变量，但能描述随机变量在某些方面的重要特征. 本章主要介绍随机变量的数字特征，即数学期望、方差、协方差和相关系数、偏度和峰度等. 通过对随机变量数字特征的学习，更加细致地了解随机变量的取值情况.

4.1 数学期望

4.1.1 离散型随机变量的数学期望

引例 现有甲、乙两名射手的击中环数分布列如下

击中环数	8	9	10
概率(甲)	0.3	0.1	0.6
概率(乙)	0.2	0.5	0.3

问哪名射手的射击水平高？

解 本题的分布列虽然完整地描述了随机变量，但是无法“集中”地反映它的变化情况，即无法用前面讲的有关知识求解哪名射手射击水平高的问题.

一般思路是：让甲、乙两人各射 N 枪，然后比较他们的环数高低.

甲击中的环数为

$$8\times 0.3N+9\times 0.1N+10\times 0.6N=9.3N$$

乙击中的环数为

$$8\times 0.2N+9\times 0.5N+10\times 0.3N=9.1N$$

平均起来，甲每枪击中 9.3 环，乙每枪击中 9.1 环，故甲的射击水平高.

类似地，下面给出离散型随机变量数学期望的定义.

定义 4.1.1 设离散型随机变量 X 的分布律为 $P\{X=x_k\}=p_k, k=1,2,3,\cdots$. 如果级数 $\sum_{k=1}^{+\infty}|x_kp_k|<+\infty$,则称 $\sum_{k=1}^{+\infty}x_kp_k$ 为 X 的数学期望 (Expectation)或者均值(Mean),记为 $E(X)$或者 EX,即

$$E(X)=EX=\sum_{k=1}^{+\infty}x_kp_k. \tag{4.1.1}$$

若 $\sum_{k=1}^{+\infty}|x_kp_k|=+\infty$,则称 X 的数学期望不存在,或者说 EX 不存在.

注 (1) 随机变量 X 的数学期望 EX 反映了随机变量 X 取值的平均情况. 例如,X 表示某校男生的身高,则 EX 是该校男生的平均身高;Y 表示某电视机厂生产的某型号电视的机寿命,则 EY 是该电视机厂生产的某型号电视机的平均寿命.

(2) 条件 $\sum_{k=1}^{+\infty}|x_kp_k|<+\infty$ 意味着级数 $\sum_{k=1}^{+\infty}x_kp_k$ 绝对收敛,也即意味着 X 分布列中 x_k 的次序可以交换,但 EX 值不变.

(3) 若任何一个随机变量 X 的数学期望 EX 存在,则 EX 一定是一个常数.

例 4.1.1 设随机变量 X 服从(0-1)分布,求其数学期望.

解 随机变量 X 的数学期望为

$$EX=1\times p+0\times q=p.$$

故(0-1)分布的数学期望是参数 p.

例 4.1.2 设随机变量 X 服从二项分布 $B(n,p)$,求其数学期望.

解 所求的数学期望为

$$EX=\sum_{k=0}^{n}x_kp_k=\sum_{k=0}^{n}kC_n^kp^kq^{n-k}=\sum_{k=1}^{n}\frac{n!}{(k-1)!\,[n-1-(k-1)]}p^kq^{n-k}$$

$$=np\sum_{k=1}^{n}\frac{(n-1)!}{(k-1)!\,[n-1-(k-1)]}p^{k-1}q^{n-1-(k-1)}=np\,(p+q)^{n-1}=np.$$

故二项分布的数学期望是参数 n 和 p 的乘积 np.

例 4.1.3 设随机变量 X 服从泊松分布 $P(\lambda)$,求其数学期望.

解 所求的数学期望为

$$EX=\sum_{k=0}^{+\infty}x_kp_k=\sum_{k=0}^{+\infty}k\frac{\lambda^k\mathrm{e}^{-\lambda}}{k!}=\mathrm{e}^{-\lambda}\lambda\sum_{k=1}^{+\infty}\frac{\lambda^{k-1}}{(k-1)!}=\lambda.$$

故泊松分布的数学期望是参数 λ.

例 4.1.4 设随机变量 X 的分布律为

$$P\left\{X=(-1)^k\frac{3^k}{k}\right\}=\frac{2}{3^k},\quad k=1,2,\cdots,$$

求其数学期望.

解 因为

$$\sum_{k=1}^{+\infty}|x_kp_k|=\sum_{k=1}^{+\infty}\frac{2}{k}=+\infty.$$

故所求随机变量的数学期望不存在.

注 在一般情况下,无须判别 $\sum_{k=1}^{+\infty}|x_kp_k|$ 是否收敛,直接求随机变量 X 的数学期望 EX

即可;但在个别情况下,仍需先判别$\sum\limits_{k=1}^{+\infty} |x_k p_k|$是否收敛,再求随机变量 X 的数学期望 EX.

4.1.2 连续型随机变量的数学期望

类似地,下面给出连续型随机变量数学期望的定义.

定义 4.1.2 设连续型随机变量 X 的分布密度为 $f(x)$,$-\infty<x<+\infty$. 如果广义积分$\int_{-\infty}^{+\infty}|xf(x)|\mathrm{d}x<+\infty$,则称$\int_{-\infty}^{+\infty}xf(x)\mathrm{d}x$ 为 X 的数学期望或者均值,记为 $E(X)$ 或者 EX,即

$$E(X)=EX=\int_{-\infty}^{+\infty}xf(x)\mathrm{d}x. \tag{4.1.2}$$

若$\int_{-\infty}^{+\infty}|xf(x)|\mathrm{d}x=+\infty$,则称 X 的数学期望不存在,或者说 EX 不存在.

注 式(4.1.1)和式(4.1.2)可统一成下面的表达式:设随机变量 X 的分布函数为 $F(x)$,若 Lebesgue-Stieltjes 积分$\int_{-\infty}^{+\infty}x\mathrm{d}F(x)$ 绝对收敛,则

$$EX=\int_{-\infty}^{+\infty}x\mathrm{d}F(x).$$

例 4.1.5 已知随机变量 X 服从均匀分布 $U(a,b)$,求其数学期望.

解 随机变量 X 的分布密度为

$$f(x)=\begin{cases}\dfrac{1}{b-a}, & a<x<b,\\ 0, & \text{其他}.\end{cases}$$

则所求的数学期望为

$$EX=\int_{-\infty}^{+\infty}xf(x)\mathrm{d}x=\frac{1}{b-a}\int_a^b x\mathrm{d}x=\frac{a+b}{2}.$$

故均匀分布的数学期望是区间(a,b)的中点$\frac{a+b}{2}$.

例 4.1.6 已知随机变量 X 服从指数分布 $Exp(\lambda)$,求其数学期望.

解 随机变量 X 的分布密度为

$$f(x)=\begin{cases}\lambda\mathrm{e}^{-\lambda x}, & x>0,\\ 0, & \text{其他}.\end{cases}$$

则所求的数学期望为

$$EX=\int_{-\infty}^{+\infty}xf(x)\mathrm{d}x=\int_0^{+\infty}x\lambda\mathrm{e}^{-\lambda x}\mathrm{d}x=\frac{1}{\lambda}.$$

故指数分布的数学期望是参数 λ 的倒数$\frac{1}{\lambda}$.

例 4.1.7 已知随机变量 X 服从正态分布 $N(\mu,\sigma^2)$,求其数学期望.

解 随机变量 X 的分布密度为

$$f(x)=\frac{1}{\sqrt{2\pi}\sigma}\mathrm{e}^{-\frac{(x-\mu)^2}{2\sigma^2}},\quad -\infty<x<+\infty.$$

则所求的数学期望为

$$EX=\int_{-\infty}^{+\infty}xf(x)\mathrm{d}x=\frac{1}{\sqrt{2\pi}\sigma}\int_{-\infty}^{+\infty}x\mathrm{e}^{-\frac{(x-\mu)^2}{2\sigma^2}}\mathrm{d}x\xlongequal{x=\mu+\sigma t}\frac{1}{\sqrt{2\pi}}\int_{-\infty}^{+\infty}(\mu+\sigma t)\mathrm{e}^{-\frac{t^2}{2}}\mathrm{d}t$$

$$=\frac{\mu}{\sqrt{2\pi}}\int_{-\infty}^{+\infty}\mathrm{e}^{-\frac{t^2}{2}}\mathrm{d}t+\frac{\sigma}{\sqrt{2\pi}}\int_{-\infty}^{+\infty}t\mathrm{e}^{-\frac{t^2}{2}}\mathrm{d}t=\mu+0=\mu.$$

故正态分布的数学期望就是 $N(\mu,\sigma^2)$ 中的参数 μ.

例 4.1.8 已知随机变量 X 服从柯西分布 $f(x)=\dfrac{1}{\pi(1+x^2)}$，$-\infty<x<+\infty$，求其数学期望.

解 因为

$$\int_{-\infty}^{+\infty}|xf(x)|\mathrm{d}x=\int_{-\infty}^{+\infty}\frac{|x|}{\pi(1+x^2)}\mathrm{d}x=\frac{1}{\pi}\ln(1+x^2)\Big|_0^{+\infty}=+\infty.$$

故随机变量 X 的数学期望不存在，即柯西分布的数学期望不存在.

4.1.3 一个随机变量函数的数学期望

设 X 为随机变量，$y=g(x)$ 为连续函数，则由第 2 章可知，$Y=g(X)$ 也是随机变量. 那么，如何求随机变量 Y 的数学期望 EY 呢？一种方法是先求 Y 的分布律或者分布密度，再利用上面的定义求 EY. 另一种方法则以下面定理的形式给出.

定理 4.1.1 设离散型随机变量 X 的分布律为 $P\{X=x_k\}=p_k$，$k=1,2,3,\cdots$，$y=g(x)$ 为连续函数，则随机变量 $Y=g(X)$ 的数学期望为

$$EY=Eg(X)=\sum_{k=1}^{+\infty}g(x_k)p_k. \tag{4.1.3}$$

设连续型随机变量 X 的分布密度为 $f(x)$，$-\infty<x<+\infty$，$y=g(x)$ 为连续函数，则随机变量 $Y=g(X)$ 的数学期望为

$$EY=Eg(X)=\int_{-\infty}^{+\infty}g(x)f(x)\mathrm{d}x. \tag{4.1.4}$$

显然，求 EY 时用定理 4.1.1 的方法比用定义法更简单，其好处在于不用求出随机变量 Y 的分布律或者分布密度，直接用 X 的分布律或者分布密度计算 EY 即可.

例 4.1.9 已知随机变量 X 服从指数分布 $Exp(\lambda)$，求 EX^2.

解 随机变量 X 的分布密度为

$$f(x)=\begin{cases}\lambda\mathrm{e}^{-\lambda x}, & x>0,\\ 0, & \text{其他}.\end{cases}$$

则由定理 4.1.1 知所求的数学期望为

$$EX^2=Eg(X)=\int_{-\infty}^{+\infty}g(x)f(x)\mathrm{d}x=\int_{-\infty}^{+\infty}x^2f(x)\mathrm{d}x=\int_0^{+\infty}x^2\lambda\mathrm{e}^{-\lambda x}\mathrm{d}x=\frac{2}{\lambda^2}.$$

例 4.1.10 已知随机变量 X 服从伽马分布 $Ga(\alpha,\lambda)$，求 EX^2.

解 随机变量 X 的分布密度为

$$f(x)=\begin{cases}\dfrac{\lambda^\alpha}{\Gamma(\alpha)}x^{\alpha-1}\mathrm{e}^{-\lambda x}, & x>0,\\ 0, & \text{其他}.\end{cases}$$

则由定理 4.1.1 知

$$EX^2=\int_{-\infty}^{+\infty}x^2f(x)\mathrm{d}x=\frac{\lambda^\alpha}{\Gamma(\alpha)}\int_0^{+\infty}x^2x^{\alpha-1}\mathrm{e}^{-\lambda x}\mathrm{d}x=\frac{\Gamma(\alpha+2)}{\lambda^2\Gamma(\alpha)}=\frac{\alpha(\alpha+1)}{\lambda^2}.$$

4.1.4 两个随机变量函数的数学期望

设(X,Y)为二维随机变量，$z=g(x,y)$为连续函数，则由第3章知，$Z=g(X,Y)$是（一维）随机变量.那么，如何求随机变量Z的数学期望EZ呢？一种方法是先求Z的分布律或者分布密度，再利用上面的定义求EZ.另一种方法则以下面定理的形式给出.

定理4.1.2 设二维离散型随机变量(X,Y)的分布律为$P\{X=x_k,Y=y_j\}=p_{kj},k,j=1,2,3,\cdots,z=g(x,y)$为连续函数，则随机变量$Z=g(X,Y)$的数学期望为

$$EZ=Eg(X,Y)=\sum_{k=1}^{+\infty}\sum_{j=1}^{+\infty}g(x_k,y_j)p_{kj}. \tag{4.1.5}$$

设二维连续型随机变量(X,Y)的分布密度为$f(x,y),-\infty<x,y<+\infty,z=g(x,y)$为连续函数，则随机变量$Z=g(X,Y)$的数学期望为

$$EZ=Eg(X,Y)=\int_{-\infty}^{+\infty}\int_{-\infty}^{+\infty}g(x,y)f(x,y)\mathrm{d}x\mathrm{d}y. \tag{4.1.6}$$

注 (1) 定理4.1.2的好处在于不用求出随机变量Z的分布律或者分布密度，用(X,Y)的分布律或者分布密度可直接计算EZ.

(2) 定理4.1.2是定理4.1.1的推广.

(3) 定理4.1.2可推广至更高维的情形.

例4.1.11 已知二维随机变量(X,Y)的分布密度为

$$f(x,y)=\begin{cases}1, & 0<x<1,|y|<x,\\0, & \text{其他}.\end{cases}$$

求EX,EY,EXY,EX^2,EY^2.

解 方法一：由定理4.1.2知

$$EX=\int_{-\infty}^{+\infty}\int_{-\infty}^{+\infty}xf(x,y)\mathrm{d}x\mathrm{d}y=\int_0^1\mathrm{d}x\int_{-x}^{x}x\mathrm{d}y=\frac{2}{3},$$

$$EY=\int_{-\infty}^{+\infty}\int_{-\infty}^{+\infty}yf(x,y)\mathrm{d}x\mathrm{d}y=\int_0^1\mathrm{d}x\int_{-x}^{x}y\mathrm{d}y-0,$$

$$EXY=\int_{-\infty}^{+\infty}\int_{-\infty}^{+\infty}xyf(x,y)\mathrm{d}x\mathrm{d}y=\int_0^1\mathrm{d}x\int_{-x}^{x}xy\mathrm{d}y=0,$$

$$EX^2=\int_{-\infty}^{+\infty}\int_{-\infty}^{+\infty}x^2f(x,y)\mathrm{d}x\mathrm{d}y=\int_0^1\mathrm{d}x\int_{-x}^{x}x^2\mathrm{d}y=\frac{1}{2},$$

$$EY^2=\int_{-\infty}^{+\infty}\int_{-\infty}^{+\infty}y^2f(x,y)\mathrm{d}x\mathrm{d}y=\int_0^1\mathrm{d}x\int_{-x}^{x}y^2\mathrm{d}y=\frac{1}{6}.$$

方法二：由例3.4.4知X的边际分布密度为

$$f_X(x)=\int_{-\infty}^{+\infty}f(x,y)\mathrm{d}y=\begin{cases}2x, & 0<x<1,\\0, & \text{其他}.\end{cases}$$

Y的边际分布密度为

$$f_Y(y)=\int_{-\infty}^{+\infty}f(x,y)\mathrm{d}x=\begin{cases}1-y & 0\leqslant y<1,\\1+y, & -1<y<0,\\0, & \text{其他}.\end{cases}$$

故由式(4.1.2)知

$$EX=\int_{-\infty}^{+\infty}xf_X(x)\mathrm{d}x=\int_0^1 x\cdot 2x\mathrm{d}x=\frac{2}{3}.$$

$$EY=\int_{-\infty}^{+\infty}yf_Y(y)\mathrm{d}y=\int_{-1}^{0}y(1+y)\mathrm{d}y+\int_0^1 y(1-y)\mathrm{d}y=0.$$

由式(4.1.6)知

$$EXY=\int_{-\infty}^{+\infty}\int_{-\infty}^{+\infty}xyf(x,y)\mathrm{d}x\mathrm{d}y=\int_0^1\mathrm{d}x\int_{-x}^{x}xy\mathrm{d}y=0.$$

由式(4.1.4)知

$$EX^2=\int_{-\infty}^{+\infty}x^2f_X(x)\mathrm{d}x=\int_0^1 2x^3\mathrm{d}x=\frac{1}{2}.$$

$$EY^2=\int_{-\infty}^{+\infty}y^2f_Y(y)\mathrm{d}y=\int_{-1}^{0}y^2(1+y)\mathrm{d}y+\int_0^1 y^2(1-y)\mathrm{d}y=\frac{1}{6}.$$

显然方法二比方法一麻烦.

4.1.5 数学期望的性质

上面给出了随机变量数学期望的定义. 在一般情况下,利用定义计算数学期望是比较麻烦的. 下面介绍数学期望的性质.

性质 4.1.1(线性性) 设 a,b,c 为常数,X 和 Y 为随机变量. 若 EX 和 EY 存在,则

$$E(aX+bY+c)=aEX+bEY+c. \tag{4.1.7}$$

证明 仅就连续型情形予以证明. 设二维随机变量(X,Y)的分布密度为 $f(x,y)$,则由式(4.1.6)知

$$\begin{aligned}E(aX+bY+c)&=\int_{-\infty}^{+\infty}\int_{-\infty}^{+\infty}(ax+by+c)f(x,y)\mathrm{d}x\mathrm{d}y\\&=a\int_{-\infty}^{+\infty}\int_{-\infty}^{+\infty}xf(x,y)\mathrm{d}x\mathrm{d}y+b\int_{-\infty}^{+\infty}\int_{-\infty}^{+\infty}yf(x,y)\mathrm{d}x\mathrm{d}y+\\&\quad c\int_{-\infty}^{+\infty}\int_{-\infty}^{+\infty}f(x,y)\mathrm{d}x\mathrm{d}y\\&=aEX+bEY+c.\end{aligned}$$

注 该性质可以推广至任意有限多个随机变量之和的情形.

性质 4.1.2(独立性) 设随机变量 X 和 Y 相互独立,则

$$EXY=EX\cdot EY \tag{4.1.8}$$

证明 仅就连续型情形予以证明. 设随机变量 X 和 Y 的分布密度分别为 $f_X(x)$和$f_Y(y)$,则由 X,Y 相互独立知二维随机变量(X,Y)的分布密度为 $f(x,y)=f_X(x)f_Y(y)$,故由式(4.1.6)知

$$EXY=\int_{-\infty}^{+\infty}\int_{-\infty}^{+\infty}xyf(x,y)\mathrm{d}x\mathrm{d}y=\int_{-\infty}^{+\infty}xf_X(x)\mathrm{d}x\int_{-\infty}^{+\infty}yf_Y(y)\mathrm{d}y=EX\cdot EY.$$

注 该性质可以推广至任意有限多个相互独立随机变量乘积的情形.

例 4.1.12 已知二维随机变量(X,Y)的分布密度为

$$f(x,y)=\begin{cases}2\mathrm{e}^{-2x-y}, & x>0,y>0,\\0, & \text{其他}.\end{cases}$$

求 $E(2Y-X+1)^2$.

解 因为 X,Y 的分布密度分别为

$$f_X(x)=\int_{-\infty}^{+\infty} f(x,y)\mathrm{d}y=\begin{cases}2\mathrm{e}^{-2x}, & x>0,\\ 0, & x\leqslant 0.\end{cases}$$

$$f_Y(y)=\int_{-\infty}^{+\infty} f(x,y)\mathrm{d}x=\begin{cases}\mathrm{e}^{-y}, & y>0,\\ 0, & y\leqslant 0.\end{cases}$$

所以 $f(x,y)=f_X(x)f_Y(y)$,故 X 与 Y 相互独立,且 $X\sim Exp(2)$,$Y\sim Exp(1)$.

从而

$$\begin{aligned}E(2Y-X+1)^2&=E(4Y^2+X^2-4XY-2X+4Y+1)\\&=4EY^2+EX^2-4EXY-2EX+4EY+1 \quad (\text{线性性})\\&=4EY^2+EX^2-4EX\cdot EY-2EX+4EY+1 \quad (\text{独立性})\\&=4\times\frac{2}{1^2}+\frac{2}{2^2}-4\times\frac{1}{2}\times\frac{1}{1}-2\times\frac{1}{2}+4\times\frac{1}{1}+1=\frac{21}{2}.\end{aligned}$$

此题的意义在于:求数学期望时,首先尽量利用数学期望的性质和已有常用分布的知识,其次利用定理4.1.1和定理4.1.2所给的计算公式,最后利用其定义.

例 4.1.13 已知随机变量 X 服从二项分布 $B(n,p)$,求 EX^2.

解 方法一:利用式(4.1.3)直接计算,即

$$\begin{aligned}EX^2&=\sum_{k=0}^{n}k^2C_n^kp^kq^{n-k}=\sum_{k=1}^{n}k^2\frac{n!}{k!\,(n-k)!}p^kq^{n-k}\\&=\sum_{k=1}^{n}[(k-1)+1]\frac{n!}{(k-1)!\,(n-k)!}p^kq^{n-k}\\&=\sum_{k=1}^{n}(k-1)\frac{n!}{(k-1)!\,(n-k)!}p^kq^{n-k}+\sum_{k=1}^{n}\frac{n!}{(k-1)!\,(n-k)!}p^kq^{n-k}\\&=\sum_{k=2}^{n}\frac{n!}{(k-2)!\,(n-k)!}p^kq^{n-k}+\sum_{k=0}^{n}k\frac{n!}{k!\,(n-k)!}p^kq^{n-k}\\&=n(n-1)p^2\sum_{k=2}^{n}\frac{(n-2)!}{(k-2)!\,[(n-2)-(k-2)]!}p^{k-2}q^{n-2-(k-2)}+np\\&=n(n-1)p^2(p+q)^{n-2}+np\\&=n(n-1)p^2+np\\&=n^2p^2+npq.\end{aligned}$$

方法二:设 $X_i(i=1,2,\cdots,n)$ 服从 $B(1,p)$,且相互独立,则

$$EX_i=p,\quad EX_i^2=p,$$

$$X=X_1+X_2+\cdots+X_n=\sum_{i=1}^{n}X_i.$$

故

$$\begin{aligned}EX^2&=E(X_1+X_2+\cdots+X_n)^2=\sum_{i=1}^{n}\sum_{j=1}^{n}EX_iX_j=\sum_{i=1}^{n}EX_i^2+\sum_{i=1,j=1}^{n}\sum_{j\neq i}EX_iX_j\\&=\sum_{i=1}^{n}EX_i^2+\sum_{i=1}^{n}\sum_{j=1,j\neq i}^{n}EX_i\cdot EX_j=np+(n^2-n)p^2=npq+n^2p^2.\end{aligned}$$

显然方法二简单. 方法二是将随机变量 X 分解成有限个简单分布的随机变量之和,然后利用数学期望的性质计算. 这种处理方法在实际问题中经常遇到,例如某地区用电量等于每个家庭用电量之和.

例 4.1.14 一机场巴士载有 m 位乘客从机场出发,旅客可在 n 个停车点中的任一个下车. 假如到达某个停车点无旅客下车,则该巴士就不停车. 如果各旅客是否下车相互独立,求该巴士停车次数的数学期望.

解 设 X 表示该巴士停车次数,则所求为 EX. 令

$$X_i=\begin{cases}1, & \text{在第 } i \text{ 站有人下车},\\ 0, & \text{在第 } i \text{ 站无人下车},\end{cases} \qquad i=1,2,\cdots,n.$$

则 $X=X_1+X_2+\cdots+X_n=\sum\limits_{i=1}^{n}X_i$. 由于

$$P\{X_i=1\}=P\{\text{至少有一人下车}\}=1-\left(1-\frac{1}{n}\right)^m, \quad i=1,2,\cdots,n.$$

故所求为

$$EX=E(X_1+X_2+\cdots+X_n)=\sum_{i=1}^{n}EX_i=n\left[1-\left(1-\frac{1}{n}\right)^m\right].$$

4.2 方　差

第 4.1 节介绍了随机变量的数学期望. 随机变量的数学期望描述了该随机变量取值变化的平均情况. 现在一同学两次考试成绩分别为 100 分和 0 分,该同学两次考试的平均分为 50 分. 从这 3 个数值可知:平均值 50 距离 100 和 0 最远,换句话说,每次成绩与平均值的偏差最大. 另一方面,从两次成绩得分看,成绩忽高忽低,说明该同学成绩波动大,考试心理素质差,但成绩波动大、心理素质差这些指标并不能从数学期望中体现出来. 这个例子说明在实际应用中,除了要考虑随机变量取值变化的数学期望外,还要考虑随机变量取值变化的波动情况. 在概率统计中,这个描述随机变量取值变化波动大小的数字特征量就是方差.

4.2.1 方差的定义

定义 4.2.1 设 X 为随机变量. 若 $E(X-EX)^2$ 存在,则称 $E(X-EX)^2$ 为随机变量 X 的方差(Deviation 或者 Variance),记为 $D(X)$,DX 或者 $\mathrm{Var}(X)$,即

$$D(X)=DX=\mathrm{Var}(X)=E(X-EX)^2. \tag{4.2.1}$$

注 (1) 方差描述了随机变量偏离其数学期望的波动大小,描述了随机变量取值的分散程度. 方差越小,随机变量取值越集中;方差越大,随机变量取值越分散.

(2) 计算随机变量 X 的方差,其实就是计算随机变量函数 $Y=g(X)=(X-EX)^2$ 的数学期望,需要用到第 4.1 节的相关知识. 因此,从某种意义上讲,方差的计算并不是重点. 再次提醒:随机变量 X 的数学期望 EX 是一个固定的常数.

(3) 任何一个随机变量的方差 DX 若存在,则一定是非负的.

(4) $\sqrt{DX}$ 称为随机变量 X 的标准差,记为 $\sigma(X)$,或者 σ_X.

(5) 设 X 为离散型随机变量,其分布律为 $P\{X=x_i\}=p_i(i=1,2,\cdots)$. 若 DX 存在,则

$$D(X)=DX=\mathrm{Var}(X)=\sum_{i=1}^{+\infty}(x_i-EX)^2p_i. \tag{4.2.2}$$

设 X 为连续型随机变量,其分布密度为 $f(x)$. 若 DX 存在,则

$$D(X)=DX=\mathrm{Var}(X)=\int_{-\infty}^{+\infty}(x-EX)^2f(x)\mathrm{d}x. \tag{4.2.3}$$

(6) 一般情况下随机变量的方差总是存在的,因此在方差计算时不必先判断方差是否存在,直接计算即可.

例 4.2.1 现有甲、乙两名射手的分布列如下

击中环数	8	9	10
概率(甲)	0.3	0.1	0.6
概率(乙)	0.2	0.5	0.3

问哪名射手发挥比较稳定?

解 因为甲、乙两名射手击中环数的方差分别为

$$D_{甲}=(8-9.3)^2\times0.3+(9-9.3)^2\times0.1+(10-9.3)^2\times0.6=0.81,$$

$$D_{乙}=(8-9.1)^2\times0.2+(9-9.1)^2\times0.5+(10-9.1)^2\times0.3=0.49.$$

所以乙射手发挥比较稳定.

4.2.2 方差计算的简便公式

根据方差的定义,尽管其计算可归结为数学期望的计算,但下面仍然给出其简便计算公式.

定理 4.2.1 设 X 为随机变量,若 DX 存在,则

$$D(X)=DX=\mathrm{Var}(X)=EX^2-(EX)^2. \tag{4.2.4}$$

证明 由数学期望的线性性知

$$D(X)=DX=\mathrm{Var}(X)-E(X-EX)^2=E[X^2-2XEX+(EX)^2]$$
$$=EX^2-2E(XEX)+(EX)^2=EX^2-(EX)^2.$$

注 (1) 设 X 为随机变量,若 DX 存在,则 $(EX)^2\leqslant EX^2$. 该结论为柯西-舒尔茨不等式的特殊情形.

(2) 设 X 为随机变量,若 EX^2 存在,则 DX 存在. 故只要随机变量的二阶矩存在($EX^2<+\infty$),则其方差一定存在.

(3) 方差的计算一般根据式(4.2.4)来进行.

例 4.2.2 设随机变量 X 服从(0-1)分布,求其方差.

解 因为

$$EX^2=1^2\times p+0^2\times q=p,$$

所以

$$DX=EX^2-(EX)^2=p-p^2=pq.$$

故(0-1)分布的方差是参数 p 和 $q=1-p$ 的乘积 pq.

例 4.2.3 设随机变量 X 服从二项分布 $B(n,p)$,求其方差.

解 由例 4.1.2 和例 4.1.13 知

$$DX=EX^2-(EX)^2=npq+n^2p^2-(np)^2=npq.$$

故二项分布的方差是参数 n 和 p 的乘积 $np(1-p)$.

例 4.2.4 设随机变量 X 服从泊松分布 $P(\lambda)$,求其数学期望.

解 因为

$$\begin{aligned}EX^2&=\sum_{k=0}^{+\infty}x_k^2p_k=\sum_{k=0}^{+\infty}k^2\frac{\lambda^k\mathrm{e}^{-\lambda}}{k!}=\mathrm{e}^{-\lambda}\sum_{k=1}^{+\infty}[(k-1)+1]\frac{\lambda^k}{(k-1)!}\\&=\mathrm{e}^{-\lambda}\lambda^2\sum_{k=2}^{+\infty}(k-1)\frac{\lambda^{k-2}}{(k-1)!}+\mathrm{e}^{-\lambda}\lambda\sum_{k=1}^{+\infty}\frac{\lambda^{k-1}}{(k-1)!}\\&=\mathrm{e}^{-\lambda}\lambda^2\mathrm{e}^{\lambda}+\mathrm{e}^{-\lambda}\lambda\mathrm{e}^{\lambda}\\&=\lambda^2+\lambda,\end{aligned}$$

所以

$$DX=EX^2-(EX)^2=\lambda^2+\lambda-(\lambda)^2=\lambda.$$

故泊松分布的方差和数学期望相同,都等于参数 λ.

例 4.2.5 已知随机变量 X 服从均匀分布 $U(a,b)$,求其方差.

解 随机变量 X 的分布密度为

$$f(x)=\begin{cases}\dfrac{1}{b-a}, & a<x<b,\\0, & 其他.\end{cases}$$

因为

$$EX^2=\int_{-\infty}^{+\infty}x^2f(x)\mathrm{d}x=\frac{1}{b-a}\int_a^b x^2\mathrm{d}x=\frac{a^2+ab+b^2}{3},$$

所以

$$DX=EX^2-(EX)^2=\frac{a^2+ab+b^2}{3}-\left(\frac{a+b}{2}\right)^2=\frac{(b-a)^2}{12}.$$

故均匀分布的方差是$\frac{(b-a)^2}{12}$.

例 4.2.6 已知随机变量 X 服从指数分布 $Exp(\lambda)$,求其方差.

解 由例 4.1.6 和例 4.1.9 知随机变量 X 的方差为

$$DX=EX^2-(EX)^2=\frac{2}{\lambda^2}-\left(\frac{1}{\lambda}\right)^2=\frac{1}{\lambda^2}.$$

故指数分布的方差是参数 λ 平方的倒数$\frac{1}{\lambda^2}$.

例 4.2.7 已知随机变量 X 服从正态分布 $N(\mu,\sigma^2)$,求其方差.

解 随机变量 X 的分布密度为

$$f(x)=\frac{1}{\sqrt{2\pi}\sigma}\mathrm{e}^{-\frac{(x-\mu)^2}{2\sigma^2}},\quad -\infty<x<+\infty.$$

因为

$$EX^2=\int_{-\infty}^{+\infty}x^2f(x)\mathrm{d}x=\frac{1}{\sqrt{2\pi}\sigma}\int_{-\infty}^{+\infty}x^2\mathrm{e}^{-\frac{(x-\mu)^2}{2\sigma^2}}\mathrm{d}x\xlongequal{x=\mu+\sigma t}\frac{1}{\sqrt{2\pi}}\int_{-\infty}^{+\infty}(\mu+\sigma t)^2\mathrm{e}^{-\frac{t^2}{2}}\mathrm{d}t$$

$$=\frac{\mu^2}{\sqrt{2\pi}}\int_{-\infty}^{+\infty}\mathrm{e}^{-\frac{t^2}{2}}\mathrm{d}t+\frac{2\mu\sigma}{\sqrt{2\pi}}\int_{-\infty}^{+\infty}t\mathrm{e}^{-\frac{t^2}{2}}\mathrm{d}t+\frac{\sigma^2}{\sqrt{2\pi}}\int_{-\infty}^{+\infty}t^2\mathrm{e}^{-\frac{t^2}{2}}\mathrm{d}t$$

$$=\mu^2+0+\frac{\sigma^2}{2\sqrt{2\pi}}\int_{-\infty}^{+\infty}t\mathrm{e}^{-\frac{t^2}{2}}\mathrm{d}t^2=\mu^2-\frac{\sigma^2}{\sqrt{2\pi}}t\mathrm{e}^{-\frac{t^2}{2}}\Big|_{-\infty}^{+\infty}+\frac{\sigma^2}{\sqrt{2\pi}}\int_{-\infty}^{+\infty}\mathrm{e}^{-\frac{t^2}{2}}\mathrm{d}t,$$

$$=\mu^2+\sigma^2,$$

所以方差为

$$DX=EX^2-(EX)^2=\mu^2+\sigma^2-\mu^2=\sigma^2.$$

故正态分布的方差就是 $N(\mu,\sigma^2)$ 中的参数 σ^2.

例 4.2.8 已知二维随机变量 (X,Y) 的分布密度为

$$f(x,y)=\begin{cases}1, & 0<x<1,|y|<x,\\0, & \text{其他}.\end{cases}$$

求 DX,DY.

解 由例 4.1.11 知

$$EX=\int_{-\infty}^{+\infty}\int_{-\infty}^{+\infty}xf(x,y)\mathrm{d}x\mathrm{d}y=\int_0^1\mathrm{d}x\int_{-x}^{x}x\mathrm{d}y=\frac{2}{3},$$

$$EY=\int_{-\infty}^{+\infty}\int_{-\infty}^{+\infty}yf(x,y)\mathrm{d}x\mathrm{d}y=\int_0^1\mathrm{d}x\int_{-x}^{x}y\mathrm{d}y=0,$$

$$EX^2=\int_{-\infty}^{+\infty}\int_{-\infty}^{+\infty}x^2f(x,y)\mathrm{d}x\mathrm{d}y=\int_0^1\mathrm{d}x\int_{-x}^{x}x^2\mathrm{d}y=\frac{1}{2},$$

$$EY^2=\int_{-\infty}^{+\infty}\int_{-\infty}^{+\infty}y^2f(x,y)\mathrm{d}x\mathrm{d}y=\int_0^1\mathrm{d}x\int_{-x}^{x}y^2\mathrm{d}y=\frac{1}{6}.$$

所以

$$DX=EX^2-(EX)^2=\frac{1}{2}-\left(\frac{2}{3}\right)^2=\frac{1}{18},$$

$$DY=EY^2-(EY)^2=\frac{1}{6}-0^2=\frac{1}{6}.$$

4.2.3 方差的性质

假定以下随机变量的方差存在.

性质 4.2.1 设 C 为常数,则 $DC=0$.

证明 因为 C 为常数,所以 C^2 也为常数,从而由数学期望的线性性知

$$EC=C,\quad EC^2=C^2.$$

故

$$DC=EC^2-(EC)^2=C^2-C^2=0.$$

性质 4.2.2 设 X 为随机变量,C 为常数,则 $D(CX)=C^2DX$.

证明 $D(CX)=E[CX-E(CX)]^2=C^2E(X-EX)^2=C^2DX$.

性质 4.2.3 设随机变量 X 和 Y 相互独立,则 $D(X+Y)=DX+DY$.

证明 $D(X+Y)=E[X+Y-E(X+Y)]^2=E[(X-EX)+(Y-EY)]^2$

$$=E[(X-EX)^2+(Y-EY)^2+2(X-EX)(Y-EY)]$$
$$=DX+DY+2E(X-EX)(Y-EY). \tag{4.2.5}$$

因为 X 和 Y 相互独立,所以

$$E(X-EX)(Y-EY)=E(XY-XEY-YEX+EX\cdot EY)$$
$$=EXY-E(XEY)-E(YEX)+EX\cdot EY=EXY-EX\cdot EY=0.$$

故由式(4.2.5)得到 $D(X+Y)=DX+DY$.

注 可以推广至任意有限个相互独立随机变量之和的情形.

性质 4.2.4 设 c 为任意实数,则 $DX\leqslant E(X-c)^2$.

证明 由数学期望的性质知

$$E(X-c)^2=E[(X-EX)+(EX-c)]^2$$
$$=E[(X-EX)^2+(EX-c)^2+2(X-EX)(EX-c)]$$
$$=E(X-EX)^2+E(EX-c)^2+2E(X-EX)(EX-c)$$
$$=DX+(EX-c)^2\geqslant DX \tag{4.2.6}$$

注 (1) 由式(4.2.6)可知,当 $c\neq EX$ 时,$DX<E(X-c)^2$. 故性质 4.2.4 中等号成立的条件是 $c=EX$.

(2) 设 $\varphi(c)=E(X-c)^2$,则 $\varphi(c)=c^2-2cEX+EX^2$,是以 c 为自变量的一元二次函数. 式(4.2.6)表明,$\varphi(c)$ 在唯一最小值点 $c=EX$ 处达到最小值 DX.

性质 4.2.5 设随机变量 X 的方差存在,则 $DX=0$ 的充分必要条件是使 $P\{X=EX\}=1$,即随机变量 X 以概率 1 取值 EX,或者几乎处处取值 EX.

分析 充分性很明显,关键在于证明其必要性,即已知 $DX=0$,证明 $P\{X=EX\}=1$. 要证明 $P\{X=EX\}=1$,只要证明概率 $P\{X\neq EX\}=P\{|X-EX|>0\}=0$ 即可. 这要用到下面的切比雪夫不等式.

引理 4.2.1[切比雪夫(Chebyshev)不等式] 设随机变量 X 满足 $EX^2<+\infty$,则对任意 $\varepsilon>0$,有

$$P\{|X-EX|\geqslant\varepsilon\}\leqslant\frac{DX}{\varepsilon^2}, \tag{4.2.7}$$

或者

$$P\{|X-EX|<\varepsilon\}\geqslant1-\frac{DX}{\varepsilon^2}. \tag{4.2.8}$$

证明 仅就 X 为连续型随机变量情形予以证明. 设 X 的分布密度为 $f(x)$,则

$$P\{|X-EX|\geqslant\varepsilon\}=\int\limits_{|x-EX|\geqslant\varepsilon}f(x)\mathrm{d}x\leqslant\int\limits_{|x-EX|\geqslant\varepsilon}\frac{|x-EX|^2}{\varepsilon^2}f(x)\mathrm{d}x$$
$$\leqslant\int_{-\infty}^{+\infty}\frac{(x-EX)^2}{\varepsilon^2}f(x)\mathrm{d}x=\frac{DX}{\varepsilon^2}.$$

切比雪夫不等式的意义在于:在随机变量 X 分布未知的情况下,事件$\{|X-EX|\geqslant\varepsilon\}$发生的概率小于等于$\frac{DX}{\varepsilon^2}$,即随机变量 X 和其均值 EX 有较大偏差的概率一定有上界,偏差 ε 越大,上界$\frac{DX}{\varepsilon^2}$越小.

性质 4.2.5 的证明 充分性显然,下面证明必要性. 因为

$$P\{X \neq EX\} = P\{|X-EX|>0\} = P\left\{\bigcup_{n=1}^{+\infty}\left(|X-EX| \geqslant \frac{1}{n}\right)\right\}$$
$$\leqslant \sum_{n=1}^{+\infty} P\left\{|X-EX| \geqslant \frac{1}{n}\right\} \leqslant \sum_{n=1}^{+\infty} \frac{DX}{(1/n)^2} = 0,$$

所以

$$P\{X=EX\}=1.$$

例 4.2.9 设随机变量 X 与 Y 相互独立,X 服从均匀分布 $U(0,2)$,Y 的分布密度为

$$f_Y(y)=\begin{cases}2\mathrm{e}^{-2y}, & y>0,\\ 0, & y\leqslant 0.\end{cases}$$

求随机变量 $3X-2Y+5$ 的数学期望和方差.

解 由 Y 的分布密度知 Y 服从指数分布 $Exp(2)$,故由数学期望性质和方差性质知

$$E(3X-2Y+5)=3EX-2EY+5=3\times\frac{0+2}{2}-2\times\frac{1}{2}+5=7,$$

$$D(3X-2Y+5)=D(3X)+D(-2Y)+D(5)=9DX+4DY=9\times\frac{2^2}{12}+4\times\frac{1}{2^2}=4.$$

常用分布的数学期望和方差见表 4.2.1.常用分布的 Matlab 函数及其功能见表 4.2.2.

表 4.2.1 常用分布及其期望和方差

分 布	分布列 p_k 或分布密度 $p(x)$	期 望	方 差
(0-1)分布	$p_k=p^k(1-p)^{1-k},k=0,1$	p	$p(1-p)$
二项分布 $B(n,p)$	$p_k=C_n^k p^k(1-p)^{n-k},k=0,1,\cdots,n$	np	$np(1-p)$
泊松分布 $P(\lambda)$	$p_k=\frac{\lambda^k}{k!}\mathrm{e}^{-\lambda},k=0,1,2,\cdots$	λ	λ
均匀分布 $U(a,b)$	$p(x)=\frac{1}{b-a}I_{(a,b)}$	$\frac{a+b}{2}$	$\frac{(b-a)^2}{12}$
指数分布 $Exp(\lambda)$	$p(x)=\lambda\mathrm{e}^{-\lambda x}I_{(0,\infty)}$	$\frac{1}{\lambda}$	$\frac{1}{\lambda^2}$
正态分布 $N(\mu,\sigma^2)$	$p(x)=\frac{1}{\sqrt{2\pi}\sigma}\mathrm{e}^{-\frac{(x-\mu)^2}{2\sigma^2}},-\infty<x<+\infty$	μ	σ^2
伽马分布 $Ga(\alpha,\lambda)$	$p(x)=\frac{\lambda^\alpha}{\Gamma(\alpha)}x^{\alpha-1}\mathrm{e}^{-\lambda x}I_{(0,\infty)}$	$\frac{\alpha}{\lambda}$	$\frac{\alpha}{\lambda^2}$
卡方分布 $\chi^2(n)$	$p(x)=\frac{1}{\Gamma\left(\frac{n}{2}\right)2^{\frac{n}{2}}}x^{\frac{n}{2}-1}\mathrm{e}^{-x/2}I_{(0,\infty)}$	n	$2n$
对数正态分布 $LN(\mu,\sigma^2)$	$p(x)=\frac{1}{\sqrt{2\pi}\sigma x}\mathrm{e}^{-\frac{(\ln x-\mu)^2}{2\sigma^2}}I_{(0,\infty)}$	$\mathrm{e}^{\mu+\sigma^2/2}$	$\mathrm{e}^{2\mu+\sigma^2}(\mathrm{e}^{\sigma^2}-1)$
柯西分布 $Cau(\mu,\lambda)$	$p(x)=\frac{1}{\pi}\frac{\lambda}{\lambda^2+(x-\mu)^2},-\infty<x<+\infty$	不存在	不存在

续表

分　布	分布列 p_k 或分布密度 $p(x)$	期　望	方　差
几何分布 $Ge(p)$	$p_k=p(1-p)^{k-1},k=1,2,\cdots$	$\frac{1}{p}$	$\frac{1-p}{p^2}$
超几何分布 $H(n,N,M)$	$p_k=\frac{C_M^k C_{N-M}^{n-k}}{C_N^n},k=0,1,\cdots,\min\{M,n\}$	$\frac{nM}{N}$	$\frac{nM(N-M)(N-n)}{N^2(N-1)}$
负二项分布 $Nb(r,p)$	$p_k=C_{k-1}^{r-1}p^r(1-p)^{k-r},k=r,r+1,\cdots$	$\frac{r}{p}$	$\frac{r(1-p)}{p^2}$
贝塔分布 $Be(a,b)$	$p(x)=\frac{\Gamma(a+b)}{\Gamma(a)\Gamma(b)}x^{a-1}(1-x)^{b-1}I_{(0,1)}$	$\frac{a}{a+b}$	$\frac{ab}{(a+b)^2(a+b+1)}$

表 4.2.2　常用分布的 Matlab 函数及功能

函数名	调用形式	注　释
unifstat	[M,V]=unifstat(a,b)	区间(a,b)上均匀分布(连续)的期望和方差,M为期望,V为方差
unidstat	[M,V]=unidstat(n)	$\{1,2,\cdots,n\}$上均匀分布(离散)的期望和方差
expstat	[M,V]=expstat(μ)	位置参数为μ的指数分布的期望和方差
normstat	[M,V]=normstat(μ,σ)	均值为μ、标准差为σ的正态分布的期望和方差
chi2stat	[M,V]=chi2stat(n)	自由度为n的χ^2分布的期望和方差
tstat	[M,V]=tstat(n)	自由度为n的t分布的期望和方差
fstat	[M,V]=fstat(n,m)	第一自由度为n、第二自由度为m的F分布的期望和方差
gamstat	[M,V]=gamstat(α,λ)	形状参数和尺度参数分别为α和λ的伽马分布的期望和方差
betastat	[M,V]=betastat(a,b)	参数为a,b的贝塔分布的期望和方差
lognstat	[M,V]=lognstat(μ,σ)	参数为μ和σ的对数正态分布的期望和方差
nbinstat	[M,V]=nbinstat(r,p)	参数为r和p的负二项分布的期望和方差
ncfstat	[M,V]=ncfstat(n,m,δ)	自由度为n和m、非中心参数为δ的非中心F分布的期望和方差
nctstat	[M,V]=nctstat(n,δ)	自由度为n、非中心参数为δ的非中心t分布的期望和方差
ncx2stat	[M,V]=ncx2stat(n,δ)	自由度为n、非中心参数为δ的非中心χ^2分布的期望和方差
raylstat	[M,V]=raylstat(b)	参数为b的瑞利分布的期望和方差
weibstat	[M,V]=weibstat(a,b)	参数为a,b的韦伯分布的期望和方差
binostat	[M,V]=binostat(n,p)	参数为n,p的二项分布的期望和方差
geostat	[M,V]=geostat(p)	参数为p的几何分布的期望和方差
hygestat	[M,V]=hygestat(m,k,n)	参数为m,k,n的超几何分布的期望和方差
poisstat	[M,V]=poisstat(λ)	参数为λ的泊松分布的期望和方差

4.3 协方差和相关系数

通过对前面两节的学习可以知道，在一般情况下，一个随机变量的均值和方差是存在的. 设 X 为某地区居民的身高，则 EX 和 DX 分别表示该地区居民的平均身高和居民身高取值的离散程度；设 Y 为某地区居民的体重，则 EY 和 DY 分别表示该地区居民的平均体重和居民体重取值的离散程度. 在实际问题中，该地区居民的身高 X 和体重 Y 是有联系的，那么在概率统计中，如何描述两个随机变量 X 和 Y 的联系呢？本节介绍的协方差和相关系数正是描述两个随机变量相关关系的数字特征量.

4.3.1 协方差和相关系数的定义

定义 4.3.1 设 X 和 Y 为两个随机变量，如果 $E[(X-EX)(Y-EY)]$ 存在，则称

$$\operatorname{Cov}(X,Y)=E[(X-EX)(Y-EY)] \tag{4.3.1}$$

为随机变量 X 和 Y 的协方差(Covariance).

称

$$\rho_{XY}=\frac{\operatorname{Cov}(X,Y)}{\sqrt{DX\cdot DY}}=\frac{E[(X-EX)(Y-EY)]}{\sqrt{DX\cdot DY}} \tag{4.3.2}$$

为随机变量 X 和 Y 的相关系数(Correlation).

注 (1) 在 X 和 Y 的相关系数定义中，DX 和 DY 存在且为正数.

(2) X 和 Y 的相关系数 ρ_{XY} 是一个无量纲的量.

(3) 根据数学期望的性质，随机变量 X 和 Y 的协方差和相关系数的简便计算公式为

$$\operatorname{Cov}(X,Y)=E(XY)-EX\cdot EY, \tag{4.3.3}$$

$$\rho_{XY}=\frac{\operatorname{Cov}(X,Y)}{\sqrt{DX\cdot DY}}=\frac{E(XY)-EX\cdot EY}{\sqrt{DX\cdot DY}}. \tag{4.3.4}$$

(4) 根据式(4.3.3)和式(4.3.4)可知，协方差和相关系数的计算均可用第4.1节相关知识求得.

(5) $\operatorname{Cov}(X,X)=DX$. 方差可看作协方差的特例.

(6) 随机变量 X 和 Y 的相关系数是标准化随机变量 $X^*=\dfrac{X-EX}{\sqrt{DX}}$ 和 $Y^*=\dfrac{Y-EY}{\sqrt{DY}}$ 的协方差，即 $\rho_{XY}=EX^*Y^*=\operatorname{Cov}(X^*,Y^*)$.

(7) 根据方差和协方差的定义以及式(4.2.5)知

$$D(X+Y)=D(X)+D(Y)+2\operatorname{Cov}(X,Y). \tag{4.3.5}$$

式(4.3.5)可以推广至任意有限个随机变量之和的情形. 设 $X_1,X_2,\cdots,X_n$ 为 n 个随机变量，则

$$D(X_1+X_2+\cdots+X_n)=\sum_{i=1}^{n}DX_i+\sum_{1\leqslant i,j\leqslant n,i\neq j}\operatorname{Cov}(X_i,X_j). \tag{4.3.6}$$

这是因为

$$D(X_1+X_2+\cdots+X_n)=D\Big(\sum_{i=1}^{n}X_i\Big)=E\Big[\sum_{i=1}^{n}(X_i-EX_i)\Big]^2$$
$$=E\Big[\sum_{i=1}^{n}(X_i-EX_i)\sum_{j=1}^{n}(X_j-EX_j)\Big]$$
$$=\sum_{i=1}^{n}\sum_{j=1}^{n}E[(X_i-EX_i)(X_j-EX_j)]$$
$$=\sum_{i=1}^{n}DX_i+\sum_{1\leqslant i,j\leqslant n,i\neq j}\mathrm{Cov}(X_i,X_j).$$

例 4.3.1 已知二维随机变量(X,Y)的分布密度为

$$f(x,y)=\begin{cases}12y^2, & 0<y<x<1,\\ 0, & \text{其他}.\end{cases}$$

求X和Y的协方差和相关系数以及$D(X+Y)$.

解 因为

$$EX=\int_{-\infty}^{+\infty}\int_{-\infty}^{+\infty}xf(x,y)\mathrm{d}x\mathrm{d}y=\int_0^1 x\mathrm{d}x\int_0^x 12y^2\mathrm{d}y=\frac{4}{5},$$
$$EY=\int_{-\infty}^{+\infty}\int_{-\infty}^{+\infty}yf(x,y)\mathrm{d}x\mathrm{d}y=\int_0^1 \mathrm{d}x\int_0^x 12y^3\mathrm{d}y=\frac{3}{5},$$
$$EXY=\int_{-\infty}^{+\infty}\int_{-\infty}^{+\infty}xyf(x,y)\mathrm{d}x\mathrm{d}y=\int_0^1 x\mathrm{d}x\int_0^x 12y^3\mathrm{d}y=\frac{1}{2},$$
$$EX^2=\int_{-\infty}^{+\infty}\int_{-\infty}^{+\infty}x^2f(x,y)\mathrm{d}x\mathrm{d}y=\int_0^1 x^2\mathrm{d}x\int_0^x 12y^2\mathrm{d}y=\frac{2}{3},$$
$$EY^2=\int_{-\infty}^{+\infty}\int_{-\infty}^{+\infty}y^2f(x,y)\mathrm{d}x\mathrm{d}y=\int_0^1 \mathrm{d}x\int_0^x 12y^4\mathrm{d}y=\frac{2}{5},$$

所以 $$DX=EX^2-(EX)^2=\frac{2}{3}-\frac{16}{25}=\frac{2}{75},\quad DY=\frac{2}{5}-\frac{9}{25}=\frac{1}{25}.$$

由式(4.3.3)和式(4.3.4)得

$$\mathrm{Cov}(X,Y)=E(XY)-EX\cdot EY=\frac{1}{2}-\frac{4}{5}\times\frac{3}{5}=\frac{1}{50},$$
$$\rho_{XY}=\frac{\mathrm{Cov}(X,Y)}{\sqrt{DX\cdot DY}}=\frac{\frac{1}{50}}{\sqrt{\frac{2}{75}\times\frac{1}{25}}}=\frac{\sqrt{6}}{4}.$$

由式(4.3.5)知

$$D(X+Y)=DX+DY+2\mathrm{Cov}(X,Y)=\frac{2}{75}+\frac{1}{25}+\frac{2}{50}=\frac{8}{75}.$$

例 4.3.2 已知二维随机变量(X,Y)服从正态分布$N(\mu_1,\mu_2;\sigma_1^2,\sigma_2^2;\rho)$，求$X$和$Y$的相关系数.

解 由例 3.4.3 知X和Y的边际分布密度分别为

$$f_X(x)=\frac{1}{\sqrt{2\pi}\sigma_1}\exp\left\{-\frac{1}{2}\left(\frac{x-\mu_1}{\sigma_1}\right)^2\right\},\quad -\infty<x<+\infty,$$

$$f_Y(y)=\frac{1}{\sqrt{2\pi}\sigma_2}\exp\left\{-\frac{1}{2}\left(\frac{y-\mu_2}{\sigma_2}\right)^2\right\},\quad -\infty<y<+\infty.$$

故
$$EX=\mu_1,\quad DX=\sigma_1^2,\quad EY=\mu_2,\quad DY=\sigma_2^2.$$

下求 $\mathrm{Cov}(X,Y)$.

$$\begin{aligned}\mathrm{Cov}(X,Y)&=E[(X-EX)(Y-EY)]\\&=\frac{1}{2\pi\sigma_1\sigma_2\sqrt{1-\rho^2}}\int_{-\infty}^{+\infty}\int_{-\infty}^{+\infty}(x-\mu_1)(y-\mu_2)\times\\&\quad\exp\left\{-\frac{1}{2(1-\rho^2)}\left[\frac{(x-\mu_1)^2}{\sigma_1^2}-2\rho\frac{x-\mu_1}{\sigma_1}\frac{y-\mu_2}{\sigma_2}+\frac{(y-\mu_2)^2}{\sigma_2^2}\right]\right\}\mathrm{d}x\mathrm{d}y\\&=\frac{1}{2\pi\sigma_1\sigma_2\sqrt{1-\rho^2}}\int_{-\infty}^{+\infty}\int_{-\infty}^{+\infty}(x-\mu_1)(y-\mu_2)\times\\&\quad\exp\left\{-\frac{1}{2(1-\rho^2)}\left(\frac{y-\mu_2}{\sigma_2}-\rho\frac{x-\mu_1}{\sigma_1}\right)^2-\frac{(x-\mu_1)^2}{2\sigma_1^2}\right\}\mathrm{d}x\mathrm{d}y\end{aligned}$$

令
$$u=\frac{1}{\sqrt{1-\rho^2}}\left[\frac{y-\mu_2}{\sigma_2}-\rho\frac{x-\mu_1}{\sigma_1}\right],\quad v=\frac{x-\mu_1}{\sigma_1},$$

则
$$y-\mu_2=\sigma_2(\rho v+\sqrt{1-\rho^2}u),\quad x-\mu_1=\sigma_1 v,$$
$$\mathrm{d}x\mathrm{d}y=\sigma_1\sigma_2\sqrt{1-\rho^2}\,\mathrm{d}u\mathrm{d}v.$$

从而

$$\begin{aligned}\mathrm{Cov}(X,Y)&=\frac{\sigma_1\sigma_2}{2\pi}\int_{-\infty}^{+\infty}\int_{-\infty}^{+\infty}(\rho v^2+\sqrt{1-\rho^2}uv)\exp\left(-\frac{u^2+v^2}{2}\right)\mathrm{d}u\mathrm{d}v\\&=\frac{\sigma_1\sigma_2\rho}{2\pi}\int_{-\infty}^{+\infty}\int_{-\infty}^{+\infty}v^2\exp\left(-\frac{u^2+v^2}{2}\right)\mathrm{d}u\mathrm{d}v\\&=\frac{\sigma_1\sigma_2\rho}{2\pi}\int_{-\infty}^{+\infty}\mathrm{e}^{-\frac{u^2}{2}}\mathrm{d}u\int_{-\infty}^{+\infty}v^2\mathrm{e}^{-\frac{v^2}{2}}\mathrm{d}v\\&=\frac{\sigma_1\sigma_2\rho}{\sqrt{2\pi}}\int_{-\infty}^{+\infty}v^2\mathrm{e}^{-\frac{v^2}{2}}\mathrm{d}v=\sigma_1\sigma_2\rho.\end{aligned}$$

故 X 和 Y 的相关系数为

$$\rho_{XY}=\frac{\mathrm{Cov}(X,Y)}{\sqrt{DX\cdot DY}}=\frac{\sigma_1\sigma_2\rho}{\sigma_1\sigma_2}=\rho.$$

因此二维正态分布 $N(\mu_1,\mu_2;\sigma_1^2,\sigma_2^2;\rho)$ 中的参数 ρ 就是 X 和 Y 的相关系数.

4.3.2 协方差和相关系数的性质

性质 4.3.1(对称性) 设 X 和 Y 为随机变量,则 $\mathrm{Cov}(X,Y)=\mathrm{Cov}(Y,X)$. 证明省略.

性质 4.3.2 设 X 和 Y 为随机变量,a 为常数,则 $\mathrm{Cov}(aX,Y)=a\mathrm{Cov}(X,Y)$. 证明省略.

性质 4.3.3(线性性) 设 X,Y 和 Z 为随机变量,则

$$\mathrm{Cov}(X+Y,Z)=\mathrm{Cov}(X,Z)+\mathrm{Cov}(Y,Z).$$

证明 由数学期望的性质和协方差的定义得

$$\begin{aligned}\mathrm{Cov}(X+Y,Z)&=E[(X+Y-EX-EY)(Z-EZ)]\\&=E[(X-EX)(Z-EZ)+(Y-EY)(Z-EZ)]\\&=E[(X-EX)(Z-EZ)]+E[(Y-EY)(Z-EZ)]\\&=\mathrm{Cov}(X,Z)+\mathrm{Cov}(Y,Z).\end{aligned}$$

性质 4.3.4 设 X 和 Y 为随机变量，则 $|\rho_{XY}|\leqslant 1$，且 $|\rho_{XY}|=1$ 的充要条件为存在常数 a 和 b 使得 $P\{Y=a+bX\}=1$，即随机变量 X 和 Y 以概率 1 线性相关.

证明 本证明分成两部分.

先证第一部分：$|\rho_{XY}|\leqslant 1$. 令 $\varphi(t)=E[(Y-EY)+t(X-EX)]^2$，则对任意实数 t，恒有

$$\begin{aligned}\varphi(t)&=E[(Y-EY)+t(X-EX)]^2\\&=E[(Y-EY)^2+2t(X-EX)(Y-EY)+t^2(X-EX)^2]\\&=E(Y-EY)^2+2tE(X-EX)(Y-EY)+t^2E(X-EX)^2\\&=t^2DX+2t\mathrm{Cov}(X,Y)+DY\geqslant 0.\end{aligned}$$

故一元二次函数 $\varphi(t)$ 的判别式

$$b^2-4ac=4[\mathrm{Cov}(X,Y)]^2-4DX\cdot DY\leqslant 0,$$

所以

$$\left|\frac{\mathrm{Cov}(X,Y)}{\sqrt{DX\cdot DY}}\right|^2\leqslant 1,$$

即

$$|\rho_{XY}|\leqslant 1.$$

再证第二部分：$|\rho_{XY}|=1$ 的充要条件为存在常数 a 和 b 使得 $P\{Y=a+bX\}=1$. $|\rho_{XY}|=1$ 等价于

$$b^2-4ac=4[\mathrm{Cov}(X,Y)]^2-4DX\cdot DY=0,$$

等价于存在 t_0 使得

$$\varphi(t_0)=E[(Y-EY)+t_0(X-EX)]^2=0,$$

等价于

$$D[(Y-EY)+t_0(X-EX)]=0,$$

等价于

$$P\{(Y-EY)+t_0(X-EX)=E[(Y-EY)+t_0(X-EX)]\}=1\quad\text{(利用方差性质 4.2.5)},$$

即

$$P\{(Y-EY)+t_0(X-EX)=0\}=1.$$

取 $b=-t_0$，$a=t_0EX+EY$，即得证.

注 (1) 由性质 4.3.4 可知，若任何两个随机变量的相关系数 ρ_{XY} 存在，则满足 $-1\leqslant\rho_{XY}\leqslant 1$.

(2) 如果随机变量 X 和 Y 的相关系数 $\rho_{XY}>0$，则称随机变量 X 与 Y 正相关. 由于 $\rho_{XY}>0$，故 $X-EX$ 与 $Y-EY$ 符号相同，即同时为正或者同时为负. 由于 EX 和 EY 为常数，所以当 $\rho_{XY}>0$ 时，X 与 Y 同时增加或者同时减少. $\rho_{XY}=1$ 时称 X 与 Y 完全正相关.

(3) 如果随机变量 X 和 Y 的相关系数 $\rho_{XY}<0$，则称随机变量 X 与 Y 负相关. 由于 $\rho_{XY}<0$，故 $X-EX$ 与 $Y-EY$ 符号相反，即 $X-EX$ 和 $Y-EY$ 必有一方为正，同时另一方为负. 由于 EX 和 EY 为常数，所以当 $\rho_{XY}<0$ 时，X 增加则 Y 减少，X 减少则 Y 必增加. $\rho_{XY}=-1$ 时称 X 与 Y 完全负相关.

(4) 随机变量 X 和 Y 的相关系数 ρ_{XY} 的几何含义:如果把 (X,Y) 看作平面上的随机点,则当 (X,Y) 的取值点落在一条直线附近时,$|\rho_{XY}|$ 靠近于 1;当 (X,Y) 的取值点不落在一条直线附近时,$|\rho_{XY}|$ 远离于 1. 故相关系数 $|\rho_{XY}|$ 的大小反映了随机变量 X 与 Y 线性关系的密切程度. $|\rho_{XY}|$ 越靠近于 1,则 X 与 Y 的线性关系越密切;$|\rho_{XY}|$ 越远离于 1,则 X 与 Y 的线性关系越不密切.

例 4.3.3 设随机变量 X 和 Y 分别服从正态分布 $N(1,4^2)$ 和 $N(0,3^2)$. 已知 $\rho_{XY}=\dfrac{1}{2}$,令 $Z=\dfrac{X}{2}-\dfrac{Y}{3}+1$,求:(1) Z 的数学期望;(2) Z 的方差;(3) X 与 Z 的相关系数.

解 (1) 因为 $X\sim N(1,4^2)$,$Y\sim N(0,3^2)$,所以

$$EX=1,\quad DX=4^2,\quad EY=0,\quad DY=3^2.$$

故由数学期望的线性性知

$$EZ=E\left(\frac{X}{2}-\frac{Y}{3}+1\right)=\frac{EX}{2}-\frac{EY}{3}+1=\frac{3}{2}.$$

(2) 由式(4.3.6)和方差性质以及协方差性质知

$$\begin{aligned}DZ&=D\left(\frac{X}{2}-\frac{Y}{3}+1\right)\\&=D\left(\frac{X}{2}\right)+D\left(-\frac{Y}{3}\right)+D(1)+2\mathrm{Cov}\left(\frac{X}{2},-\frac{Y}{3}\right)+2\mathrm{Cov}\left(\frac{X}{2},1\right)+2\mathrm{Cov}\left(-\frac{Y}{3},1\right)\\&=\frac{DX}{4}+\frac{DY}{9}-\frac{1}{3}\mathrm{Cov}(X,Y)+0+0\\&=5-\frac{1}{3}\rho_{XY}\sqrt{DX\cdot DY}\\&=5-\frac{1}{3}\times\frac{1}{2}\times4\times3=3.\end{aligned}$$

(3) 由协方差的性质知

$$\begin{aligned}\mathrm{Cov}(X,Z)&=\mathrm{Cov}\left(X,\frac{X}{2}-\frac{Y}{3}+1\right)\\&=\frac{1}{2}\mathrm{Cov}(X,X)-\frac{1}{3}\mathrm{Cov}(X,Y)+\mathrm{Cov}(X,1)\\&=\frac{DX}{2}-\frac{\rho_{XY}\sqrt{DX\cdot DY}}{3}+0\\&=8-\frac{1}{3}\times\frac{1}{2}\times4\times3\\&=6.\end{aligned}$$

故所求相关系数为

$$\rho_{XZ}=\frac{\mathrm{Cov}(X,Z)}{\sqrt{DX\cdot DZ}}=\frac{6}{4\times\sqrt{3}}=\frac{\sqrt{3}}{2}.$$

例 4.3.4 证明柯西-舒尔茨不等式:设 X 和 Y 为随机变量,$EX^2<+\infty$,$EY^2<+\infty$,则

$$[E(XY)]^2\leqslant EX^2\cdot EY^2.\tag{4.3.7}$$

证明 证明思路与性质 4.3.4 第一部分的证明类似. 令 $\varphi(t)=E\,(Y+tX)^2$,则对任意实数 t,恒有

$$\varphi(t)=E\,(Y+tX)^2=E(Y^2+2tXY+t^2X^2)=t^2EX^2+2tEXY+EY^2\geqslant 0.$$

故一元二次函数 $\varphi(t)$ 的判别式

$$b^2-4ac=4\,(EXY)^2-4EX^2\cdot EY^2\leqslant 0,$$

所以 $[E(XY)]^2\leqslant EX^2\cdot EY^2$,式(4.3.7)得证.

4.3.3 不相关

通过前面的介绍可知,随机变量 X 与 Y 的相关系数 ρ_{XY} 描述了随机变量 X 与 Y 的线性关系密切程度. $|\rho_{XY}|$ 越靠近于 1,则 X 与 Y 的线性关系越密切;$|\rho_{XY}|$ 越靠近于 0,则 X 与 Y 的线性关系越不密切. 特别地,当 $\rho_{XY}=0$ 时,X 与 Y 的线性关系最不密切,这时称 X 与 Y 不相关.

定义 4.3.2 设 X 与 Y 为两个随机变量. 如果 $\rho_{XY}=0$,则称随机变量 X 与 Y 不相关(Non-correlation).

注 (1) X 与 Y 不相关,只能说明 X 与 Y 的线性关系最不密切,并不能说明 X 与 Y 不存在其他关系. 例如,X 服从均匀分布 $U(-1,1)$,$Y=X^2$,则 X 与 Y 不相关,但 Y 与 X 呈现平方关系.

(2) 不要将"不相容""独立""不相关"这 3 个概念混淆. 两个事件 A 和 B 不相容指的是一个事件发生另一个事件必不发生;X 与 Y 独立指的是随机变量 X 与 Y 的取值互不影响;X 与 Y 不相关指的是 X 与 Y 没有线性关系.

定理 4.3.1 下列 5 个命题是等价的.

(1) X 与 Y 不相关;

(2) $\rho_{XY}=0$;

(3) $\mathrm{Cov}(X,Y)=0$;

(4) $EXY=EX\cdot EY$;

(5) $D(X+Y)=DX+DY$.

定理 4.3.2 如果随机变量 X 与 Y 相互独立,则 X 与 Y 一定不相关,但反之不成立.

证明 因为 X 与 Y 相互独立,所以由数学期望性质知 $EXY=EX\cdot EY$,故由不相关等价条件知 X 与 Y 不相关.

例 4.3.5 已知二维随机变量 (X,Y) 的分布密度为

$$f(x,y)=\begin{cases}1, & 0<x<1,|y|\leqslant x,\\ 0, & 其他.\end{cases}$$

试证明 X 与 Y 不相关,但 X 与 Y 不独立.

证明 由例 4.1.11 知 $EX=\dfrac{2}{3}$,$EY=0$,$EXY=0$,显然 $EXY=EX\cdot EY$,故 X 与 Y 不相关.

由例 3.4.4 知,X 的边际分布密度为

$$f_X(x)=\int_{-\infty}^{+\infty}f(x,y)\mathrm{d}y=\begin{cases}2x, & 0<x<1,\\ 0, & 其他.\end{cases}$$

Y 的边际分布密度为

$$f_Y(y)=\int_{-\infty}^{+\infty}f(x,y)\mathrm{d}x=\begin{cases}1-y, & 0\leqslant y<1,\\ 1+y, & -1<y<0,\\ 0, & \text{其他}.\end{cases}$$

显然 $1=f(0.5,0.5)\neq f_X(0.5)f_Y(0.5)=0.5$,故 X 与 Y 不独立.

例 4.3.6 设随机变量 Θ 服从均匀分布 $U(0,2\pi)$. 令 $X=\cos\Theta, Y=\cos(\Theta+a)$($a$ 为常数). 求随机变量 X 与 Y 的相关系数.

解 由数学期望的计算公式知

$$EX=E\cos\Theta=\frac{1}{2\pi}\int_0^{2\pi}\cos\theta\mathrm{d}\theta=0,$$

$$EY=E\cos(\Theta+a)=\frac{1}{2\pi}\int_0^{2\pi}\cos(\theta+a)\mathrm{d}\theta=0,$$

$$\begin{aligned}EXY=E\cos\Theta\cdot\cos(\Theta+a)&=\frac{1}{2\pi}\int_0^{2\pi}\cos\theta\cos(\theta+a)\mathrm{d}\theta\\ &=\frac{1}{4\pi}\int_0^{2\pi}[\cos a+\cos(2\theta+a)]\mathrm{d}\theta=\frac{\cos a}{2},\end{aligned}$$

$$EX^2=E\cos^2\Theta=\frac{1}{2\pi}\int_0^{2\pi}\cos^2\theta\mathrm{d}\theta=\frac{1}{2},$$

$$EY^2=E\cos^2(\Theta+a)=\frac{1}{2\pi}\int_0^{2\pi}\cos^2(\theta+a)\mathrm{d}\theta=\frac{1}{2},$$

故 X 与 Y 的相关系数为

$$\rho_{XY}=\frac{EXY-EX\cdot EY}{\sqrt{DX\cdot DY}}=\cos a.$$

(1) 当 $a=0$ 时,$\rho_{XY}=1, Y=X$, Y 与 X 完全正相关.

(2) 当 $a=\pi$ 时,$\rho_{XY}=-1, Y=-X$, Y 与 X 完全负相关.

(3) 当 $a=\frac{\pi}{2}$ 或者 $\frac{3}{2}\pi$,$\rho_{XY}=0$,Y 与 X 不相关. 但 $X^2+Y^2=1$,故 Y 与 X 不独立.

(4) 当 $0<a<\frac{\pi}{2}$ 或者 $-\frac{\pi}{2}<a<0$ 时,$0<\rho_{XY}<1$, Y 与 X 正相关.

(5) 当 $\frac{\pi}{2}<a<\pi$ 或者 $-\pi<a<\frac{\pi}{2}$ 时,$-1<\rho_{XY}<0$, Y 与 X 负相关.

通过前面的知识可知,随机变量 X 和 Y 独立一定能推导出 X 与 Y 不相关;但 X 与 Y 不相关,不一定推导出 X 与 Y 独立. 那么在什么条件下,随机变量 X 与 Y 不相关一定能推导出 X 与 Y 独立,或者说独立和不相关是等价的? 下面的定理阐述了独立和不相关的等价条件.

定理 4.3.3 设 (X,Y) 服从二维正态分布 $N(\mu_1,\mu_2;\sigma_1^2,\sigma_2^2;\rho)$,则 X 与 Y 独立的充要条件是 X 与 Y 不相关.

证明 由例 3.4.3 和例 4.3.2 知

X 与 Y 独立 $\Leftrightarrow f(x,y)=f_X(x)f_Y(y)\Leftrightarrow\rho=0\Leftrightarrow\rho_{XY}=0\Leftrightarrow X$ 与 Y 不相关.

4.3.4 协方差阵

上面介绍了两个随机变量的协方差，现将其推广到 $n(n\geqslant 3)$ 维随机变量的情形.

先定义 n 维随机变量的数学期望.

定义 4.3.3 设 n 维随机变量 $\boldsymbol{X}=(X_1,X_2,\cdots,X_n)^{\mathrm{T}}$，T 表示转置. 若对 $i=1,2,\cdots,n$，$EX_i<+\infty$，则称

$$E\boldsymbol{X}=(EX_1,EX_2,\cdots,EX_n)^{\mathrm{T}}$$

为 n 维随机变量 $\boldsymbol{X}$ 的数学期望向量或均值向量，简称为 $\boldsymbol{X}$ 的数学期望或均值.

定义 4.3.4 设 $\boldsymbol{X}=(X_1,X_2,\cdots,X_n)^{\mathrm{T}}$ 为 n 维随机变量. 若对 $i=1,2,\cdots,n$，$EX_i^2<+\infty$，则称

$$\mathrm{Cov}(\boldsymbol{X},\boldsymbol{X})=E[(\boldsymbol{X}-E\boldsymbol{X})(\boldsymbol{X}-E\boldsymbol{X})^{\mathrm{T}}]=(\mathrm{Cov}(X_i,X_j))_{1\leqslant i,j\leqslant n}$$

为 n 维随机变量 $\boldsymbol{X}=(X_1,X_2,\cdots,X_n)^{\mathrm{T}}$ 的协方差阵(Covariance Matrix).

注 (1) 协方差阵 $\mathrm{Cov}(\boldsymbol{X},\boldsymbol{X})$ 是对称的.

(2) 协方差阵 $\mathrm{Cov}(\boldsymbol{X},\boldsymbol{X})$ 的主对角元素就是 $\boldsymbol{X}=(X_1,X_2,\cdots,X_n)^{\mathrm{T}}$ 中各分量的方差，故每个主对角元素都是非负的.

定理 4.3.4 n 维随机变量 $\boldsymbol{X}=(X_1,X_2,\cdots,X_n)^{\mathrm{T}}$ 的协方差阵 $\mathrm{Cov}(\boldsymbol{X},\boldsymbol{X})$ 是对称非负定的.

证明 对称性易证. 下证非负定性. 对任意 n 维变量 $\boldsymbol{a}=(a_1,a_2,\cdots,a_n)^{\mathrm{T}}$，有

$$\begin{aligned}
\boldsymbol{a}^{\mathrm{T}}\mathrm{Cov}(\boldsymbol{X},\boldsymbol{X})\boldsymbol{a}&=\boldsymbol{a}^{\mathrm{T}}(\mathrm{Cov}(X_i,X_j))\boldsymbol{a}\\
&=\sum_{i=1}^{n}\sum_{j=1}^{n}a_ia_j\mathrm{Cov}(X_i,X_j)\\
&=\sum_{i=1}^{n}\sum_{j=1}^{n}a_ia_jE[(X_i-EX_i)(X_j-EX_j)]\\
&=E\sum_{i=1}^{n}\sum_{j=1}^{n}a_ia_j(X_i-EX_i)(X_j-EX_j)\\
&=E\left|\sum_{i=1}^{n}a_i(X_i-EX_i)\right|^2\geqslant 0.
\end{aligned}$$

所以协方差阵 $\mathrm{Cov}(\boldsymbol{X},\boldsymbol{X})$ 是非负定的.

例 4.3.7 用协方差阵表示二维正态分布的分布密度.

解 设二维随机变量 $(X,Y)^{\mathrm{T}}$ 服从正态分布 $N(\mu_1,\mu_2;\sigma_1^2,\sigma_2^2;\rho)$，则由例 3.4.3 和例 4.3.2 知 $EX=\mu_1,DX=\sigma_1^2,EY=\mu_2,DY=\sigma_2^2,\rho_{XY}=\rho$. 令 $\boldsymbol{Z}=(X,Y)^{\mathrm{T}}$，则其数学期望和协方差阵分别为

$$E\boldsymbol{Z}=\begin{pmatrix}\mu_1\\ \mu_2\end{pmatrix}$$

$$\mathrm{Cov}(\boldsymbol{Z},\boldsymbol{Z})=\begin{pmatrix}\mathrm{Cov}(X,X) & \mathrm{Cov}(X,Y)\\ \mathrm{Cov}(X,Y) & \mathrm{Cov}(Y,Y)\end{pmatrix}=\begin{pmatrix}\sigma_1^2 & \sigma_1\sigma_2\rho\\ \sigma_1\sigma_2\rho & \sigma_2^2\end{pmatrix}=\boldsymbol{B}.$$

从而协方差的行列式为

$$|\boldsymbol{B}|=\sigma_1^2\sigma_2^2(1-\rho^2),$$

协方差行列式开平方为

$$|\boldsymbol{B}|^{\frac{1}{2}}=\sigma_1\sigma_2\sqrt{1-\rho^2},$$

协方差逆矩阵为

$$\boldsymbol{B}^{-1}=\frac{1}{\sigma_1^2\sigma_2^2(1-\rho^2)}\begin{pmatrix}\sigma_2^2 & -\sigma_1\sigma_2\rho\\ -\sigma_1\sigma_2\rho & \sigma_1^2\end{pmatrix}=\frac{1}{(1-\rho^2)}\begin{pmatrix}1/\sigma_1^2 & -\rho/\sigma_1\sigma_2\\ -\rho/\sigma_1\sigma_2 & 1/\sigma_2^2\end{pmatrix},$$

从而

$$\frac{1}{(1-\rho^2)}\left[\frac{(x-\mu_1)^2}{\sigma_1^2}-2\rho\frac{x-\mu_1}{\sigma_1}\frac{y-\mu_2}{\sigma_2}+\frac{(y-\mu_2)^2}{\sigma_2^2}\right]=(\boldsymbol{Z}-E\boldsymbol{Z})^{\mathrm{T}}\boldsymbol{B}^{-1}(\boldsymbol{Z}-E\boldsymbol{Z}).$$

故 $\boldsymbol{Z}=(X,Y)^{\mathrm{T}}$ 的分布密度为

$$\begin{aligned}f(x,y)=&\frac{1}{2\pi\sigma_1\sigma_2\sqrt{1-\rho^2}}\times\\&\exp\left\{-\frac{1}{2(1-\rho^2)}\left[\frac{(x-\mu_1)^2}{\sigma_1^2}-2\rho\frac{x-\mu_1}{\sigma_1}\frac{y-\mu_2}{\sigma_2}+\frac{(y-\mu_2)^2}{\sigma_2^2}\right]\right\}\\&\xlongequal{\boldsymbol{t}=(x,y)^{\mathrm{T}}}(2\pi)^{-\frac{n}{2}}\ |\boldsymbol{B}|^{-\frac{1}{2}}\exp\left[-\frac{1}{2}(\boldsymbol{t}-E\boldsymbol{Z})^{\mathrm{T}}B^{-1}(\boldsymbol{t}-E\boldsymbol{t})\right].\end{aligned}$$

4.4 其他几个数字特征

数学期望、方差和协方差是随机变量最常用的数字特征，它们都是某种形式的矩(Moment). 矩是最广泛的一个数字特征，在概率论与数理统计中占有重要地位. 常用的矩有原点矩和中心矩.

4.4.1 原点矩

定义 4.4.1 设 X 为随机变量，若

$$\mu_k=EX^k,\quad k=1,2,\cdots \tag{4.4.1}$$

存在，则称它为随机变量 X 的 k 阶原点矩(k-th Origin Moment).

定义 4.4.2 设 X 和 Y 为随机变量，若

$$EX^kY^l,\quad k,l=1,2,\cdots \tag{4.4.2}$$

存在，则称它为随机变量 X 和 Y 的 $k+l$ 阶混合原点矩[$(k+l)$-th Mixed Origin Moment].

显然，数学期望 EX 是随机变量 X 的一阶原点矩；EXY 是随机变量 X 和 Y 的二阶混合原点矩.

4.4.2 中心矩

定义 4.4.3 设 X 为随机变量，若

$$\nu_k=E(X-EX)^k,\quad k=1,2,\cdots \tag{4.4.3}$$

存在，则称它为随机变量 X 的 k 阶中心矩(k-th Central Moment).

定义 4.4.4 设 X 和 Y 为随机变量，若

$$E[(X-EX)^k(Y-EY)^l],\quad k,l=1,2,\cdots \tag{4.4.4}$$

存在，则称它为随机变量 X 和 Y 的 $k+l$ 阶混合中心矩[$(k+l)$-th Mixed Central Moment].

显然，方差 DX 是随机变量 X 的二阶中心矩；协方差 $\mathrm{Cov}(X,Y)$是随机变量 X 和 Y 的二阶混合中心矩.

注 (1) 由于$|x|^{k-1}\leqslant|x|^k+1$，$x$ 为任意实数，故只要 k 阶矩存在，$k-1$ 阶矩就存在，从而 $m(1\leqslant m\leqslant k-1)$阶矩就存在.

(2) 由于

$$\nu_k=E(X-\mu_1)^k=\sum_{j=0}^{k}C_k^j\mu_j(-\mu_1)^{k-j},\quad k=1,2,\cdots,\tag{4.4.5}$$

故随机变量 X 的 k 阶中心矩可以通过它的 k 阶原点矩求出. 例如，

$$\nu_1=0,$$
$$\nu_2=\mu_2-\mu_1^2,$$
$$\nu_3=\mu_3-3\mu_1\mu_2+2\mu_1^3,$$
$$\nu_4=\mu_4-4\mu_3\mu_1+6\mu_2\mu_1^2-3\mu_1^4,$$

等等.

由于

$$\mu_k=E[(X-EX)+EX]^k=\sum_{j=0}^{k}C_k^j\nu_k\mu_1^{k-j},\quad k=1,2,\cdots,\tag{4.4.6}$$

故随机变量 X 的 k 阶原点矩也可以通过它的 k 阶中心矩求出.

例 4.4.1 设随机变量 X 服从正态分布 $N(0,\sigma^2)$，则 $\mu_1=0$，故

$$\begin{aligned}\nu_k=\mu_k=EX^k&=\int_{-\infty}^{+\infty}x^k\frac{1}{\sqrt{2\pi}\sigma}\mathrm{e}^{-\frac{x^2}{2\sigma^2}}\mathrm{d}x\\&=\begin{cases}0, & k=1,3,5,\cdots,\\ \sigma^k(k-1)(k-3)\cdots3\cdot1, & k=2,4,6,\cdots.\end{cases}\end{aligned}\tag{4.4.7}$$

从而 $N(0,\sigma^2)$的前四阶(原点和中心)矩为

$$\nu_1=\mu_1=0,\quad \nu_2=\mu_2=\sigma^2,\quad \nu_3=\mu_3=0,\quad \nu_4=\mu_4=3\sigma^4.$$

4.4.3 偏　度

定义 4.4.5 设随机变量 X 的数学期望 μ 和方差 $\sigma^2(\sigma>0)$存在，则称

$$\beta_1=E\left(\frac{X-\mu}{\sigma}\right)^3=\frac{\nu_3}{(\nu_2)^{\frac{3}{2}}}\tag{4.4.8}$$

为 X 的偏度系数，简称偏度(Skewness).

偏度是标准化随机变量 $X^*=\dfrac{X-\mu}{\sigma}$的三阶原点矩.

偏度描述分布的形状特征. 当 $\beta_1>0$ 时，分布相对于 EX 正偏，如图 4.4.1(a)所示；当 $\beta_1=0$ 时，分布关于其均值 EX 对称，如图 4.4.1(b)所示；当 $\beta_1<0$ 时，分布相对于 EX 负偏，如图 4.4.1(c)所示.

在 Matlab 中，常用的偏度函数为 skewness. Y＝skewness(X)表示返回向量 $\boldsymbol{X}$ 的元素的偏度；若 $\boldsymbol{X}$ 为矩阵，则表示返回 $\boldsymbol{X}$ 各列元素的偏度构成的行向量. 偏度描述了分布关于 EX 的对称性.

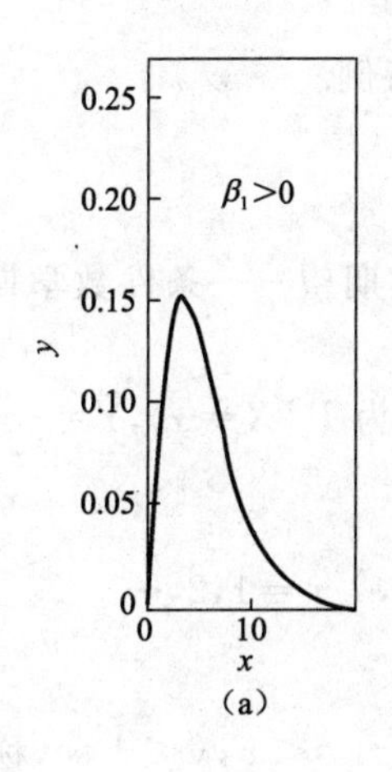

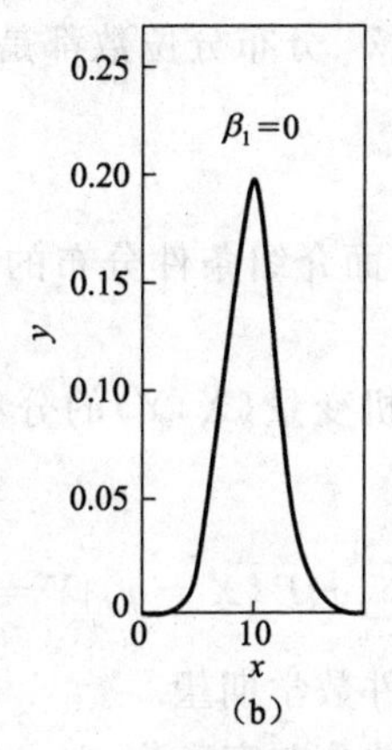

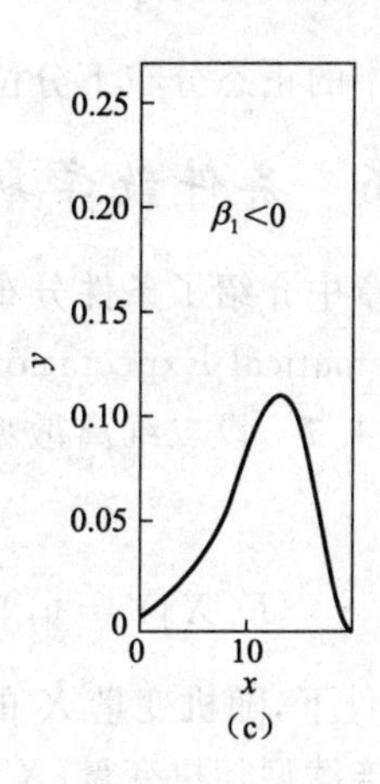

图 4.4.1 偏度示意图

4.4.4 峰 度

定义 4.4.6 设随机变量 X 的数学期望 μ 和方差 $\sigma^2(\sigma>0)$ 存在，则称

$$\beta_2=E\left(\frac{X-\mu}{\sigma}\right)^4-3=\frac{\nu_4}{(\nu_2)^2}-3 \tag{4.4.9}$$

为 X 的峰度系数，简称峰度(Kurtosis).

峰度是标准化随机变量 $X^*=\dfrac{X-\mu}{\sigma}$ 的四阶原点矩减去 3(3 是标准正态分布的四阶原点矩).

峰度用于描述标准化分布相对于标准正态分布 $N(0,1)$ 的形状特征. 当 $\beta_2>0$ 时，标准化分布相对于 $N(0,1)$ 更陡峭；当 $\beta_2=0$ 时，标准化分布和 $N(0,1)$ 相当；当 $\beta_2<0$ 时，标准化分布相对于 $N(0,1)$ 更平坦，如图 4.4.2 所示.

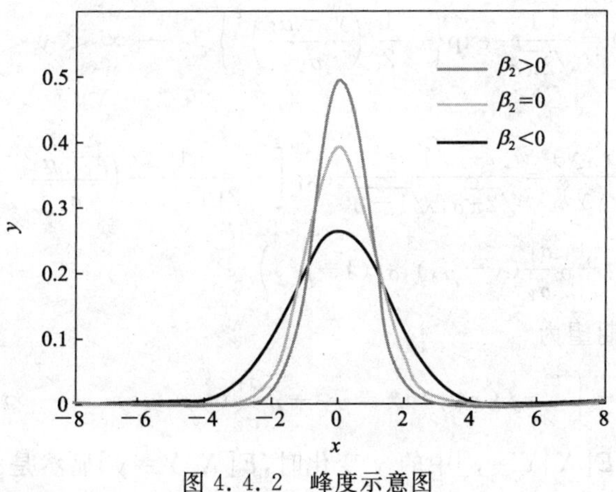

图 4.4.2 峰度示意图

4.4.5 分位数

设连续型随机变量 X 的分布函数为 $F(x)$. 对任意 $p(0<p<1)$，称满足 $F(x_p)=p$ 的 x_p 为随机变量 X 的下 p 分位数(Lower p Percentile).

第 2 章中的正态分布下分位数、χ^2 分布分位数都是其特例.

4.4.6 条件数学期望

在第 3 章中介绍了条件分布，下面介绍条件分布的数学期望——条件数学期望(Conditional Mathematical Expectation).

定义 4.4.7 设二维离散型随机变量(X,Y)的分布律为$P\{X=x_i,Y=y_j\}=p_{ij},i,j=1,2,\cdots$，称

$$E[X|Y=y_j]=\sum_{i=1}^{+\infty}x_iP\{X=x_i|Y=y_j\},\quad j=1,2,\cdots \tag{4.4.10}$$

为$Y=y_j$条件下，随机变量X的条件数学期望.

设二维连续型随机变量(X,Y)的分布密度为$f(x,y)$，$-\infty<x,y<+\infty$，称

$$E[X|Y=y]=\int_{-\infty}^{+\infty}xf(x|y)\mathrm{d}x,\quad -\infty<y<+\infty \tag{4.4.11}$$

为$Y=y$条件下，随机变量X的条件数学期望.

条件数学期望$E[Y|X=x]$的定义与定义 4.4.7 类似，请读者自己写出.

条件数学期望式(4.4.10)和式(4.4.11)可以统一为$E[X|Y=y]$. 条件数学期望$E[X|Y=y]$与Y的取值y有关，这是其与数学期望EX的显著区别.

条件数学期望在实际生活中经常遇到. 如果X表示我国居民体重(单位:kg)，Y表示我国居民身高(单位:cm)，则$E[X|Y=170]$的几何含义是身高为 170 cm 的我国居民平均体重.

条件数学期望具有数学期望的一切性质，在此不一一列举.

例 4.4.2 设二维随机变量(X,Y)服从正态分布$N(\mu_1,\mu_2;\sigma_1^2,\sigma_2^2;\rho)$，求条件数学期望$E[X|Y=y]$.

解 由例 3.4.3 知Y的边际分布密度分别为

$$f_Y(y)=\frac{1}{\sqrt{2\pi}\sigma_2}\exp\left\{-\frac{1}{2}\left(\frac{y-\mu_2}{\sigma_2}\right)^2\right\},\quad -\infty<y<+\infty.$$

故

$$f(x|y)=\frac{f(x,y)}{f_Y(y)}=\frac{1}{\sqrt{2\pi}\sigma_1\sqrt{1-\rho^2}}\exp\left[-\frac{1}{2(1-\rho^2)}\left(\frac{x-\mu_1}{\sigma_1}-\rho\frac{y-\mu_2}{\sigma_2}\right)^2\right],$$

这正是正态分布$N\left(\mu_1+\rho\frac{\sigma_1}{\sigma_2}(y-\mu_2),\sigma_1^2(1-\rho^2)\right)$.

故所求条件数学期望为

$$E[X|Y=y]=\int_{-\infty}^{+\infty}xf(x|y)\mathrm{d}x=\mu_1+\rho\frac{\sigma_1}{\sigma_2}(y-\mu_2),\quad -\infty<y<+\infty.$$

当条件数学期望$E[X|Y=y]$中的y变化时，$E[X|Y=y]$显然是y的函数，记$\varphi(y)=E[X|Y=y]$. 若将$\varphi(y)$中的y换成Y，则$\varphi(Y)$是随机变量，$\varphi(Y)=E[X|Y]$，$\varphi(y)$可看成随机变量$\varphi(Y)$在$Y=y$时的取值.

定理 4.4.1[重期望公式(Iterated Expectation Formula)] 设(X,Y)为二维随机变量，EX存在，则

$$EX=E[E(X|Y)]. \tag{4.4.12}$$

证明 仅就连续情形予以证明. 令 $\varphi(Y)=E[X|Y]$,则

$$E[E(X\mid Y)]=E\varphi(Y)=\int_{-\infty}^{+\infty}\varphi(y)f_Y(y)\mathrm{d}y=\int_{-\infty}^{+\infty}E[X|Y=y]f_Y(y)\mathrm{d}y$$

$$=\int_{-\infty}^{+\infty}f_Y(y)\mathrm{d}y\int_{-\infty}^{+\infty}xf(x|y)\mathrm{d}x=\int_{-\infty}^{+\infty}\int_{-\infty}^{+\infty}xf(x|y)f_Y(y)\mathrm{d}x\mathrm{d}y$$

$$=\int_{-\infty}^{+\infty}\int_{-\infty}^{+\infty}xf(x,y)\mathrm{d}x\mathrm{d}y=EX.$$

定理证毕.

重期望公式的意义在于:计算 EX 比较困难时,先找到一个与 X 关系比较密切的随机变量 Y,然后根据 Y 的不同取值,将 EX 分解成多个 $E[X|Y=y]$ 进行计算,最后对所求得的 $E[X|Y=y]$ 取平均值即可.

例 4.4.3 设电力公司每月可以供应某工厂的电力 X(单位:10^4 kW)服从均匀分布 $U(10,30)$,而该工厂每月实际需要的电力 Y 服从 $U(10,20)$. 如果工厂能从电力公司得到足够的电力,则每万千瓦电可以创造 30 万元的利润;若工厂从电力公司得不到足够的电力,则不足部分由工厂通过其他途径解决,而由其他途径得到的电力每万千瓦电只有 10 万元的利润. 试求该厂每个月的平均利润.

解 从题意知,每月供应电力 $X\sim U(10,30)$,而工厂实际需要电力 $Y\sim U(10,20)$. 若设工厂每个月的利润为 Z 万元,则由题意得

$$Z=\begin{cases}30Y, & Y\leqslant X,\\ 30X+10(Y-X), & Y>X.\end{cases}$$

在给定 $X=x$ 时,Z 仅是 Y 的函数,于是当 $10\leqslant x<20$ 时,Z 的条件数学期望为

$$E[Z|X=x]=\int_{10}^{x}30yf_Y(y)\mathrm{d}y+\int_{x}^{20}(10y+20x)f_Y(y)\mathrm{d}y$$

$$=\frac{1}{10}\left[\int_{10}^{x}30y\mathrm{d}y+\int_{x}^{20}(10y+20x)\mathrm{d}y\right]=50+40x-x^2.$$

当 $20\leqslant x\leqslant 30$ 时,Z 的条件数学期望为

$$E[Z|X=x]=\int_{10}^{20}30yf_Y(y)\mathrm{d}y=450.$$

然后用 X 的分布对条件期望 $E[Z|X=x]$ 再做一次平均,即得

$$EZ=E[E(Z|X)]=\int_{10}^{20}E[Z|X=x]f_X(x)\mathrm{d}x+\int_{20}^{30}E[Z|X=x]f_X(x)\mathrm{d}x$$

$$=\frac{1}{20}\int_{10}^{20}(50+40x-x^2)\mathrm{d}x+\frac{1}{20}\int_{20}^{30}450\mathrm{d}x\approx 433.3333.$$

所以该厂每月的平均利润为 433.333 3 万元.

4.5 金融数学中的均值方差投资组合模型

均值方差投资组合模型是 H. M. Markowitz 于 1952 年在其博士论文《投资组合的选择》中建立的,这篇论文堪称现代金融理论史上的里程碑,标志着现代组合投资理论的开端. Markowitz 用收益分布的均值和方差度量投资的期望收益和风险,首次实现了投资收益的

定量分析，使金融分析由定性分析向定量分析的转化成为可能. Markowitz 认为在一定的条件下，一个投资者的投资组合选择可以简化为平衡两个因素，即投资组合的期望回报及其方差. 风险可以用方差来衡量，通过分散化可以降低风险. 投资组合风险不仅依赖不同资产各自的方差，同时也依赖资产的协方差. 这样，关于大量不同资产的投资组合选择的复杂多维问题就被约束成为一个概念清晰的简单的二次规划问题，即均值-方差分析问题，并且 Markowitz 给出了最优投资组合问题的实际计算方法. Markowitz 的理论被誉为“华尔街的第一次革命”. 1990 年，Markowitz 被授予诺贝尔经济学奖.

4.5.1 收益率

设 S_t 为投资者在 t 时刻购买的某股票的股票价格，$\Delta t>0$，则称

$$r=\frac{S_{t+\Delta t}-S_t}{S_t}=\frac{S_{t+\Delta t}}{S_t}-1$$

为股票在 $[t,t+\Delta t]$ 内的收益率(Return).

站在 t 时刻看 $S_{t+\Delta t}$，显然 $S_{t+\Delta t}$ 是随机变量，故收益率 r 也是随机变量.

4.5.2 投资组合

设投资者所购买的 n 种股票分别为 $S_1,S_2,\cdots,S_n$，购买 n 种股票的投资比例分别为 $x_1,x_2,\cdots,x_n$，则称 $\boldsymbol{x}=(x_1,x_2,\cdots,x_n)^{\mathrm{T}}$ 为投资组合(Portfolio). 有时也称 $(S_1,S_2,\cdots,S_n)$ 为投资组合.

设 n 种股票 $S_1,S_2,\cdots,S_n$ 的收益率分别为 $r_1,r_2,\cdots,r_n$，令 $\boldsymbol{r}=(r_1,r_2,\cdots,r_n)^{\mathrm{T}}$，它是一个 n 维随机变量，则称 $r_P=\boldsymbol{x}^{\mathrm{T}}\boldsymbol{r}=x_1r_1+x_2r_2+\cdots+x_nr_n$ 为投资组合 $\boldsymbol{x}=(x_1,x_2,\cdots,x_n)^{\mathrm{T}}$ 的收益率.

令 $\boldsymbol{R}=E\boldsymbol{r}=(Er_1,Er_2,\cdots,Er_n)^{\mathrm{T}}$，则称 $R_P=Er_P=\boldsymbol{x}^{\mathrm{T}}\boldsymbol{R}=x_1Er_1+x_2Er_2+\cdots+x_nEr_n$ 为投资组合 $\boldsymbol{x}=(x_1,x_2,\cdots,x_n)^{\mathrm{T}}$ 的期望收益率(Expected Return).

令 $\boldsymbol{V}=\mathrm{Var}(\boldsymbol{r})$，称 $\sigma_P^2=\mathrm{Var}(r_P)=\mathrm{Var}(\boldsymbol{x}^{\mathrm{T}}\boldsymbol{r})=\boldsymbol{x}^{\mathrm{T}}\boldsymbol{V}\boldsymbol{x}$ 为投资组合 $\boldsymbol{x}=(x_1,x_2,\cdots,x_n)^{\mathrm{T}}$ 的风险(Risk).风险就是概率与数理统计论中的方差.

4.5.3 数学模型

在投资组合问题中，投资者往往追求投资组合的期望收益率最大、风险最小，因此投资组合的数学模型可表示为

$$\begin{aligned}&\max R_P=\boldsymbol{x}^{\mathrm{T}}\boldsymbol{R},\\&\min \sigma_P^2=\boldsymbol{x}^{\mathrm{T}}\boldsymbol{V}\boldsymbol{x},\\\text{s. t.}\quad &x_1+x_2+\cdots+x_n=1.\end{aligned}\tag{4.5.1}$$

其中：(1) $\boldsymbol{V}>0$，即协方差阵是正定的.

(2) $\boldsymbol{R}$ 中的 n 个元素不全相同，即 n 种股票的期望收益率不全相同.

(3) n 个股票均为风险证券.

(4) x_i 可正可负.

(5) $x_i<0$ 称为卖空. 卖空就是在自己没有股票的情况下，先从经纪人(或金融机构)处

借得股票卖出,然后在股票下跌时再买回股票,还给经纪人(或金融机构).

模型(4.5.1)为多目标决策问题,在数学上无法求解.为此,将投资组合模型(4.5.1)转化为易求解的单目标决策模型:

$$\begin{aligned} &\min \sigma_P^2 = \boldsymbol{x}^{\mathrm{T}}\boldsymbol{V}\boldsymbol{x},\\ &\text{s.t.}\quad \boldsymbol{x}^{\mathrm{T}}\boldsymbol{R} = R_P,\\ &\qquad x_1 + x_2 + \cdots + x_n = \boldsymbol{x}^{\mathrm{T}}\boldsymbol{1} = 1. \end{aligned} \tag{4.5.2}$$

其中,$\boldsymbol{1}=(1,1,\cdots,1)^{\mathrm{T}}$ 为 n 维列向量.

模型(4.5.2)描述了在投资组合期望收益率 R_P 给定的情况下,投资组合风险最小的投资组合问题.

4.5.4 模型求解

为了对模型(4.5.2)进行求解,首先构造拉格朗日函数

$$L = \boldsymbol{x}^{\mathrm{T}}\boldsymbol{V}\boldsymbol{x} - \lambda_1(\boldsymbol{x}^{\mathrm{T}}\boldsymbol{R} - R_P) - \lambda_2(\boldsymbol{x}^{\mathrm{T}}\boldsymbol{1} - 1), \tag{4.5.3}$$

令它的一阶导数等于零,则

$$\frac{\partial L}{\partial x} = 2\boldsymbol{V}\boldsymbol{x} - \lambda_1\boldsymbol{R} - \lambda_2\boldsymbol{1} = 0, \tag{4.5.4}$$

$$\frac{\partial L}{\partial \lambda_1} = R_P - \boldsymbol{x}^{\mathrm{T}}\boldsymbol{R} = 0, \tag{4.5.5}$$

$$\frac{\partial L}{\partial \lambda_2} = 1 - \boldsymbol{x}^{\mathrm{T}}\boldsymbol{1} = 0. \tag{4.5.6}$$

从式(4.5.4)可以得到

$$\boldsymbol{x} = \frac{1}{2}\boldsymbol{V}^{-1}(\lambda_1\boldsymbol{R} + \lambda_2\boldsymbol{1}) = \frac{1}{2}\boldsymbol{V}^{-1}(\boldsymbol{R}\quad \boldsymbol{1})\begin{pmatrix}\lambda_1\\ \lambda_2\end{pmatrix}. \tag{4.5.7}$$

将式(4.5.5)和式(4.5.6)写成

$$(\boldsymbol{R}\quad \boldsymbol{1})^{\mathrm{T}}\boldsymbol{x} = \begin{pmatrix}R_P\\ 1\end{pmatrix} \tag{4.5.8}$$

将式(4.5.7)的两边同时乘以$(\boldsymbol{R}\quad \boldsymbol{1})^{\mathrm{T}}$,并且利用式(4.5.8)得到

$$(\boldsymbol{R}\quad \boldsymbol{1})^{\mathrm{T}}\boldsymbol{x} = \frac{1}{2}(\boldsymbol{R}\quad \boldsymbol{1})^{\mathrm{T}}\boldsymbol{V}^{-1}(\boldsymbol{R}\quad \boldsymbol{1})\begin{pmatrix}\lambda_1\\ \lambda_2\end{pmatrix} = \begin{pmatrix}R_P\\ 1\end{pmatrix}. \tag{4.5.9}$$

为了方便,将 $\boldsymbol{A}$ 记作$(\boldsymbol{R}\quad \boldsymbol{1})^{\mathrm{T}}\boldsymbol{V}^{-1}(\boldsymbol{R}\quad \boldsymbol{1})$,即

$$\boldsymbol{A} \equiv (\boldsymbol{R}\quad \boldsymbol{1})^{\mathrm{T}}\boldsymbol{V}^{-1}(\boldsymbol{R}\quad \boldsymbol{1}). \tag{4.5.10}$$

这是个 2×2 的对称矩阵,即为

$$\boldsymbol{A} = \begin{pmatrix}a & b\\ b & c\end{pmatrix} = \begin{pmatrix}\boldsymbol{R}^{\mathrm{T}}\boldsymbol{V}^{-1}\boldsymbol{R} & \boldsymbol{R}^{\mathrm{T}}\boldsymbol{V}^{-1}\boldsymbol{1}\\ \boldsymbol{R}^{\mathrm{T}}\boldsymbol{V}^{-1}\boldsymbol{1} & \boldsymbol{1}^{\mathrm{T}}\boldsymbol{V}^{-1}\boldsymbol{1}\end{pmatrix}. \tag{4.5.11}$$

下面证明 $\boldsymbol{A}$ 是正定的.对于任意的 y_1, y_2,其中至少有一个不为 0.假定 $\boldsymbol{R}$ 的元素不全相等,所以$(\boldsymbol{R}\quad \boldsymbol{1})\begin{pmatrix}y_1\\ y_2\end{pmatrix} = (y_1\boldsymbol{R} + y_2\boldsymbol{1})$是一个非零 n 维向量,故

$$(y_1 \quad y_2)\boldsymbol{A}\begin{pmatrix}y_1\\y_2\end{pmatrix}=(y_1 \quad y_2)(\boldsymbol{R} \quad \mathbf{1})^{\mathrm{T}}\boldsymbol{V}^{-1}(\boldsymbol{R} \quad \mathbf{1})\begin{pmatrix}y_1\\y_2\end{pmatrix}$$

$$=(y_1\boldsymbol{R}+y_2\mathbf{1})^{\mathrm{T}}\boldsymbol{V}^{-1}(y_1\boldsymbol{R}+y_2\mathbf{1})>0,$$

且 $\boldsymbol{V}^{-1}$ 是正定的，因此 $\boldsymbol{A}$ 是正定的.

将矩阵 $\boldsymbol{A}$ 代入式(4.5.9)中，得到 $\frac{1}{2}\boldsymbol{A}\begin{pmatrix}\lambda_1\\\lambda_2\end{pmatrix}=\begin{pmatrix}R_P\\1\end{pmatrix}$，因为 $\boldsymbol{A}$ 非奇异并且它的逆存在，因此可以立即得到

$$\frac{1}{2}\begin{pmatrix}\lambda_1\\\lambda_2\end{pmatrix}=\boldsymbol{A}^{-1}\begin{bmatrix}R_P\\1\end{bmatrix} \tag{4.5.12}$$

将式(4.5.12)代入式(4.5.7)有

$$\boldsymbol{x}=\frac{1}{2}\boldsymbol{V}^{-1}(\boldsymbol{R} \quad \mathbf{1})\begin{pmatrix}\lambda_1\\\lambda_2\end{pmatrix}=\boldsymbol{V}^{-1}(\boldsymbol{R} \quad \mathbf{1})\boldsymbol{A}^{-1}\begin{bmatrix}R_P\\1\end{bmatrix}. \tag{4.5.13}$$

定理 4.5.1［均值方差投资组合选择定理(Mean-variance Portfolio Selection)］ 设 $\boldsymbol{V}$ 是 $n\times n$ 的正定协方差矩阵，$\boldsymbol{R}$ 是关于 n 种股票期望收益率的 n 维列向量，并且假定 $\boldsymbol{R}$ 的元素不全相等，则对于给定的期望收益率 R_P，最小方差投资组合存在且唯一，其权重由式(4.5.13)给出.

4.5.5 最小方差投资组合的方差

下面计算给定均值 R_P 的情况下任何一个最小方差投资组合的方差. 利用式(4.5.10)中 $\boldsymbol{A}$ 的定义，以及式(4.5.13)，可以计算出 σ_P^2 为

$$\sigma_P^2=\boldsymbol{x}^{\mathrm{T}}\boldsymbol{V}\boldsymbol{x}=(R_P \quad 1)\boldsymbol{A}^{-1}(\boldsymbol{R} \quad \mathbf{1})^{\mathrm{T}}\boldsymbol{V}^{-1}\boldsymbol{V}\boldsymbol{V}^{-1}(\boldsymbol{R} \quad \mathbf{1})\boldsymbol{A}^{-1}\begin{bmatrix}R_P\\1\end{bmatrix}=(R_P \quad 1)\boldsymbol{A}^{-1}\begin{bmatrix}R_P\\1\end{bmatrix}$$

$$=(R_P \quad 1)\frac{1}{ac-b^2}\begin{bmatrix}c & -b\\-b & a\end{bmatrix}\begin{bmatrix}R_P\\1\end{bmatrix}=\frac{a-2bR_P+cR_P^2}{ac-b^2}. \tag{4.5.14}$$

在式(4.5.14)中，最小方差投资组合的方差 σ_P^2 与任意一个给定的期望收益率 R_P 的关系可表示为一条抛物线，称为最小方差投资组合边界(或焦点). 在期望收益率-标准差平面中，这一关系表示为一双曲线.

按照上述方差和期望收益率的关系，以方差为横坐标，期望收益率为纵坐标，在方差-期望收益率二维平面上可以绘出一条抛物线，即最小方差投资组合边界，如图 4.5.1 所示.

图 4.5.1 刻画了式(4.5.14)，并且区分了上半部分(实线)和下半部分(虚线). 最小方差投资组合边界的上半部分确定了对于给定的方差，具有最高收益率的投资组合的集合，叫作最小方差有效投资组合. 下半部分叫作最小方差无效投资组合. 最小方差有效投资组合是最小方差投资组合的一个子集. 在抛物线右边的投资组合叫作可行域. 对于一个给定的方差，一个可行的投资组合的期望收益率要比一个有效的投资组合的期望收益率小，但比一个无效的投资组合的期望收益率大，它们都有同样的方差.

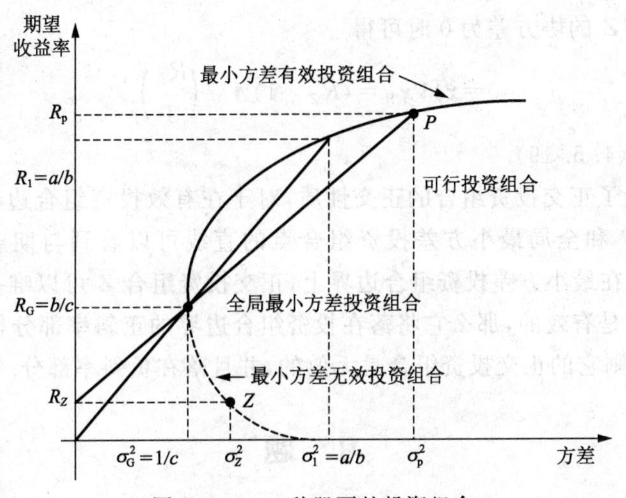

图 4. 5. 1　n 种股票的投资组合

图 4. 5. 1 同样确定了全局最小方差投资组合(GMVP),它是对于任何一个给定的期望收益率,具有最小可能的方差的投资组合. 它的期望收益率记作 R_G. R_G 可以通过在式(4. 5. 14)中使 σ_P^2 的值关于 R_P 达到最小来得到,即

$$R_G=\frac{b}{c}. \tag{4. 5. 15}$$

它的方差记作 σ_G^2,可以通过将式(4. 5. 15)代入式(4. 5. 14)中得到,即

$$\sigma_G^2=\frac{a-2bR_G+cR_G^2}{ac-b^2}=\frac{a-2b(b/c)+c\,(b/c)^2}{ac-b^2}=\frac{1}{c}. \tag{4. 5. 16}$$

同样地,将 R_G 代入式(4. 5. 13)中可以得到全局最小方差投资组合的权重,记为 $\boldsymbol{x}_G$,即

$$\boldsymbol{x}_G=\boldsymbol{V}^{-1}(\boldsymbol{R}\quad \boldsymbol{1})\boldsymbol{A}^{-1}\begin{pmatrix}R_G\\1\end{pmatrix}=\frac{\boldsymbol{V}^{-1}(\boldsymbol{R}\quad \boldsymbol{1})\begin{pmatrix}c & -b\\-b & a\end{pmatrix}\begin{pmatrix}b/c\\1\end{pmatrix}}{ac-b^2}=\frac{\boldsymbol{V}^{-1}\boldsymbol{1}}{c}. \tag{4. 5. 17}$$

4. 5. 6　投资组合正交

对于两个最小方差投资组合 $\boldsymbol{x}_P$ 和 $\boldsymbol{x}_Z$,如果它们的协方差为 0,就说它们是正交的,即

$$\boldsymbol{x}_Z^{\mathrm{T}}\boldsymbol{V}\boldsymbol{x}_P=0. \tag{4. 5. 18}$$

金融中的正交其实就是概率论中的不相关.

现在指出,对于每一个最小方差投资组合,除了全局最小方差投资组合外,可以找到唯一的正交最小方差投资组合. 更进一步讲,如果第一种投资组合的期望收益率为 R_P,那么它的正交投资组合的期望收益率为

$$R_Z=\frac{a-bR_P}{b-cR_P}. \tag{4. 5. 19}$$

为了确定式(4. 5. 19),首先让 $\boldsymbol{P}$ 和 $\boldsymbol{Z}$ 为两个任意的最小方差投资组合,其中权重 $\boldsymbol{x}_P$ 由式(4. 5. 13)得到,权重 $\boldsymbol{x}_Z$ 为

$$\boldsymbol{x}_Z=\boldsymbol{V}^{-1}(\boldsymbol{R}\quad \boldsymbol{1})\boldsymbol{A}^{-1}\begin{pmatrix}R_Z\\1\end{pmatrix}. \tag{4. 5. 20}$$

投资组合 $\boldsymbol{P}$ 和 $\boldsymbol{Z}$ 的协方差为 0 时可得

$$0=\boldsymbol{x}_Z^{\mathrm{T}}\boldsymbol{V}\boldsymbol{x}_P=(R_Z \quad 1)\boldsymbol{A}^{-1}\begin{pmatrix}R_P\\1\end{pmatrix}. \tag{4.5.21}$$

从上式可以得到式(4.5.19).

图 4.5.1 描绘了正交投资组合的正交性质,对于在有效投资组合边界上的任意一个有效投资组合 $\boldsymbol{P}$,过 $\boldsymbol{P}$ 和全局最小方差投资组合点的直线可以看到与期望收益率轴相交于 R_Z. 一旦 R_Z 已知,在最小方差投资组合边界上,正交投资组合 $\boldsymbol{Z}$ 可以唯一确定. 可以看到,如果一投资组合 $\boldsymbol{P}$ 是有效的,那么它将落在投资组合边界的正斜率部分,就像图4.5.1中描述出的那样;反之,则它的正交投资组合是无效的,并且落在负斜率部分.

习 题

1. 设随机变量 X 只取非负整数值,其概率为 $P\{X=k\}=\frac{a^k}{(1+a)^{k+1}}$,$a>0$ 为常数,试求 EX 及 DX.

2. 设随机变量 X 服从几何分布,其分布律为

$$P\{X=k\}=p\,(1-p)^{k-1},\quad k=1,2,\cdots,$$

其中,$0<p<1$ 为常数,求 EX,DX.

3. 某流水生产线上每个产品不合格的概率为 $p(0<p<1)$,各产品合格与否相互独立,当出现一个不合格品时即停机检修. 设开机后第一次停机时已生产了的产品个数为 X,求 X 的数学期望和方差.

4. 已知甲、乙两箱中装有同种产品,其中甲箱中装有 3 件合格品和 3 件次品,乙箱中仅装有 3 件合格品. 从甲箱中任取 3 件产品放入乙箱后,求乙箱中次品件数 X 的数学期望.

5. 若只取非负整数值的随机变量 X 的数学期望存在,证明 $EX=\sum_{k=1}^{+\infty}P\{X\geqslant k\}$.

6. 设随机变量 X 服从拉普拉斯分布,其分布密度为

$$f(x)=\frac{1}{2\lambda}\mathrm{e}^{-|x-\mu|/\lambda},\quad -\infty<x<+\infty,\quad \lambda>0.$$

求 EX 和 DX.

7. 设二维随机变量(X,Y)的概率分布如下

X \ Y	-1	0	1
-1	a	0	0.2
0	0.1	b	0.2
1	0	0.1	c

其中,a,b,c 为常数,且 X 的数学期望 $EX=-0.2$,$P\{Y\leqslant 0\mid X\leqslant 0\}=0.5$,记 $Z=X+Y$. 求:

(1) a,b,c 的值;

(2) Z 的概率分布；

(3) $P\{X=Z\}$.

8. 已知随机变量 X 服从参数为2的泊松分布，且随机变量 $Z=3X-2$，求 EZ.

9. 设随机变量 X 服从标准正态分布 $N(0,1)$，求 $E(X\mathrm{e}^{2X})$，$E[\max\{\mathrm{e}^X-1,0\}]$.

10. 设随机变量 X 服从参数为1的指数分布，求 $E(X+\mathrm{e}^{-2X})$.

11. 设随机变量 X 服从参数为 λ 的指数分布，求 $P\{X>\sqrt{DX}\}$.

12. 设随机变量 X 服从正态分布 $N(\mu,\sigma^2)(\sigma>0)$，且二次方程 $y^2+4y+X=0$ 无实根的概率为 $\frac{1}{2}$，求 μ.

13. 设随机变量 X 的分布密度为

$$f(x)=\begin{cases}3\mathrm{e}^{-3x}, & x>0,\\ 0, & x\leqslant 0.\end{cases}$$

求：(1) $Y=3X$ 的数学期望；

(2) $Y=\mathrm{e}^{-3X}$ 的数学期望.

14. 设随机变量 X 服从瑞利分布，其分布密度为

$$f(x)=\begin{cases}\dfrac{x}{\sigma^2}\mathrm{e}^{-x^2/(2\sigma^2)}, & x>0,\\ 0, & x\leqslant 0.\end{cases}$$

其中，$\sigma>0$，求 EX 和 DX.

15. 设连续型随机变量 X 的分布函数为 $F(x)$，且数学期望存在，证明：

$$EX=\int_0^{+\infty}[1-F(x)]\mathrm{d}x-\int_{-\infty}^{0}F(x)\mathrm{d}x.$$

16. 设随机变量 X 服从参数为1的泊松分布，求 $P\{X=EX^2\}$.

17. 设随机变量 X 的概率分布为 $P\{X=k\}=\dfrac{C}{k!}$，$k=0,1,2,\cdots$，求 EX^2.

18. 设 X 表示10次独立重复射击命中目标的次数，每次射中目标的概率为0.4，求 X^2 的数学期望 EX^2.

19. 设随机变量 X 的分布列如下

X	-1	0	1
P	0.3	0.4	0.3

求 EX，EX^2，$E(3X^2+5)$.

20. 设 X 为随机事件 A 在 n 次独立试验中的出现次数，在每次试验中 $P(A)=p$，令

$$Y=\begin{cases}1, & X\ 为偶数,\\ 0, & X\ 为奇数.\end{cases}$$

求 EY 和 DY.

21. 已知 $EX=-2$，$EX^2=5$，求 $\mathrm{Var}(2-3X)$.

22. 设随机变量 X 的分布密度为

$$f(x)=\begin{cases}\dfrac{1}{2}\cos\dfrac{x}{2}, & 0<x<\pi,\\ 0, & 其他.\end{cases}$$

对 X 独立重复观察 4 次,Y 表示观察值大于$\frac{\pi}{3}$的次数,求 Y^2 的数学期望.

23. 设随机变量 X 的分布密度为

$$f(x)=\begin{cases}2x, & 0<x<1,\\ 0, & 其他.\end{cases}$$

Y 表示对 X 的 3 次独立重复观察中事件$\left\{X\leqslant\frac{1}{2}\right\}$出现的次数,求 $\mathrm{Var}(Y)$.

24. 设随机变量 X 满足 $EX=DX=\lambda$,已知 $E[(X-1)(X-2)]=1$,求 λ.

25. 设两个相互独立的随机变量 X 和 Y 的方差分别为 4 和 2,求随机变量 $3X-2Y$ 的方差.

26. 设 X 和 Y 是两个相互独立且均服从正态分布 $N\left(0,\frac{1}{2}\right)$的随机变量,求$|X-Y|$的数学期望和方差.

27. 设随机变量 X 和 Y 的联合分布在以点(0,1),(1,0),(1,1)为顶点的三角形区域上服从均匀分布,试求随机变量 $Z=X+Y$ 的方差.

28. 设 $X_1,X_2,\cdots,X_n$ 与 $N(\mu,\sigma^2)(\sigma>0)$ 独立同分布. 记统计量 $T=\frac{1}{n}\sum_{i=1}^{n}X_i^2$,求 ET.

29. 设 ξ,η 是相互独立且服从同一分布的两个随机变量,ξ 的分布律为 $P\{\xi=i\}=\frac{1}{3}$,$i=1,2,3$,又设 $X=\max(\xi,\eta)$. 求随机变量 X 的数学期望 EX.

30. 设连续型随机变量 X_1,X_2 相互独立,其方差均存在,X_1,X_2 的分布密度分别为 $f_1(x),f_2(x)$,随机变量 Y_1 的分布密度为 $f_{Y_1}(y)=\frac{1}{2}[f_1(y)+f_2(y)]$,随机变量 $Y_2=\frac{X_1+X_2}{2}$,则有( ).

A. $EY_1>EY_2,DY_1>DY_2$　　B. $EY_1=EY_2,DY_1=DY_2$

C. $EY_1=EY_2,DY_1<DY_2$　　D. $EY_1=EY_2,DY_1>DY_2$

31. 设二维随机变量(X,Y)在区域 $D:0<x<1,|y|<x$ 内服从均匀分布,求关于 X 的边缘分布密度及随机变量 $Z=2X+1$ 的方差.

32. 设随机变量 Y 服从参数 $\lambda=1$ 的指数分布,随机变量 $X_k=\begin{cases}0, & Y\leqslant k\\ 1, & Y>k\end{cases}$,$k=1,2$,求 $E(X_1+X_2)$.

33. 设 X 为非负随机变量,$a>0$. 若 $E(\mathrm{e}^{aX})$存在,证明:对任意的 $x>0$,有

$$P\{X\geqslant x\}\leqslant\frac{E(\mathrm{e}^{aX})}{\mathrm{e}^{ax}}.$$

34. 设随机变量 $X\sim N(\mu,\sigma^2)$,求 $E|X-\mu|$.

35. 设 $X\sim N(0,\sigma^2)$,证明 $E|X|=\sigma\sqrt{\frac{2}{\pi}}$.

36. 设随机变量 X 和 Y 相互独立，均服从 $N(\mu,\sigma^2)$，试证 $E\max\{X,Y\}=\mu+\frac{\sigma}{\sqrt{\pi}}$.

37. 设二维随机变量(X,Y)的分布密度为

$$f(x,y)=\begin{cases}\frac{1}{\pi}, & x^2+y^2\leqslant 1,\\ 0, & \text{其他}.\end{cases}$$

试验证 X 和 Y 是不相关的，但 X 和 Y 不是相互独立的.

38. 设二维随机变量(X,Y)的分布密度为

$$f(x,y)=\begin{cases}\frac{1}{8}(x+y), & 0\leqslant x\leqslant 2,0\leqslant y\leqslant 2,\\ 0, & \text{其他}.\end{cases}$$

求 $EX,EY,\mathrm{Cov}(X,Y),\rho_{XY},D(X-Y)$.

39. 设随机变量 X 与 Y 的相关系数为ρ. 令 $U=aX+b,V=cY+d,a,b,c,d$ 为常数，求 U 和 V 的相关系数.

40. 设随机变量 $X\sim N(\mu,\sigma^2)$，求 $Y=\mathrm{e}^X$ 的数学期望和方差.

41. 设随机变量 $X_1,X_2,\cdots,X_n(n>1)$ 独立同分布，且其方差 $\sigma^2>0$，令 $Y=\frac{1}{n}\sum_{i=1}^{n}X_i$，则有（　　）.

A. $\mathrm{Cov}(X_1,Y)=\frac{\sigma^2}{n}$　　B. $\mathrm{Cov}(X_1,Y)=\sigma^2$

C. $D(X_1+Y)=\frac{(n+2)\sigma^2}{n}$　　D. $D(X_1-Y)=\frac{(n+1)\sigma^2}{n}$

42. 设 $X_1,X_2,\cdots,X_n(n>2)$ 与 $N(0,1)$ 独立同分布，$\bar{X}$ 为样本均值，记 $Y_i=X_i-\bar{X},i=1,2,\cdots,n$. 求：

(1) Y_i 的方差 $DY_i,i=1,2,\cdots,n$；

(2) Y_1 与 Y_n 的协方差 $\mathrm{Cov}(Y_1,Y_n)$.

43. 设随机变量 $X\sim N(0,1),Y\sim N(1,4)$，且相关系数 $\rho_{XY}=1$，则有（　　）.

A. $P\{Y=-2X-1\}=1$　　B. $P\{Y=2X-1\}=1$

C. $P\{Y=-2X+1\}=1$　　D. $P\{Y=2X+1\}=1$

44. 设随机变量 X 的分布函数为 $F(x)=0.3\Phi(x)+0.7\Phi\left(\frac{x-1}{2}\right)$，其中 $\Phi(x)$为标准正态分布的分布函数，则 $EX=$（　　）.

A. 0　　B. 0.3　　C. 0.7　　D. 1

45. 设随机变量 X 与 Y 相互独立，且 EX,EY 均存在，记 $U=\max\{X,Y\},V=\min\{X,Y\}$，则 $E(UV)=$（　　）.

A. $EU\cdot EV$　　B. $EX\cdot EY$

C. $EU\cdot EY$　　D. $EX\cdot EV$

46. 箱中装有6个球，其中红、白、黑的个数分别为1,2,3个. 现从箱中随机地取出2个球，记 X 为取出的红球个数，Y 为取出的白球个数. 求：

(1) 随机变量(X,Y)的概率分布；

(2) $\mathrm{Cov}(X,Y)$.

47. 设总体 X 服从参数为 $\lambda(\lambda>0)$ 的泊松分布，$X_1,X_2,\cdots,X_n(n\geqslant 2)$ 与 X 独立同分布，则对于统计量 $T_1=\frac{1}{n}\sum_{i=1}^{n}X_i$ 和 $T_2=\frac{1}{n-1}\sum_{i=1}^{n-1}X_i+\frac{1}{n}X_n$，有(　　).

A. $ET_1>ET_2,DT_1>DT_2$　　B. $ET_1>ET_2,DT_1<DT_2$

C. $ET_1<ET_2,DT_1>DT_2$　　D. $ET_1<ET_2,DT_1<DT_2$

48. 将长度为 1 m 的木棒随机地截成两段，则两段长度的相关系数为(　　).

A. 1　　B. $\frac{1}{2}$

C. $-\frac{1}{2}$　　D. -1

49. 已知随机变量 X 的分布密度 $f(x)=\frac{1}{2}\mathrm{e}^{-|x|}$，$-\infty<x<+\infty$，求：

(1) EX,DX；

(2) X 与 $|X|$ 的协方差，并问 X 与 $|X|$ 是否不相关；

(3) X 与 $|X|$ 是否相互独立？为什么？

50. 设随机变量 X 的概率分布为 $P\{X=0\}=\frac{1}{3}$，$P\{X=1\}=\frac{2}{3}$，随机变量 X 与 Y 的概率分布相同，且 X 与 Y 的相关系数为 $\rho_{XY}=\frac{1}{2}$. 求：

(1) (X,Y) 的概率分布；

(2) $P\{X+Y\leqslant 1\}$.

51. 设随机变量 X 与 Y 的概率分布为

X	0	1
P	$\frac{1}{3}$	$\frac{2}{3}$

Y	-1	0	1
P	$\frac{1}{3}$	$\frac{1}{3}$	$\frac{1}{3}$

且 $P\{X^2=Y^2\}=1$. 求 X 和 Y 的相关系数 ρ_{XY}.

52. 设二维离散型随机变量 (X,Y) 的概率分布为

X \ Y	0	1	2
0	$\frac{1}{4}$	0	$\frac{1}{4}$
1	0	$\frac{1}{3}$	0
2	$\frac{1}{12}$	0	$\frac{1}{12}$

求 $\mathrm{Cov}(X-Y,Y)$.

53. 设 A,B 为随机事件，且 $P(A)=\frac{1}{4}, P(B|A)=\frac{1}{3}, P(A|B)=\frac{1}{2}$. 令

$$X=\begin{cases}1, & A\text{ 发生},\\ 0, & A\text{ 不发生};\end{cases}\qquad Y=\begin{cases}1, & B\text{ 发生},\\ 0, & B\text{ 不发生}.\end{cases}$$

求 X 与 Y 的相关系数 ρ_{XY}.

54. 设二维随机变量 (X,Y) 的分布密度为

$$f(x,y)=\begin{cases}\frac{8}{3}, & 0<x-y<0.5, 0<x,y<1,\\ 0, & \text{其他}.\end{cases}$$

求 X 与 Y 的相关系数 ρ_{XY}.

55. 设二维随机变量 (X,Y) 服从正态分布 $N(\mu,\mu;\sigma^2,\sigma^2;0)$，求 $E(XY^2)$.

56. 设二维随机变量 (X,Y) 服从二维正态分布，则随机变量 $\xi=X+Y$ 与 $\eta=X-Y$ 不相关的充要条件是(　　).

A. $EX=EY$　　B. $EX^2-(EX)^2=EY^2-(EY)^2$

C. $EX^2=EY^2$　　D. $EX^2+(EX)^2=EY^2+(EY)^2$

57. 设随机变量 X 和 Y 都服从正态分布，且它们不相关，则(　　).

A. X 与 Y 一定独立　　B. (X,Y) 服从二维正态分布

C. X 与 Y 未必独立　　D. $X+Y$ 服从一维正态分布

58. 设二维随机变量的分布密度为 $f(x,y)=\frac{1}{2}[\varphi_1(x,y)+\varphi_2(x,y)]$，其中 $\varphi_1(x,y)$ 和 $\varphi_2(x,y)$ 都是二维正态分布密度，且它们对应的二维随机变量的相关系数分别为 $\frac{1}{3}$ 和 $-\frac{1}{3}$，它们的边缘分布密度所对应的随机变量的数学期望都是0，方差都是1. 求：

(1) 随机变量 X 和 Y 的分布密度 $f_1(x)$ 和 $f_2(y)$，以及 X 和 Y 的相关系数 ρ (可以直接利用二维正态分布的性质)；

(2) X 与 Y 是否相互独立？为什么？

59. 已知随机变量 $X\sim N(1,3^2), Y\sim N(0,4^2)$，$(X,Y)$ 服从二维正态分布，且 X 与 Y 的相关系数 $\rho_{XY}=-\frac{1}{2}$. 设 $Z=\frac{X}{2}+\frac{Y}{3}$. 求：

(1) EZ, DZ；

(2) X 与 Z 的相关系数 ρ_{XZ}；

(3) X 与 Z 是否相互独立？为什么？

60. 设随机变量 X 与 Y 相互独立，且 $X\sim P(\lambda_1), Y\sim P(\lambda_2)$. 试在 $X+Y=n$ 时，求条件期望 $E[X|X+Y=n]$.

61. 以 X 记某医院一天内婴儿出生的个数，以 Y 记其中男婴的个数. 设 X 与 Y 的联合分布列为

$$P\{X=n,Y=m\}=\frac{e^{-14}(7.14)^m(6.86)^n}{m!(n-m)!},\quad m=0,1,\cdots,n,\quad n=0,1,2,\cdots.$$

试求条件期望 $E[Y|X=10]$.

62. 设二维连续型随机变量(X,Y)的分布密度为

$$f(x,y)=\begin{cases}kx^2y, & x^2\leqslant y\leqslant 1,\\ 0, & \text{其他}.\end{cases}$$

试在$0<y<1$时求$E[X|Y=y]$.

63. 设随机变量$X_1,X_2,\cdots,X_n$相互独立,$DX_i=\sigma_i^2<+\infty$,试求权重$a_1,a_2,\cdots,a_n$(满足$a_1+a_2+\cdots+a_n=1$),使$\sum\limits_{i=1}^{n}a_iX_i$的方差最小.

64. 设X和Y都是只能取两个值的随机变量,试证如果它们不相关,则它们一定独立.

65. 设(X,Y)服从二维正态分布,$EX=0,DX=1,EY=0,DY=1,\rho_{XY}=\rho$,试证明$E[\max(X,Y)]=\sqrt{\dfrac{1-\rho}{\pi}}$.

66. 设(X,Y)服从二维正态分布,$EX=\mu_1,DX=1,EY=\mu_2,DY=1$,证明$X$和$Y$的相关系数$\rho_{XY}=\cos(q\pi)$,其中$q=P\{(X-\mu_1)(Y-\mu_2)<0\}$.

67. 设随机变量X服从正态分布$N(10,16)$,求$x_{0.1}$和$x_{0.9}$.

68. 设$Y=\ln X$,且$Y\sim N(\mu,\sigma^2)$,求$x_{0.5}$.

69. 设某股票的价格S_t服从几何布朗运动,即S_t满足随机微分方程

$$\mathrm{d}S_t=\mu S_t\mathrm{d}t+\sigma S_t\mathrm{d}B_t,0\leqslant t\leqslant T,$$

其中,$\{B_t\}$为布朗运动,$T>0,k>0$.试求$ES_T,E[\max(S_T-k,0)]$[提示:$B_t\sim N(0,t)$,上述随机微分方程有显式解析解$S_t=S_0\mathrm{e}^{\left(\mu-\frac{\sigma^2}{2}\right)t+\sigma B_t},S_0>0$].

70. 设某股票的价格$S_t=S_0\mathrm{e}^{\left(\mu-\frac{\sigma^2}{2}\right)t+\sigma\sqrt{t}g},S_0>0,g$服从标准正态分布,$0\leqslant t\leqslant T$.以该股票为标的资产的欧式看涨期权的执行价格为$K(K>0)$,期权的截止日为$T$,利率为$r$,试求欧式看涨期权的价格$E[\mathrm{e}^{-rT}\max(S_T-K,0)]$.

71. 设某股票的价格$S_t=S_0\mathrm{e}^{\left(\mu-\frac{\sigma^2}{2}\right)t+\sigma\sqrt{t}g},S_0>0,g$服从标准正态分布,$0\leqslant t\leqslant T$.以该股票为标的资产的欧式看跌期权的执行价格为$K(K>0)$,期权的截止日为$T$,利率为$r$,试求欧式看跌期权的价格$E[\mathrm{e}^{-rT}\max(K-S_T,0)]$.

第5章
特征函数与中心极限定理

通过学习第 2 章可知，随机变量的分布函数完整地描述了随机变量取值的规律性，分布函数在理论上有着非常重要的作用. 本章第 5.1 节介绍与分布函数等价的另外一个能够完全刻画随机变量取值规律性的量——特征函数. 通过特征函数，我们能将求独立随机变量和的分布问题转化为求这些独立随机变量的特征函数乘积的问题，将求随机变量数字特征的问题转化为特征函数求导的问题. 第 5.2 节介绍多维正态分布及其性质. 第 5.3 节将介绍随机变量序列的几种收敛性，并研究它们之间的关系. 第 5.4 节和第 5.5 节介绍两类比较特殊的随机变量序列的收敛性问题：大数定律和中心极限定理.

5.1 特征函数

5.1.1 特征函数的定义

定义 5.1.1 设随机变量 X 的分布函数为 $F(x)$，称

$$\varphi(t)=E(\mathrm{e}^{itX})=\int_{-\infty}^{+\infty}\mathrm{e}^{itx}\,\mathrm{d}F(x),\quad -\infty<t<+\infty \tag{5.1.1}$$

为 X 的特征函数(Characteristic Function)，有时也记为 $\varphi_X(t)$.

注 (1) 从定义可以看出，特征函数是一个复函数，并且因为 $|\mathrm{e}^{itx}|=1$ 对任意 t 都成立，因此特征函数总是存在的.

(2) 已知随机变量 X 的分布函数 $F(x)$，可利用式(5.1.1)计算 X 的特征函数 $\varphi_X(t)$.

(3) 如果 X 是离散型随机变量，且 $P(X=x_i)=p_i$，$i=1,2,\cdots$，则 X 的特征函数为

$$\varphi(t)=\sum_{i=1}^{+\infty}p_i\mathrm{e}^{itx_i}; \tag{5.1.2}$$

如果 X 是连续型随机变量，其分布密度为 $f(x)$，则 X 的特征函数为

$$\varphi(t)=\int_{-\infty}^{+\infty}\mathrm{e}^{itx}f(x)\mathrm{d}x. \tag{5.1.3}$$

(4) 由式(5.1.3)知，连续型随机变量 X 的特征函数就是 X 的分布密度 $f(x)$ 的傅里叶变换.

例 5.1.1 试求下面离散型随机变量的特征函数：

(1) 退化分布，$P(X=a)=1$；

(2) 二项分布，$P(X=k)=C_n^k p^k q^{n-k}, k=0,1,\cdots,n$；

(3) 泊松分布，$P(X=k)=\dfrac{\lambda^k}{k!}e^{-\lambda}, k=0,1,2,\cdots,\lambda>0$.

解 由式(5.1.2)可知，

(1) $\varphi(t)=E(e^{itX})=e^{ita}P(X=a)=e^{ita}$；

(2) $\varphi(t)=E(e^{itX})=\sum\limits_{k=0}^{n}e^{itk}C_n^k p^k q^{n-k}=(pe^{it}+q)^n$；

(3) $\varphi(t)=E(e^{itX})=\sum\limits_{k=0}^{+\infty}e^{itk}\dfrac{\lambda^k}{k!}e^{-\lambda}=e^{\lambda(e^{it}-1)}$.

例 5.1.2 试求下面连续型随机变量的特征函数：

(1) X 服从(0,1)上的均匀分布；

(2) X 服从参数为 λ 的指数分布；

(3) X 服从正态分布 $N(\mu,\sigma^2)$.

解 由式(5.1.3)可知，

(1) $\varphi(t)=\int_{-\infty}^{+\infty}e^{itx}f(x)dx=\int_0^1 e^{itx}dx=\dfrac{e^{it}-1}{it}$；

(2)
$$\varphi(t)=\int_{-\infty}^{+\infty}e^{itx}f(x)dx=\int_0^{+\infty}e^{itx}\lambda e^{-\lambda x}dx=\int_0^{+\infty}[\cos(tx)+i\sin(tx)]\lambda e^{-\lambda x}dx$$
$$=\frac{t}{\lambda^2+t^2}+\frac{\lambda}{\lambda^2+t^2}=\left(1-\frac{it}{\lambda}\right)^{-1}；$$

(3)
$$\varphi(t)=\int_{-\infty}^{+\infty}e^{itx}f(x)dx=\frac{1}{\sqrt{2\pi}\sigma}\int_{-\infty}^{+\infty}e^{itx}e^{-\frac{(x-\mu)^2}{2\sigma^2}}dx=e^{i\mu t-\frac{\sigma^2t^2}{2}}\frac{1}{\sqrt{2\pi}}\int_{-\infty-it\sigma}^{+\infty-it\sigma}e^{-\frac{z^2}{2}}dz$$
$$=e^{i\mu t-\frac{\sigma^2t^2}{2}}.$$

最后一个等式是由围道积分得到的.

5.1.2 特征函数的性质

下面介绍一些特征函数的性质. 设 $\varphi(t)$ 是随机变量 X 的特征函数.

性质 5.1.1 $\varphi(0)=1$； $|\varphi(t)|\leqslant\varphi(0)$； $\overline{\varphi(t)}=\varphi(-t)$.

证明
$$\varphi(0)=E(1)=1；$$
$$|\varphi(t)|\leqslant E(|e^{itX}|)=E(1)=\varphi(0)；$$
$$\varphi(-t)=E(e^{-itX})=\overline{E(e^{itX})}=\overline{\varphi(t)}.$$

性质 5.1.2 $\varphi(t)$在$(-\infty,+\infty)$上一致连续.

证明 不妨设 X 是连续型随机变量(离散型随机变量的情形类似)，其分布密度为 $f(x)$. 对于任意的 t,h 和常数 $a>0$，有

$$|\varphi(t+h)-\varphi(t)|=\left|\int_{-\infty}^{+\infty}(e^{ihx}-1)e^{itx}f(x)dx\right|\leqslant\int_{-\infty}^{+\infty}|e^{ihx}-1|f(x)dx$$
$$\leqslant\int_{-a}^{a}|e^{ihx}-1|f(x)dx+2\int_{|x|\geqslant a}f(x)dx.$$

对于任意给定的 $\varepsilon>0$，取 $a>0$ 且充分大，使得 $2\int_{|x|\geqslant a}f(x)dx\leqslant\dfrac{\varepsilon}{2}$. 因此对于任意 x

$\in [-a,a]$，只要取 $h < \frac{\varepsilon}{2a}$，就有

$$|e^{ihx}-1|=|e^{i\frac{h}{2}x}(e^{i\frac{h}{2}x}-e^{-i\frac{h}{2}x})|=2\left|\sin\left(\frac{h}{2}x\right)\right|<\frac{\varepsilon}{2}.$$

因此

$$|\varphi(t+h)-\varphi(t)|<\varepsilon.$$

所以 $\varphi(t)$ 在 $(-\infty,\infty)$ 上一致连续.

性质 5.1.3 对于任意正整数 n、任意实数 $t_1,t_2,\cdots,t_n$ 和复数 $\lambda_1,\lambda_2,\cdots,\lambda_n$，有

$$\sum_{k=1}^{n}\sum_{j=1}^{n}\varphi(t_k-t_j)\lambda_k\bar{\lambda}_j \geqslant 0. \tag{5.1.4}$$

证明 不妨设 X 是连续型随机变量(离散型随机变量的情形类似)，其分布密度为 $f(x)$.

$$\begin{aligned}\sum_{k=1}^{n}\sum_{j=1}^{n}\varphi(t_k-t_j)\lambda_k\bar{\lambda}_j &= \sum_{k=1}^{n}\sum_{j=1}^{n}\int_{-\infty}^{+\infty} e^{i(t_k-t_j)x}f(x)dx\lambda_k\bar{\lambda}_j \\ &= \int_{-\infty}^{+\infty}\sum_{k=1}^{n}\sum_{j=1}^{n} e^{i(t_k-t_j)x}\lambda_k\bar{\lambda}_j f(x)dx \\ &= \int_{-\infty}^{+\infty}\left(\sum_{k=1}^{n} e^{it_kx}\lambda_k\right)\left(\sum_{j=1}^{n} e^{-it_jx}\bar{\lambda}_j\right)f(x)dx \\ &= \int_{-\infty}^{+\infty}\left|\sum_{k=1}^{n} e^{it_kx}\lambda_k\right|^2 f(x)dx \geqslant 0.\end{aligned}$$

性质 5.1.4 设随机变量 X 和 Y 的特征函数分别为 $\varphi_X(t)$ 和 $\varphi_Y(t)$，且 X 和 Y 相互独立，则 $Z=X+Y$ 的特征函数为 $\varphi(t)=\varphi_X(t)\varphi_Y(t)$.

证明 因为 X 和 Y 相互独立，所以 e^{itX} 和 e^{itY} 相互独立. 由数学期望的性质可得

$$\varphi(t)=E[e^{it(X+Y)}]=E(e^{itX}e^{itY})=E(e^{itX})E(e^{itY})=\varphi_X(t)\varphi_Y(t).$$

该性质可以推广到多个独立随机变量和的场合.

性质 5.1.5 设随机变量 X 的 n 阶矩存在，则它的特征函数 n 阶可导，且对 $k\leqslant n$，

$$\varphi^{(k)}(0)=i^kE(X^k). \tag{5.1.5}$$

特别地，

$$E(X)=\frac{\varphi'(0)}{i}, \quad \mathrm{Var}(X)=-\varphi''(0)+[\varphi'(0)]^2. \tag{5.1.6}$$

证明 不妨设 X 为连续型随机变量(离散型随机变量的情形与其类似)，其分布密度为 $f(x)$. 由特征函数的定义知，

$$\varphi(t)=\int_{-\infty}^{+\infty} e^{itx}f(x)dx.$$

由于 X 的 k 阶矩存在，即

$$\int_{-\infty}^{+\infty}|x|^kf(x)dx<+\infty.$$

因此 $\int_{-\infty}^{+\infty} e^{itx}f(x)dx$ 可以在积分号下对 i 求导 k 次，故对 $k\leqslant n$，有

$$\varphi^{(k)}(t)=\int_{-\infty}^{+\infty} i^k x^k \mathrm{e}^{itx} f(x)\mathrm{d}x = i^k E(X^k \mathrm{e}^{itX}).$$

上式中,取 $t=0$,得 $\varphi^{(k)}(0)=i^k E(X^k)$,从而易得式(5.1.5).

注 由式(5.1.5)知,只要随机变量 X 的特征函数 $\varphi_X(t)$ 存在,则对 $\varphi_X(t)$ 进行多次求导,再通过加减乘除,就能得到 X 的某些特征值.

性质 5.1.6 设随机变量 $Y=aX+b$,其中 a,b 是常数,则 $\varphi_Y(t)=\mathrm{e}^{ibt}\varphi_X(at)$.

证明 $\varphi_Y(t)=E(\mathrm{e}^{itY})=E[\mathrm{e}^{it(aX+b)}]=E[\mathrm{e}^{i(at)X}\mathrm{e}^{itb}]=\mathrm{e}^{itb}E[\mathrm{e}^{i(at)X}]=\mathrm{e}^{ibt}\varphi_X(at)$.

5.1.3 特征函数的几个定理

通过前面的学习可知,在已知随机变量的分布函数(概率分布或者分布密度)的情况下,能求出该随机变量的特征函数.下面将研究在已知随机变量的特征函数的情况下,如何求出随机变量的分布函数.

引理 5.1.1 设 $x_1<x_2$,记

$$g(T,x,x_1,x_2)=\frac{1}{\pi}\int_0^T\left[\frac{\sin t(x-x_1)}{t}-\frac{\sin t(x-x_2)}{t}\right]\mathrm{d}t,$$

则

$$\lim_{T\to+\infty} g(T,x,x_1,x_2)=\begin{cases}0, & x<x_1 \text{ 或 } x>x_2,\\ \dfrac{1}{2}, & x=x_1 \text{ 或 } x=x_2,\\ 1, & x_1<x<x_2.\end{cases} \tag{5.1.7}$$

证明 由数学分析中的知识可知狄里克莱积分

$$D(a)=\frac{1}{\pi}\int_0^{+\infty}\frac{\sin(at)}{t}\mathrm{d}t=\begin{cases}\dfrac{1}{2}, & a>0,\\ 0, & a=0,\\ \dfrac{1}{2}, & a<0.\end{cases}$$

从而

$$\lim_{T\to+\infty} g(T,x,x_1,x_2)=D(x-x_1)-D(x-x_2).$$

考察 x 在区间(x_1,x_2)的端点及内外相应狄里克莱积分的值即得结论.

定理 5.1.1(逆转公式) 设随机变量 X 的分布函数和特征函数分别为 $F(x)$ 和 $\varphi(t)$,x_1 和 x_2 是 $F(x)$ 的连续点,$x_1<x_2$,则

$$F(x_2)-F(x_1)=\lim_{T\to+\infty}\frac{1}{2\pi}\int_{-T}^{T}\frac{\mathrm{e}^{-itx_1}-\mathrm{e}^{-itx_2}}{it}\varphi(t)\mathrm{d}t. \tag{5.1.8}$$

证明 不妨设 X 是连续型随机变量(离散型随机变量的情形与其类似),其分布密度为 $f(x)$.记

$$
\begin{aligned}
I_T &= \frac{1}{2\pi}\int_{-T}^{T}\frac{\mathrm{e}^{-itx_1}-\mathrm{e}^{-itx_2}}{it}\varphi(t)\mathrm{d}t \\
&= \frac{1}{2\pi}\int_{-T}^{T}\int_{-\infty}^{+\infty}\frac{\mathrm{e}^{-itx_1}-\mathrm{e}^{-itx_2}}{it}\mathrm{e}^{itx}f(x)\mathrm{d}x\,\mathrm{d}t \\
&= \frac{1}{2\pi}\int_{-\infty}^{+\infty}\int_{-T}^{T}\frac{\mathrm{e}^{-itx_1}-\mathrm{e}^{-itx_2}}{it}\mathrm{e}^{itx}\mathrm{d}t f(x)\mathrm{d}x \\
&= \frac{1}{2\pi}\int_{-\infty}^{+\infty}\int_{0}^{T}\frac{\mathrm{e}^{it(x-x_1)}-\mathrm{e}^{-it(x-x_1)}-\mathrm{e}^{it(x-x_2)}+\mathrm{e}^{it(x-x_2)}}{it}\mathrm{d}t f(x)\mathrm{d}x \\
&= \frac{1}{\pi}\int_{-\infty}^{+\infty}\int_{0}^{T}\left[\frac{\sin t(x-x_1)}{t}-\frac{\sin t(x-x_2)}{t}\right]\mathrm{d}t f(x)\mathrm{d}x \\
&= \int_{-\infty}^{+\infty} g(T,x,x_1,x_2)f(x)\mathrm{d}x.
\end{aligned}
$$

由引理 5.1.1 可知，$g(T,x,x_1,x_2)$有界，因此极限和积分可以交换顺序，故

$$
\lim_{T\to+\infty} I_T=\int_{-\infty}^{+\infty}\lim_{T\to+\infty} g(T,x,x_1,x_2)f(x)\mathrm{d}x=\int_{x_1}^{x_2}f(x)\mathrm{d}x=F(x_2)-F(x_1).
$$

定理 5.1.2（唯一性定理） 随机变量的分布函数由特征函数唯一决定.

证明 设随机变量 X 的分布函数和特征函数分别为 $F(x)$ 和 $\varphi(t)$，x 是 $F(x)$ 的任意一个连续点，令 y 沿 $F(x)$ 的连续点趋于 $-\infty$，则有

$$
F(x)=\frac{1}{2\pi}\lim_{y\to-\infty}\lim_{T\to+\infty}\int_{-T}^{T}\frac{\mathrm{e}^{-ity}-\mathrm{e}^{-itx}}{it}\varphi(t)\mathrm{d}t.
$$

而分布函数完全由其连续点上的值决定，故结论得证.

定理 5.1.3 设随机变量 X 的分布函数和特征函数分别为 $F(x)$ 和 $\varphi(t)$，如果 $\int_{-\infty}^{+\infty}|\varphi(t)|\mathrm{d}t<+\infty$，则随机变量 X 的分布密度 $f(x)$ 存在，且

$$
f(x)=\frac{1}{2\pi}\int_{-\infty}^{+\infty}\mathrm{e}^{-itx}\varphi(t)\mathrm{d}t. \tag{5.1.9}
$$

证明 由逆转公式，若 $x-\delta$ 和 $x+\delta$ 是 $F(x)$ 的连续点，则

$$
F(x+\delta)-F(x-\delta)=\lim_{T\to+\infty}\frac{1}{\pi}\int_{-T}^{T}\frac{\sin t\delta}{t}\mathrm{e}^{-itx}\varphi(t)\mathrm{d}t.
$$

因此

$$
\frac{F(x+\delta)-F(x-\delta)}{2\delta}=\lim_{T\to+\infty}\frac{1}{2\pi}\int_{-T}^{T}\frac{\sin t\delta}{t\delta}\mathrm{e}^{-itx}\varphi(t)\mathrm{d}t.
$$

由于 $\left|\frac{\sin t\delta}{t\delta}\mathrm{e}^{-itx}\varphi(t)\right|\leqslant\varphi(t)$，因此根据控制收敛定理可得

$$
f(x)=F'(x)=\lim_{\delta\to0}\frac{F(x+\delta)-F(x-\delta)}{2\delta}=\frac{1}{2\pi}\int_{-\infty}^{+\infty}\mathrm{e}^{-itx}\varphi(t)\mathrm{d}t.
$$

注 由式(5.1.9)知，连续型随机变量 X 的分布密度 $f(x)$ 是其特征函数 $\varphi(t)$ 的反傅里叶变换.

例 5.1.3 设 X_1 和 X_2 分别服从参数为 λ_1 和 λ_2 的泊松分布，且 X_1 和 X_2 相互独立，试求 $X=X_1+X_2$ 的分布.

解 由例 5.1.1 可知，X_1 和 X_2 的特征函数分别为 $\varphi_{X_1}(t)=\mathrm{e}^{\lambda_1(\mathrm{e}^{it}-1)}$ 和 $\varphi_{X_2}(t)=$

$e^{\lambda_2(e^{it}-1)}$，由性质 5.1.4 可知，X 的特征函数为 $\varphi(t)=e^{\lambda_1(e^{it}-1)}e^{\lambda_2(e^{it}-1)}=e^{(\lambda_1+\lambda_2)(e^{it}-1)}$，根据唯一性定理可知 X 服从参数为 $\lambda_1+\lambda_2$ 的泊松分布.

注 从这里可以看到，当需要求独立随机变量和的分布时，利用特征函数的性质可以很容易得到. 正是这样，才使得特征函数在概率论中有着特别重要的地位.

5.1.4 多维特征函数定义

下面介绍随机变量的特征函数.

定义 5.1.2 设 $\boldsymbol{X}$ 是 n 维随机变量，称

$$\varphi(\boldsymbol{t})=E(e^{i\boldsymbol{t}^{\mathrm{T}}\boldsymbol{X}})$$

为 $\boldsymbol{X}$ 的特征函数，其中 $\boldsymbol{t}=(t_1,t_2,\cdots,t_n)^{\mathrm{T}},-\infty<t_j<+\infty,j=1,2,\cdots,n$.

与唯一性定理相似，随机变量的分布函数也可以由特征函数唯一决定. 可以证明，随机变量的分量相互独立的充分必要条件是随机变量的特征函数等于其各个分量的特征函数的乘积.

5.2 多维正态分布及其性质

在第 3 章讨论了二维正态分布，本节将进一步学习一般的多维正态分布及其性质.

5.2.1 多维正态分布

定义 5.2.1 设随机变量 $X_1,X_2\cdots,X_n$ 独立同分布于标准正态分布 $N(0,1)$，则称 $\boldsymbol{X}=(X_1,X_2\cdots,X_n)^{\mathrm{T}}$ 服从 n 维标准正态分布，记为 $\boldsymbol{X}\sim N(\boldsymbol{0},\boldsymbol{I}_n)$，其中 $\boldsymbol{0}$ 表示零向量，$\boldsymbol{I}_n$ 表示 n 阶单位矩阵.

注 由于独立随机变量的联合分布密度是各自分布密度的乘积，可知 $\boldsymbol{X}$ 的联合分布密度为

$$f(x_1,x_2,\cdots,x_n)=\prod_{j=1}^{n}\frac{1}{\sqrt{2\pi}}\exp\left\{-\frac{x_j^2}{2}\right\}=\left(\frac{1}{\sqrt{2\pi}}\right)^n\exp\left\{-\frac{\boldsymbol{x}^{\mathrm{T}}\boldsymbol{x}}{2}\right\},$$

其中，$\boldsymbol{x}=(x_1,x_2,\cdots x_n)^{\mathrm{T}}$.

定义 5.2.2 设 $\boldsymbol{X}\sim N(\boldsymbol{0},\boldsymbol{I}_n)$，$\boldsymbol{B}$ 为 $m\times n$ 阶实数矩阵，$\boldsymbol{\mu}$ 为 m 维实向量，令 $\boldsymbol{Y}=\boldsymbol{\mu}+\boldsymbol{BX}$，则称 $\boldsymbol{Y}$ 服从参数为 $\boldsymbol{\mu}$ 和 $\boldsymbol{\Sigma}$ 的 m 维正态分布，记为 $Y\sim N(\boldsymbol{\mu},\boldsymbol{\Sigma})$. 其中，$\boldsymbol{\Sigma}=\boldsymbol{BB}^{\mathrm{T}}$ 是 m 阶非负定矩阵.

注 (1) 从定义中可以看出，$\boldsymbol{\mu}$ 是 $\boldsymbol{Y}$ 的均值向量，$\boldsymbol{\Sigma}$ 是 $\boldsymbol{Y}$ 的协方差矩阵. 当 $\boldsymbol{\Sigma}$ 是正定矩阵时，记 $\boldsymbol{\Sigma}^{\frac{1}{2}}$ 是 $\boldsymbol{\Sigma}$ 的平方根矩阵，$\boldsymbol{\Sigma}^{-\frac{1}{2}}=\left(\boldsymbol{\Sigma}^{\frac{1}{2}}\right)^{-1}$，则 $\boldsymbol{Y}$ 的联合分布密度为

$$g(y_1,y_2,\cdots,y_m)=f[\boldsymbol{\Sigma}^{-\frac{1}{2}}(\boldsymbol{y}-\boldsymbol{\mu})]\,|\,\boldsymbol{\Sigma}^{-\frac{1}{2}}\,|=\left(\frac{1}{\sqrt{2\pi}}\right)^m|\boldsymbol{\Sigma}|^{-\frac{1}{2}}\times$$

$$\exp\left\{-\frac{1}{2}(\boldsymbol{y}-\boldsymbol{\mu})^{\mathrm{T}}\boldsymbol{\Sigma}^{-1}(\boldsymbol{y}-\boldsymbol{\mu})\right\}.$$

(2) 当 $\boldsymbol{\Sigma}$ 是半正定矩阵时，分布密度无法写出来，但是可以证明如下结论：若 $\boldsymbol{\Sigma}$ 的秩是

$r<m$,则$\boldsymbol{Y}$的概率分布集中在一个r维子空间上,这种正态分布称为退化正态分布或者奇异正态分布.

5.2.2 多维正态分布的性质

下面介绍多维正态分布的一些性质.假设$\boldsymbol{Y}=(Y_1,Y_2,\cdots,Y_m)^{\mathrm{T}}$是$m$维随机向量,且$\boldsymbol{Y}\sim N(\boldsymbol{\mu},\boldsymbol{\Sigma})$.其中,$\boldsymbol{\mu}$为$m$维实向量,$\boldsymbol{\Sigma}$是$m$阶实矩阵.

性质5.2.1 $\boldsymbol{Y}$的特征函数为

$$\varphi_{\boldsymbol{Y}}(\boldsymbol{t})=\exp\left\{i\boldsymbol{\mu}^{\mathrm{T}}\boldsymbol{t}-\frac{1}{2}\boldsymbol{t}^{\mathrm{T}}\boldsymbol{\Sigma}\boldsymbol{t}\right\}. \tag{5.2.1}$$

其中,$\boldsymbol{t}=(t_1,t_2,\cdots,t_m)^{\mathrm{T}}$.

证明 根据定义可得

$$\begin{aligned}\varphi_{\boldsymbol{Y}}(\boldsymbol{t})&=\int_{R^m}\mathrm{e}^{i\boldsymbol{t}^{\mathrm{T}}\boldsymbol{y}}f(\boldsymbol{y})\mathrm{d}\boldsymbol{y}\\&=\frac{1}{(2\pi)^{\frac{m}{2}}\ |\boldsymbol{\Sigma}|^{\frac{1}{2}}}\int_{\mathbf{R}^m}\mathrm{e}^{i\boldsymbol{t}^{\mathrm{T}}\boldsymbol{y}}\exp\left\{-\frac{1}{2}(\boldsymbol{y}-\boldsymbol{\mu})^{\mathrm{T}}\boldsymbol{\Sigma}^{-1}(\boldsymbol{y}-\boldsymbol{\mu})\right\}\mathrm{d}\boldsymbol{y}.\end{aligned}$$

令 $\boldsymbol{y}=\boldsymbol{\Sigma}^{\frac{1}{2}}\boldsymbol{x}+\boldsymbol{\mu}$,则

$$i\boldsymbol{t}^{\mathrm{T}}\boldsymbol{y}-\frac{1}{2}(\boldsymbol{y}-\boldsymbol{\mu})^{\mathrm{T}}\boldsymbol{\Sigma}^{-1}(\boldsymbol{y}-\boldsymbol{\mu})=i\boldsymbol{t}^{\mathrm{T}}\boldsymbol{\mu}+i\boldsymbol{t}^{\mathrm{T}}\boldsymbol{\Sigma}^{\frac{1}{2}}\boldsymbol{x}-\frac{1}{2}\boldsymbol{x}^{\mathrm{T}}\boldsymbol{x}.$$

记 $\boldsymbol{s}=\boldsymbol{\Sigma}^{\frac{1}{2}}\boldsymbol{t}$,则

$$\begin{aligned}i\boldsymbol{t}^{\mathrm{T}}\boldsymbol{y}-\frac{1}{2}(\boldsymbol{y}-\boldsymbol{\mu})^{\mathrm{T}}\boldsymbol{\Sigma}^{-1}(\boldsymbol{y}-\boldsymbol{\mu})&=i\boldsymbol{t}^{\mathrm{T}}\boldsymbol{\mu}+i\boldsymbol{s}^{\mathrm{T}}\boldsymbol{x}-\frac{1}{2}\boldsymbol{x}^{\mathrm{T}}\boldsymbol{x}=i\boldsymbol{t}^{\mathrm{T}}\boldsymbol{\mu}+\sum_{j=1}^{m}\left(is_jx_j-\frac{1}{2}x_j^2\right)\\&=i\boldsymbol{t}^{\mathrm{T}}\boldsymbol{\mu}-\frac{1}{2}\sum_{j=1}^{m}(x_j-is_j)^2-\frac{1}{2}\sum_{j=1}^{m}s_j^2\\&=i\boldsymbol{t}^{\mathrm{T}}\boldsymbol{\mu}-\frac{1}{2}\sum_{j=1}^{m}(x_j-is_j)^2-\frac{1}{2}\boldsymbol{t}^{\mathrm{T}}\boldsymbol{\Sigma}\boldsymbol{t}.\end{aligned}$$

因此,

$$\varphi_{\boldsymbol{Y}}(\boldsymbol{t})=\frac{\mathrm{e}^{i\boldsymbol{t}^{\mathrm{T}}\boldsymbol{\mu}-\frac{1}{2}\boldsymbol{t}^{\mathrm{T}}\boldsymbol{\Sigma}\boldsymbol{t}}}{(2\pi)^{\frac{m}{2}}\ |\boldsymbol{\Sigma}|^{\frac{1}{2}}}\int_{\mathbf{R}^m}\exp\left\{-\frac{1}{2}\sum_{j=1}^{m}(x_j-is_j)^2\right\}|\boldsymbol{\Sigma}|^{\frac{1}{2}}\mathrm{d}\boldsymbol{x}=\exp\{i\boldsymbol{\mu}^{\mathrm{T}}\boldsymbol{t}-\frac{1}{2}\boldsymbol{t}^{\mathrm{T}}\boldsymbol{\Sigma}\boldsymbol{t}\}.$$

性质5.2.2 $Y_1,Y_2,\cdots,Y_m$相互独立的充分必要条件是它们两两不相关.

证明 必要性显然成立.下证充分性.

因为$Y_1,Y_2,\cdots,Y_m$两两不相关,即对于任意的$j\neq k$,

$$\rho_{jk}=\frac{E(Y_j-EY_j)(Y_k-EY_k)}{\sqrt{DY_j}\sqrt{DY_k}}=0.$$

因此$b_{jk}=E(Y_j-EY_j)(Y_k-EY_k)=0$,所以

$$\varphi_{\boldsymbol{Y}}(\boldsymbol{t})=\mathrm{e}^{i}\ \sum_{j=1}^{m}\mu_jt_j-\frac{1}{2}b_{jj}t_j^2=\prod_{j=1}^{m}\mathrm{e}^{i\mu_jt_j-\frac{1}{2}b_{jj}t_j^2}=\prod_{j=1}^{m}\varphi_{Y_j}(t_j).$$

由多元特征函数的性质可知,$Y_1,Y_2,\cdots,Y_m$相互独立.

性质5.2.3 $\boldsymbol{Y}\sim N(\boldsymbol{\mu},\boldsymbol{\Sigma})$的充分必要条件是它的分量的任意线性组合$Z=\sum\limits_{j=1}^{m}a_jY_j$

服从一元正态分布,即

$$Z \sim N\left(\sum_{j=1}^{m} a_j\mu_j, \sum_{j,k=1}^{m} a_j a_k b_{jk}\right) = N(\boldsymbol{a}^{\mathrm{T}}\boldsymbol{\mu}, \boldsymbol{a}^{\mathrm{T}}\boldsymbol{\Sigma}\boldsymbol{a}). \tag{5.2.2}$$

证明 必要性:若 $\boldsymbol{Y} \sim N(\boldsymbol{\mu}, \boldsymbol{\Sigma})$,则

$$\varphi_Y(\boldsymbol{t}) = \exp\left\{i\boldsymbol{\mu}^{\mathrm{T}}\boldsymbol{t} - \frac{1}{2}\boldsymbol{t}^{\mathrm{T}}\boldsymbol{\Sigma}\boldsymbol{t}\right\}.$$

取 $\boldsymbol{t} = s\boldsymbol{a}$,其中,$\boldsymbol{a} = (a_1, \cdots, a_m)^{\mathrm{T}}$,$s$ 是实数,则

$$E(\mathrm{e}^{isZ}) = E(\mathrm{e}^{is\boldsymbol{a}^{\mathrm{T}}\boldsymbol{Y}}) = \exp\left\{is\boldsymbol{a}^{\mathrm{T}}\boldsymbol{\mu} - \frac{1}{2}s^2\boldsymbol{a}^{\mathrm{T}}\boldsymbol{\Sigma}\boldsymbol{a}\right\}.$$

上式对任意的 s 都成立,因此 $Z \sim N\left(\sum_{j=1}^{m} a_j\mu_j, \sum_{j,k=1}^{m} a_j a_k b_{jk}\right)$.

充分性:如果 $Z \sim N\left(\sum_{j=1}^{m} a_j\mu_j, \sum_{j,k=1}^{m} a_j a_k b_{jk}\right) = N(\boldsymbol{a}^{\mathrm{T}}\boldsymbol{\mu}, \boldsymbol{a}^{\mathrm{T}}\boldsymbol{\Sigma}\boldsymbol{a})$,则

$$E(\mathrm{e}^{isZ}) = E(\mathrm{e}^{is\boldsymbol{a}^{\mathrm{T}}\boldsymbol{Y}}) = \exp\left\{is\boldsymbol{a}^{\mathrm{T}}\boldsymbol{\mu} - \frac{1}{2}s^2\boldsymbol{a}^{\mathrm{T}}\boldsymbol{\Sigma}\boldsymbol{a}\right\}.$$

取 $s=1$,得到

$$E(\mathrm{e}^{i\boldsymbol{a}^{\mathrm{T}}\boldsymbol{Y}}) = \exp\left\{i\boldsymbol{a}^{\mathrm{T}}\boldsymbol{\mu} - \frac{1}{2}\boldsymbol{a}^{\mathrm{T}}\boldsymbol{\Sigma}\boldsymbol{a}\right\}.$$

根据线性变换的任意性,可以得到 $\boldsymbol{Y} \sim N(\boldsymbol{\mu}, \boldsymbol{\Sigma})$.

性质 5.2.4 $\boldsymbol{Y} \sim N(\boldsymbol{\mu}, \boldsymbol{\Sigma})$,$\boldsymbol{B}$ 是 $n \times m$ 阶矩阵,则 $\boldsymbol{Z} = \boldsymbol{B}\boldsymbol{Y}$ 服从 n 维多维正态分布 $N(\boldsymbol{B}\boldsymbol{\mu}, \boldsymbol{B}\boldsymbol{\Sigma}\boldsymbol{B}^{\mathrm{T}})$.

证明 $\boldsymbol{Z}$ 的特征函数为

$$\begin{aligned} E(\mathrm{e}^{i\boldsymbol{t}^{\mathrm{T}}\boldsymbol{Z}}) &= E[\mathrm{e}^{i\boldsymbol{t}^{\mathrm{T}}\boldsymbol{B}\boldsymbol{Y}}] = E(\mathrm{e}^{i(\boldsymbol{B}^{\mathrm{T}}\boldsymbol{t})^{\mathrm{T}}\boldsymbol{Y}}) = \exp\{i\,(\boldsymbol{B}^{\mathrm{T}}\boldsymbol{t})^{\mathrm{T}}\boldsymbol{\mu} - \frac{1}{2}\,(\boldsymbol{B}^{\mathrm{T}}\boldsymbol{t})^{\mathrm{T}}\boldsymbol{\Sigma}(\boldsymbol{B}^{\mathrm{T}}\boldsymbol{t})\} \\ &= \exp\left\{i\boldsymbol{t}^{\mathrm{T}}\boldsymbol{B}\boldsymbol{\mu} - \frac{1}{2}\boldsymbol{t}^{\mathrm{T}}[\boldsymbol{B}\boldsymbol{\Sigma}\boldsymbol{B}^{\mathrm{T}}]\boldsymbol{t}\right\}. \end{aligned}$$

根据特征函数的唯一性定理,$\boldsymbol{Z} = \boldsymbol{B}\boldsymbol{Y}$ 服从 m 维多元正态分布 $N(\boldsymbol{B}\boldsymbol{\mu}, \boldsymbol{B}\boldsymbol{\Sigma}\boldsymbol{B}^{\mathrm{T}})$.

性质 5.2.5 设 $\boldsymbol{Y} \sim N(\boldsymbol{\mu}, \boldsymbol{\Sigma})$,且 $\boldsymbol{Y} = (\boldsymbol{Y}_1^{\mathrm{T}}, \boldsymbol{Y}_2^{\mathrm{T}})^{\mathrm{T}}$,则在给定 $\boldsymbol{Y}_1 = \boldsymbol{y}_1$ 下,$\boldsymbol{Y}_2$ 的条件分布为 $N(\boldsymbol{\mu}_2 + \boldsymbol{\Sigma}(2,1)\boldsymbol{\Sigma}^{-1}(1,1)(\boldsymbol{y}_1 - \boldsymbol{\mu}_1), \boldsymbol{\Sigma}(2,2) - \boldsymbol{\Sigma}(2,1)\boldsymbol{\Sigma}^{-1}(1,1)\boldsymbol{\Sigma}(1,2))$.其中,$\boldsymbol{\mu}_1$,$\boldsymbol{\mu}_2$ 对应于 $\boldsymbol{\mu} = (\boldsymbol{\mu}_1^{\mathrm{T}}, \boldsymbol{\mu}_2^{\mathrm{T}})^{\mathrm{T}}$,$\boldsymbol{\Sigma}(1,1)$,$\boldsymbol{\Sigma}(2,1)$,$\boldsymbol{\Sigma}(2,2)$ 和 $\boldsymbol{\Sigma}(1,2)$ 对应于 $\boldsymbol{\Sigma} = \begin{pmatrix} \boldsymbol{\Sigma}(1,1) & \boldsymbol{\Sigma}(2,1) \\ \boldsymbol{\Sigma}(1,2) & \boldsymbol{\Sigma}(2,2) \end{pmatrix}$.

该性质的证明见参考文献 2.

5.3 随机变量序列的收敛性

前面介绍了一维随机变量 X、二维随机变量 (X,Y)、n 维随机变量 $(X_1, X_2, \cdots, X_n)$,在理论和实际问题中还经常遇到无穷多个随机变量(随机变量序列)$X_1, X_2, \cdots, X_n, \cdots$.本节将从不同的角度考虑随机变量序列的收敛性,并介绍几个关于收敛性的准则.

5.3.1 几种收敛性的定义

定义 5.3.1 设$\{X_n\}$和X分别是概率空间$\{\Omega,\mathcal{F},P\}$上的随机变量序列和随机变量.

(1) 设$\{F_n\}$和F分别是$\{X_n\}$和X的分布函数. 如果对于$F(x)$的所有连续点x,当$n\to+\infty$时,恒有

$$\lim_{n\to+\infty}F_n(x)=F(x), \tag{5.3.1}$$

则称随机变量序列$\{X_n\}$依分布收敛(Convergence in Distribution)于X,记为$X_n\xrightarrow{L}X$;或称分布函数序列$\{F_n\}$弱收敛(Weak Convergence)于分布函数F,记为$F_n(x)\xrightarrow{W}F(x)$.

(2) 如果对于任意给定的充分小的常数$\varepsilon>0$,有

$$\lim_{n\to+\infty}P\{|X_n-X|\geqslant\varepsilon\}=0, \tag{5.3.2}$$

则称随机变量序列$\{X_n\}$依概率收敛(Convergence in Probability) 于X,记为$X_n\xrightarrow{P}X$.

(3) 设对于常数$r>0$,$E|X_n|^r<+\infty$和$E|X|^r<+\infty$. 若

$$\lim_{n\to+\infty}E|X_n-X|^r=0, \tag{5.3.3}$$

则称随机变量序列$\{X_n\}$ r阶收敛于X,记为$X_n\xrightarrow{L^r}X$. 特别地,当$r=2$时,称$\{X_n\}$均方收敛(Convergence in Mean Square)于X.

(4) 如果

$$P\{\omega|\lim_{n\to+\infty}X_n(\omega)=X(\omega)\}=1, \tag{5.3.4}$$

则称随机变量序列$\{X_n\}$以概率1收敛(Convergence with Probability 1)于X或者几乎处处收敛(Almost Sure Convergence)于X,记为$X_n\xrightarrow{a.s.}X$.

从定义5.3.1可以看到,随机变量序列的收敛性可以有不同的定义,那么这些收敛性之间有怎样的关系?下面通过若干定理和例子进行解释.

5.3.2 几种收敛性的关系

定理 5.3.1 如果随机变量序列$\{X_n\}$依概率收敛于X,则$\{X_n\}$依分布收敛于X.

证明 设$\{F_n\}$和F分别是$\{X_n\}$和X的分布函数,x是分布函数F任意给定的连续点,取$y<x<z$. 容易看到

$$\{X\leqslant y\}=\{X_n\leqslant x,X\leqslant y\}+\{X_n>x,X\leqslant y\}\subseteq\{X_n\leqslant x\}+\{X_n>x,X\leqslant y\}.$$

因此,

$$F(y)\leqslant F_n(x)+P\{X_n>x,X\leqslant y\}.$$

令$n\to+\infty$,依概率收敛的定义可以得到

$$P\{X_n>x,X\leqslant y\}\leqslant P\{|X_n-X|\geqslant x-y\}\to 0,$$

所以

$$F(y)\leqslant\varliminf_{n\to+\infty}F_n(x).$$

同理可得

$$\varlimsup_{n\to+\infty}F_n(x)\leqslant F(z).$$

综上,可得

$$F(y)\leqslant \varliminf_{n\to+\infty} F_n(x)\leqslant \varlimsup_{n\to+\infty} F_n(x)\leqslant F(z).$$

令 $y\uparrow x, z\downarrow x$，由于 x 是分布函数 F 的连续点，所以

$$\lim_{n\to+\infty} F_n(x)=F(x).$$

最后，由 x 的任意性结论得证.

注 需要注意的是，定理 5.3.1 的逆命题一般不成立.

例 5.3.1 设有样本空间 $\Omega=\{\omega_1,\omega_2,\omega_3\}$，$P(\omega_1)=P(\omega_2)=P(\omega_3)=\frac{1}{3}$，定义随机变量

$$X(\omega)=\begin{cases}1, & \omega=\omega_1,\\ 0, & \omega=\omega_2,\\ -1, & \omega=\omega_3.\end{cases}$$

对于任意的 $n\geqslant 1$，令 $X_n(\omega)=-X(\omega)$. 显然，X_n 和 X 有相同的分布函数，故 $X_n\xrightarrow{L}X$. 而对于任意给定的 $0<\varepsilon<2$，$P\{|X_n-X|\geqslant\varepsilon\}=\frac{2}{3}$. 因此，$\{X_n\}$ 不依概率收敛于 X.

虽然一般来说依分布收敛不能得到依概率收敛，但是如果有另外的一些条件，就可以得到以下结论.

定理 5.3.2 设 C 是常数，如果随机变量序列 $\{X_n\}$ 依分布收敛于 C，则 $\{X_n\}$ 依概率收敛于 C.

证明 对于任意给定的 $\varepsilon>0$，令 $n\to+\infty$，则

$$\begin{aligned}P\{|X_n-C|\geqslant\varepsilon\}&=P\{X_n\geqslant C+\varepsilon\}+P\{X_n\leqslant C-\varepsilon\}\\&=1-F_n(C+\varepsilon-0)+F_n(C-\varepsilon)\\&\to 1-1+0=0.\end{aligned}$$

由 ε 的任意性，结论得证.

综合定理 5.3.1 和定理 5.3.2，可以得到下面的推论.

推论 5.3.1 设 C 是常数，随机变量序列 $\{X_n\}$ 依概率收敛于 C 的充分必要条件是 $\{X_n\}$ 依分布收敛于 C.

定理 5.3.3 常数 $r>0$，如果随机变量序列 $\{X_n\}$ r 阶收敛于 X，则 $\{X_n\}$ 依概率收敛于 X.

证明 设 X_n-X 的分布函数为 G. 对任意的 $\varepsilon>0$，有

$$\begin{aligned}P\{|X_n-X|\geqslant\varepsilon\}&=\int_{|x|\geqslant\varepsilon}\mathrm{d}G(x)\leqslant\int_{|x|\geqslant\varepsilon}\frac{|x|^r}{\varepsilon^r}\mathrm{d}G(x)\\&\leqslant\frac{1}{\varepsilon^r}\int_{-\infty}^{+\infty}|x|^r\mathrm{d}G(x)=\frac{E|X_n-X|^r}{\varepsilon^r}.\end{aligned}$$

由上面的等式及 r 阶收敛和依概率收敛的定义，即可得到所要结果.

注 定理 5.3.3 的逆命题一般不成立，但是如果有另外的条件，r 阶收敛可以得到依概率收敛，感兴趣的读者可查阅参考文献 1.

例 5.3.2 设 $\{X_n\}$ 是概率空间 $(\Omega=\{\omega_1,\omega_2\},\mathcal{F},P)$ 上的随机变量序列，常数 $r>0$ 且

$$P\{X_n(\omega_1)=0\}=1-\frac{1}{n^r},\quad P\{X_n(\omega_2)=n\}=\frac{1}{n^r},\quad n=1,2,3,\cdots.$$

易见，$E|X_n|^r = n^r \cdot \frac{1}{n^r} = 1$，故$\{X_n\}$不 r 阶收敛于 0. 对于任意充分小的 $\varepsilon > 0$，有

$$\lim_{n\to+\infty} P\{|X_n - 0| \geqslant \varepsilon\} = \lim_{n\to+\infty} P\{X_n = n\} = \lim_{n\to+\infty} \frac{1}{n^r} = 0,$$

即$\{X_n\}$依概率收敛于 0.

定理 5.3.4 设常数 $r>0$，如果随机变量序列$\{X_n\}$ r 阶收敛于 X，则对任意的 $0<s<r$，$\{X_n\}$ s 阶收敛于 X.

证明 记 $\beta_n = E|X|^n < +\infty$，由李雅普诺夫不等式知，对任意的 $2 \leqslant k \leqslant n$，

$$\beta_{k-1}^{\frac{1}{k-1}} \leqslant \beta_k^{\frac{1}{k}}.$$

于是

$$E|X_n - X|^s = \{[E|X_n - X|^s]^{\frac{1}{s}}\}^s \leqslant \{[E|X_n - X|^r]^{\frac{1}{r}}\}^s.$$

由上式及$\{X_n\}$$r$ 阶收敛于 X，结论得证.

注 定理 5.3.4 的逆命题一般不成立.

例 5.3.3 设$\{X_n\}$是概率空间$(\Omega=\{\omega_1,\omega_2\},\mathcal{F},P)$上的随机变量序列，且

$$P\{X_n(\omega_1)=0\} = 1-\frac{1}{n^2}, \quad P\{X_n(\omega_2)=n\} = \frac{1}{n^2}, \quad n=1,2,3\cdots.$$

易见，$E|X_n| = n \cdot \frac{1}{n^2} = \frac{1}{n} \to 0$，故$\{X_n\}$ 1 阶收敛于 0. 但是 $E|X_n|^2 = n^2 \cdot \frac{1}{n^2} = 1$，故$\{X_n\}$ 2 阶不收敛于 0.

几乎处处收敛是较强的一种收敛，它可以推出依概率收敛(证明见参考文献 2). 此处由于篇幅和证明工具的限制，各种收敛性之间的关系就不再详细讨论. 下面对各种收敛性之间的关系进行总结：

(1) 依概率收敛可以推出依分布收敛，反之不然；

(2) r 阶收敛可以推出依概率收敛，反之不然；

(3) 几乎处处收敛可以推出依概率收敛，反之不然；

(4) 几乎处处收敛推不出 r 阶收敛，反之亦然.

5.4 大数定律

随机现象在一次随机试验中的结果具有偶然性，但是大量重复随机试验的结果会出现一定的规律性. 这种规律性可以从不同的角度来考虑，例如研究大量随机结果频率的稳定性. 本节将要介绍的大数定律就是研究大量独立或者不相关的随机因素累积的平均程度的稳定性问题. 前面所提到的伯努利试验，当试验次数越来越大时，事件发生的频率会趋于事件发生的概率，大数定律从理论上解释了这个观察的合理性.

5.4.1 大数定律的定义

定义 5.4.1 设$\{X_n\}$是随机变量序列. 如果存在常数列$\{a_n\}$，对任意给定的 $\varepsilon>0$，有

$$\lim_{n\to+\infty} P\left\{\left|\frac{1}{n}\sum_{i=1}^{n} X_i - a_n\right| \geqslant \varepsilon\right\}=0 \tag{5.4.1}$$

或者

$$\lim_{n\to+\infty} P\left\{\left|\frac{1}{n}\sum_{i=1}^{n} X_i - a_n\right| < \varepsilon\right\}=1 \tag{5.4.2}$$

成立，则称随机变量序列$\{X_n\}$服从大数定律(Law of Large Numbers).

5.4.2 大数定律的定理

在实际问题中，应用最广泛的就是随机试验独立同分布的情况. 该情形下的研究最简单，结果最深刻. 因此，首先研究独立同分布情形下的大数定律. 为了证明下面的大数定律，此处不加证明地引入一个引理.

引理 5.4.1 分布函数序列$\{F_n(x)\}$弱收敛于分布函数$F(x)$的充分必要条件是$\{F_n(x)\}$相应的特征函数序列收敛于$F(x)$的特征函数.

定理 5.4.1(辛钦大数定律) 设$\{X_n\}$是独立同分布的随机变量序列，且具有有限的数学期望，即$a=EX_n, n=1,2,\cdots$有限，则对于任意的$\varepsilon>0$，有

$$\lim_{n\to+\infty} P\left\{\left|\frac{1}{n}\sum_{i=1}^{n} X_i - a\right| < \varepsilon\right\}=1, \tag{5.4.3}$$

即$\{X_n\}$满足大数定律.

证明 设X_1的特征函数为$f(t)$. 因为X_1的数学期望存在，所以

$$f(t)=f(0)+f'(0)t+o(t)=1+iat+o(t).$$

由于$\{X_n\}$的独立同分布性，$\frac{1}{n}\sum_{i=1}^{n} X_i$的特征函数为

$$\left[f\left(\frac{t}{n}\right)\right]^n=\left[1+ia\frac{t}{n}+o\left(\frac{t}{n}\right)\right]^n.$$

对于固定的t，当$n\to+\infty$时，有

$$\left[f\left(\frac{t}{n}\right)\right]^n \to \mathrm{e}^{iat}.$$

而e^{iat}是退化分布的特征函数，其分布函数为

$$F(x)=\begin{cases}0, & x<a,\\ 1, & x\geqslant a.\end{cases}$$

由引理 5.4.1，$\left\{\frac{1}{n}\sum_{i=1}^{n} X_i\right\}$依分布收敛于$a$. 再根据定理 5.3.2，$\left\{\frac{1}{n}\sum_{i=1}^{n} X_i\right\}$依概率收敛于$a$. 故得证.

辛钦大数定律的结果比较广泛，包含了很多特殊情况，但是独立同分布的条件却是必不可少的. 下面放宽这样的假定，考虑不独立并且不相关时的大数定律. 首先介绍一个引理.

引理 5.4.2(切比雪夫不等式) 设随机变量X的方差有限，则

$$P\{|X-EX|\geqslant\varepsilon\}\leqslant\frac{DX}{\varepsilon^2}. \tag{5.4.4}$$

其中，ε是任意给定的正常数.

证明 设X的分布函数为$F(x)$，则

$$P\{|X-EX|\geqslant\varepsilon\}=\int_{|x-EX|\geqslant\varepsilon}\mathrm{d}F(x)\leqslant\int_{|x-EX|\geqslant\varepsilon}\frac{|x-EX|^2}{\varepsilon^2}\mathrm{d}F(x)$$

$$\leqslant\frac{1}{\varepsilon^2}\int_{-\infty}^{+\infty}|x-EX|^2\mathrm{d}F(x)=\frac{DX}{\varepsilon^2}.$$

注 引理5.4.2的结果也可以改写为

$$P\{|X-EX|<\varepsilon\}\geqslant 1-\frac{DX}{\varepsilon^2}. \tag{5.4.5}$$

定理5.4.2(切比雪夫大数定律) 设$\{X_n\}$是两两不相关的随机变量序列,方差序列具有共同的上界C,即$DX_n\leqslant C, n=1,2\cdots$,则对于任意给定的$\varepsilon>0$,

$$\lim_{n\to+\infty}P\left\{\left|\frac{1}{n}\sum_{i=1}^{n}X_i-\frac{1}{n}\sum_{i=1}^{n}EX_i\right|<\varepsilon\right\}=1. \tag{5.4.6}$$

证明 因为$\{X_n\}$两两不相关,所以

$$D\left(\frac{1}{n}\sum_{i=1}^{n}X_i\right)=\frac{1}{n^2}\sum_{i=1}^{n}DX_i\leqslant\frac{C}{n}.$$

由切比雪夫不等式可以得到

$$P\left\{\left|\frac{1}{n}\sum_{i=1}^{n}X_i-\frac{1}{n}\sum_{i=1}^{n}EX_i\right|<\varepsilon\right\}\geqslant 1-\frac{1}{\varepsilon^2}D\left(\frac{1}{n}\sum_{i=1}^{n}X_i\right)\geqslant 1-\frac{C}{n\varepsilon^2},$$

显然

$$1\geqslant P\left\{\left|\frac{1}{n}\sum_{i=1}^{n}X_i-\frac{1}{n}\sum_{i=1}^{n}EX_i\right|<\varepsilon\right\}.$$

综合上面两式,当$n\to+\infty$时

$$P\left\{\left|\frac{1}{n}\sum_{i=1}^{n}X_i-\frac{1}{n}\sum_{i=1}^{n}EX_i\right|<\varepsilon\right\}\to 1.$$

例5.4.1 设$\{X_n\}$是相互独立的随机变量序列,且

$$P\{X_n=\pm\sqrt{n}\}=\frac{1}{n},\quad P\{X_n=0\}=1-\frac{2}{n},\quad n=2,3,\cdots.$$

试证明$\{X_n\}$服从大数定律.

证明 因为$EX_n=0\times\left(1-\frac{2}{n}\right)+\sqrt{n}\times\frac{1}{n}+(-\sqrt{n})\times\frac{1}{n}=0$,

$$DX_n=EX_n^2-(EX_n)^2=0\times\left(1-\frac{2}{n}\right)+n\times\frac{1}{n}+n\times\frac{1}{n}=2,$$

所以$\{X_n\}$满足切比雪夫大数定律的条件.因此,$\{X_n\}$服从大数定律.

马尔科夫注意到,在切比雪夫大数定律的证明中只要

$$\frac{1}{n^2}D\left(\sum_{i=1}^{n}X_i\right)\to 0,$$

大数定律就成立,此即马尔科夫大数定律.

定理5.4.3(马尔科夫大数定律) 设随机变量序列$\{X_n\}$满足马尔科夫条件

$$\frac{1}{n^2}D\left(\sum_{i=1}^{n}X_i\right)\to 0, \tag{5.4.7}$$

则$\{X_n\}$服从大数定律.

例5.4.2 设$\{X_n\}$是相互独立的随机变量序列,且

$$P\{X_n=\pm n^{\alpha}\}=\frac{1}{2},\quad \alpha<\frac{1}{2},\quad n=1,2,3,\cdots.$$

试证明$\{X_n\}$服从大数定律.

证明

$$EX_n=n^{\alpha}\times\frac{1}{2}-n^{\alpha}\times\frac{1}{2}=0,$$

$$DX_n=EX_n^2=\frac{1}{2}\times(n^{2\alpha}+n^{2\alpha})=n^{2\alpha}.$$

当$\alpha\leqslant 0$时,

$$DX_n=n^{2\alpha}\leqslant 1,$$

故$\{X_n\}$服从大数定律.

当$0<\alpha<\frac{1}{2}$时,

$$\frac{1}{n^2}D\Big(\sum_{i=1}^{n}X_i\Big)=\frac{1}{n^2}\sum_{i=1}^{n}i^{2\alpha}=\frac{1}{n^{2-(2\alpha+1)}}\sum_{i=1}^{n}\Big(\frac{i}{n}\Big)^{2\alpha}\frac{1}{n}.$$

因为

$$\lim_{n\to+\infty}\frac{1}{n^2}D\Big(\sum_{i=1}^{n}X_i\Big)=\lim_{n\to+\infty}\frac{1}{n^{1-2\alpha}}\int_0^1 x^{2\alpha}\,\mathrm{d}x=\lim_{n\to+\infty}\frac{1}{(2\alpha+1)n^{1-2\alpha}}=0,$$

故$\{X_n\}$满足马尔科夫大数定律的条件.

因此,$\{X_n\}$服从大数定律.

下面考虑几种特殊情形下的大数定律,其证明可以应用辛钦大数定律或者切比雪夫大数定律得到.

推论 5.4.1(伯努利大数定律)　设μ_n是n次伯努利试验中事件成功的次数,p是事件成功的概率,则对于任意给定的$\varepsilon>0$,

$$\lim_{n\to+\infty}P\left\{\left|\frac{\mu_n}{n}-p\right|<\varepsilon\right\}=1. \tag{5.4.8}$$

推论 5.4.2(泊松大数定律)　设在独立试验序列中,第k次试验事件成功的概率为p_k,μ_n是n次试验中事件发生的次数,则对于任意给定的$\varepsilon>0$,

$$\lim_{n\to+\infty}P\left\{\left|\frac{\mu_n}{n}-\frac{p_1+p_2+\cdots+p_n}{n}\right|<\varepsilon\right\}=1. \tag{5.4.9}$$

注　在实际应用中,大数定律也有重要的指导作用. 求解定积分$I=\int_a^b f(x)\,\mathrm{d}x$时,如果$f(x)$的形式比较复杂,则很难给出$I$的精确解,这里可以利用大数定律给出求解$I$的近似方法. 设$X$服从$[a,b]$上的均匀分布,则

$$Ef(X)=\frac{1}{b-a}\int_a^b f(x)\,\mathrm{d}x=\frac{I}{b-a}. \tag{5.4.10}$$

因此$I=(b-a)Ef(X)$.

设$\{X_n\}$独立同分布,且均服从$[a,b]$上的均匀分布,则$\{f(X_n)\}$独立同分布. 如果$\{f(X_n)\}$的数学期望存在,则由大数定律知$\frac{1}{n}\sum_{i=1}^{n}f(X_i)$依概率收敛于$Ef(X)$,因此$\hat{I}=(b-a)\frac{1}{n}\sum_{i=1}^{n}f(X_i)$可作为$I$的近似解.

例 5.4.3 利用大数定律求 $I=\int_0^{\pi}\cos x\,\mathrm{d}x$.

解 利用数学分析的知识可知 $I=0$.

算法:(1) 产生随机数. 独立地生成 $U[0,\pi]$ 的随机数 $x_1,x_2,\cdots,x_n$.

(2) 求近似解. $\hat{I}=\pi\dfrac{1}{n}\sum\limits_{i=1}^{n}\cos x_i$.

Matlab 程序:

```
clear all;
n=100000;
X=unifrnd(0,pi,1,n);
I=0;
for i=1:n
    I=I+cos(X(i));
end
I=I/n;
I=pi * I.
```

模拟结果:

随机数个数	$\hat{I}$
100 000	0.007 8
1 000 000	0.003 0

本节所讨论的大数定律是在依概率收敛的意义下进行的. 通过第 5.1 节的内容可知,依概率收敛并不是一个很强的收敛准则,因此本节所介绍的大数定律一般称为弱大数定律. 事实上,大数定律也可以在几乎处处收敛的意义下进行讨论,从而得到更好的结果,一般称为强大数定律. 限于工具和篇幅,这里就不再进行介绍,感兴趣的读者可以查阅相关文献.

5.5 中心极限定理

由第 2.3 节内容可知,正态分布是概率论与数理统计中非常重要的一个分布,它可以描述现实世界中的大量问题. 本节所要学习的中心极限定理将从理论方面阐述正态分布可以用于描述现实世界中的很多实际问题的原因. 中心极限定理就是从理论上研究独立或弱相关的随机变量和在什么样的条件下渐近服从正态分布的问题. 因为这方面的研究是早期概率论研究的中心问题,因此相关定理也就有了中心极限定理(Central Limit Theorem)这样一个名称.

5.5.1 独立同分布的中心极限定理

首先研究简单的独立同分布情形的中心极限定理.

定理 5.5.1(林德贝格-勒维中心极限定理) 设 $\{X_n\}$ 是独立同分布的随机变量序列,且

$$EX_n=a,\quad DX_n=\sigma^2,\quad n=1,2,\cdots,$$

则有

$$\lim_{n\to+\infty} P\left\{\frac{\sum_{i=1}^{n} X_i - na}{\sigma\sqrt{n}} \leqslant x\right\} = \frac{1}{\sqrt{2\pi}}\int_{-\infty}^{x} \mathrm{e}^{-\frac{t^2}{2}}\mathrm{d}t. \tag{5.5.1}$$

证明 设 $X_n - a$ 的特征函数为 $\varphi(t)$. 由

$$\frac{\sum_{i=1}^{n} X_i - na}{\sigma\sqrt{n}} = \sum_{i=1}^{n} \frac{X_i - a}{\sigma\sqrt{n}}$$

及 $\{X_n\}$ 的独立同分布性知，$\dfrac{\sum_{i=1}^{n} X_i - na}{\sigma\sqrt{n}}$ 的特征函数为 $\left[\varphi\left(\dfrac{t}{\sigma\sqrt{n}}\right)\right]^n$. 因为 $E(X_n - a) = 0$，$D(X_n - a) = \sigma^2$，所以 $\varphi'(0) = 0$，$\varphi''(0) = -\sigma^2$. 于是特征函数 $\varphi(t)$ 的 Taylor 展开式为

$$\varphi(t) = \varphi(0) + \varphi'(0)t + \varphi''(0)\frac{t^2}{2} + o(t^2) = 1 - \frac{1}{2}\sigma^2 t^2 + o(t^2).$$

从而对于任意给定的 t，当 $n\to+\infty$ 时，

$$\left[\varphi\left(\frac{t}{\sigma\sqrt{n}}\right)\right]^n = \left[1 - \frac{1}{2}\sigma^2\frac{t^2}{\sigma^2 n} + o\left(\frac{t^2}{n}\right)\right]^n \to \mathrm{e}^{-\frac{t^2}{2}}.$$

而 $\mathrm{e}^{-\frac{t^2}{2}}$ 正好是标准正态分布的特征函数，根据引理 5.4.1，结论得证.

注 (1) 由式(5.5.1)知，$\sum_{i=1}^{n} X_i$ 的中心化随机变量

$$\frac{\sum_{i=1}^{n} X_i - na}{\sigma\sqrt{n}} = \sum_{i=1}^{n} \frac{X_i - a}{\sigma\sqrt{n}}$$

依分布收敛 $N(0,1)$，即当 $n\to+\infty$ 时，$\left(\sum_{i=1}^{n} X_i - na\right)/(\sigma\sqrt{n})$ 近似收敛于 $N(0,1)$，记为

$$\frac{\sum_{i=1}^{n} X_i - na}{\sigma\sqrt{n}} \sim N(0,1). \tag{5.5.2}$$

(2) 由式(5.5.2)知，

$$\sum_{i=1}^{n} X_i \sim N(na, n\sigma^2) = N\left(E\left(\sum_{i=1}^{n} X_i\right), \mathrm{Var}\left(\sum_{i=1}^{n} X_i\right)\right). \tag{5.5.3}$$

(3) 定理 5.5.1 说明如果一个随机变量可表示为有限个独立的随机变量的和，并且每个变量在其中的影响不会很大，那么这个随机变量就可以认为近似服从正态分布.

下面考虑定理 5.5.1 的一个特殊情况，即 X_n 服从两点分布的情况，这就是著名的德莫佛-拉普拉斯极限定理.

推论 5.5.1(德莫佛-拉普拉斯极限定理) 设 μ_n 是 n 次独立伯努利试验中事件成功的次数，p 是事件成功的概率，则

$$\lim_{n\to+\infty} P\left\{\frac{\mu_n - np}{\sqrt{np(1-p)}} \leqslant x\right\} = \frac{1}{\sqrt{2\pi}}\int_{-\infty}^{x} \mathrm{e}^{-\frac{t^2}{2}}\mathrm{d}t. \tag{5.5.4}$$

5.5.2 独立不同分布的中心极限定理

下面考虑随机变量序列独立但不同分布的情形.

定理 5.5.2 设$\{X_n\}$是独立的随机变量序列,且

$$EX_n=a_n,\quad DX_n=\sigma_n^2,\quad n=1,2,\cdots.$$

令 $B_n^2=\sum\limits_{i=1}^{n}\sigma_i^2$. 如果对于任意给定的 $\tau>0$,

$$\lim_{n\to+\infty}\frac{1}{B_n^2}\sum_{i=1}^{n}\int_{|x-a_i|\geqslant\tau B_n}(x-a_i)^2\mathrm{d}F_i(x)=0,\tag{5.5.5}$$

则有

$$\lim_{n\to+\infty}P\left\{\frac{1}{B_n}\sum_{i=1}^{n}(X_i-a_i)\leqslant x\right\}=\frac{1}{\sqrt{2\pi}}\int_{-\infty}^{x}\mathrm{e}^{-\frac{t^2}{2}}\mathrm{d}t.\tag{5.5.6}$$

注 (1) 限于篇幅,定理 5.5.2 的证明不在这里给出,感兴趣的读者可以查阅参考文献 2.

(2) 定理 5.5.1 是定理 5.5.2 的一种特殊情况. 具体地,设$\{X_n\}$是独立同分布的随机变量序列,且 $EX_n=a,DX_n=\sigma^2,n=1,2,\cdots$,此时 $B_n=\sqrt{n}\sigma$. 不妨设$\{X_n\}$都是连续型随机变量,分布密度为 $p(x)$,则当 $n\to+\infty$时,有

$$\begin{aligned}\frac{1}{B_n^2}\sum_{i=1}^{n}\int_{|x-a_i|\geqslant\tau B_n}(x-a_i)^2\mathrm{d}F_i(x)&=\frac{1}{n\sigma^2}n\int_{|x-a|\geqslant\tau\sigma\sqrt{n}}(x-a)^2p(x)\mathrm{d}x\\&=\frac{1}{\sigma^2}\int_{|x-a|\geqslant\tau\sigma\sqrt{n}}(x-a)^2p(x)\mathrm{d}x\to 0,\end{aligned}$$

所以定理 5.5.1 成立.

(3) 定理 5.5.2 中$\{X_n\}$所需满足的条件称为林德贝格条件,它是$\frac{1}{B_n}\sum\limits_{i=1}^{n}(X_i-a_i)$渐近服从正态分布的充分条件,但不是必要条件. 下面给出与其必要性相关的一个定理.

定理 5.5.3 设$\{X_n\}$是独立的随机变量序列,且

$$EX_n=a_n,\quad DX_n=\sigma_n^2,\quad n=1,2,\cdots.$$

令 $B_n^2=\sum\limits_{i=1}^{n}\sigma_i^2$,则

$$\lim_{n\to+\infty}P\left\{\frac{1}{B_n}\sum_{i=1}^{n}(X_i-a_i)\leqslant x\right\}=\frac{1}{\sqrt{2\pi}}\int_{-\infty}^{x}\mathrm{e}^{-\frac{t^2}{2}}\mathrm{d}t\tag{5.5.7}$$

和

$$\lim_{n\to+\infty}\max_{1\leqslant i\leqslant n}\frac{\sigma_i}{B_n}=0\tag{5.5.8}$$

同时成立的充分必要条件是对于任意给定的 $\tau>0$,有

$$\lim_{n\to+\infty}\frac{1}{B_n^2}\sum_{i=1}^{n}\int_{|x-a_i|\geqslant\tau B_n}(x-a_i)^2\mathrm{d}F_i(x)=0.\tag{5.5.9}$$

注 (1) 该定理的证明详见参考文献 2.

(2) 定理 5.5.3 中的林德贝格条件非常简洁,但是有时不容易验证. 下面以推论的形式给出两个较容易验证的条件.

推论 5.5.2 设$\{X_n\}$是独立的随机变量序列,且

$$EX_n=a_n,\quad DX_n=\sigma_n^2<+\infty,\quad n=1,2,\cdots.$$

令 $B_n^2=\sum_{i=1}^{n}\sigma_i^2$,如果存在常数 K_n 使 $\max_{1\leqslant i\leqslant n}|X_i-EX_i|\leqslant K_n,n=1,2,\cdots$,且 $\lim_{n\to+\infty}\frac{K_n}{B_n}=0$,则

$$\lim_{n\to+\infty}P\left\{\frac{1}{B_n}\sum_{i=1}^{n}(X_i-a_i)\leqslant x\right\}=\frac{1}{\sqrt{2\pi}}\int_{-\infty}^{x}\mathrm{e}^{-\frac{t^2}{2}}\mathrm{d}t.$$

证明 由条件知,对于任意给定的$\tau>0$,只要 n 充分大,就有 $K_n<\tau B_n$. 因此

$$\{|X_i-EX_i|\geqslant\tau B_n\}=A_i,\quad 1\leqslant i\leqslant n.$$

所以

$$\lim_{n\to+\infty}\frac{1}{B_n^2}\sum_{i=1}^{n}\int_{|x-a_i|\geqslant\tau B_n}(x-a_i)^2\mathrm{d}F_i(x)=\lim_{n\to+\infty}\frac{1}{B_n^2}\sum_{i=1}^{n}\int_{A_i}(x-a_i)^2\mathrm{d}F_i(x)=0.$$

即林德贝格条件成立,从而结果得证.

推论 5.5.3(李雅普诺夫中心极限定理) 设$\{X_n\}$是独立的随机变量序列,且

$$EX_n=a_n,\quad DX_n=\sigma_n^2<\infty,\quad n=1,2,\cdots.$$

令 $B_n^2=\sum_{i=1}^{n}\sigma_i^2$,如果存在常数 $\delta>0$,当 $n\to+\infty$ 时,有

$$\frac{1}{B_n^{2+\delta}}\sum_{i=1}^{n}E|X_i-a_i|^{2+\delta}\to0,\tag{5.5.10}$$

则

$$\lim_{n\to+\infty}P\left\{\frac{1}{B_n}\sum_{i=1}^{n}(X_i-a_i)\leqslant x\right\}=\frac{1}{\sqrt{2\pi}}\int_{-\infty}^{x}\mathrm{e}^{-\frac{t^2}{2}}\mathrm{d}t.$$

证明 对于任意给定的$\tau>0$,

$$\begin{aligned}&\frac{1}{B_n^2}\sum_{i=1}^{n}\int_{|x-a_i|\geqslant\tau B_n}(x-a_i)^2\mathrm{d}F_i(x)\\&\leqslant\frac{1}{B_n^2(\tau B_n)^\delta}\sum_{i=1}^{n}\int_{|x-a_i|\geqslant\tau B_n}|x-a_i|^{2+\delta}\mathrm{d}F_i(x)\\&\leqslant\frac{1}{\tau^\delta}\frac{1}{B_n^{2+\delta}}\sum_{i=1}^{n}\int_{-\infty}^{+\infty}|x-a_i|^{2+\delta}\mathrm{d}F_i(x)\\&=\frac{1}{\tau^\delta}\frac{1}{B_n^{2+\delta}}\sum_{i=1}^{n}E|X_i-a_i|^{2+\delta}\to0,\end{aligned}$$

即林德贝格条件成立,故结论得证.

注 对于独立同分布、方差有限的随机变量序列,由中心极限定理可知,当 n 充分大时,

$$P\left\{\frac{\sum_{i=1}^{n}X_i-na}{\sigma\sqrt{n}}\leqslant x\right\}\approx\frac{1}{\sqrt{2\pi}}\int_{-\infty}^{x}\mathrm{e}^{-\frac{t^2}{2}}\mathrm{d}t.$$

上式可以解决 3 类问题:随机变量平均值或者随机变量和落在每个区间的概率;给定落在某个区间的概率,求最小的 n;一定概率下随机变量平均值或者随机变量和的取值范围.

例 5.5.1 假设生产线上组装每件成品的时间服从指数分布,统计资料表明该生产线

上每件成品的组装时间平均为 10 min,各件产品的组装时间相互独立.

(1) 试求组装 100 件成品需要 15 ～20 h 的概率;

(2) 以 95%的概率断定在 16 h 之内最多可以组装多少件成品?

解　设 X_i ="第 i 件成品的组装时间",$i=1,2,\cdots,100$,则 X_i 相互独立,且都服从均值为 10 的指数分布. 因此有

$$EX_i=10,\quad DX_i=100.$$

(1) 所求概率为

$$\begin{aligned}&P\{15\times 60\leqslant \sum_{i=1}^{100}X_i\leqslant 20\times 60\}\\&=P\left\{\frac{900-1\,000}{100}\leqslant\frac{\sum_{i=1}^{100}X_i-100\times 10}{\sqrt{100\times 100}}\leqslant\frac{1\,200-1\,000}{100}\right\}\\&\approx\Phi(2)-\Phi(-1)=0.977\,2-(1-0.841\,3)=0.818\,5.\end{aligned}$$

(2) 设在 16 h 之内最多可以组装 n 件成品,则

$$P\{\sum_{i=1}^{n}X_i\leqslant 16\times 60\}=0.95,$$

$$0.95=P\left\{\frac{\sum_{i=1}^{n}X_i-10n}{\sqrt{100n}}\leqslant\frac{960-10n}{10\sqrt{n}}\right\}.$$

查表可得 $\frac{960-10n}{10\sqrt{n}}=1.645$,即

$$n^2-194.706n+9\,216=0.$$

解方程可得,$n_1=81.18$,$n_2=113.53$,显然 n_2 是增根. 故在 16 h 之内以 95%的概率断定最多组装 81 件或者 82 件成品.

例 5.5.2　某药厂断言,该厂生产的某种药品对于治疗一种疑难血液病的治愈率为 0.8. 医院检验员任意抽查 100 名服用此药品的病人,如果多于 75 人治愈,就接受这一断言,否则就拒绝这一断言.

(1) 若实际上此药品对这种疾病的治愈率确为 0.8,问接受这一断言的概率是多少?

(2) 若实际上此药品对这种疾病的治愈率只有 0.7,问接受这一断言的概率是多少?

解　设 $X_i=\begin{cases}1, & \text{第 } i \text{ 人治愈},\\0, & \text{第 } i \text{ 人未治愈},\end{cases}\quad i=1,2,\cdots,100.$

(1) X_i 相互独立,且都服从成功概率为 0.8 的两点分布,因此有

$$\begin{aligned}P\{\sum_{i=1}^{100}X_i>75\}&=1-P\{\sum_{i=1}^{100}X_i\leqslant 75\}\\&=1-P\left\{\frac{\sum_{i=1}^{100}X_i-100\times 0.8}{\sqrt{100\times 0.8\times 0.2}}\leqslant\frac{75-100\times 0.8}{\sqrt{100\times 0.8\times 0.2}}\right\}\\&\approx 1-\Phi\left(-\frac{5}{4}\right)=\Phi(1.25)=0.899\,4.\end{aligned}$$

即医院接受药厂断言的概率为 0.899 4.

(2) X_i 相互独立，且都服从成功概率为 0.7 的两点分布，因此有

$$
\begin{aligned}
P\left\{\sum_{i=1}^{100} X_i > 75\right\} &= 1 - P\left\{\sum_{i=1}^{100} X_i \leqslant 75\right\} \\
&= 1 - P\left\{\frac{\sum_{i=1}^{100} X_i - 100\times 0.7}{\sqrt{100\times 0.7\times 0.3}} \leqslant \frac{75 - 100\times 0.7}{\sqrt{100\times 0.7\times 0.3}}\right\} \\
&\approx 1 - \Phi(1.091) = 0.137\,9
\end{aligned}
$$

即实际治愈率只有 0.7 时，接受药厂“治愈率为 0.8”的断言的概率只有 0.137 9.

选读材料：概率统计学家简介 2

拉普拉斯

拉普拉斯(Pierre-Simon Laplace，1749—1827)，法国数学家、天文学家，法国科学院院士，他是天体力学的主要奠基人、天体演化学的创立者之一，还是分析概率论的创始人，因此可以说他是应用数学的先驱.

拉普拉斯在研究天体问题的过程中创造和发展了许多数学的方法，以他的名字命名的拉普拉斯变换、拉普拉斯定理和拉普拉斯方程在科学技术的各个领域都有着广泛的应用.

拉普拉斯在天体力学方面也有许多贡献. 他在总结前人研究的基础上取得了大量重要成果，这些成果集中在 1796 年问世的《宇宙体系论》和 1799—1825 年出版的 5 卷 16 册巨著《天体力学》之内. 在《天体力学》中，第一次提出了“天体力学”这一名词，是经典天体力学的代表作. 他也因此被誉为法国的“牛顿”和天体力学之父.

他发表天文学、数学和物理学论文 270 多篇，专著合计 4 006 多页. 其中最有代表性的专著有《天体力学》《宇宙体系论》和《概率分析理论》. 1812 年，拉普拉斯发表了重要的《概率分析理论》一书，该书总结了当时整个概率论的研究，论述了概率在选举、审判、调查、气象等方面的应用等.

习 题

1. 设随机变量 X 服从几何分布：

$$P\{X=k\}=q^{k-1}p, \quad k=1,2,\cdots, \quad 0<p<1, \quad q=1-p.$$

(1) 求 X 的特征函数，并求 EX, DX；

(2) 设 $X_1, X_2, \cdots, X_r$ 独立同分布于上述几何分布，试求 $\sum\limits_{j=1}^{r} X_j$ 的分布.

2. 设随机变量 X 服从帕斯卡分布：

$$P\{X=k\}=C_{k-1}^{r-1}p^r q^{k-r}, \quad k=r, r+1, \cdots.$$

其中，r 为正整数，$0<p<1$，$q=1-p$，试求 X 的特征函数.

3. 柯西分布的分布密度为

$$f(x)=\frac{1}{\pi}\frac{\lambda}{\lambda^2+(x-\mu)^2},$$

其中,$\mu\in\mathbf{R},\lambda>0,x\in\mathbf{R}$. 试求它的特征函数,并利用它证明柯西分布的再生性.

4. 设随机变量 X 服从 $\mu=0,\lambda=1$ 的柯西分布,令 $Y=X$,试证明特征函数 $\varphi_{X+Y}(t)=\varphi_X(t)\varphi_Y(t)$成立.

5. 试求伽马分布 $Ga(\gamma,\lambda)$的特征函数,并证明对于相同 λ 的伽马分布,关于参数 γ 有再生性.

6. 设 $\varphi(t)$是任一实值特征函数,试证明:

$$1-\varphi(2t)\leqslant 4[1-\varphi(t)];\quad 1+\varphi(2t)\geqslant 2[\varphi(t)]^2.$$

7. 若分布函数 $F(x)=1-F(-x+0)$成立,则称它是对称的. 试证明分布函数对称的充要条件为它的特征函数是实的偶函数.

8. 若每条蚕的产卵数服从泊松分布 $P(\lambda)$,而每个卵变为小蚕的概率为 p,且各卵是否变为小蚕彼此之间没有关系,求每条蚕养活 k 条小蚕的概率.

9. 设(X,Y)服从参数为 $\boldsymbol{\mu}=(\mu_1,\mu_2)^{\mathrm{T}},\boldsymbol{\Sigma}=\begin{pmatrix}\sigma_1^2 & \sigma_{12}\\ \sigma_{21} & \sigma_2^2\end{pmatrix}$的正态分布,试求 $Z=X+Y$ 的分布密度.

10. 设 $\boldsymbol{X}=(X_1,X_2)^{\mathrm{T}}\sim N(\boldsymbol{\mu},\boldsymbol{\Sigma})$,其中

$$\boldsymbol{\mu}=(\mu_1,\mu_2)^{\mathrm{T}},\quad \boldsymbol{\Sigma}=\sigma^2\begin{pmatrix}1 & \rho\\ \rho & 1\end{pmatrix}.$$

(1) 试证明 X_1+X_2 和 X_1-X_2 相互独立;

(2) 试求 X_1+X_2 和 X_1-X_2 的分布.

11. 设 $X_1\sim N(0,1)$,令

$$X_2=\begin{cases}-X_1, & -1\leqslant X_1\leqslant 1,\\ X_1, & \text{其他}.\end{cases}$$

试证明:(1) $X_2\sim N(0,1)$;

(2) $(X_1,X_2)^{\mathrm{T}}$ 不服从二元正态分布.

12. 已知$(X_1,X_2)^{\mathrm{T}}$ 的分布密度为

$$f(x_1,x_2)=\frac{1}{2\pi}\exp\left\{-\frac{1}{2}(2x_1^2+x_2^2+2x_1x_2-22x_1-14x_2+65)\right\},$$

求$(X_1,X_2)^{\mathrm{T}}$ 的均值和协方差矩阵.

13. 设 X 服从二元正态分布 $N(\mathbf{0},\boldsymbol{\Sigma})$,其中 $\boldsymbol{\Sigma}=\begin{pmatrix}4 & 2\\ 2 & 1\end{pmatrix}$.试找出矩阵 $\mathbf{A}$,使得 $\boldsymbol{Y}=\mathbf{A}\boldsymbol{X}$,且要求 $\boldsymbol{Y}$ 服从非退化的正态分布,并求 $\boldsymbol{Y}$ 的分布密度.

14. 试证明在正交变换下多元正态分布的独立性、同方差性保持不变.

15. 设 $X_1,X_2,\cdots,X_n$ 相互独立,具有相同的分布 $N(\mu,\sigma^2)$,试求 $\boldsymbol{X}=(X_1,X_2,\cdots,X_n)^{\mathrm{T}}$ 的分布,并给出其数学期望及协方差阵,再求 $\bar{X}=\frac{1}{n}(X_1+X_2+\cdots+X_n)$的分布密度.

16. 试证明:

(1) $X_n \xrightarrow{P} X \Rightarrow X_n - X \xrightarrow{P} 0$;

(2) $X_n \xrightarrow{P} X, X_n \xrightarrow{P} Y \Rightarrow P\{X=Y\}=1$;

(3) $X_n \xrightarrow{P} X$, K 是常数 $\Rightarrow KX_n \xrightarrow{P} KX$;

(4) $X_n \xrightarrow{P} X$, Y 是随机变量 $\Rightarrow X_nY \xrightarrow{P} XY$;

(5) $X_n \xrightarrow{P} X, Y_n \xrightarrow{P} Y \Rightarrow X_nY_n \xrightarrow{P} XY$.

17. 设$\{F_n\}$是正态分布函数序列,弱收敛于分布函数 F,试证明 F 也是正态分布函数.

18. 设 $X_n \xrightarrow{P} X$, $y(x)$是 $\mathbf{R}$ 上的连续函数,试证明:$g(X_n) \xrightarrow{P} g(X)$.

19. 设$\{X_n\}$是单调下降的正随机变量序列,且 $X_n \xrightarrow{P} 0$,试证明:$X_n \xrightarrow{a.s.} 0$.

20. 设 $f(x)(0 \leqslant x < +\infty)$是单调非降函数,且 $f(x)>0$,对于随机变量 X,如果 $Ef(|X|)<+\infty$,则对于任意 $x>0$,有 $P\{|X| \geqslant x\} \leqslant \dfrac{1}{f(x)} Ef(|X|)$.

21. 设随机变量序列$\{X_n\}$相互独立,且

$$P\{X_n = \pm\sqrt{n}\} = \frac{1}{n}, \quad P\{X_n = 0\} = 1 - \frac{2}{n}, \quad n = 2, 3, \cdots.$$

试证明:对于$\{X_n\}$,大数定律成立.

22. 已知随机变量序列$\{X_n\}$的方差有界,不妨设 $DX_n < C$,C 是常数,并且$|n-m| \to +\infty$时,相关系数 $\gamma_{n,m} \to 0$. 试证明:对于$\{X_n\}$,大数定律成立.

23. 设$\{X_n\}$为相互独立的随机变量序列,且 X_n 的概率分布为

$$P\{X_n = 2^{n-2\ln n}\} = 2^{-n}, \quad n = 1, 2, \cdots.$$

试证明$\{X_n\}$服从大数定律.

24. 设随机变量序列$\{X_n\}$中 X_n 仅与 X_{n+1} 相关,而与其他随机变量都不相关,且对于一切 n,有 $DX_n \leqslant C$,C 是常数,试证明$\{X_n\}$服从大数定律.

25. 设$\{X_n\}$是随机变量序列,且

$$P\{X_n = 2^n\} = \frac{1}{2}, \quad P\{X_n = -2^n\} = \frac{1}{2}, \quad n = 1, 2, \cdots.$$

试证明$\{X_n\}$不服从大数定律.

26. 试用特征函数法证明推论 5.5.1.

27. 设$\{X_n\}$为独立同分布的随机变量序列,且 $X_n \sim U(0,1)$,令

$$Y_n = \left(\prod_{i=1}^{n} X_i\right)^{\frac{1}{n}}.$$

试证明 $Y_n \xrightarrow{P} C$,其中 C 是常数,并求出 C.

28. 独立地多次测量一个物理量,每次测量产生的随机误差都服从$(-1,1)$上的均匀分布.

(1) 将 n 次测量的算术平均值作为测量结果,求其与真值的差的绝对值小于正数 ε 的概率;

(2) 计算当 $n=36$,$\varepsilon=\dfrac{1}{6}$的概率近似值;

(3) 要使上述概率不小于 0.95,则最少需要进行多少次测量?

29. 假设某电视节目在某市的收视率为 15%.在一次收视率调查中,从该市的居民中随机抽取 5 000 户,并以收视频率作为收视率,试求收视频率与收视率之差小于 1%的概率.

30. 有 100 道选择题,每题 1 分,考生每次从 4 个答案中选择一个正确答案. 若一考生随机作答,试用切比雪夫不等式和正态近似两种方法计算其成绩在 15~35 分之间的概率.

31. 设某种元件使用寿命(单位:h)服从参数为 λ 的指数分布,其平均使用寿命为 40 h. 在使用中,当一个元件损坏后立即更换另外一个新的元件,如此继续下去. 已知每个元件进价为 a 元. 试求在年计划中应为购买此种元件做多少预算才可以有 95%的把握保证该元件够用[假定一年按 2 000 个工作小时计算,$\Phi(1.64)=0.95$].

32. 设随机变量序列$\{X_n,n\geqslant 1\}$独立且都服从参数为$\frac{1}{2}$的伯努利分布,如果存在常数 C,使得$\lim\limits_{n\to+\infty}P\left\{C\frac{\sum_{i=1}^{n}(X_{2i}-X_{2i-1})}{\sqrt{n}}\leqslant x\right\}=\Phi(x)$,求 C 的大小.

33. 假设市场上出售的某种商品每日价格的变化是一个随机变量,如果用 Y_n 表示第 n 天商品的价格,则有 $Y_n=Y_{n-1}+X_n$.其中,Y_0 为初始价格,$X_1,X_2,\cdots$为独立同分布随机变量,$EX_n=0,DX_n=1$. 假设该商品最初价格为 a 元,那么 10 周(即 71 d)后,该商品价格在 $a-10$ 与 $a+10$(单位:元)之间的概率是多少[用中心极限定理计算,$\Phi(1.2)=0.884\ 9$]?

34. 试用概率论方法证明 $\lim\limits_{n\to+\infty}\left(1+n+\frac{n^2}{2}+\cdots+\frac{n^n}{n!}\right)\mathrm{e}^{-n}=\frac{1}{2}$.

第6章 数理统计基础知识

从本章开始进行数理统计的学习. 数理统计是一门探讨随机现象统计规律性且带有方法论性质的统计学分支. 它以概率论为基础,研究如何以有效的方式收集、整理和分析受到随机因素影响的数据,从而对所研究对象的某些特征做出判断. 其内容丰富、应用广泛、方法灵活. 本书只介绍数理统计基础、参数估计、假设检验以及方差分析与回归分析的主要内容.

本章主要介绍总体、样本、常用统计量等数理统计的基本概念,常见总体统计量的抽样分布及其三大统计分布.

6.1 数理统计学简介

6.1.1 数理统计学的任务和性质

数理统计学(Mathematical Statistics)和概率论一样,是研究随机现象的统计规律性的学科. 随机变量的概率分布全面描述了随机现象的统计规律性,要研究一个随机现象首先要知道它的概率分布. 在概率论中,随机变量的概率分布通常是已知的,或者假设为已知的,而一切计算与推理是在已知的基础上得出来的. 但在实际问题中,情况并非如此,一个随机现象所遵循的分布是什么概型可能完全不知道,或者可以根据随机现象所反映的某些事实断定其概型,但却不知道其分布函数中所含的参数. 例如:

(1) 在一段时间内某条公路上发生的交通事故数服从何种分布;

(2) 某工厂生产的一批新型电视机的寿命服从何种分布;

(3) 某仪器厂计划向某元件厂购买一批三极管,任抽一件是次品或正品的概率服从两点分布(即分布概型已知),但是分布中的参数 p(即不合格品率)往往是未知的.

找出随机现象所联系的随机变量的分布或分布中的未知参数,这就是数理统计所要解决的首要问题. 为了掌握交通事故数的分布、电视机寿命的分布、不合格品率 p,就必须对这一公路上发生的交通事故数、电视机的寿命及三极管是否合格进行一段时间的观察或试验,从而对所关心的问题做出推断.

在数理统计学中,需要从所要研究的全体对象中抽取一部分进行观测或试验以取得信息,进而对所关心的问题做出推断,直至为可能做出的决策提供依据和建议. 于是如何抽取样本、如何合理地获取数据以及怎样合理地利用收集的数据对问题做出推断等就成为数理统计研究的问题. 总之数理统计研究的内容概括起来可分为两大类:① 试验的设计和研究,即研究如何更合理、更有效地获得观察数据. ② 统计推断,即研究如何更合理地利用收集的数据对所关心的问题做出尽可能好的推断. 由于观测和试验是随机现象,依据有限个观测或试验对整体所做出的推论不可能绝对准确,具有一定程度的不确定性,而不确定性用概率的大小来表示是最恰当的:概率大,推断就比较可靠;概率小,推断就比较不可靠. 数理统计学中,每个推断必须伴随一定的概率以表明推断的可靠程度,称为统计推断(Statistical Inference). 统计推断的形式有统计估计(包括点估计和区间估计)和假设检验,每种形式又有参数与非参数之分. 这两部分是密切联系、相互兼顾的,本书主要介绍统计推断的有关基本概念、基本理论和方法.

总之,当用观察和试验的方法去研究一个问题时,首先要通过试验"用有效的方式收集受随机性因素影响的数据";其次要对收集的数据进行分析,以便对所研究的问题做出某种形式的结论. 在这两个步骤中都会碰到许多问题,为解决这些问题而建立的数学理论和方法,构成了数理统计学的内容. 数理统计学内容丰富,分支众多,如抽样调查、试验设计、回归分析、多元统计分析、时间序列分析、非参数统计、贝叶斯(Bayesian)统计、统计计算等.

1. 数据必须带有随机性才能成为数理统计学的研究对象

是否假定数据有随机性是区别数理统计方法和其他数据处理方法的根本点. 例如一个国家的全面人口普查,假定对国内每个人的状况都进行了准确无误的调查,则可利用普查所得数据,把所感兴趣的指标(如男性人口占总人口的比例等)准确计算出来. 这里的观测数据不带有随机性,因而不需要数理统计方法.

数据的随机性来源于如下两个方面:一是所涉及的研究对象总数很大,不可能对其逐一考察,而只能用"一定的方式"挑选其中一部分去研究. 例如,一批产品有 N 件(N 很大),其中含有次品 M 件,M 未知,因而次品率 $p=M/N$ 也未知. 要想确切地知道 p,就必须对这 N 件逐一进行检验. 这不仅是不经济的,而且往往无法做到(例如,对导弹的检验是破坏性的,不可能逐一进行). 因此只能从中挑出一部分,例如 100 件,根据这 100 件的检验结果去估计 p. 在这里,随机性的影响就表现在被挑出的那 100 件产品是偶然的.

数据随机性的另一种来源是试验的随机误差,即那些在试验过程中未加控制、无法控制,甚至由未知因素所引起的误差. 例如,已知温度和压力是影响产品质量 Y 的重要因素,我们想通过一定的试验去考察其影响程度,并从中挑选一个适当的温度和压力值供其在生产中使用. 但是,Y 除了与温度和压力有关外,还受到大量其他因素的影响,如每次试验所用的原材料可能略有差异、所用仪器设备和操作者也可能不同,等等. 这些因素无法或不便加以完全控制,因此对试验结果(数据)产生随机性的影响,带来一种不确定性. 例如,从试验数据上看,使用温度 T_2 比用 T_1 好,但这个表现在数据上的优势究竟是本质的(即有足够的理由可以解释为 T_2 确实优于 T_1),还是只是随机误差的偶然性表现? 这就需要用数理统计的方法去分析.

2. 有效地收集数据

收集数据的方法有两种:观察和试验. 对有效收集数据方式的研究构成了数理统计中的两个分支,其一叫抽样调查(Sampling Survey),其二叫试验设计(Design of Experiment). 下面通过两个例子来说明.

例如,在考察某地区共10 000家农户的经济状况时,通常选取其中的 m 户进行实际调查. 那么 m 取多大为好呢? 太大了费用过大,太小了代表性不够. 要决定一个较好的数字,必须权衡这两个方面,而且要使用统计方法. 其次,这 m 户如何挑选? 假设只在该地区最富裕的那部分挑选,则显然不具备代表性,更谈不上有效了. 反之,如果用一种随机化的方法,即设法使这10 000户中的每一户有同等的机会被挑出,则所得数据就有一定的代表性,并且可以建立一个简单的模型来描述它. 在一些情况下,还可以设计出更有效的方法,例如该地区分为平原和山区两部分,前者较富裕且占全体农户的70%,则规定在预定要考察的100户中,有70户从平原地区挑选,30户从山区挑选,而在各自的范围内采用随机化的方式挑选. 从直观上觉得,这样得到的数据比在全体10 000户中用随机化方式挑选得到的数据更有代表性,因此也更"有效".

又如,在上述产品质量与温度和压力的关系中,如何用有效的方式收集数据呢? 若可以使用的温度在 T_1 和 T_2 之间,压力在 p_1 和 p_2 之间. 首先取有限个温度和压力值去做试验. 那么取多少个值为好? 这里也有与上例一样的问题:太多了费用太大,太少了说明不了问题. 在定下了一个数目后,例如4个温度值和4个压力值去做试验,则这些值是否均匀地取在相应的区间中? 另外,若把这些值所有可能的搭配都做试验,则需要做16次. 若现有条件不允许做这么多,那么这一部分如何挑选? 这些问题解决得好,试验数据就有一种平衡或对称的结构,不仅更富有代表性,而且可以建立一种简单而便于分析的模型.

归纳起来,"有效"表现在如下两个方面:① 数据中要包含尽可能多的、与所研究的问题有关的信息;② 建立一个在数学上可以处理并且尽可能简单方便的模型来描述所得数据.

3. 有效地使用数据

获取数据的目的是提供与所研究的问题有关的信息,但这种信息并非是一目了然地表现出来,而需要用"有效"的方式去集中、提取、利用,以对所研究的问题得出一定的结论,这种结论在统计上叫作"统计推断". 统计推断的基本形式有参数估计(Parameter Estimation)和假设检验(Hypothesis Testing). 所做的推断应是对所提出的整体问题的一个回答,而不只限于所得数据的范围内. 有效地使用数据,就是要使用有效的方法去集中和提取数据中的有关信息,以对所研究的问题做出尽可能精确和可靠的推断. 之所以只能做到"尽可能"而非绝对地精确和可靠,是因为推断是依据对整体进行有限次观测或试验所取得的有限信息,数据受到随机性因素的影响,这种影响可以通过统计方法去估计或缩小其干扰,但不可能完全消除.

在有效地使用数据进行统计推断中,涉及很多的数学问题,需要建立一定的数学模型,并给定某些准则,才有可能去评价和比较统计推断方法的优劣. 例如,为估计一物体的重量 a,把它在天平上称5次,得到数据 $x_1,x_2,\cdots,x_5$,它们都受到随机性因素的影响(影响大小反映了天平的精密度). 此时可以用这5个值的算术平均 $\bar{x}=\frac{1}{5}(x_1+x_2+\cdots+x_5)$ 去估计 a;也可以把 $x_1,x_2,\cdots,x_5$ 按大小依次排列成 $x_{(1)}\leqslant x_{(2)}\leqslant\cdots\leqslant x_{(5)}$,取正中间的一个,即 $x_{(3)}$ 去估计 a;还可以用两极端值的平均,即 $w=\frac{1}{2}[x_{(1)}+x_{(5)}]$ 去估计 a. 从直观上可能会认为作为 a 的估计,$\bar{x}$ 优于 $x_{(3)}$,而 $x_{(3)}$ 又优于 w. 那么这个结论对不对? 为什么? 在什么条件下对? 这些问题就不容易回答. 对这些问题的研究,正是数理统计的中心内容,要使用大量的数学尤其是概率论的工具. 事实上,在一定的统计模型和优良性的准则下,上述 3 个估计方法中的任一个估计都可能是最优的.

4. 数理统计学与各种专门学科的关系

数理统计学不以任何一种专门领域为研究对象:不论问题是物理学、化学、生物学或工程技术方面的,只要在安排试验和处理试验数据中涉及一些一般性的、共同的数学问题,就可以用统计方法. 例如,不论做哪种试验,都有一个试验规模的问题,即试验须重复多少次,才能把随机误差的影响控制在必要的限度内. 这是一个与专业知识无关的共性的问题. 一组试验数据,只要对其所受的随机性影响做出明确的规定(如服从正态分布),就可以用相应的统计方法去分析它,而不管这些数据的实际含义如何. 这种共性的问题既然从专门的知识领域中超脱出来,就可以用纯数学的方法去研究,这就是数理统计的对象. 但这并不意味着一个数理统计学者可以不过问其他专业领域的知识. 相反,如果欲将统计方法用于实际问题,就必须对该问题的专业知识有一定的了解.

统计方法的应用很广泛,所以许多学习其他专业的人都需要一些这方面的知识. 在一些统计方法得到广泛应用的国家,例如美国,出版了大量专供各领域使用的著作. 这种著作介绍统计方法及其应用,但不涉及或很少涉及这些方法的理论根据. 这种著作被列入"统计方法"或"应用统计"的范畴,只有那种用严格的数学去论证统计方法理论根据的书才称为数理统计著作. 因此在这些国家中,数理统计一词比较狭义,只包括统计学中的数学基础部分. 在我国,数理统计一词则是与作为一门社会科学的统计学相对而言的. 粗略地说,我国的数理统计与西方的统计学相当,具有较广泛的含义.

6.1.2 数理统计学的应用

数理统计学的应用很广泛,几乎在人类活动的一切领域中都能找到它的应用. 这是因为试验是科学研究的根本方法,随机性因素对试验结果的影响无所不在. 反过来,应用上的需要为统计方法的发展提供了动力.

在工农业生产中,我们经常对某一个(或多个)指标感兴趣,如工业产品的某些质量指标,农作物的产量、品质等. 可能有许多因素会影响所研究的指标. 例如,在工业产品质量控制中,生产设备、原材料、配方、温度、压力及反应时间等因素都对产品质量有影响;农业生产中,所用种子品种、肥料类型、施肥数量和耕作方法等因素也都对农作物的产量和品质产生影响. 为获取最大经济效益,需要了解这些因素对所感兴趣的指标起影响的具体情况:哪些因素是主要的,影响有多大,因素与指标之间是否能建立某种数量上的联系等等. 为弄清楚这些问题,往往需要做一定数量的试验. 试验要经过精心设计,以期获得尽可能好的效果. 试验结果必然受到大量随机因素的影响,因此在分析时必须使用数理统计方法. 随着近几十年来工农业生产规模扩大,数理统计在这方面的应用也与日俱增. 历史上,试验设计的基本思想,以及分析试验数据的一种极重要的方法——方差分析方法——就是费歇尔等在 1923—1926 年由田间试验发展起来的,并在工农业生产中得到了日益广泛的应用.

现代工业生产多有批量大及可靠度高的特点,需要在连续生产的过程中进行工序控制. 成批的产品在交付使用前要进行验收,这种验收一般不是全面检验,而是抽样验收. 这就需要根据数理统计的原理,去制定适合各种要求的抽样验收方案. 另外,一个大型设备往往包含成千上万个元件. 由于元件数目很大,它们的寿命可视为随机的,但它们又同时服从一定的概率分布规律,整个设备的可靠性与设备的结构及这种分布规律有关,因此可以用统计的方法去进行估计. 为解决上面这些问题,发展了一系列的统计方法,目前常提到的"统计质量管理"就是由这些方法构成的.

统计方法在医药卫生中有广泛的应用. 例如,治疗某种疾病的药物和治疗方法的效果常通过引用统计资料来说明,这种资料的可信性依赖于数据收集方法和统计方法. 数理统计方法常用于分析某种疾病的发生是否与特定因素有关,以及关系大小;也用于研究大气污染的有害成分对人体有何种程度的影响等,由此取得了不少有用的成果.

数理统计方法在气象预报、地震和地质探矿等方面有一些应用. 在这类领域中,人们对事物的规律性认识尚不充分,使用统计方法有助于获得一些潜在的规律性的认识,用以指导人们的行动. 不过,在人们对事物的规律性认识很不充分的情况下,一些起较大作用的系统性因素只能当作随机性因素来处理,这样统计分析的精度或可靠性就较差.

自然科学的任务是揭示自然界的规律性. 一般是先根据若干试验资料提出某种初步理论或假说,然后再从种种途径通过试验进行验证. 在这个过程中统计方法起着相当重要的作用,一个好的统计方法有助于提取核心试验数据,有助于提出较正确的理论或假说. 在有了一定的理论或假说后,统计方法可以指导人们进行进一步的试验,以使所得数据更有助于判定理论或假说是否正确. 数理统计也提供了一些较完善的理论方法,用以估量试验数据与理论的符合程度. 一个著名的例子是遗传学中的 Mendel 定律,这个根据观察资料提出的定律经过了严格的统计检验. 另外,数量遗传学的基本定律,即 Hardy-Weinberg 平衡定律,也是这样得到的.

数理统计方法在社会、经济领域中也有很多应用,甚至在某些国家中,统计方法在这些方面的应用比其在自然科学和技术领域中的应用更为广泛. 数理统计方法的一项重要应用是抽样调查. 经验证明,经过精心设计和组织的抽样调查,其效果可以达到甚至超过全面调查的水平. 另外,对社会现象的研究有向定量化发展的趋势,例如人口学,确定一个合适的人口发展动态模型,需要掌握大量的观察资料,并使用包括统计方法在内的一些科学分析方法. 在经济和金融领域中,定量化的趋势比其他社会科学更早、更深. 早在 1920—1930 年,时间序列的统计分析方法就已应用于市场预测. 现在,一系列的统计方法,从简单到艰深,都在经济学中找到了应用,形成了计量经济学.

6.1.3 数理统计学的发展历史

数理统计学是一门比较年轻的学科,它的发展主要从 20 世纪初开始. 在早期发展中,以费歇尔和卡尔·皮尔逊为首的英国学派起了主要领导作用,特别是费歇尔,对该学科的发展中起了独特的作用. 其他的一些著名学者,如 W. S. Gosset、内曼、E. S. 皮尔逊(卡尔·皮尔逊的儿子)、A. Wald 以及我国的许宝騄教授等都做出了根本性的贡献. 他们奠定了许多数理统计学分支的基础,提出了一系列的基本概念、一系列有重要应用价值的统计方法和重要的理论问题. 有人认为瑞典统计学家 H. Cramer 在 1946 年发表的著作 *Mathematical Methods of Statistics* 标志着这门学科达到成熟.

人类历史上很早就有收集和记录数据的活动. 在我国的"二十四史"中就有很多关于地震洪水等自然灾害的记录. 在西方,Statistics(统计学)一词源出于 State(国家),意指国家收集的国情资料. 在 19 世纪中叶之前的数百年时间里,许多工作都停留在收集数据或对其进行一些简单的加工整理，即使偶尔做出了某种超出已有数据范围的推断，也只是基于一种朴素的直观想法，并未把问题模型化使之带有普遍意义. 研究方法属于描述统计学的范畴. 由于没有足够的数学工具特别是概率论作为支撑，也就无法建立现代意义下的数理统计. 19世纪后半期到20世纪初，情况有了较大的变化. 1922年费歇尔发表了关于统计学数学基础的著名论文，该论文首次概括了统计理论的现状和存在的问题，并提出了数理统计的3个任务，费歇尔的这项工作是数理统计建立过程中的一个里程碑.

20世纪前四十多年是数理统计全面发展的时期. 第二次世界大战后直至现在，数理统计的发展更为显著. 许多战前开始形成的统计分支在战后得到纵深的发展，数学上的深度比以前大大加强了，这不仅是战后工农业生产、科学技术、经济、管理和社会等方面迅速发展所提出的要求，更重要的是由于计算机科学与技术的快速发展，使涉及大量计算的统计方法得以实施. 目前统计方法仍在蓬勃发展中. 在统计学发达的国家，大多数大学建立了统计学系，人才不断涌现. 近30年来，统计学在我国的发展也很迅速.

6.2 总体与样本

6.2.1 总体与样本的定义

在数理统计中，把研究对象的全体称为总体(Population)(或母体)，总体中的每一个成员称为个体(Individuals). 含有有限个个体的总体称为有限总体(Finite Population)，含有无限个个体的总体称为无限总体(Infinite Population). 在实际应用中，有时需要把个体数目很大的有限总体作为无限总体来研究.例如，在研究某厂生产的灯泡的寿命分布时，该厂所产的灯泡的全体组成了总体，其中每个灯泡就是个体；考察某工厂生产的一批产品的次品率时，该批所有产品组成总体，其中每件产品就是个体.

但在具体问题中，人们往往关心的不是每个个体的具体特性，而是它的某一项或几项数量指标 X(可以是向量)和该数量指标 X 在总体中的分布情况.

在上述例子中，X 表示灯泡的寿命或产品的次品率. 在试验中，抽取若干个个体并观察 X 的数值，数量指标 X 是一个随机变量(或随机向量)，而 X 的概率分布描写了总体中人们所关心的数量指标的分布状况. 由于人们关心的是这个数量指标，因此把总体和数量指标 X 可能取值的全体组成的集合等同起来，个体就是数量指标 X 的一个可能取值. 对总体的研究就是对相应的随机变量 X 的分布的研究，所谓总体的分布(即研究的数量指标各种取值所占的比例)也就是数量指标 X 的概率分布，因此，X 的分布和数字特征分别被称为总体的分布和数字特征. 后面将不区分总体与相应的随机变量，笼统称为总体 X. 总之，一个总体可以用一个随机变量及其分布来描述，并用随机变量 X 或其分布的符号 F 来表示总体，记为总体 X 或总体 F.

在上述例子中，由于某厂生产的灯泡有很多，包括已生产的和将要生产的，可以认为该总体为无限总体，认为灯泡的寿命 X 服从连续分布，如正态分布 $N(\mu,\sigma^2)$，称该总体为正态总体. 在考察某工厂生产的一批产品的次品率时，要考察个体的特性(定性指标 X)合格或不合格，可以将其数量化，若分别以0,1分别表示产品合格、不合格这两种情形，则试验的结果就可以用数量来表示，可得总体由0,1两个数构成，总体的分布可用两点分布 $B(1,p)$ 表示，

其中 p 表示次品率. 下面给出定义.

定义 6.2.1 一个统计问题所研究对象的全体称为总体;在数理统计学中总体可以用一个随机变量(或向量)及其概率分布来描述,并称为一维(或多维)总体.

注 (1) 总体与随机变量及其分布不加区分,从总体中抽样就是从相应的分布中抽样.

(2) 在一定场合下,总体具有一定的抽象性. 例如,用尺子多次测量一个物体的长度,由此来较准确推测该物体的长度. 该试验中,每一次的测量结果为个体,设想用该尺子测量此物体,无限地测量下去,因此"一切可能出现的测量结果的集合"为总体,这是一个无限总体.

(3) 总体的分布一般来说是未知的,有时即使知道分布类型,如正态分布 $N(\mu,\sigma^2)$、二项分布 $B(n,p)$ 等,但不知这些分布中所含的参数,如 μ,σ^2,p 等. 数理统计的任务就是根据总体中部分个体的试验数据对总体的未知分布或分布参数进行统计推断.

按一定的规则从总体中抽出一些个体的行动,称为抽样(Sampling). 所抽到的个体 X_1, $X_2,\cdots,X_n$ 构成的向量 $(X_1,X_2,\cdots,X_n)$ 称为样本(Sample),记为样本 $(X_1,X_2,\cdots,X_n)$ 或样本 $X_1,X_2,\cdots,X_n$, n 称为样本容量(Sample Size). 每个 $X_i(i=1,2,\cdots,n)$ 称为样品,在不引起误会的情况下,每个 $X_i(i=1,2,\cdots,n)$ 也可称为样本.

对于一个样本 $(X_1,X_2,\cdots,X_n)$ 来说,在抽样前无法预知它的值,它是一个随机向量,在抽样结束后,得到一组观测值 $(x_1,x_2,\cdots,x_n)$,称为样本值(Sample Value). 样本的这种"抽样前是随机变量,抽样后是具体数值"的特性称为样本的二重性.

例 6.2.1 某食品厂用自动装罐机生产净重为 345 g 的午餐肉罐头,由于随机性,每个罐头的净重都有差别. 现在从生产线上随机抽取 10 个罐头,称其净重,得如下结果:

序　号	1	2	3	4	5	6	7	8	9	10
罐头净重/g	344	336	345	342	340	338	344	343	344	343

这是一个容量为 10 的样本的观察值,对应的总体是该生产线罐头净重.

例 6.2.2 记录某型号的 20 辆汽车每加仑(1 gal=3.785 L)汽油行驶的里程如下:

里程/km	29.8	27.6	28.3	28.7	27.9	30.1	29.9	28.0	28.7	27.9
里程/km	28.5	29.5	27.2	26.9	28.4	27.8	28.0	30.0	29.6	29.1

这是一个容量为 20 的样本的观察值,对应的总体是该型号汽车每加仑汽油行驶的里程.

例 6.2.3 对某地区 363 个零售商店调查周零售额,结果如下:

周零售额/千元	≤1	(1,5]	(5,10]	(10,20]	(20,30]
商店数/个	61	135	110	42	15

这是一个容量为 363 的样本的观察值,对应的总体是所有零售店的周零售额. 但是这里没有给出每一个样品的具体观察值,而是给出了样本观察值所在的区间,因此被称为分组样本(Grouped Sample)的观察值. 这样一来,当然会损失一些信息,但是在样本量较大时,这种经过整理的数据更能使人们对总体有一个大致的印象.

定义 6.2.2 样本 $(X_1,X_2,\cdots,X_n)$ 可能取值的全体构成的 n 维集合称为样本空间,记为 $\mathcal{X}$,即

$$\mathcal{X}=\{(x_1,x_2,\cdots,x_n)\mid x_i \text{ 是 } X_i \text{ 的一个可能取值}, i=1,2,\cdots,n\}.$$

常用的抽样方法有简单随机抽样、分层抽样、整群抽样、等距抽样等. 不同的抽样方法得到的样本的性质是不同的,抽取样本是为了研究总体的性质,为了保证所抽取的样本在总体中具有代表性以及数学处理上的方便,通常要求抽样方法满足以下两个条件:

(1) 代表性. 每次抽取时,总体中每个个体被抽到的机会均等.

(2) 独立性. 每次抽取是相互独立的,即每次抽取的结果既不影响其他各次抽取的结果,也不受其他各次抽取结果的影响.

基于这种想法抽取得到的样本$(X_1,X_2,\cdots,X_n)$被称为简单随机样本(Simple Random Sample),这意味着 $X_1,X_2,\cdots,X_n$ 是 n 个相互独立的且与总体 X 同分布(Independent Identically Distributed,简记为 iid)的随机变量,记为 $X_1,X_2,\cdots,X_n$ iid$\sim X$,或者 $X_1,X_2,\cdots,X_n$ iid$\sim F$. 由此给出以下定义.

定义 6.2.3 设$(X_1,X_2,\cdots,X_n)$是从总体 X 中抽取的容量为 n 的样本,满足:

(1) 代表性,即每一个 X_i 都与总体 X 有相同分布.

(2) 独立性,即 $X_1,X_2,\cdots,X_n$ 相互独立.

则称样本$(X_1,X_2,\cdots,X_n)$为简单随机样本. 后面所遇到的样本都假定为简单随机样本,并简称为样本.

有放回抽样所得的样本为简单随机样本;无限总体或虽为有限总体但样本容量 n 相对于总体的个体数 N 来讲比较小(如 $n/N<0.1$)的无放回抽样所得的样本也可以近似地当作简单随机样本使用. 本书主要研究无限总体的统计推断,故只讨论简单随机样本. 抽取简单随机样本的过程抽象为对总体 X 的 n 次独立重复试验的结果.

6.2.2 样本的分布

样本既然是随机向量,就有一定的概率分布,这个概率分布就叫作样本分布. 样本分布是样本所受随机性影响的最完整的描述. 样本分布也称为所研究问题的统计模型(Statistical Model). 在简单随机样本情形下,样本分布完全由总体的分布所决定,且样本量 $n=1$ 时的样本分布就是总体的分布.

若总体 X 的分布函数为 $F(x)$,$(X_1,X_2,\cdots,X_n)$是总体 X 的容量为 n 的样本,则由样本的定义知,$(X_1,X_2,\cdots,X_n)$的联合分布函数为

$$F(x_1,x_2,\cdots,x_n)=\prod_{i=1}^{n}F(x_i). \tag{6.2.1}$$

若总体 X 是连续型随机变量,其分布密度为 $p(x)$,则$(X_1,X_2,\cdots,X_n)$的联合分布密度为

$$p(x_1,x_2,\cdots,x_n)=\prod_{i=1}^{n}p(x_i). \tag{6.2.2}$$

若总体 X 是离散型随机变量,其分布律为 $p(x)=P(X=x)$,则$(X_1,X_2,\cdots,X_n)$的联合分布律为

$$P(X_1=x_1,X_2=x_2,\cdots,X_n=x_n)=\prod_{i=1}^{n}p(x_i). \tag{6.2.3}$$

例 6.2.4 设总体 X 服从正态分布 $N(\mu,\sigma^2)$,其分布密度为

$$p(x)=\frac{1}{\sqrt{2\pi}\sigma}\mathrm{e}^{-\frac{(x-\mu)^2}{2\sigma^2}},\quad -\infty<x<+\infty.$$

设$(X_1,X_2,\cdots,X_n)$是来自总体 X 的样本.

(1) 写出样本空间；

(2) 求出样本$(X_1,X_2,\cdots,X_n)$的联合分布密度.

解 (1) 由于每个 X_i 取值范围均为 $\mathbf{R}$,所以

$$\mathcal{X}=\mathbf{R}^n.$$

(2) 样本$(X_1,X_2,\cdots,X_n)$的联合分布密度为

$$\begin{aligned}p(x_1,x_2,\cdots,x_n)&=\prod_{i=1}^{n}\frac{1}{\sigma\sqrt{2\pi}}\exp\left\{-\frac{(x_i-\mu)^2}{2\sigma^2}\right\}\\&=(2\pi\sigma^2)^{-\frac{n}{2}}\exp\left\{-\frac{1}{2\sigma^2}\sum_{i=1}^{n}(x_i-\mu)^2\right\},\\&-\infty<x_i<+\infty,\quad i=1,2,\cdots,n.\end{aligned}$$

例 6.2.5 设总体 $X\sim B(1,p)$,$(X_1,X_2,\cdots,X_n)$是来自总体 X 的样本.

(1) 写出样本空间；

(2) 求出样本$(X_1,X_2,\cdots,X_n)$的联合分布律.

解 (1) 由于每个 X_i 取值范围均为 0 或者 1,所以

$$\mathcal{X}=\{(x_1,x_2,\cdots,x_n)\,|\,x_i=0,1,i=1,2,\cdots,n\}.$$

(2) 总体 X 的分布律为

$$P(X=x)=p^x\,(1-p)^{1-x},\quad x=0,1.$$

所以$(X_1,X_2,\cdots,X_n)$的联合分布律为

$$\begin{aligned}P(X_1=x_1,X_2=x_2,\cdots,X_n=x_n)&=\prod_{i=1}^{n}p(x_i)\\&=\prod_{i=1}^{n}p^{x_i}\,(1-p)^{1-x_i}\\&=p^{\sum_{i=1}^{n}x_i}\,(1-p)^{n-\sum_{i=1}^{n}x_i},\\&x_i=0,1,i=1,2,\cdots,n.\end{aligned}$$

6.2.3 样本数据描述的图表方法

样本含有总体的信息,但样本数据(样本值)常显得杂乱无章,因此需要对样本进行加工整理才能将隐藏在数据背后的信息提取出来. 对样本进行加工整理的方法有图表法和构造统计量法. 下面将介绍几种常用的图表方法,而构造统计量法将在下一节进行介绍.

1. 频数频率表

对于离散总体 X,设其分布律为 $P(X=a_i)=p_i,i=1,2,\cdots$,样本值 $x_1,x_2,\cdots,x_n$ 中取到 a_i 的频数(Frequency)为 n_i,此处 $\sum_{i=1}^{n}n_i=n$,而 a_i 出现的频率(Relative Frequency)为 $f_i=\frac{n_i}{n},i=1,2,\cdots$,显然有 $\sum_{i=1}^{n}f_i=1$. 根据样本值把各个 a_i 的频数和频率列成表格,称为频数频率表(Table of Frequency and Relative Frequency). 由于频率可看作是概率的近似,因此频数频率表给出了离散总体 X 的概率分布的估计. 为了便于直观观察,频数频率表通常用

柱形图(Bar Chart)或饼图(Pie Chart)表示.

对于连续型总体,当样本量 n 较大时,常把样本整理为分组样本,从而可得频数频率表,它可按观察值大小显示出样本数据的分布情况.具体做法如下.

设来自连续型总体 X 的样本值为 $x_1,x_2,\cdots,x_n$.

(1) 对样本观察值 $x_1,x_2,\cdots,x_n$ 从小到大排序为 $x_{(1)}\leqslant x_{(2)}\leqslant\cdots\leqslant x_{(n)}$,其中,$x_{(1)}=\min\limits_{1\leqslant i\leqslant n}\{x_i\}$,$x_{(n)}=\max\limits_{1\leqslant i\leqslant n}\{x_i\}$,并计算极差 $r=x_{(n)}-x_{(1)}$.

(2) 根据样本量 n 确定组数 k.经验表明,组数不宜过多或过少,过多则由于频率的随机摆动而使分布显得杂乱,过少则难以显示分布的特征,一般以5~20组为宜.

(3) 适当选取 $a_0\leqslant x_{(1)}$(略小)和 $a_k\geqslant x_{(n)}$(略大),用分点 $a_1<a_2<\cdots<a_{k-1}$ 将区间 $(a_0,a_k]$ 分成互不相交的 k 个子区间

$$(a_0,a_1],\quad (a_1,a_2],\quad \cdots,\quad (a_{i-1},a_i],\quad \cdots,\quad (a_{k-1},a_k].$$

其中,第 i 个子区间 $I_i=(a_{i-1},a_i]$ 的长度 $\Delta a_i=a_i-a_{i-1}$,$i=1,2,\cdots,k$.各子区间的长度称为组距,它们可以相等,也可以不相等.若使各组距相等,则有 $\Delta a_i=\dfrac{a_k-a_0}{k}$,$i=1,2,\cdots,k$.

(4) 用唱票法计算样本观察值 $x_1,x_2,\cdots,x_n$ 落入第 i 个小区间 $I_i=(a_{i-1},a_i]$ 的频数 n_i 及频率 $f_i=\dfrac{n_i}{n}$,$i=1,2,\cdots,k$,然后把结果按顺序总结在一张表上即得频数频率表.

例 6.2.6 某食品厂为加强质量管理,对某天生产的食品罐头的质量(单位:g)抽查100个,得到数据如下,试做出频数频率表.

342	340	348	346	343	342	346	341	344	348
348	346	340	344	342	344	345	340	344	344
343	344	342	343	345	339	350	337	345	349
336	348	344	345	332	342	342	340	350	343
347	340	344	353	340	340	356	346	345	346
340	339	342	352	342	350	348	344	350	335
340	338	345	345	349	336	342	338	343	343
341	347	341	347	344	339	347	348	343	347
346	344	345	350	341	338	343	339	343	346
342	339	343	356	341	346	341	345	344	342

解 (1) $\min\{x_1,x_2,\cdots,x_n\}=332$,$\max\{x_1,x_2,\cdots,x_n\}=356$,极差 $r=24$.

(2) 取 $k=13$,等组距取为 $\Delta a=2$.

(3) 取 $a_0=331$,$a_{13}=357$,确定分点为 $a_1=333$,$a_2=335$,$\cdots$,$a_{12}=355$,$(a_0,a_{13}]$ 包含了所有的样本值 $x_1,x_2,\cdots,x_n$.

(4) 列出频数 n_i 及频率 $f_i=\dfrac{n_i}{n}$ 的分布表如下:

分　组	频　数	频　率	频率/组距
(331,333]	1	0.01	0.005
(333,335]	1	0.01	0.005
(335,337]	3	0.03	0.015
(337,339]	8	0.08	0.040
(339,341]	15	0.15	0.075
(341,343]	21	0.21	0.105
(343,345]	21	0.21	0.105
(345,347]	13	0.13	0.065
(347,349]	8	0.08	0.040
(349,351]	5	0.05	0.025
(351,353]	2	0.02	0.010
(353,355]	0	0.00	0.000
(355,357]	2	0.02	0.010
合　计	100	1.00	0.500

2. 直方图

为了直观地表示样本数据的分布,可在频数频率表的基础上画出频率直方图(Relative Frequency Histogram).在平面坐标系的横轴上标出各个小区间的端点$a_0,a_1,a_2,\cdots,a_k$,并以各小区间$(a_{i-1},a_i]$$(1\leqslant i\leqslant k)$为底画一个高为$h_i=\dfrac{f_i}{\Delta a_i}$的矩形,形成若干个矩形连在一起的频率直方图.显然频率直方图中每一个小矩形的面积表示样本值落入相应小区间的频率,所有小矩形的面积之和等于1.例6.2.6的直方图如图6.2.1所示.

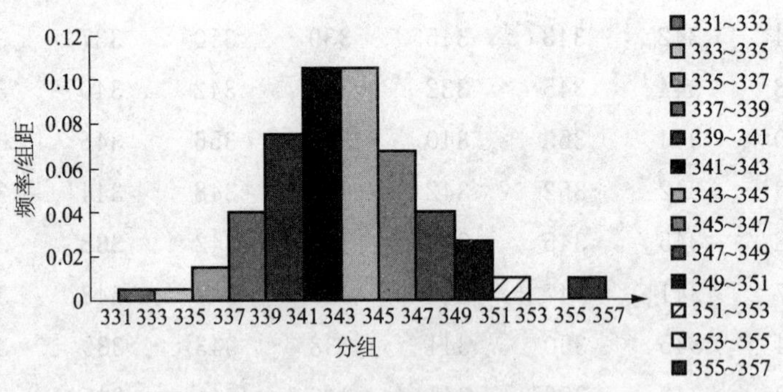

图6.2.1　罐头的质量频率分布直方图

频率直方图顶部的轮廓线称为台阶型曲线,是总体分布密度曲线的估计.随着样本容量n的不断增加,以及分组数k的相应增加,台阶型曲线函数会越来越接近总体分布密度函数.

事实上,设总体X的分布密度函数为$p(x)$,根据大数定律,事件发生的频率是其概率的良好近似,则有

$$f_i\approx P(a_{i-1}<X\leqslant a_i)=\int_{a_{i-1}}^{a_i}p(x)\,\mathrm{d}x.$$

如果 $p(x)$在$(a_{i-1},a_i]$上连续,则有

$$f_i \approx P(a_{i-1}<X\leqslant a_i)\approx p(x)\Delta a_i,\quad x\in(a_{i-1},a_i],$$

于是有

$$p(x)\approx\frac{f_i}{\Delta a_i}=h_i,\quad x\in(a_{i-1},a_i],\quad i=1,2,\cdots,n.$$

例 6.2.6 的频率直方图顶部的台阶型曲线两头低、中间高,有一个峰值,且关于中心线比较对称,近似于正态总体的分布密度曲线,因此可初步推测总体近似服从正态分布.

如今直方图应用广泛,各种统计软件都有画直方图的功能.

3. 茎叶图

直方图主要用于展示分组数据的分布,对未分组的原始数据还可以用茎叶图来展示. 茎叶图(Stem-and-leaf Display)是统计学家 Tukey 于 1977 年提出的一种直观描述数据的方法. 当数据不是很多时,用茎叶图刻画数据分布特征非常形象直观,且图上还保留着原始数据的信息. 茎叶图由“茎”和“叶”两部分组成,其图形由数字构成. 把样本中的每个数据分为茎与叶,把茎放于一侧,叶放于另一侧,就得到一张该样本的茎叶图. 绘制茎叶图的关键是设计好“树茎”,通常将数据的最高数值作为“树茎”,而且“树叶”上只保留该数值的最后一个数字. “树茎”一经确定,“树叶”就自然地生长在“树茎”上了. 比较两个样本时,可画出背靠背的茎叶图,此时将“树茎”放在中间,为两样本公用,左右两边是各自样本的“树叶”. 下面通过例子说明茎叶图的绘制.

例 6.2.7 根据调查,某集团公司的中层管理人员的年薪数据如下(单位:万元):

40.6	39.6	37.8	36.2	38.8
38.6	39.6	40.0	34.7	41.7
38.9	37.9	37.0	35.1	36.7
37.1	37.7	39.2	36.9	38.3

试画出其茎叶图.

解 取整数部分为茎,小数部分为叶,这组数据的茎叶图如图 6.2.2 所示

茎	叶
34	7
35	1
36	2 7 9
37	0 1 7 8 9
38	3 6 8 9
39	2 6 6
40	0 6
41	7

图 6.2.2 中层人员年薪的茎叶图

4. 经验分布函数

前面曾提到简单随机样本能很好地反映总体的情况,那么实际情况究竟如何? 为此引入经验分布函数的概念.

设 X 为总体,样本$(X_1,X_2,\cdots,X_n)$的观测值$(x_1,x_2,\cdots,x_n)$按大小次序排列为 $x_{(1)}<$

$x_{(2)}<\cdots<x_{(n)}$，定义

$$F_n(x)=\begin{cases}0, & x<x_{(1)},\\ \dfrac{k}{n}, & x_{(k)}\leqslant x<x_{(k+1)} \quad (k=1,2,\cdots,n-1),\\ 1, & x\geqslant x_{(n)}.\end{cases} \tag{6.2.4}$$

称其为经验分布函数(Empirical Distribution Function). 其图形为阶梯形曲线，如图 6.2.3 所示.

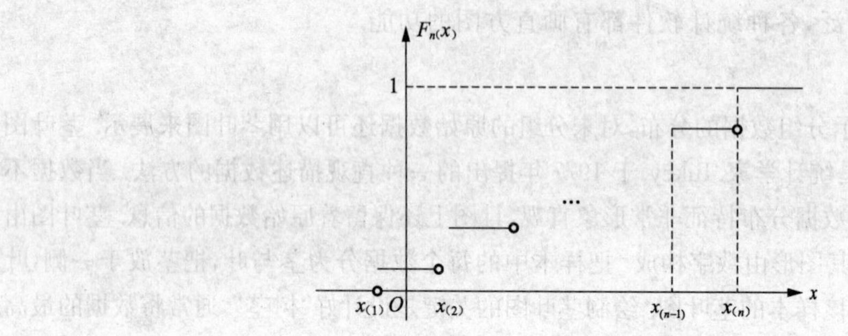

图 6.2.3　经验分布函数图形

例 6.2.8　从总体 X 中随机地抽取容量为 8 的样本进行观测，得到如下数据：

3.0　2.5　2.5　3.5　3.0　2.7　2.5　2.0

求 X 的经验分布函数.

解　将观测数据由小到大排列为

$x_{(1)}=2.0$，　$x_{(2)}=x_{(3)}=x_{(4)}=2.5$，　$x_{(5)}=2.7$，　$x_{(6)}=x_{(7)}=3.0$，　$x_{(8)}=3.5$.

由定义可知经验分布函数为

$$F_8(x)=\begin{cases}0, & x<2.0,\\ \dfrac{1}{8}, & 2.0\leqslant x<2.5,\\ \dfrac{4}{8}, & 2.5\leqslant x<2.7,\\ \dfrac{5}{8}, & 2.7\leqslant x<3.0,\\ \dfrac{7}{8}, & 3.0\leqslant x<3.5,\\ 1, & x\geqslant 3.5.\end{cases}$$

直观上，经验分布函数 $F_n(x)$ 就是在给定样本值 $(x_1,x_2,\cdots,x_n)$ 后，对总体 X 进行的 n 次独立重复观测中事件 $\{X\leqslant x\}$ 的发生频率. 形式上，分布函数 $F_n(x)$ 可看成一个以等概率 $\dfrac{1}{n}$ 取值 $x_1,x_2,\cdots,x_n$ 的离散型随机变量的分布函数，因此其具有分布函数的性质：

(1) $F_n(x)$ 是非减函数；

(2) $0\leqslant F_n(x)\leqslant 1, F_n(-\infty)=0, F_n(+\infty)=1$；

(3) $F_n(x)$ 右连续，即 $F_n(x)=F_n(x^+)$.

对于固定的 x 来说，样本的观测值不同，得到的经验分布函数 $F_n(x)$ 也不同，所以

$F_n(x)$是一个随机序列. 总体 X 的分布函数 $F(x)=P(X\leqslant x)$是事件$\{X\leqslant x\}$的概率,样本分布函数 $F_n(x)$是事件$\{X\leqslant x\}$的频率. 一般地,随着 n 的增大,$F_n(x)$越来越接近 X 的分布函数 $F(x)$. 由伯努利大数定律可知,当 $n\to+\infty$时,对于任意的正数 ε,有

$$\lim_{n\to+\infty} P\{|F_n(x)-F(x)|<\varepsilon\}=1.$$

格里汶科(Glivenko)于 1933 年进一步证明了如下定理.

定理 6.2.1(格里汶科定理) 若总体 X 的分布函数为 $F(x)$,经验分布函数为 $F_n(x)$,当 $n\to+\infty$时,$F_n(x)$以概率 1 关于 x 均匀地收敛于总体的分布函数 $F(x)$,即

$$P\{\lim_{n\to+\infty}\sup_{-\infty<x<+\infty}|F_n(x)-F(x)|=0\}=1. \tag{6.2.5}$$

因此,当 n 很大时,经验分布函数 $F_n(x)$是总体 X 的分布函数 $F(x)$的良好近似,此即用样本推断总体的理论依据.

图 6.2.4 画出了 100 个轴承直径的经验分布函数 $F_{100}(x)$和相应总体的正态分布函数 $F(x)$,可以看出,两者差别很小.

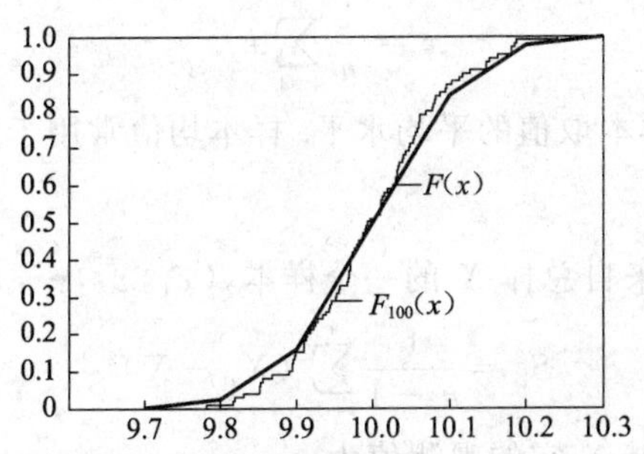

图 6.2.4 轴承直径的经验分布函数与总体的正态分布函数

6.3 统计量及其抽样分布

6.3.1 统计量

样本是总体的反映,在利用样本对总体进行推断时,样本所含的信息不能直接用于解决所要研究的问题,而是需要把样本所含的信息进行数学上的加工整理使其浓缩,即针对不同的问题构造样本的适当函数,利用这些函数所反映的总体分布的信息来对总体的所属类型或者总体分布中所含的未知参数做出统计推断. 通常把这样的函数称为统计量.

定义 6.3.1 设$(X_1,X_2,\cdots,X_n)$是来自总体 X 的一个样本,$T(X_1,X_2,\cdots,X_n)$是$(X_1,X_2,\cdots,X_n)$的函数,若 T 中不含任何未知参数,则称 $T(X_1,X_2,\cdots,X_n)$是一个统计量(Statistic). 设$(x_1,x_2,\cdots,x_n)$是对应样本$(X_1,X_2,\cdots,X_n)$的样本值,则称 $T(x_1,x_2,\cdots,x_n)$是 $T(X_1,X_2,\cdots,X_n)$的观测值.

例 6.3.1 设总体 $X\sim B(1,p)$,其中 $p>0$ 为未知参数,$(X_1,X_2,\cdots,X_n)$是来自总体 X 的一个样本,指出下列函数哪些是统计量,哪些不是统计量.

(1) $\sum\limits_{i=1}^{n}X_i^2$; (2) $\min\limits_{1\leqslant i\leqslant n}\{X_i\}$; (3) $\sum\limits_{i=1}^{n}(X_i-p)$; (4) $(X_n-X_1)^2$.

解 据统计量定义,(1),(2)及(4)中的函数都是统计量,(3)中的函数不是统计量.

简而言之，凡是由样本构成的不含任何未知参数的样本函数均称为统计量. 统计量不依赖于任何未知参数，统计量的主要作用在于对未知参数进行推断，有了样本值就能算出统计量的值. 至于要选用什么统计量，则要视问题的性质而定. 笼统地说，所提出的统计量应当较好地集中了与研究问题有关的信息.

常用的统计量有样本矩、次序统计量、经验分布函数.

下面先介绍样本矩. 样本的经验分布函数 $F_n(x)$ 的各阶矩统称为样本矩(Sample Moment)，又称为矩统计量，与总体的矩相对应.

1. 样本均值

设 $(X_1,X_2,\cdots,X_n)$ 是来自总体 X 的一个样本，$(x_1,x_2,\cdots,x_n)$ 为样本值. 称统计量

$$\bar{X}=\frac{1}{n}\sum_{i=1}^{n}X_i \tag{6.3.1}$$

为样本均值(Sample Mean)，它的观测值为

$$\bar{x}=\frac{1}{n}\sum_{i=1}^{n}x_i.$$

样本均值反映了该组样本取值的平均水平. 样本均值常用于推断总体分布的均值.

2. 样本方差

设 $(X_1,X_2,\cdots,X_n)$ 是来自总体 X 的一个样本，$(x_1,x_2,\cdots,x_n)$ 为样本值. 称统计量

$$S^2=\frac{1}{n-1}\sum_{i=1}^{n}(X_i-\bar{X})^2 \tag{6.3.2}$$

为样本方差(Sample Variance)，它的观测值为

$$s^2=\frac{1}{n-1}\sum_{i=1}^{n}(x_i-\bar{x})^2.$$

样本方差反映了该组样本取值的分散程度. 样本方差常用于推断总体分布的方差. 显然，样本方差有如下不同的计算公式：

$$s^2=\frac{1}{n-1}\Big[\sum_{i=1}^{n}x_i^2-n(\bar{x})^2\Big]=\frac{1}{n-1}\left[\sum_{i=1}^{n}x_i^2-\frac{1}{n}\left(\sum_{i=1}^{n}x_i\right)^2\right].$$

注 (1) 有时也将统计量

$$S_n^2=\frac{1}{n}\sum_{i=1}^{n}(X_i-\bar{X})^2$$

定义为样本方差. 在样本量 n 较大时，两者差别不大，但当样本量 n 较小时，两者差别较大. 在无偏性意义下，使用 S^2 更好一些，后面将进行详细介绍.

(2) 记 $Q=\sum\limits_{i=1}^{n}(X_i-\bar{X})^2$，并称其为样本偏差平方和(Sums of Square of Deviation)，它反映了样本的绝对分散程度. 由于 $\sum\limits_{i=1}^{n}(X_i-\bar{X})=0$，$n$ 个偏差 $X_i-\bar{X}(1\leqslant i\leqslant n)$ 中，只有 $n-1$ 个取值是独立的. 在统计量中独立偏差(变量)的个数称为自由度(Freedom of Degree)，记为 f. 故该偏差平方和 Q 的自由度为 $n-1$，而 Q/f 为样本方差.

3. 样本标准差

设 $(X_1,X_2,\cdots,X_n)$ 是来自总体 X 的一个样本，$(x_1,x_2,\cdots,x_n)$ 为样本值. 称统计量

$$S=\sqrt{S^2}=\sqrt{\frac{1}{n-1}\sum_{i=1}^{n}(X_i-\bar{X})^2} \tag{6.3.3}$$

为样本标准差(Sample Standard Deviation),样本标准差同样反映了该组样本取值的分散程度,其量纲与样本相同.

例 6.3.2 为了了解某不发达地区农民人均收入情况,从该地区随机抽取 50 户农民,得到下列数据(单位:元):

924	800	916	704	870	1 040	824	690	574	490
602	754	788	962	704	712	854	888	768	848
882	1 192	820	878	614	846	746	828	792	872
696	644	926	808	1 010	728	742	850	864	738
972	988	1 266	684	764	940	408	804	610	852

试讨论该地区人均年收入情况.

解 不难算出这 50 个数据的样本均值和样本标准差分别为

$$\bar{x}=\frac{1}{50}\sum_{i=1}^{50}x_i=809.52,$$

$$s=\sqrt{\frac{1}{49}\sum_{i=1}^{50}(x_i-\bar{x})^2}=155.849.$$

综上,可以从 $\bar{x}$ 得出该地区农民人均收入水平不高,从 s 可以得出该地区农民人均收入差距不大的初步结论.

4. 样本原点矩

设$(X_1,X_2,\cdots,X_n)$是来自总体 X 的一个样本,$(x_1,x_2,\cdots,x_n)$为样本值. 统计量

$$A_k=\frac{1}{n}\sum_{i=1}^{n}X_i^k,\quad k=1,2,\cdots \tag{6.3.4}$$

称为样本的 k 阶(原点)矩(Sample k-th Moment),它的观测值为

$$a_k=\frac{1}{n}\sum_{i=1}^{n}x_i^k,\quad k=1,2,\cdots.$$

显然,$A_1=\bar{X}$.

5. 样本中心矩

设$(X_1,X_2,\cdots,X_n)$是来自总体 X 的一个样本,$(x_1,x_2,\cdots,x_n)$为样本值. 统计量

$$B_k=\frac{1}{n}\sum_{i=1}^{n}(X_i-\bar{X})^k,\quad k=1,2,\cdots \tag{6.3.5}$$

称为样本的 k 阶中心矩(Sample k-th Central Moment). 它的观测值为

$$b_k=\frac{1}{n}\sum_{i=1}^{n}(x_i-\bar{x})^k,\quad k=1,2,\cdots.$$

显然,$B_1=0,B_2=S_n^2=\frac{n-1}{n}S^2$.

可以在各阶样本矩的基础上构造很多有意义的统计量,如样本偏度$\frac{B_3}{B_2^{\frac{3}{2}}}$、样本峰度

$\frac{B_4}{B_2^2}-3$,它们分别较好地估计了总体偏度和峰度.

在样本矩中,最常用的是样本均值和样本方差,下面将介绍它们的一个基本性质.

定理 6.3.1 设$(X_1,X_2,\cdots,X_n)$是来自总体 X 的一个样本,总体 X 有二阶矩,记 $EX=\mu$,$\mathrm{Var}(X)=\sigma^2$,则有

$$E\bar{X}=\mu,\quad \mathrm{Var}(\bar{X})=\frac{\sigma^2}{n},\quad ES^2=\sigma^2.$$

证明 注意到假设和 $X_1,X_2,\cdots,X_n$ iid$\sim X$,有 $EX_i=\mu$,$\mathrm{Var}(X_i)=\sigma^2$,可直接由期望和方差的性质得到该定理前两个结论,而

$$\begin{aligned}ES^2&=E\left[\frac{1}{n-1}\sum_{i=1}^{n}(X_i-\bar{X})^2\right]\\&=\frac{1}{n-1}E\left\{\sum_{i=1}^{n}[X_i-\mu-(\bar{X}-\mu)]^2\right\}\\&=\frac{1}{n-1}E\left[\sum_{i=1}^{n}(X_i-\mu)^2-n(\bar{X}-\mu)^2\right]\\&=\frac{1}{n-1}\sum_{i=1}^{n}E(X_i-\mu)^2-\frac{n}{n-1}E(\bar{X}-\mu)^2\\&=\frac{1}{n-1}n\sigma^2-\frac{n}{n-1}\frac{\sigma^2}{n}\\&=\sigma^2.\end{aligned}$$

例如,设$(X_1,X_2,\cdots,X_n)$是来自总体 $B(1,p)$的一个样本,则有

$$E\bar{X}=p,\quad \mathrm{Var}(\bar{X})=\frac{p(1-p)}{n},\quad ES^2=p(1-p).$$

对于来自二维总体(X,Y)的样本$(X_1,Y_1),(X_2,Y_2),\cdots,(X_n,Y_n)$,除了有各分量的样本矩外,还有描述两个分量线性相关程度和大小的样本协方差和样本相关系数.统计量

$$S_{XY}=\frac{1}{n-1}\sum_{i=1}^{n}(X_i-\bar{X})(Y_i-\bar{Y})$$

称为样本$(X_1,Y_1),(X_2,Y_2),\cdots,(X_n,Y_n)$的样本协方差(Sample Covariance);而统计量

$$R_{XY}=\frac{\sum_{i=1}^{n}(X_i-\bar{X})(Y_i-\bar{Y})}{\sqrt{\sum_{i=1}^{n}(X_i-\bar{X})^2\sum_{i=1}^{n}(Y_i-\bar{Y})^2}}$$

称为该样本的样本相关系数(Sample Correlation Coefficient).

6.3.2 抽样分布

样本是随机变量,统计量既然是样本的函数,那么它就是一个随机变量,必有其概率分布.统计量的概率分布称为抽样分布(Sampling Distribution).抽样分布在统计推断中有非常重要的地位,寻求各种统计量的精确抽样分布或近似抽样分布是一项极其重要的统计任务.正态总体有着完善的结论,将在下节进行详细介绍.下面通过几个例子介绍非正态总体样本均值抽样分布的一些结果.

需要指出的是,尽管统计量不依赖于任何未知参数,但它的分布却可能依赖于未知参数.

例 6.3.3 设$(X_1,X_2,\cdots,X_n)$是来自总体$B(1,p)$的一个样本,求样本均值$\bar{X}$的分布.

解 根据样本的性质和二项分布的可加性,得

$$n\bar{X}=\sum_{i=1}^{n}X_i\sim B(n,p).$$

所以有

$$P\left(\bar{X}=\frac{k}{n}\right)=C_n^k p^k(1-p)^{n-k},\quad k=0,1,2,\cdots,n.$$

例 6.3.4 设$(X_1,X_2,\cdots,X_n)$是来自指数总体$Exp(\lambda)$的一个样本,求样本均值$\bar{X}$的分布.

解 指数分布$Exp(\lambda)$就是伽马分布$Ga(1,\lambda)$,根据样本的性质和伽马分布的可加性,得

$$n\bar{X}=\sum_{i=1}^{n}X_i\sim Ga(n,\lambda).$$

由此得到$\bar{X}$的分布密度为

$$p_{\bar{X}}(y)=\begin{cases}\dfrac{(n\lambda)^n}{\Gamma(n)}y^{n-1}\mathrm{e}^{-(n\lambda)y}, & y>0,\\ 0, & y\leqslant 0.\end{cases}$$

即此时$\bar{X}$服从$Ga(n,n\lambda)$,从而不难得到$2n\lambda\bar{X}\sim\chi^2(2n)$.

一般情形下,非正态总体样本均值的精确分布很难得到.下面给出近似抽样分布的结论,它们是独立同分布中心极限定理和概率收敛性的结果.

定理 6.3.2 设$(X_1,X_2,\cdots,X_n)$是来自总体X的一个样本,总体X有二阶矩,记$EX=\mu$,$\mathrm{Var}(X)=\sigma^2$,$\bar{X}$为样本均值.则当$n\to+\infty$时,有

$$\frac{\bar{X}-\mu}{\frac{\sigma}{\sqrt{n}}}\xrightarrow{L}N(0,1),\quad \frac{\bar{X}-\mu}{\frac{S}{\sqrt{n}}}\xrightarrow{L}N(0,1).$$

则由第一个结果得到,当n较大时,$\bar{X}$的渐近分布为$N(\mu,\frac{\sigma^2}{n})$,简记为$\bar{X}\sim AN\left(\mu,\frac{\sigma^2}{n}\right)$,此处$AN$表示渐近正态分布.

定理 6.3.3 设$(X_1,X_2,\cdots,X_{n_1})$和$(Y_1,Y_2,\cdots,Y_{n_2})$分别是从总体$N(\mu_1,\sigma^2)$和$N(\mu_2,\sigma^2)$中抽取的样本,且两样本相互独立.其中$\bar{X}$和$\bar{Y}$分别是这两个样本的样本均值,S_1^2和S_2^2分别是这两个样本的样本方差.当n_1和n_2均趋近于$+\infty$时,有

$$\frac{(\bar{X}-\bar{Y})-(\mu_1-\mu_2)}{\sqrt{\frac{\sigma_1^2}{n_1}+\frac{\sigma_2^2}{n_2}}}\xrightarrow{L}N(0,1),$$

$$\frac{(\bar{X}-\bar{Y})-(\mu_1-\mu_2)}{\sqrt{\frac{S_1^2}{n_1}+\frac{S_2^2}{n_2}}}\xrightarrow{L}N(0,1).$$

6.3.3 次序统计量及其分布

1. 次序统计量的概念

定义 6.3.2 设$(x_1,x_2,\cdots,x_n)$是样本$(X_1,X_2,\cdots,X_n)$的一组观测值，将它们从小到大重新排序为

$$x_{(1)}\leqslant x_{(2)}\leqslant\cdots\leqslant x_{(n)},$$

记$X_{(k)}$是对应于$x_{(k)}$的随机变量，这样得到的$(X_{(1)},X_{(2)},\cdots,X_{(n)})$称为样本$(X_1,X_2,\cdots,X_n)$的一组次序统计量(Order Statistics)，称$X_{(k)}$为第k个次序统计量，称$X_{(1)}=\min\{X_1,X_2,\cdots,X_n\}$和$X_{(n)}=\max\{X_1,X_2,\cdots,X_n\}$分别为该样本的最小次序统计量和最大次序统计量.

注 对于简单随机样本$(X_1,X_2,\cdots,X_n)$，各个观测值$X_1,X_2,\cdots,X_n$是独立并且与总体X同分布的随机变量，但是$X_{(1)},X_{(2)},\cdots,X_{(n)}$既不独立也不同分布.

2. 经验分布函数的统计量

上节介绍的经验分布函数实际上是经验分布函数的观测值. 其统计量的概念如下.

设$(X_1,X_2,\cdots,X_n)$是来自总体X的样本，$(X_{(1)},X_{(2)},\cdots,X_{(n)})$是其次序统计量. 对于任意$x(-\infty<x<+\infty)$，以$v_r(x)$表示在对总体$n$次独立重复观察中事件$\{X\leqslant x\}$出现的次数，即样本$X_1,\cdots,X_n$中不大于$x$的个数，则称

$$F_n(x)=\frac{v_r(x)}{n},\quad -\infty<x<+\infty \tag{6.3.6}$$

为总体X的经验分布函数，即

$$F_n(x)=\begin{cases}0, & x<X_{(1)},\\ \dfrac{k}{n}, & X_{(k)}\leqslant x<X_{(k+1)},\quad k=1,2,\cdots,n-1,\\ 1, & x\geqslant X_{(n)}.\end{cases} \tag{6.3.7}$$

对于给定的x，经验分布函数是随机变量；对于给定的样本值，可得到经验分布函数的观测值，它具有随机变量分布函数的一切性质. 在不至于混淆的情况下，统一用$F_n(x)$来表示总体X的经验分布函数和经验分布函数的观测值.

3. 次序统计量的分布

定理 6.3.4 对于一个连续型总体X，设总体X的概率分布函数和分布密度分别为$F(x)$和$p(x)$，则有：

(1) $X_{(k)}$的概率分布密度为

$$p_k(y)=\frac{n!}{(k-1)!\,(n-k)!}[F(y)]^{k-1}[1-F(y)]^{n-k}p(y).$$

特别地，$X_{(1)}$和$X_{(n)}$的概率分布密度分别为

$$p_1(y)=n\,[1-F(y)]^{n-1}p(y),$$
$$p_n(y)=n\,[F(y)]^{n-1}p(y).$$

(2) $(X_{(i)},X_{(j)})(1\leqslant i<j\leqslant n)$的联合概率分布密度为

$$p_{ij}(y,z)=\frac{n!}{(i-1)!\,(j-i-1)!\,(n-j)!}[F(y)]^{i-1}[F(z)-F(y)]^{j-i-1}\cdot [1-F(z)]^{n-j}p(y)p(z),\quad y\leqslant z.$$

特别地，$X_{(1)}$和$X_{(n)}$的联合概率分布密度为

$$p_{1n}(y,z)=n(n-1)[F(z)-F(y)]^{n-2}p(y)p(z),\quad y\leqslant z.$$

(3) 次序统计量$(X_{(1)},X_{(2)},\cdots,X_{(n)})$的联合概率分布密度为

$$p(y_1,y_2,\cdots,y_n)=n!\prod_{i=1}^{n}p(y_i),\quad y_1\leqslant y_2\leqslant\cdots\leqslant y_n.$$

证明 只证第一个结论.对于固定的实数x，令随机变量Y表示$X_1,X_2,\cdots,X_n$中不大于x的样品个数，则$Y\sim B(n,F(x))$，于是$X_{(k)}$的分布函数为

$$F_k(x)=P(X_{(k)}\leqslant x)=P(Y\geqslant k)=\sum_{i=k}^{n}C_n^i\,[F(x)]^i\,[1-F(x)]^{n-i}.$$

对$F_k(x)$求导，得到$X_{(k)}$的分布密度为

$$\begin{aligned}p_k(x)&=\sum_{i=k}^{n}C_n^i\{i\,[F(x)]^{i-1}\,[1-F(x)]^{n-i}-(n-i)\,[F(x)]^i\,[1-F(x)]^{n-i-1}\}p(x)\\&=C_n^k k\,[F(x)]^{k-1}\,[1-F(x)]^{n-k}p(x)+\sum_{i=k+1}^{n}C_n^i i\,[F(x)]^{i-1}\,[1-F(x)]^{n-i}p(x)-\\&\quad\sum_{i=k}^{n-1}C_n^i(n-i)\,[F(x)]^i\,[1-F(x)]^{n-i-1}p(x)\\&=\frac{n!}{(k-1)!\,(n-k)!}[F(x)]^{k-1}\,[1-F(x)]^{n-k}p(x)+\\&\quad\sum_{i=k}^{n-1}C_n^{i+1}(i+1)[F(x)]^i[1-F(x)]^{n-i-1}p(x)-\\&\quad\sum_{i=k}^{n-1}C_n^i(n-i)[F(x)]^i[1-F(x)]^{n-i-1}p(x)\\&=\frac{n!}{(k-1)!\,(n-k)!}[F(x)]^{k-1}\,[1-F(x)]^{n-k}p(x).\end{aligned}$$

上式中的最后一个等式用到了$(i+1)C_n^{i+1}=(n-i)C_n^i$.

例 6.3.5 设$(X_1,X_2,\cdots,X_n)$是来自均匀总体$U(0,1)$的样本，求第k个次序统计量$X_{(k)}$的期望.

解 总体$U(0,1)$的分布密度和分布函数分别为

$$p(x)=\begin{cases}1, & 0<x<1,\\0, & \text{其他}.\end{cases}$$

$$F(x)=\begin{cases}0, & x<0,\\x, & 0\leqslant x<1,\\1, & x>1.\end{cases}$$

由定理 6.3.4 可知$X_{(k)}$的分布密度为

$$p_k(y)=\frac{n!}{(k-1)!\,(n-k)!}y^{k-1}(1-y)^{n-k},\quad 0<y<1.$$

此即为贝塔分布$Be(k,n-k+1)$的分布密度，其期望为

$$EX_{(k)}=\frac{k}{n},\quad k=1,2,\cdots,n.$$

4. 样本极差与分位数

定义 6.3.3 设$(X_{(1)},X_{(2)},\cdots,X_{(n)})$是总体$X$的样本$(X_1,X_2,\cdots,X_n)$的次序统计量，

则称 $R=X_{(n)}-X_{(1)}$ 为样本极差(Sample Range);

$$M_{0.5}=\begin{cases}X_{\left(\frac{n+1}{2}\right)}, & n \text{ 为奇数},\\ \dfrac{1}{2}\left(X_{\left(\frac{n}{2}\right)}+X_{\left(\frac{n}{2}+1\right)}\right), & n \text{ 为偶数}\end{cases}$$

为样本中位数(Sample Median);

$$M_p=\begin{cases}X_{([np]+1)}, & np \text{ 不是整数},\\ \dfrac{1}{2}\left(X_{(np)}+X_{(np+1)}\right), & np \text{ 是整数}\end{cases}$$

为样本 $p(0<p<1)$分位数(Sample p Percentile),其中$[np]$为 np 的整数部分.

对多数总体而言,其样本 p 分位数的精确分布难以给出,下面不加证明地给出样本 p 分位数的渐近分布的定理.

定理 6.3.5 设总体 X 的概率分布函数和分布密度分别为$F(x)$和 $p(x)$,x_p 为其 p 分位数[方程 $F(x_p)=p$ 的解],如果 $p(x)$在 x_p 处连续,且 $p(x_p)>0$,则当 $n\to+\infty$时,样本 p 分位数M_p 的渐近分布为

$$M_p\sim AN\left(x_p,\frac{p(1-p)}{n\left[p(x_p)\right]^2}\right).$$

特别地,对样本中位数,则当 $n\to+\infty$时,近似地有

$$M_{0.5}\sim AN\left(x_{0.5},\frac{1}{4n\left[p(x_p)\right]^2}\right).$$

例如,柯西总体的分布密度为

$$p(x)=\frac{1}{\pi\left[1+(x-\theta)^2\right]},\quad -\infty<x<+\infty,$$

则其中位数为 θ,当来自该总体的样本量 n 较大时,样本中位数的渐近分布为

$$M_{0.5}\sim AN\left(\theta,\frac{\pi^2}{4n}\right).$$

5. 五数概括与箱线图

次序统计量的应用之一就是五数概括与箱线图. 在得到次序统计量的观测值后,下面 5 个数把样本全部观测值分成大致相等的 4 段:$x_{(1)}$,$Q_1=m_{0.25}$,$m_{0.5}$,$Q_3=m_{0.75}$,$x_{(n)}$. 用这 5 个数大致描述样本数据的分布轮廓,称为五数概括(Five Number Summary),将这 5 个数在数轴上标示出来,并由一个箱子和两个线段连接而成的图形称为箱线图(Box Plot),如图 6.3.1所示. 若要对多批数据分布进行比较,则可以在同一平面坐标系中同时画出每批数据的箱线图.

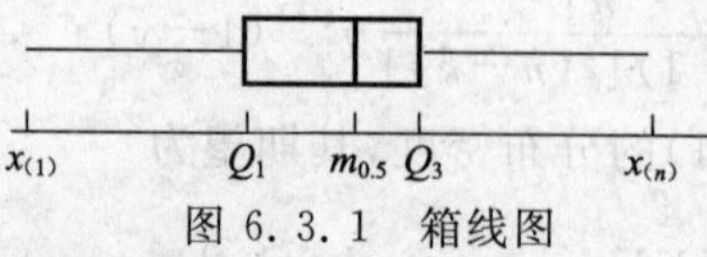

$x_{(1)}$ Q_1 $m_{0.5}$ Q_3 $x_{(n)}$

图 6.3.1 箱线图

例 6.3.2 人均年收入数据的五数为:

$$x_{(1)}=408,\quad Q_1=716,\quad m_{0.5}=814,\quad Q_3=881,\quad x_{(50)}=1\,266.$$

箱线图如图 6.3.2 所示.

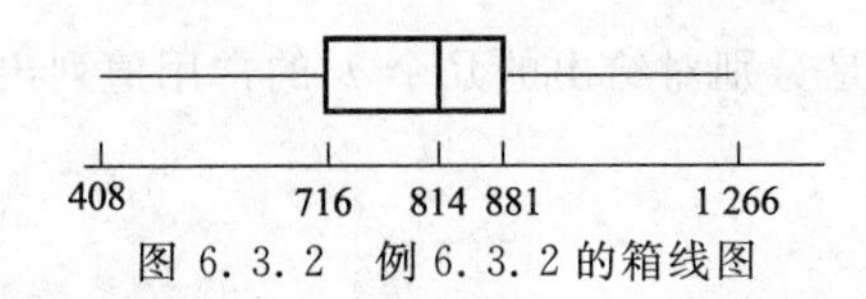

图 6.3.2 例 6.3.2 的箱线图

6.4 正态总体的抽样分布

本节主要介绍在理论和应用上都比较重要的正态总体抽样分布的结论，它们与三大统计分布 χ^2 分布、t 分布及 F 分布有关.

6.4.1 三大统计分布

为了后面需要，先介绍分位数（点）的概念. 设 X 为一随机变量，$F(x)$为其分布函数. 对于给定的实数 x，$F(x)=P(X\leqslant x)$给出了事件$\{X\leqslant x\}$的概率. 在统计中，常常需要考虑上述问题的逆问题：若已给定分布函数 $F(x)$的值，即已给定事件$\{X\leqslant x\}$的概率，如何确定 x 的取值. 易知，对连续型随机变量，实际上就是求 $F(x)$的反函数.准确来说，有如下定义.

定义 6.4.1 设连续型随机变量 X 的分布函数为 $F(x)$，分布密度为 $p(x)$，若对任意 $p\in(0,1)$，称满足

$$F(x_p)=P(X\leqslant x_p)=\int_{-\infty}^{x_p}p(x)\mathrm{d}x=p$$

的 x_p 为此分布的 p 分位数（点）(Percentile)，又称为下侧 p 分位数（点）. 分位数 x_p 表示分布密度 $p(x)$曲线下 x_p 以左的一块阴影面积为 p，如图 6.4.1(a)所示.

称满足

$$1-F(x_p')=P(X>x_p')=\int_{x_p'}^{+\infty}p(x)\mathrm{d}x=p$$

的 x_p'为此分布的上侧 p 分位数（点），如图 6.4.1(b)所示. 本书使用的是下侧 p 分位数，请读者注意进行区分.

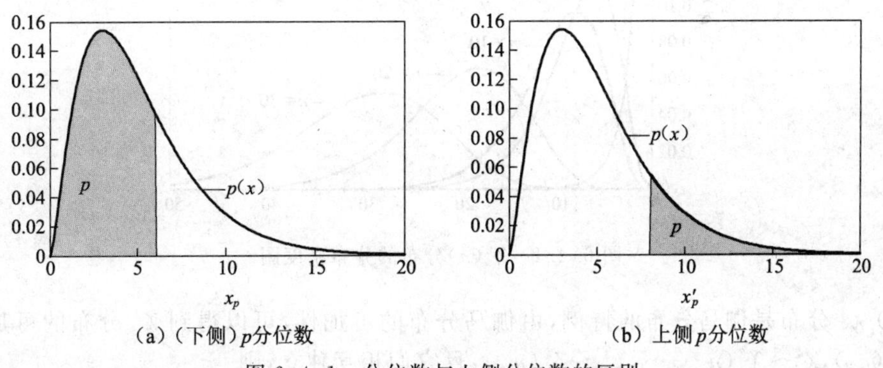

图 6.4.1 分位数与上侧分位数的区别

几种常用分布——$N(0,1)$，$t(n)$，$\chi^2(n)$，$F(n_1,n_2)$的分位数在附表中可以查到，也可以使用计算机软件得到. 其中，$N(0,1)$是利用分布函数表 $\Phi(x)$反过来查，其 p 分位数通常

记成 u_p，而其他几个分布则是分别对给出的几个 p 的常用值列出相应分布对应的 p 值的分位数.

1. χ^2 分布

定义 6.4.2 设随机变量 $X_1,X_2,\cdots,X_n$ 相互独立同服从于标准正态分布 $N(0,1)$，则称随机变量 $\chi^2=\sum\limits_{i=1}^{n}X_i^2$ 的分布为自由度为 n 的 χ^2（卡方）分布，记为 $\chi^2\sim\chi^2(n)$.

在上述定义中，可以认为 $(X_1,X_2,\cdots,X_n)$ 是来自标准正态总体 $N(0,1)$ 的一个样本，从而上式定义的 χ^2 是一个统计量. 对下述 t 分布和 F 分布的定义也可以类似地理解.

由上述定义可知，n 个独立同服从 $N(0,1)$ 的随机变量的平方和的分布为自由度为 n 的 χ^2 分布. 自由度 n 表示 $\chi^2=\sum\limits_{i=1}^{n}X_i^2$ 中独立变量的个数.

如果 $X\sim N(0,1)$，则 $X^2\sim Ga\left(\frac{1}{2},\frac{1}{2}\right)$，根据伽马分布的可加性有 $\chi^2\sim Ga\left(\frac{n}{2},\frac{1}{2}\right)=\chi^2(n)$. 由此可见，$\chi^2$ 分布是伽马分布的特例，故 $\chi^2(n)$ 分布的分布密度为

$$p_n(x)=\begin{cases}\dfrac{1}{2^{\frac{n}{2}}\Gamma\left(\frac{n}{2}\right)}x^{\frac{n}{2}-1}\mathrm{e}^{-\frac{x}{2}}, & x>0,\\ 0, & x\leqslant 0.\end{cases}\tag{6.4.1}$$

$\chi^2(n)$ 分布有如下性质：

(1) 该分布密度的图形是一个只取非负值的偏态分布曲线，如图 6.4.2 所示.

(2) $E[\chi^2(n)]=n$，$\mathrm{Var}[\chi^2(n)]=2n$.

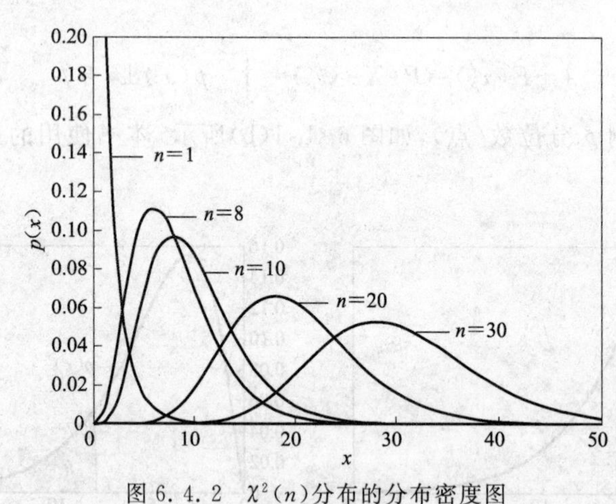

图 6.4.2 $\chi^2(n)$ 分布的分布密度图

(3) χ^2 分布是伽马分布的特例，由伽马分布的可加性，可以得到 χ^2 分布的可加性. 设 $\chi_1^2\sim\chi^2(n_1)$，$\chi_2^2\sim\chi^2(n_2)$，$\cdots$，$\chi_m^2\sim\chi^2(n_m)$，且它们相互独立，则

$$\chi_1^2+\chi_2^2+\cdots+\chi_m^2\sim\chi^2(n_1+n_2+\cdots+n_m).\tag{6.4.2}$$

(4) 设 $(X_1,X_2,\cdots,X_n)$ 是来自总体 $X\sim N(\mu,\sigma^2)$ 的一个样本，则有

$$\chi^2=\frac{1}{\sigma^2}\sum_{i=1}^{n}(X_i-\mu)^2\sim\chi^2(n).$$

(5) 设$(X_1,X_2,\cdots,X_n)$是来自参数为λ的指数分布总体的样本，则有

$$2\lambda\left(\sum_{i=1}^{n}X_i\right)=2n\lambda\bar{X}\sim\chi^2(2n).$$

比χ^2分布的可加性适用范围更广的结论是下面的柯赫伦(Cochran)定理，在方差分析中要用到该定理.

定理6.4.1(柯赫伦定理) 设$X_1,X_2,\cdots,X_n$是相互独立且服从标准正态分布$N(0,1)$的随机变量. 如果

$$Q=Q_1+Q_2+\cdots+Q_k=\sum_{i=1}^{n}X_i^2,$$

其中，Q_i是秩(自由度)为f_i的$X_1,X_2,\cdots,X_n$的二次型，则$Q_1,\cdots,Q_k$相互独立，且$Q_i\sim\chi^2(f_i)$的充要条件是

$$\sum_{i=1}^{k}f_i=n.$$

证明 由χ^2分布的可加性即得必要性. 下证充分性.

由于Q_i是秩(自由度)为f_i的$X_1,X_2,\cdots,X_n$的二次型，根据线性代数的知识，Q_i有下列形式的标准型

$$Q_1=b_{11}Y_{11}^2+b_{12}Y_{12}^2+\cdots+b_{1f_1}Y_{1f_1}^2,$$
$$Q_2=b_{21}Y_{21}^2+b_{22}Y_{22}^2+\cdots+b_{2f_2}Y_{2f_2}^2,$$
$$\vdots$$
$$Q_k=b_{k1}Y_{k1}^2+b_{k2}Y_{k2}^2+\cdots+b_{kf_k}Y_{kf_k}^2.$$

其中，Y_{ij}都是$X_1,X_2,\cdots,X_n$的线性组合，系数b_{ij}为1或-1. 记

$$\boldsymbol{Y}=(Y_{11},\cdots,Y_{1f_1},\cdots,Y_{k1},\cdots,Y_{kf_k})^{\mathrm{T}},$$
$$\boldsymbol{B}=\mathrm{diag}(b_{11},\cdots,b_{1f_1},\cdots,b_{k1},\cdots,b_{kf_k}),$$
$$\boldsymbol{X}=(X_1,X_2,\cdots,X_n)^{\mathrm{T}}.$$

设$\boldsymbol{Y}-\boldsymbol{\Lambda X}$，则有

$$\boldsymbol{X}^{\mathrm{T}}\boldsymbol{X}=\sum_{i=1}^{n}X_i^2=Q=Q_1+\cdots+Q_k=\boldsymbol{Y}^{\mathrm{T}}\boldsymbol{BY}=\boldsymbol{X}^{\mathrm{T}}\boldsymbol{A}^{\mathrm{T}}\boldsymbol{BAX}.$$

从而得到$\boldsymbol{A}^{\mathrm{T}}\boldsymbol{BA}=\boldsymbol{I}_n$，所以$\boldsymbol{B}=(\boldsymbol{AA}^{\mathrm{T}})^{-1}$是正定阵，因此所有的$b_{ij}$等于1. 于是，$\boldsymbol{B}=\boldsymbol{I}_n$及$\boldsymbol{AA}^{\mathrm{T}}=\boldsymbol{I}_n$，因此$\boldsymbol{A}$是正交阵. 由于$\boldsymbol{X}\sim N_n(0,\boldsymbol{I}_n)$，由随机变量函数的分布计算公式，不难算出$\boldsymbol{Y}=\boldsymbol{AX}\sim N_n(0,\boldsymbol{AA}^{\mathrm{T}})=N_n(0,\boldsymbol{I}_n)$，故$\boldsymbol{Y}$的$n$个分量相互独立且均服从标准正态分布. 由$Q_i$的表达式知$Q_1,\cdots,Q_k$相互独立，且$Q_i\sim\chi^2(f_i)$，$i=1,2,\cdots,k$. 证毕.

例6.4.1 设$(X_1,X_2,\cdots,X_{2n})$是来自总体$N(0,1)$的样本，又设

$$Y=(X_1+X_2+\cdots+X_n)^2+(X_{n+1}+X_{n+2}+\cdots+X_{2n})^2.$$

试求常数C，使CY服从χ^2分布.

解 由样本的特性及正态分布的可加性得

$$X_1+X_2+\cdots+X_n\sim N(0,n),$$
$$X_{n+1}+X_{n+2}+\cdots+X_{2n}\sim N(0,n).$$

两者相互独立,从而得

$$\frac{1}{n}(X_1+X_2+\cdots+X_n)^2\sim\chi^2(1),$$

$$\frac{1}{n}(X_{n+1}+X_{n+2}+\cdots+X_{2n})^2\sim\chi^2(1).$$

再由 χ^2 分布的可加性知 $C=\frac{1}{n}$ 时,CY 服从 $\chi^2(2)$ 分布.

设 $\chi^2\sim\chi^2(n)$,对给定的 $\alpha(0<\alpha<1)$,满足条件 $P[\chi^2\leqslant\chi^2_\alpha(n)]=\alpha$ 的实数 $\chi^2_\alpha(n)$ 称为 $\chi^2(n)$ 分布的 α 分位数. 对不同的 α 和 n,$\chi^2_\alpha(n)$ 的值可通过 χ^2 分布表查得或利用计算机软件得到. 例如,当 $\alpha=0.1$,$n=25$ 时,可得 $\chi^2_\alpha(25)=\chi^2_{0.1}(25)=16.4734$,$\chi^2_{1-\alpha}(25)=\chi^2_{0.9}(25)=34.3816$.

费歇尔已证明:当 $n(n>40)$ 很大时,有

$$\sqrt{2\chi^2(n)}\overset{\cdot}{\sim}N\left(\sqrt{2n-1},1\right).$$

因此可由正态分布近似地求得 $\chi^2(n)$ 分布的分位数为

$$\chi^2_\alpha(n)\approx\frac{1}{2}\left(u_\alpha+\sqrt{2n-1}\right)^2.$$

2. t 分布

定义 6.4.3 设 $X\sim N(0,1)$,$Y\sim\chi^2(n)$,且 X 与 Y 相互独立,则称随机变量 $t=\frac{X}{\sqrt{Y/n}}$ 的分布为自由度为 n 的 t 分布,记作 $t\sim t(n)$. t 分布也称为学生(Student)分布,这是因为 W. S. Gosset 在 1908 年建立 t 分布的论文中使用了 Student 这一笔名.

t 分布的分布密度为

$$p_n(x)=\frac{\Gamma\left(\frac{n+1}{2}\right)}{\sqrt{n\pi}\,\Gamma\left(\frac{n}{2}\right)}\left(1+\frac{x^2}{n}\right)^{-\frac{n+1}{2}},\quad -\infty<x<+\infty. \tag{6.4.3}$$

对上式进行如下推导. 由于 $Y\sim\chi^2(n)$,则不难得到 $Z=\sqrt{\frac{Y}{n}}$ 的分布密度为

$$p_Z(z)=\begin{cases}\dfrac{2\left(\frac{n}{2}\right)^{\frac{n}{2}}}{\Gamma\left(\frac{n}{2}\right)}z^{n-1}\mathrm{e}^{-\frac{n}{2}z^2}, & z>0,\\ 0, & z\leqslant 0.\end{cases}$$

由两个随机变量商的分布密度公式,得到 t 分布的分布密度为

$$p_n(x)=\int_{-\infty}^{+\infty}|z|\,p_X(xz)p_Z(z)\mathrm{d}z$$

$$=\frac{2\left(\frac{n}{2}\right)^{\frac{n}{2}}}{\Gamma\left(\frac{n}{2}\right)\sqrt{2\pi}}\int_0^{+\infty}\mathrm{e}^{-\frac{1}{2}x^2z^2}z^n\mathrm{e}^{-\frac{1}{2}nz^2}\mathrm{d}z$$

$$=\frac{2\left(\frac{n}{2}\right)^{\frac{n}{2}}}{\Gamma\left(\frac{n}{2}\right)\sqrt{2\pi}}\int_0^{+\infty}z^n\mathrm{e}^{-\frac{1}{2}(x^2+n)z^2}\mathrm{d}z.$$

令 $t=\frac{1}{2}(x^2+n)z^2$，

$$p_n(x)=\frac{2\left(\frac{n}{2}\right)^{\frac{n}{2}}}{\Gamma\left(\frac{n}{2}\right)\sqrt{2\pi}}\int_0^{+\infty}\left(\frac{n+x^2}{2}\right)^{-\frac{n+1}{2}}\frac{1}{2}t^{\frac{(n-1)}{2}}\mathrm{e}^{-t}\mathrm{d}t$$

$$=\frac{n^{\frac{n}{2}}\Gamma\left(\frac{n+1}{2}\right)}{\Gamma\left(\frac{n}{2}\right)\sqrt{\pi}}(n+x^2)^{-\frac{n+1}{2}}$$

$$=\frac{\Gamma\left(\frac{n+1}{2}\right)}{\Gamma\left(\frac{n}{2}\right)\sqrt{n\pi}}\left(1+\frac{x^2}{n}\right)^{-\frac{n+1}{2}}.$$

$t(n)$分布具有如下性质：

(1) 其分布密度图形如图 6.4.3 所示，它关于原点对称，且形状与 $N(0,1)$分布密度图形类似.

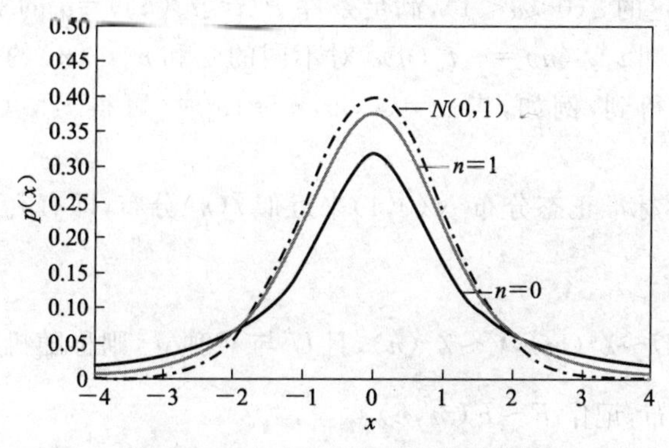

图 6.4.3 $t(n)$分布的密度函数图

(2) 利用极限知识和 $\lim\limits_{n\to+\infty}\frac{\Gamma\left(\frac{n+1}{2}\right)}{\Gamma\left(\frac{n}{2}\right)\sqrt{n}}=\frac{1}{\sqrt{2}}$，不难得到 $\lim\limits_{n\to+\infty}p_n(x)=\frac{1}{\sqrt{2\pi}}\mathrm{e}^{-\frac{x^2}{2}}$，即 n 很大时

$(n>30)$，t 分布近似于标准正态分布 $N(0,1)$. 但对于较小的 n，t 分布与标准正态分布 $N(0,1)$ 相差较大. 且对 $\forall t_0 \in R$ 有

$$P(|T|\geqslant t_0)\geqslant P(|X|\geqslant t_0).$$

其中，$X\sim N(0,1)$，即 t 分布的尾部比 $N(0,1)$ 的尾部具有更大的概率.

(3) $n=1$ 的 t 分布就是标准柯西分布.

(4) $E[t(n)]=0\ (n>1)$，$\mathrm{Var}[t(n)]=\dfrac{n}{n-2}\ (n>2)$.

例 6.4.2 设总体 $X\sim N(0,\sigma^2)$，(X_1,X_2,X_3,X_4) 是取自该总体的样本，证明统计量 $Y=\dfrac{\sqrt{3}X_1}{\sqrt{X_2^2+X_3^2+X_4^2}}\sim t(3)$.

证明 由于 (X_1,X_2,X_3,X_4) 是取自总体 X 的样本，故 X_1,X_2,X_3,X_4 相互独立，且

$$X_i\sim N(0,\sigma^2),\quad i=1,2,3,4,$$

从而得

$$\frac{X_i}{\sigma}\sim N(0,1),\quad i=1,2,3,4,$$

故有

$$\frac{X_1}{\sigma}\sim N(0,1),$$

$$\left(\frac{X_2}{\sigma}\right)^2+\left(\frac{X_3}{\sigma}\right)^2+\left(\frac{X_4}{\sigma}\right)^2\sim \chi^2(3),$$

因而得到

$$Y=\frac{\sqrt{3}X_1}{\sqrt{X_2^2+X_3^2+X_4^2}}=\frac{\dfrac{X_1}{\sigma}}{\sqrt{\left[\left(\dfrac{X_2}{\sigma}\right)^2+\left(\dfrac{X_3}{\sigma}\right)^2+\left(\dfrac{X_4}{\sigma}\right)^2\right]/3}}\sim t(3).$$

设 $t\sim t(n)$，对给定的 $\alpha(0<\alpha<1)$，满足条件 $P(t\leqslant t_\alpha(n))=\alpha$ 的实数 $t_\alpha(n)$ 称为 t 分布的 α 分位数，由对称性知 $t_{1-\alpha}(n)=-t_\alpha(n)$. 对不同的 α 和 n，$t_\alpha(n)$ 的值可通过 t 分布表查得或利用计算机软件得到，例如，当 $\alpha=0.05$，$n=15$ 时，可得 $t_{0.05}(15)=-t_{0.95}(15)=-1.7531$.

当 $n>30$ 时，可用标准正态分布 $N(0,1)$ 来近似 $t(n)$ 分布，即有 $t_\alpha(n)\approx u_\alpha$.

3. F 分布

定义 6.4.4 设 $U\sim\chi^2(m)$，$V\sim\chi^2(n)$，且 U 与 V 独立，则称随机变量 $F=\dfrac{U/m}{V/n}$ 服从自由度为 (m,n) 的 F 分布，记作 $F\sim F(m,n)$.

F 分布的分布密度为

$$p_{mn}(x)=\begin{cases}\dfrac{\Gamma\left(\dfrac{m+n}{2}\right)}{\Gamma\left(\dfrac{m}{2}\right)\Gamma\left(\dfrac{n}{2}\right)}\left(\dfrac{m}{n}\right)\left(\dfrac{m}{n}x\right)^{\frac{m}{2}-1}\left(1+\dfrac{m}{n}x\right)^{-\frac{m+n}{2}}, & x>0,\\ 0, & x\leqslant 0.\end{cases}\tag{6.4.4}$$

对上式进行如下推导. 由 U 和 V 的分布密度,容易求得$\dfrac{U}{m}$和$\dfrac{V}{n}$的分布密度分别为

$$p_1(u)=\begin{cases}\dfrac{\left(\dfrac{m}{2}\right)^{\frac{m}{2}}}{\Gamma\left(\dfrac{m}{2}\right)}u^{\frac{m}{2}-1}\mathrm{e}^{-\frac{mu}{2}}, & u>0,\\ 0, & u\leqslant 0.\end{cases}$$

$$p_2(v)=\begin{cases}\dfrac{\left(\dfrac{n}{2}\right)^{\frac{n}{2}}}{\Gamma\left(\dfrac{n}{2}\right)}v^{\frac{n}{2}-1}\mathrm{e}^{-\frac{nv}{2}}, & v>0,\\ 0, & v\leqslant 0.\end{cases}$$

由两个随机变量商的分布密度公式,得到 F 分布的分布密度为

$$p_{mn}(x)=\int_{-\infty}^{+\infty}|v|p_1(xv)p_2(v)\mathrm{d}v.$$

易见,当 $x\leqslant 0$ 时,$p_{mn}(x)=0$;当 $x>0$ 时,有

$$\begin{aligned}p_{mn}(x)&=\frac{\left(\dfrac{m}{2}\right)^{\frac{m}{2}}\left(\dfrac{n}{2}\right)^{\frac{n}{2}}}{\Gamma\left(\dfrac{m}{2}\right)\Gamma\left(\dfrac{n}{2}\right)}\int_0^{+\infty}(xv)^{\frac{m}{2}-1}\mathrm{e}^{-\frac{mxv}{2}}v^{\frac{n}{2}-1}\mathrm{e}^{-\frac{nv}{2}}v\mathrm{d}v\\&=\frac{\left(\dfrac{m}{2}\right)^{\frac{m}{2}}\left(\dfrac{n}{2}\right)^{\frac{n}{2}}}{\Gamma\left(\dfrac{m}{2}\right)\Gamma\left(\dfrac{n}{2}\right)}x^{\frac{m}{2}-1}\int_0^{+\infty}v^{\frac{m+n}{2}-1}\mathrm{e}^{-\frac{(mx+n)v}{2}}\mathrm{d}v,\end{aligned}\tag{6.4.5}$$

令 $t=\dfrac{1}{2}(mx+n)v$,则有

$$\int_0^{+\infty}v^{\frac{m+n}{2}-1}\mathrm{e}^{-\frac{(mx+n)v}{2}}\mathrm{d}v=2^{\frac{m+n}{2}}(mx+n)^{-\frac{m+n}{2}}\int_0^{+\infty}t^{\frac{m+n}{2}-1}\mathrm{e}^{-t}\mathrm{d}t=2^{\frac{m+n}{2}}(mx+n)^{-\frac{m+n}{2}}\Gamma\left(\frac{m+n}{2}\right)$$

将此式代入式(6.4.5),整理即得 F 分布的分布密度表达式(6.4.4).

$F(m,n)$分布具有如下性质:

(1) 其分布密度图形是偏态曲线,如图 6.4.4 所示.

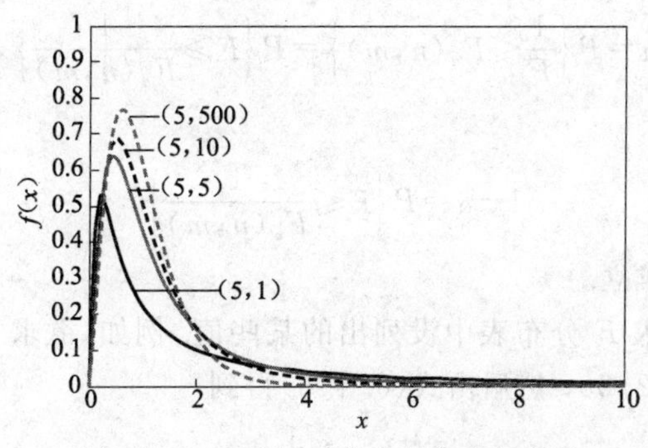

图 6.4.4 $F(m,n)$分布的分布密度图

(2) 若 $F\sim F(m,n)$,则$\dfrac{1}{F}\sim F(n,m)$.

(3) $E[F(m,n)]=\dfrac{n}{n-2}(n>2)$,$\mathrm{Var}[F(m,n)]=\dfrac{2n^2(m+n-2)}{m(n-2)^2(n-4)}(n>4)$.

(4) 若 $t\sim t(n)$,则 $t^2\sim F(1,n)$.

例 6.4.3 设总体 $X\sim N(0,4)$,$(X_1,X_2,\cdots,X_{15})$是取自该总体的样本,证明统计量 $Y=\dfrac{X_1^2+X_2^2+\cdots+X_{10}^2}{2(X_{11}^2+X_{12}^2+\cdots+X_{15}^2)}\sim F(10,5)$.

证明 由于$(X_1,X_2,\cdots,X_{15})$是取自总体 X 的样本,故 $X_1,X_2,\cdots,X_{15}$ 相互独立,且

$$X_i\sim N(0,4),\quad i=1,2,\cdots,15,$$

从而有

$$\frac{X_i}{2}\sim N(0,1),\quad i=1,2,\cdots,15,$$

$$\sum_{i=1}^{10}\left(\frac{X_i}{2}\right)^2\sim \chi^2(10),$$

$$\sum_{i=11}^{15}\left(\frac{X_i}{2}\right)^2\sim \chi^2(5).$$

上述两个 χ^2 变量相互独立,故有

$$Y=\frac{\sum\limits_{i=1}^{10}X_i^2}{2\sum\limits_{i=11}^{15}X_i^2}=\frac{\sum\limits_{i=1}^{10}\left(\frac{X_i}{2}\right)^2/10}{\sum\limits_{i=11}^{15}\left(\frac{X_i}{2}\right)^2/5}\sim F(10,5).$$

设 $F\sim F(m,n)$,对给定的 $\alpha(0<\alpha<1)$称满足 $P\{F\leqslant F_\alpha(m,n)\}=\alpha$ 的实数 $F_\alpha(m,n)$ 为 F 分布的 α 分位数. 类似地,$F_\alpha(m,n)$的值可通过 F 分布表查得或利用计算机软件得到. 例如当 $\alpha=0.05$,$m=12$,$n=14$ 时,可得 $F_{0.95}(12,14)=2.53$.

F 分布还有如下重要性质

$$F_{1-\alpha}(m,n)=\frac{1}{F_\alpha(n,m)}. \tag{6.4.6}$$

事实上,由 F 分布的构造知,若 $F\sim F(m,n)$,则有$\dfrac{1}{F}\sim F(n,m)$,故对于给定的 $\alpha(0<\alpha<1)$,有

$$\alpha=P\left\{\frac{1}{F}\leqslant F_\alpha(n,m)\right\}=P\left\{F\geqslant\frac{1}{F_\alpha(n,m)}\right\},$$

从而得到

$$1-\alpha=P\left\{F\leqslant\frac{1}{F_\alpha(n,m)}\right\},$$

由上式可知式(6.4.6)成立.

式(6.4.6)常用来求 F 分布表中没列出的某些值. 例如,欲求 $F_{0.05}(14,12)$,则可先查表确定 $F_{0.95}(12,14)=2.53$,然后由式(6.4.6)得到

$$F_{0.05}(14,12)=\frac{1}{F_{0.95}(12,14)}=0.3953.$$

6.4.2 正态总体样本均值与样本方差的分布

根据前面介绍的χ^2分布、t分布和F分布这三大分布,下面给出正态总体样本均值和样本方差以及它们的函数分布.

定理 6.4.2 若$(X_1,X_2,\cdots,X_n)$是来自正态总体$N(\mu,\sigma^2)$的一个样本,$\bar{X}$和S^2分别是样本均值和样本方差,则有:

(1) $\bar{X}\sim N(\mu,\sigma^2/n)$;

(2) $\dfrac{(n-1)S^2}{\sigma^2}\sim\chi^2(n-1)$;

(3) $\bar{X}$与S^2相互独立.

证明 $\boldsymbol{X}=(X_1,X_2,\cdots,X_n)^{\mathrm{T}}$的联合分布密度为

$$p(x_1,x_2,\cdots,x_n)=(2\pi\sigma^2)^{-\frac{n}{2}}\exp\left\{-\frac{1}{2\sigma^2}\sum_{i=1}^{n}(x_i-\mu)^2\right\}$$

$$=(2\pi\sigma^2)^{-\frac{n}{2}}\exp\left\{-\frac{1}{2\sigma^2}\left(\sum_{i=1}^{n}x_i^2-2n\bar{x}\mu+n\mu^2\right)\right\}.$$

取一个n阶正交阵$\boldsymbol{A}$,其第一行的每一个元素均为$\dfrac{1}{\sqrt{n}}$,例如

$$\boldsymbol{A}=\begin{pmatrix}\frac{1}{\sqrt{n}} & \frac{1}{\sqrt{n}} & \frac{1}{\sqrt{n}} & \cdots & \frac{1}{\sqrt{n}}\\ \frac{1}{\sqrt{2\cdot 1}} & \frac{1}{\sqrt{2\cdot 1}} & 0 & \cdots & 0\\ \frac{1}{\sqrt{3\cdot 2}} & \frac{1}{\sqrt{3\cdot 2}} & -\frac{2}{\sqrt{3\cdot 2}} & \cdots & 0\\ \vdots & \vdots & \vdots & & \vdots\\ \frac{1}{\sqrt{n(n-1)}} & \frac{1}{\sqrt{n(n-1)}} & \frac{1}{\sqrt{n(n-1)}} & \cdots & -\frac{n-1}{\sqrt{n(n-1)}}\end{pmatrix}$$

令$\boldsymbol{Y}=(Y_1,Y_2,\cdots,Y_n)^{\mathrm{T}}=\boldsymbol{A}\boldsymbol{X}$,则有$\boldsymbol{X}=\boldsymbol{A}^{\mathrm{T}}\boldsymbol{Y}$,该变换的雅克比行列式$\boldsymbol{J}=1$,且注意到

$$\bar{X}=\frac{1}{n}\sum_{i=1}^{n}X_i=\frac{1}{\sqrt{n}}Y_1,$$

$$\sum_{i=1}^{n}Y_i^2=\boldsymbol{Y}^{\mathrm{T}}\boldsymbol{Y}=\boldsymbol{X}^{\mathrm{T}}\boldsymbol{A}^{\mathrm{T}}\boldsymbol{A}\boldsymbol{X}=\boldsymbol{X}^{\mathrm{T}}\boldsymbol{X}=\sum_{i=1}^{n}X_i^2,$$

于是,由多元密度函数的变换公式(类似一维情形),得到$\boldsymbol{Y}=(Y_1,Y_2,\cdots,Y_n)^{\mathrm{T}}$的联合分布密度为

$$p(y_1,y_2,\cdots,y_n)=p(x_1,x_2,\cdots,x_n)\,|\boldsymbol{J}|=(2\pi\sigma^2)^{-\frac{n}{2}}\exp\left\{-\frac{1}{2\sigma^2}\left(\sum_{i=1}^{n}y_i^2-2\sqrt{n}y_1\mu+n\mu^2\right)\right\}$$

$$=(2\pi\sigma^2)^{-\frac{n}{2}}\exp\left\{-\frac{1}{2\sigma^2}\left[\sum_{i=2}^{n}y_i^2+(y_1-\sqrt{n}\mu)^2\right]\right\}.$$

由此，得到$\boldsymbol{Y}=(Y_1,Y_2,\cdots,Y_n)^{\mathrm{T}}$的各个分量相互独立，且方差均为$\sigma^2$的正态分布，$Y_2$，$\cdots$，$Y_n$的均值为零，$Y_1$的均值为$\sqrt{n}\mu$，结论(1)得证.

由于

$$(n-1)S^2=\sum_{i=1}^{n}(X_i-\bar{X})^2=\sum_{i=1}^{n}X_i^2-(\sqrt{n}\bar{X})^2=\sum_{i=1}^{n}Y_i^2-(Y_1)^2=\sum_{i=2}^{n}Y_i^2,$$

结论(3)得证.

由于$Y_2,\cdots,Y_n$ iid$\sim N(0,\sigma^2)$，所以$\dfrac{(n-1)S^2}{\sigma^2}=\sum_{i=2}^{n}\left(\dfrac{Y_i}{\sigma}\right)^2\sim\chi^2(n-1)$，结论(2)得证. 定理证毕.

例 6.4.4 假设某物体的实际质量为μ，但它是未知的. 现用一架天平去称它，共称了n次，得到$(X_1,X_2,\cdots,X_n)$. 假设每次称量过程彼此独立且没有系统误差，则可以认为这些测量值都服从正态分布$N(\mu,\sigma^2)$，方差σ^2反映了天平及测量过程的总精度，通常用样本均值$\bar{X}$去估计μ. 根据定理 6.4.2 得到，$\bar{X}\sim N\left(\mu,\dfrac{\sigma^2}{n}\right)$，再由正态分布的$3\sigma$性质知

$$P\left(|\bar{X}-\mu|<\frac{3\sigma}{\sqrt{n}}\right)=99.7\%.$$

也就是说，估计量$\bar{X}$与真值μ的偏差的绝对值不超过$\dfrac{3\sigma}{\sqrt{n}}$的概率为 99.7%，并且随着称量次数$n$的增加，这个偏差界限$\dfrac{3\sigma}{\sqrt{n}}$越来越小.

例如，若$\sigma=0.1$，$n=10$，则

$$P\left(|\bar{X}-\mu|<\frac{3\times0.1}{\sqrt{10}}\right)=P(|\bar{X}-\mu|<0.09)=99.7\%,$$

于是以 99.7%的概率断言，$\bar{X}$与物体实际质量μ的偏差的绝对值不超过 0.09. 如果将称量次数n增加到 100，则

$$P\left(|\bar{X}-\mu|<\frac{3\times0.1}{\sqrt{100}}\right)=P(|\bar{X}-\mu|<0.03)=99.7\%.$$

此时以同样的概率断言，$\bar{X}$与物体实际质量μ的偏差的绝对值不超过 0.03.

再如，若$\sigma=0.1$，欲使

$$P(|\bar{X}-\mu|<0.01)\geqslant99\%,$$

即

$$P\left\{\left|(\bar{X}-\mu)/\frac{\sigma}{\sqrt{n}}\right|<0.01/\left(\frac{\sigma}{\sqrt{n}}\right)\right\}=2\Phi\left[0.01/\left(\frac{\sigma}{\sqrt{n}}\right)\right]-1\geqslant99\%,$$

从而得到

$$\Phi\left(\frac{\sqrt{n}}{10}\right)\geqslant0.995,\quad\frac{\sqrt{n}}{10}\geqslant2.575,$$

$$n\geqslant663.0625\approx664.$$

例 6.4.5 在总体$N(\mu,\sigma^2)$中抽取容量为n的样本，S^2为样本方差，求$\mathrm{Var}(S^2)$.

解 由定理 6.4.2 知

$$\frac{(n-1)S^2}{\sigma^2}\sim\chi^2(n-1),$$

又由 χ^2 分布的性质,有

$$\mathrm{Var}\left[\frac{(n-1)S^2}{\sigma^2}\right]=2(n-1),$$

所以

$$\mathrm{Var}\left[\frac{(n-1)S^2}{\sigma^2}\right]=\frac{(n-1)^2}{\sigma^4}\mathrm{Var}(S^2)=2(n-1),$$

即得

$$\mathrm{Var}(S^2)=\frac{2\sigma^4}{n-1}.$$

定理 6.4.3 设$(X_1,X_2,\cdots,X_n)$是来自正态总体 $N(\mu,\sigma^2)$的一个样本,则

$$\frac{\bar{X}-\mu}{S/\sqrt{n}}\sim t(n-1). \tag{6.4.7}$$

证明 由定理 6.4.2 知,$\dfrac{\bar{X}-\mu}{\sigma/\sqrt{n}}\sim N(0,1)$,$\dfrac{(n-1)S^2}{\sigma^2}\sim\chi^2(n-1)$,且两者相互独立(因为 $\bar{X}$ 和 S^2 相互独立),则按 t 分布的定义得

$$\frac{\dfrac{\bar{X}-\mu}{\sigma/\sqrt{n}}}{\sqrt{\dfrac{(n-1)S^2}{\sigma^2}\Big/(n-1)}}=\frac{\bar{X}-\mu}{S/\sqrt{n}}\sim t(n-1).$$

定理 6.4.4 设$(X_1,X_2,\cdots,X_{n_1})$和$(Y_1,Y_2,\cdots,Y_{n_2})$分别是从总体$N(\mu_1,\sigma^2)$和$N(\mu_2,\sigma^2)$中抽取的样本,且两样本相互独立,则

$$\frac{(\bar{X}-\bar{Y})-(\mu_1-\mu_2)}{S_W\sqrt{\dfrac{1}{n_1}+\dfrac{1}{n_2}}}\sim t(n_1+n_2-2). \tag{6.4.8}$$

其中,$\bar{X}$ 和 $\bar{Y}$ 分别是这两个样本的样本均值,S_1^2 和 S_2^2 分别是这两个样本的样本方差. $S_W^2=\dfrac{(n_1-1)S_1^2+(n_2-1)S_2^2}{n_1+n_2-2}$称为合样本方差.

证明 由定理 6.4.2 知,$\bar{X}\sim N\left(\mu_1,\dfrac{\sigma^2}{n_1}\right)$,$\bar{Y}\sim N\left(\mu_2,\dfrac{\sigma^2}{n_2}\right)$,又由两样本相互独立知,$\bar{X}$ 与 $\bar{Y}$ 相互独立,所以

$$\bar{X}-\bar{Y}\sim N\left(\mu_1-\mu_2,\left(\frac{1}{n_1}+\frac{1}{n_2}\right)\sigma^2\right),$$

即

$$U=\frac{(\bar{X}-\bar{Y})-(\mu_1-\mu_2)}{\sigma\sqrt{\dfrac{1}{n_1}+\dfrac{1}{n_2}}}\sim N(0,1).$$

又因为

$$\frac{(n_1-1)S_1^2}{\sigma^2}\sim\chi^2(n_1-1),\quad \frac{(n_2-1)S_2^2}{\sigma^2}\sim\chi^2(n_2-1),$$

且 S_1^2 与 S_2^2 相互独立,故由 χ^2 分布的可加性知

$$V=\frac{(n_1-1)S_1^2}{\sigma^2}+\frac{(n_2-1)S_1^2}{\sigma^2}=\frac{(n_1-1)S_1^2+(n_2-1)S_2^2}{\sigma^2}\sim\chi^2(n_1+n_2-2),$$

从而按 t 分布的定义得

$$\frac{U}{\sqrt{V/(n_1+n_2-2)}}=\frac{(\bar{X}-\bar{Y})-(\mu_1-\mu_2)}{S_W\sqrt{\frac{1}{n_1}+\frac{1}{n_2}}}\sim t(n_1+n_2-2).$$

定理 6.4.5 设 $(X_1,X_2,\cdots,X_{n_1})$ 和 $(Y_1,Y_2,\cdots,Y_{n_2})$ 分别是从总体 $N(\mu_1,\sigma_1^2)$ 和 $N(\mu_2,\sigma_2^2)$ 中抽取的样本,且两样本相互独立,S_1^2 和 S_2^2 分别是这两个样本的样本方差,则

$$F=\frac{S_1^2/\sigma_1^2}{S_2^2/\sigma_2^2}\sim F(n_1-1,n_2-1). \tag{6.4.9}$$

特别地,两个总体方差相等时,有

$$F=\frac{S_1^2}{S_2^2}\sim F(n_1-1,n_2-1). \tag{6.4.10}$$

证明 由定理 6.4.2 知,

$$\frac{(n_1-1)S_1^2}{\sigma_1^2}\sim\chi^2(n_1-1),$$

$$\frac{(n_2-1)S_2^2}{\sigma_2^2}\sim\chi^2(n_2-1),$$

且由两样本相互独立知,上述两个 χ^2 变量相互独立,故由 F 分布的定义知

$$F=\frac{(n_1-1)S_1^2/[(n_1-1)\sigma_1^2]}{(n_2-1)S_2^2/[(n_2-1)\sigma_2^2]}=\frac{S_1^2/\sigma_1^2}{S_2^2/\sigma_2^2}\sim F(n_1-1,n_2-1).$$

例 6.4.6 设 $(X_1,X_2,\cdots,X_8)$ 是来自总体 $N(\mu,20)$ 的一个样本,$(Y_1,Y_2,\cdots,Y_{10})$ 是来自总体 $N(\mu,33)$ 的一个样本,并且两样本相互独立,S_1^2 和 S_2^2 是各自的样本方差,试求 $P(S_1^2>2S_2^2)$.

解 由定理 6.4.5 知,

$$F=\frac{\sigma_2^2}{\sigma_1^2}\frac{S_1^2}{S_2^2}=\frac{33}{20}\frac{S_1^2}{S_2^2}\sim F(7,9),$$

所以

$$P(S_1^2>2S_2^2)=P\left(\frac{S_1^2}{S_2^2}>2\right)=P\left(\frac{33}{20}\frac{S_1^2}{S_2^2}>\frac{33}{20}\times 2\right)=P(F>3.3)=0.05.$$

6.5 充分统计量与完备统计量

6.5.1 充分统计量

人们引入统计量是为了简化样本,便于应用. 如果该统计量不损失所研究问题的信息,

就称其为充分统计量.

例 6.5.1 为研究某种产品的合格品率θ,下面对该产品进行检查.从该产品中随机抽取8件进行检测,发现除第三件、第六件产品不合格外,其余6件产品都是合格品.这样的检测结果包含了两种信息:

(1) 8件产品中有6件是合格品;

(2) 2件不合格品分别是第三件和第六件.

第二种信息对了解该产品的合格品率没有什么帮助.一般地,设对该产品进行n次检测,得到$x_1,x_2,\cdots,x_n$,每个x_i取值非0即1,合格为1,不合格为0.令$T=x_1+x_2+\cdots+x_n$,T为检测到的合格品数.这种情况下仅使用T不会丢失任何与合格品率θ有关的信息,统计上将这种"样本加工不损失信息"称为充分性.

样本$(X_1,X_2,\cdots,X_n)$有一个样本分布$F_\theta(x_1,\cdots,x_n)$,这个分布包含了样本中一切有关θ的信息.统计量$T=T(X_1,X_2,\cdots,X_n)$也有一个抽样分布$F_\theta^T(t)$,这个分布包含了统计量T中一切有关θ的信息.当人们期望用统计量T代替原始样本且不损失任何有关θ的信息时,即期望抽样分布$F_\theta^T(t)$像$F_\theta(x_1,x_2,\cdots,x_n)$一样概括了有关$\theta$的一切信息.也就是说在统计量$T$取值为$t$的情况下,样本$(X_1,X_2,\cdots,X_n)$的条件分布$F_\theta[(x_1,x_2,\cdots,x_n)\mid T=t]$已不含$\theta$的信息,此即统计量具有充分性的含义.

定义 6.5.1 设$(X_1,X_2,\cdots,X_n)$是来自某个总体X的样本,总体分布函数为$F(x;\theta)$,统计量$T=T(X_1,X_2,\cdots,X_n)$称为θ的充分统计量(Sufficient Statistic).在给定T的取值后,$(X_1,X_2,\cdots,X_n)$的条件分布与θ无关.

例 6.5.2 设总体X为两点分布$B(1,\theta)(0<\theta<1)$,$(X_1,X_2,\cdots,X_n)$为样本,令$T=X_1+X_2+\cdots+X_n(n>3)$,则$T$是$\theta$的充分统计量;若令$S=X_1+X_2+X_3$,则$S$不是$\theta$的充分统计量.

事实上,根据$T=X_1+X_2+\cdots+X_n\sim B(n,\theta)$可得

$$P(X_1=x_1,\cdots,X_n=x_n\mid T=t)=\frac{P\left(X_1=x_1,\cdots,X_{n-1}=x_{n-1},X_n=x_n=t-\sum_{i=1}^{n-1}x_i\right)}{P(T=t)}$$

$$=\frac{\prod_{i=1}^{n-1}P(X_i=x_i)\cdot P\left(X_n=t-\sum_{i=1}^{n-1}x_i\right)}{\binom{n}{t}\theta^t(1-\theta)^{n-t}}$$

$$=\frac{\prod_{i=1}^{n-1}\theta^{x_i}(1-\theta)^{1-x_i}\cdot\theta^{t-\sum_{i=1}^{n-1}x_i}(1-\theta)^{1-(t-\sum_{i=1}^{n-1}x_i)}}{\binom{n}{t}\theta^t(1-\theta)^{n-t}}$$

$$=\frac{\theta^t(1-\theta)^{n-t}}{\binom{n}{t}\theta^t(1-\theta)^{n-t}}=\frac{1}{\binom{n}{t}},$$

$$\sum_{i=1}^{n}x_i=t,\quad x_i=0,1,\quad t=0,1,2,\cdots,n.$$

该条件分布与 θ 无关,因此 $T=\sum_{i=1}^{n} X_i$ 是充分统计量.

类似地,可以求出

$$P(X_1=x_1,\cdots,X_n=x_n \mid S=s)=\frac{\theta^{\sum_{i=4}^{n} x_i}(1-\theta)^{n-3-\sum_{i=4}^{n} x_i}}{\binom{3}{s}},$$

$$\sum_{i=1}^{3} x_i=s,\quad x_i=0,1,\quad s=0,1,2,3.$$

该条件分布与 θ 有关,因此 $S=\sum_{i=1}^{3} X_i$ 不是充分统计量.

6.5.2 因子分解定理

在充分统计量存在的场合,任何统计推断都可以基于充分统计量进行,这可以简化统计推断的程序,该原则称为充分性原则.

在一般情况下,直接根据定义 6.5.1 验证一个统计量是否为充分统计量比较困难.内曼(Neyman)给出了一个简单的判别方法,称为内曼因子分解定理.

为了更好地理解内曼因子分解定理,首先给出随机变量概率函数的概念.随机变量 X 的概率函数 $p(x)$,在连续型场合是指 X 的分布密度,在离散型场合是指 X 的分布律.

定理 6.5.1(内曼因子分解定理) 设总体 X 概率函数为 $p(x;\theta),\theta\in\Theta,(X_1,X_2,\cdots,X_n)$为样本,则 $T=T(X_1,X_2,\cdots,X_n)$为充分统计量的充要条件是:存在两个函数$g(t;\theta)$和 $h(x_1,x_2,\cdots,x_n)$,使得对任意的 θ 和任一组观测值$(x_1,x_2,\cdots,x_n)$,有

$$p(x_1,\cdots,x_n;\theta)=g[T(x_1,x_2,\cdots,x_n);\theta]h(x_1,x_2,\cdots,x_n). \tag{6.5.1}$$

其中,$g(t;\theta)$是通过统计量 T 的取值而依赖于样本的.

用该定理验证例 6.5.2 的前半部分成立.由例 6.2.5 知,$(X_1,X_2,\cdots,X_n)$的联合分布密度为

$$\begin{aligned} p(x_1,\cdots,x_n;\theta) &= P(X_1=x_1,X_2=x_2,\cdots,X_n=x_n) \\ &= \theta^{\sum_{i=1}^{n} x_i}(1-\theta)^{n-\sum_{i=1}^{n} x_i} \\ &= (1-\theta)^n\left(\frac{\theta}{1-\theta}\right)^{\sum_{i=1}^{n} x_i}, \end{aligned}$$

$$x_i=0,1,\quad i=1,2,\cdots,n.$$

取 $T=\sum_{i=1}^{n} x_i,g(t;\theta)=(1-\theta)^n\left(\frac{\theta}{1-\theta}\right)^t,h(x_1,\cdots,x_n)\equiv 1$,则由内曼因子分解定理知,$T=\sum_{i=1}^{n} X_i$ 是 θ 的充分统计量.

类似地,可以验证下面两个例子.

例 6.5.3 设$(X_1,X_2,\cdots,X_n)$是取自总体$U(0,\theta)$的样本,则 $T=X_{(n)}$ 是 θ 的充分统计量.

例 6.5.4 设$(X_1,X_2,\cdots,X_n)$ 是取自总体 $N(\mu,\sigma^2)$ 的样本,则 $T=(T_1,T_2)=$

$\left(\sum_{i=1}^{n} X_i, \sum_{i=1}^{n} X_i^2\right)$ 是 $\boldsymbol{\theta}=(\mu,\sigma^2)$ 的充分统计量. 进一步研究可得该统计量与$(\bar{X},S^2)$是一一对应的,这说明在正态总体场合,常用的样本均值和样本方差构成的向量$(\bar{X},S^2)$是参数向量 $\boldsymbol{\theta}=(\mu,\sigma^2)$ 的充分统计量.

6.5.3 完备统计量

在统计学中关于一致最小方差无偏估计的经典理论要用到完备统计量的概念.

定义 6.5.2 设总体 X 概率函数为 $p(x;\theta)$, $\theta\in\Theta$, $(X_1,X_2,\cdots,X_n)$为样本, $T=T(X_1,X_2,\cdots,X_n)$为一统计量,若对任何满足条件

$$E_\theta[\varphi(T(X_1,X_2,\cdots,X_n))]=0, \quad \forall\theta\in\Theta \tag{6.5.2}$$

的 $\varphi(T)=\varphi[T(x_1,x_2,\cdots,x_n)]$都有

$$P_\theta\{\varphi[T(X_1,X_2,\cdots,X_n)]=0\}=1, \quad \forall\theta\in\Theta, \tag{6.5.3}$$

则称 $T=T(X_1,X_2,\cdots,X_n)$是完备统计量(Complete Statistic).

例 6.5.5 设$(X_1,X_2,\cdots,X_n)$是取自总体$B(1,\theta)(0<\theta<1)$的样本,则 $T=\sum_{i=1}^{n} X_i$ 是完备统计量. 事实上, $T=\sum_{i=1}^{n} X_i \sim B(n,\theta)$,令

$$E_\theta[\varphi(T)]=\sum_{t=0}^{n}\varphi(t)C_n^t\theta^t(1-\theta)^{n-t}=0,$$

注意到$(1-\theta)^{n-t}=\sum_{k=0}^{n-t}(-\theta)^k C_{n-t}^k$,则有

$$\sum_{t=0}^{n}\sum_{k=0}^{n-t}C_n^t C_{n-t}^k(-1)^k\varphi(t)\theta^{t+k}=0.$$

上式左边是θ的多项式,它对任意$\theta\in(0,1)$均为零,因此其系数等于零,即得$\varphi(t)=0$, $t=0,1,2,\cdots,n$,所以 $T=\sum_{i=1}^{n} X_i$ 是完备统计量.

下面两个例子请读者自己验证.

例 6.5.6 设$(X_1,X_2,\cdots,X_n)$是取自总体$U(0,\theta)$的样本,则 $T=X_{(n)}$ 是完备统计量.

例 6.5.7 设$(X_1,X_2,\cdots,X_n)$是取自总体$N(\theta,1)$的样本,则 $T=\sum_{i=1}^{n} X_i$ 是完备统计量.

选读材料:概率统计学家简介3

皮尔逊和费歇尔被誉为统计学的开创者和奠基人,下面对他们的人生经历和对统计学的贡献进行简单介绍.

卡尔·皮尔逊(Karl Pearson,1857—1936),英国数学家和自由思想家. 1857 年出生于英国伦敦,1879 年毕业于剑桥大学,获数学学士学位,后在德国海德堡大学进修德语及人文学科,而后在林肯法学院学习法律并获大律师资格,数年后于剑桥大学获数学哲学博士学

位,1884—1911 年任伦敦大学应用数学和力学教授,1911—1933 年任高尔顿实验室主任,又任应用统计系教授. 1896 年选为英国皇家学会会员,他还是爱尔堡皇家学会会员、苏联人类学会会员.

卡尔·皮尔逊

卡尔·皮尔逊在法兰西斯·高尔顿(Francis Galton)之后发展了回归与相关的理论,得到母体的概念,并认为统计研究不是样本本身,而是根据样本对母体的推断,并由此导出了拟合优度检验. 1894 年,他提出了矩估计法,并在此后发展了这一方法. 1900 年,他创立和发展了卡方检验的理论,在理论分布完全给定的情况下,给出了拟合优度检验的卡方统计量的极限定理.

在考察一些生物学方面数据后,卡尔·皮尔逊发现不少分布与正态分布呈明显偏倚,因此他创立了概率密度函数族,该函数族可用一微分方程描述,即$\frac{\mathrm{d}y}{\mathrm{d}x}=\frac{(x+a)y}{b_0+b_1x+b_2x^2}$.

卡尔·皮尔逊还是从数学上对生物统计进行研究的第一人,1901 年他与高尔顿、韦尔登(Weldon)一起,创办了《生物统计学》杂志,在生物统计学占有一席之地.

罗纳德·费歇尔

罗纳德·费歇尔(Ronald A. Fisher,1890—1962),1890 年生于伦敦,1909 年进入剑桥大学学习数学和农学,1913 年毕业之后曾投资办工厂,在加拿大某农场管理杂务,还当过中学教员,1919 年参加了罗萨姆斯泰德(Rothamsted)试验站的工作,致力于数理统计在农业科学和遗传学中的应用和研究. 1933 年他离开了罗萨姆斯泰德,任伦敦大学优生学高尔顿讲座教授, 1943—1957 年任剑桥大学遗传学巴尔福尔讲座教授. 他还于 1956 年起任剑桥冈维尔-科尼斯学院院长. 1959 年退休,后去澳大利亚,并在那里度过了他最后的 3 年.

20 世纪 20 至 50 年代, 费歇尔对当时广泛使用的统计方法进行了一系列理论研究,给出了许多现代统计学中的重要的基本概念,从而使数理统计成为一门有坚实理论基础并获得广泛应用的数学学科,他本人也成为当时统计学界的中心人物. 费歇尔是一些重要理论和应用价值的统计分支和方法的开创者,他对数理统计学的贡献涉及估计理论、假设检验、试验设计和方差分析等许多重要领域.

1915 年费歇尔发现了正态总体相关系数的分布. 1918 年费歇尔利用 n 维几何方法(即多重积分方法)给出了由英国科学家 Gosset(1876 —1937)在 1908 年发现的 t 分布的一个完美严密的推导和证明,从而使人们广泛地接受了它,使小样本函数的精确理论分布的一系列重要结论有了新的开端,并为数理统计的另一分支——多元分析——奠定了理论基础. F 分布是费歇尔在 20 世纪 20 年代提出的,中心和非中心的 F 分布在方差分析理论中有重要应用. 1925 年费歇尔在对估计量的研究中引进了一致性、有效性和充分性的概念并将其作为参数估计量所应具备的性质,另外还对估计的精度与样本所含信息之间的关系进行了深入研究,引进了信息量的概念. 除了上述几个方面的工作以外,20 世纪 20 年代费歇尔系统地发展了正态总体下各种统计量的抽样分布, 这标志着相关、回归分析和多元分析等分支的初步建立.

在对参数估计的研究中,1912 年费歇尔提出了一种重要而普遍的点估计法——极大似然估计法，并在后续的工作对其加以发展，从而建立了以极大似然估计为中心的点估计理论.在推断总体参数时应用这个方法不需要有关事前概率的信息，这是数理统计史上的一大突破. 这种方法到目前为止仍是构造估计量的最重要的一种方法.

数理统计学的一个重要分支——假设检验——的发展中费歇尔也起到了重要的作用. 他引进了显著性检验等一些重要概念，这些概念成为假设检验理论发展的基础.

费歇尔于 1923 年提出方差分析法.方差分析是分析实验数据的一种重要的数理统计学方法，其要旨是对样本观测值的总变差平方和进行适当的分解，以判明实验中各因素影响的有无及其大小.

多元统计分析是数理统计学中有重要应用价值的分支. 在 1928 年之前，费歇尔就已经在狭义的多元分析(多元正态总体的统计分析) 方面做过许多工作.

费歇尔不仅是一位著名的统计学家，还是一位闻名于世的优生学家和遗传学家. 他是统计遗传学的创始人之一，他研究了突变、连锁、自然淘汰、近亲婚姻、移居和隔离等因素对总体遗传特性的影响，以及估计基因频率等数理统计问题. 他的生物学、农业和医学研究的统计表是一份很有价值的统计数表.

习 题

1. 假设一位运动员在完全相同的条件下重复进行 n 次打靶，试给出总体样本的统计描述.

2. 设某厂大量生产某种产品，其不合格产品率 p 未知，每 m 件产品包装为一盒. 为了检查产品的质量，任意抽取 n 盒，检查其中的不合格产品数. 试说明何为总体，何为样本，并指出样本的分布.

3. 某厂生产的电容器的使用寿命服从指数分布，为了解其平均寿命，从中抽出 n 件产品测其实际使用寿命. 试说明何为总体，何为样本，并指出样本的分布.

4. 以下是某工厂通过抽样调查得到的 10 名工人一周内生产的产品数：

149 156 160 138 149 153 153 169 156 156

试由这批数据构造经验分布函数并作图.

5. 某食品厂用自动装罐机生产净重为 345 g 的午餐肉罐头，现在从生产线上随机抽取 10 个罐头，称其净重，得如下结果(单位：g)：

344 336 345 342 340 338 344 343 344 343

试根据这批数据构造经验分布函数并作图，计算其样本均值、样本方差和样本标准差.

6. 假如某地区 30 名 2000 年某专业毕业生实习期满后的月薪数据如下(单位：元)：

909	1 086	1 120	999	1 320	1 091
1 071	1 081	1 130	1 336	967	1 572
825	914	992	1 232	950	775
1 203	1 025	1 096	808	1 224	1 044
871	1 164	971	950	866	738

(1) 编制该批数据的频率分布表(分 6 组)；

(2) 绘制频率分布直方图.

7. 为了了解一大片经济林的生长情况，随机测量其中的100株的底部周长，得到如下数据(单位：cm)：

135	98	102	110	99	121	110	96	100	103
125	97	117	113	110	92	102	109	104	112
109	124	87	131	97	102	123	104	104	128
105	123	111	103	105	92	114	108	104	102
129	126	97	100	115	111	106	117	104	109
111	89	110	121	80	120	121	104	108	118
129	99	90	99	121	123	107	111	91	100
99	101	116	97	102	108	101	95	107	101
102	108	117	99	118	106	119	97	126	108
123	119	98	121	101	113	102	103	104	108

(1) 编制该批数据的频率分布表；

(2) 绘制频率分布直方图.

8. 试根据下列数据构造茎叶图.

452	425	447	377	341	369	412	399
400	382	366	425	399	398	423	384
418	392	372	418	374	385	439	408
409	428	430	413	405	381	403	469
381	443	441	433	399	379	386	387

9. 设总体 X 的分布函数为 $F(x)$，经验分布函数为 $F_n(x)$. 试证明对任意给定的 $\varepsilon>0$，不等式

$$P(|F_n(x)-F(x)|\geqslant\varepsilon)\leqslant\frac{1}{4n\varepsilon^2}$$

成立.

10. 对某书随机检查10页，发现每页上的错误数为：

4　5　6　0　3　1　4　2　1　4

试计算其样本均值、样本方差和样本标准差.

11. 证明：对任意常数 c,d，有

$$\sum_{i=1}^{n}(x_i-c)(y_i-d)=\sum_{i=1}^{n}(x_i-\bar{x})(y_i-\bar{y})+n(\bar{x}-c)(\bar{y}-d).$$

12. 从总体 X 中抽取样本值 $(x_1,x_2,\cdots,x_n)$. 试证明：

(1) $\sum\limits_{i=1}^{n}(x_i-\bar{x})=0$；

(2) $\sum\limits_{i=1}^{n}(x_i-c)^2=\sum\limits_{i=1}^{n}(x_i-\bar{x})^2+n(\bar{x}-c)^2$；

(3) $\sum\limits_{i=1}^{n}(x_i-c)^2$ 在 $c=\bar{x}$ 时达到最小；

(4) $\sum_{i=1}^{n} |x_i - c|$ 在 $c = m_{0.5}$ 时达到最小.

13. 若来自总体的一个样本的不同观测值为 $x_1, x_2, \cdots, x_m$,其频数分别为 $n_1, n_2, \cdots, n_m$. 试计算样本平均值 $\bar{x}$,样本方差 s^2 和经验分布函数 $F_n(x)$ 的公式($n = n_1 + n_2 + \cdots + n_m$).

14. 设$(x_1, x_2, \cdots, x_n)$及$(y_1, y_2, \cdots, y_n)$为两组样本观测值,它们有如下线性关系 $y_i = \dfrac{x_i - a}{b}$($b \neq 0$, a, b 都为常数). 试探讨样本平均值 $\bar{y}$ 与 $\bar{x}$、样本方差 s_y^2 与 s_x^2 之间的关系.

15. 切尾均值也是一个常用的反映样本数据平均水平的特征量,其想法是将数据两端的值舍去,用剩下的值来计算样本均值. 其计算公式是

$$\bar{x} = \frac{x_{([n\alpha]+1)} + x_{([n\alpha])+2)} + \cdots + x_{(n-[n\alpha])}}{n - 2[n\alpha]}.$$

其中,$0 < \alpha < \dfrac{1}{2}$ 是切尾系数,$x_{(1)} \leqslant x_{(2)} \leqslant \cdots \leqslant x_{(n)}$ 是有序样本. 现在某高校采访了16名大学生,了解他们平时的学习情况,以下数据是大学生每周用于看手机的时间(单位:h):

15 14 12 9 20 4 17 26 15 18 6 10 16 15 5 8

取 $\alpha = \dfrac{1}{16}$,试计算其切尾均值.

16. 记 $\bar{X}_n = \dfrac{1}{n}\sum_{i=1}^{n} X_i$,$S_n^2 = \dfrac{1}{n-1}\sum_{i=1}^{n}(X_i - \bar{X}_n)^2$ 是样本$(X_1, X_2, \cdots, X_n)$的样本均值和样本方差,现又获得第 $n+1$ 个观测值 X_{n+1}. 试证明:

(1) $\bar{X}_{n+1} = \bar{X}_n + \dfrac{1}{n+1}(X_{n+1} - \bar{X}_n)$;

(2) $S_{n+1}^2 = \dfrac{n-1}{n} S_n^2 + \dfrac{1}{n+1}(X_{n+1} - \bar{X}_n)^2$.

17. 证明容量为2的样本 X_1, X_2,样本方差为 $S^2 = \dfrac{1}{2}(X_1 - X_2)^2$.

18. 设$(X_1, X_2, \cdots, X_n)$是来自参数为 λ 的泊松总体的样本,试求:

(1) 样本$(X_1, X_2, \cdots, X_n)$的联合分布;

(2) $E\bar{X}$, $\mathrm{Var}(\bar{X})$和 ES^2.

19. 设$(X_1, X_2, \cdots, X_n)$是来自总体 $U(0, \theta)$的样本,试求:

(1) 样本$(X_1, X_2, \cdots, X_n)$的联合分布;

(2) $E\bar{X}$, $\mathrm{Var}(\bar{X})$和 ES^2.

20. 设$(X_1, X_2, \cdots, X_n)$是来自总体 $X \sim N(\mu, \sigma^2)$的样本,令

$$D = \frac{1}{n}\sum_{i=1}^{n}\left| X_i - \mu \right|,$$

试证明:$ED = \sqrt{\dfrac{2}{\pi}}\sigma$, $\mathrm{Var}(D) = \left(1 - \dfrac{2}{\pi}\right)\dfrac{\sigma^2}{n}$.

21. 设总体 X 二阶矩存在,$(X_1, X_2, \cdots, X_n)$是样本. 试证明 $X_i - \bar{X}$ 与 $X_j - \bar{X}$($i \neq j$)

的相关系数为$-(n-1)^{-1}$.

22. 设总体 X 的 k 阶原点矩和中心矩分别为 $\mu_k=EX^k$，$\nu_k=E[X-E(X)]^k$，$k=1,2,3,4$ 存在，$(X_1,X_2,\cdots,X_n)$是样本. 试证明：

(1) $E(\overline{X}-\mu_1)^3=\dfrac{\nu_3}{n^2}$；

(2) $E(\overline{X}-\mu_1)^4=\dfrac{3\nu_2^2}{n^2}+\dfrac{\nu_4-3\nu_2^2}{n^3}$.

23. 设$(X_1,X_2,\cdots,X_n)$是来自总体 X 的样本.

(1) 当总体为 $B(m,p)$时，求样本均值 $\overline{X}$ 的分布列；

(2) 当总体为 $P(\lambda)$时，求样本均值 $\overline{X}$ 的分布列.

24. 设$(X_1,X_2,\cdots,X_n)$是来自总体 X 的样本.

(1) 当总体为 $Ga(\alpha,\beta)$，求样本均值 $\overline{X}$ 的分布密度；

(2) 当总体为 $\chi^2(m)$，求样本均值 X 的分布密度.

25. 设$(X_1,X_2,\cdots,X_n)$是来自总体 X 的样本.

(1) 当总体为 $U(0,\theta)$，求样本均值 $\overline{X}$ 的渐近分布；

(2) 当总体为 $B(1,\theta)$，求样本均值 $\overline{X}$ 的渐近分布.

26. 设总体 X 分布密度为 $p(x)=6x(1-x)$，$0<x<1$，$(X_1,X_2,\cdots,X_9)$是来自该总体的样本，试求样本中位数的分布.

27. 设总体 X 为韦布尔分布 $Wei(m,\eta)$，其分布密度为

$$p(x;m,\eta)=\frac{mx^{m-1}}{\eta^m}\exp\left\{-\left(\frac{x}{\eta}\right)^m\right\},\quad x>0,\quad m>0,\quad \eta>0.$$

现从中得到样本$(X_1,X_2,\cdots,X_n)$. 试证明 $X_{(1)}$仍服从韦布尔分布，并指出其参数.

28. 设$(X_1,X_2,\cdots,X_n)$是来自总体 X 的样本，总体 X 的分布函数和分布密度分别为 $F(x)$，$p(x)$.试证明样本极差 $R_n=X_{(n)}-X_{(1)}$ 的分布密度为

$$p_{R_n}(x)=\int_{-\infty}^{+\infty}n(n-1)p(z)p(x+z)\left[F(x+z)-F(z)\right]^{n-2}\mathrm{d}z.$$

当总体为指数分布 $Exp(\lambda)$和均匀分布 $U(0,1)$时，分别求出容量为 n 的样本极差 R_n 的分布.

29. 试根据下列数据画出箱线图.

472	425	447	377	341	369	412	419
400	382	366	425	399	398	423	384
418	392	372	418	374	385	439	428
429	428	430	413	405	381	403	479
381	443	441	433	419	379	386	387

30. 设总体 X 服从几何分布：$P(X=k)=pq^{k-1}$，$k=1,2,\cdots$，其中 $0<p<1$，$q=1-p$，$(X_1,X_2,\cdots,X_n)$为该总体的样本. 求 $X_{(1)}$，$X_{(n)}$的概率分布.

31. 设$(X_1,X_2,\cdots,X_{10})$是来自总体 $N(0,0.09)$的样本，求 $P\left(\sum_{i=1}^{10}X_i>1.44\right)$.

32. 设(X_1,X_2,X_3,X_4)是来自总体$X\sim N(0,2^2)$的样本，且$Y=a(X_1-2X_2)^2+b(3X_3-4X_4)^2$，问$a,b$分别是多少时，统计量$Y$服从$\chi^2$分布，其自由度为多少？

33. 设$(X_1,X_2,\cdots,X_n)$是来自某连续总体的一个样本，该总体的分布函数$F(x)$是连续严增函数. 试证明统计量$T=-2\sum\limits_{i=1}^{n}\ln F(X_i)$服从$\chi^2(2n)$.

34. 设$(X_1,X_2,\cdots,X_9)$是取自正态总体X的简单随机样本，$Y_1=\frac{1}{6}\sum\limits_{i=1}^{6}X_i$，$Y_2=\frac{1}{3}\sum\limits_{i=7}^{9}X_i$，$S^2=\frac{1}{2}\sum\limits_{i=7}^{9}(X_i-Y_2)^2$，$Z=\frac{\sqrt{2}(Y_1-Y_2)}{S}$. 试证明统计量$Z$服从自由度为2的$t$分布.

35. 设随机变量$X\sim F(n,n)$. 试证明$P(X<1)=0.5$.

36. 设随机变量$X\sim F(m,n)$. 试证明$Z=\frac{m}{n}X\Big/\left(1+\frac{m}{n}X\right)$服从贝塔分布$Be\left(\frac{m}{2},\frac{n}{2}\right)$.

37. 设(X_1,X_2)是来自$N(0,\sigma^2)$的样本，试求：

(1) $Y=\left(\frac{X_1+X_2}{X_1-X_2}\right)^2$的分布；

(2) 试求常数k，使得

$$P\left\{\frac{(X_1+X_2)^2}{(X_1-X_2)^2+(X_1+X_2)^2}>k\right\}=0.05.$$

38. 设$(X_1,X_2,\cdots,X_n,X_{n+1},\cdots,X_{n+m})$是来自总体$N(0,\sigma^2)$的样本，求下列统计量的分布及分布参数：

(1) $Y_1=\frac{1}{\sigma^2}\sum\limits_{i=1}^{n+m}X_i^2$；　(2) $Y_2=\frac{\sqrt{m}\sum\limits_{i=1}^{n}X_i}{\sqrt{n}\sqrt{\sum\limits_{i=n+1}^{n+m}X_i^2}}$；　(3) $Y_3=\frac{m\sum\limits_{i=1}^{n}X_i^2}{n\sum\limits_{i=n+1}^{n+m}X_i^2}$.

39. 设$(X_1,X_2,\cdots,X_n)$是来自$N(\mu,4)$的样本，$\bar{X}$是样本均值. 问n为何值时使得：

(1) $E(\bar{X}-\mu)^2\leqslant 0.1$；

(2) $E(|\bar{X}-\mu|)\leqslant 0.1$；

(3) $P(|\bar{X}-\mu|\leqslant 0.1)\geqslant 0.95$.

40. 在总体$N(40,5^2)$中随机抽取一容量为36的样本，求样本均值$\bar{X}$在38～43之间的概率.

41. 某厂生产的灯泡使用寿命$X\sim N(2\,250,250^2)$，现进行质量检查，方法如下：随机抽取若干个灯泡，如果这些灯泡的平均寿命超过2 200 h就认为该厂生产的灯泡质量合格，若要使检查能通过的概率不低于0.997. 问至少应检查多少只灯泡？

42. 设$(X_1,X_2,\cdots,X_n)$是来自$N(\mu,1)$的样本，$\bar{X}$是样本均值. 试确定最小常数c，使得对任意的$\mu\geqslant 0$，均有$P(|\bar{X}|<c)\leqslant\alpha$，$0<\alpha<1$.

43. 由正态总体$N(\mu,\sigma^2)$抽取容量为20的样本，试求$P\{10\sigma^2\leqslant\sum\limits_{i=1}^{20}(X_i-\mu)^2\leqslant$

$30\sigma^2\}$.

44. 设$(X_1,\cdots,X_n)$是来自总体$N(\mu_1,\sigma_1^2)$的样本，$(Y_1,\cdots,Y_n)$是来自总体$N(\mu_2,\sigma_2^2)$的样本，且两样本相互独立. 其中，$\overline{X}$和$\overline{Y}$分别是这两个样本的样本均值，S_X^2和S_Y^2分别是两个样本的样本方差，S_{XY}为样本协方差. 试证明：$\dfrac{\overline{X}-\overline{Y}-(\mu_1-\mu_2)}{\sqrt{S_X^2+S_Y^2-2S_{XY}}}\sqrt{n-1}\sim t(n-1)$.

45. 设(X_i,Y_i)是取自二元正态分布$N(\mu_1,\mu_2,\sigma_1^2,\sigma_2^2,\rho)$的样本$(i=1,2,\cdots,n)$，设

$$\overline{X}=\frac{1}{n}\sum_{i=1}^{n}X_i,\quad \overline{Y}=\frac{1}{n}\sum_{i=1}^{n}Y_i,\quad S_X^2=\frac{1}{n}\sum_{i=1}^{n}(X_i-\overline{X})^2,$$

$$S_Y^2=\frac{1}{n}\sum_{i=1}^{n}(Y_i-\overline{Y})^2,\quad S_{XY}=\frac{1}{n}\sum_{i=1}^{n}(X_i-\overline{X})(Y_i-\overline{Y}).$$

试证明统计量$\dfrac{\overline{X}-\overline{Y}-(\mu_1-\mu_2)}{\sqrt{S_X^2+S_Y^2-2S_{XY}}}\sqrt{n-1}$的分布为自由度$n-1$的$t$分布.

46. 设$(X_1,X_2,\cdots,X_n)$是来自正态分布$N(\mu,\sigma^2)$的一个样本，$\overline{X}$与S^2分别是样本均值与样本方差. 试求k，使得$P(\overline{X}>\mu+kS)=0.95$.

47. 设$(X_1,X_2,\cdots,X_{2n})$是总体$X\sim N(\mu,\sigma^2)$的容量为$2n$的样本，其样本均值为$\overline{X}=\dfrac{1}{2n}\sum_{i=1}^{2n}X_i$. 试求统计量$Z=\sum_{i=1}^{n}(X_i+X_{n+i}-2\overline{X})^2$的数学期望.

48. 从正态总体$N(100,4)$抽取两个独立样本，样本均值分别为$\overline{X},\overline{Y}$，样本容量分别15，20. 试求$P(|\overline{X}-\overline{Y}|>0.2)$.

49. 设$\overline{X}_1,\overline{X}_2$是从同一正态总体$N(\mu,\sigma^2)$独立抽取的样本容量相同的两个样本均值. 试确定样本容量n，使得两样本均值的距离超过σ的概率不超过0.01.

50. 设$(X_1,X_2,\cdots,X_n)$是来自$N(\mu,\sigma^2)$的样本，$\overline{X},S^2$为样本均值和样本方差，设新增加一个观测X_{n+1}，X_{n+1}与$(X_1,X_2,\cdots,X_n)$也相互独立. 试求常数c，使得统计量$t_c=c\dfrac{X_{n+1}-\overline{X}}{S}$服从$t$分布，并指出分布的自由度.

51. 设从两个方差相等的正态总体中分别抽取容量为15，20的样本，其样本方差分别为S_1^2和S_2^2. 试求$P\left(\dfrac{S_1^2}{S_2^2}>2\right)$.

52. 设$(X_1,X_2,\cdots,X_n)$是来自总体$N(\mu_1,\sigma^2)$的样本，$(Y_1,Y_2,\cdots,Y_m)$是来自总体$N(\mu_2,\sigma^2)$的样本，且两样本相互独立. c,d是任意两个不为0的常数，$\overline{X}$和$\overline{Y}$分别是这两个样本的样本均值，S_X^2和S_Y^2分别是两个样本的样本方差，$S_W^2=\dfrac{(n-1)S_X^2+(m-1)S_Y^2}{n+m-2}$. 试证明：

$$t=\frac{c(\overline{X}-\mu_1)+d(\overline{Y}-\mu_2)}{S_W\sqrt{\dfrac{c^2}{n}+\dfrac{d^2}{m}}}\sim t(n+m-2).$$

53. 设$(X_1,X_2,\cdots,X_n)$是来自总体$N(\mu_1,\sigma_1^2)$的样本，$(Y_1,X_2,\cdots,Y_m)$是来自总体$N(\mu_2,\sigma_2^2)$的样本，且两样本相互独立. 其中$\bar{X}$和$\bar{Y}$分别是这两个样本的样本均值，S_X^2和S_Y^2分别是两个样本的样本方差. 试证明：

(1) $U=\dfrac{(\bar{X}-\bar{Y})-(\mu_1-\mu_2)}{\sqrt{\dfrac{\sigma_1^2}{n}+\dfrac{\sigma_2^2}{m}}}\sim N(0,1)$；

(2) $F=\dfrac{\sum\limits_{i=1}^{n}(X_i-\mu_1)^2/(n\sigma_1^2)}{\sum\limits_{i=1}^{m}(Y_i-\mu_2)^2/(m\sigma_2^2)}\sim F(n,m)$；

(3) $F=\dfrac{[S_X^2+(\bar{X}-\mu_1)^2]/\sigma_1^2}{[S_Y^2+(\bar{Y}-\mu_2)^2]/\sigma_2^2}\sim F(n,m)$.

54. 设$(X_1,\cdots,X_n)$是来自几何分布$P(X=x)=\theta(1-\theta)^x, x=0,1,2,\cdots$的样本. 试证明$T=\sum\limits_{i=1}^{n}X_i$是充分统计量.

55. 设$(X_1,X_2,\cdots,X_n)$是来自泊松分布$P(\lambda)$的样本. 试证明$T=\sum\limits_{i=1}^{n}X_i$是充分完备统计量.

56. 设$(X_1,X_2,\cdots,X_n)$是来自拉普拉斯分布$p(x;\sigma)=\dfrac{1}{2\sigma}\mathrm{e}^{-|x|/\sigma},\sigma>0$的样本. 试求充分统计量.

57. 设$(X_1,X_2,\cdots,X_n)$是来自$p(x;\theta)=\theta x^{\theta-1}, 0<x<1,\theta>0$的样本. 试求充分统计量.

58. 设$(X_1,X_2,\cdots,X_n)$是来自正态总体$N(\mu,\sigma_1^2)$的样本，$(Y_1,Y_2,\cdots,Y_m)$是来自另一正态总体$N(\mu,\sigma_2^2)$的样本，这两个样本相互独立. 试求$(\mu,\sigma_1^2,\sigma_2^2)$的充分统计量.

59. 设$Y_i\sim N(\beta_0+\beta_1 x,\sigma^2), i=1,2,\cdots,n, Y_i$之间相互独立，$(x_1,x_2,\cdots,x_n)$是已知常数. 试证明$\left(\sum\limits_{i=1}^{n}Y_i,\sum\limits_{i=1}^{n}x_iY_i,\sum\limits_{i=1}^{n}Y_i^2\right)$是充分统计量.

第7章 参数估计

统计推断是数理统计的主要内容，它是指在总体的分布完全未知或形式已知而参数未知的情况下，通过抽取样本对总体的分布或性质进行推断. 内容可以分为抽样分布问题、估计问题和假设检验问题.估计问题又分为参数估计问题和非参数估计问题. 本章重点介绍参数估计问题，即根据样本对总体分布的未知参数做出数值上的估计，其主要内容包括参数的点估计和区间估计. 对于点估计，给出常用的估计方法和评价标准；对于区间估计，主要讨论正态总体参数的置信区间.

7.1 点估计

7.1.1 点估计问题

在许多实际问题中，可以认为总体 X 的分布形式是已知的，它只依赖于一个或几个未知常数. 如果能对分布中所含的常数做出推断，那么就可以确定其总体分布. 例如，已知总体服从正态分布 $N(\mu,\sigma^2)$，μ 和 σ^2 未知；已知总体服从泊松分布 $P(\lambda)$，λ 未知. 在统计学上把与总体分布有关的未知常数称为参数(Parameter)，记为 θ. 常见的情形包括：

(1) 总体分布中所含的未知常数. 如前例中，λ 为参数，记为 $\theta=\lambda$；μ 和 σ^2 为参数，可记为参数向量的形式 $\boldsymbol{\theta}=(\mu,\sigma^2)$.

(2) 总体分布中所含参数的函数. 如前例中，λ 为参数，$P(X=0)=\mathrm{e}^{-\lambda}$ 是未知参数 λ 的函数.

(3) 总体分布未知时，总体分布的各种特征数也是参数. 如期望 EX、方差 $\mathrm{Var}(X)$、原点矩、中心矩、分位数等.

参数的取值虽未知，但根据参数的性质和实际问题，可以确定出参数的取值范围，把参数的取值范围称为参数空间(Parameter Space)，记为 Θ. 在前例中，$\Theta=\{\lambda|\lambda>0\}$；$\Theta=\{(\mu,\sigma^2)|-\infty<\mu<+\infty,\sigma>0\}$.

通过样本提供的信息对参数做出估计，也就是借助于样本对总体做出推断，这类问题就是参数估计问题. 参数估计的形式有两种：点估计和区间估计. 点估计就是用某一个具体数值作为总体未知参数的估计值；区间估计就是在一定可靠度的情况下对未知参数给出一个取值范围. 下面先介绍点估计.

定义 7.1.1 设总体 X 的分布函数 $F(x;\theta)$ 的形式为已知，其中 θ 为参数，$\theta\in\Theta$，Θ 为参数空间. $(X_1,X_2,\cdots,X_n)$ 是来自总体 X 的一个样本，$(x_1,x_2,\cdots,x_n)$ 是相应的样本值. 点估计问题就是要构造一个适当的统计量 $\hat{\theta}(X_1,X_2,\cdots,X_n)$ 来估计未知参数 θ，并称 $\hat{\theta}(X_1,X_2,\cdots,X_n)$ 为 θ 的估计量(Estimator)，其观察值 $\hat{\theta}(x_1,x_2,\cdots,x_n)$ 称为 θ 的估计值(Estimate). 在不引起混淆的情况下，θ 的点估计量和估计值均简称为点估计(Point Estimation)，并记为 $\hat{\theta}$. 由于估计值 $\hat{\theta}(x_1,x_2,\cdots,x_n)$ 表示为数轴上的一个点，故称为点估计.

当 $\boldsymbol{\theta}=(\theta_1,\theta_2,\cdots,\theta_k)$ 为参数向量时，则需要构造 k 个统计量 $\hat{\theta}_1=\hat{\theta}_1(X_1,X_2,\cdots,X_n)$，$\cdots$，$\hat{\theta}_k=\hat{\theta}_k(X_1,X_2,\cdots,X_n)$ 分别作为 $\theta_1,\cdots,\theta_k$ 的估计量，即此时 $\hat{\boldsymbol{\theta}}=(\hat{\theta}_1,\cdots,\hat{\theta}_k)$.

例 7.1.1 设总体 X 服从参数为 λ 的泊松分布，$\lambda>0$ 为未知参数，现有以下样本值：

3 4 1 5 6 3 8 7 2 0 1 5 7 9 8

试求未知参数 λ 的估计值.

解 由于 $\lambda=EX$，因此可用样本均值 $\bar{X}=\frac{1}{n}\sum_{i=1}^{n}X_i$ 作为 λ 的估计量，利用样本值得

$$\bar{x}=\frac{1}{15}(3+4+1+5+6+3+8+7+2+0+1+5+7+9+8)=4.6.$$

由此得到参数 λ 的估计量 $\hat{\lambda}=\bar{X}$ 与估计值 $\hat{\lambda}=\bar{x}=4.6$.

点估计有两个需要解决的问题，其一是如何构造参数的估计量，其二是如何对不同的点估计量进行评价，选出最优的点估计量. 构造点估计量的常用方法主要有：矩估计法、最大似然估计法、贝叶斯方法、最小二乘法等. 点估计量的评价将在第 7.3 节介绍. 下面先介绍矩估计法.

7.1.2 矩估计法

矩估计法是求估计量的最古老的方法之一，它由英国统计学家卡尔·皮尔逊在 1894 年提出. 该方法虽然古老，但简单易行，目前仍是参数估计的常用方法.

从概率论可知，随机变量的矩由其分布函数完全确定. 由格里汶科定理，当样本量很大时，样本(经验)分布函数与总体分布函数非常接近，故其样本矩与相应的总体矩非常接近. 这样，在总体矩存在的情况下，可以用样本矩来替换相应的总体矩，从而得到参数的估计，这种方法被称为矩估计法(Moment Method of Estimation)，简称矩法，所得的估计称为矩估计(Moment Estimation).

矩估计的基本原理为替换原理：用样本矩去替换相应的总体矩，用样本矩的函数去替换相应的总体矩的函数. 这里的矩可以是原点矩也可以是中心矩.

在总体分布完全未知的情况下，根据替换原理，可对总体的各种参数做出矩估计：

(1) 用样本原点矩估计相应的总体原点矩，即 $\hat{\mu}_k=A_k$；特别地，用样本均值估计总体均值，即 $\hat{\mu}=\bar{X}$.

(2) 用样本中心矩估计相应的总体中心矩，即 $\hat{\nu}_k=B_k$；特别地，用样本方差 S_n^2 估计总体方差，即 $\hat{\sigma}^2=S_n^2=B_2$.

(3) 用事件 A 出现的频率 $f_n(A)$ 估计该事件发生的概率 $p=P(A)$.

(4) 用样本分位数估计相应的总体分位数，即 $\hat{x}_p=M_p$；特别地，用样本中位数估计总体中位数，即 $\hat{x}_{0.5}=M_{0.5}$.

(5) 用二维总体的样本相关系数估计总体相关系数，即 $\hat{\rho}=R_{XY}$.

例 7.1.2 设从某次考试成绩中，随机抽取 8 位同学的成绩如下：

94　89　85　78　75　71　65　63

试求总体均值、标准差和中位数的矩估计量.

解 根据矩估计原理，得到总体均值，标准差和中位数的矩估计值分别为

$$\hat{\mu}=\bar{x}=\frac{1}{n}\sum_{i=1}^{n}x_i=77.5,$$

$$\hat{\sigma}=\sqrt{\frac{1}{n}\sum_{i=1}^{n}(x_i-\bar{x})^2}=10.46,$$

$$\hat{x}_{0.5}=m_{0.5}=76.5.$$

由总体分布形式已知，当有待估参数时，设法将这些参数表示为总体矩的函数，根据替换原理，就可以得到这些参数的矩估计. 具体求解过程如下.

设总体 X 的分布函数为 $F(x;\theta)$，其中 $\theta=(\theta_1,\theta_2,\cdots,\theta_k)$ 是待估参数向量，$(X_1,X_2,\cdots,X_n)$ 是来自 X 的一个样本. 如果总体 X 的 i 阶原点矩 $\mu_i=EX^i$ 存在，一般依赖于参数 $\theta_1,\theta_2,\cdots,\theta_k$，即有

$$\mu_i=\mu_i(\theta_1,\theta_2,\cdots,\theta_k),\quad i=1,2,\cdots,k.$$

写成方程组的形式为

$$\begin{cases}\mu_1=\mu_1(\theta_1,\theta_2,\cdots,\theta_k),\\ \mu_2=\mu_2(\theta_1,\theta_2,\cdots,\theta_k),\\ \qquad\vdots\\ \mu_k=\mu_k(\theta_1,\theta_2,\cdots,\theta_k).\end{cases}$$

将此方程组的解(把参数 $\theta_1,\theta_2,\cdots,\theta_k$ 看成未知数)记为

$$\begin{cases}\theta_1=\theta_1(\mu_1,\mu_2,\cdots,\mu_k),\\ \theta_2=\theta_2(\mu_1,\mu_2,\cdots,\mu_k),\\ \qquad\vdots\\ \theta_k=\theta_k(\mu_1,\mu_2,\cdots,\mu_k).\end{cases}$$

用 A_i 替换 $\mu_i(i=1,2,\cdots,k)$，得到

$$\begin{cases}\hat{\theta}_1=\theta_1(A_1,A_2,\cdots,A_k),\\ \hat{\theta}_2=\theta_2(A_1,A_2,\cdots,A_k),\\ \qquad\vdots\\ \hat{\theta}_k=\theta_k(A_1,A_2,\cdots,A_k).\end{cases}\tag{7.1.1}$$

将 $\hat{\theta}_i$ 作为参数 θ_i 的估计量，即 $\hat{\theta}=(\hat{\theta}_1,\hat{\theta}_2,\cdots,\hat{\theta}_k)$ 作为 $\theta=(\theta_1,\theta_2,\cdots,\theta_k)$ 的估计量，即为矩估计量(Moment Estimator)，其观察值为矩估计值(Moment Estimate).

根据替换原理,参数 θ 的函数 $\eta=g(\theta)$ 的矩估计为 $\hat{\eta}=g(\hat{\theta})$.

例 7.1.3 设总体 X 服从 (θ_1,θ_2) 上的均匀分布,其中 θ_1 和 $\theta_2(\theta_2>\theta_1)$ 未知,试求 θ_1 和 θ_2 的矩估计量.

解 由于

$$\begin{cases}\mu_1=EX=\dfrac{1}{2}(\theta_1+\theta_2),\\ \mu_2=EX^2=\mathrm{Var}(X)+(EX)^2=\dfrac{1}{12}(\theta_2-\theta_1)^2+\dfrac{1}{4}(\theta_1+\theta_2)^2,\end{cases}$$

得到

$$\begin{cases}\dfrac{1}{2}(\theta_1+\theta_2)=\mu_1,\\ \dfrac{1}{12}(\theta_2-\theta_1)^2=\mu_2-\mu_1^2\end{cases}\Rightarrow\begin{cases}\theta_1=\mu_1-\sqrt{3(\mu_2-\mu_1^2)},\\ \theta_2=\mu_1+\sqrt{3(\mu_2-\mu_1^2)}.\end{cases}$$

替换得 θ_1 和 θ_2 的矩估计量为

$$\hat{\theta}_1=A_1-\sqrt{3(A_2-A_1^2)}=\bar{X}-\sqrt{3}S_n,$$

$$\hat{\theta}_2=A_1+\sqrt{3(A_2-A_1^2)}=\bar{X}+\sqrt{3}S_n.$$

例 7.1.4 设总体 X 的分布密度为

$$p(x;\theta)=\begin{cases}(\theta+1)x^{\theta}, & 0<x<1,\\ 0, & \text{其他}.\end{cases}$$

其中,$\theta(\theta>-1)$ 为参数. 求参数 θ 的矩估计量.

解

$$\mu_1=EX=\int_0^1(\theta+1)x^{\theta+1}\mathrm{d}x=\frac{\theta+1}{\theta+2},$$

解得

$$\theta=\frac{2\mu_1-1}{1-\mu_1}.$$

因此,θ 的矩估计量为 $\hat{\theta}=\dfrac{2\bar{X}-1}{1-\bar{X}}$.

若存在一组样本观测值,其样本均值为 $\bar{x}=0.60$,则参数 θ 的矩估计值为

$$\hat{\theta}=\frac{2\times0.60-1}{1-0.60}=0.5.$$

例 7.1.5 设总体 X 服从参数为 λ 泊松分布,即其概率函数为

$$p(x;\lambda)=P(X=x)=\frac{\lambda^x\mathrm{e}^{-\lambda}}{x!},\quad x=0,1,2,\cdots.$$

其中,$\lambda(0<\lambda<+\infty)$ 是未知参数,试求:(1) λ 的矩估计量;(2) $P(X=0)$ 的矩估计量.

解 (1) 由于 $EX=\lambda$,得 λ 的矩估计量 $\hat{\lambda}=\bar{X}$.

(2) 由于 $P(X=0)=\mathrm{e}^{-\lambda}$,得其矩估计量为 $\mathrm{e}^{-\bar{X}}$.

在例 7.1.5(1) 中,由于 $\mathrm{Var}(X)=\lambda$,故得 λ 的另一个矩估计量 $\hat{\theta}=S_n^2$.

由上例可见,一个参数的矩估计量是不唯一的. 一般情形下,尽量用低阶矩构造矩估计量.

7.2 最大似然估计法

最大似然估计法是求点估计的另一种方法，它最早是由高斯(C. F. Gauss)在1821年提出的，后来英国统计学家费歇尔于1912年又重新提出并证明了这一方法的一些优良性质，从而使最大似然估计法得到了广泛应用.

最大似然估计法是建立在最大似然原理基础上的一个统计方法. 最大似然原理的直观说法是：一个随机试验有若干个可能结果$A,B,C,\cdots$，若在一次试验中结果A发生了，则一般认为试验条件对A发生有利，即A出现的概率最大.

运用最大似然原理可以建立一个合情推理方法：在一次试验中结果A发生了，若要找出结果A发生的条件，则可以认为结果A发生的条件是使结果A发生概率最大的条件. 显然，这种推理方法不能保证得出百分之百正确的结论. 例如，一个盒子中有黑白两种颜色的球，其外形完全相同，黑、白球比例为99∶1，但不知道哪种颜色的球多. 现从中任取一球，结果为白球，则推断盒子中白球多.

合情推理方法可应用于参数估计：事件A发生的概率与参数$\theta(\theta\in\Theta)$有关，即$P(A)=f(\theta),\theta\in\Theta$. 现在事件$A$发生了，则应估计$\theta$取值为$\hat{\theta}(\hat{\theta}\in\Theta)$，使得$f(\hat{\theta})=\max\limits_{\theta\in\Theta}f(\theta)$.

最大似然估计法是使用最大似然原理依据样本估计总体参数的一种重要方法，其基本思想就是根据样本观测值$(x_1,x_2,\cdots,x_n)$，从参数空间Θ中找到$\hat{\theta}$作为参数θ的估计，$\hat{\theta}$的取值原则是使样本观测值$(x_1,x_2,\cdots,x_n)$出现的可能性最大，即使样本观测值$(x_1,x_2,\cdots,x_n)$出现的可能性最大的$\hat{\theta}$作为参数θ的估计. 这种求参数估计的方法称为最大似然估计法(Method of Maximum Likelihood Estimation)，所求得的估计称为最大似然估计(Maximum Likelihood Estimation)，简记为MLE.

下面讨论最大似然估计的求法.

设总体X为离散型随机变量，概率函数$p(x;\theta)=P(X=x)$，θ为待估参数，$\theta\in\Theta$. 对于来自X的样本$(X_1,\cdots,X_n)$及其观察值$(x_1,x_2,\cdots,x_n)$，显然有

$$P(X=x_i)=p(x_i;\theta),\quad i=1,2,\cdots,n.$$

由于$X_1,\cdots,X_n$相互独立且与总体X同分布，故观察到$(x_1,x_2,\cdots,x_n)$的概率，即事件$\{X_1=x_1,X_2=x_2,\cdots,X_n=x_n\}$发生的概率为

$$L(\theta)=L(x_1,x_2,\cdots,x_n;\theta)=\prod_{i=1}^{n}p(x_i;\theta). \tag{7.2.1}$$

概率$L(\theta)$是θ的函数，称为似然函数(Likelihood Function).

费歇尔引进的最大似然估计法，就是对固定样本观察值$(x_1,x_2,\cdots,x_n)$在θ取值的可能范围内，挑选使$L(\theta)$达到最大的$\hat{\theta}$作为θ的估计值，即取$\hat{\theta}$使

$$L(x_1,x_2,\cdots,x_n;\hat{\theta})=\max_{\theta\in\Theta}L(x_1,x_2,\cdots,x_n;\theta).$$

这样得到的$\hat{\theta}$显然与样本值$(x_1,x_2,\cdots,x_n)$有关，记为$\hat{\theta}(x_1,x_2,\cdots,x_n)$，并称为参数$\theta$

的最大似然估计值(Maximum Likelihood Estimate),相应的统计量 $\hat{\theta}(X_1,X_2,\cdots,X_n)$称为参数 θ 的最大似然估计量(Maximum Likelihood Estimator).

若总体 X 为连续型随机变量,分布密度为 $p(x;\theta)$,分布函数为 $F(x;\theta)$,θ 为待估参数,$\theta\in\Theta$,则对任意观测值$(x_1,x_2,\cdots,x_n)$,都有事件$\{X_1=x_1,X_2=x_2,\cdots,X_n=x_n\}$发生的概率为0,考虑这一事件概率便失去意义. 将问题变通如下:考虑样本$(X_1,X_2,\cdots,X_n)$在点$(x_1,x_2,\cdots,x_n)$周围取值的概率大小问题,即取定 $\mathrm{d}x_i>0(i=1,2,\cdots,n)$,并考虑概率

$$\begin{aligned}P(x_1-\mathrm{d}x_1<X_1\leqslant x_1,\cdots,x_n-\mathrm{d}x_n<X_n\leqslant x_n)\\ &=\prod_{i=1}^{n}[F(x_i;\theta)-F(x_i-\mathrm{d}x_i;\theta)]\\ &\approx\prod_{i=1}^{n}p(x_i;\theta)\mathrm{d}x_i\\ &=\Big(\prod_{i=1}^{n}\mathrm{d}x_i\Big)\prod_{i=1}^{n}p(x_i;\theta).\end{aligned}$$

在 θ 可能的取值范围内,挑选使上述概率达到最大的 $\hat{\theta}$ 作为 θ 的最大似然估计. 由于这一概率表达式中的因子 $\prod\limits_{i=1}^{n}\mathrm{d}x_i$ 与 θ 无关,去掉它并不影响对 θ 求最值,因此,连续型随机变量的似然函数与最大似然估计如下.

样本$(X_1,\cdots,X_n)$的联合分布密度是

$$L(\theta)=L(x_1,\cdots,x_n;\theta)=\prod_{i=1}^{n}p(x_i;\theta),\tag{7.2.2}$$

给定样本值$(x_1,x_2,\cdots,x_n)$,$L(\theta)$是参数 θ 的函数,称为似然函数. 如果 $L(\theta)$在 $\hat{\theta}(\hat{\theta}\in\Theta)$处达到最大值,则称 $\hat{\theta}$ 是 θ 的最大似然估计.

总结以上两种情形,给出如下定义.

定义 7.2.1 设总体 X 的概率函数为 $p(x;\theta)$(离散情形的分布律和连续情形的分布密度),其中 θ 是待估参数,$\theta\in\Theta$. 来自总体 X 的样本为$(X_1,\cdots,X_n)$,其观测值为$(x_1,x_2,\cdots,x_n)$,则称

$$L(\theta)=L(x_1,x_2,\cdots,x_n;\theta)=\prod_{i=1}^{n}p(x_i;\theta),\quad \theta\in\Theta$$

为似然函数. 如果 $\hat{\theta}=\hat{\theta}(x_1,x_2,\cdots,x_n)$,使

$$L(x_1,x_2,\cdots,x_n;\hat{\theta})=\max_{\theta\in\Theta}L(x_1,x_2,\cdots,x_n;\theta),$$

则称 $\hat{\theta}=\hat{\theta}(x_1,x_2,\cdots,x_n)$为 θ 的最大似然估计值,$\hat{\theta}(X_1,X_2,\cdots,X_n)$为 θ 的最大似然估计量. θ 的估计量和估计值通称为最大似然估计,并简记为 $\hat{\theta}$.

由于 $\ln x$ 是 x 的增函数,故 $\ln L(\theta)$与 $L(\theta)$有相同的最大值点,为计算方便,只需求 $\ln L(\theta)$的最大值点即可. 在参数可微的情况下,可通过对 $L(\theta)$或 $\ln L(\theta)$求导来求 MLE. 称

$$\begin{cases}\dfrac{\partial L(\theta)}{\partial \theta_1}=0,\\ \quad\vdots\\ \dfrac{\partial L(\theta)}{\partial \theta_k}=0\end{cases} \quad 或 \quad \begin{cases}\dfrac{\partial \ln L(\theta)}{\partial \theta_1}=0,\\ \quad\vdots\\ \dfrac{\partial \ln L(\theta)}{\partial \theta_k}=0\end{cases} \tag{7.2.3}$$

为似然方程组. 显然,$\theta=(\theta_1,\theta_2,\cdots,\theta_k)$的最大似然估计 $\hat{\theta}=(\hat{\theta}_1,\hat{\theta}_2,\cdots,\hat{\theta}_k)$是似然方程组的解.

例 7.2.1 设某种型号电子管的使用寿命 X(单位:h)服从指数分布 $Exp\left(\dfrac{1}{\theta}\right)$,即 X 的分布密度为

$$p(x;\theta)=\begin{cases}\dfrac{1}{\theta}\mathrm{e}^{-\frac{x}{\theta}}, & x>0,\\ 0, & x\leqslant 0.\end{cases}$$

其中,$\theta>0$ 为参数.

(1) 求 θ 的最大似然估计量;

(2) 今抽取一组样本,其具体数据如下:

1 067　919　1 196　785　1 126　936　918　1 156　920　948

试估计该型号电子管的平均寿命.

解 (1) 设样本值为$(x_1,x_2,\cdots,x_n)$,由式(7.2.2)知似然函数为

$$L(\theta)=L(x_1,\cdots,x_n;\theta)=\prod_{i=1}^{n}\frac{1}{\theta}\mathrm{e}^{-\frac{x_i}{\theta}}=\frac{1}{\theta^n}\mathrm{e}^{-\frac{1}{\theta}\sum\limits_{i=1}^{n}x_i},$$

所以

$$\ln L=-n\ln\theta-\frac{1}{\theta}\sum_{i=1}^{n}x_i,$$

$$\frac{\mathrm{d}\ln L}{\mathrm{d}\theta}=-\frac{n}{\theta}+\frac{1}{\theta^2}\sum_{i=1}^{n}x_i,$$

令

$$-\frac{n}{\theta}+\frac{1}{\theta^2}\sum_{i=1}^{n}x_i=0,$$

解得

$$\theta=\frac{1}{n}\sum_{i=1}^{n}x_i=\bar{x}.$$

可以验证其确为似然函数的最大值点,故得 θ 的最大似然估计量为

$$\hat{\theta}=\frac{1}{n}\sum_{i=1}^{n}X_i=\bar{X}.$$

(2) 根据(1) 的结果,平均寿命即参数 θ 用样本均值来估计,于是

$$\hat{\theta}=\frac{1}{n}\sum_{i=1}^{n}x_i=997.1$$

为平均寿命 θ 的最大似然估计值.

例 7.2.2 设一个试验有 3 种结果,其发生的概率分别为

$$p_1=\theta^2,\quad p_2=2\theta(1-\theta),\quad p_3=(1-\theta)^2.$$

其中,$\theta(0<\theta<1)$为参数. 现做了 n 次试验,观测到 3 种结果发生的次数分别为 n_1,n_2 和 n_3.

(1) 求 θ 的最大似然估计量；

(2) 设做了 20 次试验,观测到 3 种结果发生的次数分别为 5,6 和 9. 求 θ 的最大似然估计值.

解 (1) 不妨设总体 X 的取值为 1,2 和 3,则总体的概率函数为

$$p(x;\theta)=\begin{cases}\theta^2, & x=1,\\ 2\theta(1-\theta), & x=2,\\ (1-\theta)^2, & x=3.\end{cases}$$

故得似然函数

$$L(\theta)=\prod_{i=1}^{n}p(x_i;\theta)=(\theta^2)^{n_1}\left[2\theta(1-\theta)\right]^{n_2}\left[(1-\theta)^2\right]^{n_3}.$$

对数似然函数为

$$\ln L(\theta)=(2n_1+n_2)\ln\theta+(n_2+2n_3)\ln(1-\theta)+n_2\ln 2.$$

将其关于 θ 求导并令其等于 0,得到似然方程

$$\frac{2n_1+n_2}{\theta}-\frac{n_2+2n_3}{1-\theta}=0.$$

解之,并经验证得 θ 的最大似然估计量为

$$\hat{\theta}=\frac{2n_1+n_2}{2n}.$$

(2) 根据(1) 的结果,得参数 θ 的最大似然估计值为

$$\hat{\theta}=\frac{2n_1+n_2}{2n}=\frac{2\times5+6}{2\times20}=0.4.$$

例 7.2.3 设总体 X 的分布密度为

$$p(x;\theta)=\begin{cases}(\theta+1)x^{\theta}, & 0<x<1,\\ 0, & \text{其他}.\end{cases}$$

其中,$\theta(\theta>-1)$为参数. 求参数 θ 的最大似然估计量.

解 设样本值为$(x_1,x_2,\cdots,x_n)$ 似然函数为

$$L(\theta)=L(x_1,\cdots,x_n;\theta)=\prod_{i=1}^{n}(\theta+1)x_i^{\theta}=(\theta+1)^n\left(\prod_{i=1}^{n}x_i\right)^{\theta}.$$

对数似然函数为

$$\ln L(\theta)=n\ln(\theta+1)+\theta\sum_{i=1}^{n}\ln x_i.$$

将其关于 θ 求导并令其等于 0,得到似然方程

$$\frac{n}{\theta+1}+\sum_{i=1}^{n}\ln x_i=0.$$

解之,并经验证得 θ 的最大似然估计量为

$$\hat{\theta}=-\frac{n}{\sum\limits_{i=1}^{n}\ln X_i}-1.$$

例 7.2.4 设总体 $X\sim N(\mu,\sigma^2)$,求 $\theta=(\mu,\sigma^2)$的最大似然估计量.

解 设样本值为$(x_1,x_2,\cdots,x_n)$. 总体的概率函数为

$$p(x;\theta)=\frac{1}{\sqrt{2\pi}\sigma}\exp\left\{-\frac{(x-\mu)^2}{2\sigma^2}\right\},\quad -\infty<x<+\infty,$$

故得似然函数

$$L(\mu,\sigma^2)=\frac{1}{(2\pi\sigma^2)^{\frac{n}{2}}}\exp\left\{-\frac{1}{2\sigma^2}\sum_{i=1}^{n}(x_i-\mu)^2\right\}.$$

对数似然函数为

$$\ln L(\mu,\sigma^2)=-\frac{n}{2}\ln(2\pi)-\frac{n}{2}\ln\sigma^2-\frac{1}{2\sigma^2}\sum_{i=1}^{n}(x_i-\mu)^2.$$

分别求关于 μ 和 σ^2 的偏导数，得对数似然方程组

$$\begin{cases}\dfrac{\partial\ln L(\mu,\sigma^2)}{\partial\mu}=\dfrac{1}{\sigma^2}\displaystyle\sum_{i=1}^{n}(x_i-\mu)=0,\\ \dfrac{\partial\ln L(\mu,\sigma^2)}{\partial\sigma^2}=-\dfrac{n}{2\sigma^2}+\dfrac{1}{2\sigma^4}\displaystyle\sum_{i=1}^{n}(x_i-\mu)^2=0.\end{cases}$$

解上述方程组，并经验证得 μ 和 σ^2 的最大似然估计值分别为

$$\hat{\mu}=\frac{1}{n}\sum_{i=1}^{n}x_i=\bar{x},$$

$$\hat{\sigma}^2=\frac{1}{n}\sum_{i=1}^{n}(x_i-\bar{x})^2.$$

因此，μ 和 σ^2 的最大似然估计量分别为

$$\hat{\mu}=\bar{X},$$

$$\hat{\sigma}^2=\frac{1}{n}\sum_{i=1}^{n}(X_i-\bar{X})^2=S_n^2.$$

例 7.2.5 设总体 X 服从 (θ_1,θ_2) 上的均匀分布，其中 θ_1 和 $\theta_2(\theta_2>\theta_1)$ 未知，试求 θ_1 和 θ_2 的最大似然估计量.

解 设样本值为 $(x_1,x_2,\cdots,x_n)$. 总体的概率函数为

$$p(x;\theta_1,\theta_2)=\begin{cases}\dfrac{1}{\theta_2-\theta_1}, & \theta_1<x<\theta_2,\\ 0, & \text{其他}.\end{cases}$$

故得似然函数

$$L(\theta_1,\theta_2)=\begin{cases}\dfrac{1}{(\theta_2-\theta_1)^n}, & \theta_1<x_1,\cdots,x_n<\theta_2,\\ 0, & \text{其他}\end{cases}$$

$$=\begin{cases}\dfrac{1}{(\theta_2-\theta_1)^n}, & \theta_1<x_{(1)}\leqslant x_{(n)}<\theta_2,\\ 0, & \text{其他}.\end{cases}$$

其中，$x_{(1)}=\min\{x_1,x_2,\cdots,x_n\}$，$x_{(n)}=\max\{x_1,x_2,\cdots,x_n\}$.

本例无法用微分法求最值，必须从最大似然法估计的定义出发求 L 的最大值点. 不难看出，要使 L 尽可能大，必须令 $\theta_2-\theta_1$ 尽可能小，即使 θ_2 尽可能小、θ_1 尽可能大，但 $\theta_1<x_{(1)}\leqslant x_{(n)}<\theta_2$，否则 $L=0$. 因此 θ_1 和 θ_2 的最大似然估计值为 $\hat{\theta}_1=x_{(1)}$，$\hat{\theta}_2=x_{(n)}$. θ_1 和 θ_2 的最

大似然估计量为 $\hat{\theta}_1=X_{(1)}$，$\hat{\theta}_2=X_{(n)}$. 这个结果与矩法结果是不同的，它更加直观.

最大似然估计有一个很好的性质：如果 $\hat{\theta}$ 为 θ 的最大似然估计，则对任意函数 $g(\theta)$，其最大似然估计为 $g(\hat{\theta})$，这个性质称为最大似然估计的不变性. 利用这个性质可以容易地求出一些复杂结构参数的最大似然估计. 例如，在例 7.2.4 中，针对正态总体已求得 μ 和 σ^2 的最大似然估计量分别为 $\hat{\mu}=\bar{X}$ 和 $\hat{\sigma}^2=S_n^2$，由最大似然估计的不变性，可得到参数 σ 的最大似然估计量为 S_n，参数 $P(X\leqslant 3)=\Phi\left(\frac{3-\mu}{\sigma}\right)$ 的最大似然估计量为 $\Phi\left(\frac{3-\bar{X}}{S_n}\right)$，参数 $P(\bar{X}\leqslant 3)=\Phi\left[\frac{\sqrt{n}(3-\mu)}{\sigma}\right]$ 的最大似然估计量为 $\Phi\left[\frac{\sqrt{n}(3-\bar{X})}{S_n}\right]$.

7.3 评价点估计量的准则

当用不同估计方法估计同一个参数时，得到的结果不尽相同，即使用相同的方法也可能得到不同的估计量，也就是说，同一参数可能具有多种估计量. 原则上说，任何统计量都可以作为未知参数的估计量，但效果优劣不同，这涉及估计量的评价问题，因此需要对同一个参数的不同估计量进行比较和选择. 在选择估计量时自然希望估计量能代表真实参数，根据不同的要求，评价估计量的标准也不同. 在具体介绍估计量的评价标准之前，需指出评价一个估计量的好坏不能仅仅依据一次试验的结果，而必须由多次试验结果来衡量. 由于估计量是样本的函数，是随机变量，故观测结果不同，就会求得不同的参数估计值. 因此一个好的估计应在多次重复试验中体现出其优良性，并且即使按照某种优良性考虑得到的估计量也需要进行评价. 下面介绍几种最常用的标准.

7.3.1 无偏估计

估计量是随机变量，样本值不同的情况下会得到不同的估计值. 虽然估计值不一定正好等于参数的真值，但也不能相差太远. 在计算中希望估计值在未知参数真值的附近，所有估计值的平均等于参数的真值，不要偏高也不要偏低，且无系统误差，此即无偏性.

定义 7.3.1 设 $\hat{\theta}=\hat{\theta}(X_1,X_2,\cdots,X_n)$ 是参数 θ 的一个估计量，Θ 是参数空间. 如果对任意的 $\theta\in\Theta$，都有

$$E_\theta\hat{\theta}=\theta, \tag{7.3.1}$$

则称 $\hat{\theta}$ 为 θ 的无偏估计量(Unbiased Estimator). 否则，称 $\hat{\theta}$ 为 θ 的有偏估计量(Biased Estimator). 如果对任意的 $\theta\in\Theta$，都有

$$\lim_{n\to+\infty}E_\theta\hat{\theta}=\theta, \tag{7.3.2}$$

则称 $\hat{\theta}$ 为 θ 的渐近无偏估计量(Asymptotic Unbiased Estimator)，并称

$$B(\theta)=E_\theta\hat{\theta}-\theta \tag{7.3.3}$$

为估计量 $\hat{\theta}$ 的偏差(Bias)或系统误差.

例 7.3.1 设$(X_1,X_2,\cdots,X_n)$是来自总体 X 的样本,总体的各阶矩存在,并记 $EX=\mu$ 和 $\mathrm{Var}(X)=\sigma^2$,则有

(1) 样本均值 $\bar{X}$ 是总体均值 μ 的无偏估计;

(2) 样本方差 S^2 是总体方差 σ^2 的无偏估计[即将 $S^2=\dfrac{1}{n-1}\sum\limits_{i=1}^{n}(X_i-\bar{X})^2$ 定义为样本方差的原因];

(3) 由于 $ES_n^2=\dfrac{n-1}{n}\sigma^2$,则样本方差 S_n^2 是总体方差 σ^2 的有偏估计,但为渐近无偏估计;

(4) 样本原点矩 A_k 是总体原点矩 μ_k 的无偏估计.

前 3 个结论是第 6 章定理 6.3.1 的结果,下面只证明(4).

证明 由于 $X_1,X_2,\cdots,X_n$ iid$\sim X$,所以 $X_1^k,X_2^k,\cdots,X_n^k$ iid$\sim X^k$,因此有

$$EA_k=E\left(\frac{1}{n}\sum_{i=1}^{n}X_i^k\right)=\frac{1}{n}\sum_{i=1}^{n}EX_i^k=\frac{1}{n}\sum_{i=1}^{n}EX^k=\frac{1}{n}\sum_{i=1}^{n}\mu_k=\mu_k.$$

例 7.3.2 设总体 $X\sim P(\lambda)$,$(X_1,X_2,\cdots,X_n)$是 X 的一个样本,S^2 为样本方差. 证明:对于任意常数 $\alpha(0\leqslant\alpha\leqslant1)$,$T=\alpha\bar{X}+(1-\alpha)S^2$ 是参数 λ 的无偏估计量.

证明 易得 $E\bar{X}=EX=\lambda$,$ES^2=\mathrm{Var}(X)=\lambda$,故有

$$ET=\alpha E\bar{X}+(1-\alpha)ES^2=\alpha\lambda+(1-\alpha)\lambda=\lambda.$$

因此,估计量 $T=\alpha\bar{X}+(1-\alpha)S^2$ 是 λ 的无偏估计.

无偏性不具有不变性,即如果 $\hat{\theta}$ 为 θ 的无偏估计,则在 $g(\theta)$不是 θ 的线性函数的条件下,$g(\hat{\theta})$一般不是 $g(\theta)$的无偏估计. 比如,样本方差 S^2 是总体方差 σ^2 的无偏估计,但样本标准差 S 不是总体标准差 σ 的无偏估计. 下面以正态分布为例加以说明.

例 7.3.3 设$(X_1,X_2,\cdots,X_n)$是来自正态总体 $N(\mu,\sigma^2)$的一个样本,样本方差 S^2 为 σ^2 的无偏估计. 由第 6 章定理 6.4.2 可知

$$Y=\frac{(n-1)S^2}{\sigma^2}\sim\chi^2(n-1),$$

其密度函数为

$$p(y)=\frac{1}{2^{\frac{n-1}{2}}\Gamma\left(\frac{n-1}{2}\right)}y^{\frac{n-1}{2}-1}\mathrm{e}^{-\frac{y}{2}},\quad y>0,$$

从而

$$E\sqrt{Y}=\int_0^{+\infty}\sqrt{y}\,p(y)\mathrm{d}y=\frac{\sqrt{2}\,\Gamma\left(\frac{n}{2}\right)}{\Gamma\left(\frac{n-1}{2}\right)},$$

由此可得

$$ES=\frac{\sigma}{\sqrt{n-1}}E\sqrt{Y}=\sqrt{\frac{2}{n-1}}\frac{\Gamma\left(\frac{n}{2}\right)}{\Gamma\left(\frac{n-1}{2}\right)}\sigma\neq\sigma.$$

这说明 S 不是 σ 的无偏估计. 可将 S 修正为

$$S^{*}=\sqrt{\frac{n-1}{2}}\frac{\Gamma\left(\frac{n-1}{2}\right)}{\Gamma\left(\frac{n}{2}\right)}S=c_{n}S.$$

此时,S^{*} 是 σ 的无偏估计. 另一方面,可以证明

$$\sqrt{\frac{2}{n-1}}\frac{\Gamma\left(\frac{n}{2}\right)}{\Gamma\left(\frac{n-1}{2}\right)}\to 1\quad(n\to+\infty).$$

因而 S 是 σ 的渐近无偏估计.

7.3.2 有效估计

对总体的某一参数 θ 的无偏估计量往往不只一个,无偏性仅仅表明 $\hat{\theta}$ 所有的可能取值按概率平均等于 θ,有可能它的取值大部分与 θ 相差很大. 为保证 $\hat{\theta}$ 的取值能集中于 θ 附近,要求 $\hat{\theta}$ 的方差越小越好.

定义 7.3.2 设 $\hat{\theta}_1=\hat{\theta}_1(X_1,X_2,\cdots,X_n)$ 和 $\hat{\theta}_2=\hat{\theta}_2(X_1,X_2,\cdots,X_n)$ 是 θ 的两个无偏估计量,如果对任意的 $\theta\in\Theta$,都有

$$\mathrm{Var}_{\theta}(\hat{\theta}_1)\leqslant\mathrm{Var}_{\theta}(\hat{\theta}_2),\tag{7.3.4}$$

且至少有一个 $\theta\in\Theta$ 使上述不等式严格成立,则称估计量 $\hat{\theta}_1$ 比 $\hat{\theta}_2$ 有效.

例 7.3.4 设$(X_1,X_2,\cdots,X_n)$是来自总体 X 的样本,记 $EX=\mu$ 和 $\mathrm{Var}(X)=\sigma^2$. 试比较总体期望 μ 的两个无偏估计量的有效性.

(1) $\bar{X}=\frac{1}{n}\sum_{i=1}^{n}X_i$;

(2) $\bar{X}_{\alpha}=\sum_{i=1}^{n}\alpha_iX_i$,其中常数 $\alpha_i\geqslant 0\ (i=1,2,\cdots,n)$,且 $\sum_{i=1}^{n}\alpha_i=1$.

解 由已知条件不难算出

$$E\bar{X}=E\bar{X}_{\alpha}=\mu,\quad \mathrm{Var}(\bar{X})=\frac{1}{n}\sigma^2,\quad \mathrm{Var}(\bar{X}_{\alpha})=\sigma^2\sum_{i=1}^{n}\alpha_i^2.$$

利用柯西-施瓦茨不等式得

$$\left(\sum_{i=1}^{n}\alpha_i\right)^2\leqslant n\sum_{i=1}^{n}\alpha_i^2.$$

于是

$$\mathrm{Var}(\bar{X}_{\alpha})\geqslant\sigma^2\frac{\left(\sum_{i=1}^{n}\alpha_i\right)^2}{n}=\frac{1}{n}\sigma^2=\mathrm{Var}(\bar{X}).$$

故 $\bar{X}$ 比 $\bar{X}_{\alpha}$ 有效.

例 7.3.5 设$(X_1,X_2,\cdots,X_n)$是来自正态总体 $N(\mu_0,\sigma^2)$的一个样本,其中 μ_0 已知.

考虑方差 σ^2 的两个无偏估计量

$$S_0^2=\frac{1}{n}\sum_{i=1}^{n}(X_i-\mu_0)^2,\quad S^2=\frac{1}{n-1}\sum_{i=1}^{n}(X_i-\bar{X})^2.$$

试说明 S_0^2 和 S^2 均为 σ^2 的无偏估计量，且 S_0^2 比 S^2 有效.

解 由 χ^2 分布的定义可知

$$\frac{n}{\sigma^2}S_0^2=\sum_{i=1}^{n}\left(\frac{X_i-\mu}{\sigma}\right)^2\sim\chi^2(n),$$

于是

$$E\left(\frac{n}{\sigma^2}S_0^2\right)=n,\quad \mathrm{Var}\left(\frac{n}{\sigma^2}S_0^2\right)=2n,$$

故有

$$ES_0^2=\sigma^2,\quad \mathrm{Var}(S_0^2)=\frac{2\sigma^4}{n}.$$

类似地，由

$$\frac{n-1}{\sigma^2}S^2=\sum_{i=1}^{n}\left(\frac{X_i-\bar{X}}{\sigma}\right)^2\sim\chi^2(n-1)$$

得到

$$ES^2=\sigma^2,\quad \mathrm{Var}(S^2)=\frac{2\sigma^4}{n-1}.$$

从而得到，S_0^2 和 S^2 均为 σ^2 的无偏估计量，且对所有的 σ^2 和 $n\geqslant 2$，$\mathrm{Var}(S_0^2)<\mathrm{Var}(S^2)$，即 S_0^2 比 S^2 有效.

例 7.3.6 设总体 X 服从区间 $(0,\theta)$ 上的均匀分布，$(X_1,X_2,\cdots,X_n)$ 是来自 X 的样本. 证明：$\hat{\theta}_1=2\bar{X}$，$\hat{\theta}_2=\frac{n+1}{n}X_{(n)}$ 均为 θ 的无偏估计，并比较其有效性.

证明 由第 6 章定理 6.3.1，有

$$E\hat{\theta}_1=2E\bar{X}=2EX=2\times\frac{\theta}{2}=\theta,$$

$$\mathrm{Var}(\hat{\theta}_1)=4\mathrm{Var}(\bar{X})=\frac{4}{n}\mathrm{Var}(X)=\frac{4}{n}\times\frac{\theta^2}{12}=\frac{\theta^2}{3n}.$$

由次序统计量的分布，得到 $X_{(n)}$ 的分布密度为

$$p_n(y)=\frac{ny^{n-1}}{\theta^n},\quad 0<y<\theta,$$

于是

$$EX_{(n)}=\int_0^\theta y\cdot\frac{ny^{n-1}}{\theta^n}\mathrm{d}y=\frac{n}{n+1}\theta,$$

$$EX_{(n)}^2=\int_0^\theta y^2\cdot\frac{ny^{n-1}}{\theta^n}\mathrm{d}y=\frac{n}{n+2}\theta^2,$$

$$\mathrm{Var}(X_{(n)})=EX_{(n)}^2-(EX_{(n)})^2=\frac{n}{(n+1)^2(n+2)}\theta^2,$$

从而得到

$$E\hat{\theta}_2=\frac{n+1}{n}EX_{(n)}=\frac{n+1}{n}\cdot\frac{n}{n+1}\theta=\theta,$$

$$\mathrm{Var}(\hat{\theta}_2)=\left(\frac{n+1}{n}\right)^2\mathrm{Var}(X_{(n)})=\left(\frac{n+1}{n}\right)^2\cdot\frac{n}{(n+1)^2(n+2)}\theta^2=\frac{1}{n(n+2)}\theta^2.$$

因此，$\hat{\theta}_1$ 和 $\hat{\theta}_2$ 均为 θ 的无偏估计，且对所有的 θ 和 $n\geqslant 2$，$\mathrm{Var}(\hat{\theta}_2)<\mathrm{Var}(\hat{\theta}_1)$，即 $\hat{\theta}_2$ 比 $\hat{\theta}_1$ 更有效.

7.3.3 均方误差

比无偏性和有效性更为一般的衡量准则是均方误差.

定义 7.3.3 设 $\hat{\theta}=\hat{\theta}(X_1,X_2,\cdots,X_n)$ 是参数 θ 的一个估计量，称

$$\mathrm{MSE}_\theta(\hat{\theta})=E_\theta(\hat{\theta}-\theta)^2 \tag{7.3.5}$$

为 $\hat{\theta}$ 的均方误差(Mean Squared Error).

当然，$\mathrm{MSE}_\theta(\hat{\theta})$ 越小，用 $\hat{\theta}$ 去估计 θ 就越优. 注意到

$$\begin{aligned}MSE_\theta(\hat{\theta})&=E_\theta(\hat{\theta}-\theta)^2\\&=E_\theta\{[\hat{\theta}-E(\hat{\theta})]+[E(\hat{\theta})-\theta]\}^2\\&=E_\theta[\hat{\theta}-E(\hat{\theta})]^2+2E_\theta\{[\hat{\theta}-E(\hat{\theta})][E(\hat{\theta})-\theta]\}+E_\theta[E(\hat{\theta})-\theta]^2\\&=\mathrm{Var}_\theta(\hat{\theta})+[E_\theta(\hat{\theta})-\theta]^2.\end{aligned}$$

其中，上式的中间项求期望后为零. 所以，估计量的均方误差由估计量的方差和估计量的偏差平方两部分组成. 若估计量是无偏估计量，则估计量的均方误差就是估计量的方差，即 $\mathrm{MSE}_\theta(\hat{\theta})=\mathrm{Var}_\theta(\hat{\theta})$. 也就是说，如果限定在无偏估计量里，均方误差准则则为方差准则. 当考虑存在有偏估计量时，均方误差准则比方差准则更合理，并且有些有偏估计量比无偏估计量更优. 以下例进行说明.

例 7.3.7 设$(X_1,X_2,\cdots,X_n)$是来自正态总体 $N(\mu,\sigma^2)$的一个样本. 考虑方差 σ^2 的估计类 $T_c=c\sum_{i=1}^{n}(X_i-\bar{X})^2$，其中 c 为大于 0 的常数. 求常数 $c_0>0$，使 T_{c_0} 为 σ^2 的均方误差最小的估计量.

解 由第 6 章定理 6.4.2 可知

$$\frac{n-1}{\sigma^2}S^2=\frac{1}{\sigma^2}\sum_{i=1}^{n}(X_i-\bar{X})^2\sim\chi^2(n-1),$$

因此

$$E\left(\frac{n-1}{\sigma^2}S^2\right)=n-1,\quad \mathrm{Var}\left(\frac{n-1}{\sigma^2}S^2\right)=2(n-1),$$

故有

$$ET_c=(n-1)c\sigma^2,\quad \mathrm{Var}(T_c)=2(n-1)c^2\sigma^4,$$

从而得到

$$\begin{aligned}\mathrm{MSE}(T_c)&=\mathrm{Var}(T_c)+[E(T_c)-\sigma^2]^2\\&=2(n-1)c^2\sigma^4+[(n-1)c\sigma^2-\sigma^2]^2\\&=[(n^2-1)c^2-2(n-1)c+1]\sigma^4.\end{aligned}$$

容易看出，当 $c_0=\dfrac{1}{n+1}$ 时，$T_{c_0}=\dfrac{1}{n+1}\sum_{i=1}^{n}(X_i-\overline{X})^2$ 的 MSE 最小，为 $\mathrm{MSE}(T_{c_0})=\dfrac{2}{n+1}\sigma^4$，比该估计类中 σ^2 的无偏估计量 $S^2=\dfrac{1}{n-1}\sum_{i=1}^{n}(X_i-\overline{X})^2$ 的方差 $\mathrm{Var}(S^2)=\dfrac{2}{n-1}\sigma^4$ 还要小.

一般而言，由于 MSE 是参数的函数，而同一个参数的不同估计量的 MSE 图像会出现相互交叉，这表明基于 MSE 比较估计量时，不会有一个在参数空间上一致最优的估计量. 在应用中可以将估计量的范围缩小，例如可在无偏估计量类中找最优的估计量.

7.3.4 相合估计

无偏性、有效性和均方误差都是在假定样本容量 n 固定的条件下讨论的. 由于估计量是样本的函数，它依赖样本容量 n，当 n 越来越大时，它与参数的真值几乎一致，这就是估计量的一致性或称为相合性.

定义 7.3.4 设 $\hat{\theta}_n=\hat{\theta}(X_1,X_2,\cdots,X_n)$ 是参数 θ 的一个估计量序列. 如果当 $n\to+\infty$ 时，$\hat{\theta}_n$ 依概率收敛于 θ，即对任意 $\varepsilon>0$，有

$$\lim_{n\to+\infty}P(|\hat{\theta}_n-\theta|\geqslant\varepsilon)=0,\tag{7.3.6}$$

则称 $\hat{\theta}_n$ 为参数 θ 的相合估计量(Consistent Estimator)或一致估计量.

相合性是对估计量的一个基本要求. 当样本量越大时，样本所含的总体参数的信息就越多，自然估计量应该充分利用这些信息，做出更接近参数真值的估计.

由于估计量序列 $\hat{\theta}_n$ 是一个随机变量序列，验证相合性时可以应用依概率收敛的性质和各种大数定律. 特别是下面的几个定理在计算中常用，这里用统计的方法给出.

定理 7.3.1 设 $\hat{\theta}_n=\hat{\theta}(X_1,X_2,\cdots,X_n)$ 是 θ 的相合估计，$g(x)$ 是连续函数，则 $g(\hat{\theta}_n)$ 是 $g(\theta)$ 的相合估计.

证明 由 $g(x)$ 在 $x=\theta$ 处连续知，$\forall\varepsilon>0$，$\exists\delta>0$，当 $|x-\theta|<\delta$ 时，$|g(x)-g(\theta)|<\varepsilon$，于是

$$\{|\hat{\theta}_n-\theta|<\delta\}\subset\{|g(\hat{\theta}_n)-g(\theta)|<\varepsilon\},$$

从而得到

$$P(|\hat{\theta}_n-\theta|<\delta)\leqslant P\{|g(\hat{\theta}_n)-g(\theta)|<\varepsilon\}.$$

又已知 $\hat{\theta}_n$ 是 θ 的相合估计，所以

$$1=\lim_{n\to+\infty}P(|\hat{\theta}_n-\theta|<\delta)\leqslant\lim_{n\to+\infty}P\{|g(\hat{\theta}_n)-g(\theta)|<\varepsilon\}\leqslant1,$$

因此

$$\lim_{n\to+\infty}P\{|g(\hat{\theta}_n)-g(\theta)|<\varepsilon\}=1,$$

即 $g(\hat{\theta}_n)$ 是 $g(\theta)$ 的相合估计.

定理 7.3.1 可以推广到多元连续函数情形.

定理 7.3.2 设 $\hat{\theta}_1=\hat{\theta}_1(X_1,X_2,\cdots,X_n),\cdots,\hat{\theta}_k=\hat{\theta}_k(X_1,X_2,\cdots,X_n)$ 分别是参数 $\theta_1,\cdots,\theta_k$ 的相合估计，$g(x_1,x_2,\cdots,x_k)$ 是 k 元连续函数，则 $g(\hat{\theta}_1,\hat{\theta}_2,\cdots,\hat{\theta}_k)$ 是 $g(\theta_1,\theta_2,\cdots,\theta_k)$ 的相合估计.

定理 7.3.3 设 $\hat{\theta}_n=\hat{\theta}(X_1,X_2,\cdots,X_n)$ 是 θ 的一个估计量序列. 如果有

$$\lim_{n\to+\infty} E_\theta\hat{\theta}_n=\theta,\quad \lim_{n\to+\infty}\mathrm{Var}_\theta(\hat{\theta}_n)=0,$$

则 $\hat{\theta}_n$ 为 θ 的相合估计.

证明 由马尔科夫不等式可得

$$P(|X|\geqslant\varepsilon)\leqslant\frac{E(|X|^r)}{\varepsilon^r},$$

又根据定理的条件，得到对 $\forall\varepsilon>0$，有

$$0\leqslant P(|\hat{\theta}_n-\theta|\geqslant\varepsilon)\leqslant\frac{E(|\hat{\theta}_n-\theta|^2)}{\varepsilon^2}=\frac{\mathrm{Var}(\hat{\theta}_n)+[E(\hat{\theta}_n)-\theta]^2}{\varepsilon^2}\to 0,$$

因此

$$\lim_{n\to+\infty}P(|\hat{\theta}_n-\theta|\geqslant\varepsilon)=0,$$

即 $\hat{\theta}_n$ 是 θ 的相合估计.

例 7.3.8 设 $(X_1,X_2,\cdots,X_n)$ 是来自总体 X 的样本，总体的各阶矩存在，并记 $EX=\mu$ 和 $\mathrm{Var}(X)=\sigma^2$，则有：

(1) 样本均值 $\bar{X}$ 是总体均值 μ 的相合估计；

(2) 样本方差 S^2 和 S_n^2 均是总体方差 σ^2 的相合估计；

(3) 样本标准差 S 和 S_n 均是总体标准差 σ 的相合估计；

(4) 样本原点矩 A_k 是总体原点矩 μ_k 的相合估计.

前 3 个结论是大数定律和依概率收敛性质的结果，请读者自行证明. 下面对(4)进行证明.

证明 由于 $X_1,X_2,\cdots,X_n$ iid$\sim X$，所以 $X_1^k,X_2^k,\cdots,X_n^k$ iid$\sim X^k$，因此，由辛钦大数定律有

$$A_k=\frac{1}{n}\sum_{i=1}^n X_i^k\xrightarrow{P}EX^k=\mu_k.$$

例 7.3.9 设总体 X 服从区间 $(0,\theta)$ 上的均匀分布，$(X_1,X_2,\cdots,X_n)$ 是来自 X 的样本. 证明：θ 的最大似然估计 $\hat{\theta}=X_{(n)}$ 为 θ 的相合估计.

证明 由次序统计量的分布，得到 $X_{(n)}$ 的分布密度为

$$p_n(y)=\frac{ny^{n-1}}{\theta^n},\quad 0<y<\theta.$$

由于

$$EX_{(n)}=\int_0^\theta y\cdot\frac{ny^{n-1}}{\theta^n}\mathrm{d}y=\frac{n}{n+1}\theta\to\theta,$$

$$EX_{(n)}^2=\int_0^\theta y^2\cdot\frac{ny^{n-1}}{\theta^n}\mathrm{d}y=\frac{n}{n+2}\theta^2,$$

$$\mathrm{Var}(X_{(n)})=EX_{(n)}^2-(EX_{(n)})^2=\frac{n}{(n+1)^2(n+2)}\theta^2\to 0.$$

从而由定理 7.3.3 知，$\hat{\theta}=X_{(n)}$ 为 θ 的相合估计.

7.3.5 其他准则

下面不加证明地给出关于最大似然估计的渐近正态性的结论.

定理 7.3.4 设总体 X 有概率函数 $p(x;\theta)$，$\theta\in\Theta$，Θ 为非退化区间，假定

(1) 对任意的 x，偏导数 $\frac{\partial\ln p}{\partial\theta}$，$\frac{\partial^2\ln p}{\partial\theta^2}$ 和 $\frac{\partial^3\ln p}{\partial\theta^3}$ 对所有 $\theta\in\Theta$ 都存在；

(2) $\forall\theta\in\Theta$，有

$$\left|\frac{\partial p}{\partial\theta}\right|<F_1(x),\quad \left|\frac{\partial^2 p}{\partial\theta^2}\right|<F_2(x),\quad \left|\frac{\partial^3 p}{\partial\theta^3}\right|<F_3(x),$$

其中，函数 $F_1(x)$，$F_2(x)$，$F_3(x)$ 满足

$$\int_{-\infty}^{+\infty}F_1(x)\mathrm{d}x<+\infty,\quad \int_{-\infty}^{+\infty}F_2(x)\mathrm{d}x<+\infty,$$

$$\sup_{\theta\in\Theta}\int_{-\infty}^{+\infty}F_3(x)p(x;\theta)\mathrm{d}x<+\infty;$$

(3) $\forall\theta\in\Theta,0<I(\theta)\equiv\int_{-\infty}^{+\infty}\left(\frac{\partial\ln p}{\partial\theta}\right)^2p(x;\theta)\mathrm{d}x<+\infty.$

若$(X_1,X_2,\cdots,X_n)$是来自该总体的样本，则存在未知参数 θ 的最大似然估计 $\hat{\theta}_n=\hat{\theta}(X_1,\cdots,X_n)$，且 $\hat{\theta}_n$ 具有相合性和渐近正态性，$\hat{\theta}_n\sim AN\left(\theta,\frac{1}{nI(\theta)}\right)$.

该定理表明，最大似然估计通常是渐近正态的，且其渐近方差 $\sigma_n^2(\theta)=[nI(\theta)]^{-1}$ 有统一的形式，主要依赖于费歇尔信息量 $I(\theta)$.

例 7.3.10 设$(X_1,X_2,\cdots,X_n)$是来自 $N(\mu,\sigma^2)$的样本，可以验证该总体分布在 σ^2 已知或者 μ 已知时，均满足定理 7.3.4 的 3 个条件.

(1) 在 σ^2 已知时，μ 的 MLE 为 $\hat{\mu}=\bar{X}$，由定理 7.3.4 知 $\hat{\mu}$ 服从渐近正态分布，求 $I(\mu)$；

(2) 在 μ 已知时，σ^2 的 MLE 为 $\hat{\sigma}^2=\frac{1}{n}\sum_{i=1}^n(X_i-\mu)^2$，求 $I(\sigma^2)$.

解 (1)

$$\ln p(x)=-\ln\sqrt{2\pi}-\frac{1}{2}\ln\sigma^2-\frac{(x-\mu)^2}{2\sigma^2},$$

$$\frac{\partial\ln p}{\partial\mu}=\frac{x-\mu}{\sigma^2},$$

$$I(\mu)=E\left(\frac{X-\mu}{\sigma^2}\right)^2=\frac{1}{\sigma^2}.$$

从而有 $\hat{\mu}\sim AN\left(\mu,\frac{\sigma^2}{n}\right)$，该近似分布与 $\hat{\mu}$ 的精确分布相同.

(2) $$\frac{\partial \ln p}{\partial \sigma^2}=-\frac{1}{2\sigma^2}+\frac{1}{2\sigma^4}(x-\mu)^2=\frac{(x-\mu)^2-\sigma^2}{2\sigma^4},$$

$$I(\sigma^2)=\frac{E\left[(X-\mu)^2-\sigma^2\right]^2}{4\sigma^8}=\frac{1}{4\sigma^4}\mathrm{Var}\left[\left(\frac{X-\mu}{\sigma}\right)^2\right]=\frac{1}{2\sigma^4}.$$

从而有 $\hat{\sigma}^2 \sim AN\left(\sigma^2,\frac{2\sigma^4}{n}\right)$.

7.4 一致最小方差无偏估计

7.4.1 一致最小方差无偏估计的定义

定义 7.4.1 设 $\hat{\theta}$ 是 θ 一个无偏估计,如果对另外任意一个 θ 的无偏估计 $\tilde{\theta}$,在参数空间 Θ 上,都有

$$\mathrm{Var}_\theta(\hat{\theta}) \leqslant \mathrm{Var}_\theta(\tilde{\theta}), \tag{7.4.1}$$

则称 $\hat{\theta}$ 是 θ 的一致最小方差无偏估计(Uniformly Minimum Variance Unbiased Estimator),简记为 UMVUE.

关于 UMVUE,有如下定理.

定理 7.4.1 设 $X=(X_1,X_2,\cdots,X_n)$ 是来自总体的一个样本,$\hat{\theta}=\hat{\theta}(X)$ 是 θ 的一个无偏估计,$\mathrm{Var}(\hat{\theta})<+\infty$,则 $\hat{\theta}$ 是 θ 的 UMVUE 充要条件为:对任意一个满足 $E[\varphi(X)]=0$ 和 $\mathrm{Var}[\varphi(X)]<+\infty$ 的 $\varphi(X)$,都有

$$\mathrm{Cov}_\theta(\hat{\theta},\varphi)=0, \quad \forall \theta \in \Theta. \tag{7.4.2}$$

证明 充分性:对 θ 的任意一个无偏估计 $\tilde{\theta}$,令 $\varphi=\tilde{\theta}-\hat{\theta}$,则

$$E\varphi=E\tilde{\theta}-E\hat{\theta}=0,$$

于是

$$\begin{aligned}\mathrm{Var}(\tilde{\theta})&=E(\tilde{\theta}-\theta)^2\\&=E\left[(\tilde{\theta}-\hat{\theta})+(\hat{\theta}-\theta)\right]^2=E\varphi^2+\mathrm{Var}(\hat{\theta})+2\mathrm{Cov}(\varphi,\hat{\theta}-\theta)\\&=E\varphi^2+\mathrm{Var}(\hat{\theta})+2\mathrm{Cov}(\varphi,\hat{\theta})\\&=E\varphi^2+\mathrm{Var}(\hat{\theta})\geqslant \mathrm{Var}(\hat{\theta}).\end{aligned}$$

必要性:用反证法.设 $\hat{\theta}$ 是 θ 的 UMVUE,$\varphi(X)$ 满足

$$E_\theta[\varphi(X)]=0, \quad \mathrm{Var}_\theta[\varphi(X)]<+\infty.$$

假如在参数空间 Θ 中有一个 θ_0 使得 $\mathrm{Cov}_{\theta_0}(\hat{\theta},\varphi)=c\neq 0$,取 $\lambda=-\dfrac{c}{\mathrm{Var}_{\theta_0}[\varphi(X)]}\neq 0$,则有

$$\lambda^2\mathrm{Var}_{\theta_0}[\varphi(X)]+2c\lambda=\lambda(-c+2c)=-\frac{c^2}{\mathrm{Var}_{\theta_0}[\varphi(X)]}<0.$$

令 $\tilde{\theta}=\hat{\theta}+\lambda\varphi(X)$，则有 $E_\theta(\tilde{\theta})=E_\theta[\hat{\theta}+\lambda\varphi(X)]=\theta$，这说明 $\tilde{\theta}$ 也是 θ 的无偏估计，但其方差

$$\mathrm{Var}_{\theta_0}(\tilde{\theta})=E_{\theta_0}[\hat{\theta}+\lambda\varphi(X)-\theta]^2=\mathrm{Var}_{\theta_0}(\hat{\theta})+\lambda^2\mathrm{Var}_{\theta_0}[\varphi(X)]+2c\lambda<\mathrm{Var}_{\theta_0}(\hat{\theta}).$$

这与 $\hat{\theta}$ 是 θ 的 UMVUE 矛盾，定理得证.

例 7.4.1 设 $(X_1,X_2,\cdots,X_n)$ 是来自指数分布 $Exp(\frac{1}{\theta})$ 的样本，则根据因子分解定理可知，$T=X_1+X_2+\cdots+X_n$ 是 θ 的充分统计量，由于 $ET=n\theta$，所以 $\bar{X}=\dfrac{T}{n}$ 是 θ 的无偏估计. 设 $\varphi=\varphi(X_1,X_2,\cdots,X_n)$ 是 0 的任一无偏估计，则

$$E[\varphi(T)]=\int_0^{+\infty}\cdots\int_0^{+\infty}\varphi(x_1,x_2,\cdots,x_n)\cdot\prod_{i=1}^{n}\left\{\frac{1}{\theta}\cdot \mathrm{e}^{-\frac{x_i}{\theta}}\right\}\mathrm{d}x_1\cdots\mathrm{d}x_n=0,$$

即

$$\int_0^{+\infty}\cdots\int_0^{+\infty}\varphi(x_1,x_2,\cdots,x_n)\cdot \mathrm{e}^{-\frac{x_1+\cdots+x_n}{\theta}}\mathrm{d}x_1\cdots\mathrm{d}x_n=0.$$

两端对 θ 求导，得

$$\int_0^{+\infty}\cdots\int_0^{+\infty}\frac{n\bar{x}}{\theta^2}\varphi(x_1,x_2,\cdots,x_n)\cdot \mathrm{e}^{-\frac{x_1+\cdots+x_n}{\theta}}\mathrm{d}x_1\cdots\mathrm{d}x_n=0.$$

这说明 $E(\bar{X}\varphi)=0$，从而

$$\mathrm{Cov}(\bar{X},\varphi)=E(\bar{X}\varphi)-E\bar{X}E\varphi=0.$$

根据定理 7.4.1 可知，$\bar{X}$ 是 θ 的 UMVUE.

7.4.2 充分性原则

例 7.3.5 和例 7.3.6 分别比较了两个无偏估计的优劣，在这两个例子中，好的无偏估计均为充分统计量的函数，这并非偶然. 下面介绍这方面的有关结论，首先介绍 Rao-Blackwell 定理.

定理 7.4.2(Rao-Blackwell 定理) 设 X 和 Y 是两个随机变量，$EX=\mu$，$\mathrm{Var}(X)>0$. 用条件期望构造一个新的随机变量 $\varphi(Y)$，其定义为

$$\varphi(y)=E(X|Y=y),$$

则有

$$E[\varphi(Y)]=\mu,\quad \mathrm{Var}[\varphi(Y)]\leqslant\mathrm{Var}(X).$$

其中，等号成立的充分必要条件是 X 和 $\varphi(Y)$ 几乎处处相等.

证明 由重期望公式有

$$E[\varphi(Y)]=E[E(X|Y)]=EX=\mu.$$

此即证明了第一个结论，下证第二个结论.

将 $\mathrm{Var}(X)$ 写为

$$\begin{aligned}\mathrm{Var}(X)&=E\{[X-\varphi(Y)]+[\varphi(Y)-\mu]\}^2\\&=E[X-\varphi(Y)]^2+E[\varphi(Y)-\mu]^2+2E\{[X-\varphi(Y)][\varphi(Y)-\mu]\}.\end{aligned}$$

再次使用重期望公式，得

$$E\{[X-\varphi(Y)]\cdot[\varphi(Y)-\mu]\}=0,$$

故上式变为

$$\mathrm{Var}(X)=E[X-\varphi(Y)]^2+\mathrm{Var}[\varphi(Y)],$$

由于上式右端第一项非负，这就证明了第二个结论. 进一步，等号成立[即 $\mathrm{Var}(X)=\mathrm{Var}(\varphi(Y))$]的充要条件为

$$P\{X-\varphi(Y)=0\}=1.$$

将定理 7.4.2 应用到参数估计问题中可得到如下重要定理.

定理 7.4.3 设总体 X 的概率函数是 $p(x;\theta)$，$(X_1,X_2,\cdots,X_n)$ 是其样本，$T=T(X_1,X_2,\cdots,X_n)$ 是 θ 的充分统计量，对 θ 的任一无偏估计 $\tilde{\theta}=\tilde{\theta}(X_1,X_2,\cdots,X_n)$，令 $\hat{\theta}=E(\tilde{\theta}|T)$，则 $\hat{\theta}$ 也是 θ 的无偏估计，且

$$\mathrm{Var}(\hat{\theta})\leqslant\mathrm{Var}(\tilde{\theta}).\tag{7.4.3}$$

证明 由于 $T=T(X_1,X_2,\cdots,X_n)$ 是充分统计量，故 $\hat{\theta}=E(\tilde{\theta}|T)$ 与 θ 无关，因此它也是一个估计量(统计量)，只要在定理 7.4.2 中取 $X=\tilde{\theta}$，$Y=T$ 即可完成本定理的证明.

定理 7.4.3 说明，如果无偏估计不是充分统计量的函数，则对充分统计量求条件期望可以得到一个新的无偏估计，该估计的方差比原来估计的方差要小，从而降低了无偏估计的方差. 也就是说，考虑 θ 的估计问题只需要在基于充分统计量的函数中进行，该说法对所有的统计推断问题都是正确的，这便是所谓的充分性原则.

例 7.4.2 设 $(X_1,X_2,\cdots,X_n)$ 是来自 $B(1,p)$ 的样本，则 $\bar{X}$(或 $T=n\bar{X}$)是 p 的充分统计量. 为估计 $\theta=p(1-p)$，可令

$$\tilde{\theta}=\begin{cases}1, & X_1=1,X_2=0,\\ 0, & \text{其他}.\end{cases}$$

由于

$$E\tilde{\theta}=P(X_1=1,X_2=0)=p(1-p)=\theta,$$

所以 $\tilde{\theta}$ 是 θ 的无偏估计. 这个估计并不好，它只使用了两个观测值，下面用 Rao-Blackwell 定理对其加以改进.求 $\tilde{\theta}$ 关于充分统计量 $T=\sum\limits_{i=1}^{n}X_i$ 的条件期望，过程如下.

$$\begin{aligned}\hat{\theta}&=E(\tilde{\theta}\mid T=t)\\&=P(\tilde{\theta}=1\mid T=t)=\frac{P(X_1=1,X_2=0,T=t)}{P(T=t)}\\&=\frac{P\left(X_1=1,X_2=0,\sum\limits_{i=3}^{n}X_i=t-1\right)}{P(T=t)}\\&=\frac{p(1-p)\dbinom{n-2}{t-1}p^{t-1}(1-p)^{n-1-t}}{\dbinom{n}{t}p^t(1-p)^{n-t}}\\&=\frac{t(n-t)}{n(n-1)}.\end{aligned}$$

其中，$t=\sum_{i=1}^{n}x_i$. 于是得 θ 另一新估计量为

$$\hat{\theta}=\frac{T(n-T)}{n(n-1)}=\frac{(\sum_{i=1}^{n}X_i)(n-\sum_{i=1}^{n}X_i)}{n(n-1)}=\frac{n\bar{X}(1-\bar{X})}{n-1}.$$

可以验证，$\hat{\theta}$ 是 θ 的无偏估计，且 $\mathrm{Var}(\hat{\theta})\leqslant\mathrm{Var}(\tilde{\theta})$.

定理 7.4.4 设总体 X 的概率函数是 $p(x;\theta)$，$(X_1,X_2,\cdots,X_n)$ 是其样本，$T=T(X_1,X_2,\cdots,X_n)$ 是 θ 的充分完备统计量，对 θ 的任一无偏估计 $\tilde{\theta}=\tilde{\theta}(X_1,\cdots,X_n)$，令 $\hat{\theta}=E(\tilde{\theta}|T)$，则 $\hat{\theta}$ 是 θ 的 UMVUE.

例 7.4.3 设 $(X_1,X_2,\cdots,X_n)$ 是取自总体 $B(1,\theta)(0<\theta<1)$ 的样本，则 $\hat{\theta}=\bar{X}$ 是 θ 的 UMVUE.

证明 事实上，$\tilde{\theta}=\bar{X}$ 是 θ 的无偏估计量，由例 6.5.2 和例 6.5.5 知，$T=\sum_{i=1}^{n}X_i$ 是 θ 的充分完备统计量. 因此由定理 7.4.4 知，$\hat{\theta}=E(\tilde{\theta}\mid T)=E\left(\bar{X}\mid\sum_{i=1}^{n}X_i\right)=\bar{X}$ 是 θ 的 UMVUE.

7.4.3 Cramer-Rao 不等式

由前面的定理 7.3.4 可知，最大似然估计的渐近方差主要由费歇尔信息量 $I(\theta)$ 决定. 下面先介绍 $I(\theta)$，然后讲述 Cramer-Rao 不等式，该不等式有时可用来判断 UMVUE.

定义 7.4.2 设总体的概率函数 $p(x;\theta)$，$\theta\in\Theta$，满足下列正则条件：

(1) 参数空间 Θ 是直线上的一个开区间；

(2) 支撑集 $S=\{x\mid p(x;\theta)>0\}$ 与 θ 无关；

(3) 导数 $\frac{\partial}{\partial\theta}p(x;\theta)$ 对一切 $\theta\in\Theta$ 都存在；

(4) $p(x,\theta)$ 的积分和微分运算可交换次序，即

$$\frac{\partial}{\partial\theta}\int_{-\infty}^{+\infty}p(x;\theta)\mathrm{d}x=\int_{-\infty}^{+\infty}\frac{\partial}{\partial\theta}p(x;\theta)\mathrm{d}x;$$

(5) 期望 $E\left[\frac{\partial}{\partial\theta}\ln p(X;\theta)\right]^2$ 存在，

则称

$$I(\theta)=E\left[\frac{\partial}{\partial\theta}\ln p(X;\theta)\right]^2 \tag{7.4.4}$$

为总体分布的费歇尔信息量.

费歇尔信息量是数理统计学中的一个基本概念，很多统计结果都与费歇尔信息量有关. 如最大似然估计的渐近方差，无偏估计的方差下界等都与费歇尔信息量 $I(\theta)$ 有关. $I(\theta)$ 的种种性质显示，"$I(\theta)$ 越大"可认为总体分布中包含未知参数 θ 的信息越多.

一般常用分布都满足定义中的正则条件，只有均匀分布 $U(0,\theta)$ 不满足，因而不能用与费歇尔信息量 $I(\theta)$ 有关的结果.

例 7.4.4 设总体为泊松分布 $P(\lambda)$，其分布律为

$$p(x;\lambda)=\frac{\lambda^x}{x!}\mathrm{e}^{-\lambda},\quad x=0,1,2,\cdots.$$

可以验证其满足定义 7.4.2 的条件,且

$$\ln p(x;\lambda)=x\ln\lambda-\lambda-\ln(x!),$$

$$\frac{\partial}{\partial\lambda}\ln p(x;\lambda)=\frac{x}{\lambda}-1,$$

于是

$$I(\lambda)=E\left(\frac{X-\lambda}{\lambda}\right)^2=\frac{\mathrm{Var}(X)}{\lambda^2}=\frac{1}{\lambda}.$$

例 7.4.5 设总体为指数分布,其分布密度为

$$p(x,\theta)=\frac{1}{\theta}\exp\left\{-\frac{x}{\theta}\right\},\quad x>0,\quad \theta>0.$$

可以验证其满足定义 7.4.2 的条件,且

$$\frac{\partial}{\partial\theta}\ln p(x;\theta)=-\frac{1}{\theta}+\frac{x}{\theta^2}=\frac{x-\theta}{\theta^2},$$

于是

$$I(\theta)=E\left(\frac{X-\theta}{\theta^2}\right)^2=\frac{\mathrm{Var}(X)}{\theta^4}=\frac{1}{\theta^2}.$$

定理 7.4.5(Cramer-Rao 不等式) 设满足定义 7.4.2 的条件,$(X_1,X_2,\cdots,X_n)$ 是来自该总体的样本,$T=T(X_1,X_2,\cdots,X_n)$ 是 $g(\theta)$ 的任意一个无偏估计,$g'(\theta)=\frac{\partial g(\theta)}{\partial\theta}$ 存在,且对 Θ 中一切 θ,

$$g(\theta)=\int_{-\infty}^{+\infty}\cdots\int_{-\infty}^{+\infty}T(x_1,x_2,\cdots,x_n)\cdot\prod_{i=1}^n p(x_i,\theta)\mathrm{d}x_1\cdots\mathrm{d}x_n$$

的微分可在积分号下进行,即

$$\begin{aligned}g'(\theta)&=\int_{-\infty}^{+\infty}\cdots\int_{-\infty}^{+\infty}T(x_1,x_2,\cdots,x_n)\cdot\frac{\partial}{\partial\theta}\left(\prod_{i=1}^n p(x_i,\theta)\right)\mathrm{d}x_1\cdots\mathrm{d}x_n\\&=\int_{-\infty}^{+\infty}\cdots\int_{-\infty}^{+\infty}T(x_1,x_2,\cdots,x_n)\cdot\left\{\frac{\partial}{\partial\theta}\left[\ln\prod_{i=1}^n p(x_i,\theta)\right]\right\}\prod_{i=1}^n p(x_i;\theta)\mathrm{d}x_1\cdots\mathrm{d}x_n.\end{aligned}\tag{7.4.5}$$

对离散总体,将上述积分改为求和符号后,等式仍然成立,则有

$$\mathrm{Var}(T)\geqslant\frac{[g'(\theta)]^2}{nI(\theta)}.\tag{7.4.6}$$

式(7.4.6)称为 Cramer-Rao(C-R)不等式,$\frac{[g'(\theta)]^2}{nI(\theta)}$ 称为 $g(\theta)$ 的无偏估计的方差的 C-R 下界,简称 $g(\theta)$ 的 C-R 下界. 特别地,对 θ 的无偏估计 $\hat{\theta}$,有

$$\mathrm{Var}(\hat{\theta})\geqslant[nI(\theta)]^{-1}.$$

证明 以连续总体为例加以证明. 由 $\int_{-\infty}^{+\infty}p(x_i;\theta)\mathrm{d}x_i\equiv1,i=1,2\cdots,n$,两边对 θ 求导,由于积分与微分可交换次序,于是有

$$0=\int_{-\infty}^{+\infty}\frac{\partial}{\partial\theta}p(x_i;\theta)\mathrm{d}x_i=\int_{-\infty}^{+\infty}\left[\frac{\partial}{\partial\theta}\ln p(x_i;\theta)\right]p(x_i;\theta)\mathrm{d}x_i=E\left[\frac{\partial}{\partial\theta}\ln p(X_i;\theta)\right].$$

记

$$Z=\frac{\partial}{\partial\theta}\ln\prod_{i=1}^{n}p(x_i;\theta)=\sum_{i=1}^{n}\frac{\partial}{\partial\theta}\ln p(x_i;\theta),$$

则

$$EZ=\sum_{i=1}^{n}E\left[\frac{\partial}{\partial\theta}\ln p(X_i;\theta)\right]=0,$$

从而

$$EZ^2=\mathrm{Var}(Z)=\sum_{i=1}^{n}\mathrm{Var}\left[\frac{\partial}{\partial\theta}\ln p(X_i;\theta)\right]=\sum_{i=1}^{n}E\left[\frac{\partial}{\partial\theta}\ln p(X_i;\theta)\right]^2=nI(\theta),$$

又由式(7.4.5),得

$$g'(\theta)=E(TZ)=E[T-g(\theta)]Z.$$

据柯西-施瓦茨不等式,有

$$[g'(\theta)]^2\leqslant E[T-g(\theta)]^2EZ^2=\mathrm{Var}(T)\mathrm{Var}(Z).$$

如果式(7.4.6)中等号成立,则称 $T=T(X_1,X_2,\cdots,X_n)$ 是 $g(\theta)$ 的优效估计(Optimal Efficient Estimator),优效估计一般是 UMVUE(如果所有无偏估计量都满足定理的条件).

例 7.4.6 设总体分布律为 $p(x;\lambda)=\frac{\lambda^x}{x!}\mathrm{e}^{-\lambda}$,$x=0,1,\cdots$,它满足定义 7.4.2 的所有条件,例 7.4.4 中已经算出该分布的费歇尔信息量为 $I(\lambda)=\frac{1}{\lambda}$,若$(X_1,X_2,\cdots,X_n)$是该总体的样本,则 λ 的 C-R 下界为$[nI(\lambda)]^{-1}=\frac{\lambda}{n}$. λ 的无偏估计 $\bar{X}$ 达到了 C-R 下界,因此 $\bar{X}$ 是 θ 的优效估计,同时也是 θ 的 UMVUE.

例 7.4.7 设总体为指数分布 $Exp\left(\frac{1}{\theta}\right)$,它满足定义 7.4.2 的所有条件,例 7.4.5 中已经算出该分布的费歇尔信息量为 $I(\theta)=\theta^{-2}$,若$(X_1,X_2,\cdots,X_n)$是样本,则 θ 的 C-R 下界为 $[nI(\theta)]^{-1}=\frac{\theta^2}{n}$. $\bar{X}=\frac{1}{n}\sum_{i=1}^{n}X_i$ 是 θ 的无偏估计,且方差等于$\frac{\theta^2}{n}$,达到了 C-R 下界,因此 $\bar{X}$ 是 θ 的优效估计,同时也是 θ 的 UMVUE.

应该指出,能达到 C-R 下界的无偏估计并不多,大多数场合无偏估计都达不到其 C-R 下界,如下例.

例 7.4.8 设总体 X 为正态分布 $N(0,\sigma^2)$,它满足定义 7.4.2 的所有条件,下面计算其费歇尔信息量.

解 由于 $p(x;\sigma^2)=(2\pi\sigma^2)^{-\frac{1}{2}}\exp\left\{-\frac{x^2}{2\sigma^2}\right\}$,注意到$\frac{X^2}{\sigma^2}\sim\chi^2(1)$,故

$$I(\sigma^2)=E\left[\frac{\partial}{\partial\sigma^2}\ln p(X;\sigma^2)\right]^2=E\left(\frac{X^2}{2\sigma^4}-\frac{1}{2\sigma^2}\right)^2=\frac{1}{4\sigma^4}\mathrm{Var}\left(\frac{X^2}{\sigma^2}\right)=\frac{1}{2\sigma^4}.$$

若$(X_1,X_2,\cdots,X_n)$是样本,则 σ^2 的 C-R 下界为$\frac{2\sigma^4}{n}$. $\hat{\sigma}^2=\frac{1}{n}\sum_{i=1}^{n}X_i^2$ 是 σ^2 的无偏估计,且其方差达到了 C-R 下界,因此 $\hat{\sigma}^2$ 是 σ^2 的优效估计,同时也是 σ^2 的 UMVUE. 另一方面,令 σ

$=g(\sigma^2)=\sqrt{\sigma^2}$，则 σ 的 C-R 下界为

$$\frac{[g'(\sigma^2)]^2}{nI(\sigma^2)}=\frac{\left(\frac{1}{2\sigma}\right)^2}{\frac{n}{2\sigma^4}}=\frac{\sigma^2}{2n},$$

σ 的无偏估计(参见例 7. 3. 3)为

$$\hat{\sigma}=\sqrt{\frac{n}{2}}\frac{\Gamma\left(\frac{n}{2}\right)}{\Gamma\left(\frac{n+1}{2}\right)}\sqrt{\frac{1}{n}\sum_{i=1}^{n}X_i^2}.$$

可以证明，$\hat{\sigma}$ 是 σ 的 UMVUE，且其方差大于 C-R 下界. 这表明所有的 σ 的无偏估计的方差都大于其 C-R 下界，σ 没有优效估计.

7.5 贝叶斯估计

统计学中主要有频率学派(经典学派)和贝叶斯学派两大学派，本节将对贝叶斯学派的参数估计思想进行简要介绍.

7.5.1 统计推断的基础

前面已经讲过，统计推断是根据样本信息对总体分布或总体的特征数进行推断. 事实上，这是经典学派对统计推断的规定，该规定中统计推断使用到两种信息：总体信息和样本信息. 而贝叶斯学派认为，除了上述两种信息以外，统计推断还应该使用第三种信息，即先验信息. 下面对 3 种信息进行介绍.

1. 总体信息

总体信息即总体分布或总体所属分布族提供的信息. 例如，若已知“总体是正态分布”，则可得到很多信息，如总体的一切阶矩都存在，总体分布密度函数关于均值对称，总体的所有性质由其一阶段和二阶矩决定，有许多成熟的统计推断方法可供选用等. 总体信息是很重要的信息.

2. 样本信息

样本信息即抽取样本所得观测值提供的信息. 例如，在有了样本观测值后，可以大概知道总体的一些特征数，如总体均值、总体方差等的范围. 这些信息能够对总体进行非常直观地了解，并通过样本对总体分布或总体的某些特征做出比较精确的统计推断. 没有样本就没有统计学可言.

3. 先验信息

如果把抽取样本看作一次试验，则样本信息就是试验中得到的信息. 实际上，人们在试验之前对要做的问题在经验上和资料上总是有所了解的，这些信息对统计推断是有益的. 先验信息即为抽样(试验)之前有关统计问题的一些信息. 一般说来，先验信息来源于经验和历

史资料. 先验信息在日常生活和工作中是很重要的. 下面看一个例子.

例 7.5.1 某工厂每天要抽检若干件产品以确定该厂产品的质量是否满足要求. 产品质量可用不合格品率 θ 来度量. 由于生产过程有连续性,可以认为每天的产品质量是有关联的,也就是说,在估计现在的 θ 时,以前所积累的资料是可供使用的,这些积累的历史资料就是先验信息. 为了能使用这些先验信息,需要对其进行加工. 例如,在经过一段时间后,根据历史资料对过去产品中的不合格品率 θ 构造一个分布

$$\theta \sim Be(a_0, b_0). \tag{7.5.1}$$

此处的 $Be(a_0, b_0)$ 是参数 a 和 b 分别为已知数 a_0 和 b_0 的贝塔分布. 这种对先验信息进行加工而获得的分布称为先验分布. 先验分布是对该厂过去产品的不合格品率的一个全面看法.

基于上述 3 种信息进行统计推断的统计学称为贝叶斯统计学,它与经典统计学的差别在于是否利用先验信息. 贝叶斯统计在重视使用总体信息和样本信息的同时,还注意先验信息的收集、挖掘和加工,使其数量化,形成先验分布,参加到统计推断中来,以提高统计推断的质量. 忽视先验信息,有时是一种浪费,有时还会推导出不合理的结论.

贝叶斯学派的基本观点是:任一未知量 θ 都可看作随机变量,可用一个概率分布去描述,这个分布称为先验分布(Prior Distribution);在获得样本之后,总体分布、样本与先验分布通过贝叶斯公式结合起来得到一个关于未知量 θ 新的分布——后验分布(Posterior Distribution);任何关于 θ 的统计推断都应该基于 θ 的后验分布进行.

7.5.2 贝叶斯公式的分布密度形式

贝叶斯公式的事件形式已在概率论部分介绍过,这里用随机变量的概率函数再一次叙述贝叶斯公式,并具体介绍贝叶斯学派的思想.

(1) 总体依赖于参数 θ 的概率函数在经典统计中记为 $p(x;\theta)$,它表示参数空间 Θ 中不同的 θ 对应不同的分布. 在贝叶斯统计中应记为 $p(x|\theta)$,它表示在随机变量 θ 取某个给定值时总体的条件概率函数.

(2) 根据参数 θ 的先验信息确定先验分布 $\pi(\theta)$.

(3) 从贝叶斯观点看,样本 $(X_1, \cdots, X_n)$ 的产生要分两步进行. 首先设想从先验分布 $\pi(\theta)$ 中产生一个样本 θ_0;然后从 $p(x|\theta_0)$ 中产生一组样本. 这时样本 $(X_1, \cdots, X_n)$ 的联合条件概率函数为

$$p(x_1, \cdots, x_n \mid \theta_0) = \prod_{i=1}^{n} p(x_i \mid \theta_0).$$

这个分布综合了总体信息和样本信息.

(4) 由于 θ_0 是设想出来的,仍然是未知的,它是按先验分布 $\pi(\theta)$ 产生的. 为把先验信息综合进去,不能只考虑 θ_0,也要考虑 θ 的其他可能取值,故要用 $\pi(\theta)$ 进行综合. 这样一来,样本 $(X_1, \cdots, X_n)$ 和参数 θ 的联合分布为

$$h(x_1, \cdots, x_n, \theta) = \pi(\theta) p(x_1, \cdots, x_n | \theta).$$

这个联合分布把总体信息、样本信息和先验信息 3 种可用信息都综合进去了.

(5) 为了对未知参数 θ 进行统计推断,在没有样本信息时,只能依据先验分布对 θ 做出推断;在有了样本观察值 $(x_1, \cdots, x_n)$ 之后,应依据 $h(x_1, \cdots, x_n, \theta)$ 对 θ 做出推断. 分解

$h(x_1,x_2,\cdots,x_n,\theta)$为

$$h(x_1,x_2,\cdots,x_n,\theta)=\pi(\theta|x_1,x_2,\cdots,x_n)m(x_1,x_2,\cdots,x_n),$$

其中$m(x_1,x_2,\cdots,x_n)$是$(X_1,\cdots,X_n)$的边际分布概率

$$m(x_1,x_2,\cdots,x_n)=\int_\Theta h(x_1,x_2,\cdots,x_n,\theta)\mathrm{d}\theta=\int_\Theta p(x_1,x_2,\cdots,x_n|\theta)\pi(\theta)\mathrm{d}\theta, \tag{7.5.2}$$

它与θ无关,或者说$m(x_1,x_2,\cdots,x_n)$中不含θ的任何信息,因此仅条件分布$\pi(\theta|x_1,\cdots,x_n)$能用来对$\theta$做出推断,其计算公式是

$$\pi(\theta|x_1,x_2,\cdots,x_n)=\frac{h(x_1,x_2,\cdots,x_n,\theta)}{m(x_1,x_2,\cdots,x_n)}=\frac{p(x_1,x_2,\cdots,x_n|\theta)\pi(\theta)}{\int_\Theta p(x_1,x_2,\cdots,x_n|\theta)\pi(\theta)\mathrm{d}\theta}. \tag{7.5.3}$$

该条件分布称为θ的后验分布,它集中了总体、样本和先验中有关θ的一切信息.式(7.5.3)就是用分布密度表示的贝叶斯公式,它也是用总体和样本对先验分布$\pi(\theta)$进行调整的结果,它要比$\pi(\theta)$更接近θ的实际情况.

7.5.3 贝叶斯估计

由后验分布$\pi(\theta|x_1,x_2,\cdots,x_n)$估计$\theta$的3种常用方法:

(1) 使用后验分布的分布密度最大值作为θ的点估计的最大后验估计;

(2) 使用后验分布的中位数作为θ的点估计的后验中位数估计;

(3) 使用后验分布的均值作为θ的点估计的后验期望估计.

在实际中使用最多的是后验期望估计,一般简称为贝叶斯估计(Bayesian Estimation),记为$\hat{\theta}_\mathrm{B}$,即

$$\hat{\theta}_\mathrm{B}(x_1,\cdots,x_n)=\int_\Theta\theta\pi(\theta|x_1,x_2,\cdots,x_n)\mathrm{d}\theta.$$

例7.5.2 设某事件A在一次试验中发生的概率为θ,为了估计θ,对事件A进行了n次独立观测,其中事件A发生了X次,显然$X|\theta\sim B(n,\theta)$,即

$$p(x|\theta)=P(X=x|\theta)=\binom{n}{x}\theta^x(1-\theta)^{n-x},\quad x=0,1,\cdots,n.$$

设事件A发生的概率θ的先验分布是参数a和b分别为已知数a_0和b_0的贝塔分布$Be(a_0,b_0)$,即θ的分布密度为

$$\pi(\theta)=\frac{1}{B(a_0,b_0)}\theta^{a_0-1}(1-\theta)^{b_0-1},\quad 0<\theta<1.$$

由此即得X和θ的联合分布

$$h(x,\theta)=\pi(\theta)p(x\mid\theta)=\frac{1}{B(a_0,b_0)}\binom{n}{x}\theta^{x+a_0-1}(1-\theta)^{n-x+b_0-1},$$

$$x=0,1,\cdots,n,\quad 0<\theta<1.$$

然后求X的边际分布

$$m(x)=\frac{1}{B(a_0,b_0)}\binom{n}{x}\int_0^1\theta^{x+a_0-1}(1-\theta)^{n-x+b_0-1}\mathrm{d}\theta=\frac{B(x+a_0,n-x+b_0)}{B(a_0,b_0)}\binom{n}{x},$$

最后求出 θ 的后验分布

$$\pi(\theta|x)=\frac{h(x,\theta)}{m(x)}=\frac{1}{B(x+a_0,n-x+b_0)}\theta^{x+a_0-1}(1-\theta)^{n-x+b_0-1},\quad 0<\theta<1.$$

以上结果说明 $\theta|x\sim Be(x+a_0,n-x+b_0)$，其后验期望估计为

$$\hat{\theta}_B=E(\theta|x)=\frac{x+a_0}{n+a_0+b_0}. \tag{7.5.4}$$

特别地，若试验前对事件 A 没有什么了解，则对其发生的概率 θ 也没有任何信息. 在这种情况下，采用区间(0,1)上的均匀分布 $U(0,1)$ 作为 θ 的先验分布，因为它取(0,1)上的每一点的机会均等，即 $a_0=b_0=1$ 的贝塔分布，此时 $\hat{\theta}_B=E(\theta|x)=\frac{1+x}{n+2}$. 假如不用先验信息，只用总体信息和样本信息，那么事件 A 发生的概率的最大似然估计为 $\hat{\theta}_M=\frac{x}{n}$，它与贝叶斯估计是不同的两个估计. 某些场合，贝叶斯估计要比最大似然估计更合理. 比如，在产品抽样检验中只区分合格品和不合格品，对质量好的产品批次，抽检的产品常为合格品，但“抽检 3 个全是合格品”与“抽检 10 个全是合格品”这两个事件在人们心目中留下的印象是不同的，后者的质量比前者更信得过，这种差别在不合格品率 θ 最大似然估计 $\hat{\theta}_M$ 中反映不出来(两者都为 0)，而用贝叶斯估计 $\hat{\theta}_B$ 则有所反映，两者分别是 $\frac{1}{3+2}=0.20$ 和 $\frac{1}{10+2}=0.083$. 类似地，对质量差的产品批次，抽检的产品常为不合格品，而“抽检 3 个全是不合格品”与“抽检 10 个全是不合格品”也是有差别的两个事件，前者质量较差，后者则质量很差，这种差别用 $\hat{\theta}_M$ 也反映不出来(两者都是 1)，而 $\hat{\theta}_B$ 则可用 $\frac{3+1}{3+2}=0.80$ 和 $\frac{10+1}{10+2}=0.917$. 由此可以看到，在这些极端情况下，贝叶斯估计比最大似然估计更符合人们的理念.

例 7.5.3 设 $(X_1,X_2,\cdots,X_n)$ 是来自正态分布 $N(\mu,\sigma_0^2)$ 的一个样本，其中 σ_0^2 已知，μ 未知，假设 μ 的先验分布为 $N(\theta,\tau^2)$，其中先验均值 θ 和先验方差 τ^2 均已知，试求 μ 的贝叶斯估计.

解 样本 $(X_1,X_2,\cdots,X_n)$ 的分布密度和 μ 的先验分布密度分别为

$$p(x_1,\cdots,x_n|\mu)=(2\pi\sigma_0^2)^{-\frac{n}{2}}\exp\left\{-\frac{1}{2\sigma_0^2}\sum_{i=1}^{n}(x_i-\mu)^2\right\},$$

$$\pi(\mu)=(2\pi\tau^2)^{-\frac{1}{2}}\exp\left\{-\frac{1}{2\tau^2}(\mu-\theta)^2\right\}.$$

由此可以写出 $(X_1,X_2,\cdots,X_n)$ 与 μ 的联合分布密度为

$$h(x_1,x_2,\cdots,x_n,\mu)=d\exp\left\{-\frac{1}{2}\left[\frac{n\mu^2-2n\mu\bar{x}+\sum_{i=1}^{n}x_i^2}{\sigma_0^2}+\frac{\mu^2-2\theta\mu+\theta^2}{\tau^2}\right]\right\}.$$

其中，$\bar{x}=\frac{1}{n}\sum_{i=1}^{n}x_i$，$d=(2\pi)^{-\frac{n+1}{2}}\tau^{-1}\sigma_0^{-n}$. 若记

$$a=\frac{n}{\sigma_0^2}+\frac{1}{\tau^2},\quad b=\frac{n\bar{x}}{\sigma_0^2}+\frac{\theta}{\tau^2},\quad c=\frac{\sum_{i=1}^{n}x_i^2}{\sigma_0^2}+\frac{\theta^2}{\tau^2},$$

则有

$$h(x_1,x_2,\cdots,x_n,\mu)=d\exp\left\{-\frac{1}{2}(a\mu^2-2b\mu+c)\right\}=d\exp\left\{-\frac{(\mu-b/a)^2}{2/a}-\frac{1}{2}\left(c-\frac{b^2}{a}\right)\right\}.$$

注意到 a,b,c 均与 μ 无关，由此容易算得样本的边际分布密度为

$$m(x_1,x_2,\cdots,x_n)=\int_{-\infty}^{+\infty}h(x_1,x_2,\cdots,x_n,\mu)\mathrm{d}\mu=d\exp\left\{-\frac{1}{2}\left(c-\frac{b^2}{a}\right)\right\}\left(\frac{2\pi}{a}\right)^{\frac{1}{2}}.$$

应用贝叶斯公式即可得到后验分布

$$\pi(\mu|x_1,x_2,\cdots,x_n)=\frac{h(x_1,x_2,\cdots,x_n,\mu)}{m(x_1,x_2,\cdots,x_n)}=\left(\frac{2\pi}{a}\right)^{-\frac{1}{2}}\exp\left\{-\frac{1}{2/a}\left(\mu-\frac{b}{a}\right)^2\right\}.$$

这说明在样本给定后，μ 的后验分布为正态分布 $N\left(\frac{b}{a},\frac{1}{a}\right)$，即

$$\mu|(x_1,x_2,\cdots,x_n)\sim N\left(\frac{n\bar{x}\sigma_0^{-2}+\theta\tau^{-2}}{n\sigma_0^{-2}+\tau^{-2}},\frac{1}{n\sigma_0^{-2}+\tau^{-2}}\right),$$

后验均值即为其贝叶斯估计

$$\hat{\mu}_{\mathrm{B}}=\frac{n/\sigma_0^2}{n/\sigma_0^2+1/\tau^2}\bar{x}+\frac{1/\tau^2}{n/\sigma_0^2+1/\tau^2}\theta.$$

后验均值为样本均值 $\bar{x}$ 与先验均值 θ 的加权平均. 当总体方差 σ_0^2 较小或样本量 n 较大时，样本均值 $\bar{x}$ 的权重较大；当先验方差 τ^2 较小时，先验均值 θ 的权重较大，这一综合符合人们的经验，是可以接受的. 例如，设 $X\sim N(\mu,2^2)$，$\mu\sim N(10,3^2)$，从正态总体 X 抽得容量为 5 的样本，算得 $\bar{x}=12.1$，由此得正态均值 μ 的后验分布为 $N(11.93,0.857^2)$，其贝叶斯估计值为 11.93.

7.5.4 共轭先验分布

从贝叶斯公式可以看出，只要先验分布确定，贝叶斯统计推断就没有理论上的困难. 先验分布的确定有很多途径，下面介绍一类最常用的先验分布——共轭先验分布.

定义 7.5.1 设 θ 是总体参数，$\pi(\theta)$ 是其先验分布，若对任意的样本观测值得到的后验分布 $\pi(\theta|x_1,\cdots,x_n)$ 与 $\pi(\theta)$ 属于同一个分布族，则称该分布族是 θ 的共轭先验分布(族)

由例 7.5.2 可以看出，设次品率 θ 的先验分布是 $Be(a,b)$，$a(a>0)$ 与 $b(b>0)$ 均已知，则由贝叶斯公式可以求出后验分布为 $Be(x+a,n-x+b)$，这说明贝塔分布是伯努利试验中成功概率的共轭先验分布. 类似地，由例 7.5.3 可以看出，在方差已知的情况下正态总体均值的共轭先验分布是正态分布.

7.6 区间估计

7.6.1 区间估计的定义

在点估计中，只给出了未知参数 θ 的估计值，而未能给出这种估计的可靠程度以及这种估计可能产生的误差大小. 除了求出参数 θ 的点估计外，人们往往还希望给出一个估计区间，并希望知道这个区间包含 θ 的可靠程度，这就是区间估计. 在区间估计理论中，1934 年

由内曼提出的置信区间理论被广泛接受.

定义 7.6.1 设$(X_1,X_2,\cdots,X_n)$是来自总体 X 的样本,θ 为未知参数,Θ 是参数空间.若对给定的一个 $\alpha(0<\alpha<1)$,存在两个统计量 $\hat{\theta}_L=\hat{\theta}_L(X_1,X_2,\cdots,X_n)$ 及 $\hat{\theta}_U=\hat{\theta}_U(X_1,X_2,\cdots,X_n)$,对任意的 $\theta\in\Theta$,有

$$P(\hat{\theta}_L\leqslant\theta\leqslant\hat{\theta}_U)\geqslant1-\alpha,\tag{7.6.1}$$

则称随机区间$[\hat{\theta}_L,\hat{\theta}_U]$为 θ 的置信水平(Confidence Level)为 $1-\alpha$ 的置信区间(Confidence Interval),$\hat{\theta}_L$ 和 $\hat{\theta}_U$ 分别称为置信下限和置信上限,$1-\alpha$ 称为置信水平,也称为置信概率或置信度.通常,将"θ 的置信水平为 $1-\alpha$ 的置信区间"简称为"θ 的 $1-\alpha$ 置信区间".置信区间也称为区间估计.

式(7.6.1)中的 θ 是一个未知的但不含任何随机性的常数,而区间$[\hat{\theta}_L,\hat{\theta}_U]$与样本有关,是随机区间.式(7.6.1)表示随机区间$[\hat{\theta}_L,\hat{\theta}_U]$包含常数 θ 的概率不小于 $1-\alpha$.因此,$[\hat{\theta}_L,\hat{\theta}_U]$的频率解释为:独立抽取 100 组容量为 n 的样本,用同样方法做 100 个置信区间,大约有$(1-\alpha)\times100$ 个区间包含真参数 θ.例如,$\alpha=0.10$ 时,用同样方法做的 100 个置信区间中,大约至少有 90 个区间包含真参数 θ.图 7.6.1 给出了 $\theta=0$ 时的 100 个置信区间,其中有 95 个包含真参数值,另外 5 个不包含真参数值.因此,即使实际上只做了一次区间估计,也有理由认为它包含了真参数 θ.这种判断也可能犯错误,但犯错误的概率很小,不会超过 α.

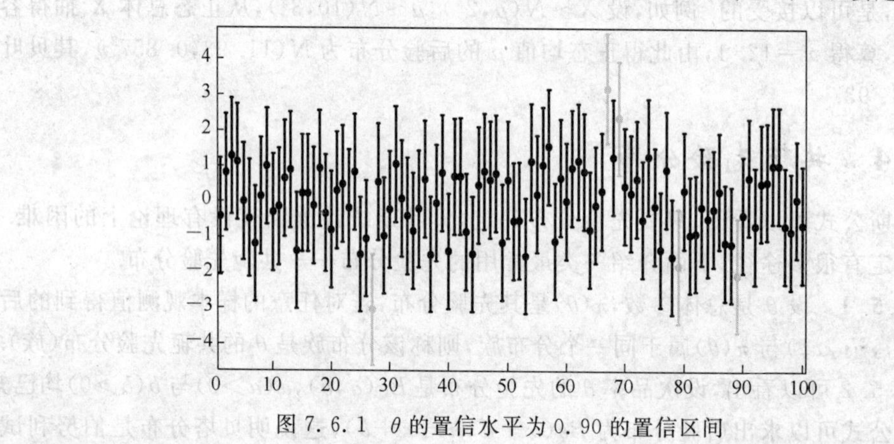

图 7.6.1 θ 的置信水平为 0.90 的置信区间

置信区间的长度不仅与其构造方法有关,而且与样本容量 n 有关.一般来说,置信区间需满足以下两方面:

(1) 置信区间尽可能精确,即越短越好,置信区间的平均长度可用 $E(\hat{\theta}_U-\hat{\theta}_L)$衡量.

(2) 置信区间尽可能可靠,即置信水平 $1-\alpha$ 越大越好.

一般情况下,满足这两种要求需要很大的样本容量 n.对于固定的或较小的样本容量 n,置信水平与估计精度两者是一对矛盾.一般先固定置信水平,然后找出最短的置信区间.在实际问题中,如何选取 n 和 α 要视具体情况而定.

前面讨论的置信区间$[\hat{\theta}_L,\hat{\theta}_U]$称为双侧置信区间,但在有些实际问题中需要考虑形如$[\hat{\theta}_L,+\infty)$或$(-\infty,\hat{\theta}_U]$的置信区间.例如,对电子元件来说,人们更关心的是平均寿命的置

信下限，而在讨论产品的废品率时，人们更关心的是其置信上限. 下面引入单侧置信区间的概念.

定义 7.6.2 设$(X_1,X_2,\cdots,X_n)$是来自总体 X 的样本，θ 为未知参数，Θ 是参数空间. 若对给定的一个 $\alpha(0<\alpha<1)$，存在统计量 $\hat{\theta}_L=\hat{\theta}_L(X_1,X_2,\cdots,X_n)$，对任意的 $\theta\in\Theta$，有

$$P(\hat{\theta}_L\leqslant\theta)\geqslant 1-\alpha, \tag{7.6.2}$$

则称随机区间$[\hat{\theta}_L,+\infty)$为 θ 的置信水平为 $1-\alpha$ 的下侧置信区间，$\hat{\theta}_L$ 称为单侧置信下限；若对给定的一个 $\alpha(0<\alpha<1)$，存在统计量 $\hat{\theta}_U=\hat{\theta}_U(X_1,X_2,\cdots,X_n)$，对任意的 $\theta\in\Theta$，有

$$P(\theta\leqslant\hat{\theta}_U)\geqslant 1-\alpha, \tag{7.6.3}$$

则称随机区间$(-\infty,\hat{\theta}_U]$为 θ 的置信水平为 $1-\alpha$ 的上侧置信区间，$\hat{\theta}_U$ 称为单侧置信上限.

注 上面通过不等式给出了区间估计的定义，而实际中常用的是等式；单侧置信区间可以看成双侧置信区间的特殊情形.

7.6.2 区间估计的求法

寻求未知参数 θ 的置信区间的最常用方法是枢轴量法，其步骤为：

(1) 选取 θ 的一个较优的点估计量 $\hat{\theta}=\hat{\theta}(X_1,X_2,\cdots,X_n)$，一般是通过最大似然估计法获得.

(2) 将 $\hat{\theta}=\hat{\theta}(X_1,X_2,\cdots,X_n)$作为基础，构造样本和未知参数 θ 的一个函数 G，即 $G=G(\hat{\theta},\theta)=G(X_1,\cdots,X_n;\theta)$，且 G 的分布已知，不依赖于其他未知参数，称具有这种性质的函数 G 为枢轴量(Pivotal Statistic).

(3) 对于给定的置信水平 $1-\alpha$，确定两个常数 a 和 b，使得

$$P(a\leqslant G\leqslant b)=1-\alpha.$$

(4) 将不等式 $a\leqslant G\leqslant b$ 变形为 $\hat{\theta}_L\leqslant\theta\leqslant\hat{\theta}_U$，其中 $\hat{\theta}_L=\hat{\theta}_L(X_1,X_2,\cdots,X_n)$及 $\hat{\theta}_U=\hat{\theta}_U(X_1,X_2,\cdots,X_n)$为统计量，则 $P(\hat{\theta}_L\leqslant\theta\leqslant\hat{\theta}_U)=1-\alpha$. 这表明$[\hat{\theta}_L,\hat{\theta}_U]$是 θ 的一个置信水平为 $1-\alpha$ 的置信区间.

在上面的步骤(3)中，常数 a 和 b 的选取有多种，选取的原则是在置信水平固定下，保证置信区间的精度，也就是使得置信区间的平均长度 $E(\hat{\theta}_U-\hat{\theta}_L)$尽可能小，这在 G 的分布对称的情况下往往能够达到. 此时只要 a 和 b 分别取为 G 的上$\frac{\alpha}{2}$和下$\frac{\alpha}{2}$分位数即可，即

$$P(G<a)=P(G>b)=\frac{\alpha}{2}.$$

一般情况下，为了方便，a 和 b 分别取为 G 的上$\frac{\alpha}{2}$和下$\frac{\alpha}{2}$分位数，这样得到的置信区间称为等尾置信区间. 后面的正态总体参数所求得的置信区间都是等尾置信区间，不再一一说明.

在上面的步骤(3)中，将常数 a 取为$-\infty$或者常数 b 取为$+\infty$，则可得到参数 θ 的单侧

置信区间.

例 7.6.1 设总体 X 服从区间$(0,\theta)$上的均匀分布，$(X_1,X_2,\cdots,X_n)$是来自 X 的样本. 试求参数 θ 的置信水平为 $1-\alpha$ 的置信区间.

解 参数 θ 的最大似然估计量为 $X_{(n)}$，取 $G=\dfrac{X_{(n)}}{\theta}$ 为枢轴量. 由 $X_{(n)}$ 的分布密度

$$p_n(y)=\frac{ny^{n-1}}{\theta^n},\quad 0<y<\theta$$

得到 G 的分布密度为

$$p(x)=nx^{n-1},\quad 0<x<1.$$

对于给定的置信水平为 $1-\alpha$，令 a 和 $b(0<a<b\leqslant 1)$满足

$$1-\alpha=P\left(a\leqslant\frac{X_{(n)}}{\theta}\leqslant b\right)=\int_a^b nx^{n-1}\,\mathrm{d}x=b^n-a^n.$$

将不等式 $a\leqslant\dfrac{X_{(n)}}{\theta}\leqslant b$ 变形为 $\dfrac{X_{(n)}}{b}\leqslant\theta\leqslant\dfrac{X_{(n)}}{a}$，得到 θ 的 $1-\alpha$ 置信区间为 $\left[\dfrac{X_{(n)}}{b},\dfrac{X_{(n)}}{a}\right]$.

下面找出最优的常数 a 和 b，计算置信区间 $\left[\dfrac{X_{(n)}}{b},\dfrac{X_{(n)}}{a}\right]$ 的平均长度得

$$L=\left(\frac{1}{a}-\frac{1}{b}\right)EX_{(n)}=\left(\frac{1}{a}-\frac{1}{b}\right)\frac{n}{n+1}\theta.$$

可以求得，在约束条件 $1-\alpha=b^n-a^n$，$0\leqslant\alpha\leqslant 1$，$0<a<b\leqslant 1$ 下，$\dfrac{1}{a}-\dfrac{1}{b}$ 的最小值点为 $a=\sqrt[n]{\alpha}$，$b=1$，这样得到参数 θ 的 $1-\alpha$ 置信区间为 $\left[X_{(n)},\dfrac{X_{(n)}}{\sqrt[n]{\alpha}}\right]$.

例 7.6.2 设总体 X 服从指数分布 $Exp\left(\dfrac{1}{\theta}\right)$，$(X_1,X_2,\cdots,X_n)$是来自 X 的样本. 试求参数 θ 的 $1-\alpha$ 置信区间.

解 参数 θ 的最大似然估计量为 $\bar{X}$，取 $G=\dfrac{2n\bar{X}}{\theta}$ 为枢轴量. 由第 6 章例 6.3.4 可知，$\dfrac{2n\bar{X}}{\theta}\sim\chi^2(2n)$. 对于给定的置信水平 $1-\alpha$，令 $a=\chi^2_{\frac{\alpha}{2}}(2n)$，$b=\chi^2_{1-\frac{\alpha}{2}}(2n)$，则有

$$P\left(a\leqslant\frac{2n\bar{X}}{\theta}\leqslant b\right)=1-\alpha.$$

将不等式 $a\leqslant\dfrac{2n\bar{X}}{\theta}\leqslant b$ 变形为 $\dfrac{2n\bar{X}}{b}\leqslant\theta\leqslant\dfrac{2n\bar{X}}{a}$，得到 θ 的 $1-\alpha$ 置信区间 $\left[\dfrac{2n\bar{X}}{b},\dfrac{2n\bar{X}}{a}\right]$.

7.6.3 单个正态总体均值与方差的置信区间

设总体 X 服从正态分布 $N(\mu,\sigma^2)$，$(X_1,X_2,\cdots,X_n)$是来自 X 的样本.

1. 方差 σ^2 已知时均值 μ 的置信区间

由第 6 章定理 6.4.2 可知

$$U=\frac{\bar{X}-\mu}{\sigma/\sqrt{n}}\sim N(0,1).$$

对于给定的 α，查标准正态分布表(图 7.6.2)可确定 $u_{1-\frac{\alpha}{2}}$，使

$$P(|U|\leqslant u_{1-\frac{\alpha}{2}})=1-\alpha,$$

即

$$P\left(\bar{X}-\frac{\sigma}{\sqrt{n}}u_{1-\frac{\alpha}{2}}\leqslant\mu\leqslant\bar{X}+\frac{\sigma}{\sqrt{n}}u_{1-\frac{\alpha}{2}}\right)=1-\alpha,$$

因此 μ 的 $1-\alpha$ 置信区间为

$$\left[\bar{X}-u_{1-\frac{\alpha}{2}}\frac{\sigma}{\sqrt{n}},\bar{X}+u_{1-\frac{\alpha}{2}}\frac{\sigma}{\sqrt{n}}\right]\hat{=}\bar{X}\pm u_{1-\frac{\alpha}{2}}\frac{\sigma}{\sqrt{n}}. \tag{7.6.4}$$

此处符号 $\hat{=}$ 表示“定义为”.

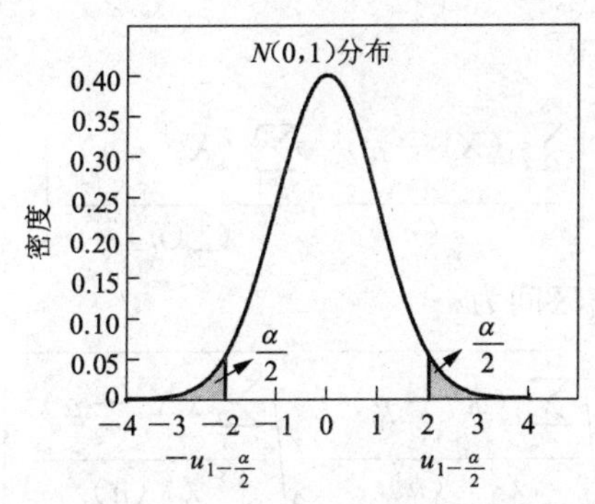

图 7.6.2　正态分布的置信区间

例 7.6.3　某车间生产滚珠，由经验可知，滚珠直径 X 服从正态分布 $N(\mu,0.2^2)$，从某天生产的产品中随机抽取 6 个，量得直径如下(单位：mm)：

14.7　15.0　14.9　14.8　15.2　15.1

求 μ 的 0.90 置信区间和 0.99 置信区间.

解　由于 $\sigma=0.2$，$n=6$，计算出 $\bar{x}=14.95$. 当 $\alpha=0.10$，查表得 $u_{1-\frac{\alpha}{2}}=u_{0.95}=1.64$，根据式(7.6.4)得到 μ 的 0.90 置信区间为

$$\left[14.95-\frac{0.2}{\sqrt{6}}\times1.64,14.95+\frac{0.2}{\sqrt{6}}\times1.64\right]=[14.82,15.08].$$

类似地，可以求出 μ 的 0.99 置信区间为[14.74,15.16].

2. 方差 σ^2 未知时均值 μ 的置信区间

由第 6 章定理 6.4.3 可知

$$t=\frac{\bar{X}-\mu}{S/\sqrt{n}}\sim t(n-1).$$

与式(7.6.4)的推导类似，可得 μ 的 $1-\alpha$ 置信区间为

$$\left[\bar{X}-t_{1-\frac{\alpha}{2}}\frac{S}{\sqrt{n}},\bar{X}+t_{1-\frac{\alpha}{2}}\frac{S}{\sqrt{n}}\right]\hat{=}\bar{X}\pm t_{1-\frac{\alpha}{2}}\frac{S}{\sqrt{n}}. \tag{7.6.5}$$

例 7.6.4　在例 7.6.3 中，假如滚珠直径 X 的方差 σ^2 未知，求 μ 的 0.90 的置信区间.

解　由于 $n=6$，计算出 $\bar{x}=14.95$，$s=0.1871$. 当 $\alpha=0.10$ 时，查表得 $t_{1-\frac{\alpha}{2}}(5)=$

$t_{0.95}(5)=2.015$，根据式(7.6.5)得到 μ 的 0.90 置信区间为

$$\left[14.95-\frac{0.1871}{\sqrt{6}}\times 2.015, 14.95+\frac{0.1871}{\sqrt{6}}\times 2.015\right]=14.95\pm 0.154=[14.80,15.10].$$

3. 均值 μ 已知时方差 σ^2 的置信区间

由于

$$\frac{1}{\sigma^2}\sum_{i=1}^{n}(X_i-\mu)^2=\sum_{i=1}^{n}\left(\frac{X_i-\mu}{\sigma}\right)^2\sim\chi^2(n),$$

故由(图 7.6.3)

$$P\left\{\chi^2_{\frac{\alpha}{2}}(n)\leqslant\frac{1}{\sigma^2}\sum_{i=1}^{n}(X_i-\mu)^2\leqslant\chi^2_{1-\frac{\alpha}{2}}(n)\right\}=1-\alpha,$$

可得 σ^2 的 $1-\alpha$ 置信区间为

$$\left[\frac{\sum_{i=1}^{n}(X_i-\mu)^2}{\chi^2_{1-\frac{\alpha}{2}}(n)},\frac{\sum_{i=1}^{n}(X_i-\mu)^2}{\chi^2_{\frac{\alpha}{2}}(n)}\right].\tag{7.6.6}$$

从而得到 σ 的 $1-\alpha$ 置信区间为

$$\left[\sqrt{\frac{\sum_{i=1}^{n}(X_i-\mu)^2}{\chi^2_{1-\frac{\alpha}{2}}(n)}},\sqrt{\frac{\sum_{i=1}^{n}(X_i-\mu)^2}{\chi^2_{\frac{\alpha}{2}}(n)}}\right].\tag{7.6.7}$$

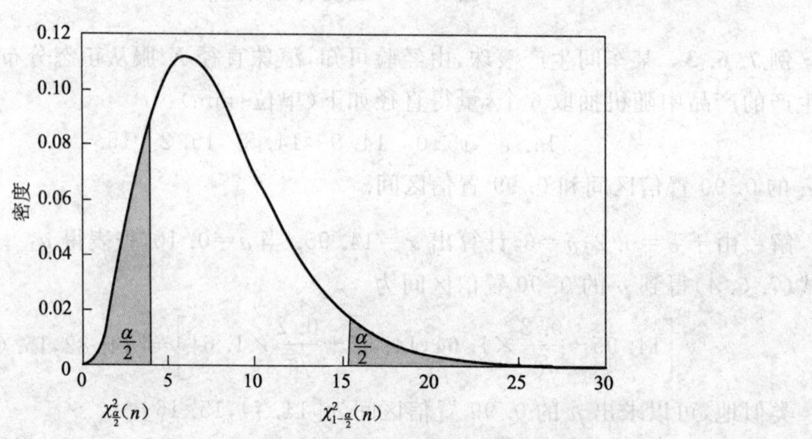

图 7.6.3 χ^2 分布的置信区间

4. 均值 μ 未知时方差 σ^2 的置信区间

由第 6 章定理 6.4.2 可知

$$\frac{(n-1)S^2}{\sigma^2}\sim\chi^2(n-1),$$

故由

$$P\left\{\chi^2_{\frac{\alpha}{2}}(n-1)\leqslant\frac{(n-1)S^2}{\sigma^2}\leqslant\chi^2_{1-\frac{\alpha}{2}}(n-1)\right\}=1-\alpha$$

可得 σ^2 的 $1-\alpha$ 置信区间为

$$\left[\frac{(n-1)S^2}{\chi^2_{1-\frac{\alpha}{2}}(n-1)},\frac{(n-1)S^2}{\chi^2_{\frac{\alpha}{2}}(n-1)}\right]. \tag{7.6.8}$$

从而得到 σ 的 $1-\alpha$ 置信区间为

$$\left[\frac{\sqrt{n-1}S}{\sqrt{\chi^2_{1-\frac{\alpha}{2}}(n-1)}},\frac{\sqrt{n-1}S}{\sqrt{\chi^2_{\frac{\alpha}{2}}(n-1)}}\right]. \tag{7.6.9}$$

例 7.6.5 随机取 9 发某种子弹做试验，测得子弹速度的样本标准差 $s=11$. 设子弹速度服从正态分布 $N(\mu,\sigma^2)$，求这种子弹速度的标准差 σ 和方差 σ^2 的 0.95 置信区间.

解 由于 $n=9,s^2=11^2=121$. 当 $\alpha=0.05$ 时，查表得 $\chi^2_{\frac{\alpha}{2}}(n-1)=\chi^2_{0.025}(8)=2.18$，$\chi^2_{1-\frac{\alpha}{2}}(n-1)=\chi^2_{0.975}(8)=17.53$，根据式(7.6.8)得到 σ^2 的 0.95 置信区间为

$$\left[\frac{8\times121}{17.54},\frac{8\times121}{2.18}\right]=[55.22,444.04].$$

从而得到 σ 的 0.95 置信区间为

$$[\sqrt{55.22},\sqrt{444.04}]=[7.43,21.07].$$

7.6.4 两正态总体均值差与方差比的置信区间

设$(X_1,X_2,\cdots,X_{n_1})$和$(Y_1,Y_2,\cdots,Y_{n_2})$分别为总体 X 和 Y 的样本，$X\sim N(\mu_1,\sigma_1^2)$，$Y\sim N(\mu_2,\sigma_2^2)$，且两组样本相互独立.

1. σ_1^2与σ_2^2均已知时 $\mu_1-\mu_2$ 的置信区间

由第 6 章定理 6.4.2，不难推知

$$\frac{\bar{X}-\bar{Y}-(\mu_1-\mu_2)}{\sqrt{\frac{\sigma_1^2}{n_1}+\frac{\sigma_2^2}{n_2}}}\sim N(0,1),$$

由此易得 $\mu_1-\mu_2$ 的 $1-\alpha$ 置信区间为

$$\left[\bar{X}-\bar{Y}-u_{1-\frac{\alpha}{2}}\sqrt{\frac{\sigma_1^2}{n_1}+\frac{\sigma_2^2}{n_2}},\bar{X}-\bar{Y}+u_{1-\frac{\alpha}{2}}\sqrt{\frac{\sigma_1^2}{n_1}+\frac{\sigma_2^2}{n_2}}\right]. \tag{7.6.10}$$

2. σ_1^2，σ_2^2相等且未知时 $\mu_1-\mu_2$ 的置信区间

由第 6 章定理 6.4.4 可知

$$t=\frac{(\bar{X}-\bar{Y})-(\mu_1-\mu_2)}{S_W\sqrt{\frac{1}{n_1}+\frac{1}{n_2}}}\sim t(n_1+n_2-2).$$

其中，$S_W^2=\frac{(n_1-1)S_1^2+(n_2-1)S_2^2}{n_1+n_2-2}$，由此可得 $\mu_1-\mu_2$ 的 $1-\alpha$ 置信区间为

$$\left[\bar{X}-\bar{Y}-\sqrt{\frac{1}{n_1}+\frac{1}{n_2}}S_W t_{1-\frac{\alpha}{2}}(n_1+n_2-2),\bar{X}-\bar{Y}+\sqrt{\frac{1}{n_1}+\frac{1}{n_2}}S_W t_{1-\frac{\alpha}{2}}(n_1+n_2-2)\right]. \tag{7.6.11}$$

例 7.6.6 为比较Ⅰ，Ⅱ两种型号步枪子弹的枪口速度，随机地取Ⅰ型子弹 10 发，得到

枪口平均速度为 $\bar{x}=500$ m/s,标准差 $s_1=1.10$ m/s,取Ⅱ型子弹 20 发,得到枪口平均速度为 $\bar{y}=496$ m/s,标准差 $s_2=1.20$ m/s. 假设总体独立都服从正态分布,且根据生产过程可认为它们的方差相等,求两总体均值差 $\mu_1-\mu_2$ 的 0.95 置信区间.

解 由题设知,两正态总体的方差相等却未知,所以可用式(7.6.11)来求均值差 $\mu_1-\mu_2$ 的置信区间.

已知 $n_1=10,n_2=20,\bar{x}=500,s_1=1.10,\bar{y}=496,s_2=1.20$. 对于 $1-\alpha=0.95$,查表得 $t_{1-\frac{\alpha}{2}}(n_1+n_2-2)=t_{0.975}(28)=2.0484$. 将它们代入式(7.6.11),得到均值差 $\mu_1-\mu_2$ 的 0.95 置信区间为[3.07,4.93].

该题所得下限大于 0,在实际中,可认为 μ_1 比 μ_2 大;若下限小于 0,上限大于 0,则可认为 μ_1 与 μ_2 没有明显差别.

3. σ_1^2 与 σ_2^2 均未知时大样本条件下 $\mu_1-\mu_2$ 的置信区间

由第 6 章定理 6.3.3,在 n_1,n_2 都很大(一般要求 $n_1,n_2\geqslant 50$)时,可以用 σ_1^2,σ_2^2 的无偏估计量 S_1^2,S_2^2 来代替式(7.6.10)中的 σ_1^2,σ_2^2 进行计算,即可得到大样本时 $\mu_1-\mu_2$ 的 $1-\alpha$ 近似置信区间为

$$\left[\bar{X}-\bar{Y}-u_{1-\frac{\alpha}{2}}\sqrt{\frac{S_1^2}{n_1}+\frac{S_2^2}{n_2}},\bar{X}-\bar{Y}+u_{1-\frac{\alpha}{2}}\sqrt{\frac{S_1^2}{n_1}+\frac{S_2^2}{n_2}}\right]. \tag{7.6.12}$$

例 7.6.7 对 A,B 两种饲料进行对比实验,并从此为依据在某地区推广这两种饲料. 取该地区有代表性的仔猪 120 头随机分为数量相同的两组,分别测得其增重数(单位:kg),并算得

$$\bar{x}=47.44,\quad s_1^2=18.2,$$
$$\bar{y}=40.25,\quad s_2^2=15.12.$$

假设两组增重数总体相互独立且都服从正态分布,试求饲料 A,B 所引起的增重差 $\mu_1-\mu_2$ 的置信区间($\alpha=0.05$).

解 该问题属于未知 σ_1^2,σ_2^2 的大样本估计,可用式(7.6.12)得 $\mu_1-\mu_2$ 的 0.95 近似置信区间为

$$\left[47.44-40.25-1.96\times\sqrt{\frac{18.2}{60}+\frac{15.12}{60}},47.44-40.25+1.96\times\sqrt{\frac{18.2}{60}+\frac{15.12}{60}}\right]=[5.73,8.65].$$

即猪饲料 A,B 所引起的猪的增重差 $\mu_1-\mu_2$ 的所在的范围为 5.73~8.65 kg 时,认为饲料 A 优于饲料 B.

4. μ_1 与 μ_2 均已知时方差比 $\frac{\sigma_1^2}{\sigma_2^2}$ 的 $1-\alpha$ 置信区间

由于

$$\frac{\sum_{i=1}^{n_1}(X_i-\mu_1)^2}{\sigma_1^2}\sim\chi^2(n_1),\quad \frac{\sum_{i=1}^{n_2}(Y_i-\mu_2)^2}{\sigma_2^2}\sim\chi^2(n_2),$$

由 F 分布的定义知

$$F=\frac{\frac{1}{n_1}\sum_{i=1}^{n_1}(X_i-\mu_1)^2}{\frac{1}{n_2}\sum_{i=1}^{n_2}(Y_i-\mu_2)^2}\Big/\left(\frac{\sigma_1^2}{\sigma_2^2}\right)\sim F(n_1,n_2).$$

故由

$$P\{F_{\frac{\alpha}{2}}(n_1,n_2)\leqslant F\leqslant F_{1-\frac{\alpha}{2}}(n_1,n_2)\}=1-\alpha,$$

可得方差比$\frac{\sigma_1^2}{\sigma_2^2}$的 $1-\alpha$ 置信区间为

$$\left[\frac{\frac{1}{n_1}\sum_{i=1}^{n_1}(X_i-\mu_1)^2}{\frac{1}{n_2}\sum_{i=1}^{n_2}(Y_i-\mu_2)^2}\frac{1}{F_{1-\frac{\alpha}{2}}(n_1,n_2)},\frac{\frac{1}{n_1}\sum_{i=1}^{n_1}(X_i-\mu_1)^2}{\frac{1}{n_2}\sum_{i=1}^{n_2}(Y_i-\mu_2)^2}\frac{1}{F_{\frac{\alpha}{2}}(n_1,n_2)}\right]. \quad (7.6.13)$$

5. μ_1 与 μ_2 均未知时方差比$\frac{\sigma_1^2}{\sigma_2^2}$的 $1-\alpha$ 的置信区间

由第6章定理6.4.5可知

$$F=\frac{S_1^2/\sigma_1^2}{S_2^2/\sigma_2^2}\sim F(n_1-1,n_2-1),$$

可得方差比$\frac{\sigma_1^2}{\sigma_2^2}$的 $1-\alpha$ 置信区间为

$$\left[\frac{S_1^2}{S_2^2}\frac{1}{F_{1-\frac{\alpha}{2}}(n_1-1,n_2-1)},\frac{S_1^2}{S_2^2}\frac{1}{F_{\frac{\alpha}{2}}(n_1-1,n_2-1)}\right]. \quad (7.6.14)$$

例 7.6.8 有甲、乙两位化验员，他们独立地对某种聚合物的含氯量用相同的方法各做了10次测定，其测定值的方差分别是 $s_{甲}^2=0.5419$，$s_{乙}^2=0.6065$。设 $\sigma_{甲}^2$ 与 $\sigma_{乙}^2$ 分别是化验员甲、乙所对应的总体(设为正态分布)的方差，求方差比$\frac{\sigma_{甲}^2}{\sigma_{乙}^2}$的 0.95 置信区间.

解 已知 $n_{甲}=10$，$n_{乙}=10$，$s_{甲}^2=0.5419$，$s_{乙}^2=0.6065$，$\alpha=0.05$. 查表得 $F_{\frac{\alpha}{2}}(9,9)=F_{0.025}(9,9)=0.248$，$F_{1-\frac{\alpha}{2}}(9,9)=F_{0.975}(9,9)=\frac{1}{F_{0.025}(9,9)}=4.03$. 由式(7.6.14)即得$\frac{\sigma_{甲}^2}{\sigma_{乙}^2}$的 0.95 置信区间为[0.222,3.601]，由于该区间含有1，因此认为甲乙两位化验员的化验精度没有显著差别.

7.6.5 大样本置信区间

1. 单个一维总体均值的大样本置信区间

设 X 为一维总体，$(X_1,X_2,\cdots,X_n)$ 是来自 X 的大样本(一般要求 $n\geqslant 50$)，则由第6章定理6.3.2，得到

$$U=\frac{\bar{X}-\mu}{\sigma/\sqrt{n}}\xrightarrow{L}N(0,1),\quad \frac{\bar{X}-\mu}{S/\sqrt{n}}\xrightarrow{L}N(0,1).$$

(1) 当 σ^2 已知时，μ 的 $1-\alpha$ 近似置信区间为

$$\left[\bar{X}-u_{1-\frac{\alpha}{2}}\frac{\sigma}{\sqrt{n}},\bar{X}+u_{1-\frac{\alpha}{2}}\frac{\sigma}{\sqrt{n}}\right]=\left[\bar{X}\pm u_{1-\frac{\alpha}{2}}\frac{\sigma}{\sqrt{n}}\right]. \quad (7.6.15)$$

(2) 当 σ^2 未知时，用 S 取代 σ，可得 μ 的 $1-\alpha$ 近似置信区间为

$$\left[\bar{X}-u_{1-\frac{\alpha}{2}}S/\sqrt{n},\bar{X}+u_{1-\frac{\alpha}{2}}S/\sqrt{n}\right]. \quad (7.6.16)$$

例 7.6.9 设对某未知总体进行 64 次独立重复观测，所得样本均值为 $\bar{x}=22.15$，样本标准差为 $s=2.50$. 试求该总体平均值 μ 的 0.95 置信区间.

解 由式(7.6.16)，该总体平均值 μ 的 0.95 近似置信区间为

$$\left[22.15-1.96\times\frac{2.50}{\sqrt{64}},22.15+1.96\times\frac{2.50}{\sqrt{64}}\right]=[21.54,22.76].$$

2. 两个未知总体均值差的大样本置信区间

设$(X_1,X_1,\cdots,X_{n_1})$和$(Y_1,Y_1,\cdots,Y_{n_2})$分别是来自未知总体 X 和 Y 的大样本(一般要求 $n_1,n_2\geqslant 50$)，且两者独立，则由第 6 章定理 6.3.3，可得

$$\frac{(\bar{X}-\bar{Y})-(\mu_1-\mu_2)}{\sqrt{\dfrac{\sigma_1^2}{n_1}+\dfrac{\sigma_2^2}{n_2}}}\xrightarrow{L}N(0,1),\quad \frac{(\bar{X}-\bar{Y})-(\mu_1-\mu_2)}{\sqrt{\dfrac{S_1^2}{n_1}+\dfrac{S_2^2}{n_2}}}\xrightarrow{L}N(0,1).$$

(1) σ_1^2,σ_2^2 均已知时，由上式易推得 $\mu_1-\mu_2$ 的 $1-\alpha$ 近似置信区间为

$$\left[\bar{X}-\bar{Y}-u_{1-\frac{\alpha}{2}}\sqrt{\frac{\sigma_1^2}{n_1}+\frac{\sigma_2^2}{n_2}},\bar{X}-\bar{Y}+u_{1-\frac{\alpha}{2}}\sqrt{\frac{\sigma_1^2}{n_1}+\frac{\sigma_2^2}{n_2}}\right]. \tag{7.6.17}$$

(2) σ_1^2,σ_2^2 均未知时，用 S_1^2,S_2^2 分别代替 σ_1^2,σ_2^2，可得 $\mu_1-\mu_2$ 的 $1-\alpha$ 近似置信区间为

$$\left[\bar{X}-\bar{Y}-u_{1-\frac{\alpha}{2}}\sqrt{\frac{S_1^2}{n_1}+\frac{S_2^2}{n_2}},\bar{X}-\bar{Y}+u_{1-\frac{\alpha}{2}}\sqrt{\frac{S_1^2}{n_1}+\frac{S_2^2}{n_2}}\right]. \tag{7.6.18}$$

3. 总体比率的置信区间

总体比率 p 又称总体百分率或总体成数，它是指总体中具有某种特点的个体在总的个体数中所占的比率，如产品的次品率、射击的命中率、种子的发芽率等.

如令具有该种特点的个体取值为 1，不具有该种特点的个体取值为 0，X 表示个体的特性指标，则 X 是服从(0-1)分布的随机变量，分布律为

$$P(X=x)=p^x(1-p)^{1-x},\quad x=0,1,$$

X 就是所研究的总体. 总体比率 p 的估计一般又称为(0-1)分布参数的估计.

由于 $EX=p$，故由矩估计法或最大似然法确定 p 的点估计均为 $\bar{X}$，即 $\hat{p}=\bar{X}$.

对取自(0-1)分布总体的样本$(X_1,X_2,\cdots,X_n)$，当 n 较大时，由中心极限定理可得

$$U=\frac{\bar{X}-p}{\sqrt{\dfrac{p(1-p)}{n}}}\sim AN(0,1).$$

与前面的方法类似，对给定的 α，可由

$$P\left\{\frac{|\bar{X}-p|}{\sqrt{\dfrac{p(1-p)}{n}}}\leqslant u_{1-\frac{\alpha}{2}}\right\}=1-\alpha \tag{7.6.19}$$

确定 p 的置信区间. 不等式$\dfrac{|\bar{X}-p|}{\sqrt{\dfrac{p(1-p)}{n}}}\leqslant u_{1-\frac{\alpha}{2}}$等价于

$$(n+u_{1-\frac{\alpha}{2}}^2)p^2-(2n\bar{X}+u_{1-\frac{\alpha}{2}}^2)p+n\bar{X}^2\leqslant 0.$$

若记

$$\begin{cases}\hat{p}_1=\frac{1}{2a}(-b-\sqrt{b^2-4ac}),\\ \hat{p}_2=\frac{1}{2a}(-b+\sqrt{b^2-4ac}).\end{cases} \tag{7.6.20}$$

其中，

$$a=n+u_{1-\frac{\alpha}{2}}^2,\quad b=-(2n\bar{X}+u_{1-\frac{\alpha}{2}}^2),\quad c=n\bar{X}^2.$$

则可得到 p 的 $1-\alpha$ 近似置信区间为$[\hat{p}_1,\hat{p}_2]$. 另外，当 n 较大时，若将式(7.6.19)中的 $\sqrt{\frac{p(1-p)}{n}}$ 用 $\sqrt{\frac{\bar{X}(1-\bar{X})}{n}}$ 来代替，则可得到 p 的另一种形式的近似置信区间

$$\left[\bar{X}-u_{1-\frac{\alpha}{2}}\sqrt{\frac{\bar{X}(1-\bar{X})}{n}},\bar{X}+u_{1-\frac{\alpha}{2}}\sqrt{\frac{\bar{X}(1-\bar{X})}{n}}\right]. \tag{7.6.21}$$

由式(7.6.21)计算所产生的误差较式(7.6.20)的稍大，但式(7.6.21)计算方便，且 n 越大，两式的结果越接近.

例 7.6.10 对事件 A 进行了400次重复观测，结果 A 发生了376次. 试给出事件 A 发生概率 p 的0.95置信区间.

解 (1) 用式(7.6.20)估计. $n=400$，$\bar{x}=\frac{376}{400}=0.94$，$u_{1-\frac{\alpha}{2}}=u_{0.975}=1.96$，$a=n+u_{1-\frac{\alpha}{2}}^2=403.8415$，$b=-(2n\bar{x}+u_{1-\frac{\alpha}{2}}^2)=-755.8415$，$c=n\bar{x}^2=353.44$，代入式(7.6.20)算得

$$\hat{p}_1=\frac{1}{2a}(-b-\sqrt{b^2-4ac})=0.9123,$$

$$\hat{p}_2=\frac{1}{2a}(-b+\sqrt{b^2-4ac})=0.9594,$$

故事件 A 发生概率 p 的0.95近似置信区间为[0.912 3,0.959 4].

(2) 用式(7.6.21)估计.

$$u_{1-\frac{\alpha}{2}}\sqrt{\frac{\bar{x}(1-\bar{x})}{n}}=1.96\times\sqrt{\frac{0.94\times(1-0.94)}{400}}=0.0233,$$

故 p 的0.95近似置信区间为

$$[0.94-0.0233,0.94+0.0233]=[0.9167,0.9633].$$

以上两种方法所得的结果非常接近.

选读材料:概率统计学家简介4

内曼

内曼(Jerzy Neyman，1894—1981)出生于波兰比萨拉比亚. 20世纪20年代在华沙大学学习期间，他拓展了抽样理论，并为波兰政府完成了一套复杂的分层抽样方案，获得了世界性的声望. 20世纪30年代，内曼进入伦敦大学学院，后来很快转到伯克利的加利福尼亚大学，在那里他度过了一段很长的职业生涯. 他与费歇尔有很多相同的兴趣——

农业试验、人工影响天气试验、遗传学、天文学以及医学诊断，但是在有关估计和假设检验本质问题上，他们的想法相互对立. 内曼和 E. S. 皮尔逊在估计理论中引入了“置信区间”的概念，而大约同一时间费歇尔提出了“可信区间”的概念. 在一段时期里这两个概念共存，看起来似乎是同一事物的两个名称，但是最终发现，它们是两个不同的概念.

E. S. 皮尔逊(Egon Sharpe Pearson，1895—1980)出生于英国伦敦，他是卡尔·皮尔逊之子. 他在剑桥大学接受教育，随后进入伦敦大学学院他父亲所在的系；1933 年，他父亲辞职后，他担任了为替代他父亲而设立的新职务之一，另一个职务由费歇尔担任. 在担任这一职务和 *Biometrika* 杂志主编的期间，他为统计学做出了十分重要的贡献。E. S. 皮尔逊发表了大约 133 篇论文；最重要的是，他同内曼一起创立了假设检验理论.

E. S. 皮尔逊

习 题

1. 设从一批电子元件中抽取 8 个进行寿命测试，得到如下数据(单位：h)：

1 050　1 100　1 130　1 040　1 250　1 300　1 200　1 080

试对这批元件寿命的平均值和标准差给出矩估计.

2. 设总体 $X\sim U(0,\theta)$，$(X_1,X_2,\cdots,X_n)$是来自 X 的样本，试求 θ 的矩估计量. 现从该总体中抽取容量为 10 的样本，样本值为：

0.5　1.3　0.6　1.7　2.2　1.2　0.8　1.5　2.0　1.6

试给出参数 θ 的矩估计值.

3. 设总体 X 的概率函数如下，$(X_1,X_2,\cdots,X_n)$是样本，试求未知参数的矩估计量.

(1) $p(x;\theta)=\dfrac{1}{\theta}$，$x=1,2,\cdots,\theta$(正整数)；

(2) $p(x;\theta)=\theta(1-\theta)^{x-1}$，$x=1,2,\cdots,0<\theta<1$；

(3) $p(x;\theta)=(x-1)\theta^2(1-\theta)^{x-2}$，$x=2,3,\cdots,0<\theta<1$；

(4) $p(x;\theta)=-\dfrac{\theta^x}{x\ln(1-\theta)}$，$x=1,2,\cdots,0<\theta<1$；

(5) $p(x;\theta)=\sqrt{\theta}x^{\sqrt{\theta}-1}$，$0<x<1,\theta>0$；

(6) $p(x;\theta)=\dfrac{2x}{\theta^2}$，$0<x<\theta,\theta>0$；

(7) $p(x;\theta)=\dfrac{2(\theta-x)}{\theta^2}$，$0<x<\theta,\theta>0$；

(8) $p(x;\theta,\mu)=\dfrac{1}{\theta}\mathrm{e}^{-\frac{x-\mu}{\theta}}$，$x>\mu,\theta>0$；

(9) $p(x;\theta)=\theta c^{\theta}x^{-(\theta+1)}$，$x>c$，$c>0$ 已知，$\theta>1$；

(10) $p(x;\theta)=1$，$\theta-\dfrac{1}{2}<x<\theta+\dfrac{1}{2}$.

4. 设总体 X 的分布密度为

$$p(x;\theta)=\frac{6x(\theta-x)}{\theta^3},\quad 0<x<\theta.$$

其中,参数 $\theta(\theta>0)$未知.$(X_1,X_2,\cdots,X_n)$是来自 X 的样本.求 θ 的矩估计量 $\hat{\theta}$ 和 $\mathrm{Var}(\hat{\theta})$.

5.设总体 X 的分布密度为

$$p(x;\theta)=\begin{cases}\dfrac{1}{2\theta}, & 0<x<\theta,\\ \dfrac{1}{2(1-\theta)}, & \theta\leqslant x<1,\\ 0, & \text{其他}.\end{cases}$$

其中,$\theta(0<\theta<1)$是未知参数.$(X_1,X_2,\cdots,X_n)$是来自 X 的样本,$\overline{X}$ 为样本均值.

(1) 求 θ 的矩估计量;

(2) 判断 $4\overline{X}^2$ 是否为 θ^2 的无偏估计量,并说明理由.

6.设总体 X 为 $N(\mu,1)$,现对该总体观测 n 次,发现有 k 次观测值为正,使用频率替换概率方法,求 μ 的矩估计量.

7.甲、乙两个校对员彼此独立对同一本书的样稿进行校对.校对完成后,甲发现 a 个错字,乙发现 b 个错字,其中共同发现的错字有 c 个.试给出如下两个未知参数的矩估计:

(1) 该书样稿的总错字个数;

(2) 未被发现的错字数.

8.设总体 X 概率函数如本章习题第3题所示,$(X_1,X_2,\cdots,X_n)$是样本,试求未知参数的最大似然估计量.

9.设总体 X 的分布密度为

$$p(x;\lambda)=\begin{cases}\alpha\lambda x^{\alpha-1}\mathrm{e}^{-\lambda x^{\alpha}}, & x>0,\\ 0, & x\leqslant 0.\end{cases}$$

其中,$\alpha(\alpha>0)$是已知常数,$\lambda(\lambda>0)$是未知参数.$(X_1,X_2,\cdots,X_n)$是来自 X 的样本.求 λ 的最大似然估计量.

10.设总体 X 的分布密度为

$$p(x;\lambda)=\begin{cases}\lambda^2x\mathrm{e}^{-\lambda x}, & x>0,\\ 0, & \text{其他}.\end{cases}$$

其中,参数 $\lambda(\lambda>0)$未知.$(X_1,X_2,\cdots,X_n)$是来自 X 的样本.求 λ 的矩估计量和最大似然估计量.

11.设总体 X 的分布密度为

$$p(x)=\begin{cases}\dfrac{\theta^2}{x^3}\mathrm{e}^{-\frac{\theta}{x}}, & x>0,\\ 0, & \text{其他}.\end{cases}$$

其中,参数 $\theta(\theta>0)$未知.$(X_1,X_2,\cdots,X_n)$是来自 X 的样本.求 θ 的矩估计量和最大似然估计量.

12.证明事件 A 出现的频率 $f_n(A)$是该事件发生的概率 $p=P(A)$的矩估计和最大似然估计.

13.设总体 X 服从二项分布 $B(n,p)$,$(X_1,X_2,\cdots,X_m)$是来自 X 的样本.

(1) 若 n 和 p 均未知,求参数 n 和 p 的矩估计量;

(2) 若 n 已知,求参数 p 的矩估计量和最大似然估计量.

14. 一地质学家为研究密歇根湖湖滩地区的岩石成分,在该地区随机取 100 个样品,每个样品有 10 块石子,记录每个样品中属于石灰石的石子数. 假设这 100 次观察相互独立,求该地区石子中石灰石比例的最大似然估计. 该地质学家所得的数据如下:

样本中石子数	0	1	2	3	4	5	6	7	8	9	10
样品个数	0	1	6	7	23	26	21	12	3	1	0

15. 已知在文学家萧伯纳的 *An Intelligent Woman's Guide to Socialism* 一书中,一个句子的单词数 X 近似服从对数正态分布,即 $Y=\ln X\sim LN(\mu,\sigma^2)$. 现在从该书中随机地取 20 个句子,这些句子中的单词数分别为:

$$
\begin{matrix}52&24&15&67&15&22&63&26&16&32\\7&33&28&14&7&29&10&6&59&30\end{matrix}
$$

求该书中一个句子单词数均值 $EX=e^{\mu+\frac{\sigma^2}{2}}$ 的最大似然估计量.

16. 一个罐子里装有黑球和白球,有放回地抽取一个容量为 n 的样本,其中有 k 个白球. 求罐子里黑球和白球数之比 R 的最大似然估计量.

17. 某批产品有 N 件,其中含有 M 件不合格品,现从中随机抽取的 n 件中有 X 件不合格品,则 X 服从超几何分布,即

$$
P(X=x)=\frac{\dbinom{M}{x}\dbinom{N-M}{n-x}}{\dbinom{N}{n}},\quad x=1,2,\cdots,\min(M,n).
$$

假如 N 与 n 已知,求该批产品中不合格品数 M 的最大似然估计量.

18. 设 $(X_1,\cdots,X_m)$ 和 $(Y_1,\cdots,Y_n)$ 是分别来自总体 $N(\mu_1,\sigma^2)$ 和 $N(\mu_2,\sigma^2)$ 的两个独立样本. 求 $\theta=(\mu_1,\mu_2,\sigma^2)$ 的最大似然估计量.

19. 设总体 X 的概率分布为:

X	0	1	2	3
P	θ^2	$2\theta(1-\theta)$	θ^2	$1-2\theta$

其中,$\theta(0<\theta<1/2)$ 是未知参数. 总体 X 的样本值如下:

$$
3\quad 1\quad 3\quad 0\quad 3\quad 1\quad 2\quad 3
$$

求 θ 的矩估计量和最大似然估计量.

20. 设 $(X_1,X_2,\cdots,X_n)$ 是来自正态总体 $N(\mu,\sigma^2)$ 的简单随机样本,$\bar{X}$ 和 S^2 分别表示样本均值和样本方差.

(1) 求 σ^2 已知时,μ 的最大似然估计量 $\hat{\mu}$;

(2) 求 μ 已知时,σ^2 的最大似然估计量 $\hat{\sigma}^2$,并求其期望和方差.

21. 设总体 X 的分布函数为

$$F(x;\alpha,\beta)=\begin{cases}1-\dfrac{\alpha^{\beta}}{x^{\beta}}, & x>\alpha,\\ 0, & x<\alpha.\end{cases}$$

其中,未知参数 $\beta>1,\alpha>0$,设$(X_1,\cdots,X_n)$是来自总体 X 的样本.

(1) 当 $\alpha=1$ 时,求 β 的矩估计量和最大似然估计量;

(2) 当 $\beta=2$ 时,求 α 的最大似然估计量.

22. 设总体 X 的分布密度为

$$p(x;\theta)=\frac{1}{2\theta}e^{-\frac{|x|}{\theta}},\quad -\infty<x<+\infty.$$

其中,参数 $\theta(\theta>0)$未知. $(X_1,X_2,\cdots,X_n)$是来自 X 的样本. 求 θ 的最大似然估计量$\hat{\theta}$. 它是否为无偏相合估计?

23. 设总体 $X\sim U(\theta,2\theta)$,其中,$\theta>0$ 是未知参数. $(X_1,\cdots,X_n)$是取自该总体的样本,$\bar{X}$为样本均值.

(1) 证明 $\hat{\theta}=\dfrac{2}{3}\bar{X}$ 是参数 θ 的无偏估计和相合估计;

(2) 求 θ 的最大似然估计量,它是无偏估计吗? 是相合估计吗?

24. 设总体 X 的分布密度为

$$p(x;\theta)=\begin{cases}\theta, & 0<x<1,\\ 1-\theta, & 1\leqslant x<2,\\ 0, & \text{其他}.\end{cases}$$

其中,$\theta(0<\theta<1)$是未知参数. $(X_1,X_2,\cdots,X_n)$是来自 X 的样本,记 N 为样本值$(x_1,x_2,\cdots,x_n)$中小于 1 的个数. 求 θ 的矩估计量和最大似然估计量,并比较上述两个估计量的无偏性和有效性.

25. 设总体 $X\sim Ga(\alpha,\lambda)$,其中,$\alpha>0$ 已知,$\lambda>0$ 未知,求 λ 的矩估计量和最大似然估计量,并验证它们是否为无偏估计.

26. 设 $\hat{\theta}$ 是参数 θ 的无偏估计,且有 $\mathrm{Var}(\hat{\theta})>0$,试证明 $\hat{\theta}^2$ 不是参数 θ^2 的无偏估计.

27. 设总体 $X\sim N(\mu,\sigma^2)$,$(X_1,X_2,\cdots,X_n)$ 是来自该总体的一个样本. 试确定常数 c,使 $c\sum\limits_{i=1}^{n-1}(X_{i+1}-X_i)^2$ 为参数 σ^2 的无偏估计.

28. 设$(X_1,X_2,\cdots,X_n)$ 是来自总体 $N(\mu,\sigma^2)$ 的样本,记 $\bar{X}=\dfrac{1}{n}\sum\limits_{i=1}^{n}X_i$,$S^2=\dfrac{1}{n-1}\cdot\sum\limits_{i=1}^{n}(X_i-\bar{X})^2$,$T=\bar{X}^2-\dfrac{1}{n}S^2$.

(1) 证明 T 是 μ^2 的无偏估计量;

(2) 当 $\mu=0,\sigma=1$ 时,求 $\mathrm{Var}(T)$.

29. 设总体 X 的概率分布为:

X	1	2	3
P	$1-\theta$	$\theta-\theta^2$	θ^2

其中，$\theta(0<\theta<1)$ 是未知参数. 用 N_i 表示来自总体 X 的样本容量为 n 的简单随机样本中等于 $i(i=1,2,3)$ 的个数，求常数 a_1,a_2,a_3，使 $T=\sum_{i=1}^{3}a_iN_i$ 为 θ 的无偏估计量，并求 $T=\sum_{i=1}^{3}a_iN_i$ 的方差.

30. 设从均值为 μ、方差为 σ^2 的总体中分别抽取容量为 n_1 和 n_2 的两个独立样本，其样本均值分别为 $\bar{X}_1,\bar{X}_2$. 试证明：对任意常数 a 和 $b(a+b=1)$，$Y=a\bar{X}_1+b\bar{X}_2$ 都是 μ 的无偏估计，并确定常数 a 与 b，使 $\mathrm{Var}(Y)$ 达到最小.

31. 设在总体 $N(\mu_1,\sigma^2)$ 和 $N(\mu_2,\sigma^2)$ 中抽取容量为 n_1 和 n_2 的两个独立样本，其样本方差分别为 S_1^2,S_2^2. 试证明：对任意常数 a 和 $b(a+b=1)$，$Z=aS_1^2+bS_2^2$ 都是 σ^2 的无偏估计，并确定常数 a 与 b，使 $\mathrm{Var}(Z)$ 达到最小.

32. 从某总体中独立抽取两个容量分别为 n_1,n_2 的样本，其样本均值分别为 $\bar{X}_1,\bar{X}_2$，样本方差分别为 S_1^2,S_2^2. 试证明：

$$\bar{X}=\frac{n_1\bar{X}_1+n_2\bar{X}_2}{n_1+n_2},\quad S_W^2=\frac{(n_1-1)S_1^2+(n_2-1)S_2^2}{n_1+n_2-2}$$

分别是总体均值 μ，总体方差 σ^2 的无偏估计量.

33. 设 $(X_1,X_2,\cdots,X_n)$ 是来自正态总体 $N(\mu,\sigma^2)$ 的样本，$\bar{X}$ 和 S^2 分别表示样本均值和样本方差.

(1) μ 已知时，求常数 c_1，使 $\hat{\sigma}_1=c_1\sum_{i=1}^{n}|X_i-\mu|$ 为 σ 的无偏估计；

(2) μ 未知时，求常数 c_2，使 $\hat{\sigma}_2=c_2\sum_{i=1}^{n}|X_i-\bar{X}|$ 为 σ 的无偏估计；

(3) μ 未知时，求常数 c_3，使 $\hat{\sigma}_3=c_3\sum_{i=1}^{n}\sum_{j=1}^{n}|X_i-X_j|$ 为 σ 的无偏估计.

34. 设 $(X_1,X_2,\cdots,X_n)$ 是来自均匀总体 $U(\theta,\theta+1)$ 的一个样本.

(1) 证明 $\hat{\theta}_1=\bar{X}-\frac{1}{2},\hat{\theta}_2=X_{(1)}-\frac{1}{n+1},\hat{\theta}_3=X_{(n)}-\frac{n}{n+1}$ 都是 θ 的无偏估计；

(2) 比较上述 3 个估计的有效性；

(3) 讨论上述 3 个估计的相合性.

35. 设总体 X 的分布密度为

$$p(x;\theta)=\begin{cases}\dfrac{x}{\theta}\mathrm{e}^{-\frac{x^2}{2\theta}}, & x>0,\\ 0, & \text{其他}.\end{cases}$$

其中，参数 $\theta(\theta>0)$ 未知. $(X_1,X_2,\cdots,X_n)$ 是来自 X 的样本. 求参数 θ 的矩估计量和最大似然估计量，并比较上述两个估计量的无偏性、有效性和相合性.

36. 设 $(X_1,X_2,\cdots,X_n)$ 是来自均匀总体 $U\left(\theta-\frac{1}{2},\theta+\frac{1}{2}\right)$ 的一个样本. 试证 $\hat{\theta}_1=\bar{X},\hat{\theta}_2=\frac{1}{2}(X_{(1)}+X_{(n)})$ 都是 θ 的无偏估计，并比较它们的有效性.

37. 设$(X_1,X_2,\cdots,X_n)$是来自指数总体$Exp\left(\frac{1}{\theta}\right)$的一个样本.

(1) 试证明$\hat{\theta}_1=\bar{X},\hat{\theta}_2=nX_{(1)}$都是$\theta$的无偏估计,并比较它们的有效性.

(2) 试证明在均方误差准则下存在优于$\bar{X}$的估计(提示:考虑$\hat{\theta}_a=a\bar{X}$,找均方误差最小者).

38. 设$(X_1,X_2,\cdots,X_n)$是来自分布密度为$p(x;\theta)=\mathrm{e}^{-(x-\theta)},x>\theta$的样本.

(1) 求θ的最大似然估计$\hat{\theta}_1$,它是否为无偏相合估计?

(2) 求θ的矩估计$\hat{\theta}_2$,它是否为无偏相合估计?

(3) 考虑θ的形如$\hat{\theta}_c=X_{(1)}-c$的估计,求使得$\hat{\theta}_c$的均方误差达到最小的c,将其与$\hat{\theta}_1$,$\hat{\theta}_2$的均方误差进行比较.

39. 设$(X_1,X_2,\cdots,X_n)$独立同分布,$EX_1=\mu$,$\mathrm{Var}(X_1)<+\infty$. 试证明:$\hat{\mu}=\frac{2}{n(n+1)}\sum_{i=1}^{n}iX_i$是$\mu$的无偏相合估计.

40. 设X_1,X_2独立同分布,其共同的分布密度为

$$p(x;\theta)=\frac{3x^2}{\theta^3},\quad 0<x<\theta,\quad \theta>0.$$

(1) 试证明$T_1=\frac{2}{3}(X_1+X_2)$和$T_2=\frac{7}{6}\max\{X_1,X_2\}$都是$\theta$的无偏估计;

(2) 计算T_1和T_2的均方误差并进行比较;

(3) 试证明在均方误差意义下,在形如$T_c=c\max\{X_1,X_2\}$的估计中$T_{\frac{8}{7}}$最优.

41. 设$(X_1,X_2,\cdots,X_n)$是来自两点分布$B(1,\theta)$的一个样本.

(1) 求θ^2的无偏估计;

(2) 求$\theta(1-\theta)$的无偏估计;

(3) 证明$\frac{1}{\theta}$的无偏估计不存在.

42. 设T_1,T_2分别是θ_1,θ_2的UMVUE. 证明:对任意的(非零)常数a,b,aT_1+bT_2是$a\theta_1+b\theta_2$的UMVUE.

43. 设总体$X\sim N(\mu,\sigma^2)$,$(X_1,X_2,\cdots,X_n)$是来自X的样本,$\bar{X}$和S^2分别表示样本均值和样本方差.

(1) 证明$\bar{X}$和S^2分别是μ,σ^2的UMVUE;

(2) 证明$\bar{X}$是μ的优效估计,S^2不是σ^2的优效估计;

(3) 求$3\mu+4\sigma^2$的最小方差无偏估计;

(4) 求$\mu^2-4\sigma^2$的最小方差无偏估计.

44. 设总体X的概率函数为$p(x;\theta)$,满足定义7.4.2的条件,若二阶导数$\frac{\partial^2}{\partial\theta^2}p(x;\theta)$对一切的$\theta\in\Theta$存在. 证明费歇尔信息量

$$I(\theta)=-E\left[\frac{\partial^2}{\partial\theta^2}\ln p(X;\theta)\right].$$

45. 设总体 X 的概率函数如下，$(X_1,X_2,\cdots,X_n)$是样本，试求未知参数 θ 的费歇尔信息量 $I(\theta)$.

(1) $p(x;\theta)=\theta(1-\theta)^{x-1}, x=1,2,\cdots,0<\theta<1$;

(2) $p(x;\theta)=(x-1)\theta^2(1-\theta)^{x-2}, x=2,3,\cdots,0<\theta<1$;

(3) $p(x;\theta)=\frac{2\theta}{x^3}\mathrm{e}^{-\frac{\theta}{x^2}}, x>0,\theta>0$;

(4) $p(x;\theta)=\theta c^\theta x^{-(\theta+1)}, x>c, c>0$ 已知，$\theta>1$.

46. 设总体分布密度为 $p(x;\theta)=\theta x^{\theta-1}, 0<x<1,\theta>0$，$(X_1,X_2,\cdots,X_n)$是其样本. 证明 $g(\theta)=\frac{1}{\theta}$的最大似然估计是其优效估计.

47. 设$(X_1,X_2,\cdots,X_n)$是来自 $Ga(\alpha,\lambda)$的样本. 证明$\frac{\overline{X}}{\alpha}$是 $g(\lambda)=\frac{1}{\lambda}$的优效估计.

48. 设$(X_1,X_2,\cdots,X_n)$是来自正态总体 $N(\mu,\sigma^2)$的样本. 若均值 μ 已知.证明：

(1) $\hat{\sigma}^2=\frac{1}{n}\sum_{i=1}^{n}(X_i-\mu)^2$ 是 σ^2 的优效估计；

(2) $\hat{\sigma}=\frac{1}{n}\sqrt{\frac{\pi}{2}}\sum_{i=1}^{n}|X_i-\mu|$ 是 σ 的无偏估计，但不是优效估计.

49. 设总体 X 服从几何分布，分布律为

$$P(X=x|\theta)=\theta(1-\theta)^{x-1},\quad x=1,2,\cdots,\quad 0<\theta<1.$$

4,3,1,6 是来自这一总体的 4 个样本观测值，假定 θ 的先验分布为 $U(0,1)$，求 θ 的贝叶斯估计.

50. 设总体 X 服从 $U(\theta,\theta+1)$，θ 的先验分布为 $U(10,16)$，$(x_1,x_2,\cdots,x_n)$为来自这一总体的观测值，求 θ 的后验分布.

51. 设总体 X 的分布密度为

$$p(x|\theta)=\frac{2x}{\theta^2},\quad 0<x<\theta,$$

$(x_1,x_2,\cdots,x_n)$是来自这一总体的观测值.

(1) 若 θ 的先验分布为 $U(0,1)$，求 θ 的后验分布；

(2) 若 θ 的先验分布为 $\pi(\theta)=3\theta^2, 0<\theta<1$，求 θ 的后验分布.

52. 某厂生产的化纤强度服从正态分布，长期以来其标准差稳定在 $\sigma=0.85$，现抽取一个容量为 $n=25$ 的样本，测定其强度，算得样本均值为 $\overline{x}=2.25$，试求这批化纤平均强度的 0.95 置信区间.

53. 总体 $X\sim N(\mu,\sigma^2)$，σ^2 已知. 问样本容量 n 取多大时才能保证 μ 的 0.95 置信区间的长度不大于 L.

54. 已知 $Y=\ln X$ 服从正态分布 $N(\mu,1)$，0.50，1.25，0.80，2.00 是取自总体 X 的样本值.

(1) 求 μ 的 0.95 置信区间；

(2) 求 X 的数学期望的0.95置信区间.

55. 已知某种材料的抗压强度 $X \sim N(\mu,\sigma^2)$，现随机地抽取10个试件进行抗压试验，测得数据如下：

482 493 457 471 510 446 435 418 394 469

(1) 求平均抗压强度 μ 的0.95置信区间；

(2) 若已知 $\sigma=30$，求平均抗压强度 μ 的0.95置信区间；

(3) 求 σ 的0.95置信区间.

56. 设从总体 $X \sim N(\mu_1,\sigma_1^2)$ 和总体 $Y \sim N(\mu_2,\sigma_2^2)$ 中分别抽取容量为 $n_1=10$，$n_2=15$ 的独立样本，可计算得 $\bar{x}=82$，$s_1^2=56.5$，$\bar{y}=76$，$s_2^2=52.4$.

(1) 若已知 $\sigma_1^2=64$，$\sigma_2^2=49$，求 $\mu_1-\mu_2$ 的0.95置信区间；

(2) 若已知 $\sigma_1^2=\sigma_2^2$，求 $\mu_1-\mu_2$ 的0.95置信区间；

(3) 若对 σ_1^2，σ_2^2 一无所知，求 $\mu_1-\mu_2$ 的0.95近似置信区间；

(4) 求 $\frac{\sigma_1^2}{\sigma_2^2}$ 的0.95置信区间.

57. 假设人体身高服从正态分布. 现抽测甲、乙两地区18～25岁女青年身高数据如下：甲地区抽取10名，样本均值1.64 m，样本标准差0.2 m；乙地区抽取10名，样本均值1.62 m，样本标准差0.4 m. 求：

(1) 两正态总体方差比的0.95置信区间；

(2) 两正态总体均值差的0.95置信区间.

58. 设 $(X_1,X_2,\cdots,X_n)$ 是来自泊松分布 $P(\lambda)$ 的样本，利用中心极限定理求 λ 的 $1-\alpha$ 近似置信区间.

59. 在一批货物容量为100的样本中，经检验发现16个次品. 试求这批货物次品率的0.95置信区间.

第8章 假设检验

统计推断的另一个问题是假设检验，即在总体的分布未知或总体的分布形式已知但参数未知的情况下，为推断总体的某些性质，提出关于总体分布或分布参数的某种假设，然后根据抽样得到的样本观测值，运用统计分析的方法，接受或拒绝所提的假设. 假设检验分为参数假设检验和非参数假设检验，仅涉及总体分布的未知参数的假设检验称作参数假设检验，不同于参数假设检验的称作非参数假设检验.

本章将介绍假设检验的基本思想与概念、常用的参数以及非正态总体参数的显著性检验方法.

8.1 假设检验的基本思想与概念

8.1.1 假设检验问题

下面通过例子说明假设检验的基本思想和方法.

例 8.1.1 某厂家向一百货商店长期供应某种货物，双方约定若次品率超过 1%，则百货商店拒收该批货物. 今有该厂家的一批货物共 300 件，随机抽取 3 件检验发现有 1 件次品，问应如何处理这批货物？

例 8.1.2 某化肥厂用自动打包机包装化肥，其均值为 100 kg，根据经验可知每包净重 X 服从正态分布，标准差为 1 kg. 某日为检验自动打包机工作是否正常，随机地抽取 9 包，重量如下（单位：kg）：

$$99.3 \quad 98.7 \quad 100.5 \quad 101.2 \quad 98.3 \quad 99.7 \quad 99.5 \quad 102.1 \quad 100.5$$

试问该月自动打包机工作是否正常？

例 8.1.3 在某交叉路口记录每 15 s 内通过的汽车数量，共观察 25 min，得到 100 个数据，经整理得：

通过的汽车数量/辆	0	1	2	3	4	5	6	7	8	9	10	11
频　数	1	5	15	17	26	11	9	8	3	2	2	1

问每 15 s 内通过该交叉路口的汽车数量 X 是否服从泊松分布.

例 8.1.1 的问题是如何根据随机抽取的 3 件产品中有次品的这个结果来判断是接收还

是拒收该批货物,即要判断该批货物的次品率 p 是否超过 1%. 为此,给出假设

$$H_0: p \leqslant 1\%.$$

现用抽样结果来检验假设 H_0 是否成立, H_0 成立则接收该批货物,否则拒收该批货物.

例 8.1.2 的问题是如何根据样本值来判断自动打包机是否工作正常,即要看总体 X 的均值 μ 是否为 100 kg. 为此,给出假设

$$H_0: \mu = 100.$$

现用样本值来检验假设 H_0 是否成立, H_0 成立则自动打包机工作正常,否则认为自动打包机工作不正常.

例 8.1.3 的问题是如何根据样本值来判断每 15 s 内通过该交叉路口的汽车数量 X 是否服从泊松分布. 为此,给出假设

$$H_0: X \sim P(\lambda).$$

现用样本值来检验假设 H_0 是否成立, H_0 成立则每 15 s 内通过该交叉路口的汽车数量 X 服从泊松分布,否则不服从泊松分布.

以上 3 个例子都是假设检验问题,且例 8.1.1 和例 8.1.2 是参数假设检验问题,例 8.1.3 是非参数假设检验问题.

在假设检验问题中,人们把与总体分布或分布参数有关的论断称为统计假设(Statistical Hypothesis),把待检验的假设称为原假设(Null Hypothesis)或零假设,记为 H_0,否定 H_0 后准备接受的假设称为备择假设(Alternative Hypothesis),记为 H_1. 例如,例 8.1.2 中的备择假设为 $H_1: \mu \neq 100$. 统计假设提出之后,将用来判断统计假设真伪的规则称为检验法. 根据样本提供的信息,按照某种检验法,对假设 H_0 做出接受或拒绝的决策过程称为(统计)假设检验(Statistical Hypothesis Test). 用样本值检验假设 H_0 成立,称为接受 H_0(即拒绝 H_1),否则称为接受 H_1(即拒绝 H_0).

8.1.2 假设检验的基本思想方法

如何对统计假设进行检验呢? 下面结合例 8.1.2 来说明假设检验的基本思想方法.

例 8.1.2 需要检验 $H_0: \mu = 100$ 是否成立. 由于样本均值 $\bar{X}$ 是 μ 的无偏估计,因此在判断时更希望使用 $\bar{X}$ 这一统计量,在 H_0 为真的条件下, $\bar{X}$ 的观测值 $\bar{x}$ 应在 100 附近,即 $|\bar{x} - 100|$ 比较小,也就是说,可选取一个适当的常数 c,使得 $\left\{\left|\dfrac{\bar{X}-100}{\sigma/\sqrt{n}}\right| \geqslant c\right\}$ 是一个小概率事件,称这样的小概率为显著性水平,记为 $\alpha(0<\alpha<1)$. 一般地, α 取 0.10, 0.05, 0.01 等. 注意到当 H_0 为真时,统计量

$$U = \frac{\bar{X}-100}{\sigma/\sqrt{n}} \sim N(0,1). \tag{8.1.1}$$

对于给定的显著性水平 α,令

$$P(|U| \geqslant c) = P\left(\left|\frac{\bar{X}-100}{\sigma/\sqrt{n}}\right| \geqslant c\right) = \alpha, \tag{8.1.2}$$

于是 $c = u_{1-\frac{\alpha}{2}}$. 统计量 $U = \dfrac{\bar{X}-100}{\sigma/\sqrt{n}}$ 的观测值为 $u = \dfrac{\bar{x}-100}{\sigma/\sqrt{n}}$,如果 $|u| \geqslant u_{1-\frac{\alpha}{2}}$,则意味着概率

为 α 的小概率事件发生了，根据实际推断原理(一个小概率事件在一次试验中几乎不可能发生)，我们拒绝 H_0，否则接受 H_0. 在本例中，若取 $\alpha=0.05$，则 $u_{1-\frac{\alpha}{2}}=u_{0.975}=1.96$，由于

$$|u|=\left|\frac{\bar{x}-100}{\sigma/\sqrt{n}}\right|=\left|\frac{99.98-100}{1/\sqrt{9}}\right|=0.06<1.96,$$

因此，接受原假设 H_0，即自动打包机工作正常.

通过例 8.1.2 的分析可以看出，假设检验思想依据一个基本原理——实际推断原理，同时利用了反证法的思想(有的书称为概率性质的反证法). 为验证原假设 H_0 是否成立，首先假定 H_0 是成立的，然后在 H_0 成立的条件下，如果观测到的样本所提供的信息导致了一个不合理的现象出现，即一个概率很小的事件在一次试验中发生了，那么有理由认为事先的假定不成立，从而拒绝 H_0. 如果没有出现不合理的现象，则样本提供的信息并不能否定事先假定的正确性，从而没有理由拒绝 H_0，即接受 H_0.

为了利用样本提供的信息，我们需要适当地构造一个统计量，称其为检验统计量(Test Statistic)，如例 8.1.2 的检验统计量是 $U=\dfrac{\bar{X}-100}{\sigma/\sqrt{n}}$. 根据检验统计量，可以确定一个由小概率事件对应的检验统计量的取值范围，称这一范围为假设检验的拒绝域(Rejection Region)，记为 W. 其中拒绝域的边界点称为检验统计量的临界值(Critical Value)，而 $\overline{W}=\mathcal{X}\backslash W$ 称为假设检验的接收域(Acceptance Region). 如例 8.1.2 的拒绝域为

$$W=\{(x_1,x_1,\cdots,x_n)\,|\,|u|\geqslant u_{1-\frac{\alpha}{2}}\}\hat{=}\{|u|\geqslant u_{1-\frac{\alpha}{2}}\}.$$

$u_{1-\frac{\alpha}{2}}$ 为检验统计量的临界值. 当检验统计量 U 的观测值 $u\in W$ 时，拒绝 H_0；当 $u\notin W$ 时，即 $u\in\overline{W}$时，接受 H_0. 这样，检验法则由拒绝域来确定，而拒绝域则由检验统计量来确定.

8.1.3 假设检验的两类错误

假设检验是利用一次随机抽样的结果，根据实际推断原理做出的. 由于抽样的随机性和小概率事件并非一定不发生的事件，因此，在推断中可能会犯如下两类错误. 本来 H_0为真，但由于统计量的观察值落入了拒绝域，按给定的检验法则，H_0被拒绝了，从而犯了“弃真”的错误，这种错误称为第一类错误(Type I Error). 犯第一类错误的概率记为 α，即

$$\alpha=P\{拒绝\ H_0\,|\,H_0\ 成立\}. \tag{8.1.3}$$

或者本来 H_0不真，但由于统计量的观察值落入了接受域，按给定的检验法则，H_0被接受了，这就犯了“取伪”的错误，这种错误称为第二类错误(Type II Error). 犯第二类错误的概率记为 β，即

$$\beta=P\{接受\ H_0\,|\,H_1\ 成立\}. \tag{8.1.4}$$

为明确起见，将两类错误列于表 8.1.1 中.

表 8.1.1 假设检验的两类错误

真实情况判断	H_0 成立	H_1 成立
拒绝 H_0	第一类错误	判断正确
接受 H_0	判断正确	第二类错误

对给定的一对假设 H_0 和 H_1，总可以找到许多拒绝域 W. 当然我们希望寻找这样的拒绝域 W，使得犯两类错误的概率 α 与 β 都很小. 但当样本容量 n 确定后，一般情况下，减小犯其中一类错误的概率会增加犯另一类错误的概率，不可能同时做到犯这两类错误的概率都很小. 一般只有当样本容量 n 增大时，才有可能使两者变小. 内曼和 E. S. 皮尔逊提出了一个原则，即在控制犯第一类错误的概率不超过指定值 α 的条件下，尽量降低犯第二类错误的概率 β，按这种法则进行的检验称为显著性检验(Significance Test)，其中 α 为犯第一类错误的最大概率，称为检验的显著性水平(Level of Significance)或检验水平(Test Level).

在具体运用这个原则时，有时会有许多困难，因此把这个原则简化成只对犯第一类错误的最大概率 α 加以控制，相应的检验也称为显著性检验. 在一般情况下，显著性检验法则是较容易实行的，后面将对其进行详细讨论.

例 8.1.4　设(X_1,X_2,X_3,X_4)是来自该总体 $B(1,p)$ 样本容量为 4 的样本，若假设检验问题

$$H_0: p=0.5,\quad H_1: p=0.75$$

的拒绝域为 $W=\{\sum_{i=1}^{4} x_i \geqslant 3\}$. 求该检验犯两类错误的概率.

解　易知 $T=\sum_{i=1}^{4} X_i \sim B(4,p)$，于是犯第一类错误的概率为

$$\alpha=P\{\text{拒绝 } H_0 \mid H_0 \text{ 成立}\}=P(T\geqslant 3 \mid p=0.5)=\sum_{t=3}^{4} C_4^t\left(\frac{1}{2}\right)^4=\frac{5}{16}.$$

犯第二类错误的概率为

$$\beta=P\{\text{接受 } H_0 \mid H_1 \text{ 成立}\}=P(T<3 \mid p=0.75)=\sum_{t=0}^{2} C_4^t\left(\frac{3}{4}\right)^t\left(\frac{1}{4}\right)^{4-t}=\frac{67}{256}.$$

例 8.1.5　设总体 $X\sim N(\mu,\sigma_0^2)$，σ_0^2 已知，$(X_1,X_2,\cdots,X_n)$是来自该总体样本容量为 n 的样本，若假设检验问题

$$H_0: \mu=\mu_0,\quad H_1: \mu=\mu_1>\mu_0$$

的拒绝域为 $W=\{(x_1,x_2,\cdots,x_n) \mid u\geqslant u_{1-\alpha}\}$，其中 $U=\dfrac{\bar{X}-\mu_0}{\sigma_0/\sqrt{n}}$. 求该检验犯两类错误的概率.

解　易知 U 在 H_0 成立时服从 $N(0,1)$，在 H_1 成立时服从 $N\left(\dfrac{\mu_1-\mu_0}{\sigma_0}\sqrt{n},1\right)$，于是犯第一类错误的概率为

$$P\{\text{拒绝 } H_0 \mid H_0 \text{ 成立}\}=P(U\geqslant u_{1-\alpha} \mid \mu=\mu_0)=\alpha.$$

犯第二类错误的概率为

$$\beta=P\{\text{接受 } H_0 \mid H_1 \text{ 成立}\}=P(U<u_{1-\alpha} \mid \mu=\mu_1)=\Phi\left(u_{1-\alpha}-\frac{\mu_1-\mu_0}{\sigma_0}\sqrt{n}\right),$$

其中，$\Phi(x)$为标准正态分布函数.

由两类错误的计算式可以看出，若第一类错误概率 α 变小，则 $u_{1-\alpha}$ 变大，从而第二类错误的概率 $\beta=\Phi\left(u_{1-\alpha}-\dfrac{\mu_1-\mu_0}{\sigma_0}\sqrt{n}\right)$ 随之变大.在样本容量 n 一定的情况下，要使两者都达到最小是不可能的. 如果保持 α 不变，使 n 增大，则 $\beta=\Phi\left(u_{1-\alpha}-\dfrac{\mu_1-\mu_0}{\sigma_0}\sqrt{n}\right)$ 减小$(\mu_1>\mu_0)$. 当

$n\to+\infty$时，$\beta\to 0$，即增大样本容量，犯第二类错误的概率可以小于任意正数. 但在实际问题中，样本容量是不可能无限制扩大的，因为做试验需要成本，抽样数量太大，成本太高且没有必要. 另一方面，若样本容量太小，则不能使犯两类错误的概率同时较小. 由此引出这样的问题，即能否确定一个最小的样本容量，使得检验的两类错误概率都在预先控制的范围内？这就是样本容量确定问题. 对于上面的例子，设两类错误的概率 α,β 均已确定，求最小的样本容量 n. 事实上，由

$$\beta=\Phi\left(u_{1-\alpha}-\frac{\mu_1-\mu_0}{\sigma_0}\sqrt{n}\right),$$

可得

$$u_\beta=u_{1-\alpha}-\frac{\mu_1-\mu_0}{\sigma_0}\sqrt{n},$$

即知

$$n=\left[\frac{\sigma_0(u_{1-\alpha}-u_\beta)}{\mu_1-\mu_0}\right]^2.$$

8.1.4 假设检验的步骤

1. 建立假设

根据实际问题的要求，提出原假设 H_0 和备择假设 H_1 的具体内容. 通常将没有充分理由不能轻易否定的命题作为原假设，将没有把握不能轻易肯定的命题作为备择假设.

在对参数 θ 的假设检验中，形如

$$H_0:\theta=\theta_0,\quad H_1:\theta\neq\theta_0 \tag{8.1.5}$$

的假设检验称为双边检验(Two-sided Test). 在实际问题中，有些被检验的参数越大越好，如电子元件的寿命，而一些指标越小越好，如原材料的消耗. 因此，需要讨论如下形式的假设检验

$$H_0:\theta\leqslant\theta_0,\quad H_1:\theta>\theta_0 \tag{8.1.6}$$

或

$$H_0:\theta\geqslant\theta_0,\quad H_1:\theta<\theta_0. \tag{8.1.7}$$

称式(8.1.6)对应的检验为右边检验(Right-sided Test)，式(8.1.7)对应的检验为左边检验(Left-sided Test)；左边检验和右边检验统称为单边检验(One-sided Test).

参数检验的一般形式为

$$H_0:\theta\in\Theta_0,\quad H_1:\theta\in\Theta_1. \tag{8.1.8}$$

其中，$\Theta_0\cup\Theta_1=\Theta$. 如果 $\Theta_i(i=0,1)$为单点集，则称 $H_i(i=0,1)$为简单假设(Simple Hypothesis)，否则称 $H_i(i=0,1)$为复合假设(Composite Hypothesis).

2. 确定检验统计量，给出拒绝域的形式

对于假设(8.1.8)，在假定原假设 H_0 成立的条件下，通过参数 θ 的点估计量 $\hat{\theta}$ 取值偏大或偏小来确定拒绝域 W 的形式和检验统计量 T. 给定拒绝域后就唯一确定了检验法则：如果$(x_1,x_2,\cdots,x_n)\in W$，则拒绝 H_0；如果$(x_1,x_2,\cdots,x_n)\in\overline{W}$，则接收 H_0.

3. 选择显著性水平，给出拒绝域

显著性水平 α 选多大合适需要根据问题的重要性而定. 例如航天器元件和药品，在检验中

宁可让弃真错误大一些，也不要把次品混进合格品中，此时应选较大的 α；对于质量要求不高、次品出现影响不大的产品，则可选择较小的 α. α 通常取 0.10, 0.05, 0.01, 0.001 等值.

对于给定的显著性水平 α，在 H_0 为真的假定下，利用检验统计量 T 的分布和犯第一类错误的概率 $P\{$拒绝 $H_0 | H_0$ 成立$\} \leqslant \alpha$ 确定拒绝域的临界值，从而确定具体的拒绝域 W.

4. 做出判断

根据样本值算得检验统计量 T 的观测值 t，当 $t \in W$ 时，拒绝 H_0；当 $t \notin W$ 时，接受 H_0.

在假设检验中，在 $0.01 < \alpha \leqslant 0.05$ 下拒绝 H_0 时，称为差异显著，记作"*"；在 $\alpha \leqslant 0.01$ 下拒绝 H_0，称为差异极显著，记作"**".

在假设检验中，依照所选用的检验统计量服从标准正态分布、χ^2 分布、t 分布、F 分布，检验方法相应称为 U 检验(Z 检验)、χ^2 检验、t 检验、F 检验.

8.1.5 假设检验的 p 值

实际上，假设检验判断的形式有两种：一种为给定显著性水平 α，确定拒绝域，根据检验统计量的值是否落入拒绝域来判断；另一种为计算检验的 p 值，将其与显著性水平 α 比较，从而做出判断. 这两种形式是等价的，在有统计软件帮助的情况下，后者更容易操作.

p 值(p-value)是在原假设 H_0 成立条件下，检验统计量取现值或者更极端值的概率. p 值在直观上描述抽样结果与理论假设的吻合程度，因此也称为拟合优度. p 值越小说明样本值与原假设 H_0 之间不一致程度越大，越有理由拒绝原假设 H_0. p 值检验法的原则是当 p 值小到一定程度时拒绝 H_0，通常约定：当 $p \leqslant 0.05$ 时称结果为显著；当 $p \leqslant 0.01$ 时称结果为高度显著.

例如，例 8.1.2 的正态总体均值检验 $H_0: \mu = 100, H_1: \mu \neq 100$，检验统计量为 U，观察值为 $u = -0.06$，则 p 值为

$$p = P(|U| \geqslant |u| \,|\, H_0) = P(|U| \geqslant 0.06 | H_0) = 2 \times [1 - \Phi(0.06)] = 0.9522.$$

p 值较大，故应接收 H_0.

p 值的计算方法为：先由样本值 $(x_1, x_2, \cdots, x_n)$ 算出检验统计量 T 的观测值 $t = T(x_1, x_2, \cdots, x_n)$，如果是双边检验，则 $p = P(|T| \geqslant |t| \,|\, H_0)$；如果是右边检验，则 $p = P(T > t | H_0)$；如果是左边检验，则 $p = P(T < t | H_0)$. 获得 p 值后，将检验的 p 值与显著性水平 α 进行比较，如果 $p \leqslant \alpha$，则在显著性水平 α 下拒绝 H_0，如果 $p > \alpha$，则在显著性水平 α 下保留 H_0.

检验的 p 值比较客观，避免了事先确定显著性水平，但检验的 p 值的计算比较复杂，会涉及各种抽样分布. 如今统计软件都有计算 p 值的功能，这对使用者来说很方便，不需要再备用各种抽样分布的分位数表，只需要观察计算机输出的 p 值就可以做出判断.

8.2 单个正态总体均值与方差的假设检验

8.2.1 单个正态总体均值的假设检验

设 $(X_1, X_2, \cdots, X_n)$ 是来自正态总体 $N(\mu, \sigma^2)$ 的一个样本，样本均值为 $\bar{X}$，样本方差为 S^2.

考虑如下 3 种关于 μ 的检验问题：

(1) $H_0:\mu=\mu_0, H_1:\mu\neq\mu_0$； (8.2.1)

(2) $H_0:\mu\leqslant\mu_0, H_1:\mu>\mu_0$； (8.2.2)

(3) $H_0:\mu\geqslant\mu_0, H_1:\mu<\mu_0$. (8.2.3)

其中，μ_0 为已知常数. 以上检验又可分为如下两种情况.

1. σ^2 已知时的 U 检验

为检验假设(8.2.1)，构造检验统计量

$$U=\frac{\overline{X}-\mu_0}{\sigma/\sqrt{n}}, \tag{8.2.4}$$

当 H_0 为真时，$U\sim N(0,1)$，检验统计量 U 的观测值 $u=\frac{\bar{x}-\mu_0}{\sigma/\sqrt{n}}$ 不应偏大或偏小，故对给定的显著性水平 α，由

$$P\left(\left|\frac{\overline{X}-\mu_0}{\sigma/\sqrt{n}}\right|\geqslant u_{1-\frac{\alpha}{2}}\right)=\alpha,$$

得拒绝域为

$$W=\{|u|\geqslant u_{1-\frac{\alpha}{2}}\}. \tag{8.2.5}$$

当 U 的观测值满足 $|u|\geqslant u_{1-\frac{\alpha}{2}}$，则拒绝 H_0，即认为均值 μ 与 μ_0 有显著差异；否则接受 H_0，即认为 μ 与 μ_0 无显著差异. 构造拒绝域 $W=\{|u|\geqslant u_{1-\frac{\alpha}{2}}\}$ 利用了 U 的分布密度曲线两侧尾部面积(图 8.2.1a)，故称具有这种形式的拒绝域的检验为双边检验(Two-sided Test).

对假设(8.2.2)，仍取检验统计量为

$$U=\frac{\overline{X}-\mu_0}{\sigma/\sqrt{n}},$$

可得此假设检验的拒绝域为(图 8.2.1b)

$$W=\{u\geqslant u_{1-\alpha}\}. \tag{8.2.6}$$

注意到当 H_0 为真时，$\frac{\overline{X}-\mu}{\sigma/\sqrt{n}}\sim N(0,1)$. 该检验犯第一类错误的概率为

$$P\{\text{拒绝 } H_0 \mid H_0 \text{ 成立}\}=P\left(\frac{X-\mu_0}{\sigma/\sqrt{n}}\geqslant u_{1-\alpha}\,\middle|\, H_0 \text{ 成立}\right)\leqslant P\left(\frac{X-\mu}{\sigma/\sqrt{n}}\geqslant u_{1-\alpha}\,\middle|\, H_0 \text{ 成立}\right)=\alpha.$$

类似地，可得假设检验(8.2.3)的拒绝域为(图 8.2.1c)

$$W=\{u\leqslant u_{\alpha}\}. \tag{8.2.7}$$

此时该检验犯第一类错误的概率为

$$P\{\text{拒绝 } H_0 \mid H_0 \text{ 成立}\}=P\left(\frac{\overline{X}-\mu_0}{\sigma/\sqrt{n}}\leqslant u_{\alpha}\,\middle|\, H_0 \text{ 成立}\right)\leqslant P\left(\frac{\overline{X}-\mu}{\sigma/\sqrt{n}}\leqslant u_{\alpha}\,\middle|\, H_0 \text{ 成立}\right)=\alpha.$$

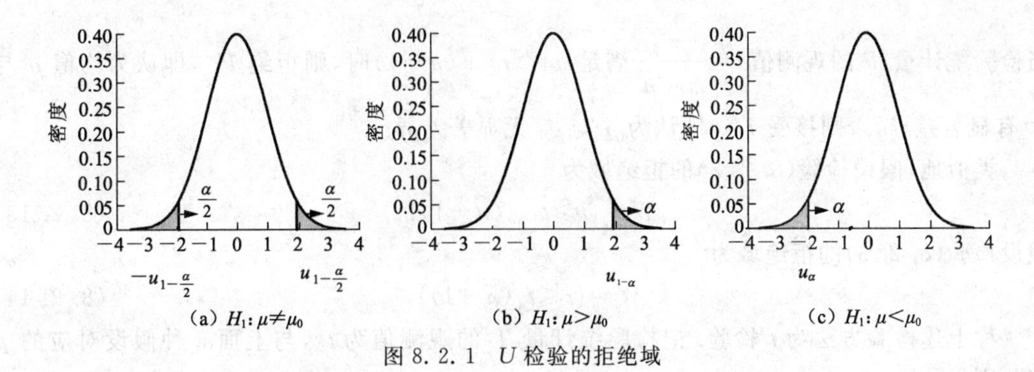

图 8.2.1 U 检验的拒绝域

在上述检验中,我们用统计量 $U=\dfrac{\bar{X}-\mu_0}{\sigma/\sqrt{n}}$ 来确定检验的拒绝域,这种方法称为 U 检验. 记检验统计量 U 的观测值为 u_0,与上面 3 种假设对应的 p 值分别为

$$p=P(|U|\geqslant|u_0|\,|\,\mu=\mu_0)=2[1-\Phi(|u_0|)]; \tag{8.2.8}$$

$$p=P(U\geqslant u_0\,|\,\mu=\mu_0)=1-\Phi(u_0); \tag{8.2.9}$$

$$p=P(U\leqslant u_0\,|\,\mu=\mu_0)=\Phi(u_0). \tag{8.2.10}$$

例 8.2.1 设某厂生产的一种电子元件的寿命(单位:h)$X\sim N(\mu,40\ 000)$,根据过去较长一段时间的生产情况来看,此电子元件的平均寿命不超过 1 500 h. 采用新工艺后,在所生产的电子元件中抽取 25 只,测得平均寿命 $\bar{x}=1\ 675$ h. 问采用新工艺后,电子元件的寿命是否有显著提高(显著性水平 $\alpha=0.05$)?

解 建立假设

$$H_0:\mu\leqslant 1\ 500,\quad H_1:\mu>1\ 500.$$

已知 $n=25,\sigma=200,\bar{x}=1\ 675$,由 $\alpha=0.05$,得 $u_{1-\alpha}=u_{0.95}=1.645$,于是拒绝域 $W=\{u\geqslant 1.645\}$.

U 的观测值为 $u=\dfrac{\bar{x}-\mu_0}{\sigma/\sqrt{n}}=4.375>1.645$,因此,拒绝 H_0,即认为采用新工艺后,电子元件的寿命有显著提高. 该检验的 p 值为

$$p=P(U\geqslant 4.375\,|\,\mu_0=1\ 500)=1-\Phi(4.375)=0.000\ 006.$$

2. σ^2 未知时的 t 检验

进行单个总体均值的 U 检验时,要求总体标准差已知,但在实际应用中,σ^2 往往并不知道,此时可用 σ^2 的无偏估计 S^2 代替,构造检验统计量为

$$T=\frac{\bar{X}-\mu_0}{S/\sqrt{n}}. \tag{8.2.11}$$

考虑假设(8.2.1),当 H_0 为真时,$T\sim t(n-1)$,对给定的显著性水平 α,有

$$P\left\{\left|\frac{\bar{X}-\mu_0}{S/\sqrt{n}}\right|\geqslant t_{1-\frac{\alpha}{2}}(n-1)\right\}=\alpha,$$

因此,检验的拒绝域为

$$W=\{|t|\geqslant t_{1-\frac{\alpha}{2}}(n-1)\}. \tag{8.2.12}$$

当检验统计量 T 的观测值 $t=\dfrac{\bar{x}-\mu_0}{s/\sqrt{n}}$ 满足 $|t|\geqslant t_{1-\frac{\alpha}{2}}(n-1)$ 时，则拒绝 H_0，即认为均值 μ 与 μ_0 有显著差异，否则接受 H_0，即认为 μ 与 μ_0 无显著差异.

类似地，假设检验(8.2.2)的拒绝域为

$$W=\{t\geqslant t_{1-\alpha}(n-1)\},\tag{8.2.13}$$

假设检验(8.2.3)的拒绝域为

$$W=\{t\leqslant t_{\alpha}(n-1)\}.\tag{8.2.14}$$

称上述检验方法为 t 检验. 记检验统计量 T 的观测值为 t_0，与上面 3 种假设对应的 p 值分别为

$$p=P(|T|\geqslant|t_0|\,|\,\mu=\mu_0);\tag{8.2.15}$$

$$p=P(T\geqslant t_0\,|\,\mu=\mu_0);\tag{8.2.16}$$

$$p=P(T\leqslant t_0\,|\,\mu=\mu_0).\tag{8.2.17}$$

例 8.2.2 健康成年男子脉搏平均为 72 次/min，高考体检时，某校参加体检的 26 名男生的脉搏平均为 74.2 次/min，标准差为 6.2 次/min，问此 26 名男生每分钟脉搏次数与一般成年男子有无显著差异(显著性水平 $\alpha=0.05$)？

解 建立假设

$$H_0:\mu=72,\quad H_1:\mu\neq 72.$$

已知 $n=26$，$\bar{x}=74.2$，$s=6.2$，由 $\alpha=0.05$，得 $t_{1-\frac{\alpha}{2}}(25)=t_{0.975}(25)=2.06$，于是该检验的拒绝域为 $W=\{|t|\geqslant 2.06\}$.

T 的观测值为 $t=\dfrac{\bar{x}-\mu_0}{s/\sqrt{n}}=1.81<2.06$，故接受 H_0，即认为此 26 名男生每分钟脉搏次数与一般成年男子无显著差别. 该检验的 p 值为

$$p=P(|T|\geqslant|1.81|\,|\,\mu=72)=2P[t(25)\geqslant 1.81]=0.0823.$$

8.2.2 单个正态总体方差的假设检验

设$(X_1,X_2,\cdots,X_n)$是来自正态总体 $N(\mu,\sigma^2)$ 的一个样本，样本均值为 $\bar{X}$，样本方差为 S^2. 考虑如下 3 种关于 σ^2 的检验问题：

(1) $H_0:\sigma^2=\sigma_0^2,H_1:\sigma^2\neq\sigma_0^2$； (8.2.18)

(2) $H_0:\sigma^2\leqslant\sigma_0^2,H_1:\sigma^2>\sigma_0^2$； (8.2.19)

(3) $H_0:\sigma^2\geqslant\sigma_0^2,H_1:\sigma^2<\sigma_0^2$. (8.2.20)

其中，σ_0^2 为已知常数. 以上检验又可分为如下两种情况.

1. μ 已知时的 χ^2 检验

为检验假设(8.2.18)，选取检验统计量为

$$\chi^2=\frac{1}{\sigma_0^2}\sum_{i=1}^{n}(X_i-\mu)^2,\tag{8.2.21}$$

当 H_0 为真时，$\chi^2\sim\chi^2(n)$，检验统计量 χ^2 的观测值不应偏大或偏小，即对给定显著性水平 α，有

$$P\{(\chi^2\leqslant c_1)\cup(\chi^2\geqslant c_2)\}=\alpha.$$

一般地,取 $c_1=\chi^2_{\frac{\alpha}{2}}(n)$,$c_2=\chi^2_{1-\frac{\alpha}{2}}(n)$,得拒绝域为

$$W=\{\chi^2\leqslant\chi^2_{\frac{\alpha}{2}}(n)\text{或}\ \chi^2\geqslant\chi^2_{1-\frac{\alpha}{2}}(n)\}. \tag{8.2.22}$$

类似地,右边检验(8.2.19)的拒绝域为

$$W=\{\chi^2\geqslant\chi^2_{1-\alpha}(n)\}, \tag{8.2.23}$$

左边检验(8.2.20)的拒绝域为

$$W=\{\chi^2\leqslant\chi^2_{\alpha}(n)\}. \tag{8.2.24}$$

2. μ 未知时的 χ^2 检验

为检验假设(8.2.18),选取检验统计量为

$$\chi^2=\frac{(n-1)S^2}{\sigma_0^2}, \tag{8.2.25}$$

当 H_0 为真时,$\chi^2\sim\chi^2(n-1)$,与前面的讨论类似,其拒绝域为

$$W=\{\chi^2\leqslant\chi^2_{\frac{\alpha}{2}}(n-1)\text{或}\ \chi^2\geqslant\chi^2_{1-\frac{\alpha}{2}}(n-1)\}. \tag{8.2.26}$$

类似地,右边检验(8.2.19)和左边检验(8.2.20)的拒绝域分别为

$$W=\{\chi^2\geqslant\chi^2_{1-\alpha}(n-1)\}; \tag{8.2.27}$$

$$W=\{\chi^2\leqslant\chi^2_{\alpha}(n-1)\}. \tag{8.2.28}$$

χ^2 分布是偏态分布,3种拒绝域形式分别如图8.2.2(a)~(c)所示.

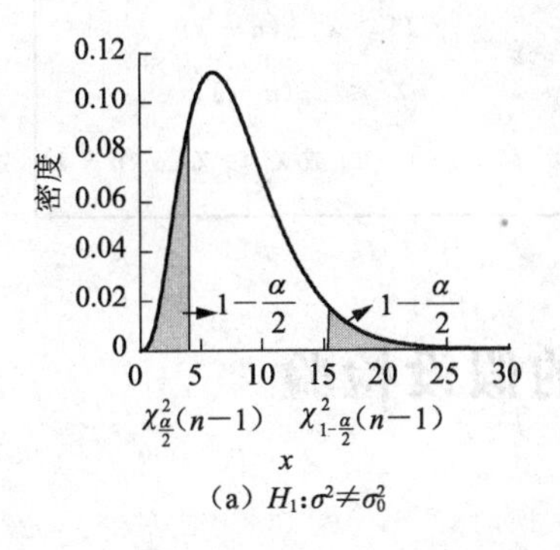

(a) $H_1:\sigma^2\neq\sigma_0^2$

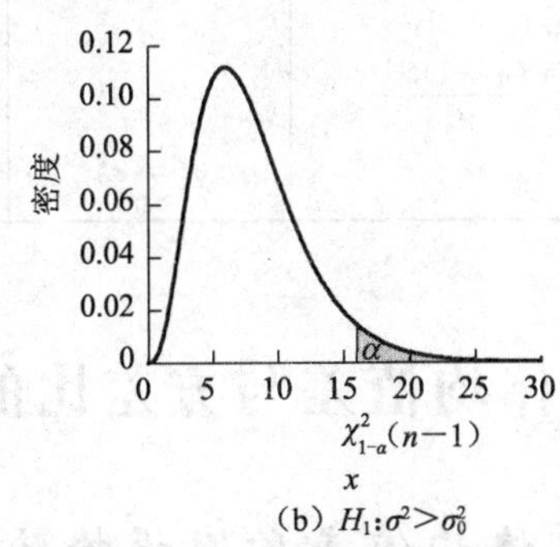

(b) $H_1:\sigma^2>\sigma_0^2$

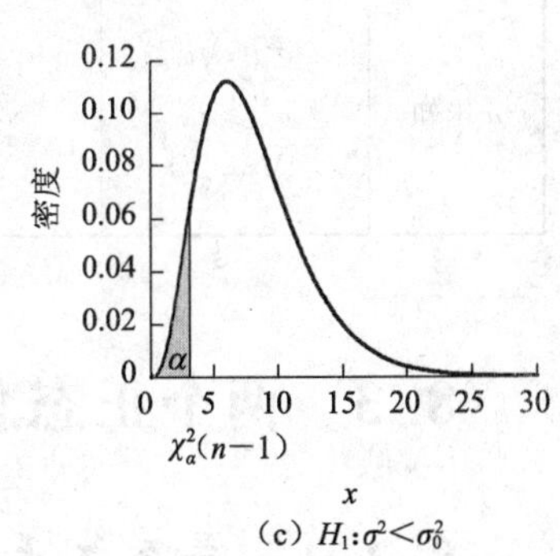

(c) $H_1:\sigma^2<\sigma_0^2$

图8.2.2 χ^2 检验的拒绝域

以上的检验方法称为 χ^2 检验.记检验统计量 χ^2 的观测值为 χ_0^2,上面3种假设对应的 p 值分别为

$$p=2\min\{P(\chi^2\geqslant\chi_0^2\mid\sigma^2=\sigma_0^2),P(\chi^2\leqslant\chi_0^2\mid\sigma^2=\sigma_0^2)\}; \tag{8.2.29}$$

$$p=P(\chi^2\geqslant\chi_0^2\mid\sigma^2=\sigma_0^2); \tag{8.2.30}$$

$$p=P(\chi^2\leqslant\chi_0^2\mid\sigma^2=\sigma_0^2). \tag{8.2.31}$$

例8.2.3 某厂生产一种电子产品,此产品的某个指标服从正态分布 $N(\mu,\sigma^2)$,现从中抽取容量 $n=8$ 的一个样本,测得样本均值 $\overline{x}=61.125$,样本方差 $s^2=93.268$.取显著性水平 $\alpha=0.05$,试检验假设 $H_0:\sigma^2=8^2$.

解 μ 未知,检验假设 $H_0:\sigma^2=8^2$,$H_1:\sigma^2\neq8^2$.

由 $\chi^2_{\frac{\alpha}{2}}(n-1)=\chi^2_{0.025}(7)=1.690$,$\chi^2_{1-\frac{\alpha}{2}}(n-1)=\chi^2_{0.975}(7)=16.013$,得拒绝域为

$$W=\{\chi^2\leqslant1.690\ \text{或}\ \chi^2\geqslant16.013\}.$$

由 $s^2=93.268$,算出检验统计量 $\chi^2=\dfrac{(n-1)S^2}{\sigma_0^2}$ 的观测值为

$$\chi^2=\frac{7\times 93.268}{8^2}=10.2012.$$

其不在拒绝域内，故接受 $H_0:\sigma^2=8^2$.

单个正态总体参数的显性检验见表 8.2.1.

表 8.2.1　单个正态总体参数的显著性检验列表(显著性水平为 α)

	原假设 H_0	检验统计量	备择假设 H_1	拒绝域
σ^2 已知	$\mu\leqslant\mu_0$ $\mu\geqslant\mu_0$ $\mu=\mu_0$	$U=\dfrac{\overline{X}-\mu_0}{\sigma/\sqrt{n}}$	$\mu>\mu_0$ $\mu<\mu_0$ $\mu\neq\mu_0$	$u\geqslant u_{1-\alpha}$ $u\leqslant u_\alpha$ $\mid u\mid\geqslant u_{1-\frac{\alpha}{2}}$
σ^2 未知	$\mu\leqslant\mu_0$ $\mu\geqslant\mu_0$ $\mu=\mu_0$	$T=\dfrac{\overline{X}-\mu_0}{S/\sqrt{n}}$	$\mu>\mu_0$ $\mu<\mu_0$ $\mu\neq\mu_0$	$t\geqslant t_{1-\alpha}(n-1)$ $t\leqslant t_\alpha(n-1)$ $\mid t\mid\geqslant t_{1-\frac{\alpha}{2}}(n-1)$
μ 已知	$\sigma^2\leqslant\sigma_0^2$ $\sigma^2\geqslant\sigma_0^2$ $\sigma^2=\sigma_0^2$	$\chi^2=\dfrac{1}{\sigma_0^2}\sum\limits_{i=1}^{n}(X_i-\mu)^2$	$\sigma^2>\sigma_0^2$ $\sigma^2<\sigma_0^2$ $\sigma^2\neq\sigma_0^2$	$\chi^2\geqslant\chi^2_{1-\alpha}(n)$ $\chi^2\leqslant\chi^2_\alpha(n)$ $\chi^2\leqslant\chi^2_{\frac{\alpha}{2}}(n)$ 或 $\chi^2\geqslant\chi^2_{1-\frac{\alpha}{2}}(n)$
μ 未知	$\sigma^2\leqslant\sigma_0^2$ $\sigma^2\geqslant\sigma_0^2$ $\sigma^2=\sigma_0^2$	$\chi^2=\dfrac{(n-1)S^2}{\sigma_0^2}$	$\sigma^2>\sigma_0^2$ $\sigma^2<\sigma_0^2$ $\sigma^2\neq\sigma_0^2$	$\chi^2\geqslant\chi^2_{1-\alpha}(n-1)$ $\chi^2\leqslant\chi^2_\alpha(n-1)$ $\chi^2\leqslant\chi^2_{\frac{\alpha}{2}}(n-1)$ 或 $\chi^2\geqslant\chi^2_{1-\frac{\alpha}{2}}(n-1)$

8.3　两个正态总体均值差与方差比的假设检验

8.3.1　两个正态总体均值差的假设检验

设总体 $X\sim N(\mu_1,\sigma_1^2)$，$Y\sim N(\mu_2,\sigma_2^2)$，$(X_1,X_2,\cdots,X_{n_1})$是来自总体 X 的样本，$(Y_1,Y_2,\cdots,Y_{n_2})$是来自总体 Y 的样本，且两组样本独立. 样本均值分别记为 $\overline{X}$ 和 $\overline{Y}$，样本方差分别记为 S_1^2 和 S_2^2.考虑如下 3 种关于 $\mu_1-\mu_2$ 的检验问题：

(1) $H_0:\mu_1-\mu_2=\delta, H_1:\mu_1-\mu_2\neq\delta$;　　(8.3.1)

(2) $H_0:\mu_1-\mu_2\leqslant\delta, H_0:\mu_1-\mu_2>\delta$;　　(8.3.2)

(3) $H_0:\mu_1-\mu_2\geqslant\delta, H_0:\mu_1-\mu_2<\delta$.　　(8.3.3)

其中，δ 为已知常数. 以上检验又可分为如下两种情况.

1. σ_1^2 与 σ_2^2 已知时的两样本 U 检验

对假设(8.3.1)～假设(8.3.3)，取检验统计量

$$U=\frac{\overline{X}-\overline{Y}-\delta}{\sqrt{\sigma_1^2/n_1+\sigma_2^2/n_2}},\tag{8.3.4}$$

由第 6 章定理 6.4.2 可知，在 $H_0:\mu_1-\mu_2=\delta$ 成立的条件下，该检验统计量 $U\sim N(0,1)$.

对给定显著性水平 α,3 种假设的拒绝域分别为

$$W=\{|u|\geqslant u_{1-\frac{\alpha}{2}}\}; \tag{8.3.5}$$

$$W=\{u\geqslant u_{1-\alpha}\}; \tag{8.3.6}$$

$$W=\{u\leqslant u_{\alpha}\}. \tag{8.3.7}$$

常用的情况是 $\delta=0$,即原假设为 $H_0:\mu_1=\mu_2$,$H_0:\mu_1\leqslant\mu_2$ 或 $H_0:\mu_1\geqslant\mu_2$.

例 8.3.1 某苗圃采用 2 种育苗方案做育苗试验,已知苗高服从正态分布. 在两组育苗试验中,苗高的标准差分别为 $\sigma_1=18$ cm,$\sigma_2=20$ cm. 现都取 60 株苗作为样本,测得样本均值分别为 $\bar{x}=59.34$ cm 和 $\bar{y}=49.16$ cm. 取显著性水平为 $\alpha=0.05$,试判断这两种育苗方案对育苗的高度有无显著影响.

解 建立假设

$$H_0:\mu_1=\mu_2,\quad H_1:\mu_1\neq\mu_2.$$

由 $\alpha=0.05$,$u_{1-\frac{\alpha}{2}}=u_{0.975}=1.96$,得拒绝域 $W=\{|u|\geqslant 1.96\}$.

由题中给出的数据,算出统计量 $U=\dfrac{\bar{X}-\bar{Y}}{\sqrt{\sigma_1^2/n_1+\sigma_2^2/n_2}}$ 的观测值为

$$u=\frac{59.34-49.16}{\sqrt{18^2/60+20^2/60}}=2.93.$$

因为 $|u|=2.93>1.96$,故拒绝 $H_0:\mu_1=\mu_2$,认为这两种育苗方案对育苗的高度有显著影响.

2. σ_1^2 与 σ_2^2 未知但相等时的两样本 t 检验

设 $\sigma_1^2=\sigma_2^2=\sigma^2$,对假设(8.3.1)~假设(8.3.3),取检验统计量

$$T=\frac{\bar{X}-\bar{Y}-\delta}{S_W\sqrt{\dfrac{1}{n_1}+\dfrac{1}{n_2}}}, \tag{8.3.8}$$

其中,$S_W^2=\dfrac{(n_1-1)S_1^2+(n_2-1)S_2^2}{n_1+n_2-2}$.

由第 6 章定理 6.4.4 可知,在 $H_0:\mu_1-\mu_2=\delta$ 成立的条件下,检验统计量 $T\sim t(n_1+n_2-2)$. 对给定显著性水平 α,3 种假设的拒绝域分别为

$$W=\{|t|\geqslant t_{1-\frac{\alpha}{2}}(n_1+n_2-2)\}; \tag{8.3.9}$$

$$W=\{t\geqslant t_{1-\alpha}(n_1+n_2-2)\}; \tag{8.3.10}$$

$$W=\{t\leqslant t_{\alpha}(n_1+n_2-2)\}. \tag{8.3.11}$$

例 8.3.2 针织品漂白工艺中需要考虑温度对针织品断裂强度的影响,为比较 70 ℃和 80 ℃下影响有无显著差异,在这两个温度条件下,分别重复做了 8 次试验,得到断裂强度的数据如下(单位:N).

70 ℃: 20.5, 18.8, 19.8, 20.9, 21.5, 21.0, 21.2, 19.5.

80 ℃: 17.7, 20.3, 20.0, 18.8, 19.0, 20.1, 20.2, 19.1.

由长期生产的数据可知,针织品断裂强度服从正态分布,且方差不变,问这两种温度的断裂强度有无显著差异(显著性水平 $\alpha=0.05$)?

解 设 X,Y 分别表示 70 ℃和 80 ℃的断裂强度,因此 $X\sim N(\mu_1,\sigma^2)$,$Y\sim N(\mu_2,\sigma^2)$.

建立假设

$$H_0:\mu_1=\mu_2,\quad H_1:\mu_1\neq\mu_2.$$

对于 $\alpha=0.05$，$t_{1-\frac{\alpha}{2}}(n_1+n_2-2)=t_{0.975}(14)=2.1450$，得拒绝域 $W=\{|t|\geqslant 2.1450\}$.

已知 $n_1=n_2=8$，由题中给出的数据可以计算出：

$$\bar{x}=20.4,\quad \bar{y}=19.4,\quad s_W=0.928.$$

于是检验统计量 $T=\dfrac{\bar{X}-\bar{Y}}{S_W\sqrt{\dfrac{1}{n_1}+\dfrac{1}{n_2}}}$ 的观测值为 $t=\dfrac{\bar{x}-\bar{y}}{s_W\sqrt{\dfrac{1}{n_1}+\dfrac{1}{n_2}}}=2.16>2.1450$，故拒绝原假设，即认为这两种温度的断裂强度有显著差异.

3. 配对数据的 t 检验

在两个正态总体均值差的检验中，总是假定来自两个正态总体的样本是独立的. 但在实际问题中，情况不总是这样，这两个总体的样本可能是来自同一个总体上的重复观察，它们成对出现，而且相关. 例如，有时为了比较两种产品、两种仪器、两种方法的差异，常会在相同的条件下做对比试验，得到一批成对的观察值，然后分析观察数据做出推断，这种方法称为逐对比较法. 解决问题的方法是对所得到的两个样本进行配对处理，得到配对样本（Paired Sample）再做显著性检验.

记 n 对独立的配对样本为 $(X_1,Y_1),(X_2,Y_2),\cdots,(X_n,Y_n)$，并令 $Z_i=X_i-Y_i$，$i=1,2,\cdots,n$. 假定 $Z=X-Y\sim N(\mu,\sigma^2)$，其中，$\mu=\mu_1-\mu_2=EX-EY$，$\sigma^2$ 未知. 这样，可认为 $Z_1,Z_2,\cdots,Z_n$ 是来自正态总体 $N(\mu,\sigma^2)$ 的样本，基于此样本，可以对 μ 进行显著性检验：

(1) $H_0:\mu=0,H_1:\mu\neq 0$; (8.3.12)

(2) $H_0:\mu\leqslant 0,H_1:\mu>0$; (8.3.13)

(3) $H_0:\mu\geqslant 0,H_1:\mu<0$. (8.3.14)

采用单个正态总体均值的 t 检验法，则检验统计量为

$$T=\frac{\bar{Z}}{S_Z/\sqrt{n}}. \tag{8.3.15}$$

对给定的显著性水平 α，上面 3 个检验的拒绝域分别为

$$W=\{|t|\geqslant t_{1-\frac{\alpha}{2}}(n-1)\}; \tag{8.3.16}$$

$$W=\{t\geqslant t_{1-\alpha}(n-1)\}; \tag{8.3.17}$$

$$W=\{t\leqslant t_{\alpha}(n-1)\}. \tag{8.3.18}$$

例 8.3.3 比较两种安眠药 A 和 B 的疗效. 以 10 个失眠患者为实验对象，x 为使用 A 后延长的睡眠时间，y 为使用 B 后延长的睡眠时间. 每个患者各服两种药分别实验一次，数据如下：

患者编号	1	2	3	4	5	6	7	8	9	10
x_i/h	1.9	0.8	1.1	0.1	−0.1	4.4	5.5	1.6	4.6	3.4
y_i/h	0.7	−1.6	−0.2	−1.2	−0.1	3.4	3.7	0.8	0	2.0
x_i-y_i/h	1.2	2.4	1.3	1.3	0.0	1.0	1.8	0.8	4.6	1.4

给定 $\alpha=0.01$，试问这两种药的疗效有无显著差异？

解 由于每个患者各服两种药分别实验一次,因此从 X,Y 中抽取的子样并不独立,故令

$$Z=X-Y\sim N(\mu,\sigma^2),\quad \sigma^2\text{ 未知},$$
$$\mu=\mu_1-\mu_2=EX-EY.$$

于是 Z 的子样值为

1.2, 2.4, 1.3, 1.3, 0.0, 1.0, 1.8, 0.8, 4.6, 1.4.

假设 $H_0:\mu=0,H_1:\mu\neq0$,对给定的显著性水平 $\alpha=0.01$,该检验的拒绝域为

$$W=\{|t|\geqslant t_{0.995}(9)=3.25\}.$$

根据 $n=10,\bar{z}=1.580,s_Z=1.230$,算出统计量的观测值为

$$t=\frac{\bar{z}}{s_Z/\sqrt{n}}=\frac{1.580}{1.230/\sqrt{10}}=4.062.$$

由于 $4.062>3.25$,故应拒绝 H_0,认为这两种药的疗效有显著差异.

8.3.2 两个正态总体方差比的假设检验

设总体 $X\sim N(\mu_1,\sigma_1^2),Y\sim N(\mu_2,\sigma_2^2),(X_1,X_2,\cdots,X_{n_1})$ 是来自总体 X 的样本,$(Y_1,Y_2,\cdots,Y_{n_2})$ 是来自总体 Y 的样本,且2组样本独立. 样本均值分别记为 $\bar{X}$ 和 $\bar{Y}$,样本方差分别记为 S_1^2 和 S_2^2.考虑如下3种关于2个总体方差的检验问题:

(1) $H_0:\sigma_1^2=\sigma_2^2,H_1:\sigma_1^2\neq\sigma_2^2$; (8.3.19)

(2) $H_0:\sigma_1^2\leqslant\sigma_2^2,H_1:\sigma_1^2>\sigma_2^2$; (8.3.20)

(3) $H_1:\sigma_1^2\geqslant\sigma_2^2,H_1:\sigma_1^2<\sigma_2^2$. (8.3.21)

对以上检验讨论两种常见的情形.

1. μ_1 和 μ_2 已知时方差比的 F 检验

对假设(8.3.19)~假设(8.3.21),取检验统计量

$$F=\frac{\sum_{i=1}^{n_1}(X_i-\mu_1)^2/n_1}{\sum_{i=1}^{n_2}(Y_i-\mu_2)^2/n_2},\tag{8.3.22}$$

由第6章的定理6.4.5可知,在 $H_0:\sigma_1^2=\sigma_2^2$ 成立的条件下检验统计量 $F\sim F(n_1,n_2)$. 对给定显著性水平 α,3种假设的拒绝域分别为

$$W=\{F\leqslant F_{\frac{\alpha}{2}}(n_1,n_2)\text{或}F\geqslant F_{1-\frac{\alpha}{2}}(n_1,n_2)\};\tag{8.3.23}$$
$$W=\{F\geqslant F_{1-\alpha}(n_1,n_2)\};\tag{8.3.24}$$
$$W=\{F\leqslant F_\alpha(n_1,n_2)\}.\tag{8.3.25}$$

2. μ_1 和 μ_2 未知时方差比的 F 检验

对假设(8.3.19)~假设(8.3.21),取检验统计量

$$F=\frac{S_1^2}{S_2^2},\tag{8.3.26}$$

由第6章的定理6.4.5可知,在 $H_0:\sigma_1^2=\sigma_2^2$ 成立的条件下检验统计量 $F\sim F(n_1-1,n_2-$

1). 对给定显著性水平 α,3 种假设的拒绝域分别为

$$W=\{F\leqslant F_{\frac{\alpha}{2}}(n_1-1,n_2-1)\text{ 或 }F\geqslant F_{1-\frac{\alpha}{2}}(n_1-1,n_2-1)\};\tag{8.3.27}$$

$$W=\{F\geqslant F_{1-\alpha}(n_1-1,n_2-1)\};\tag{8.3.28}$$

$$W=\{F\leqslant F_{\alpha}(n_1-1,n_2-1)\}.\tag{8.3.29}$$

上述检验方法称为 F 检验. 记检验统计量 F 的观测值为 F_0,与上面 3 种假设对应的 p 值分别为

$$p=2\min\{P(F\geqslant F_0|\sigma_1^2=\sigma_2^2),P(F\leqslant F_0|\sigma_1^2=\sigma_2^2)\};\tag{8.3.30}$$

$$p=P(F\geqslant F_0|\sigma_1^2=\sigma_2^2);\tag{8.3.31}$$

$$p=P(F\leqslant F_0|\sigma_1^2=\sigma_2^2).\tag{8.3.32}$$

例 8.3.4 根据本节例 8.3.2 的数据,检验 70 ℃和 80 ℃时针织品断裂强度的方差是否相等(显著性水平 $\alpha=0.05$)?

解 建立假设

$$H_0:\sigma_1^2=\sigma_2^2,\quad H_1:\sigma_1^2\neq\sigma_2^2.$$

对 $\alpha=0.05$,有

$$F_{1-\frac{\alpha}{2}}(n_1-1,n_2-1)=F_{0.975}(7,7)=4.99,$$

$$F_{\frac{\alpha}{2}}(n_1-1,n_2-1)=\frac{1}{F_{1-\frac{\alpha}{2}}(n_2-1,n_1-1)}=\frac{1}{F_{0.975}(7,7)}=\frac{1}{4.99}=0.20,$$

因此拒绝域为 $W=\{F\leqslant 0.20\text{ 或 }F\geqslant 4.99\}$.

由数据可以算出,$s_1^2=0.885\,7$,$s_2^2=0.828\,6$,检验统计量 $F=\dfrac{S_1^2}{S_2^2}$的观测值为

$$F=\frac{s_1^2}{s_2^2}=\frac{0.885\,7}{0.828\,6}=1.07,$$

其没有落入拒绝域,因此接受 H_0,即认为 70 ℃和 80 ℃时针织品断裂强度的方差是相等的.

例 8.3.5 从甲、乙两种氮肥中各取若干样品进行测试,其含氮量数据分别为

$$甲:n_1=18,\quad \bar{x}=0.230\,0,\quad s_1^2=0.133\,7;$$

$$乙:n_2=14,\quad \bar{y}=0.173\,6,\quad s_2^2=0.173\,6.$$

若两种氮肥的含氮量都服从正态分布,问两种氮肥的含氮量是否相同(显著性水平 $\alpha=0.05$)?

解 本题在两正态总体方差未知、齐性未知的情况下,检验两总体均值差. 若要用 t 检验,须先进行方差齐性检验.建立假设

$$H_0:\sigma_1^2=\sigma_2^2,\quad H_1:\sigma_1^2\neq\sigma_2^2.$$

由题设 $n_1=18$,$s_1^2=0.133\,7$,$n_2=14$,$s_2^2=0.173\,6$,于是

$$F=\frac{s_1^2}{s_2^2}=\frac{0.133\,7}{0.173\,6}=0.770\,2,$$

对 $\alpha=0.05$,$F_{1-\frac{\alpha}{2}}(n_1-1,n_2-1)=F_{0.975}(17,13)=3.00$,$F_{\frac{\alpha}{2}}(n_1-1,n_2-1)=F_{0.025}(17,13)=0.36$. 由于 $F_{\frac{\alpha}{2}}(n_1-1,n_2-1)<F<F_{1-\frac{\alpha}{2}}(n_1-1,n_2-1)$,所以接受 H_0,认为方差是齐性的.

由于方差齐性,t 检验的条件已满足. 进一步检验

$$H_0:\mu_1=\mu_2,\quad H_1:\mu_1\neq\mu_2.$$

统计量的值为

$$t=\frac{\bar{x}-\bar{y}}{\sqrt{\frac{(n_1-1)s_1^2+(n_2-1)s_2^2}{n_1+n_2-2}\left(\frac{1}{n_1}+\frac{1}{n_2}\right)}}=\frac{0.2300-0.1736}{\sqrt{\frac{17\times0.1337+13\times0.1736}{18+14-2}\left(\frac{1}{18}+\frac{1}{14}\right)}}=0.4073.$$

对 $\alpha=0.05$，$t_{1-\frac{\alpha}{2}}(n_1+n_2-2)=t_{1-\frac{\alpha}{2}}(30)=2.0423$，由于 $|t|<2.0423$，因此接受 H_0，即认为这两种氮肥的含氮量基本相同(无显著差异).

两个正态总体参数的显著性检验见表 8.3.1.

表 8.3.1 两个正态总体参数的显著性检验列表(显著性水平为 α)

	原假设 H_0	检验统计量	备择假设 H_1	拒绝域
σ_1^2 与 σ_2^2 已知	$\mu_1-\mu_2\leqslant\delta$ $\mu_1-\mu_2\geqslant\delta$ $\mu_1-\mu_2=\delta$	$U=\dfrac{\bar{X}-\bar{Y}-\delta}{\sqrt{\dfrac{\sigma_1^2}{n_1}+\dfrac{\sigma_2^2}{n_2}}}$	$\mu_1-\mu_2>\delta$ $\mu_1-\mu_2<\delta$ $\mu_1-\mu_2\neq\delta$	$u\geqslant u_{1-\alpha}$ $u\leqslant u_\alpha$ $\lvert u\rvert\geqslant u_{1-\frac{\alpha}{2}}$
σ_1^2 与 σ_2^2 未知但相等	$\mu_1-\mu_2\leqslant\delta$ $\mu_1-\mu_2\geqslant\delta$ $\mu_1-\mu_2=\delta$	$T=\dfrac{\bar{X}-\bar{Y}-\delta}{S_W\sqrt{\dfrac{1}{n_1}+\dfrac{1}{n_2}}}$	$\mu_1-\mu_2>\delta$ $\mu_1-\mu_2<\delta$ $\mu_1-\mu_2\neq\delta$	$t\geqslant t_{1-\alpha}(n_1+n_2-2)$ $t\leqslant t_\alpha(n_1+n_2-2)$ $\lvert t\rvert\geqslant t_{1-\frac{\alpha}{2}}(n_1+n_2-2)$
μ_1 与 μ_2 已知	$\sigma_1^2\leqslant\sigma_2^2$ $\sigma_1^2\geqslant\sigma_2^2$ $\sigma_1^2=\sigma_2^2$	$F=\dfrac{\sum_{i=1}^{n_1}(X_i-\mu_1)^2/n_1}{\sum_{i=1}^{n_2}(Y_i-\mu_2)^2/n_2}$	$\sigma_1^2>\sigma_2^2$ $\sigma_1^2<\sigma_2^2$ $\sigma_1^2\neq\sigma_2^2$	$F\geqslant F_{1-\alpha}(n_1,n_2)$ $F\leqslant F_\alpha(n_1,n_2)$ $F\leqslant F_{\frac{\alpha}{2}}(n_1,n_2)$ 或 $F\geqslant F_{1-\frac{\alpha}{2}}(n_1,n_2)$
μ_1 与 μ_2 未知	$\sigma_1^2\leqslant\sigma_2^2$ $\sigma_1^2\geqslant\sigma_2^2$ $\sigma_1^2=\sigma_2^2$	$F=\dfrac{S_1^2}{S_2^2}$	$\sigma_1^2>\sigma_2^2$ $\sigma_1^2<\sigma_2^2$ $\sigma_1^2\neq\sigma_2^2$	$F\geqslant F_{1-\alpha}(n_1-1,n_2-1)$ $F\leqslant F_\alpha(n_1-1,n_2-1)$ $F\leqslant F_{\frac{\alpha}{2}}(n_1-1,n_2-1)$ 或 $F\geqslant F_{1-\frac{\alpha}{2}}(n_1-1,n_2-1)$

8.4 非正态总体参数的假设检验

8.4.1 指数分布均值 θ 的假设检验

若总体 X 服从指数分布 $Exp\left(\frac{1}{\theta}\right)$，均值为 θ，$(X_1,X_2,\cdots,X_n)$ 是来自总体 X 的样本，θ_0 为已知常数，考虑如下 3 种关于 θ 的检验问题：

(1) $H_0:\theta=\theta_0,H_1:\theta\neq\theta_0$； (8.4.1)

(2) $H_0:\theta\leqslant\theta_0,H_1:\theta>\theta_0$； (8.4.2)

(3) $H_0:\theta\geqslant\theta_0,H_1:\theta<\theta_0$. (8.4.3)

通过 θ 的点估计量 $\bar{X}$ 构造检验统计量 $\chi^2=\dfrac{2n\bar{X}}{\theta_0}$，由第 6 章例 6.3.4 知，在 $\theta=\theta_0$ 时 $\chi^2\sim$

$\chi^2(2n)$，由此可知，对给定显著性水平 α，3 种假设的拒绝域分别为

$$W=\{\chi^2\leqslant\chi^2_{\frac{\alpha}{2}}(2n)\quad 或\ \chi^2\geqslant\chi^2_{1-\frac{\alpha}{2}}(2n)\};\tag{8.4.4}$$

$$W=\{\chi^2\geqslant\chi^2_{1-\alpha}(2n)\}.\tag{8.4.5}$$

$$W=\{\chi^2\leqslant\chi^2_{\alpha}(2n)\}.\tag{8.4.6}$$

例 8.4.1 某厂一种元件平均使用寿命为 1 200 h(偏低)，现厂里进行技术革新，革新后任选 8 个元件进行寿命试验，测得寿命数据如下(单位:h)：

2 686　2 001　2 082　792　1 660　4 105　1 416　2 089

假定元件寿命服从指数分布，取 $\alpha=0.05$，问革新后元件的平均寿命是否有明显提高？

解 依题意，待检验的一对假设为

$$H_0:\theta\leqslant 1\,200,\quad H_1:\theta>1\,200.$$

计算样本观测值得到 $\bar{x}=2\,103.875$，故检验统计量的取值为

$$\chi^2=\frac{16\,\bar{x}}{\theta_0}=\frac{16\times 2\,103.875}{1\,200}=28.051\,7.$$

若取 $\alpha=0.05$，则查表知 $\chi^2_{0.95}(16)=26.296\,2$，故拒绝域为 $W=\{\chi^2\geqslant 26.296\,2\}$. 由于 $28.051\,7>26.296\,2$，故拒绝原假设 H_0，认为革新后元件的平均寿命有明显提高.

8.4.2 比率 p 的假设检验(小样本方法)

设 p 为总体 X 的比率，即总体 $X\sim B(1,p)$，$(X_1,X_2,\cdots,X_n)$是来自总体 X 的样本，$\bar{X}$ 是样本均值，$p_0(0<p_0<1)$为已知常数，考虑如下 3 种关于 p 的检验问题：

(1) $H_0:p=p_0,H_1:p\neq p_0$；　(8.4.7)

(2) $H_0:p\leqslant p_0,H_1:p>p_0$；　(8.4.8)

(3) $H_0:p\geqslant p_0,H_1:p<p_0$.　(8.4.9)

通过 p 的点估计量 $\bar{X}$ 构造检验统计量 $T=n\bar{X}=\sum\limits_{i=1}^{n}X_i$，由二项分布的可加性，在 $p=p_0$ 时 $T\sim B(n,p_0)$，由此得到，对给定显著性水平 α，这 3 种假设的拒绝域分别为

$$W=\{T\leqslant c_1\ 或\ T\geqslant c_2\};\tag{8.4.10}$$

$$W=\{T\geqslant c_3\};\tag{8.4.11}$$

$$W=\{T\leqslant c_4\}.\tag{8.4.12}$$

其中，c_1 是满足 $\sum\limits_{i=0}^{c_1}\binom{n}{i}p_0^i(1-p_0)^{n-i}\leqslant\frac{\alpha}{2}$ 的最大整数，c_2 是满足 $\sum\limits_{i=c_2}^{n}\binom{n}{i}p_0^i(1-p_0)^{n-i}\geqslant\frac{\alpha}{2}$ 的最小整数；c_3 是满足 $\sum\limits_{i=c_3}^{n}\binom{n}{i}p_0^i(1-p_0)^{n-i}\geqslant\alpha$ 的最小整数；c_4 是满足 $\sum\limits_{i=0}^{c_4}\binom{n}{i}p_0^i(1-p_0)^{n-i}\leqslant\alpha$ 的最大整数.

记检验统计量 T 的观测值为 t_0，与上面 3 种假设对应的 p 值分别为

$$p=2\min\{P(T\geqslant t_0\mid p=p_0),P(T\leqslant t_0\mid p=p_0)\};\tag{8.4.13}$$

$$p=P(T\geqslant t_0\mid p=p_0);\tag{8.4.14}$$

$$p=P(T\leqslant t_0\mid p=p_0).\tag{8.4.15}$$

例 8.4.2 某人称某地成年人中大学毕业生比例不低于 30%，为检验此看法是否成立，

随机调查该地15名成年人，发现有3名大学生，取$\alpha=0.05$，问该人的看法是否成立？并给出检验的p值.

解 这是关于比例的假设检验问题，用p表示成年人中的大学生比例，T表示15名成年人中的大学毕业生人数. 则$T\sim B(15,p)$. 待检验的一对假设为

$$H_0: p\geqslant 0.3,\quad H_1: p<0.3.$$

检验的拒绝域为$W=\{T\leqslant c\}$，若取$\alpha=0.05$，由于在$p=0.3$时有

$$P(T\leqslant 1)=0.0353<0.05<P(T\leqslant 2)=0.1268.$$

故取$c=1$，从而检验的拒绝域为$W=\{T\leqslant 1\}$，由于T观测值为3，未落入拒绝域中，所以接受原假设，即不能否定该人的看法.

本题计算检验的p值更容易一些. 事实上，若T表示服从二项分布$B(15,0.3)$的随机变量，则p值为

$$p=P(T\leqslant 3)=\sum_{t=0}^{3}\binom{15}{t}0.3^t\,0.7^{15-t}=0.2969,$$

该p值不算小，故接受原假设H_0是恰当的.

8.4.3 总体分布未知时的大样本U检验

若总体X的分布未知，均值μ和方差σ^2存在，$(X_1,X_2,\cdots,X_n)$是来自总体X的一个大样本($n\geqslant 50$)，由第6章定理6.3.2知，当σ^2已知且$\mu=\mu_0$时有

$$U=\frac{\bar{X}-\mu_0}{\sigma/\sqrt{n}}\xrightarrow{L}N(0,1),$$

故可用U检验完成假设(8.2.1)～假设(8.2.3).

当σ^2未知时，用其无偏估计S^2代替σ^2，在$\mu=\mu_0$的情况下，有

$$U=\frac{\bar{X}-\mu_0}{S/\sqrt{n}}\xrightarrow{L}N(0,1).$$

此时可仿照σ^2已知的情况进行U检验.

例 8.4.3 某厂的生产管理员认为该厂第一道工序加工完的产品送到第二道工序进行加工之前的平均等待时间超过90 min. 现对100件产品的随机抽样结果显示平均等待时间为96 min，样本标准差为30 min. 问抽样的结果是否支持该管理员的看法(显著性水平$\alpha=0.05$)？

解 本题为在总体分布未知且方差未知的大样本下，对μ的假设检验问题.建立假设

$$H_0: \mu\geqslant 90,\quad H_1: \mu<90.$$

由题设$n=100,\bar{x}=96,s=30$，则

$$u=\frac{\bar{x}-\mu_0}{s/\sqrt{n}}=\frac{96-90}{30/\sqrt{100}}=2,$$

查表得$u_{0.05}=-1.645$. 由于$u>u_{0.05}$，因此接受H_0，即认为抽样的结果支持该管理员的看法.

两个非正态总体均值差的假设检验有类似结论. 设有总体X和Y，其均值分别为μ_1和μ_2，方差分别为σ_1^2和σ_2^2. 设$(X_1,X_2,\cdots,X_{n_1})$($n_1\geqslant 50$)是来自总体X的样本，$(Y_1,Y_2,\cdots,$

Y_{n_2})($n_2 \geqslant 50$)是来自总体 Y 的样本,且两组样本独立. 样本均值分别记为 $\overline{X}$ 和 $\overline{Y}$,样本方差分别记为 S_1^2 和 S_2^2. 由第 6 章定理 6.3.3 知,当 $\mu_1 - \mu_2 = \delta$ 为真时有

$$U = \frac{\overline{X} - \overline{Y} - \delta}{\sqrt{\frac{\sigma_1^2}{n_1} + \frac{\sigma_2^2}{n_2}}} \xrightarrow{L} N(0,1),$$

当 σ_1^2 和 σ_2^2 未知时,用 S_1^2 和 S_2^2 分别代替 σ_1^2 和 σ_2^2,仍有

$$U = \frac{\overline{X} - \overline{Y} - \delta}{\sqrt{\frac{S_1^2}{n_1} + \frac{S_2^2}{n_2}}} \xrightarrow{L} N(0,1).$$

由上式可知,两个总体的分布未知,但只要是大样本,无论方差知否,均可用 U 检验进行均值差的显著性检验.

例 8.4.4 为比较两种小麦植株的高度(单位:cm),在相同条件下进行高度测定,算得样本均值与样本方差如下.

$$\text{甲小麦}: n_1 = 100, \quad \bar{x} = 28, \quad s_1^2 = 35.8;$$

$$\text{乙小麦}: n_2 = 100, \quad \bar{y} = 26, \quad s_2^2 = 32.3.$$

在显著性水平 $\alpha = 0.05$ 下,这两种小麦株高之间有无显著差异?

解 本题为两个总体分布及其方差均未知的情况下,对总体均值差的检验. 由于是大样本,故可用大样本 U 检验.建立假设

$$H_0: \mu_1 = \mu_2, \quad H_1: \mu_1 \neq \mu_2.$$

由题设条件可计算出

$$u = \frac{\bar{x} - \bar{y}}{\sqrt{\frac{s_1^2}{n_1} + \frac{s_2^2}{n_2}}} = \frac{28 - 26}{\sqrt{\frac{35.8}{100} + \frac{32.3}{100}}} = 2.4236.$$

对 $\alpha = 0.05$, $u_{1-\frac{\alpha}{2}} = u_{0.975} = 1.96$. 由于 $u > u_{1-\frac{\alpha}{2}}$,所以拒绝 H_0,接受 H_1,即认为小麦甲的植株高度比小麦乙的植株高度要高.

8.4.4 总体比率 p 的检验(大样本 U 检验)

总体 $X \sim B(1, p)$, $(X_1, X_2, \cdots, X_n)$($n \geqslant 50$)是来自总体 X 的样本,$\overline{X}$ 是样本均值,由中心极限定理,当 $p = p_0$ 时有

$$U = \frac{\overline{X} - p_0}{\sqrt{\frac{p_0(1-p_0)}{n}}} \xrightarrow{L} N(0,1).$$

因此假设(8.4.7)~假设(8.4.9)的检验过程完全同于 U 检验,这里不再赘述.

例 8.4.5 某种子站有一批种子,按规定发芽率不低于 95%才可出售,今从中任取 500 粒做发芽试验,有 480 粒出芽,问这批种子是否可以出售(显著性水平 $\alpha = 0.05$)?

解 设这批种子(总体)的发芽率为 p,则待检验的假设为

$$H_0: p \geqslant 0.95, \quad H_1: p < 0.95.$$

由题设条件知，$n=500$，$\bar{x}=\frac{480}{500}=0.96$，所以

$$u=\frac{\bar{x}-p_0}{\sqrt{\frac{p_0(1-p_0)}{n}}}=\frac{0.96-0.95}{\sqrt{\frac{0.95\times(1-0.95)}{500}}}=1.026.$$

对 $\alpha=0.05$，$u_\alpha=-1.645$。由于 $u>-1.645$，故接受 H_0，认为该批种子的发芽率不低于 95%，可以出售.

8.5 χ^2 拟合优度检验

参数假设检验通常为总体分布类型已知，仅对其中的参数进行假设检验. 但在实际问题中，总体分布类型往往未知，需要对总体分布形式建立假设并通过样本进行检验. 这类检验问题统称为分布的拟合检验或拟合优度检验(Goodness of Fit Test)，这是一种非参数检验问题. 非参数检验的 χ^2 检验称为 χ^2 拟合优度检验. 这类检验问题一般只给出原假设，其备择假设就是原假设的否定，而原假设的否定通常有多种情况，难以表述，故全部省略.

8.5.1 分类数据的 χ^2 拟合优度检验

1. 总体可分为有限类，且总体分布不含未知参数

设总体 X 可以分成 r 类，记为 $A_1,A_2,\cdots,A_r$. 现要检验的假设为

$$H_0:P(A_i)=p_{i0},\quad i=1,2,\cdots,r. \tag{8.5.1}$$

其中，p_{i0} 已知，$p_{i0}>0$ 且 $\sum_{i=1}^{r}p_{i0}=1$. 现对总体进行 n 次观察，在得到的样本 $(X_1,X_2,\cdots,X_n)$ 中，各类出现的频数分别为 $n_1,n_2,\cdots,n_r$，且 $\sum_{i=1}^{r}n_i=n$，若 H_0 为真，则各概率 p_{i0} 与其对应的频率 $\frac{n_i}{n}$ 相差不大，或各观察频数 n_i 与理论频数(期望个数) np_{i0} 相差不大. 由此，英国统计学家卡尔·皮尔逊提出检验统计量

$$\chi^2=\sum_{i=1}^{r}\frac{(n_i-np_{i0})^2}{np_{i0}} \tag{8.5.2}$$

来衡量理论频数与实际个数间的差异.

从式(8.5.2)的结构看，当 H_0 为真时，和式中每一项的分子 $(n_i-np_{i0})^2$ 都不应太大，从而 χ^2 不会过大；若 χ^2 过大，则认为原假设 H_0 不真. 基于此想法，检验的拒绝域为 $W=\{\chi^2\geqslant c\}$，c 为待定的临界值. 卡尔·皮尔逊于 1900 年证明了如下定理.

定理 8.5.1 在前述各项假定下，当 H_0 成立时，式(8.5.2)有

$$\chi^2\xrightarrow{L}\chi^2(r-1).$$

对于给定的显著性水平 α，由分布 $\chi^2(r-1)$ 可得 $c=\chi^2_{1-\alpha}(r-1)$，即得检验(8.5.1)的拒绝域为 $W=\{\chi^2\geqslant\chi^2_{1-\alpha}(r-1)\}$. 上述检验称为皮尔逊 χ^2 拟合优度检验.

例 8.5.1 某公司的人事部门希望了解公司职工的病假是否均匀分布在周一到周五，

以便合理安排工作. 如今抽取 100 名病假职工,其病假日分别如下:

工作日	周 一	周 二	周 三	周 四	周 五
频 数	17	27	10	28	18

试问该公司职工病假日是否均匀分布在一周 5 个工作日中(显著性水平 $\alpha=0.05$)?

解 若病假日均匀分布在 5 个工作日内,则应有 $p_{i0}=\frac{1}{5}, i=1,2,\cdots,5$,以 A_i 表示"病假日就在周 i",则待检验的假设为

$$H_0: P(A_i)=\frac{1}{5}, \quad i=1,2,\cdots,5.$$

由于 $r=5$,在 $\alpha=0.05$ 时,$\chi^2_{0.95}(4)=9.49$,因此拒绝域为 $W=\{\chi^2\geqslant 9.49\}$. 而 χ^2 统计量式(8.5.2)的观测值为

$$\begin{aligned}\chi^2&=\sum_{i=1}^{5}\frac{(n_i-np_{i0})^2}{np_{i0}}\\&=\frac{(17-20)^2}{20}+\frac{(27-20)^2}{20}+\frac{(10-20)^2}{20}+\frac{(28-20)^2}{20}+\frac{(18-20)^2}{20}\\&=11.30.\end{aligned}$$

由于 $11.30\geqslant 9.49$,这表明样本落在拒绝域中,因此在显著性水平 $\alpha=0.05$ 时拒绝原假设 H_0,认为该公司职工病假日在 5 个工作日内不是均匀分布的.

2. 总体可分为有限类,但总体分布含有未知参数

设总体 X 可以分成 r 类,记为 $A_1,A_2,\cdots,A_r$. 现要检验的假设为

$$H_0: P(A_i)=p_i, \quad i=1,2,\cdots,r. \tag{8.5.3}$$

其中,$p_i>0$ 且 $\sum\limits_{i=1}^{r}p_i=1$,但 $p_i=p_i(\theta_1,\theta_2,\cdots,\theta_k)$,即 p_i 依赖于k 个未知参数$\theta_1,\theta_2,\cdots,\theta_k$. 英国统计学家费歇尔证明得到当总体分布中含有 k 个独立的未知参数时,若这 k 个参数 θ_1, $\theta_2,\cdots,\theta_k$ 用极大似然估计 $\hat{\theta}_1,\hat{\theta}_2,\cdots,\hat{\theta}_k$ 代替,然后算出 p_i 的估计值 $\hat{p}_i=p_i(\hat{\theta}_1,\hat{\theta}_2,\cdots,\hat{\theta}_k)$,类似(8.5.2)的统计量

$$\chi^2=\sum_{i=1}^{r}\frac{(n_i-n\hat{p}_i)^2}{n\hat{p}_i}. \tag{8.5.4}$$

当样本容量 $n\to+\infty$ 时,服从自由度为 $r-k-1$ 的 χ^2 分布.

由此即得,对于给定的显著性水平 α,假设(8.5.3)的检验统计量(8.5.4)的拒绝域为 $W=\{\chi^2\geqslant\chi^2_{1-\alpha}(r-k-1)\}$.

由于采用的是渐近分布,因此无论是式(8.5.2)还是式(8.5.4)均对样本量 n 的大小有一定要求,这种 χ^2 检验主要用于大样本场合. 一般要求 $n\geqslant 50$,各类的观测频数 $n_i\geqslant 5$,当某些类频数小于 5 时,通常的做法是将邻近若干类合并. 上述检验也称为皮尔逊 χ^2 拟合优度检验.

8.5.2 分布的 χ^2 拟合优度检验

设$(X_1,X_2,\cdots,X_n)$是来自分布函数为 $F(x)$的总体 X 的样本,待检验的原假设为

$$H_0: F(x) = F_0(x). \tag{8.5.5}$$

其中,$F_0(x)$称为理论分布,它可以是一个完全已知的分布,也可以是一个分布形式已知,但依赖于有限个未知参数的分布函数. 这个分布检验问题就是检验观测数据是否与理论分布符合. 在样本量较大时,这类问题可以用 χ^2 拟合优度检验来解决. 下面分两种情况来讨论.

1. 总体 X 为离散分布

对于离散总体 X,设其取有限或可列个值 $a_1, a_2, \cdots$,把某些取值合并为一类,使得 $a_1, a_2, \cdots$被分为有限个类 $A_1, A_2, \cdots, A_r$,并满足样本观测值$(x_1, x_2, \cdots, x_n)$落入每一个类 A_i 内的频数 $n_i \geqslant 5$. 记 $P(X \in A_i) = p_i, i = 1, 2, \cdots, r$,那么

$$H_0: X \sim P(X = a_i) = p_{i0}, \quad i = 1, 2, \cdots$$

就转化为

$$H_0: P(X \in A_i) = p_i, \quad i = 1, 2, \cdots, r.$$

这样,离散分布的拟合检验与前面分类数据的检验问题就完全一样了.

例 8.5.2 在某交叉路口记录每 15 s 内通过的汽车数量,共观察了 25 min,得到 100 个数据,经整理得:

通过的汽车数量/辆	0	1	2	3	4	5	6	7	8	9	10	11
频　数	1	5	15	17	26	11	9	8	3	2	2	1

试检验假设:15 s 内通过该交叉路口的汽车数量服从泊松分布(显著性水平 $\alpha = 0.05$).

解 本题要检验的假设其实质为检验总体是否服从泊松分布. 原假设为 $H_0: X$ 服从泊松分布 $P(\lambda)$. 由于服从泊松分布的随机变量可取所有的非负整数,然而尽管它可取可数个值,但取较大值的概率非常小,可以忽略不计. 另一方面,在对该随机变量进行实际观察时也只能观察到有限个不同值,比如本例中,只观察到 0,1,…,11 这 12 个不同值. 为了满足每类出现的频数 $n_i \geqslant 5$,把总体 X 分为 8 类:$A_1 = \{X \leqslant 1\}, A_i = \{X = i\}, i = 2, 3, \cdots, 7, A_8 = \{X \geqslant 8\}$. 每一类出现的概率为

$$p_1 = \sum_{i=0}^{1} \frac{\lambda^i e^{-\lambda}}{i!},$$

$$p_i = \frac{\lambda^i e^{-\lambda}}{i!}, \quad i = 2, 3, \cdots, 7,$$

$$p_8 = \sum_{i=8}^{+\infty} \frac{\lambda^i e^{-\lambda}}{i!}.$$

从而把所要检验的原假设转化为

$$H_0: P(A_i) = p_i, \quad i = 1, 2, \cdots, 8.$$

首先此总体分布中含有未知参数 λ,利用极大似然估计 $\bar{x} = \frac{1}{100}\sum_{i=1}^{100} x_i = 4.28$,有

$$\hat{p}_1 = \sum_{i=0}^{1} \frac{4.28^i e^{-4.28}}{i!},$$

$$\hat{p}_i = \frac{4.28^i e^{-4.28}}{i!}, \quad i = 2, 3, \cdots, 7,$$

$$\hat{p}_8 = \sum_{i=8}^{\infty} \frac{4.28^i e^{-4.28}}{i!}.$$

计算结果见表 8.5.1,由此可以得到检验统计量的值为

$$\chi^2=\sum_{i=1}^{8}\frac{(n_i-n\hat{p}_i)^2}{n\hat{p}_i}=5.7896.$$

组数 $r=8$,未知参数个数 $k=1$,采用式(8.5.4),对 $\alpha=0.05$,有

$$\chi^2_{0.95}(8-1-1)=\chi^2_{0.95}(6)=12.592,$$

拒绝域为 $W=\{\chi^2\geqslant 12.592\}$. 由于统计量 χ^2 的值没有落在拒绝域内,故在显著性水平 $\alpha=0.05$ 时,保留 H_0,即认为 15 s 内通过交叉路口的汽车数量服从参数 $\lambda=4.28$ 的泊松分布.

表 8.5.1 χ^2 值计算表

i	n_i	$\hat{p}_i$	$n\hat{p}_i$	$\frac{(n_i-n\hat{p}_i)^2}{n\hat{p}_i}$
1	6	0.0730	7.30	0.2315
2	15	0.1268	12.68	0.4245
3	17	0.1809	18.09	0.0657
4	26	0.1935	19.35	2.2854
5	11	0.1657	16.57	1.8724
6	9	0.1182	11.82	0.6728
7	8	0.0723	7.23	0.0820
8	8	0.0696	6.96	0.1554
总　和	100	1.0000	100.00	5.7896

2. 总体 X 为连续分布

对于连续总体 X,要检验假设 $H_0:F(x)=F_0(x)$[或 $H_0:p(x)=p_0(x)$]. 在这种情况下检验 H_0 的做法如下:适当取 $r+1$ 个实数 $a_0<a_1<a_2<\cdots<a_{r-1}<a_r$,把 X 的取值范围分成 r 个互不相交的区间

$$A_1=(a_0,a_1],$$
$$A_2=(a_1,a_2],$$
$$\vdots$$
$$A_r=(a_{r-1},a_r).$$

其中,a_0 可以是 $-\infty$,a_r 可以是 $+\infty$. 当观测值落入第 i 个区间时,就把它看作属于第 i 类 A_i. 用 n_i 表示样本观察值 $(x_1,x_2,\cdots,x_n)$ 落在区间 A_i 内的个数(一般要求 $n_i\geqslant 5$),$i=1,2,\cdots,r$. 当 H_0 为真时,记

$$p_i=P(a_{i-1}<X\leqslant a_i)=F_0(a_i)-F_0(a_{i-1}),\quad i=1,2,\cdots,r.$$

此时假设 $H_0:F(x)=F_0(x)$ 就转化为

$$H_0:P(X\in A_i)=p_i,\quad i=1,2,\cdots,r.$$

下面的步骤与分类数据的 χ^2 拟合优度检验一致.

例 8.5.3 设从连续总体 X 中抽取 120 个样本观察值,经计算整理得 $\bar{x}=209$,$s_n^2=42.77$,观测值落入各区间的频数见表 8.5.2,试检验 X 服从正态分布(显著性水平 $\alpha=0.05$).

表 8.5.2 观测值落入各区间的频数

序 号	小区间	n_i
1	$(-\infty,198]$	6
2	$(198,201]$	7
3	$(201,204]$	14
4	$(204,207]$	20
5	$(207,210]$	23
6	$(210,213]$	22
7	$(213,216]$	14
8	$(216,219]$	8
9	$(219,+\infty)$	6
总 和		120

解 设总体 X 的分布函数为 $F(x)$，现假设

$$H_0:F(x)=F_0(x)=\Phi\left(\frac{x-\mu}{\sigma}\right).$$

这里正态分布只给出了分布类型，有两个待估参数 μ 和 σ^2. 用极大似然估计法估计 μ 和 σ^2，有

$$\hat{\mu}=\bar{x}=209,\quad \hat{\sigma}^2=s_n^2=42.77.$$

因此，X 的分布近似为 $N(209,42.77)$. 由表 8.5.2 可知，总体 X 的 120 个样本值被分为 9 组如下

$$A_1=(-\infty,198],\quad A_2=(198,201],$$
$$\vdots$$
$$A_8=(216,219],\quad A_9=(219,+\infty).$$

各组频数分别为 $n_1=6,n_2=7,\cdots,n_9=16$. 利用公式

$$\hat{p}_i=P(a_{i-1}<X\leqslant a_i)=\Phi\left(\frac{a_i-209}{\sqrt{42.77}}\right)-\Phi\left(\frac{a_{i-1}-209}{\sqrt{42.77}}\right),\quad i=1,2,\cdots,9,$$

求得

$$\hat{p}_1=0.0465,\ \hat{p}_2=0.0647,\ \cdots,\ \hat{p}_9=0.063,$$

$$\chi^2=\sum_{i=1}^{9}\frac{(n_i-n\hat{p}_i)^2}{n\hat{p}_i}=1.140.$$

各项计算结果见表 8.5.3.

对 $\alpha=0.05$，有

$$\chi^2_{1-\alpha}(r-k-1)=\chi^2_{0.95}(9-2-1)=\chi^2_{0.95}(6)=12.592.$$

由于 $\chi^2<\chi^2_{1-\alpha}(k-r-1)$，所以接受 H_0，认为总体 X 服从正态分布.

表 8.5.3 χ^2 统计量计算表

序号	区间	n_i	$\hat{p}_i$	$n\hat{p}_i$	$\frac{(n_i-n\hat{p}_i)^2}{n\hat{p}_i}$
1	$(-\infty,198]$	6	0.046 5	5.580	0.031 6
2	$(198,201]$	7	0.064 7	7.764	0.075 2
3	$(201,204]$	14	0.112 4	13.488	0.019 4
4	$(204,207]$	20	0.154 7	18.564	0.111 1
5	$(207,210]$	23	0.181 3	21.756	0.071 1
6	$(210,213]$	22	0.169 5	20.340	0.135 5
7	$(213,216]$	14	0.128 6	15.432	0.132 9
8	$(216,219]$	8	0.079 3	9.516	0.241 5
9	$(219,+\infty)$	6	0.063 0	7.560	0.321 9
总和		120	1	120.00	1.140 2

由上例可见,当 $F(x)$ 为连续分布时,需将取值区间进行分组,而检验结论依赖于分组,分组不同有可能得出不同的结论,此即连续分布场合 χ^2 拟合优度检验的缺点.

8.5.3 列联表的独立性检验

引例 某公司有 A_1,A_2,A_3 三位业务员在 B_1,B_2,B_3 三个地区开展营销业务活动,他们的年销售额(单位:万元)见表 8.5.4.

表 8.5.4 业务员业绩表

业务员 \ 地区	B_1	B_2	B_3	行和
A_1	150	140	260	550
A_2	160	170	290	620
A_3	110	130	180	420
列和	420	440	730	1 590

现在公司的营销经理需要评价这 3 个业务员在 3 个不同地区营销业绩的差异是否显著.如果差异显著,说明某个业务员特别适合在某个地区开展业务;如果差异不显著,则把任一位分配在某个地区对销售额都不会有影响.这一问题的关键就是要决定业务员和地区这两个因素对营销业绩的影响是否独立.统计学上经常会遇到这类要求判断两个属性变量之间是否独立的问题.如果两个属性变量之间没有关联则称作是独立的,可用 χ^2 拟合优度检验方法来检验两个属性变量之间的独立性问题.

一般地,总体按属性 A 与 B 分类,A 有 r 类(即 $A_1,A_2,\cdots,A_r$),B 有 c 类(即 $B_1,B_2,\cdots,B_c$),共有 $r\times c$ 个类.若进行 n 次试验,其中所属 A_i 又属 B_j 的结果有 n_{ij} 个,按矩阵排列,得到二维列联表,简称 $r\times c$ 表,见表 8.5.5.

表 8.5.5 $r\times c$ 表

B / A	B_1	…	B_j	…	B_c	行和
A_1	n_{11}	…	n_{1j}	…	n_{1c}	$n_{1\cdot}$
⋮	⋮		⋮		⋮	⋮
A_i	n_{i1}	…	n_{ij}	…	n_{ic}	$n_{i\cdot}$
⋮	⋮	⋮	⋮	⋮	⋮	⋮
A_r	n_{r1}	…	n_{rj}	…	n_{rc}	$n_{r\cdot}$
列和	$n_{\cdot 1}$	…	$n_{\cdot j}$	…	$n_{\cdot c}$	n

通常在二维表中按行、列分别求出其合计数：

$$n_{i\cdot}=\sum_{j=1}^{c}n_{ij},\quad i=1,2,\cdots,r,$$

$$n_{\cdot j}=\sum_{i=1}^{r}n_{ij},\quad j=1,2,\cdots,c,$$

$$\sum_{i=1}^{r}n_{i\cdot}=\sum_{j=1}^{c}n_{\cdot j}=n.$$

在这种列联表中，人们关心属性 A 与 B 是否独立，将这类问题称为列联表的独立性检验. 于是提出原假设 H_0：两个属性 A 与 B 是独立的，即相互之间没有影响.

为了明确写出检验问题，记总体为 X，这里 X 按属性 A 分成 r 类（即 $A_1,A_2,\cdots,A_r$），按属性 B 被分成 c 类（即 $B_1,B_2,\cdots,B_c$）（表 8.5.6），并设

$$P(X\in A_iB_j)=p_{ij},\quad i=1,2,\cdots,r,\quad j=1,2,\cdots,c,$$

$$p_{i\cdot}=P(X\in A_i)=\sum_{j=1}^{c}p_{ij},\quad i=1,2,\cdots,r$$

$$p_{\cdot j}=P(X\in B_j)=\sum_{i=1}^{r}p_{ij},\quad j=1,2,\cdots,c,$$

显然，$\sum_{i=1}^{r}p_{i\cdot}=\sum_{j=1}^{c}p_{\cdot j}=1$.

那么，当两个属性 A 与 B 是独立时，应对一切 i,j 有 $p_{ij}=p_{i\cdot}\times p_{\cdot j}$. 因此检验问题为

$$H_0:p_{ij}=p_{i\cdot}\times p_{\cdot j},\quad i=1,2,\cdots,r,\quad j=1,2,\cdots,c. \tag{8.5.6}$$

表 8.5.6 二维离散分布表

B / A	B_1	…	B_j	…	B_c	行和
A_1	p_{11}	…	p_{1j}	…	p_{1c}	$p_{1\cdot}$
⋮	⋮		⋮		⋮	⋮
A_i	p_{i1}	…	p_{ij}	…	p_{ic}	$p_{i\cdot}$
⋮	⋮		⋮		⋮	⋮
A_r	p_{r1}	…	p_{rj}	…	p_{rc}	$p_{r\cdot}$
列和	$p_{\cdot 1}$	…	$p_{\cdot j}$	…	$p_{\cdot c}$	1

这就变为上一小节中 p_{ij} 不完全已知时的分布拟合检验问题. 这里 p_{ij} 共有 rc 个参数，

在原假设 H_0 为真时，这 rc 个参数 p_{ij} 由 $r+c$ 个参数 $p_{i\cdot}, p_{\cdot j}$ 决定. 在这后 $r+c$ 个参数中存在两个约束条件

$$\sum_{i=1}^{r} p_{i\cdot}=1, \quad \sum_{j=1}^{c} p_{\cdot j}=1,$$

故此时 p_{ij} 实际上由 $r+c-2$ 个独立参数所确定. 据此，检验统计量为

$$\chi^2=\sum_{i=1}^{r}\sum_{j=1}^{c}\frac{(n_{ij}-n\hat{p}_{ij})^2}{n\hat{p}_{ij}}. \tag{8.5.7}$$

当 $n=rc$ 较大时，χ^2 近似服从自由度为 $rc-(r+c-2)-1=(r-1)(c-1)$ 的 χ^2 分布. 其中 $\hat{p}_{ij}$ 是在 H_0 为真下得到的 p_{ij} 的最大似然估计，其表达式为

$$\hat{p}_{ij}=\hat{p}_{i\cdot}\,\hat{p}_{\cdot j}=\frac{n_{i\cdot}}{n}\frac{n_{\cdot j}}{n}. \tag{8.5.8}$$

因此，对检验问题(8.5.6)，式(8.5.7)可化为

$$\chi^2=\sum_{i=1}^{r}\sum_{j=1}^{c}\frac{\left(n_{ij}-n\frac{n_{i\cdot}}{n}\frac{n_{\cdot j}}{n}\right)^2}{n\frac{n_{i\cdot}}{n}\frac{n_{\cdot j}}{n}}=\sum_{i=1}^{r}\sum_{j=1}^{c}\frac{\left(n_{ij}-\frac{n_{i\cdot}n_{\cdot j}}{n}\right)^2}{\frac{n_{i\cdot}n_{\cdot j}}{n}}$$

$$=\sum_{i=1}^{r}\sum_{j=1}^{c}\frac{(nn_{ij}-n_{i\cdot}n_{\cdot j})^2}{nn_{i\cdot}n_{\cdot j}}=n\left(\sum_{i=1}^{r}\sum_{j=1}^{c}\frac{n_{ij}^2}{n_{i\cdot}n_{\cdot j}}-1\right). \tag{8.5.9}$$

对给定的显著性水平 α，拒绝域为

$$W=\{\chi^2\geqslant\chi^2_{1-\alpha}[(r-1)(c-1)]\}. \tag{8.5.10}$$

例 8.5.4 为研究儿童智商与营养状况之间的关系，某研究机构随机调查了 1 436 名儿童，得到表 8.5.7 中的数据如下.

表 8.5.7 儿童智商与营养调查数据

营养状况 \ 智商	<80	80～89	90～99	≥100	合 计
男	367	342	266	329	1 304
女	56	40	20	16	132
合 计	423	382	286	345	1 436

试在显著性水平 $\alpha=0.05$ 的情况下判断儿童智商与营养状况是否有关.

解 这属于列联表的独立性检验问题. 两个属性分别是营养状况 A 和智商 B，A 分成 $A_1=\{男\}$、$A_2=\{女\}$两类，B 分成 B_1, B_2, B_3, B_4 四类，分别表示表中 4 种情况. 建立假设

$$H_0：两个属性 A 与 B 是独立的.$$

统计表示如下

$$H_0: p_{ij}=p_{i\cdot}\,p_{\cdot j}, \quad i=1,2, \quad j=1,2,3,4.$$

在本例中 $r=2, c=4$. 在显著性水平 $\alpha=0.05$ 下有

$$\chi^2_{0.95}[(r-1)(c-1)]=\chi^2_{0.95}(3)=7.815,$$

因此得拒绝域为

$$W=\{\chi^2\geqslant 7.815\}.$$

将表中数据代入式(8.5.9),得

$$\chi^2=1\,436\times\left(\frac{367^2}{1\,304\times423}+\frac{342^2}{1\,304\times382}+\frac{266^2}{1\,304\times286}+\frac{329^2}{1\,304\times345}+\right.$$

$$\left.\frac{56^2}{132\times423}+\frac{40^2}{132\times382}+\frac{20^2}{132\times286}+\frac{16^2}{132\times345}-1\right)$$

$$=1\,436\times(1.013\,424\,3-1)$$

$$=19.277.$$

由于 $\chi^2=19.277>7.815$,故拒绝原假设 H_0,认为儿童的营养状况对智商有影响.

8.6 似然比检验

通过前面的学习,我们知道参数检验的实质是对参数的取值范围进行判断.构造参数检验的一个直观方法就是从参数的一个"良好"估计量出发构造检验统计量,然后根据检验统计量的取值分布,确定出拒绝域进行检验.最大似然估计量一般具有"良好"的性质,可用于构造检验统计量.参数的最大似然估计量是似然函数的最值解,似然函数必定含有关于参数取值的重要信息.因此,可直接从似然函数出发进行参数检验,即似然比检验和广义似然比检验,它们是参数检验的一般方法.

8.6.1 似然比检验

设总体 X 的概率函数为 $p(x;\theta)$,θ 为未知参数,$\theta\in\Theta$.$(X_1,X_2,\cdots,X_n)$为 X 的样本,样本值为$(x_1,x_2,\cdots,x_n)$.考虑如下的检验问题

$$H_0:\theta\in\Theta_0,\quad H_1:\theta\in\Theta_1.$$

其中,$\Theta_1=\Theta-\Theta_0$,Θ_0,Θ 均非空.

似然比的基本思想如下:总体 X 的似然函数为 $L(\theta)=L(x_1,x_2,\cdots,x_n;\theta)$,$\hat{\theta}_0$ 与 $\hat{\theta}_1$ 分别是 θ 在参数空间 Θ_0 与 Θ_1 上的最大似然估计,即

$$L(\hat{\theta}_0)=\max_{\theta\in\Theta_0}L(\theta),\quad L(\hat{\theta}_1)=\max_{\theta\in\Theta_1}L(\theta).$$

令

$$\lambda=\lambda(x_1,x_2,\cdots,x_n)=\frac{L(\hat{\theta}_1)}{L(\hat{\theta}_0)},\tag{8.6.1}$$

将$(x_1,x_2,\cdots,x_n)$换成$(X_1,X_2,\cdots,X_n)$的统计量

$$\lambda=\lambda(X_1,X_2,\cdots,X_n)=\frac{L(\hat{\theta}_1)}{L(\hat{\theta}_0)},\tag{8.6.2}$$

称 $\lambda(X_1,X_2,\cdots,X_n)$为似然比(统计量),它不依赖于参数 θ.与最大似然原理类似,如果 $\lambda(x_1,x_2,\cdots,x_n)$取值较大,说明当 H_0 为真时观察到样本值$(x_1,x_2,\cdots,x_n)$的概率比 H_0 不真时观察到样本值$(x_1,x_2,\cdots,x_n)$的概率要小得多,此时有理由怀疑假设 H_0 不真.于是,将 λ 作为检验统计量,拒绝域应为

$$W=\{\lambda \geqslant \lambda_0\},\tag{8.6.3}$$

其中,λ_0 应满足

$$P(\lambda \geqslant \lambda_0 \mid H_0) \leqslant \alpha.\tag{8.6.4}$$

这种检验法称为似然比检验.

例 8.6.1 设总体 $X \sim N(\mu,\sigma_0^2)$,其中 σ_0^2 已知. 试给出假设 $H_0:\mu \leqslant \mu_0, H_1:\mu > \mu_0$ 的似然比检验(μ_0 为已知常数,显著性水平为 α).

解 似然函数为

$$\begin{aligned} L(\mu) &= \frac{1}{(2\pi\sigma_0^2)^{\frac{n}{2}}}\exp\left\{-\frac{1}{2\sigma_0^2}\sum_{i=1}^{n}(x_i-\mu)^2\right\} \\ &= \frac{1}{(2\pi\sigma_0^2)^{\frac{n}{2}}}\exp\left\{-\frac{1}{2\sigma_0^2}\left[\sum_{i=1}^{n}(x_i-\bar{x})^2+n(\bar{x}-\mu)^2\right]\right\}. \end{aligned}$$

由题设知,$\Theta_0=\{\mu \mid \mu \leqslant \mu_0\}$,$\Theta_1=\{\mu \mid \mu > \mu_0\}$. Θ_0 与 Θ_1 上的 μ 最大似然估计分别为 $\hat{\mu}_0=\min\{\bar{x},\mu_0\}$ 和 $\hat{\mu}_1=\max\{\bar{x},\mu_0\}$. 故

$$\begin{aligned} \lambda=\lambda(x_1,\cdots,x_n) &= \frac{L(\hat{\mu}_1)}{L(\hat{\mu}_0)} \\ &= \exp\left\{\frac{n}{2\sigma_0^2}\left[(\bar{x}-\hat{\mu}_0)^2-(\bar{x}-\hat{\mu}_1)^2\right]\right\} \\ &= \exp\left\{\frac{n(\hat{\mu}_1-\hat{\mu}_0)}{2\sigma_0^2}(2\bar{x}-\hat{\mu}_1-\hat{\mu}_0)\right\}. \end{aligned}$$

当 H_0 成立时,有 $\mu \leqslant \mu_0$,因此有 $\hat{\mu}_0 \leqslant \hat{\mu}_1$. 此时,$\lambda$ 是 $\bar{x}$ 的严格增函数,故拒绝域 $W=\{\lambda \geqslant \lambda_0\}$ 等价于 $W=\{\bar{x} \geqslant c\}$ 或 $W=\{u \geqslant c_1\}$,其中 $U=\dfrac{\sqrt{n}(\bar{X}-\mu_0)}{\sigma_0}$. 要使

$$P(U \geqslant c_1 \mid H_0) \leqslant \alpha,$$

只需

$$P(U \geqslant c_1 \mid \mu=\mu_0)=\alpha,$$

故有

$$c_1=u_{1-\alpha}.$$

因此所求的拒绝域为

$$W=\{u \geqslant u_{1-\alpha}\},$$

与前面给出的拒绝域相同.

8.6.2 广义似然比检验

广义似然比检验与似然比检验的基本思想类似,但其使用范围更加广泛.

总体 X 的似然函数为 $L(\theta)=L(x_1,\cdots,x_n;\theta)$,$\hat{\theta}_0$ 与 $\hat{\theta}$ 分别是 θ 在参数空间 Θ_0 与 Θ 上的最大似然估计,即

$$L(\hat{\theta}_0)=\max_{\theta\in\Theta_0}L(\theta),\quad L(\hat{\theta})=\max_{\theta\in\Theta}L(\theta).$$

令

$$\lambda=\lambda(x_1,x_2,\cdots,x_n)=\frac{L(\hat{\theta})}{L(\hat{\theta}_0)}, \tag{8.6.5}$$

将$(x_1,x_2,\cdots,x_n)$换成$(X_1,X_2,\cdots,X_n)$的统计量

$$\lambda=\lambda(X_1,X_2,\cdots,X_n)=\frac{L(\hat{\theta})}{L(\hat{\theta}_0)}, \tag{8.6.6}$$

称$\lambda(X_1,X_2,\cdots,X_n)$为广义似然比(统计量),它不依赖于参数$\theta$. 由于$\Theta_0\subset\Theta$,所以$\lambda(x_1,x_2,\cdots,x_n)\geqslant 1$. 与最大似然原理类似,如果$\lambda(x_1,x_2,\cdots,x_n)$取值较大,说明当$H_0$为真时观察到样本值$(x_1,x_2,\cdots,x_n)$的概率比较小,此时有理由怀疑假设$H_0$不真. 因此,以$\lambda$作为检验统计量,拒绝域应为

$$W=\{\lambda\geqslant\lambda_0\}, \tag{8.6.7}$$

其中,λ_0应满足

$$P(\lambda\geqslant\lambda_0\,|\,H_0)\leqslant\alpha. \tag{8.6.8}$$

这种检验法称为广义似然比检验.

有时,广义似然比的分布不易确定或分布相当复杂,此时存在另一个统计量$T=T(X_1,X_2,\cdots,X_n)$,且λ是T的严格单调函数,那么根据T可确定拒绝域为$W=\{T\geqslant c\}$或$W=\{T\leqslant c\}$,其中,c满足$P(T\geqslant c\,|\,H_0)\leqslant\alpha$或者$P(T\leqslant c\,|\,H_0)\leqslant\alpha$.

例 8.6.2 设总体$X\sim N(\mu,\sigma^2)$,其中μ,σ^2均未知. 试给出假设$H_0:\mu=\mu_0$,$H_1:\mu\neq\mu_0$的广义似然比检验(μ_0为已知常数,显著性水平为α).

解 似然函数为

$$\begin{aligned}L(\mu,\sigma^2)&=\frac{1}{(2\pi\sigma^2)^{\frac{n}{2}}}\exp\left\{-\frac{1}{2\sigma^2}\sum_{i=1}^{n}(x_i-\mu)^2\right\}\\&=\frac{1}{(2\pi\sigma^2)^{\frac{n}{2}}}\exp\left\{-\frac{1}{2\sigma^2}\left[\sum_{i=1}^{n}(x_i-\bar{x})^2+n(\bar{x}-\mu)^2\right]\right\}.\end{aligned}$$

由题设知,$\Theta_0=\{(\mu_0,\sigma^2)\mid\sigma^2>0\}$,$\Theta=\{(\mu,\sigma^2)\mid-\infty<\mu<+\infty,\sigma^2>0\}$. 在$\Theta_0$上$\mu=\mu_0$,$\sigma^2$的最大似然估计为$\hat{\sigma}_0^2=\frac{1}{n}\sum_{i=1}^{n}(x_i-\mu_0)^2$;在$\Theta$上$\hat{\mu}=\bar{x}$,$\sigma^2$的最大似然估计为$\hat{\sigma}^2=\frac{1}{n}\sum_{i=1}^{n}(x_i-\bar{x})^2$. 故

$$\lambda=\lambda(x_1,\cdots,x_n)=\frac{L(\hat{\mu},\hat{\sigma}^2)}{L(\hat{\mu}_0,\hat{\sigma}_0^2)}=\left[\frac{\sum_{i=1}^{n}(x_i-\bar{x})^2+n(\bar{x}-\mu_0)^2}{\sum_{i=1}^{n}(x_i-\bar{x})^2}\right]^{\frac{n}{2}}=\left(1+\frac{t^2}{n-1}\right)^{\frac{n}{2}},$$

其中,$t=\frac{\sqrt{n}(\bar{x}-\mu_0)}{s}$,$s^2=\frac{1}{n-1}\sum_{i=1}^{n}(x_i-\bar{x})^2$. 此时,$\lambda$是$t^2$的严格增函数,因此拒绝域$W=\{\lambda\geqslant\lambda_0\}$等价于$W=\{t^2\geqslant c\}$或$W=\{|t|\geqslant c_1\}$. 由于$H_0$成立时,有

$$t\sim t(n-1),$$

由

$$P(|t|\geqslant c_1)=\alpha,$$

得

$$c_1=t_{1-\frac{\alpha}{2}},$$

即水平为 α 的检验拒绝域为

$$W=\{|t|\geqslant t_{1-\frac{\alpha}{2}}\},$$

与前面给出的拒绝域相同.

选读材料:概率统计学家简介 5

瓦尔德

瓦尔德 (A. Wald,1902—1950)是著名美籍罗马尼亚数理统计学家. 瓦尔德 1927 年进入维也纳大学学习数学,1931 年获博士学位,后在经济学领域进行研究工作. 1938 年瓦尔德在美国哥伦比亚大学做统计推断理论方面的工作,1944 年任教授,1946 年被任命为新建立的数理统计系的执行官员. 瓦尔德在统计学中的贡献是多方面的,最重要的有统计决策理论. 他提出了该理论一般的判决问题,引进了损失函数、风险函数、极大极小原则和最不利先验分布等概念,这方面的成果系统总结反映在他的专著《统计决策函数论》中. 他的另一重要成果是序贯分析,瓦尔德在第二次世界大战期间首次提出了著名的序贯概率比检验法(SPRT),并研究了这种检验法的各种特性,如计算两类错误概率及平均样本量. 他和沃尔弗维茨提出的 SPRT 的最优性被认为是理论统计领域中最深刻的结果之一,他的专著《序贯分析》奠定了序贯分析的基础.

习 题

1. 设$(X_1,X_2,\cdots,X_n)$是来自 $N(\mu,1)$的样本,考虑如下假设检验问题

$$H_0:\mu=0,\quad H_1:\mu=1.$$

若确定检验的拒绝域 $W=\{\bar{x}\geqslant 0.6\}$.

(1) 当 $n=20$ 时,求检验犯两类错误的概率 α,β;

(2) 若要使检验犯第二类错误的概率 $\beta\leqslant 0.01$,求 n 的最小值;

(3) 证明当 $n\to+\infty$时,$\alpha\to 0,\beta\to 0$.

2. 设$(X_1,X_2,\cdots,X_{10})$是来自总体 $B(1,p)$的样本,考虑如下检验问题

$$H_0:p=0.2,\quad H_1:p=0.4.$$

取拒绝域 $W=\{\bar{x}\geqslant 0.5\}$,求该检验犯两类错误的概率.

3. 设$(X_1,X_2,\cdots,X_{16})$是来自正态总体 $N(\mu,4)$的样本,考虑如下检验问题

$$H_0:\mu=6,\quad H_1:\mu\neq 6.$$

拒绝域取为 $W=\{|\bar{x}-6|\geqslant c\}$,试求 c 使得检验的显著性水平 α 为 0.05,并求检验在 $\mu=6.5$处犯第二类错误的概率.

4. 设$(X_1,X_2,\cdots,X_n)$是来自均匀总体$U(0,\theta)$的样本，考虑如下检验问题

$$H_0:\theta\geqslant 3,\quad H_1:\theta<3.$$

拒绝域取为$W=\{x_{(n)}\leqslant 2.5\}$，试求该检验犯第一类错误的概率最大值$\alpha$；若要使该最大值$\alpha$不超过0.05，求$n$的最小值.

5. 设总体X的分布密度为$p(x)=(1+\theta)x^\theta$，$0\leqslant x\leqslant 1$，$\theta\geqslant 0$. 为检验

$$H_0:\theta=1,\quad H_1:\theta<1,$$

现观测1个样本，并取拒绝域为$W=\{x\leqslant 0.5\}$. 试求该检验犯两类错误的概率.

6. 已知某炼铁厂铁水含碳量(%)X服从正态分布$N(4.55,0.108^2)$. 现在测定了9炉铁水，其平均含碳量为4.484%，如果铁水含碳量的方差没有变化，能否认为现在生产的铁水平均含碳量仍为4.55%(显著性水平$\alpha=0.05$)？

7. 某厂生产须用玻璃纸作为包装，按规定供应商供应的玻璃纸的横向延伸率(单位：%)不应低于65%，已知该指标服从正态分布$N(\mu,5.5^2)$. 从近期的来货中抽查了100个样品，得样本均值$\bar{x}=55.06\%$，试问在显著性水平$\alpha=0.05$的情况下，能否接收这批玻璃纸？

8. 有一批枪弹，出厂时其初速度$v\sim N(950,100)$. 经过较长时间，取9发进行测试，得样本值如下(单位：m/s)：

914　920　910　934　953　945　912　924　940

根据经验，枪弹经储存后其初速度仍服从正态分布，且标准差保持不变. 问是否可认为这批枪弹的初速度有显著降低(显著性水平$\alpha=0.05$)？

9. 设考生的某次考试成绩服从正态分布，现从中任取36位考生的成绩，其平均成绩为66.5，标准差为15，问在显著性水平$\alpha=0.05$的情况下，能否认为全体考生这次考试的平均成绩为70？请给出检验过程.

10. 从一批钢管抽取10根，测得其内径为(单位：mm)：

100.36　100.31　99.99　100.11　100.64　100.85　99.42　99.91　99.35　100.10

设这批钢管内径服从正态分布$N(\mu,\sigma^2)$，试分别在下列条件下检验假设$H_0:\mu=100$，$H_1:\mu>100$(显著性水平$\alpha=0.05$).

(1) $\sigma=5$；

(2) σ未知.

11. 如果一个矩形的宽度w与长度l的比值为$\frac{w}{l}=\frac{1}{2}(\sqrt{5}-1)\approx 0.618$，这样的矩形称为黄金矩形. 下面列出某工艺品厂随机抽取的20个矩形的宽度与长度的比值：

0.693　0.749　0.654　0.670　0.662　0.672　0.615　0.606　0.690　0.628
0.668　0.611　0.606　0.609　0.553　0.570　0.844　0.576　0.933　0.630

设这一工厂生产的矩形的宽度与长度的比值总体服从正态分布，其均值为μ. 试检验如下假设(显著性水平$\alpha=0.05$)

$$H_0:\mu=0.618,\quad H_1:\mu\neq 0.618.$$

12. 考察一鱼塘中鱼的含汞量，随机地取10条鱼测得每条鱼的含汞量为(单位：mg)：

0.8　1.6　0.9　0.8　1.2　0.4　0.7　1.0　1.2　1.1

设鱼的含汞量服从正态分布$N(\mu,\sigma^2)$，试检验如下假设（显著性水平$\alpha=0.10$）

$$H_0:\mu\leqslant 1.2,H_1:\mu>1.2.$$

13. 某自动机床加工套筒的直径 X(单位:μm)服从正态分布.现从加工的这批套筒中任取 5 个,测得直径分别为$(x_1,x_2,\cdots,x_5)$,经计算得到

$$\sum_{i=1}^{5} x_i = 124, \quad \sum_{i=1}^{5} x_i^2 = 3\ 139.$$

试问这批套筒直径的方差与规定的 $\sigma^2=7$ 有无显著差别(显著性水平 $\alpha=0.01$)?

14. 某项考试要求成绩的标准差为 12,现从考试成绩单中任意抽出 15 份,计算样本标准差为 16,设成绩服从正态分布,问此次考试的标准差是否符合要求(显著性水平 $\alpha=0.05$)?

15. 已知维尼纶纤度在正常条件下服从正态分布,且标准差为 0.048.从某天的产品中随机抽取 5 根纤维,测得其纤度为(单位:cm):

1.32　1.55　1.36　1.40　1.44

问这一天纤度的总体标准差是否正常(显著性水平 $\alpha=0.05$)?

16. 某电工器材厂生产一种保险丝,通常情况下其熔化时间(单位:周)的方差为 400.现从某天的产品中抽取容量为 25 的样本,测量其熔化时间并计算得 $\bar{x}=62.24$,$s^2=404.77$.问这天保险丝熔化时间的方差与通常情况相比有无显著差异(显著性水平 $\alpha=0.05$,假定熔化时间服从正态分布)?

17. 某种导线的质量标准要求其电阻的标准差不超过 0.005 Ω.现从一批导线中随机抽取 9 根,测得样本标准差为 $s=0.007$ Ω.设总体为正态分布,问在显著性水平 $\alpha=0.05$ 的情况下能否认为这批导线的标准差显著偏大?

18. 某厂新设计一种化学天平,要求它的随机误差 3σ 不超 0.1 mg.该天平误差总体服从正态分布,现将其与标准天平比较,得到 10 个误差数据$(x_1,x_2,\cdots,x_{10})$,已知偏差平方和 $\sum_{i=1}^{10}(x_i-\bar{x})^2=0.008\ 1$,问该天平是否满足设计要求(显著性水平 $\alpha=0.05$)?

19. 设甲、乙两种甜菜的含糖率分别服从 $N(\mu_1,7.5)$ 和 $N(\mu_2,2.6)$,现从两种甜菜中分别抽取若干样品,测其含糖率分别为(单位:%):

甲:24.3　17.4　23.7　20.8　21.3;

乙:20.2　16.9　16.7　18.2.

问甲、乙两种甜菜含糖率的平均值 μ_1,μ_2 有无显著差异(显著性水平 $\alpha=0.05$)?

20. 某种羊毛在处理前后分别抽取样本测得含脂率为

处理前:0.19　0.18　0.21　0.30　0.66　0.42　0.08　0.12　0.30　0.27;

处理后:0.15　0.13　0.07　0.24　0.19　0.04　0.08　0.20.

问经过处理后含脂率(假定含脂率服从正态分布且等方差)有无显著降低(显著性水平 $\alpha=0.05$)?

21. 有两批棉纱,为比较其断裂强度,从中各取一个样本,测试得到

第一批棉纱样本:$n_1=200$,　$\bar{x}=0.532$ kg,　$s_1=0.218$ kg;

第二批棉纱样本:$n_2=200$,　$\bar{y}=0.57$ kg,　$s_2=0.17\ 6$ kg.

设两强度总体服从正态分布,方差未知但相等,问两批强度均值有无显著差异(显著性水平 $\alpha=0.05$)?

22. 从某锌矿的东、西两支矿脉中各抽取样本容量分别为 9 与 8 的样本进行测试,得样

本含锌量平均数及样本方差如下

$$东矿脉:\bar{x}_1=0.230,\quad s_1^2=0.1337;$$

$$西矿脉:\bar{x}_2=0.269,\quad s_2^2=0.1736.$$

若东、西两支矿脉的含锌量都服从正态分布且方差相同，问东、西两支矿脉含锌量的均值是否可以看作一样(显著性水平 $\alpha=0.05$)?

23.(成对数据) 为了比较两种谷物种子的优劣，特选取10块土质不同的土地，并将每块土地分为面积相同的两部分，分别种植这两种种子，20小块土地上的施肥量与田间管理都相同. 下面列出各小块土地上的单位产量:

土地序号	1	2	3	4	5	6	7	8	9	10
种子1的单位产量 x/kg	23	35	29	42	39	29	37	34	35	28
种子2的单位产量 y/kg	30	39	35	40	38	34	36	33	41	31
单位产量之差/kg	−7	−4	−6	2	1	−5	1	1	−6	−3

试问两种种子的单位产量在显著性水平 $\alpha=0.05$ 的情况下有无显著差异?

24. 为了比较测定污水中氯气含量的两种方法，特在各种场合收集到8个污水水样，每个水样均用这两种方法测定氯气含量. 具体数据如下:

水样号	方法一氯气含量(x) /(mg·L^{-1})	方法二氯气含量(y) /(mg·L^{-1})	两方法氯气含量之差 ($d=x-y$)/(mg·L^{-1})
1	0.36	0.39	−0.03
2	1.35	0.84	0.51
3	2.56	1.76	0.80
4	3.92	3.35	0.57
5	5.35	4.69	0.66
6	8.33	7.70	0.63
7	10.70	10.52	0.18
8	10.91	10.92	−0.01

试用成对数据处理方法比较两种测定方法是否有显著差异(显著性水平 $\alpha=0.05$)?

25. 某卷烟厂生产甲、乙两种香烟，分别对其尼古丁含量进行6次测定，获得样本观察值为(单位:mg)

甲: 25 28 23 26 29 22;

乙: 28 23 30 25 21 27.

假定这两种烟的尼古丁含量都服从正态分布，对这两种香烟的尼古丁含量，试问它们的方差有无显著差异(显著性水平 $\alpha=0.1$)? 这两种香烟的尼古丁平均含量有无显著差异(显著性水平 $\alpha=0.05$)?

26. 甲、乙两台车床生产同一种滚珠，滚珠直径服从正态分布. 从中分别抽取8个和9个产品，测得其直径为(单位:mm)

甲: 15.0 14.5 15.2 15.5 14.8 15.1 15.2 14.8;

乙: 15.2 15.0 14.8 15.2 15.0 15.0 14.8 15.1 14.8.

比较两台车床生产的滚珠直径的方差是否有显著差异(显著性水平 $\alpha=0.05$)?

27. 某工厂的两个化验室每天同时从工厂的冷却水中取样,测量水中含氯量,记录如下(单位:g/m^3)

化验室 A: 1.15　1.86　0.75　1.82　1.14　1.65　1.90;

化验室 B: 1.00　1.90　0.90　1.80　1.20　1.70　1.95.

设两组数据均来自正态总体,试检验两总体方差的齐性(显著性水平 $\alpha=0.01$).

28. 有两台机器生产同种金属部件,分别在两台机器所生产的部件中各取一容量为 $m=14$ 和 $n=12$ 的样本,测得部件质量(单位:kg)的样本方差分别为 $s_1^2=15.46$,$s_2^2=9.66$,设两样本相互独立,试在显著性水平 $\alpha=0.05$ 的情况下检验假设

$$H_0:\sigma_1^2=\sigma_2^2,\quad H_1:\sigma_1^2>\sigma_2^2.$$

29. 测得两批电子器件的样品的电阻为(单位:Ω)

A 批(x): 0.140　0.138　0.143　0.142　0.144　0.137;

B 批(y): 0.135　0.140　0.142　0.136　0.138　0.140.

设这两批器材电阻值分别服从分布 $N(\mu_1,\sigma_1^2)$,$N(\mu_2,\sigma_2^2)$,且两样本独立.

(1) 试检验两个总体的方差是否相等(显著性水平 $\alpha=0.05$);

(2) 试检验两个总体的均值是否相等(显著性水平 $\alpha=0.05$).

30. 某厂使用两种不同的原料生产同一类型产品. 随机选取使用原料 A 生产的样品 22 件,测得其平均质量为 23.6 kg,样本标准差为 0.57 kg;随机选取使用原料 B 生产的样品 24 件,测得其平均质量为 25.5 kg,样本标准差为 0.48 kg. 设产品质量服从正态分布,两个样本独立,问能否认为使用原料 B 生产的产品质量显著大于原料 A(显著性水平 $\alpha=0.05$)?

31. 在 20 世纪 70 年代后期人们发现在酿啤酒时,麦芽干燥过程中会形成致癌物质亚硝基二甲胺(NDMA),20 世纪 80 年代初期开发了一种新的麦芽干燥过程. 老、新两种过程中形成的 NDMA 含量(以 10 亿份中的份数计)为

老过程: 6　4　5　5　6　5　5　6　4　6　7;

新过程: 2　1　2　2　1　0　3　2　1　0　1.

设两样本分别来自不同的正态总体,并假定两总体方差相等,两样本独立,分别以 μ_1 与 μ_2 表示老、新过程的总体的均值,试检验(显著性水平 $\alpha=0.05$)

$$H_0:\mu_1-\mu_2=2,\quad H_1:\mu_1-\mu_2>2.$$

32. 一药厂生产一种新的止痛片,厂方希望服用新药片后至药片开始起作用的时间间隔较原有止痛片至少缩短一半,因此厂方提出需检验假设

$$H_0:\mu_1=2\mu_2,\quad H_1:\mu_1>2\mu_2.$$

其中 μ_1 与 μ_2 分别是服用原有止痛片和服用新止痛片后至药片开始起作用的时间间隔的总体的均值. 设两总体均为正态分布且方差分别为已知值 σ_1^2 与 σ_2^2,现分别在两总体中取样本 $(X_1,X_2,\cdots,X_n)$ 和 $(Y_1,Y_2,\cdots,Y_m)$,并设两个样本独立. 试给出上述假设检验问题的检验统计量及拒绝域(显著性水平为 α).

33. 设总体 $X\sim N(\mu_1,\sigma^2)$,总体 $Y\sim N(\mu_2,\sigma^2)$. 从总体 X 抽取样本 $(X_1,X_2,\cdots,X_n)$,从总体 Y 抽取样本 $(Y_1,Y_2,\cdots,Y_m)$,两样本独立. 考虑如下假设检验

$$H_0:c\mu_1+d\mu_2=\delta,\quad H_1:c\mu_1+d\mu_2\neq\delta.$$

其中,$c\neq0$,$d\neq0$,δ 都是已知常数. 求检验统计量与拒绝域(显著性水平为 α).

34. 设总体 $X\sim N(\mu_1,\sigma_1^2)$，总体 $Y\sim N(\mu_2,\sigma_2^2)$. 从总体 X 与总体 Y 中分别取容量为 7 和 5 的样本，具体取值如下

$$x: \quad 81 \quad 165 \quad 97 \quad 134 \quad 92 \quad 87 \quad 14;$$

$$y: \quad 102 \quad 86 \quad 98 \quad 109 \quad 92.$$

设两样本独立，显著性水平 $\alpha=0.05$.

(1) 检验假设 $H_0:\sigma_1^2=10\sigma_2^2$，$H_1:\sigma_1^2\neq 10\sigma_2^2$；

(2) 利用(1) 的结果，检验 $H_0:\mu_1-\mu_2=10$，$H_1:\mu_1-\mu_2\neq 10$.

35. 从一批服从指数分布的产品中抽取 10 个进行寿命试验，观测值如下(单位:h)

1 643　1629　426　132　1 522　432　1 759　1 074　528　283

根据这批数据能否认为其平均寿命不低于 1 100 h(显著性水平 $\alpha=0.05$)？

36. 某厂一种元件平均使用寿命为 1 200 h，寿命偏低. 现厂里进行技术革新，革新后任选 8 个元件进行寿命试验，测得寿命数据如下(单位:h)

2 686　2 001　2 082　792　1 660　4 105　1 416　2 089

假定元件寿命服从指数分布，问革新后元件的平均寿命是否有明显提高(显著性水平 $\alpha=0.05$)？

37. 有人称某地成年人中大学毕业生比例不低于 40%，为检验该结论，随机调查该地 15 名成年人，发现有 5 名大学生. 问该人的看法是否成立，并给出检验的 p 值(显著性水平 $\alpha=0.05$).

38. 某人声称其投篮命中率不低于 90%，观察其投篮 10 次，共投中 8 次，问在显著性水平 $\alpha=0.05$ 的情况下，他的说法是否正确？

39. 某人声称他能根据股票价格的历史图表预报未来股市的涨跌，若在一场测试中，他进行了 10 次预测，报对 8 次.

(1) 在显著性水平 $\alpha=0.05$ 的情况下，能否相信他具有这种能力？

(2) 当显著性水平为多少时，可相信他具有这种能力？

40. 某小学校长在报纸上看到这样的报道："这一城市的小学学生平均每周看 8 h 电视." 她认为她所在学校的学生看电视的时间明显小于该数字. 为此她在该校随机调查了 100 个学生，得知平均每周看电视的时间 $\bar{x}=6.5$ h，样本标准差为 $s=2$ h. 问是否可以认为这位校长的看法是对的(显著性水平 $\alpha=0.05$)？

41. 设在木材中抽取 100 根，测其小头直径，得到样本平均数为 $\bar{x}=11.2$ cm，样本标准差 $s=2.6$ cm，问该批木材小头的平均直径能否认为不低于 12 cm(显著性水平 $\alpha=0.05$)？

42. 通常某种布上每平方米的疵点数服从泊松分布，现随机检查 100 m^2 该种布，发现有 126 个疵点，在显著性水平 $\alpha=0.05$ 的情况下能否认为该种布每平方米上平均疵点数不超过 1 个？并给出检验的 p 值.

43. 假定电话总机在某单位时间内接到的呼叫次数服从泊松分布，现观测了 40 个单位时间，接到的电话次数如下

0　2　3　2　3　2　1　0　2　2　1　2　2　1　3　1　1　4　1　1

5　1　2　2　3　3　1　3　1　3　4　0　6　1　1　1　4　0　1　3

在显著性水平 $\alpha=0.05$ 的情况下能否认为单位时间内平均呼叫次数不低于 2.5 次？并给出检验的 p 值.

44. 设$(X_1,X_2,\cdots,X_n)$是来自指数分布$Exp(\lambda)$的一个样本，$(Y_1,Y_2,\cdots,Y_m)$是来自另一指数分布$Exp(\mu)$的一个样本，且两样本相互独立. 若设$\Delta=\frac{\lambda}{\mu}$，对检验问题

$$H_0:\Delta=1,\quad H_1:\Delta\neq 1,$$

在显著性水平为α时给出拒绝域.

45. 设$(X_1,X_2,\cdots,X_n)$是来自泊松分布$P(\lambda)$的一个样本.

(1) 利用泊松分布的充分统计量对检验问题

$$H_0:\lambda=\lambda_0,\quad H_1:\lambda=\lambda_1(\lambda_1>\lambda_0).$$

在显著水平为α时给出其拒绝域；

(2) 证明(1)中的拒绝域也是检验问题$H_0:\lambda\leqslant\lambda_0$，$H_1:\lambda>\lambda_0$的拒绝域(显著性水平为$\alpha$)；

(3) 在样本量n较大时，利用中心极限定理给出近似拒绝域.

46. 某地为研究正常成年男女血液中红细胞平均数的差异，随机从该地抽查成年男子156名，成年女子74名，计算男子血液中红细胞的平均数为465.13×10^4个/mm³，样本标准差为54.8×10^4个/mm³，女子血液中红细胞平均数为422.16×10^4个/mm³，样本标准差为49.2×10^4个/mm³，试问该地正常成年人血液中红细胞平均数是否与性别有关(显著性水平$\alpha=0.05$)？

47. 某大学随机调查120名男同学，发现50人非常喜欢看武侠小说，而随机调查的85名女同学中有23人喜欢，试用大样本检验方法在显著性水平$\alpha=0.05$的情况下检验男女同学在喜欢武侠小说方面有无差异，并给出检验的p值.

48. 有人对$\pi=3.141\,592\,6\cdots$的小数点后800位数字中数字0,1,2,…,9出现的次数进行了统计，结果如下：

数　字	0	1	2	3	4	5	6	7	8	9
次数/次	74	92	83	79	80	73	77	75	76	91

试在显著性水平$\alpha=0.05$的情况下检验每个数字出现概率相同的假设.

49. 掷一颗骰子60次，结果如下：

点　数	1	2	3	4	5	6
次数/次	7	8	12	11	9	13

试在显著性水平$\alpha=0.05$的情况下检验这颗骰子是否均匀.

50. 某种动物的后代按体格的属性分为3类，各类的数目分别为10,53,46. 按照某种遗传模型，其频率之比应为$\theta^2:2\theta(1-\theta):(1-\theta)^2$. 问数据与模型是否相符(显著性水平$\alpha=0.05$)？

51. 检查某本书的100页，记录各页中的印刷错误的个数，其结果如下：

错误数/个	0	1	2	3	4	5	≥6
页数	35	40	19	3	2	1	0

问能否认为一页的印刷错误个数服从泊松分布(显著性水平$\alpha=0.05$)？

52. 在1 h内电话站每分钟收到的呼叫次数统计如下：

呼叫次数 x_i	0	1	2	3	4	5	6	$\geqslant 7$
频 数 n_i	8	16	17	10	6	2	1	0

试用 χ^2 准则检验每分钟的电话呼叫次数服从泊松分布的假设(显著性水平 $\alpha=0.05$).

53. 某建筑工地每天发生的事故数现场记录如下：

每天发生的事故数	0	1	2	3	4	5	6	合计
天数/d	102	59	30	8	0	1	0	200

试在显著性水平 $\alpha=0.05$ 的情况下检验这批数据是否服从泊松分布.

54. 袋中装有红球与白球共 8 个，其中红球数 M 未知. 为了考察红球数 M 的大小，特设计如下试验：每次从袋中任取(不返回)3 球，记录其中的红球数 X. 如此独立进行 112 次试验，获得如下数据：

X	0	1	2	3
次数/次	1	31	55	25

对显著性水平 $\alpha=0.05$，检验如下假设

$$H_0: X \text{ 服从超几何分布 } h(n, N, M),$$

其中，$N=8, n=3, M=5$.

55. 在自动精密旋床的加工过程中任意抽取 200 个小轴，测得轴的直径与规定尺寸的偏差如下：

偏差/μm	频数 n_i	偏差/μm	频数 n_i
−20～−15	7	+5～+10	41
−15～−10	11	+10～+15	26
−10～−5	15	+15～+20	17
−5～0	24	+20～+25	7
0～+5	49	+25～+30	3

试利用 χ^2 拟合优度检验小轴直径与规定尺寸的偏差服从正态分布的假设(显著性水平 $\alpha=0.05$).

56. 在一批灯泡中抽取 300 只做寿命检验，其结果如下：

寿命/h	<100	$[100,200]$	$[200,300]$	$\geqslant 300$
灯泡数量/只	121	78	43	58

在显著性水平 $\alpha=0.05$ 的情况下，能否认为灯泡寿命服从指数分布 $Exp(0.005)$?

57. 将属性 A 与 B 的 n 个样品分成 4 类，组成如下二维列联表：

	B	$\overline{B}$
A	a	b
$\overline{A}$	c	d

试证明此列联表独立性检验的 χ^2 统计量可表示成

$$\chi^2 = \frac{n(ad-bc)^2}{(a+b)(c+d)(a+c)(b+d)}.$$

58. 对 1 000 位高中生进行性别与色盲的调查，获得如下二维列联表：

性别	视觉		合计
	正常	色盲	
男	535	65	600
女	382	18	400
合计	917	83	1 000

在显著性水平 $\alpha=0.05$ 的情况下，考察性别与色盲之间是否独立.

59. 为研究慢性气管炎与吸烟量的关系，调查了 813 人，各类人数统计如下：

健康情况	吸烟量/支			合计
	0	1~5	>5	
患病	126	245	49	420
健康	152	209	32	393
合计	278	454	81	813

是否可以认为吸烟量对慢性气管炎没有影响(显著性水平 $\alpha=0.05$)?

60. 某调查机构连续 3 年对某城市的居民进行热点调查，请被调查者选择收入、物价、住房、交通其中之一作为最关心的问题. 调查结果如下：

问题	收入	物价	住房	交通	合计
1997 年	155	232	87	50	524
1998 年	134	201	100	75	510
1999 年	176	114	165	61	516
合计	465	547	352	186	1 550

是否可以认为各年该城市居民对社会热点问题的看法保持不变(显著性水平 $\alpha=0.05$)?

61. 设总体 $X\sim N(\mu,\sigma^2)$，其中 μ,σ^2 均未知. 试给出假设 $H_0:\sigma^2=\sigma_0^2, H_1:\sigma^2\neq\sigma_0^2$ 的广义似然比检验(σ_0^2 为已知常数，显著性水平为 α).

62. 设总体 $X\sim B(1,p)$，其中 p 未知. 试给出假设 $H_0:p=p_0, H_1:p\neq p_0$ 的广义似然比检验(p_0 为已知常数，显著性水平为 α).

63. 设总体 X 的分布密度为

$$p(x;\theta)=\frac{8(\theta-x)}{3\theta^2},\quad 0<x<\frac{\theta}{2},\quad \theta>0.$$

试给出假设 $H_0:\theta=\theta_0, H_1:\theta\neq\theta_0$ 的广义似然比检验(θ_0 为已知正常数，显著性水平为 α).

第9章

方差分析与回归分析

方差分析与回归分析是应用广泛的两种统计分析方法. 方差分析是20世纪20年代由费歇尔在研究农业试验的数据分析时提出的一种统计方法,该方法通过试验数据的偏差平方和来分析各个因素对试验结果有无影响. 方差分析形式上是检验多个具有相同方差的正态总体的均值是否相等的一种统计方法,实质上是研究分类自变量(因素)对因变量(要考察的试验指标)是否有显著影响的一种统计方法,与回归分析有许多相似之处. 回归分析是通过建立回归模型来研究变量之间相关关系的一种统计方法;回归分析的内容包括确定自变量(解释变量)与因变量(被解释变量)的回归模型,估计回归模型的参数并进行统计检验,根据自变量的值估计预测因变量的值等. 本章主要介绍这两种方法的基本内容.

9.1 单因素方差分析

9.1.1 单因素方差分析问题的提出

在科学试验、生产实践和社会生活中,影响一个结果的因素往往有很多. 例如,在化工生产中,产品的质量往往受到配方、设备、温度、压力、催化剂、操作人员素质等因素的影响;又如,在工作中,个人收入除了受学历、专业、工作时间等方面的影响外,还受个人能力、经历及机遇等偶然因素的影响. 虽然在众多因素中,每个因素的改变都可能影响最终的结果,但有些因素影响较大,有些因素影响较小,故在实际问题中,就有必要找出对最终结果有显著影响的因素. 方差分析(Analysis of Variance,ANOVA)就是通过对试验的结果进行分析并建立数学模型,来鉴别各个因素影响效应的一种有效方法.

在方差分析中,将要考察的对象的某种特征称为试验指标(Experimental Index),将影响试验指标的条件称为因素(Factor). 因素可分为两类:一类是人们可以控制的(如化工生产中配方、设备、温度、压力、催化剂、学历、专业、工作时间等);另一类是人们无法控制的(如操作人员的素质、个人能力、经历、机遇等). 本书中所讨论的因素都是指可控制因素. 因素所处的状态称为该因素的水平(Level)或处理(Treatment). 如果在一项试验中只有一个因素在改变,则称为单因素试验;如果有多于一个因素在改变,则称为多因素试验. 为方便起见,用大写字母 A,B,C 等表示因素,用大写字母加下标表示该因素的水平,如 A_1,A_2,$\cdots$.下面通过例子提出单因素方差分析问题.

例 9.1.1 某农科所为寻求本地区高产优质油菜品种，选取 5 个不同品种，每一品种在栽培条件相同的 4 块试验田试种，得到每一块试验田上的亩产量，见表 9.1.1. 问各不同品种的平均亩产量是否有显著差异？

表 9.1.1 油菜亩产量数据

单位：kg

田块 \ 品种	A_1	A_2	A_3	A_4	A_5
1	256	244	250	288	206
2	222	300	277	280	212
3	280	290	230	315	220
4	298	275	322	259	212

分析 在本题中，试验的条件只有一个——品种，而关心的问题是品种这一因素对亩产量的影响，这是一个单因素试验问题. 每个品种在 4 块田块上试种，即每个水平下都进行 4 次试验. 因此，这是一个单因素 5 水平且每个水平都重复 4 次的试验，其指标为体现油菜种植效果的亩产量.

从表中的试验数据可以看出，同一品种在不同的田块上亩产量不同，这是由随机因素引起的，这说明同一水平 $A_i(i=1,2,\cdots,5)$ 下的试验结果——亩产量——为一随机变量. 因此，可以认为一个品种的亩产量就是一个总体，即每个水平下都有一个总体，设水平 A_1,A_2,A_3,A_4,A_5 下的总体分别为 Y_1,Y_2,Y_3,Y_4,Y_5. 根据实际经验和概率论知识，可以假定各总体相互独立且服从同方差的正态分布，即 Y_1,Y_2,Y_3,Y_4,Y_5 相互独立，且 $Y_i\sim N(\mu_i,\sigma^2)(i=1,2,\cdots,5)$. 从总体 Y_i 中抽取简单随机样本 $(Y_{i1},Y_{i2},Y_{i3},Y_{i4})$，$i=1,2,\cdots,5$，表中的 5 列亩产量数据就分别是总体 Y_1,Y_2,Y_3,Y_4,Y_5 的样本值.

5 个不同油菜品种各自在 4 块田块上试种的平均亩产量存在差异的原因除随机误差的影响外，还有因素 A 的水平不同.

因此，判断各不同品种的平均亩产量是否有显著差异可以转化为如何通过表9.1.1提供的样本值来检验统计假设

$$H_0:\mu_1=\mu_2=\cdots=\mu_5,\quad H_1:\mu_1,\mu_2,\cdots,\mu_5\text{ 不全相等.}$$

如果拒绝 H_0，便可认为这 5 个品种平均亩产量之间有显著差异，否则，就认为这 5 个品种平均亩产量之间无差异，产量的不同是由随机因素引起的. 这是一个比较 5 个总体的数学期望是否有显著差异的假设检验问题.

9.1.2 单因素方差分析的统计模型

由例 9.1.1 的分析可以看出，方差分析是检验同方差的若干个独立正态总体均值是否相等的一种统计分析方法，问题的一般性描述如下.

设在单因素试验中，所考察的因素为 A，其有 r 个水平 $A_1,A_2,\cdots,A_r$，每个水平下考察的指标可以看成一个总体，即水平 A_i 下的总体记为 Y_i，$i=1,2,\cdots,r$，则共有 r 个总体. 来自总体 Y_i 的容量为 n_i 的样本为 $(Y_{i1},Y_{i2},\cdots,Y_{in_i})$，$i=1,2,\cdots,r$，见表 9.1.2.

表 9.1.2 单因素方差分析数据

因素水平	A_1	A_2	…	A_r
试验数据	Y_{11} Y_{12} ⋮ Y_{1n_1}	Y_{21} Y_{22} ⋮ Y_{2n_2}	… … ⋮ …	Y_{r1} Y_{r2} ⋮ Y_{rn_r}
样本总和	T_1	T_2	…	T_r
样本均值	$\overline{Y}_1$	$\overline{Y}_2$	…	$\overline{Y}_r$

假定：

(1) 每一个总体均为正态总体，记为 $Y_i \sim N(\mu_i, \sigma_i^2), i=1,2,\cdots,r$；

(2) 各总体的方差相同，记为 $\sigma_1^2=\sigma_2^2=\cdots=\sigma_r^2=\sigma^2$；

(3) 从每一个总体中抽取的样本是相互独立的，即所有的试验结果 Y_{ij} 都相互独立.

下面要做的工作是比较各水平下的均值是否相同，即要对假设

$$H_0: \mu_1=\mu_2=\cdots=\mu_r, \quad H_1: \mu_1, \mu_2, \cdots, \mu_r \text{ 不全相等} \tag{9.1.1}$$

进行检验.如果 H_0 不成立，因素 A 的 r 个水平均值不全相等，称因素 A 的不同水平间有显著差异，简称因素 A 显著；反之，如果 H_0 成立，因素 A 的 r 个水平均值相等，称因素 A 的不同水平间没有显著差异，简称因素 A 不显著.

一般情况下，水平 A_i 下的试验结果 Y_{ij} 与该水平下的指标均值 μ_i 是有差距的，记为

$$\varepsilon_{ij}=Y_{ij}-\mu_i,$$

称其为随机误差，于是有

$$Y_{ij}=\mu_i+\varepsilon_{ij}. \tag{9.1.2}$$

式(9.1.2)称为试验结果 Y_{ij} 的数据结构式，将 3 个假定用于数据结构式即可写出单因素方差分析的统计模型(均值模型)

$$\begin{cases} Y_{ij}=\mu_i+\varepsilon_{ij}, \quad i=1,2,\cdots,r, \quad j=1,2,\cdots,n_i, \\ \text{各 } \varepsilon_{ij} \text{ 相互独立，且都服从 } N(0,\sigma^2). \end{cases} \tag{9.1.3}$$

为了更好地描述数据，直接分析出因素 A 的各个水平的影响大小，将参数 μ_i 进行分解，给出单因素方差分析的效应模型.

记 $n=\sum\limits_{i=1}^{r} n_i$ 为总试验次数，称各 μ_i 的平均(所有试验结果的均值的平均)

$$\mu=\frac{1}{n}\sum_{i=1}^{r} n_i \mu_i \tag{9.1.4}$$

为总均值(Grand Mean)，也称为一般平均(General Mean). 称第 i 水平下的均值 μ_i 与总均值 μ 的差

$$\alpha_i=\mu_i-\mu, \quad i=1,2,\cdots,r \tag{9.1.5}$$

为因素 A 的第 i 水平的效应(Effect). 容易看出

$$\sum_{i=1}^{r} n_i \alpha_i=0, \tag{9.1.6}$$

$$\mu_i=\mu+\alpha_i, \quad i=1,2,\cdots,r. \tag{9.1.7}$$

这表明第 i 总体的均值是由总均值与该水平效应叠加而成的，从而模型(9.1.3)可以改写为效应模型

$$\begin{cases}Y_{ij}=\mu+\alpha_i+\varepsilon_{ij}, \quad i=1,2,\cdots,r, \quad j=1,2,\cdots,n_i, \\ \sum\limits_{i=1}^{r} n_i\alpha_i=0, \\ \text{各 } \varepsilon_{ij} \text{ 相互独立,且都服从 } N(0,\sigma^2).\end{cases} \tag{9.1.8}$$

假设(9.1.1)可以改写为

$$H_0:\alpha_1=\alpha_2=\cdots=\alpha_r=0, \quad H_1:\alpha_1,\alpha_2,\cdots,\alpha_r \text{ 不全为 } 0. \tag{9.1.9}$$

应用方差分析解决以上问题的关键是偏差平方和的分解与比较，为此下面介绍偏差平方和的分解.

9.1.3 偏差平方和及其分解

为了导出假设(9.1.1)的统计量，可以从引起 Y_{ij} 波动的原因入手. 从式(9.1.8)可以看出引起 Y_{ij} 波动原因有两个：一个是随机误差 ε_{ij}；另一个是水平 A_i 的效应 α_i. 如果能够从 Y_{ij} 间的波动中将上述两个原因所引起的波动分离出来，则可通过比较给出问题的检验方法. 由表 9.1.2 可知，记

$$T_i=\sum_{j=1}^{n_i} Y_{ij}, \quad \bar{Y}_i=\frac{T_i}{n_i}, \quad i=1,2,\cdots,r,$$

$$T=\sum_{i=1}^{r} T_i=\sum_{i=1}^{r}\sum_{j=1}^{n_i} Y_{ij}, \quad \bar{Y}=\frac{T}{n}=\frac{1}{n}\sum_{i=1}^{r}\sum_{j=1}^{n_i} Y_{ij},$$

再记

$$\bar{\varepsilon}_i=\frac{1}{n_i}\sum_{j=1}^{n_i}\varepsilon_{ij}, \quad i=1,2,\cdots,r,$$

$$\bar{\varepsilon}=\frac{1}{n}\sum_{i=1}^{r}\sum_{j=1}^{n_i}\varepsilon_{ij}=\frac{1}{n}\sum_{i=1}^{r} n_i\bar{\varepsilon}_i.$$

由于

$$Y_{ij}-\bar{Y}_i=(\mu_i+\varepsilon_{ij})-(\mu_i+\bar{\varepsilon}_i)=\varepsilon_{ij}-\bar{\varepsilon}_i,$$

所以 $Y_{ij}-\bar{Y}_i$ 仅反映了组内数据与组内平均的随机误差，称为组内偏差. 由于

$$\bar{Y}_i-\bar{Y}=(\mu_i+\bar{\varepsilon}_i)-(\mu+\bar{\varepsilon})=\alpha_i+\bar{\varepsilon}_i-\bar{\varepsilon},$$

所以 $\bar{Y}_i-\bar{Y}$ 除反映随机误差外，还反映了第 i 水平的效应，称为组间偏差. 数据 Y_{ij} 与样本总平均 $\bar{Y}$ 之间的总偏差 $Y_{ij}-\bar{Y}$ 可以分解为两个偏差之和

$$Y_{ij}-\bar{Y}=(Y_{ij}-\bar{Y}_i)+(\bar{Y}_i-\bar{Y})=\alpha_i+\varepsilon_{ij}-\bar{\varepsilon}.$$

各 Y_{ij} 间总的差异(波动)大小可用总偏差平方和(Total Sum of Squares)SS_T 表示：

$$SS_T=\sum_{i=1}^{r}\sum_{j=1}^{n_i}(Y_{ij}-\bar{Y})^2, \tag{9.1.10}$$

上述偏差平方中独立变量的个数为 $n-1$，因此总偏差平方和 SS_T 的自由度为 $f_T=n-1$，而组内偏差平方和(Within Group Sum of Squares)或误差平方和(Error Sum of Squares)SS_E 为

$$SS_E=\sum_{i=1}^{r}\sum_{j=1}^{n_i}(Y_{ij}-\bar{Y}_i)^2, \tag{9.1.11}$$

它反映了仅由随机误差引起的数据间的差异,其自由度为

$$f_E=\sum_{i=1}^{r}(n_i-1)=n-r.$$

组间偏差平方和(Between Group Sum of Squares)或因子 A 的偏差平方和 SS_A 为

$$SS_A=\sum_{i=1}^{r}\sum_{j=1}^{n_i}(\bar{Y}_i-\bar{Y})^2=\sum_{i=1}^{r}n_i(\bar{Y}_i-\bar{Y})^2, \tag{9.1.12}$$

它反映了除随机误差外,各水平的效应引起的数据间的差异,其自由度为

$$f_A=r-1.$$

对上述3个偏差平方和进行进一步分析,得到下面两个定理.

定理 9.1.1 总平方和分解式为

$$SS_T=SS_A+SS_E,$$
$$f_T=f_A+f_E. \tag{9.1.13}$$

且有

$$E(SS_T)=\sum_{i=1}^{r}n_i\alpha_i^2+(n-1)\sigma^2,$$
$$E(SS_A)=\sum_{i=1}^{r}n_i\alpha_i^2+(r-1)\sigma^2,$$
$$E(SS_E)=(n-r)\sigma^2.$$

证明 自由度之间的等式显然成立. 注意到

$$\sum_{i=1}^{r}\sum_{j=1}^{n_i}(Y_{ij}-\bar{Y}_i)(\bar{Y}_i-\bar{Y})=\sum_{i=1}^{r}\left[(\bar{Y}_i-\bar{Y})\sum_{j=1}^{n_i}(Y_{ij}-\bar{Y}_i)\right]=0,$$

故有

$$SS_T=\sum_{i=1}^{r}\sum_{j=1}^{n_i}(Y_{ij}-\bar{Y})^2=\sum_{i=1}^{r}\sum_{j=1}^{n_i}\left[(Y_{ij}-\bar{Y}_i)+(\bar{Y}_i-\bar{Y})\right]^2$$
$$=SS_A+SS_E+2\sum_{i=1}^{r}\sum_{j=1}^{n_i}(Y_{ij}-\bar{Y}_i)(\bar{Y}_i-\bar{Y})=SS_A+SS_E.$$

由式(9.1.8)可得

$$E(SS_T)=E\left[\sum_{i=1}^{r}\sum_{j=1}^{n_i}(Y_{ij}-\bar{Y})^2\right]=E\left[\sum_{i=1}^{r}\sum_{j=1}^{n_i}(\alpha_i+\varepsilon_{ij}-\bar{\varepsilon})^2\right]$$
$$=E\left(\sum_{i=1}^{r}\sum_{j=1}^{n_i}\alpha_i^2\right)+E\left[\sum_{i=1}^{r}\sum_{j=1}^{n_i}(\varepsilon_{ij}-\bar{\varepsilon})^2\right]$$
$$=\sum_{i=1}^{r}n_i\alpha_i^2+E\left[\sum_{i=1}^{r}\sum_{j=1}^{n_i}(\varepsilon_{ij}-\bar{\varepsilon})^2\right]$$
$$=\sum_{i=1}^{r}n_i\alpha_i^2+E\left[\sum_{i=1}^{r}\sum_{j=1}^{n_i}\varepsilon_{ij}^2-n(\bar{\varepsilon})^2\right]$$
$$=\sum_{i=1}^{r}n_i\alpha_i^2+\sum_{i=1}^{r}\sum_{j=1}^{n_i}E\varepsilon_{ij}^2-nE\bar{\varepsilon}^2$$
$$=\sum_{i=1}^{r}n_i\alpha_i^2+(n-1)\sigma^2,$$

$$E(SS_E)=E\Big[\sum_{i=1}^{r}\sum_{j=1}^{n_i}(Y_{ij}-\bar{Y}_i)^2\Big]=E\Big[\sum_{i=1}^{r}\sum_{j=1}^{n_i}(\varepsilon_{ij}-\bar{\varepsilon}_i)^2\Big]$$

$$=\sum_{i=1}^{r}E\Big[\sum_{j=1}^{n_i}(\varepsilon_{ij}-\bar{\varepsilon}_i)^2\Big]$$

$$=\sum_{i=1}^{r}(n_i-1)\sigma^2=(n-r)\sigma^2.$$

由平方和分解公式 $SS_T=SS_A+SS_E$，即可得出

$$E(SS_A)=\sum_{i=1}^{r}n_i\alpha_i^2+(r-1)\sigma^2.$$

定理 9.1.2 在单因素方差分析模型(9.1.8)下，有下述结论成立：

(1) $\dfrac{SS_E}{\sigma^2}\sim\chi^2(n-r)$；

(2) SS_A 与 SS_E 相互独立；

(3) 若 H_0 成立，则有$\dfrac{SS_A}{\sigma^2}\sim\chi^2(r-1)$.

证明 在单因素方差分析模型(9.1.8)下，由定理6.4.2知，

$$\frac{1}{\sigma^2}\sum_{j=1}^{n_i}(Y_{ij}-\bar{Y}_i)^2\sim\chi^2(n_i-1),\quad i=1,2,\cdots,r,$$

且相互独立，由 χ^2 分布的可加性得$\dfrac{SS_E}{\sigma^2}\sim\chi^2(n-r)$，结论(1)得证.

由定理6.4.2知，对每个 i，均值 $\bar{Y}_i$ 与平方和 $\sum\limits_{j=1}^{n_i}(Y_{ij}-\bar{Y}_i)^2$ 独立，从而$\bar{Y}_1,\bar{Y}_2,\cdots,\bar{Y}_r$ 与 SS_E 独立，而 SS_A 只是$\bar{Y}_1,\bar{Y}_2,\cdots,\bar{Y}_r$ 的函数，由此结论(2)得证.

用柯赫伦定理证明(3). 若 H_0 成立，则由模型(9.1.8)得

$$Y_{ij}=\mu+\varepsilon_{ij},$$

其中，$\dfrac{\varepsilon_{11}}{\sigma},\cdots,\dfrac{\varepsilon_{1n_1}}{\sigma},\cdots,\dfrac{\varepsilon_{r1}}{\sigma},\cdots,\dfrac{\varepsilon_{rn_r}}{\sigma}$相互独立，且均为 $N(0,1)$分布的随机变量. 由单因子方差分析的平方和分解公式，得

$$\sum_{i=1}^{r}\sum_{j=1}^{n_i}(\varepsilon_{ij}/\sigma)^2=\frac{1}{\sigma^2}\sum_{i=1}^{r}\sum_{j=1}^{n_i}(\varepsilon_{ij}-\bar{\varepsilon})^2+\frac{1}{\sigma^2}n(\bar{\varepsilon})^2$$

$$=\frac{1}{\sigma^2}\sum_{i=1}^{r}\sum_{j=1}^{n_i}(\varepsilon_{ij}-\bar{\varepsilon}_i)^2+\frac{1}{\sigma^2}\sum_{i=1}^{r}n_i(\bar{\varepsilon}_i-\bar{\varepsilon})^2+\frac{1}{\sigma^2}n(\bar{\varepsilon})^2$$

$$=Q_1+Q_2+Q_3.$$

易见，Q_1,Q_2,Q_3 分别是$\left(\dfrac{\varepsilon_{11}}{\sigma},\cdots,\dfrac{\varepsilon_{1n_1}}{\sigma},\cdots,\dfrac{\varepsilon_{r1}}{\sigma},\cdots,\dfrac{\varepsilon_{rn_r}}{\sigma}\right)$的二次型，且 Q_1 的秩为 $f_1=n-r$，Q_3 的秩为 $f_3=1$，注意到 Q_2 是 r 个正态变量的平方和，它们之间存在线性关系式 $\sum\limits_{i=1}^{r}(\bar{\varepsilon}_i-\bar{\varepsilon})=0$，故其秩为 $f_2=r-1$. 这样，$f_1+f_2+f_3=n$，满足柯赫伦定理的条件.因此，由该定理得 Q_1 与 Q_2 独立，且 $Q_1\sim\chi^2(n-r)$，$Q_2\sim\chi^2(r-1)$. 再注意到

$$Q_1=\frac{1}{\sigma^2}\sum_{i=1}^{r}\sum_{j=1}^{n_i}(\varepsilon_{ij}-\bar{\varepsilon}_i)^2=\frac{1}{\sigma^2}\sum_{i=1}^{r}\sum_{j=1}^{n_i}(Y_{ij}-\bar{Y}_i)^2=\frac{SS_E}{\sigma^2},$$

$$Q_2=\frac{1}{\sigma^2}\sum_{i=1}^{r}n_i(\bar{\varepsilon}_i-\bar{\varepsilon})^2=\frac{1}{\sigma^2}\sum_{i=1}^{r}n_i(\bar{Y}_i-\bar{Y})^2=\frac{SS_A}{\sigma^2},$$

即知$\frac{SS_A}{\sigma^2}\sim\chi^2(r-1)$，$\frac{SS_E}{\sigma^2}\sim\chi^2(n-r)$，且$SS_A$与$SS_E$相互独立.

9.1.4 检验方法

下面给出假设(9.1.9)的检验统计量. 显然，如果因素A显著，则SS_A比SS_E大；反之，则SS_A与SS_E相差不大. 由于偏差平方和的大小与自由度(独立变量的个数)有关，因此，要比较偏差平方和的大小，用偏差平方和的平均值——均方和——更合理，因为均方和排除了自由度的干扰.SS_A和SS_E对应的均方和分别为

$$MS_A=\frac{SS_A}{f_A}=\frac{SS_A}{r-1},$$

$$MS_E=\frac{SS_E}{f_E}=\frac{SS_E}{n-r}.$$

要检验H_0是否成立，可采用以下统计量

$$F=\frac{MS_A}{MS_E}=\frac{SS_A/f_A}{SS_E/f_E}=\frac{SS_A/(r-1)}{SS_E/(n-r)}. \tag{9.1.14}$$

由定理9.1.2知，在H_0成立的条件下，式(9.1.14)定义的统计量F服从自由度为f_A和f_E的F分布，统计量F的值越大越倾向于拒绝原假设，故对于给定的显著性水平α，该检验的拒绝域为

$$W=\{F\geqslant F_{1-\alpha}(f_A,f_E)\},$$

检验的p值为

$$p=P(Y\geqslant F_0),$$

其中，Y是服从$F(f_A,f_E)$的随机变量，F_0是统计量F的实际观测值. 通常将上述计算过程列成一张表格，称为方差分析表，见表9.1.3.

表9.1.3 单因素方差分析表

方差来源	偏差平方和	自由度	均方和	F值
因素A	SS_A	$r-1$	$MS_A=SS_A/f_A$	$F=MS_A/MS_E$
误　差	SS_E	$n-r$	$MS_E=SS_E/f_E$	
总　和	SS_T	$n-1$		

经过简单推导，可得出各偏差平方和的计算公式为

$$SS_T=\sum_{i=1}^{r}\sum_{j=1}^{n_i}Y_{ij}^2-\frac{T^2}{n}, \tag{9.1.15}$$

$$SS_A=\sum_{i=1}^{r}\frac{T_i^2}{n_i}-\frac{T^2}{n}, \tag{9.1.16}$$

$$SS_E=SS_T-SS_A. \tag{9.1.17}$$

在计算时，一般计算出 $T_i=\sum_{j=1}^{n_i}Y_{ij}, T_i^2, \sum_{j=1}^{n_i}Y_{ij}^2(i=1,2,\cdots,r)$ 后，再计算 $T=\sum_{i=1}^{r}T_i=\sum_{i=1}^{r}\sum_{j=1}^{n_i}Y_{ij}$，最后计算各偏差平方和.可将计算过程列表，见下面的例题.

例 9.1.2 对例 9.1.1 的数据进行方差分析.

解 根据例 9.1.1 的分析知，Y_1,Y_2,Y_3,Y_4,Y_5 分别表示品种 A 的 5 个水平 A_1,A_2,A_3,A_4,A_5 下的总体，且假定 $Y_i\sim N(\mu_i,\sigma^2), i=1,2,\cdots,5$，本题需要检验原假设 $H_0:\mu_1=\mu_2=\cdots=\mu_5$. 计算过程见表 9.1.4.

表 9.1.4 油菜亩产量数据的计算表

田块＼品种	A_1	A_2	A_3	A_4	A_5	总和
1	256	244	250	288	206	
2	222	300	277	280	212	
3	280	290	230	315	220	
4	298	275	322	259	212	
T_i	1 056	1 109	1 079	1 142	850	5 236
T_i^2	1 115 136	1 229 881	1 164 241	1 304 164	722 500	5 535 922
$\sum_{j=1}^{4}y_{ij}^2$	2 82 024	309 261	295 813	327 650	180 724	1 395 472

在本题中，$r=5, n_1=n_2=n_3=n_4=n_5=4, n=20$. 利用表 9.1.4 中的结果，得各偏差平方和为

$$SS_T=\sum_{i=1}^{5}\sum_{j=1}^{4}y_{ij}^2-\frac{T^2}{20}=1\,395\,472-\frac{5\,236^2}{20}=24\,687,$$

$$SS_A=\frac{1}{4}\sum_{i=1}^{5}T_i^2-\frac{T^2}{20}=\frac{1}{4}\times 5\,535\,922-\frac{5\,236^2}{20}=13\,196,$$

$$SS_E=SS_T-SS_A=24\,687-13\,196=11\,491.$$

将计算结果列于表 9.1.5 中.

表 9.1.5 方差分析表

方差来源	偏差平方和	自由度	均方和	F 值
因素 A	13 196	4	3 299	4.31
误　差	11 491	15	766	
总　和	24 687	19		

若取 $\alpha=0.05$，则 $W=\{F\geqslant F_{0.95}(4,15)\}=\{F\geqslant 3.06\}$，由于 $4.31>3.06$，所以在显著性水平 $\alpha=0.05$ 的情况下拒绝 H_0，即不同品种的亩产量有显著差异. 该检验的 p 值为

$$p=P\{F(4,15)\geqslant 4.31\}=0.016.$$

9.1.5 参数估计

当检验结果为显著时，我们可以进一步求出总均值 μ、各水平效应 α_i 和误差方差 σ^2 的

估计.

1. 点估计

由模型(9.1.8)可知,各 Y_{ij} 相互独立,且 $Y_{ij}\sim N(\mu+\alpha_i,\sigma^2)$,因此可使用最大似然法求出参数的点估计. 似然函数为

$$L(\mu,\alpha_1,\cdots,\alpha_r,\sigma^2)=\prod_{i=1}^{r}\prod_{j=1}^{n_i}\left\{\frac{1}{\sqrt{2\pi\sigma^2}}\exp\left[-\frac{(y_{ij}-\mu-\alpha_i)^2}{2\sigma^2}\right]\right\},$$

其对数似然函数为

$$l=l(\mu,\alpha_1,\cdots,\alpha_r,\sigma^2)=-\frac{n}{2}\ln(2\pi\sigma^2)-\frac{1}{2\sigma^2}\sum_{i=1}^{r}\sum_{j=1}^{n_i}(y_{ij}-\mu-\alpha_i)^2.$$

对上式求偏导,得似然方程组为

$$\begin{cases}\dfrac{\partial l}{\partial\mu}=\dfrac{1}{\sigma^2}\sum\limits_{i=1}^{r}\sum\limits_{j=1}^{n_i}(y_{ij}-\mu-\alpha_i)=0,\\ \dfrac{\partial l}{\partial\alpha_i}=\dfrac{1}{\sigma^2}\sum\limits_{j=1}^{n_i}(y_{ij}-\mu-\alpha_i)=0,\\ \dfrac{\partial l}{\partial\sigma^2}=-\dfrac{n}{2\sigma^2}+\dfrac{1}{2\sigma^4}\sum\limits_{i=1}^{r}\sum\limits_{j=1}^{n_i}(y_{ij}-\mu-\alpha_i)^2=0.\end{cases}$$

注意到约束条件(9.1.6),可求出各参数的最大似然估计量为

$$\hat{\mu}=\bar{Y},$$

$$\hat{\alpha}_i=\bar{Y}_i-\bar{Y},$$

$$\hat{\sigma}^2=\frac{1}{n}\sum_{i=1}^{r}\sum_{j=1}^{n_i}(Y_{ij}-\bar{Y}_i)^2=\frac{SS_E}{n}. \tag{9.1.18}$$

由最大似然估计的不变性得各水平均值 μ_i 的最大似然估计量为

$$\hat{\mu}_i=\bar{Y}_i,\quad i=1,2,\cdots,r. \tag{9.1.19}$$

由于 σ^2 的最大似然估计量 $\hat{\sigma}^2$ 不是无偏估计,应用中一般将其修正为下面的无偏估计量

$$\hat{\sigma}^2=\frac{SS_E}{n-r}=MS_E. \tag{9.1.20}$$

2. 区间估计

由定理 9.1.2 知,$\bar{Y}_i\sim N\left(\mu_i,\dfrac{\sigma^2}{n_i}\right)$,$\dfrac{SS_E}{\sigma^2}\sim\chi^2(f_E)$,且两者独立,故

$$\frac{\sqrt{n_i}(\bar{Y}_i-\mu_i)}{\sqrt{SS_E/f_E}}\sim t(f_E),$$

由此得到水平 A_i 的均值 μ_i 的 $1-\alpha$ 置信区间为

$$\bar{Y}_i\pm\hat{\sigma}t_{1-\frac{\alpha}{2}}(f_E)/\sqrt{n_i}. \tag{9.1.21}$$

其中,$\hat{\sigma}=\sqrt{MS_E}$ 可由式(9.1.20)得到.

例 9.1.3　某食品公司对一种食品设计了 4 种新包装. 为考察哪种包装最受顾客欢迎,

选取 10 个各方面条件相近的商店做试验，某 2 种包装各指定 2 个商店销售，另 2 种包装各指定 3 个商店销售，记录一段时间内的销量数据，见表 9.1.6. 试问包装对销售量是否有显著影响？如果有，请给出每种包装平均销售量的估计.

表 9.1.6 销量数据表

品　种	A_1	A_2	A_3	A_4
销售数据	12	14	19	24
	18	12	17	30
		13	21	

解 用 Y_1,Y_2,Y_3,Y_4 分别表示包装 A 的 4 个水平 A_1,A_2,A_3,A_4 下的总体，且假定 $Y_i \sim N(\mu_i,\sigma^2)$，$i=1,2,3,4$. 本题需要检验假设

$$H_0:\mu_1=\mu_2=\mu_3=\mu_4.$$

计算过程见表 9.1.7.

表 9.1.7 销量数据计算表

品　种	A_1	A_2	A_3	A_4	总　和
n_i	2	3	3	2	10
T_i	30	39	57	54	180
T_i^2/n_i	450	507	1 083	1 458	3 498
$\sum_{j=1}^{n_i} y_{ij}^2$	468	509	1 091	1 476	3 544

在本题中，$r=4$，$n_1=n_4=2$，$n_2=n_3=3$，$n=10$. 根据各偏差平方和的计算公式，得

$$SS_T=\sum_{i=1}^{4}\sum_{j=1}^{n_i} y_{ij}^2-\frac{T^2}{10}=3\,544-\frac{180^2}{10}=304,$$

$$SS_A=\sum_{i=1}^{4}\frac{T_i^2}{n_i}-\frac{T^2}{10}=3\,498-\frac{180^2}{10}=258,$$

$$SS_E=SS_T-SS_A=304-258=46.$$

方差分析见表 9.1.8.

表 9.1.8 方差分析表

方差来源	偏差平方和	自由度	均方和	F 值
因素 A	258	3	86.00	11.21
误　差	46	6	7.67	
总　和	304	9		

若取 $\alpha=0.01$，则 $W=\{F\geqslant F_{0.99}(3,6)\}=\{F\geqslant 9.78\}$，由于 $11.21>9.78$，所以在显著性水平 $\alpha=0.01$ 的情况下拒绝 H_0，即认为不同的包装对销售量有显著影响. 该检验的 p 值为

$$p=P\{F(3,6)\geqslant 11.21\}=0.007\,1.$$

由于因素显著,下面给出各个水平均值的估计. 因素 A 的 4 个水平均值的点估计分别为

$$\hat{\mu}_1=30/2=15,\quad \hat{\mu}_2=39/3=13,$$

$$\hat{\mu}_3=57/3=19,\quad \hat{\mu}_4=54/2=27.$$

利用式(9.1.21)可以给出各个水平均值的置信区间. 若取 $\alpha=0.05$, $t_{1-\frac{\alpha}{2}}(f_E)=t_{0.975}(6)=2.4469$, $\hat{\sigma}=\sqrt{MS_E}=\sqrt{7.67}=2.7695$,于是,效果最好的第四个水平均值的 0.95 置信区间为

$$27\pm 2.7695\times 2.4469/\sqrt{2}=27\pm 6.7767/\sqrt{2}=[22.21,31.79].$$

9.2 双因素方差分析

在许多实际问题中,往往要同时考虑两个或多个因素对试验指标的影响. 多因素方差分析与单因素方差分析的基本思想是一致的,不同之处就在于不仅各因素对试验指标起作用,而且各因素不同水平的搭配也对试验指标起作用.

表 9.2.1 中的两组试验,都有两个因素 A 和 B,每个因素取两个水平.

表 9.2.1 两个因素对试验指标的影响

(a)

A \ B	B_1	B_2
A_1	30	50
A_2	70	90

(b)

A \ B	B_1	B_2
A_1	30	50
A_2	100	80

在表 9.2.1(a) 中,无论 A 在什么水平(A_1 还是 A_2)下,水平 B_2 下的结果总比 B_1 下的结果高 20;同样地,无论 B 是什么水平,A_2 下的结果总比 A_1 下的结果高 40,这说明 A 和 B 单独地各自影响结果,互相之间没有作用. 在表 9.2.1(b)中,当 A 为 A_1 时,B_2 下的结果比 B_1 下的结果高 20,而当 A 为 A_2 时,B_1 下的结果比 B_2 下的结果高 20;类似地,当 B 为 B_1 时,A_2 下的结果比 A_1 下的结果高 70,而 B 为 B_2 时,A_2 下的结果比 A_1 下的结果高 30,这表明 A 的作用与 B 所取的水平有关,而 B 的作用也与 A 所取的水平有关,即 A 和 B 不仅各自对结果有影响,而且它们的搭配方式对结果也有影响. 我们把这种影响称为因素 A 和 B 的交互作用,记作 $A\times B$. 一般地,统计学上把多因素不同水平的搭配对试验指标的影响称为交互作用. 在双因素试验的方差分析中,不仅要检验因素 A 和 B 的作用,还要检验它们的交互作用. 交互作用的效应只有在有重复的试验中才能分析出来.

双因素试验的方差分析分为无重复和有重复试验两种情况. 对无重复试验只需要检验两个因素对试验结果有无显著影响;而对有重复试验还要考察两个因素的交互作用对试验结果有无显著影响.

1. 无重复试验双因素方差分析

设在某试验中,有两个因素 A,B 作用于试验指标,因素 A 有 r 个水平 $A_1,A_2,\cdots,A_r$;因素 B 有 s 个水平 $B_1,B_2,\cdots,B_s$. 对因素 A,B 的每一对水平的组合 (A_i,B_j) $(i=1,\cdots,r$;

$j=1,\cdots,s$)只进行一次实验，得到 $n=rs$ 个试验结果 Y_{ij} ($i=1,\cdots,r;j=1,\cdots,s$)，见表 9.2.2.与单因素方差分析的假设前提相同，仍假设各试验结果 Y_{ij} 相互独立且服从正态分布 $N(\mu_{ij},\sigma^2)$.

表 9.2.2 无重复试验双因素数据及计算表

A \ B	B_1	B_2	$\cdots$	B_s	$Y_{i\cdot}$	$\sum_{j=1}^{s} Y_{ij}^2$
A_1	Y_{11}	Y_{12}	$\cdots$	Y_{1s}	$Y_{1\cdot}$	$\sum Y_{1j}^2$
A_2	Y_{21}	Y_{22}	$\cdots$	Y_{2s}	$Y_{2\cdot}$	$\sum Y_{2j}^2$
$\vdots$	$\vdots$	$\vdots$	$\vdots$	$\vdots$	$\vdots$	$\vdots$
A_r	Y_{r1}	Y_{r2}	$\cdots$	Y_{rs}	$Y_{r\cdot}$	$\sum Y_{rj}^2$
$Y_{\cdot j}$	$Y_{\cdot 1}$	$Y_{\cdot 2}$	$\cdots$	$Y_{\cdot s}$	T	$\sum_{i=1}^{r}\sum_{j=1}^{s} Y_{ij}^2$

那么，要判断因素 A 和 B 对试验指标的影响是否显著，就要比较同一因素的各个总体的均值是否一致，也就是要检验各个总体的均值是否相等，故待检验原假设为

$$H_{0A}:\mu_{1j}=\mu_{2j}=\cdots=\mu_{rj},\quad j=1,2,\cdots,s,\tag{9.2.1}$$

$$H_{0B}:\mu_{i1}=\mu_{i2}=\cdots=\mu_{is},\quad i=1,2,\cdots,r.\tag{9.2.2}$$

与单因素方差分析类似，将参数形式进行改变，令

$$\mu=\frac{1}{n}\sum_{i=1}^{r}\sum_{j=1}^{s}\mu_{ij},$$

$$\mu_{i\cdot}=\frac{1}{s}\sum_{j=1}^{s}\mu_{ij},\quad i=1,2,\cdots,r,$$

$$\mu_{\cdot j}=\frac{1}{r}\sum_{i=1}^{r}\mu_{ij},\quad j=1,2,\cdots,s,$$

$$\alpha_i=\mu_{i\cdot}-\mu,\quad i=1,2,\cdots,r,$$

$$\beta_j=\mu_{\cdot j}-\mu,\quad j=1,2,\cdots,s.$$

称 μ 为总平均，α_i 为因素 A 的第 i 个水平的效应，β_j 为因素 B 的第 j 个水平的效应，它们显然满足关系式

$$\sum_{i=1}^{r}\alpha_i=0,\quad \sum_{j=1}^{s}\beta_j=0.$$

进一步，如果

$$\mu_{ij}=\mu+\alpha_i+\beta_j,\quad i=1,2,\cdots,r,\quad j=1,2,\cdots,s,\tag{9.2.3}$$

则观测结果 Y_{ij} 的统计模型为

$$\begin{cases}Y_{ij}=\mu+\alpha_i+\beta_j+\varepsilon_{ij},\quad i=1,2,\cdots,r,\quad j=1,2,\cdots,s\\ \sum_{i=1}^{r}\alpha_i=0,\quad \sum_{j=1}^{s}\beta_j=0\\ \text{各 }\varepsilon_{ij}\text{ 相互独立，且都服从 }N(0,\sigma^2).\end{cases}\tag{9.2.4}$$

称式(9.2.4)为无重复试验的双因素方差分析模型，或无交互作用的方差分析模型. 该模型所要检验的假设有两种情况.要推断因素 A 的影响是否显著，等价于检验原假设

$$H_{0A}:\alpha_1=\alpha_2=\cdots=\alpha_r=0. \tag{9.2.5}$$

类似地，要推断因素 B 的影响是否显著，等价于检验原假设

$$H_{0B}:\beta_1=\beta_2=\cdots=\beta_s=0. \tag{9.2.6}$$

当 H_{0A} 成立时，由式(9.2.4)可以看出，均值 μ_{ij} 与 α_i 无关，这表明因素 A 对试验结果无显著影响. 同理，当 H_{0B} 成立时，表明因素 B 对试验结果无显著影响. 当 H_{0A} 与 H_{0B} 都成立时，有 $\mu_{ij}=\mu$，这表明 Y_{ij} 的波动主要是由随机因素引起的.

下面采用类似于单因素方差分析中偏差平方和分解的方法，给出检验统计量. 为此，令

$$\bar{Y}_{i\cdot}=\frac{1}{s}\sum_{j=1}^{s}Y_{ij},\quad i=1,2,\cdots,r,$$

$$\bar{Y}_{\cdot j}=\frac{1}{r}\sum_{i=1}^{r}Y_{ij},\quad j=1,2,\cdots,s,$$

$$\bar{Y}=\frac{1}{rs}\sum_{i=1}^{r}\sum_{j=1}^{s}Y_{ij}=\frac{1}{r}\sum_{i=1}^{r}\bar{Y}_{i\cdot}=\frac{1}{s}\sum_{j=1}^{s}\bar{Y}_{\cdot j}.$$

由式(9.2.4)知

$$\begin{cases}\bar{Y}_{i\cdot}=\mu+\alpha_i+\bar{\varepsilon}_{i\cdot}, & i=1,2,\cdots,r,\\ \bar{Y}_{\cdot j}=\mu+\beta_j+\bar{\varepsilon}_{\cdot j}, & j=1,2,\cdots,s,\\ \bar{Y}=\mu+\bar{\varepsilon}.\end{cases} \tag{9.2.7}$$

其中，$\bar{\varepsilon}_{i\cdot}=\frac{1}{s}\sum_{j=1}^{s}\varepsilon_{ij}$，$\bar{\varepsilon}_{\cdot j}=\frac{1}{r}\sum_{i=1}^{r}\varepsilon_{ij}$，$\bar{\varepsilon}=\frac{1}{rs}\sum_{i=1}^{r}\sum_{j=1}^{s}\varepsilon_{ij}$. 于是，总偏差平方和 SS_T 为

$$\begin{aligned}SS_T&=\sum_{i=1}^{r}\sum_{j=1}^{s}(Y_{ij}-\bar{Y})^2\\&=\sum_{i=1}^{r}\sum_{j=1}^{s}\left[(Y_{ij}-\bar{Y}_{i\cdot}-\bar{Y}_{\cdot j}+\bar{Y})+(\bar{Y}_{i\cdot}-\bar{Y})+(\bar{Y}_{\cdot j}-\bar{Y})\right]^2\\&=\sum_{i=1}^{r}\sum_{j=1}^{s}(Y_{ij}-\bar{Y}_{i\cdot}-\bar{Y}_{\cdot j}+\bar{Y})^2+\sum_{i=1}^{r}\sum_{j=1}^{s}(\bar{Y}_{i\cdot}-\bar{Y})^2+\sum_{i=1}^{r}\sum_{j=1}^{s}(\bar{Y}_{\cdot j}-\bar{Y})^2\\&=SS_E+SS_A+SS_B\end{aligned} \tag{9.2.8}$$

其中，SS_T 的展开式中3个交叉项的乘积都等于零. SS_E，SS_A，SS_B 分别由下述公式给出，并由式(9.2.4)和式(9.2.7)可知

$$SS_E=\sum_{i=1}^{r}\sum_{j=1}^{s}(Y_{ij}-\bar{Y}_{i\cdot}-\bar{Y}_{\cdot j}+\bar{Y})^2=\sum_{i=1}^{r}\sum_{j=1}^{s}(\varepsilon_{ij}-\bar{\varepsilon}_{i\cdot}-\bar{\varepsilon}_{\cdot j}+\bar{\varepsilon})^2 \tag{9.2.9}$$

$$SS_A=\sum_{i=1}^{r}\sum_{j=1}^{s}(\bar{Y}_{i\cdot}-\bar{Y})^2=\sum_{i=1}^{r}s(\alpha_i+\bar{\varepsilon}_{i\cdot}-\bar{\varepsilon})^2, \tag{9.2.10}$$

$$SS_B=\sum_{i=1}^{r}\sum_{j=1}^{s}(\bar{Y}_{\cdot j}-\bar{Y})^2=\sum_{j=1}^{s}r(\beta_j+\bar{\varepsilon}_{\cdot j}-\bar{\varepsilon})^2. \tag{9.2.11}$$

式(9.2.8)被称为总偏差平方和分解式；SS_E 反映了随机误差引起的波动，被称为随机误差平方和；SS_A 和 SS_B 除了反映误差波动外，还分别反映了假设(9.2.5)与假设(9.2.6)不真引起的波动，即分别反映了因素 A 效应的差异和因素 B 效应的差异，SS_A 称为因素 A 的偏差平方和，SS_B 称为因素 B 的偏差平方和. 可以算得

$$E(SS_A)=(r-1)\sigma^2+s\sum_{i=1}^{r}\alpha_i^2,$$

$$E(SS_B)=(s-1)\sigma^2+r\sum_{j=1}^{s}\beta_j^2,$$
$$E(SS_E)=(r-1)(s-1)\sigma^2.$$

与单因素方差分析类似，可用 SS_A 与 SS_E 的适当比值检验假设(9.2.5)，用 SS_B 与 SS_E 的适当比值检验假设(9.2.6). 可以证明，当 H_{0A} 为真时，SS_A 和 SS_E 相互独立，可得

$$\frac{SS_A}{\sigma^2}\sim\chi^2(r-1),$$

$$\frac{SS_E}{\sigma^2}\sim\chi^2((r-1)(s-1)).$$

于是，由 F 分布定义知，检验统计量

$$F_A=\frac{SS_A/(r-1)}{SS_E/[(r-1)(s-1)]}=\frac{MS_A}{MS_E}\sim F(r-1,(r-1)(s-1)) \tag{9.2.12}$$

类似地，当 H_{0B} 为真时，SS_B 和 SS_E 相互独立，可得

$$\frac{SS_B}{\sigma^2}\sim\chi^2(s-1),$$

$$\frac{SS_E}{\sigma^2}\sim\chi^2((r-1)(s-1)).$$

于是，由 F 分布定义知，检验统计量

$$F_B=\frac{SS_B/(s-1)}{SS_E/[(r-1)(s-1)]}=\frac{MS_B}{MS_E}\sim F(s-1,(r-1)(s-1)) \tag{9.2.13}$$

为检验假设 H_{0A}，对给定显著性水平 α，拒绝域为

$$W_A=\{F_A\geqslant F_{1-\alpha}(r-1,(r-1)(s-1))\}.$$

由样本观测值计算得 F_A，若 $F_A\geqslant F_{1-\alpha}(r-1,(r-1)(s-1))$，则拒绝 H_{0A}，即认为因素 A 对试验结果有显著影响；否则接受假设 H_{0A}，即认为在显著性水平 α 下，因素 A 对试验结果无显著影响.

类似地，为检验假设 H_{0B}，对给定显著性水平 α，拒绝域为

$$W_B=\{F_B\geqslant F_{1-\alpha}(s-1,(r-1)(s-1))\}.$$

由样本观测值计算得 F_B，若 $F_B\geqslant F_{1-\alpha}(s-1,(r-1)(s-1))$，则拒绝 H_{0B}，即认为因素 B 对试验结果有显著影响；否则接受假设 H_{0B}，即认为在显著性水平 α 下，因素 B 对试验结果无显著影响.

上述计算过程的结果可列成方差分析表，见表 9.2.3.

表 9.2.3 无重复试验双因素方差分析表

方差来源	偏差平方和	自由度	均方和	F 值
因素 A	SS_A	$r-1$	$MS_A=\frac{SS_A}{r-1}$	$F_A=\frac{MS_A}{MS_E}$
因素 B	SS_B	$s-1$	$MS_B=\frac{SS_B}{s-1}$	$F_B=\frac{MS_B}{MS_E}$
误 差	SS_E	$(r-1)(s-1)$	$MS_E=\frac{SS_E}{(r-1)(s-1)}$	
总 和	SS_T	$rs-1$		

实际分析计算时，常采用的简便记号和算法公式有

$$T=\sum_{i=1}^{r}\sum_{j=1}^{s}Y_{ij},$$

$$Y_{i\cdot}=\sum_{j=1}^{s}Y_{ij},\quad i=1,2,\cdots,r,$$

$$Y_{\cdot j}=\sum_{i=1}^{r}Y_{ij},\quad j=1,2,\cdots,s.$$

由以上得

$$SS_T=\sum_{i=1}^{r}\sum_{j=1}^{s}Y_{ij}^2-\frac{T^2}{rs},$$

$$SS_A=\frac{1}{s}\sum_{i=1}^{r}Y_{i\cdot}^2-\frac{T^2}{rs},$$

$$SS_B=\frac{1}{r}\sum_{j=1}^{s}Y_{\cdot j}^2-\frac{T^2}{rs},$$

$$SS_E=SS_T-SS_A-SS_B.$$

计算可在数据表上进行,如下例所示.

例 9.2.1 在一项农业试验中,对 4 种不同的种子品种、3 种不同的施肥方法进行试验,得到产量数据(单位:kg),见表 9.2.4.试分析种子品种和施肥方法对产量有无显著影响?

解 先算出 $Y_{i\cdot}=\sum_{j=1}^{s}y_{ij}$, $Y_{\cdot j}=\sum_{i=1}^{r}y_{ij}$, $\sum_{i=1}^{r}Y_{i\cdot}^2$, $\sum_{j=1}^{s}Y_{\cdot j}^2$, $\sum_{i=1}^{r}\sum_{j=1}^{s}y_{ij}^2$ 的值,具体计算结果见表 9.2.4. 在本题中,$r=4$, $s=3$, $n=rs=12$. 于是

$$SS_T=\sum_{i=1}^{4}\sum_{j=1}^{3}y_{ij}^2-\frac{T^2}{12}=1\ 239\ 107-\frac{3851^2}{12}=3\ 257,$$

$$SS_A=\frac{1}{3}\sum_{i=1}^{4}Y_{i\cdot}^2-\frac{T^2}{rs}=\frac{1}{3}\times 3\ 712\ 843-\frac{3851^2}{12}=1\ 764,$$

$$SS_B=\frac{1}{4}\sum_{j=1}^{3}Y_{i\cdot}^2-\frac{T^2}{12}=\frac{1}{4}\times 4\ 945\ 517-\frac{3851^2}{12}=529,$$

$$SS_E=SS_T-SS_A-SS_B=964.$$

表 9.2.4 农业试验数据及计算表

施肥 / 品种	B_1	B_2	B_3	$Y_{i\cdot}$	$Y_{i\cdot}^2$	$\sum_{j=1}^{3}Y_{ij}^2$
A_1	325	292	316	933	870 489	290 745
A_2	317	310	318	945	893 025	297 713
A_3	310	320	318	948	898 704	299 624
A_4	330	330	365	1 025	1 050 625	351 025
$Y_{\cdot j}$	1 282	1 252	1 317			
$Y_{\cdot j}^2$	1 643 524	1 567 504	1 734 489			

得到方差分析表,见表 9.2.5.

表 9.2.5　方差分析表

方差来源	偏差平方和	自由度	均方和	F 值
因素 A	1 764	3	588	3.66
因素 B	529	2	265	1.65
误　差	964	6	161	
总　和	3 257	11		

由于 $3.66>F_{0.90}(3,6)=3.29$，所以在显著性水平 $\alpha=0.10$ 的情况下拒绝 H_{0A}，即不同品种的亩产量有显著差异；而 $1.65<F_{0.90}(2,6)=3.46$，所以在显著性水平 $\alpha=0.10$ 的情况下接收 H_{0B}，即不同施肥方法对亩产量没有显著差异.如果取 $\alpha=0.05$，则不同品种和不同施肥方法均对亩产量没有显著影响.

2. 有重复试验双因素方差分析

设有两个因素 A,B 作用于试验指标，因素 A 有 r 个水平 $A_1,A_2,\cdots,A_r$；因素 B 有 s 个水平 $B_1,B_2,\cdots,B_s$. 对因素 A 与 B 的每一对水平的组合 $(A_i,B_j)(i=1,\cdots,r;j=1,\cdots,s)$ 重复试验 $t(t\geqslant 2)$ 次，得到 $n=rst$ 个试验结果 $Y_{ijk}(i=1,\cdots,r;j=1,\cdots,s;k=1,2,\cdots,t)$，见表 9.2.6. 把每一对水平组合 (A_i,B_j) 下的试验结果记为 Y_{ij}，则 Y_{ij} 是一个随机变量，将其理解为一个总体，这样共有 rs 个总体 Y_{ij}，把 $Y_{ij1},Y_{ij2},\cdots,Y_{ijt}$ 视为从总体 Y_{ij} 中抽取的容量为 t 的样本.

表 9.2.6　有重复试验双因素结果表

因素 B ＼ 因素 A	B_1	$\cdots$	B_s
A_1	$Y_{111},Y_{112},\cdots,Y_{11t}$	$\cdots$	$Y_{1s1},Y_{1s2},\cdots,Y_{1st}$
A_2	$Y_{211},Y_{212},\cdots,Y_{21t}$	$\cdots$	$Y_{2s1},Y_{2s2},\cdots,Y_{2st}$
$\vdots$	$\vdots$	$\vdots$	$\vdots$
A_r	$Y_{r11},Y_{r12},\cdots,Y_{r1t}$	$\cdots$	$Y_{rs1},Y_{rs2},\cdots,Y_{rst}$

设 $Y_{ij}\sim N(\mu_{ij},\sigma^2)$，且 rs 组样本 $Y_{ij1},Y_{ij2},\cdots,Y_{ijt}$ 相互独立，显然有

$$Y_{ijk}\sim N(\mu_{ij},\sigma^2),\quad k=1,2,\cdots,t.$$

其中，μ_{ij} 是总体 Y_{ij} 的数学期望，它表示在水平组合 (A_i,B_j) 下试验结果的理论均值. 令

$$\varepsilon_{ijk}=Y_{ijk}-\mu_{ij},$$

则 ε_{ijk} 是水平组合 (A_i,B_j) 下第 k 次重复试验的试验误差，是不可观测的随机变量，称为随机误差，且各 ε_{ijk} 相互独立且服从相同的正态分布 $N(0,\sigma^2)$. 于是，有

$$Y_{ijk}=\mu_{ij}+\varepsilon_{ijk}. \tag{9.2.14}$$

其中，$\varepsilon_{ijk}\sim N(0,\sigma^2)$，且相互独立，$\mu_{ij},\sigma^2$ 都是未知参数. 改变参数形式，引入总均值

$$\mu=\frac{1}{rs}\sum_{i=1}^{r}\sum_{j=1}^{s}\mu_{ij},$$

因素 A 在水平 A_i 的效应为

$$\alpha_i=\frac{1}{s}\sum_{j=1}^{s}(\mu_{ij}-\mu),\quad i=1,2,\cdots,r.$$

因素 B 在水平 B_j 的效应为

$$\beta_j=\frac{1}{r}\sum_{i=1}^{r}(\mu_{ij}-\mu),\quad j=1,2,\cdots,s.$$

由此可得

$$\sum_{i=1}^{r}\alpha_i=0,$$

$$\sum_{j=1}^{s}\beta_j=0.$$

由于 $\mu_{ij}-\mu$ 反映水平组合(A_i,B_j)对试验指标的总效应，总效应减去因素 A 在水平 A_i 的效应及因素 B 水平 B_j 的效应，所得 γ_{ij} 就是 A_i 与 B_j 对试验指标的交互效应，因此，记

$$\gamma_{ij}=(\mu_{ij}-\mu)-a_i-\beta_j \tag{9.2.15}$$

为因素 A 与因素 B 对试验指标的交互作用影响. 通常把因素 A 与因素 B 对试验指标的交互效应设想为某一因素的效应，这个因素记为 $A\times B$，称为因素 A 与因素 B 对试验指标的交互作用. 对交互作用，易见

$$\sum_{i=1}^{r}\gamma_{ij}=\sum_{j=1}^{s}\gamma_{ij}=0.$$

于是式(9.2.14)可改写为

$$\begin{cases}Y_{ijk}=\mu+a_i+\beta_j+\gamma_{ij}+\varepsilon_{ijk},\quad i=1,\cdots,r,\quad j=1,\cdots,s,\quad k=1,\cdots,t,\\ \displaystyle\sum_{i=1}^{r}\alpha_i=0,\sum_{j=1}^{s}\beta_j=0,\sum_{i=1}^{r}\gamma_{ij}=\sum_{j=1}^{s}\gamma_{ij}=0,\\ \text{各 }\varepsilon_{ijk}\text{ 相互独立，且都服从 }N(0,\sigma^2),\quad i=1,\cdots,r,\quad j=1,\cdots,s,\quad k=1,\cdots,t.\end{cases} \tag{9.2.16}$$

因此，要检验因素 A、因素 B 以及因素 $A\times B$ 对试验指标的影响是否显著，等价于对如下假设进行显著性检验

$$H_{0A}:\alpha_1=\cdots=\alpha_r=0, \tag{9.2.17}$$

$$H_{0B}:\beta_1=\cdots=\beta_s=0, \tag{9.2.18}$$

$$H_{0AB}:\gamma_{ij}-0,\quad i-1,2,\cdots,r,\quad j=1,2,\cdots,s. \tag{9.2.19}$$

下面采用偏差平方和分解的方法，给出检验上述假设检验的统计量. 令

$$\bar{Y}=\frac{1}{rst}\sum_{i=1}^{r}\sum_{j=1}^{s}\sum_{k=1}^{t}Y_{ijk},$$

$$\bar{Y}_{ij\cdot}=\frac{1}{t}\sum_{k=1}^{t}Y_{ijk},\quad i=1,2,\cdots,r,\quad j=1,2,\cdots,s$$

$$\bar{Y}_{i\cdot\cdot}=\frac{1}{st}\sum_{j=1}^{s}\sum_{k=1}^{t}Y_{ijk},\quad i=1,2,\cdots,r$$

$$\bar{Y}_{\cdot j\cdot}=\frac{1}{rt}\sum_{i=1}^{r}\sum_{k=1}^{t}Y_{ijk},\quad j=1,2,\cdots,s.$$

于是总偏差平方和为

$$SS_T=\sum_{i=1}^{r}\sum_{j=1}^{s}\sum_{k=1}^{t}(Y_{ijk}-\bar{Y})^2$$
$$=\sum_{i=1}^{r}\sum_{j=1}^{s}\sum_{k=1}^{t}[(\bar{Y}_{i\cdot\cdot}-\bar{Y})+(\bar{Y}_{\cdot j\cdot}-\bar{Y})+(\bar{Y}_{ij\cdot}-\bar{Y}_{i\cdot\cdot}-\bar{Y}_{\cdot j\cdot}+\bar{Y})+(Y_{ijk}-\bar{Y}_{ij\cdot})]^2$$
$$=\sum_{i=1}^{r}\sum_{j=1}^{s}\sum_{k=1}^{t}(\bar{Y}_{i\cdot\cdot}-\bar{Y})^2+\sum_{i=1}^{r}\sum_{j=1}^{s}\sum_{k=1}^{t}(\bar{Y}_{\cdot j\cdot}-\bar{Y})^2+$$
$$\sum_{i=1}^{r}\sum_{j=1}^{s}\sum_{k=1}^{t}(\bar{Y}_{ij\cdot}-\bar{Y}_{i\cdot\cdot}-\bar{Y}_{\cdot j\cdot}+\bar{Y})^2+\sum_{i=1}^{r}\sum_{j=1}^{s}\sum_{k=1}^{t}(Y_{ijk}-\bar{Y}_{ij\cdot})^2. \tag{9.2.20}$$

其中,各个交叉项均为零.记

$$SS_A=\sum_{i=1}^{r}\sum_{j=1}^{s}\sum_{k=1}^{t}(\bar{Y}_{i\cdot\cdot}-\bar{Y})^2=st\sum_{i=1}^{r}(\bar{Y}_{i\cdot\cdot}-\bar{Y})^2,$$
$$SS_B=\sum_{i=1}^{r}\sum_{j=1}^{s}\sum_{k=1}^{t}(\bar{Y}_{\cdot j\cdot}-\bar{Y})^2=rt\sum_{j=1}^{s}(\bar{Y}_{\cdot j\cdot}-\bar{Y})^2,$$
$$SS_{AB}=\sum_{i=1}^{r}\sum_{j=1}^{s}\sum_{k=1}^{t}(\bar{Y}_{ij\cdot}-\bar{Y}_{i\cdot\cdot}-\bar{Y}_{\cdot j\cdot}+\bar{Y})^2=t\sum_{i=1}^{r}\sum_{j=1}^{s}(\bar{Y}_{ij\cdot}-\bar{Y}_{i\cdot\cdot}-\bar{Y}_{\cdot j\cdot}+\bar{Y})^2,$$
$$SS_E=\sum_{i=1}^{r}\sum_{j=1}^{s}\sum_{k=1}^{t}(Y_{ijk}-\bar{Y}_{ij\cdot})^2.$$

则式(9.2.20)可写为

$$SS_T=SS_A+SS_B+SS_{AB}+SS_E.$$

称 SS_A 为因素 A 的偏差平方和,SS_B 为因素 B 的偏差平方和,SS_{AB} 为因素 A 与 B 交互作用 $A\times B$ 的偏差平方和,SS_E 为误差平方和.

由模型(9.2.16)可以得到

$$\begin{cases}\bar{Y}_{ij\cdot}=\mu+\alpha_i+\beta_j+\gamma_{ij}+\bar{\varepsilon}_{ij\cdot},\\ \bar{Y}_{i\cdot\cdot}=\mu+\alpha_i+\bar{\varepsilon}_{i\cdot\cdot},\\ \bar{Y}_{\cdot j\cdot}=\mu+\beta_j+\bar{\varepsilon}_{\cdot j\cdot},\\ \bar{Y}=\mu+\bar{\varepsilon}.\end{cases} \tag{9.2.21}$$

其中,

$$\bar{\varepsilon}=\frac{1}{rst}\sum_{i=1}^{r}\sum_{j=1}^{s}\sum_{k=1}^{t}\varepsilon_{ijk},\quad \bar{\varepsilon}_{ij\cdot}=\frac{1}{t}\sum_{k=1}^{t}\varepsilon_{ijk},$$
$$\bar{\varepsilon}_{i\cdot\cdot}=\frac{1}{st}\sum_{j=1}^{s}\sum_{k=1}^{t}\varepsilon_{ijk},\quad \bar{\varepsilon}_{\cdot j\cdot}=\frac{1}{rt}\sum_{i=1}^{r}\sum_{k=1}^{t}\varepsilon_{ijk}.$$

于是可以得到各个偏差平方和的效应加误差形式的表达式为

$$SS_A=st\sum_{i=1}^{r}(\alpha_i+\bar{\varepsilon}_{i\cdot\cdot}-\bar{\varepsilon})^2,$$
$$SS_B=rt\sum_{j=1}^{s}(\beta_j+\bar{\varepsilon}_{\cdot j\cdot}-\bar{\varepsilon})^2,$$
$$SS_{AB}=t\sum_{i=1}^{r}\sum_{j=1}^{s}(\gamma_{ij}+\bar{\varepsilon}_{ij\cdot}-\bar{\varepsilon}_{i\cdot\cdot}-\bar{\varepsilon}_{\cdot j\cdot}+\bar{\varepsilon})^2,$$

$$SS_E=\sum_{i=1}^{r}\sum_{j=1}^{s}\sum_{k=1}^{t}(\varepsilon_{ijk}-\bar{\varepsilon}_{ij\cdot})^2.$$

从而可以算出

$$E(SS_A)=(r-1)\sigma^2+st\sum_{i=1}^{r}\alpha_i^2,$$
$$E(SS_B)=(s-1)\sigma^2+rt\sum_{j=1}^{s}\beta_j^2,$$
$$E(SS_{AB})=(r-1)(s-1)\sigma^2+t\sum_{i=1}^{r}\sum_{j=1}^{s}\gamma_{ij}^2,$$
$$E(SS_E)=rs(t-1)\sigma^2.$$

可以证明，在假设(9.2.17)为真的条件下，SS_A 与 SS_E 相互独立，且

$$\frac{SS_A}{\sigma^2}\sim\chi^2(r-1),$$
$$\frac{SS_E}{\sigma^2}\sim\chi^2(rs(t-1)).$$

于是，由 F 分布定义知，当 H_{0A} 为真时，检验统计量

$$F_A=\frac{SS_A/(r-1)}{SS_E/[rs(t-1)]}=\frac{MS_A}{MS_E}\sim F(r-1,rs(t-1)).$$

类似地，当 H_{0B} 为真时，检验统计量

$$F_B=\frac{SS_B/(s-1)}{SS_E/[rs(t-1)]}=\frac{MS_B}{MS_E}\sim F(s-1,rs(t-1));$$

当 H_{0AB} 为真时，检验统计量

$$F_{AB}=\frac{SS_{AB}/[(r-1)(s-1)]}{SS_E/[rs(t-1)]}=\frac{MS_{AB}}{MS_E}\sim F((r-1)(s-1),rs(t-1)).$$

对给定显著性水平 α，上面3种检验的拒绝域分别为

$$W_A=\{F_A\geqslant F_{1-\alpha}(r-1,rs(t-1))\},$$
$$W_B=\{F_B\geqslant F_{1-\alpha}(s-1,rs(t-1))\},$$
$$W_{AB}=\{F_{AB}\geqslant F_{1-\alpha}((r-1)(s-1),rs(t-1))\}.$$

将整个分析计算过程的结果列于双因素方差分析表中(表9.2.7)。

表9.2.7 有重复试验的双因素方差分析表

方差来源	偏差平方和	自由度	均方和	F值
因素 A	SS_A	$r-1$	$MS_A=\frac{SS_A}{r-1}$	$F_A=\frac{MS_A}{MS_E}$
因素 B	SS_B	$s-1$	$MS_B=\frac{SS_B}{s-1}$	$F_B=\frac{MS_B}{MS_E}$
交互作用 $A\times B$	SS_{AB}	$(r-1)(s-1)$	$MS_{AB}=\frac{SS_{AB}}{(r-1)(s-1)}$	$F_{AB}=\frac{MS_{AB}}{MS_E}$
误　差	SS_E	$rs(t-1)$	$MS_E=\frac{SS_E}{rs(t-1)}$	
总　和	SS_T	$rst-1$		

实际分析计算时，常采用的简便记号和算法公式有

$$T=\sum_{i=1}^{r}\sum_{j=1}^{s}\sum_{k=1}^{t}Y_{ijk},$$

$$Y_{ij\cdot}=\sum_{k=1}^{t}Y_{ijk},\quad i=1,2,\cdots,r,\quad j=1,2,\cdots,s,$$

$$Y_{i\cdot\cdot}=\sum_{j=1}^{s}\sum_{k=1}^{t}Y_{ijk},\quad i=1,2,\cdots,r,$$

$$Y_{\cdot j\cdot}=\sum_{i=1}^{r}\sum_{k=1}^{t}Y_{ijk},\quad j=1,2,\cdots,s.$$

由以上得

$$SS_T=\sum_{i=1}^{r}\sum_{j=1}^{s}\sum_{k=1}^{t}Y_{ijk}^2-\frac{T^2}{rst},$$

$$SS_A=\frac{1}{st}\sum_{i=1}^{r}Y_{i\cdot\cdot}^2-\frac{T^2}{rst},$$

$$SS_B=\frac{1}{rt}\sum_{j=1}^{s}Y_{\cdot j\cdot}^2-\frac{T^2}{rst},$$

$$SS_{AB}=\left(\frac{1}{t}\sum_{i=1}^{r}\sum_{j=1}^{s}Y_{ij\cdot}^2-\frac{T^2}{rst}\right)-SS_A-SS_B,$$

$$SS_E=SS_T-SS_A-SS_B-SS_{AB}.$$

计算可在数据表中进行，如下例所示.

例 9.2.2 3 位操作工分别在 4 台不同机器上操作 3 d 的日产量如下：

机器 \ 操作工	甲	乙	丙
A_1	15 15 17	19 19 16	16 18 21
A_2	17 17 17	15 15 15	19 22 22
A_3	15 17 16	18 17 16	18 18 18
A_4	18 20 22	15 16 17	17 17 17

试在显著性水平 $\alpha=0.05$ 的情况下检验：

(1) 操作工之间有无显著性差异？

(2) 机器之间的差异是否显著？

(3) 操作工与机器的交互作用是否显著？

解 用 r 表示机器的水平数，s 表示操作工的水平数，t 表示重复试验次数，则有

$$r=4,\quad s=3,\quad t=3,\quad n=rst=36.$$

需要先算出各类和及平方和：$y_{ij\cdot}=\sum_{k=1}^{3}y_{ijk}$，$y_{i\cdot\cdot}=\sum_{j=1}^{3}\sum_{k=1}^{3}y_{ijk}$，$y_{\cdot j\cdot}=\sum_{i=1}^{4}\sum_{k=1}^{3}y_{ijk}$，$\sum_{i=1}^{4}y_{i\cdot\cdot}^2$，$\sum_{j=1}^{3}y_{\cdot j\cdot}^2$，$\sum_{i=1}^{4}\sum_{j=1}^{3}y_{ij\cdot}^2$，$\sum_{i=1}^{4}\sum_{j=1}^{3}\sum_{k=1}^{2}y_{ijk}^2$，计算结果见表 9.2.8，并列出方差分析表 9.2.9.

$$\sum_{i}\sum_{j}\sum_{k}y_{ijk}^2=11\ 065,$$

$$\sum_i \sum_j y_{ij\cdot}^2 = 33\ 071,$$

$$\sum_i y_{i\cdot\cdot}^2 = 98\ 307,$$

$$\sum_j y_{\cdot j\cdot}^2 = 131\ 369,$$

$$\frac{\left(\sum_i \sum_j \sum_k y_{ijk}\right)^2}{n} = 10\ 920.25.$$

表 9.2.8 计算表

y_{ij}	甲	乙	丙	$y_{i\cdot\cdot}$	$y_{i\cdot\cdot}^2$
A_1	15,15,17(47)	19,19,16(54)	16,18,21(55)	156	24 336
A_2	17,17,17(51)	15,15,15(45)	19,22,22(63)	159	25 281
A_3	15,17,16(48)	18,17,16(51)	18,18,18(54)	153	23 409
A_4	18,20,22(60)	15,16,17(48)	17,17,17(51)	159	25 281
$y_{\cdot j\cdot}$	206	198	223	627	98 307
$y_{\cdot j\cdot}^2$	42 436	39 204	49 729		

注:括号内为该操作工 3 d 日产量之和.

$$SS_T = 11\ 065 - 10\ 920.25 = 144.75,$$

$$SS_A = \frac{1}{9} \times 98\ 307 - 10\ 920.25 = 2.75,$$

$$SS_B = \frac{1}{12} \times 131\ 369 - 10\ 920.25 = 27.17,$$

$$SS_{AB} = \frac{1}{3} \times 33\ 071 - 10\ 920.25 - 2.75 - 27.17 = 73.50,$$

$$SS_E = 144.75 - 2.75 - 27.17 - 73.50 = 41.33.$$

表 9.2.9 方差分析表

方差来源	偏差平方和	自由度	均方和	F 值
机器 A	2.75	3	0.92	0.53
操作工 B	27.17	2	13.59	7.89
交互作用 $A\times B$	73.50	6	12.25	7.11
误 差	41.33	24	1.72	
总 和	144.75	35		

由于

$$F_A = 0.53 < F_{0.95}(3,24) = 3.01,$$

$$F_B = 7.89 > F_{0.95}(2,24) = 3.40,$$

$$F_{AB} = 7.11 > F_{0.95}(6,24) = 2.51,$$

因此,在显著性水平 $\alpha = 0.05$ 的情况下,机器之间无显著差异,操作工有显著差异,交互作用有显著差异.

9.3 一元线性回归分析

9.3.1 变量间的两类关系

客观世界中变量之间的关系有两类：一类是确定性关系，可用函数关系表示，例如欧姆定律中电压U与电阻R、电流I之间的关系为$U=IR$，如果已知这3个变量中的任意两个，则另一个就可精确地求出；另一类是非确定性关系，例如人的身高和体重的关系、人的血压和年龄的关系、某产品的广告投入与销售额间的关系等，它们之间是有关联的，但是它们之间的关系又不能用普通函数关系来表示，另外，即便是具有确定性关系的变量，由于试验误差的影响，其表现形式也具有某种程度的不确定性. 我们称这类非确定性关系为相关关系. 具有相关关系的变量之间虽然不具有确定的函数关系，但是可以借助函数关系来表示它们之间的统计规律，这种近似表示它们之间相关关系的函数被称为回归函数. 回归分析是研究两个或两个以上变量相关关系的一种重要的统计方法.

"回归"(Regression)一词最早是1886年由英国生物学家兼统计学家高尔顿在研究父代与子代身高的遗传问题时提出的. 他发现身材较高的父母，他们的孩子也较高，但这些孩子的平均身高并没有他们父母的平均身高高；身材较矮的父母，他们的孩子也较矮，但这些孩子的平均身高却比他们父母的平均身高高.高尔顿把这种后代的身高向中间值靠近的趋势称为"回归现象".

回归分析(Regression Analysis)就是根据已得的试验结果来确定统计回归模型，建立起相关变量之间关系的近似表达式(回归方程)，即经验公式，并由此对相应的因变量进行预测.回归分析的思想渗透到了数理统计的许多分支中，人们把通过一些变量的变化去推测另一些变量的变化的方法统称为回归分析，回归分析在经济、社会、生物、医学等多方面得到了广泛应用.

9.3.2 一元线性回归模型

设有两个相关变量x和Y，其中x是普通变量(可以控制或可以精确测量的变量)，称为自变量、预报变量或解释变量；Y是随机变量，称为因变量、响应变量或被解释变量. 对于x的每一个确定值，Y有一个概率分布与之对应，若Y的数学期望存在，则其取值随x的取值而定，即Y的数学期望是x的函数，记为

$$\mu(x)=E(Y|x), \tag{9.3.1}$$

称$\mu(x)$为Y关于x的回归函数(Regression Function)，即为相关关系的表达式. 令随机变量$\varepsilon=Y-\mu(x)$，称为随机误差(Random Error)，显然，$E\varepsilon=0$. 一般假定随机误差ε的方差$\mathrm{Var}(\varepsilon)=\sigma^2$存在且与$x$无关，$\varepsilon$服从正态分布，这样就得到$Y$关于$x$的一元回归(理论)模型为

$$\begin{cases} Y=\mu(x)+\varepsilon, \\ \varepsilon\sim N(0,\sigma^2). \end{cases} \tag{9.3.2}$$

其中，$Y|x\sim N(\mu(x),\sigma^2)$.

最简单的情形是回归函数 $\mu(x)$ 为 x 的线性函数，即

$$\mu(x)=\beta_0+\beta_1 x.$$

其中，β_0 和 β_1 为两个待定参数，β_0 是常数项，称为截距，β_1 称为斜率，它们统称为回归系数. 这样，就得到 Y 关于 x 的一元线性回归(理论)模型为

$$\begin{cases}Y=\beta_0+\beta_1 x+\varepsilon,\\ \varepsilon\sim N(0,\sigma^2).\end{cases}\tag{9.3.3}$$

为了确定该模型，首先要对参数 β_0，β_1 和 σ^2 进行推断. 于是对总体 (x,Y) 进行观测，得到样本 (x_1,Y_1)，(x_2,Y_2)，…，(x_n,Y_n)，其观测值记为 (x_1,y_1)，(x_2,y_2)，…，(x_n,y_n)，此处 Y_1，Y_2，…，Y_n 相互独立. 由模型(9.3.3)可得到 Y 关于 x 的一元线性回归统计模型(Univariate Linear Regression Statistical Model)为

$$\begin{cases}Y_i=\beta_0+\beta_1 x_i+\varepsilon_i,\quad i=1,2,\cdots,n,\\ \text{各 }\varepsilon_i\text{ 独立同分布 }N(0,\sigma^2).\end{cases}\tag{9.3.4}$$

由样本值 (x_1,y_1)，(x_2,y_2)，…，(x_n,y_n) 可以得到 β_0，β_1 的估计值 $\hat{\beta}_0$，$\hat{\beta}_1$，从而得到回归函数 $E(Y)=\beta_0+\beta_1 x$ 的估计

$$\hat{y}=\hat{\beta}_0+\hat{\beta}_1 x,\tag{9.3.5}$$

并称其为 Y 关于 x 的经验回归函数，简称为回归方程，其图形称为回归直线. 给定 $x=x_0$ 后，称 $\hat{y}_0=\hat{\beta}_0+\hat{\beta}_1 x_0$ 为回归值或拟合值、预测值，而 $e_0=y-\hat{y}_0$ 称为残差或剩余(Residual).

回归函数 $\mu(x)$ 的形式可根据专业知识或经验确定，也可以通过画散点图确定. 将 (x,Y) 的 n 对观测值 (x_1,y_1)，(x_2,y_2)，…，(x_n,y_n) 所对应的点在直角坐标系中描出，得到的图形称为散点图(Scatter Plot)，由于 Y_i 中包含了随机误差，因此其观测值 y_i 在 $\mu(x_i)$ 周围波动，(x_1,y_1)，(x_2,y_2)，…，(x_n,y_n) 分布在曲线 $y=\mu(x)$ 附近. 如果散点图如图 9.3.1(a)所示，则可将 $\mu(x)$ 取为线性函数；如果散点图如图 9.3.1(b)所示，则可将 $\mu(x)$ 取为非线性函数，这种情况将在后面进行讨论.

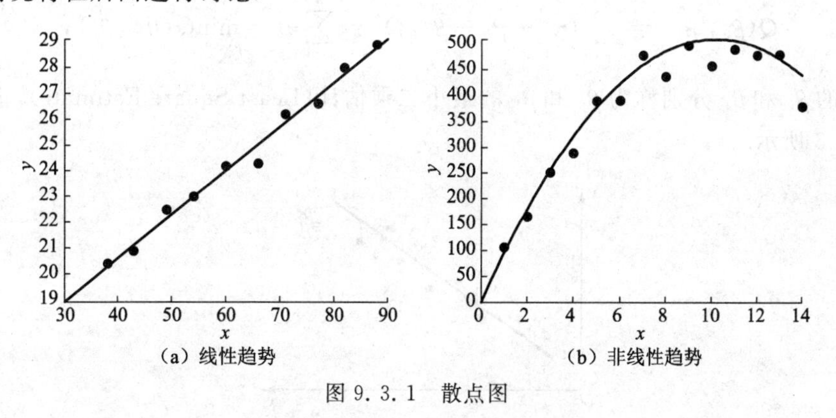

图 9.3.1 散点图

例 9.3.1 设某化学反应过程的得率 Y 与该过程的温度 x 有关. 现进行了 10 次测量，数据如下：

x/℃	38	43	49	54	60	66	71	77	82	88
y/%	20.4	20.9	22.5	23.0	24.2	24.3	26.2	26.6	28.0	28.9

试研究 x,y 两者之间的变化规律.

解 画出这些数据$(x_1,y_1),(x_2,y_2),\cdots,(x_{10},y_{10})$的散点图(图 9.3.2),这些点都在一条直线的附近,因此用模型(9.3.4)来描述温度 x 与得率 Y 之间的关系比较合适.

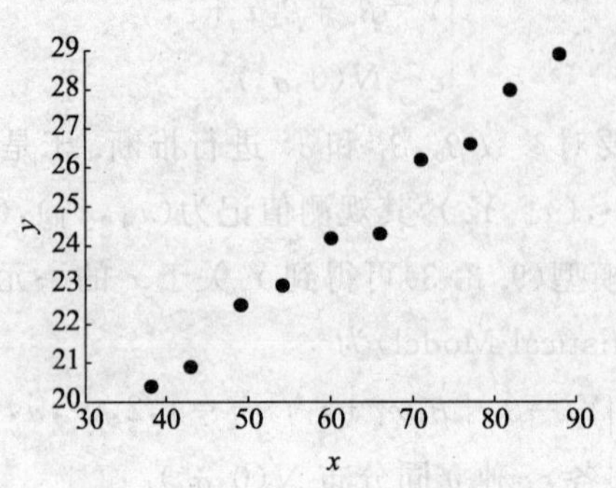

图 9.3.2 温度与得率散点图

一元回归分析主要解决以下 3 个问题:

(1) 对未知参数 β_0,β_1 和 σ^2 进行估计,由此获得回归方程;

(2) 对回归方程进行显著性检验;

(3) 根据自变量 x 的给定值 x_0,对相应的因变量 Y 的取值 Y_0 进行预测.

9.3.3 参数的最小二乘估计

一般采用最小二乘法估计模型(9.3.4)中的 β_0,β_1. 设来自(x,Y)的 n 对观测值为$(x_1,y_1),(x_2,y_2),\cdots,(x_n,y_n)$,令

$$Q(\beta_0,\beta_1)=\sum_{i=1}^{n}(y_i-\beta_0-\beta_1x_i)^2,$$

则 β_0 和 β_1 的估计 $\hat{\beta}_0$ 和 $\hat{\beta}_1$ 应满足

$$Q(\hat{\beta}_0,\hat{\beta}_1)=\sum_{i=1}^{n}(y_i-\hat{\beta}_0-\hat{\beta}_1x_i)^2=\sum_{i=1}^{n}e_i^2=\min_{\beta_0,\beta_1}Q(\beta_0,\beta_1),$$

这样得到的 $\hat{\beta}_0$ 和 $\hat{\beta}_1$ 分别称为 β_0 和 β_1 的最小二乘估计(Least Square Estimate),记为 LSE,如图 9.3.3 所示.

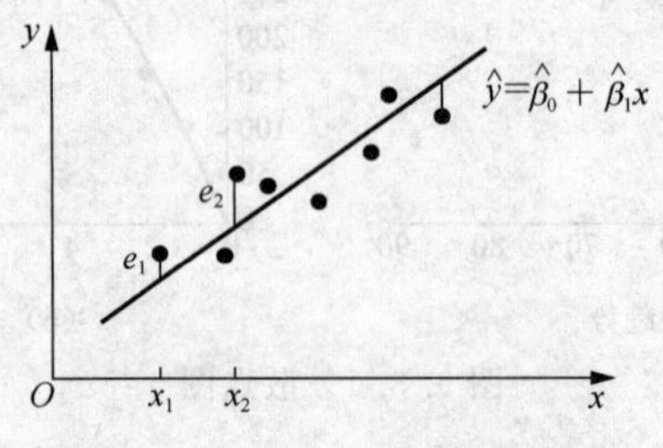

图 9.3.3 最小二乘原理示意图

由于 $Q\geqslant 0$，且对 β_0 和 β_1 的偏导数存在，因此，最小二乘法可以通过求偏导数并令其等于0得到，即

$$\begin{cases}\dfrac{\partial Q}{\partial \beta_0}=-2\sum\limits_i (y_i-\beta_0-\beta_1 x_i)=0,\\ \dfrac{\partial Q}{\partial \beta_1}=-2\sum\limits_i (y_i-\beta_0-\beta_1 x_i)x_i=0.\end{cases} \tag{9.3.6}$$

其中，上式用 $\sum\limits_i$（后面也用 $\sum$）表示 $\sum\limits_{i=1}^{n}$，以后不再说明. 将式(9.3.6)整理后得到

$$\begin{cases}n\beta_0+\beta_1\sum\limits_i x_i=\sum\limits_i y_i,\\ \beta_0\sum\limits_i x_i+\beta_1\sum\limits_i x_i^2=\sum\limits_i x_i y_i.\end{cases} \tag{9.3.7}$$

称方程组(9.3.7)为正规方程组. 解正规方程组得参数 β_0 和 β_1 的最小二乘估计为

$$\begin{cases}\hat{\beta}_1=\dfrac{\sum\limits_i (x_i-\bar{x})(y_i-\bar{y})}{\sum\limits_i (x_i-\bar{x})^2},\\ \hat{\beta}_0=\bar{y}-\hat{\beta}_1\bar{x}.\end{cases} \tag{9.3.8}$$

其中，$\bar{x}=\dfrac{1}{n}\sum\limits_i x_i$，$\bar{y}=\dfrac{1}{n}\sum\limits_i y_i$ 为样本均值. 为便于书写和记忆，引入记号

$$S_{xy}=\sum_i (x_i-\bar{x})(y_i-\bar{y})=\sum_i x_i y_i-n\bar{x}\cdot\bar{y}=\sum_i x_i y_i-\frac{1}{n}\sum_i x_i\sum_i y_i,$$

$$S_{xx}=\sum_i (x_i-\bar{x})^2=\sum_i x_i^2-n\,(\bar{x})^2=\sum_i x_i^2-\frac{1}{n}\left(\sum_i x_i\right)^2,$$

$$S_{yy}=\sum_i (y_i-\bar{y})^2=\sum_i y_i^2-n\,(\bar{y})^2=\sum_i y_i^2-\frac{1}{n}\left(\sum_i y_i\right)^2.$$

则式(9.3.8)可以简记为

$$\begin{cases}\hat{\beta}_1=\dfrac{S_{xy}}{S_{xx}},\\ \hat{\beta}_0=\bar{y}-\hat{\beta}_1\bar{x}.\end{cases} \tag{9.3.9}$$

于是，所求的线性回归方程为 $\hat{y}=\hat{\beta}_0+\hat{\beta}_1 x$. 若将 $\hat{\beta}_0=\bar{y}-\hat{\beta}_1\bar{x}$ 代入上式，则线性回归方程亦可表示为

$$\hat{y}=\bar{y}+\hat{\beta}_1(x-\bar{x}).$$

上式表明，对于样本观察值 $(x_1,y_1),(x_2,y_2),\cdots,(x_n,y_n)$，回归直线通过散点图的几何中心 $(\bar{x},\bar{y})$. 回归直线是一条过 $(\bar{x},\bar{y})$，斜率为 $\hat{\beta}_1$ 的直线.

记在 x_i 处 Y 的残差 $e_i=y_i-\hat{y}_i$，则残差平方和(Residual Sum of Squares)为

$$SS_E=\sum_{i=1}^{n}e_i^2=\sum_{i=1}^{n}(y_i-\hat{\beta}_0-\hat{\beta}_1 x_i)^2,$$

经过计算整理，得

$$SS_E=S_{yy}-\hat{\beta}_1^2 S_{xx}=S_{yy}-\hat{\beta}_1 S_{xy}.$$

因为$\sigma^2=\mathrm{Var}(\varepsilon)=E(Y-\beta_0-\beta_1x)^2$，故由矩估计法知可用残差平方和去估计$\sigma^2$，求出$\sigma^2$的无偏估计为

$$\hat{\sigma}^2=\frac{SS_E}{n-2},$$

称为σ^2的最小二乘估计.

例 9.3.2 求例9.3.1中化学反应过程的得率Y与该过程的温度x的经验回归方程.

解 此处$n=10$，经计算

$$\sum_i x_i=628,\quad \sum_i y_i=245,$$

$$\sum_i x_i^2=42\ 004,\quad \sum_i y_i^2=6\ 077.56,\quad \sum_i x_iy_i=15\ 821.8,$$

$$\bar{x}=62.8,\quad \bar{y}=24.5,$$

$$S_{xy}=\sum_i x_iy_i-\frac{1}{10}\Big(\sum_i x_i\Big)\Big(\sum_i y_i\Big)=435.8,$$

$$S_{xx}=\sum_i x_i^2-\frac{1}{10}\Big(\sum_i x_i\Big)^2=2\ 565.6,$$

$$S_{yy}=\sum_i y_i^2-\frac{1}{10}\Big(\sum_i y_i\Big)^2=75.06,$$

故得

$$\hat{\beta}_1=\frac{S_{xy}}{S_{xx}}=\frac{435.8}{2\ 565.6}=0.169\ 9,$$

$$\hat{\beta}_0=\bar{y}-\hat{\beta}_1\bar{x}=24.5-0.1699\times 62.8=13.830\ 3,$$

所求经验回归方程为

$$\hat{y}=13.830\ 3+0.169\ 9x.$$

σ^2的最小二乘估计值为

$$\hat{\sigma}^2=\frac{SS_E}{n-2}=\frac{75.06-0.169\ 9\times 435.8}{10-2}=0.127\ 2.$$

下面的定理给出了最小二乘估计的一些性质.

定理 9.3.1 在模型(9.3.4)下，有

(1) $\hat{\beta}_0\sim N\left(\beta_0,\left(\frac{1}{n}+\frac{(\bar{x})^2}{S_{xx}}\right)\sigma^2\right)$，$\hat{\beta}_1\sim N\left(\beta_1,\frac{\sigma^2}{S_{xx}}\right)$；

(2) $\mathrm{Cov}(\hat{\beta}_0,\hat{\beta}_1)=-\frac{\bar{x}}{S_{xx}}\sigma^2$；

(3) 对给定的x_0，$\hat{Y}_0=\hat{\beta}_0+\hat{\beta}_1x_0\sim N\left(\beta_0+\beta_1x_0,\left(\frac{1}{n}+\frac{(x_0-\bar{x})^2}{S_{xx}}\right)\sigma^2\right)$.

证明 利用$\sum_i(x_i-\bar{x})=0$，可以把$\hat{\beta}_1$和$\hat{\beta}_0$改写为

$$\hat{\beta}_1=\frac{S_{xY}}{S_{xx}}=\sum_i\frac{x_i-\bar{x}}{S_{xx}}Y_i,$$

$$\hat{\beta}_0=\bar{y}-\hat{\beta}_1\bar{x}=\sum_i\left[\frac{1}{n}-\frac{(x_i-\bar{x})\bar{x}}{S_{xx}}\right]Y_i.$$

它们都是独立正态变量 $Y_1,Y_2,\cdots,Y_n$ 的线性组合,故都服从正态分布,下面分别求出它们的期望和方差.

$$E\hat{\beta}_1=\sum_i \frac{x_i-\bar{x}}{S_{xx}}EY_i=\sum_i \frac{x_i-\bar{x}}{S_{xx}}(\beta_0+\beta_1 x_i)=\beta_1,$$

$$\mathrm{Var}(\hat{\beta}_1)=\sum_i\left(\frac{x_i-\bar{x}}{S_{xx}}\right)^2\mathrm{Var}(Y_i)=\sum_i\left(\frac{x_i-\bar{x}}{S_{xx}}\right)^2\sigma^2=\frac{\sigma^2}{S_{xx}},$$

$$E\hat{\beta}_0=E\bar{Y}-E\hat{\beta}_1\bar{x}=\beta_0+\beta_1\bar{x}-\beta_1\bar{x}=\beta_0,$$

$$\mathrm{Var}(\hat{\beta}_0)=\sum_i\left[\frac{1}{n}-\frac{(x_i-\bar{x})\bar{x}}{S_{xx}}\right]^2\mathrm{Var}(Y_i)=\left[\frac{1}{n}+\frac{(\bar{x})^2}{S_{xx}}\right]\sigma^2.$$

由此,(1)得证. 进一步,考虑到各 Y_i 之间的独立性,可得

$$\begin{aligned}\mathrm{Cov}(\hat{\beta}_0,\hat{\beta}_1)&=\mathrm{Cov}\left(\sum_i\left[\frac{1}{n}-\frac{(x_i-\bar{x})\bar{x}}{S_{xx}}\right]Y_i,\sum_i\frac{x_i-\bar{x}}{S_{xx}}Y_i\right)\\&=\sum_i\left[\frac{1}{n}-\frac{(x_i-\bar{x})\bar{x}}{S_{xx}}\right]\cdot\frac{x_i-\bar{x}}{S_{xx}}\cdot\sigma^2=-\frac{\bar{x}}{S_{xx}}\sigma^2.\end{aligned}$$

由此,(2)得证. 为了证明(3),注意到 $\hat{Y}_0=\hat{\beta}_0+\hat{\beta}_1x_0$ 也是独立正态变量 $Y_1,Y_2,\cdots,Y_n$ 的线性组合,它也服从正态分布,此时求出期望和方差即可. 有

$$E\hat{Y}_0=E\hat{\beta}_0+E\hat{\beta}_1x_0=\beta_0+\beta_1x_0=EY_0,$$

$$\begin{aligned}\mathrm{Var}(\hat{Y}_0)&=\mathrm{Var}(\hat{\beta}_0)+\mathrm{Var}(\hat{\beta}_1)x_0^2+2x_0\mathrm{Cov}(\hat{\beta}_0,\hat{\beta}_1)\\&=\left[\left(\frac{1}{n}+\frac{(\bar{x})^2}{S_{xx}}\right)+\frac{x_0^2}{S_{xx}}-2\frac{x_0\bar{x}}{S_{xx}}\right]\sigma^2\\&=\left[\frac{1}{n}+\frac{(x_0-\bar{x})^2}{S_{xx}}\right]\sigma^2.\end{aligned}$$

由此,(3)得证. 证明完成.

由定理 9.3.1 可知:

(1) $\hat{\beta}_0$ 和 $\hat{\beta}_1$ 分别为 β_0 和 β_1 的无偏估计;

(2) $\hat{Y}_0=\hat{\beta}_0+\hat{\beta}_1x_0$ 是 $EY_0=\beta_0+\beta_1x_0$ 的无偏估计;

(3) 除了 $\bar{x}=0$ 外,$\hat{\beta}_0$ 和 $\hat{\beta}_1$ 是相关的;

(4) 要提高 $\hat{\beta}_0$ 和 $\hat{\beta}_1$ 的估计精度(即降低它们的方差)就要求样本量 n 足够大,S_{xx} 也足够大(即要求 $x_1,x_2\cdots,x_n$ 较分散).

9.3.4 回归方程的显著性检验

无论 Y 和 x 间的线性关系是否密切,总可以根据(x,Y)的 n 对观测值(x_i,y_i),由最小二乘估计求出 $\hat{\beta}_0$ 和 $\hat{\beta}_1$,得到线性经验回归方程 $\hat{y}=\hat{\beta}_0+\hat{\beta}_1x$. 但当模型(9.3.4)的基本假定不成立时,所求得的线性经验回归方程是无意义的. 因此,必须判断"Y 与 x 间存在线性关系 $EY=\beta_0+\beta_1x$"这一假设是否合理,首先,可根据有关专业知识和实践来判断;其次,还要根据实际观察得到的数据运用假设检验的方法来判断,即对回归方程进行显著性检验. 检验假

设为

$$H_0:\beta_1=0,\quad H_1:\beta_1\neq 0. \tag{9.3.10}$$

若 H_0 被接受,则认为 Y 对 x 的线性依赖程度不高,EY 不随 x 的变化而线性变化,此时求得的线性经验回归方程没有意义,称回归方程不显著;若 H_0 被拒绝,则 EY 随 x 的变化而线性变化,此时求得的线性经验回归方程有意义,Y 与 x 之间存在某种程度的线性相关性,称回归方程是显著的,在一定范围内可以根据它对 Y 的取值进行预测.

关于上述假设的检验,在一元线性回归中有 3 种等价的检验方法,下面加以介绍. 使用时任选一种即可.

1. F 检验

为了检验假设 H_0,采用方差分析的思想,从数据出发研究各 y_i 不同的原因. 数据 y_1, $y_2,\cdots,y_n$ 的波动用偏差平方和来度量,记为 SS_T,即

$$\begin{aligned}SS_T=S_{yy}&=\sum_i(y_i-\bar{y})^2=\sum_i(y_i-\hat{y}_i+\hat{y}_i-\bar{y})^2\\&=\sum_i(y_i-\hat{y})^2+2\sum_i(y_i-\hat{y}_i)(\hat{y}_i-\bar{y})+\sum_i(\hat{y}_i-\bar{y})^2\\&=\sum_i(y_i-\hat{y})^2+\sum_i(\hat{y}_i-\bar{y})^2.\end{aligned}$$

其中,交叉项乘积和为零,其推导如下.

由正规方程组(9.3.7),得

$$\begin{cases}\sum_i(y_i-\hat{\beta}_0-\hat{\beta}_1x_i)=0,\\\sum_i(y_i-\hat{\beta}_0-\hat{\beta}_1x_i)x_i=0,\end{cases}$$

亦即

$$\begin{cases}\sum_i(y_i-\hat{y}_i)=0,\\\sum_i(y_i-\hat{y}_i)x_i=0.\end{cases}$$

注意到 $\hat{y}_i=\hat{\beta}_0+\hat{\beta}_1x_i=\bar{y}+\hat{\beta}_1(x_i-\bar{x})$,从而得

$$\begin{aligned}\sum_i(y_i-\hat{y}_i)(\hat{y}_i-\bar{y})&=\sum_i(y_i-\hat{y}_i)[\hat{\beta}_1(x_i-\bar{x})]\\&=\hat{\beta}_1[\sum_i(y_i-\hat{y}_i)x_i-\sum_i(y_i-\hat{y}_i)\bar{x}]=0.\end{aligned}$$

令

$$SS_R=\sum_i(\hat{y}_i-\bar{y})^2,$$

$$SS_E=\sum_i(y_i-\hat{y}_i)^2,$$

则有一元线性回归情形下的总偏差平方和分解公式为

$$SS_T=SS_R+SS_E. \tag{9.3.11}$$

其中，SS_T 是数据 y_i 的偏差平方和，称为总偏差平方和(Total Sum of Squares)；SS_R 是回归值 $\hat{y}_i$ 的偏差平方和(注意 $\frac{1}{n}\sum_i \hat{y}_i=\bar{y}=\frac{1}{n}\sum_i y_i$)，反映了自变量 x 的变化引起 Y 值的线性部分波动的大小，称为回归平方和(Regression Sum of Squares)；SS_E 是观测值 y_i 与回归值 $\hat{y}_i$ 差的平方和，反映了除去 Y 随 x 线性变化部分后取值的波动大小，包括一切未加控制的随机因素，x 对 Y 的非线性影响因素引起的 Y 值波动大小称为剩余(残差)平方和(Residual Sum of Squares).

显然，在 SS_T 一定的条件下，由式(9.3.11)可知，剩余平方和 SS_E 越小，回归平方和 SS_R 越大，拟合程度越好. 因此，可以用回归平方和 SS_R 与剩余平方和 SS_E 的比来构造检验统计量.

下面用两个定理对 SS_R 和 SS_E 的统计性质进行讨论.

定理 9.3.2 在模型

$$\begin{cases} Y_i=\beta_0+\beta_1 x_i+\varepsilon_i, \quad i=1,2,\cdots,n, \\ \text{各 } \varepsilon_i \text{ 独立且 } E(\varepsilon_i)=0, \quad \operatorname{Var}(\varepsilon_i)=\sigma^2 \end{cases}$$

下，有

$$E(SS_R)=\sigma^2+\beta_1^2 S_{xx}, \tag{9.3.12}$$

$$E(SS_E)=(n-2)\sigma^2. \tag{9.3.13}$$

式(9.3.13)说明 $\hat{\sigma}^2=\frac{SS_E}{n-2}$ 是 σ^2 的无偏估计.

证明 由

$$SS_R=\sum_i(\hat{Y}_i-\bar{Y})^2=\sum_i[\bar{Y}+\hat{\beta}_1(x_i-\bar{x})-\bar{Y}]^2=\hat{\beta}_1^2 S_{xx},$$

得

$$E(SS_R)=E\hat{\beta}_1^2 S_{xx}=[\operatorname{Var}(\hat{\beta}_1)+(E\hat{\beta}_1)^2]S_{xx}=\left(\frac{\sigma^2}{S_{xx}}+\beta_1^2\right)S_{xx}=\sigma^2+\beta_1^2 S_{xx},$$

$$\begin{aligned} E(SS_T)&=E\left[\sum_i(Y_i-\bar{Y})^2\right]=E\left[\sum_i Y_i^2-n(\bar{Y})^2\right]=\sum_i EY_i^2-nE\bar{Y}^2 \\ &=\sum_i[\operatorname{Var}(Y_i)+(EY_i)^2]-n[\operatorname{Var}(\bar{Y})+(E\bar{Y})^2] \\ &=\sum_i[\sigma^2+(\beta_0+\beta_1 x_i)^2]-n\left[\frac{\sigma^2}{n}+(\beta_0+\beta_1\bar{x})^2\right]=(n-1)\sigma^2+\beta_1^2 S_{xx}. \end{aligned}$$

于是，由式(9.3.11)得

$$E(SS_E)=E(SS_T)-E(SS_R)=(n-2)\sigma^2.$$

定理 9.3.3 在模型(9.3.4)下，有

(1) $\frac{SS_E}{\sigma^2}\sim\chi^2(n-2)$；

(2) 若 H_0 成立，则 $\frac{SS_R}{\sigma^2}\sim\chi^2(1)$；

(3) $\bar{Y}$，$\hat{\beta}_1(SS_R)$ 和 SS_E 三者相互独立.

证明 取一个 n 阶正交阵 $\boldsymbol{A}$，具有以下形式

$$A=\begin{pmatrix} a_{11} & a_{12} & a_{13} & \cdots & a_{1n} \\ \vdots & \vdots & \vdots & & \vdots \\ a_{n-2,1} & a_{n-2,2} & a_{n-2,3} & \cdots & a_{n-2,n} \\ (x_1-\bar{x})/\sqrt{S_{xx}} & (x_2-\bar{x})/\sqrt{S_{xx}} & (x_3-\bar{x})/\sqrt{S_{xx}} & \cdots & (x_n-\bar{x})/\sqrt{S_{xx}} \\ 1/\sqrt{n} & 1/\sqrt{n} & 1/\sqrt{n} & \cdots & 1/\sqrt{n} \end{pmatrix}.$$

由正交性可得约束条件为

$$\sum_j a_{ij}=0,\quad \sum_j a_{ij}x_j=0,$$

$$\sum_j a_{ij}^2=1,\quad i=1,2,\cdots,n-2,$$

$$\sum_k a_{ik}a_{jk}=0,\quad 1\leqslant i<j\leqslant n-2.$$

令

$$\boldsymbol{Z}=(Z_1,Z_2,\cdots,Z_n)^{\mathrm{T}}=\boldsymbol{AY}=\begin{pmatrix} \sum_j a_{1j}Y_j \\ \vdots \\ \sum_j a_{n-2,j}Y_j \\ \sum_j \dfrac{x_j-\bar{x}}{\sqrt{S_{xx}}}Y_j \\ \sum_j \dfrac{1}{\sqrt{n}}Y_j \end{pmatrix},$$

其中，

$$Z_{n-1}=\frac{\sum(x_j-\bar{x})Y_j}{\sqrt{S_{xx}}}=\frac{\sum(x_j-\bar{x})(Y_j-\bar{Y})}{\sqrt{S_{xx}}}=\frac{S_{xY}}{\sqrt{S_{xx}}}=\sqrt{S_{xx}}\,\hat{\beta}_1,$$

$$Z_n=\frac{1}{\sqrt{n}}\sum Y_i=\sqrt{n}\,\bar{Y}.$$

则 $\boldsymbol{Z}$ 仍然服从 n 维正态分布,且期望与方差阵分别为

$$E\boldsymbol{Z}=\boldsymbol{AEY}=\begin{pmatrix} 0 \\ \vdots \\ 0 \\ \beta_1\sqrt{S_{xx}} \\ \sqrt{n}(\beta_0+\beta_1\bar{x}) \end{pmatrix},$$

$$\mathrm{Var}(\boldsymbol{Z})=\boldsymbol{A}\,\mathrm{Var}(\boldsymbol{Y})\boldsymbol{A}^{\mathrm{T}}=\sigma^2\boldsymbol{I}_n.$$

这表明 $Z_1,Z_2\cdots,Z_n$ 相互独立,$Z_1,Z_2\cdots,Z_{n-2}$ 有共同分布为 $N(0,\sigma^2)$,$Z_{n-1}\sim N(\beta_1\sqrt{S_{xx}},\sigma^2)$,$Z_n\sim N(\sqrt{n}(\beta_0+\beta_1\bar{x}),\sigma^2)$.

由于

$$\sum_{i=1}^{n} Z_i^2 = \sum_{i=1}^{n} Y_i^2 = SS_T + n\,(\bar{Y})^2 = SS_R + SS_E + n\,(\bar{Y})^2,$$

而

$$Z_n = \sqrt{n}\bar{Y}, \quad Z_{n-1} = \sqrt{S_{xx}}\,\hat{\beta}_1 = \sqrt{SS_R}.$$

于是,有

$$Z_1^2 + Z_2^2 + \cdots + Z_{n-2}^2 = SS_E,$$

由此,$\bar{Y}$,$\hat{\beta}_1(SS_R)$ 和 SS_E 三者相互独立,且有 $\frac{SS_E}{\sigma^2} \sim \chi^2(n-2)$. 在 $\beta_1 = 0$ 时,$\frac{SS_R}{\sigma^2} = (Z_{n-1}/\sigma)^2 \sim \chi^2(1)$,定理证毕.

由定理 9.3.3,取检验统计量

$$F = \frac{SS_R/f_R}{SS_E/f_E} = \frac{SS_R}{SS_E/(n-2)}.$$

当 H_0 为真时,$SS_R = \hat{\beta}_1^2 S_{xx}$ 与 SS_E 相互独立,$F \sim F(1, n-2)$,其中 $f_R = 1$,$f_E = n-2$. 对于给定显著性水平 α,拒绝域为 $F \geqslant F_{1-\alpha}(1, n-2)$. 若 F 的观测值 $F \geqslant F_{1-\alpha}(1, n-2)$,拒绝 H_0,表示回归方程显著;否则,回归方程不显著. 整个检验过程可以列为方差分析表(表 9.3.1),检验也可用 p 值进行.

表 9.3.1 一元线性回归方程显著性检验的方差分析表

误差来源	偏差平方和	自由度	均方和	F 值
回 归	SS_R	$f_R = 1$	$MS_R = SS_R/f_R$	$F = MS_R/MS_E$
误 差	SS_E	$f_E = n-2$	$MS_E = SS_E/f_E$	
总 和	SS_T	$f_T = n-1$		

各偏差平方和的简化计算公式为

$$SS_T = S_{yy} = \sum y_i^2 - \frac{1}{n}\left(\sum_i y_i\right)^2,$$

$$SS_R = \hat{\beta}_1^2 S_{xx} = \frac{S_{xy}^2}{S_{xx}},$$

$$SS_E = SS_T - SS_R.$$

例 9.3.3 对例 9.3.2 中求得的经验回归方程的显著性进行检验(显著性水平 $\alpha = 0.01$).

解 在显著性水平 $\alpha = 0.01$ 下,检验假设 $H_0: \beta_1 = 0$,$H_1: \beta_1 \neq 0$. 例 9.3.2 中已算出

$$SS_T = 75.06, \quad S_{xx} = 2\,565.6, \quad \hat{\beta}_1 = 0.169\,9.$$

从而得

$$SS_R = \hat{\beta}_1^2 S_{xx} = 0.169\,9^2 \times 2\,565.6 = 74.058\,6,$$

$$SS_E = SS_T - SS_R = 1.001\,4.$$

把各平方和移入方差分析表,继续进行计算,见表 9.3.2.

表 9.3.2 得率与温度回归方程显著性检验的方差分析表

误差来源	偏差平方和	自由度	均方和	F 值
回 归	74.058 6	1	74.058 6	591.52
误 差	1.001 4	8	0.125 2	
总 和	75.060 0	9		

当 $\alpha=0.01$ 时，$F_{0.99}(1,8)=11.26$，F 的观测值 $F=591.52>11.26$，拒绝 H_0，所得回归方程显著.

2. t 检验

检验 $H_0:\beta_1=0$ 也可以基于 $\hat{\beta}_1$ 的分布进行. 由定理 9.3.1 和定理 9.3.3 可知，$\hat{\beta}_1\sim N\left(\beta_1,\dfrac{\sigma^2}{S_{xx}}\right)$，$\dfrac{SS_E}{\sigma^2}\sim\chi^2(n-2)$，且两者相互独立. 因此，在 H_0 为真时，有

$$t=\frac{\hat{\beta}_1}{\hat{\sigma}/\sqrt{S_{xx}}}\sim t(n-2). \tag{9.3.14}$$

其中，$\hat{\sigma}=\sqrt{SS_E/(n-2)}$. 对于给定的显著性水平 α，当 $|t|\geqslant t_{1-\frac{\alpha}{2}}(n-2)$ 时，拒绝 H_0. 注意到 $t^2(n-2)=F(1,n-2)$，因此 t 检验与 F 检验是等价的.

3. 相关系数检验

由平方和分解式 $SS_T=SS_R+SS_E$ 以及各个平方和的意义可知，当 SS_T 固定时，比值 $\dfrac{SS_R}{SS_T}$ 越大，线性回归效果越显著，记这个比值为 R^2，称其为回归方程的可决系数. 显然有

$$R^2=\frac{SS_R}{SS_T}=\frac{\hat{\beta}_1^2S_{xx}}{S_{YY}}=\frac{S_{xY}^2}{S_{xx}S_{YY}}.$$

称统计量

$$R=\frac{S_{xY}}{\sqrt{S_{xx}S_{YY}}}=\frac{\sum\limits_i(x_i-\bar{x})(Y_i-\bar{Y})}{\sqrt{\sum\limits_i(x_i-\bar{x})^2\sum\limits_i(Y_i-\bar{Y})^2}}$$

为 Y 与 x 的相关系数. 其观测值为

$$r=\frac{S_{xy}}{\sqrt{S_{xx}S_{yy}}}=\frac{\sum\limits_i(x_i-\bar{x})(y_i-\bar{y})}{\sqrt{\sum\limits_i(x_i-\bar{x})^2\sum\limits_i(y_i-\bar{y})^2}}.$$

不难说明，当 $-1\leqslant r\leqslant 1$ 时，$|r|$ 越大，Y 与 x 之间的线性关系越明显. 因此，可用统计量 R 来检验假设 $H_0:\beta_1=0$. 对于给定的显著性水平 α，当 $|r|\geqslant r_{1-\alpha}(n-2)$ 时，拒绝 H_0，认为线性回归效果显著. 其中，$r_{1-\alpha}(n-2)$ 是 H_0 成立下，$|R|$ 分布的 $1-\alpha$ 分位数. 注意到

$$F=\frac{SS_R}{SS_E/(n-2)},$$

可得

$$R^2=\frac{F}{F+(n-2)}.$$

于是,可以由 F 分布的分位点求得 $|R|$ 的分位点

$$r_{1-\alpha}(n-2)=\sqrt{\frac{F_{1-\alpha}(1,n-2)}{F_{1-\alpha}(1,n-2)+(n-2)}},$$

因此,相关系数检验与 F 检验是等价的.

4. 回归系数 β_1 的置信区间

当线性回归效果显著,即接受 $H_1:\beta_1\neq 0$ 时,常需要对回归系数 β_1 进行区间估计. 可取 $t=\dfrac{\hat{\beta}_1-\beta_1}{\hat{\sigma}/\sqrt{S_{xx}}}$ 作为枢轴量,不难证明 $t\sim t(n-2)$. 因此,β_1 的 $1-\alpha$ 置信区间为

$$\left[\hat{\beta}_1-t_{1-\frac{\alpha}{2}}(n-2)\frac{\hat{\sigma}}{\sqrt{S_{xx}}},\hat{\beta}_1+t_{1-\frac{\alpha}{2}}(n-2)\frac{\hat{\sigma}}{\sqrt{S_{xx}}}\right]. \tag{9.3.15}$$

例 9.3.4 求例 9.3.2 中回归系数 β_1 的 0.95 置信区间.

解 在例 9.3.3 中已得出线性回归方程显著的结论,由式(9.3.15)得 β_1 的 0.95 置信区间为

$$\begin{aligned}\hat{\beta}_1\pm t_{1-\frac{\alpha}{2}}(n-2)\frac{\hat{\sigma}}{\sqrt{S_{xx}}}&=0.1699\pm 2.3060\times\frac{\sqrt{0.1272}}{\sqrt{2565.6}}\\&=0.1699\pm 0.0162=[0.1537,\ 0.1861].\end{aligned}$$

9.3.5 估计与预测

在回归问题中,若回归方程经检验是显著的,那么说明回归方程是有意义的,可以用来估计和预测. 下面当自变量 x 的给定值为 x_0 时,对均值 EY_0 进行估计,对相应的因变量 Y 的取值 Y_0 进行预测.

1. EY_0 的估计

将 $x=x_0$ 代入回归方程(9.3.5)可得 $\hat{Y}_0=\hat{\beta}_0+\hat{\beta}_1x_0$,注意到 $\hat{\beta}_0$ 和 $\hat{\beta}_1$ 分别为 β_0 和 β_1 的无偏估计,因此,$\hat{Y}_0$ 是 EY_0 的无偏估计. 由定理 9.3.1 可得

$$\hat{Y}_0=\hat{\beta}_0+\hat{\beta}_1x_0\sim N\left(E(Y_0),\left[\frac{1}{n}+\frac{(x_0-\bar{x})^2}{S_{xx}}\right]\sigma^2\right),$$

又由定理 9.3.3 知,$\dfrac{SS_E}{\sigma^2}\sim\chi^2(n-2)$,且与 $\hat{Y}_0=\bar{Y}+\hat{\beta}_1(x_0-\bar{x})$ 相互独立,所以

$$t=\frac{\hat{Y}_0-E(Y_0)}{\hat{\sigma}\sqrt{\dfrac{1}{n}+\dfrac{(x_0-\bar{x})^2}{S_{xx}}}}\sim t(n-2).$$

于是,EY_0 的 $1-\alpha$ 置信区间为

$$[\hat{Y}_0-\delta_0,\hat{Y}_0+\delta_0], \tag{9.3.16}$$

其中,

$$\delta_0=t_{1-\frac{\alpha}{2}}(n-2)\hat{\sigma}\sqrt{\frac{1}{n}+\frac{(x_0-\bar{x})^2}{S_{xx}}}. \tag{9.3.17}$$

2. Y_0 的预测

在 $x=x_0$ 处有随机变量 $Y_0=\beta_0+\beta_1 x_0+\varepsilon_0,\varepsilon_0\sim N(0,\sigma^2)$，$Y_0$ 的最可能取值仍为 $\hat{Y}_0$，称为 Y_0 的点预测. 在实际问题中，预测的真正意义就是在一定的显著性水平 α 下，寻找一个正数 δ，使实际观察值 y_0 以 $1-\alpha$ 的概率落入区间 $[\hat{Y}_0-\delta,\hat{Y}_0+\delta]$，即 $P(|Y_0-\hat{Y}|\leqslant\delta)=1-\alpha$，称 $[\hat{Y}_0-\delta,\hat{Y}_0+\delta]$ 为 Y_0 的置信度 $1-\alpha$ 的预测区间.

由于 Y_0 与 $\hat{Y}_0$ 独立，即

$$Y_0-\hat{Y}_0\sim N\left(0,\left[1+\frac{1}{n}+\frac{(x_0-\bar{x})^2}{S_{xx}}\right]\sigma^2\right),$$

因此有

$$t=\frac{Y_0-\hat{Y}_0}{\hat{\sigma}\sqrt{1+\frac{1}{n}+\frac{(x_0-\bar{x})^2}{S_{xx}}}}\sim t(n-2).$$

于是，Y_0 的 $1-\alpha$ 预测区间为

$$[\hat{Y}_0-\delta,\hat{Y}_0+\delta], \tag{9.3.18}$$

其中，

$$\delta=t_{1-\frac{\alpha}{2}}(n-2)\hat{\sigma}\sqrt{1+\frac{1}{n}+\frac{(x_0-\bar{x})^2}{S_{xx}}}. \tag{9.3.19}$$

易见，Y_0 的预测区间长度为 2δ，其与样本容量 n、x 偏差平方和 S_{xx} 以及 x_0 与 $\bar{x}$ 的距离有关. 在给定样本和 $1-\alpha$ 下，x_0 越靠近样本均值 $\bar{x}$，δ 越小，预测区间长度越小，效果越好，如图 9.3.4(a)所示. 当 n 很大，并且 x_0 较接近 $\bar{x}$ 时，有

$$\sqrt{1+\frac{1}{n}+\frac{(x_0-\bar{x})^2}{S_{xx}}}\approx 1,$$

$$t_{1-\frac{\alpha}{2}}(n-2)\approx u_{1-\frac{\alpha}{2}},$$

则预测区间近似为 $[\hat{Y}_0-u_{1-\frac{\alpha}{2}}\hat{\sigma},\hat{Y}_0+u_{1-\frac{\alpha}{2}}\hat{\sigma}]$，如图 9.3.4(b) 所示.

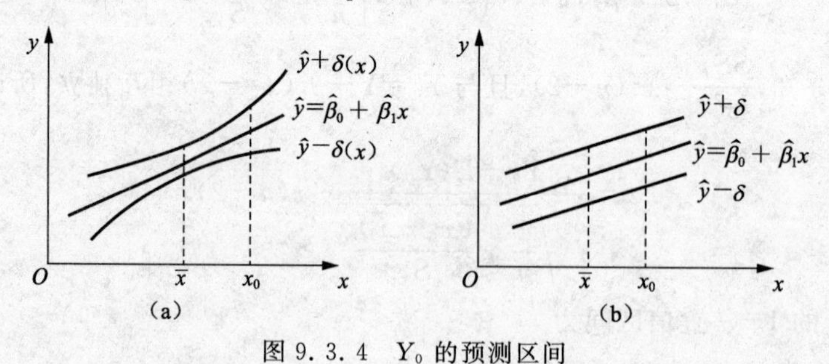

图 9.3.4 Y_0 的预测区间

例 9.3.5 在例 9.3.2 中，如果 $x_0=50$，求因变量 Y_0 的均值 EY_0 的 0.95 置信区间和预测区间.

解 相应的 Y_0 预测值为

$$\hat{Y}_0=13.8303+0.1699\times 50=22.3253.$$

取 $\alpha=0.05$，则 $t_{0.975}(8)=2.3060$，又 $\hat{\sigma}=\sqrt{0.1272}=0.3567$，由式(9.3.17)得

$$\delta_0=2.3060\times 0.3567\times\sqrt{\frac{1}{10}+\frac{(50-62.8)^2}{2565.6}}=0.3329,$$

故 $x_0=50$ 对应的因变量 Y_0 的均值 EY_0 的 0.95 置信区间为

$$22.3253\pm 0.3329=[21.9924,22.6582].$$

由式(9.3.19)得

$$\delta=2.3060\times 0.3567\times\sqrt{1+\frac{1}{10}+\frac{(50-62.8)^2}{2565.6}}=0.8873,$$

故 $x_0=50$ 对应的因变量 Y_0 的 0.95 预测区间为

$$22.3253\pm 0.8873=[21.4480,23.2126].$$

9.3.6 可线性化的一元非线性回归

实际问题中，有些自变量 x 与因变量 Y 之间的关系不是线性相关关系，而是非线性相关关系. 有些情况下，可通过适当的变换将原来的非线性相关关系转化为新的变量之间的线性相关关系，然后用一元回归的方法求出新变量的回归方程，最后代入原变量，从而获得关于原变量的回归方程. 常用于解决可线性化的一元非线性回归问题的 6 种回归函数曲线见表 9.3.3.

表 9.3.3 部分常见的曲线函数

函数名称	函数表达式	图 像	线性化方法
双曲线函数	$\frac{1}{y}=a+\frac{b}{x}$	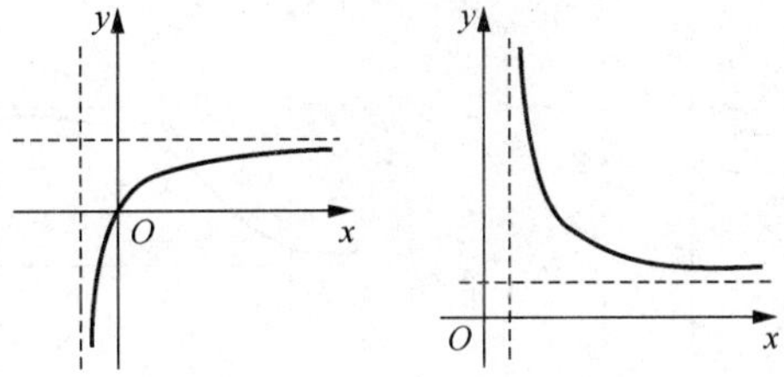 (a) $b>0$　(b) $b<0$	$v=\frac{1}{y}$, $u=\frac{1}{x}$
幂函数	$y=ax^b$	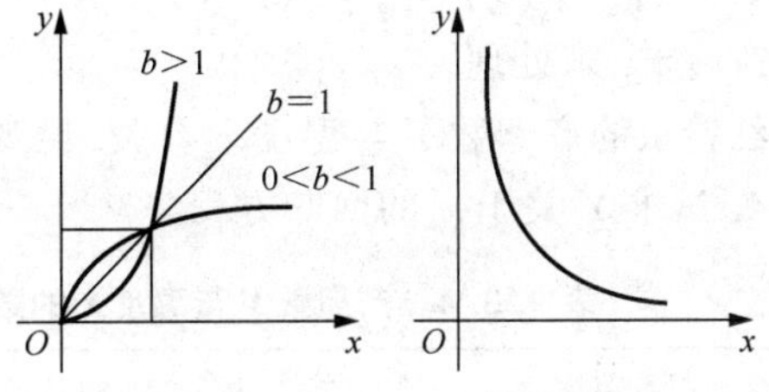 $b>1$, $b=1$, $0<b<1$；(a) $b>0$　(b) $b<0$	$v=\ln y$, $u=\ln x$

续表

函数名称	函数表达式	图像	线性化方法
指数函数	$y=ae^{bx}$	(a) $b>0$　(b) $b<0$	$v=\ln y$, $u=x$
倒指数函数	$y=ae^{b/x}$	(a) $b>0$　(b) $b<0$	$v=\ln y$, $u=\frac{1}{x}$
对数函数	$y=a+b\ln x$	(a) $b>0$　(b) $b<0$	$v=y$ $u=\ln x$
S型曲线	$y=\frac{1}{a+be^{-x}}$		$v=\frac{1}{y}$ $u=e^{-x}$

另外，对于多项式回归 $Y=\beta_0+\beta_1 x+\beta_2 x^2+\varepsilon$，可令 $x_1=x, x_2=x^2$，从而化为多元线性回归 $Y=\beta_0+\beta_1 x_1+\beta_2 x_2+\varepsilon$ 来处理.

例 9.3.6　一只红铃虫的产卵数 Y 与温度 x 有关. 经观测，获得一组红铃虫产卵数与温度的数据，见表 9.3.4. 试求 Y 关于 x 的回归方程.

表 9.3.4　产卵数 Y 与温度 x 的数据

编　号	1	2	3	4	5	6	7
温度 x/℃	21	23	25	27	29	32	35
产卵数 y	7	11	21	24	66	115	325

解　为了确定 Y 与 x 的相关关系，先根据这组数据画出散点图(图 9.3.5). 可以看出，Y 与 x 之间的关系是非线性的. 对照表 9.3.3 可知，可以用指数函数 $y=\alpha e^{\beta_1 x}$ 近似描述产卵

数 Y 与温度 x 的回归函数. 假定模型为 $Y=\alpha e^{\beta_1 x} e^{\varepsilon}$，两边取对数得到

$$\ln Y=\ln \alpha+\beta_1 x+\varepsilon,$$

变换得

$$U=\ln Y, \quad \beta_0=\ln \alpha,$$

进而到一元线性回归模型

$$U=\beta_0+\beta_1 x+\varepsilon.$$

这样就将 Y 与 x 之间的非线性回归问题转化为 U 与 x 之间的线性回归问题. 表 9.3.4 的数据变换为表 9.3.5 的数据.

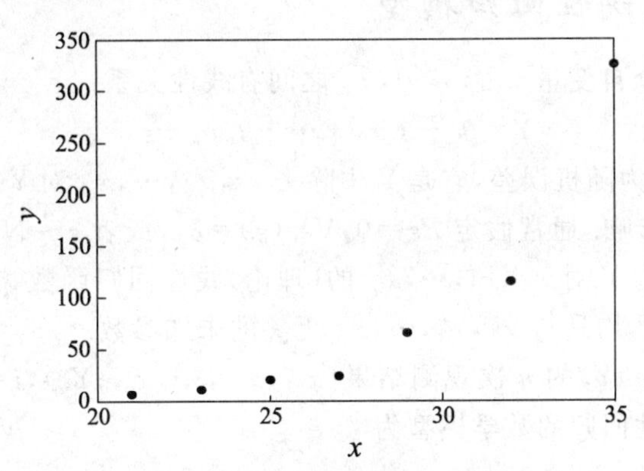

图 9.3.5 产卵数 Y 与温度 x 的散点图

表 9.3.5 U 与温度 x 的数据

编 号	1	2	3	4	5	6	7
温度 x/℃	21	23	25	27	29	32	35
$u=\ln y$	1.945 9	2.397 9	3.044 5	3.178 1	4.189 7	4.744 9	5.783 8

根据这些数据可以算出 β_0 和 β_1 的最小二乘估计. 此处 $n=7$，经计算得

$$\sum_i x_i=192, \quad \sum_i x_i^2=5\,414,$$

$$S_{xx}=147.714\,3, \quad \sum_i u_i=25.284\,8,$$

$$\sum_i x_i u_i=733.707\,9, \quad S_{xu}=40.182\,0,$$

$$\hat{\beta}_1=\frac{S_{xu}}{S_{xx}}=\frac{40.182\,0}{147.714\,3}=0.272\,0,$$

$$\hat{\beta}_0=\bar{u}-\hat{\beta}_1 \bar{x}=3.612\,1-0.272\,0 \times 27.428\,6=-3.848\,5.$$

得到 U 关于 x 的线性回归方程 $\hat{u}=-3.848\,5+0.272\,0x$. 化为 Y 关于 x 的回归方程

$$\hat{y}=e^{\hat{u}}=e^{-3.848\,5+0.272\,0x}=0.021\,31\,e^{0.272x}.$$

注 当采用不同回归函数对同一问题进行非线性拟合时，拟合好坏的标准通常采用可决系数 $R^2=1-\frac{SS_E}{SS_T}=1-\frac{\sum_i (y_i-\hat{y}_i)^2}{\sum_i (y_i-\bar{y})^2}$ 来判断，可决系数越大越好.

9.4 多元线性回归分析

多元线性回归的统计思想与处理方法与一元线性回归基本相同,只不过自变量不止一个,处理方法更复杂一些.

9.4.1 多元线性回归模型

设因变量 Y 与 p 个自变量 $x_1,x_2,\cdots,x_p$ 之间有线性关系

$$Y=\beta_0+\beta_1x_1+\cdots+\beta_px_p+\varepsilon, \tag{9.4.1}$$

其中,ε 为随机变量,称为随机误差,它是 Y 中除去 $x_1,x_2,\cdots,x_p$ 对 Y 的线性影响外,其他一切因素对 Y 的非线性影响. 通常假定 $E\varepsilon=0,\mathrm{Var}(\varepsilon)=\sigma^2$,或者 $\varepsilon\sim N(0,\sigma^2)$,此时,$EY=\beta_0+\beta_1x_1+\cdots+\beta_px_p$ 称为 Y 对 $x_1,x_2,\cdots,x_p$ 的(理论)线性回归函数,$\beta_0,\beta_1,\cdots,\beta_p$ 称为回归系数,$\beta_0,\beta_1,\cdots,\beta_p$ 与 σ^2 均是与 $x_1,x_2,\cdots,x_p$ 无关的未知参数.

将对 $(x_1,x_2,\cdots,x_p;Y)$ 的 n 次观测结果 $(x_{i1},x_{i2},\cdots,x_{ip};Y_i)$,$i=1,2,\cdots,n$.代入方程(9.4.1),可得多元线性回归的数学模型为

$$\begin{cases}Y_1=\beta_0+\beta_1x_{11}+\beta_2x_{12}+\cdots+\beta_px_{1p}+\varepsilon_1,\\ Y_2=\beta_0+\beta_1x_{21}+\beta_2x_{22}+\cdots+\beta_px_{2p}+\varepsilon_2,\\ \qquad\vdots\\ Y_n=\beta_0+\beta_1x_{n1}+\beta_2x_{n2}+\cdots+\beta_px_{np}+\varepsilon_n,\\ \varepsilon_1,\varepsilon_2,\cdots,\varepsilon_n\text{ 独立同分布 }N(0,\sigma^2).\end{cases} \tag{9.4.2}$$

令

$$\boldsymbol{Y}=\begin{pmatrix}Y_1\\Y_2\\\vdots\\Y_n\end{pmatrix},\quad \boldsymbol{X}=\begin{pmatrix}1&x_{11}&x_{12}&\cdots&x_{1p}\\1&x_{21}&x_{22}&\cdots&x_{2p}\\\vdots&\vdots&\vdots&&\vdots\\1&x_{n1}&x_{n2}&\cdots&x_{np}\end{pmatrix},$$

$$\boldsymbol{\beta}=\begin{pmatrix}\beta_0\\\beta_1\\\vdots\\\beta_p\end{pmatrix},\quad \boldsymbol{\varepsilon}=\begin{pmatrix}\varepsilon_1\\\varepsilon_2\\\vdots\\\varepsilon_n\end{pmatrix}.$$

则上述数学模型可用矩阵形式表示为

$$\begin{cases}\boldsymbol{Y}=\boldsymbol{X\beta}+\boldsymbol{\varepsilon},\\ \boldsymbol{\varepsilon}\text{ 的分量独立同分布 }N(0,\sigma^2).\end{cases} \tag{9.4.3}$$

9.4.2 参数的最小二乘估计

与一元线性回归类似,可采用最小二乘法估计参数 $\beta_0,\beta_1,\cdots,\beta_p$. 对 $(x_1,x_2,\cdots,x_p;Y)$ 的 n 次观测数据 $(x_{i1},x_{i2},\cdots,x_{ip};y_i)$ $(i=1,2,\cdots,n)$ 引入偏差平方和得

$$Q=Q(\beta_0,\beta_1,\cdots,\beta_p)=\sum_{i=1}^{n}(y_i-\beta_0-\beta_1x_{i1}-\beta_2x_{i2}-\cdots-\beta_px_{ip})^2.$$

所谓最小二乘估计，就是求 $\hat{\boldsymbol{\beta}}=(\hat{\beta}_0,\hat{\beta}_1,\cdots,\hat{\beta}_p)^{\mathrm{T}}$，使得

$$Q(\hat{\beta}_0,\hat{\beta}_1,\cdots,\hat{\beta}_p)=\min_{\boldsymbol{\beta}} Q(\beta_0,\beta_1,\cdots,\beta_p).$$

因为 $Q(\beta_0,\beta_1,\cdots,\beta_p)$ 是 $\beta_0,\beta_1,\cdots,\beta_p$ 的非负二次型，故其最小值一定存在. 根据多元微积分的极值原理，令

$$\begin{cases}\dfrac{\partial Q}{\partial \beta_0}=-2\sum\limits_i(y_i-\beta_0-\beta_1x_{i1}-\cdots-\beta_px_{ip})=0,\\ \dfrac{\partial Q}{\partial \beta_1}=-2\sum\limits_i(y_i-\beta_0-\beta_1x_{i1}-\cdots-\beta_px_{ip})x_{i1}=0,\\ \qquad\vdots\\ \dfrac{\partial Q}{\partial \beta_p}=-2\sum\limits_i(y_i-\beta_0-\beta_1x_{i1}-\cdots-\beta_px_{ip})x_{ip}=0.\end{cases}$$

整理后，得到如下方程组：

$$\begin{cases}n\beta_0+\left(\sum\limits_i x_{i1}\right)\beta_1+\cdots+\left(\sum\limits_i x_{ip}\right)\beta_p=\sum\limits_i y_i,\\ \left(\sum\limits_i x_{i1}\right)\beta_0+\left(\sum\limits_i x_{i1}^2\right)\beta_1+\cdots+\left(\sum\limits_i x_{i1}x_{ip}\right)\beta_p=\sum\limits_i x_{i1}y_i,\\ \qquad\vdots\\ \left(\sum\limits_i x_{ip}\right)\beta_0+\left(\sum\limits_i x_{ip}x_{i1}\right)\beta_1+\cdots+\left(\sum\limits_i x_{ip}^2\right)\beta_p=\sum\limits_i x_{ip}y_i.\end{cases}\tag{9.4.4}$$

上述方程组称为正规方程组，可用矩阵表示为

$$\boldsymbol{X}^{\mathrm{T}}\boldsymbol{X}\boldsymbol{\beta}=\boldsymbol{X}^{\mathrm{T}}\boldsymbol{Y},$$

在系数矩阵 $\boldsymbol{X}^{\mathrm{T}}\boldsymbol{X}$ 满秩的条件下，可解得

$$\hat{\boldsymbol{\beta}}=(\boldsymbol{X}^{\mathrm{T}}\boldsymbol{X})^{-1}\boldsymbol{X}^{\mathrm{T}}\boldsymbol{Y}.$$

$\hat{\boldsymbol{\beta}}=(\hat{\beta}_0,\hat{\beta}_1,\cdots,\hat{\beta}_p)^{\mathrm{T}}$ 即为 $\boldsymbol{\beta}$ 的最小二乘估计，于是得到经验回归方程

$$\hat{y}=\hat{\beta}_0+\hat{\beta}_1x_1+\cdots+\hat{\beta}_px_p.$$

而 $\hat{y}_i=\hat{\beta}_0+\hat{\beta}_1x_{i1}+\cdots+\hat{\beta}_px_{ip}$ 称为在点 $(x_{i1},x_{i2},\cdots,x_{ip})$ 处 y 的观测值 y_i 的拟合值（回归值），$e_i=y_i-\hat{y}_i$ 称为残差（剩余）值. 利用残差值可以给出随机误差 ε 的方差 σ^2 的无偏估计为

$$\hat{\sigma}^2=\frac{\sum\limits_{i=1}^n e_i^2}{n-p-1},\tag{9.4.5}$$

称为 σ^2 的最小二乘估计.

回归系数的计算也可以用下面的中心化法，它能将正规方程组的求解降低一维.

记

$$\bar{x}_i=\frac{1}{n}\sum_{k=1}^n x_{ki},\quad i=1,2,\cdots,p,\tag{9.4.6}$$

$$\bar{y}=\frac{1}{n}\sum_k y_k,\tag{9.4.7}$$

$$S_{ij}=S_{ji}=\sum_k(x_{ki}-\bar{x}_i)(x_{kj}-\bar{x}_j)$$

$$=\sum_k x_{ki}x_{kj}-\frac{1}{n}\left(\sum_k x_{ki}\right)\left(\sum_k x_{kj}\right),\quad i,j=1,2,\cdots,p, \tag{9.4.8}$$

$$S_{iy}=\sum_k(x_{ki}-\bar{x}_i)(y_k-\bar{y})=\sum_k x_{ki}y_k-\frac{1}{n}\left(\sum_k x_{ki}\right)\left(\sum_k y_k\right),\quad i=1,2,\cdots,p. \tag{9.4.9}$$

从正规方程组(9.4.4)中的第二个方程起减去第一个方程的适当倍数，消去 β_0 后组成一个新的方程组

$$\begin{cases}S_{11}\beta_1+S_{12}\beta_2+\cdots+S_{1p}\beta_p=S_{1y},\\ S_{21}\beta_1+S_{22}\beta_2+\cdots+S_{2p}\beta_p=S_{2y},\\ \quad\vdots\\ S_{p1}\beta_1+S_{p2}\beta_2+\cdots+S_{pp}\beta_p=S_{py}.\end{cases} \tag{9.4.10}$$

从该方程组解出 $\beta_1,\cdots,\beta_p$ 的最小二乘估计 $\hat{\beta}_1,\cdots,\hat{\beta}_p$，然后代入正规方程组(9.4.4)中的第一个方程，得到 β_0 的最小二乘估计为

$$\hat{\beta}_0=\bar{y}-\hat{\beta}_1\bar{x}_1-\cdots-\hat{\beta}_p\bar{x}_p. \tag{9.4.11}$$

例 9.4.1 在平炉炼钢中，由于矿石与炉气的氧化作用，铁水的总含碳量在不断降低. 一炉钢在冶炼初期总的去碳量 Y 与所加的两种矿石的量 x_1,x_2 及熔化时间 x_3 有关. 经实测某号平炉的 49 组数据见表 9.4.1. 试建立 Y 关于 x_1,x_2,x_3 的线性回归方程.

表 9.4.1 炼钢原始数据

序号	x_1/t	x_2/t	x_3/min	y/t	序号	x_1/t	x_2/t	x_3/min	y/t
1	2	18	50	4.330 2	26	9	6	39	2.706 6
2	7	9	40	3.648 5	27	12	5	51	5.631 4
3	5	14	46	4.483 0	28	6	13	41	5.815 2
4	12	3	43	5.546 8	29	12	7	47	5.130 2
5	1	20	64	5.497 0	30	0	24	61	5.391 0
6	3	12	40	3.112 5	31	5	12	37	4.453 3
7	3	17	64	5.118 2	32	4	15	49	4.656 9
8	6	5	39	3.875 9	33	0	20	45	4.521 2
9	7	8	37	4.670 0	34	6	16	42	4.865 0
10	0	23	55	4.953 6	35	4	17	48	5.356 6
11	3	16	60	5.006 0	36	10	4	48	4.609 8
12	0	18	49	5.270 1	37	4	14	36	2.381 5
13	8	4	50	5.377 2	38	5	13	36	3.874 6
14	6	14	51	5.484 9	39	9	8	51	4.591 9
15	0	21	51	4.596 0	40	6	13	54	5.158 8

续表

序　号	x_1/t	x_2/t	x_3/min	y/t	序　号	x_1/t	x_2/t	x_3/min	y/t
16	3	14	51	5.664 5	41	5	8	100	5.437 3
17	7	12	56	6.079 5	42	5	11	44	3.996 0
18	16	0	48	3.219 4	43	8	6	63	4.397 0
19	6	16	45	5.807 6	44	2	13	55	4.062 2
20	0	15	52	4.730 6	45	7	8	50	2.290 5
21	9	0	40	4.680 5	46	4	10	45	4.711 5
22	4	6	32	3.127 2	47	10	5	40	4.531 0
23	0	17	47	2.610 4	48	3	17	64	5.363 7
24	9	0	44	3.717 4	49	4	15	72	6.077 1
25	2	16	39	3.894 6					

解　由式(9.4.8)和式(9.4.9),有

$$S_{11}=\sum_{k=1}^{49}x_{k1}^2-\frac{1}{49}\left(\sum_{k=1}^{49}x_{k1}\right)^2=662.000,$$

$$S_{22}=\sum_{k=1}^{49}x_{k2}^2-\frac{1}{49}\left(\sum_{k=1}^{49}x_{k2}\right)^2=1753.959,$$

$$S_{33}=\sum_{k=1}^{49}x_{k3}^2-\frac{1}{49}\left(\sum_{k=1}^{49}x_{k3}\right)^2=6247.959,$$

$$S_{12}=S_{21}=\sum_{k=1}^{49}x_{k1}x_{k2}-\frac{1}{49}\left(\sum_{k=1}^{49}x_{k1}\right)\left(\sum_{k=1}^{49}x_{k2}\right)=-918.143,$$

$$S_{13}=S_{31}=\sum_{k=1}^{49}x_{k1}x_{k3}-\frac{1}{49}\left(\sum_{k=1}^{49}x_{k1}\right)\left(\sum_{k=1}^{49}x_{k3}\right)=-388.857,$$

$$S_{23}=S_{32}=\sum_{k=1}^{49}x_{k2}x_{k3}-\frac{1}{49}\left(\sum_{k=1}^{49}x_{k2}\right)\left(\sum_{k=1}^{49}x_{k3}\right)=776.041,$$

$$S_{1y}=\sum_{k=1}^{49}x_{k1}y_k-\frac{1}{49}\left(\sum_{k=1}^{49}x_{k1}\right)\left(\sum_{k=1}^{49}y_k\right)=-6.432,$$

$$S_{2y}=\sum_{k=1}^{49}x_{k2}y_k-\frac{1}{49}\left(\sum_{k=1}^{49}x_{k2}\right)\left(\sum_{k=1}^{49}y_k\right)=69.129,$$

$$S_{3y}=\sum_{k=1}^{49}x_{k3}y_k-\frac{1}{49}\left(\sum_{k=1}^{49}x_{k3}\right)\left(\sum_{k=1}^{49}y_k\right)=245.632.$$

得到正规方程组

$$\begin{cases}662.000\beta_1-918.143\beta_2-388.857\beta_3=-6.432,\\-918.143\beta_1+1\,753.959\beta_2+776.041\beta_3=69.129,\\-388.857\beta_1+776.041\beta_2+6\,247.959\beta_3=245.632.\end{cases}$$

解得

$$\hat{\beta}_1=0.1606,\quad \hat{\beta}_2=0.1076,\quad \hat{\beta}_3=0.0359,$$

再算出

$$\bar{x}_1=5.286,\quad \bar{x}_2=11.796,$$

$$\bar{x}_3=49.204,\quad \bar{y}=4.582,$$

$$\hat{\beta}_0=\bar{y}-\hat{\beta}_1\bar{x}_1-\hat{\beta}_2\bar{x}_2-\hat{\beta}_3\bar{x}_3=0.6974,$$

得到回归方程

$$\hat{y}=0.6974+0.1606x_1+0.1076x_2+0.0359x_3.$$

注 在实际应用中，由于多元线性回归所涉及的数据量较大，相关分析与计算较复杂，通常采用计算机软件 Excel,R,MATLAB,SPSS 或 SAS 完成.

9.4.3 回归方程和回归系数的显著性检验

1. 回归方程的显著性检验(F 检验)

检验多元线性回归方程是否显著，实际上是整体上检验 Y 与 $x_1,x_2,\cdots,x_p$ 是否有较密切的线性关系. 与一元回归类似，检验假设

$$H_0:\beta_1=\beta_2=\cdots=\beta_p=0. \tag{9.4.12}$$

当假设 H_0 被拒绝时，称回归方程显著，认为 Y 与 $x_1,x_2,\cdots,x_p$ 有较密切的线性相关性；当 H_0 被接受时，称回归方程不显著，认为 Y 与 $x_1,x_2,\cdots,x_p$ 中的任何变量均无密切的线性关系.仍记

$$SS_T=\sum_i(y_i-\bar{y})^2, \tag{9.4.13}$$

$$SS_R=\sum_i(\hat{y}_i-\bar{y})^2, \tag{9.4.14}$$

$$SS_E=\sum_i(y_i-\hat{y}_i)^2, \tag{9.4.15}$$

并称 SS_T 为总平方和，SS_R 为回归平方和，SS_E 为剩余(残差)平方和，它们所表示的意义与一元回归中一致，且偏差平方和分解公式 $SS_T=SS_R+SS_E$ 依然成立.

可以证明，当假设(9.4.12)成立时，有

$$\frac{SS_R}{\sigma^2}\sim\chi^2(p),$$

$$\frac{SS_E}{\sigma^2}\sim\chi^2(n-p-1),$$

$$\frac{SS_T}{\sigma^2}\sim\chi^2(n-1).$$

并且 SS_R 与 SS_E 相互独立，于是统计量

$$F=\frac{SS_R/p}{SS_E/(n-p-1)}\sim F(p,n-p-1). \tag{9.4.16}$$

对于给定显著性水平 α，拒绝域为 $F\geqslant F_{1-\alpha}(p,n-p-1)$. 若 F 的观测值 $F\geqslant F_{1-\alpha}(p,n-p-1)$，拒绝 H_0，表示回归方程显著；否则，回归方程不显著. 整个检验过程列于方差分

析表(表 9.4.2)中. 也可用 p 值进行检验.

表 9.4.2 多元线性回归方程显著性检验的方差分析表

误差来源	偏差平方和	自由度	均方和	F 值
回 归	SS_R	p	$MS_R=SS_R/f_R$	$F=MS_R/MS_E$
误 差	SS_E	$n-p-1$	$MS_E=SS_E/f_E$	
总 和	SS_T	$n-1$		

各偏差平方和的简化计算公式为

$$SS_T=S_{yy}=\sum_k y_k^2-\frac{1}{n}\left(\sum_k y_k\right)^2, \tag{9.4.17}$$

$$SS_R=\sum_{i=1}^{p}\hat{\beta}_i S_{iy}, \tag{9.4.18}$$

$$SS_E=SS_T-SS_R. \tag{9.4.19}$$

2. 回归系数的显著性检验(t 检验)

多元线性回归模型并不满足于线性回归方程显著的结论,因为回归方程显著并不意味着每个自变量 x_i 对 Y 的线性影响都重要. 我们总想从回归方程中剔除那些可有可无的变量,重新建立更为简单有效的回归方程,这有利于对 Y 的预测. 与一元线性回归中对回归方程的显著性检验类似,这里检验 x_i 对 Y 的线性影响是否显著的统计假设为

$$H_{0i}:\beta_i=0,\quad 1\leqslant i\leqslant p. \tag{9.4.20}$$

记 $\boldsymbol{C}=(c_{ij})$ 为矩阵 $(\boldsymbol{X}^{\mathrm{T}}\boldsymbol{X})^{-1}$ 的逆矩阵. 可以证明,当假设(9.4.20)成立时,统计量

$$t_i=\frac{\hat{\beta}_i}{\sqrt{c_{i+1,i+1}}\sqrt{SS_E/(n-p-1)}}=\frac{\hat{\beta}_i}{\sqrt{c_{i+1,i+1}}\,\hat{\sigma}} \tag{9.4.21}$$

服从自由度 $n-p-1$ 的 t 分布.

对于给定显著性水平 α,拒绝域为 $|t_i|\geqslant t_{1-\frac{\alpha}{2}}(n-p-1)$. 若 t 的观测值 $|t_i|\geqslant t_{1-\frac{\alpha}{2}}(n-p-1)$,则拒绝 H_0,认为 x_i 是重要的,应保留在回归方程中;若 $|t_i|<t_{1-\frac{\alpha}{2}}(n-p-1)$,则接受 H_0,认为变量 x_i 可以从回归方程中剔除. 一般来说,在对各变量均做一次显著检验后最多剔除一个变量,被剔除的变量是所有不显著变量中 $|t|$ 最小的,然后再建立回归方程,并对方程和各变量进行检验,直到回归方程及各自变量都显著为止.

例 9.4.2 对例 9.4.1 建立的回归方程及各自变量进行显著性检验(显著性水平 $\alpha=0.01$).

解 首先对回归方程进行显著性检验,假设

$$H_0:\beta_1=\beta_2=\beta_3=0.$$

由于

$$S_{yy}=\sum_{k=1}^{49}y_k^2-\frac{1}{49}\left(\sum_{k=1}^{49}y_k\right)^2=44.906,$$

根据例 9.4.1 中已算出的结果以及式(9.4.18)和式(9.4.19),有

$$SS_R=\sum_{i=1}^{p}\hat{\beta}_i S_{iy}=15.223,$$

$$SS_E=SS_T-SS_R=S_{yy}-SS_R=29.683,$$

F 统计量的观测值为

$$F=\frac{SS_R/p}{SS_E/(n-p-1)}=\frac{15.223/3}{29.683/45}=7.69.$$

对于 $\alpha=0.01$，$F_{0.99}(3,45)=4.25$. 由于 $7.69>4.25$，故拒绝 H_0，所得回归方程在显著性水平 $\alpha=0.01$ 下有显著意义.

通过上面的计算，由式(9.4.5)得到误差方差 σ^2 的无偏估计值为

$$\hat{\sigma}^2=\frac{\sum_{i=1}^{n}e_i^2}{n-p-1}=\frac{SS_E}{n-p-1}=\frac{29.683}{45}=0.660.$$

从而，$\hat{\sigma}=0.81$.

下面对各自变量进行显著性检验. 要检验的原假设为

$$H_{0i}:\beta_i=0, i=1,2,3.$$

先利用例 9.4.1 中已算出的结果求出矩阵 $(S_{ij})_{3\times3}$ 的逆矩阵的对角元素分别为

$$c_{22}=0.005\,515,\quad c_{33}=0.002\,122,\quad c_{44}=0.000\,169.$$

它们分别是 $(\boldsymbol{X}^{\mathrm{T}}\boldsymbol{X})^{-1}$ 中第 2,3 和 4 个对角元素. 再由式(9.4.21)算出检验统计量的值为

$$t_1=\frac{0.160\,6}{\sqrt{0.005\,515}\times0.81}=2.67,$$

$$t_2=\frac{0.107\,6}{\sqrt{0.002\,122}\times0.81}=2.88,$$

$$t_3=\frac{0.035\,9}{\sqrt{0.000\,169}\times0.81}=3.41.$$

对于 $\alpha=0.05$，$t_{0.975}(45)=2.014\,1$. 由于 $|t_i|>2.014\,1$，故拒绝 H_{0i}，$i=1,2,3$，即 3 个变量在显著性水平 $\alpha=0.05$ 的情况下对去碳量都有显著影响.

3. 复相关系数

通过 F 检验得到回归方程有显著意义，只能说明 Y 与 $x_1,x_2,\cdots,x_p$ 之间存在显著的线性相关关系，衡量经验回归方程与观测值之间拟合好坏的常用统计量有复相关系数 R 及修正的可决系数 $\bar{R}^2$. 与一元线性回归类似，定义

$$R=\sqrt{\frac{SS_R}{SS_T}},\tag{9.4.22}$$

称其为复相关系数. 一般情况下，R 越大，Y 与自变量间的线性相关性就越好，通常也将 R 作为回归方程显著性检验的统计量. 不难证明，F 统计量与复相关系数 R 之间具有关系

$$R=\sqrt{\frac{pF}{n-p-1+pF}}.$$

因此，使用 F 统计量对回归方程进行显著性检验与使用 R 统计量的效果是一致的.

显然

$$R^2=\frac{SS_R}{SS_T}=1-\frac{SS_E}{SS_T},\tag{9.4.23}$$

其中，R^2 表示 SS_R 在 SS_T 中所占的比例，称为可决系数，其作用与 R 一致.

需要说明的是，R 的大小与 n 和 p 有关，当 n 相对于 p 并不很大时，常有较大的 R，特别当 $n=p+1$ 时，即使全部自变量与 Y 都没有关系，同样有 $R=1$. 实际运用时，为消除自由度的影响，又定义

$$\bar{R}^2=1-\frac{SS_E/(n-p-1)}{SS_T/(n-1)}, \tag{9.4.24}$$

称 $\bar{R}^2$ 为修正的可决系数.

9.4.4 预测

当多元线性回归方程经过检验是显著的，且其中每一个系数均显著时，可用回归方程进行预测.

当给定 $\boldsymbol{x}=\boldsymbol{x}_0=(x_{01},x_{02},\cdots,x_{0p})^{\mathrm{T}}$ 时，有

$$Y_0=\beta_0+\beta_1x_{01}+\cdots+\beta_px_{0p}+\varepsilon_0,$$

将 $\boldsymbol{x}_0=(x_{01},x_{02},\cdots,x_{0p})^{\mathrm{T}}$ 代入回归方程，得到 Y_0 点预测，即 EY_0 的无偏点估计为

$$\hat{y}_0=\hat{\beta}_0+\hat{\beta}_1x_{01}+\cdots+\hat{\beta}_px_{0p}, \tag{9.4.25}$$

Y_0 的 $1-\alpha$ 置信区间为

$$[\hat{y}_0-\delta,\hat{y}_0+\delta], \tag{9.4.26}$$

其中，

$$\delta=t_{1-\frac{\alpha}{2}}(n-p-1)\hat{\sigma}\sqrt{1+\tilde{\boldsymbol{x}}_0^{\mathrm{T}}(\boldsymbol{X}^{\mathrm{T}}\boldsymbol{X})^{-1}\tilde{\boldsymbol{x}}_0},$$

$$\tilde{\boldsymbol{x}}_0=(1,x_{01},x_{02},\cdots,x_{0p})^{\mathrm{T}}.$$

选读材料：概率统计学家简介 6

许宝騄

许宝騄（1910—1970），中国现代数学家，统计学家，1910 年 4 月生于北京，1928 年进入燕京大学学习，1930 年转入清华大学攻读数学专业，毕业后在北京大学任助教，1936 年赴英国留学，在伦敦大学攻读研究生学位，同时又在剑桥大学学习，获哲学博士和科学博士学位. 1940 年回国任北京大学教授，执教于西南联合大学. 1945 年再次出国，先后在美国伯克利加州大学、哥伦比亚大学等任访问教授，1947 年回国后一直在北京大学任教授. 许宝禄是中国早期从事概率论和数理统计学研究并达到世界先进水平的杰出学者. 他在多元统计分析与统计推断方面发表了一系列出色论文，推进了矩阵论在数理统计学中的应用；他对高斯-马尔可夫模型中方差的最优估计的研究是后来众多关于方差分量和方差的最佳二次估计的研究的起点；他揭示了线性假设的似然比检验的第一个优良性质；他得到了样本方差分布的渐近展开以及中心极限定理中误差大小的阶的精确估计及其他若干成果. 20 世纪 50 年代后他抱病工作，为国家培养新一代数理工作者做出了很大贡献，并对马尔可夫过程转多函数的可微性、次序统计量的极限分布等多方面开展研究，发表了许多有价值的论文，他的著作主要有《抽样论》《许宝騄论文选集》等.

习 题

1. 设有 3 台机器，用来生产规格相同的铝合金薄板. 经过取样，测量薄板的厚度精确至 0.001 cm，得到如下数据：

单位：cm

机器Ⅰ	机器Ⅱ	机器Ⅲ
0.236	0.257	0.258
0.238	0.253	0.264
0.248	0.255	0.259
0.245	0.254	0.267
0.243	0.261	0.262

试分析各台机器所生产的薄板的厚度有无显著差异，即分析机器这一因素对厚度有无显著影响(显著性水平 $\alpha=0.05$).

2. 考察温度对某一化工产品得率的影响，选取 5 种不同的温度，在每一温度下做 3 次实验，测得其得率如下：

温度/℃	60	65	70	75	80
得率/%	90	91	96	84	84
	92	93	96	83	89
	88	92	93	83	82

试分析温度对得率有无显著影响(显著性水平 $\alpha=0.01$).

3. 从小学入学新生中随机抽取 20 名学生做数学试验，将学生均分为 4 组，分别用 4 种汉字识字教学法进行教学，一段时间后对他们进行统一测验，成绩如下：

教 法	A_1	A_2	A_3	A_4
学生成绩	74	88	80	76
	82	80	73	74
	70	85	70	80
	76	83	76	73
	80	84	82	82

试问不同教学法的教学效果有无显著差异(显著性水平 $\alpha=0.05$)?

4. 某试验室对钢锭模进行选材试验，其方法是将试件加热到 700 ℃后，投入20 ℃的水中急冷，这样反复进行直至试件断裂为止，试验次数越多，试件质量越好. 试验结果如下：

试验序号 \ 材质分类	A_1	A_2	A_3	A_4
1	160	158	146	151
2	161	164	155	152
3	165	164	160	153
4	168	170	162	157
5	170	175	164	160
6	172		166	168
7	180		174	
8			182	

试问 4 种生铁试件的抗热疲劳性能有无显著差异(显著性水平 $\alpha=0.05$).

5. 考察一种人造纤维在不同温度的水中浸泡后的缩水率，在 40 ℃，50 ℃，…，90 ℃的水中分别进行 4 次试验. 得到该种纤维在每次试验中的缩水率如下：

单位：%

试验序号 \ 温度	40 ℃	50 ℃	60 ℃	70 ℃	80 ℃	90 ℃
1	4.3	6.1	10.0	6.5	9.3	9.5
2	7.8	7.3	4.8	8.3	8.7	8.8
3	3.2	4.2	5.4	8.6	7.2	11.4
4	6.5	4.1	9.6	8.2	10.1	7.8

试问浸泡水的温度对缩水率有无显著影响(显著性水平 $\alpha=0.05$ 和 $\alpha=0.01$)?

6. 灯泡厂用 4 种不同的材料制成灯丝，检验灯线材料这一因素对灯泡寿命的影响. 设灯泡寿命服从正态分布，不同材料的灯丝制成的灯泡寿命的方差相同，试验结果如下：

单位：h

灯丝材料水平 \ 试验批号	1	2	3	4	5	6	7	8
A_1	1 600	1 610	1 650	1 680	1 700	1 720	1 800	
A_2	1 580	1 640	1 640	1 700	1 750			
A_3	1 460	1 550	1 600	1 620	1 640	1 660	1 740	1 820
A_4	1 510	1 520	1 530	1 570	1 600	1 680		

试检验灯泡寿命是否因灯丝材料不同而有显著差异(显著性水平 $\alpha=0.05$).

7. 一个年级有 3 个小班，他们进行了一次数学考试，现从各个班级随机地抽取了一些学生，记录其成绩如下：

一班			二班			三班		
73	66	89	88	77	78	68	41	79
60	82	45	31	48	78	59	56	68
43	93	80	91	62	51	91	53	71
36	73	77	76	85	96	79	71	15
			74	80	56	87		

试在显著性水平 $\alpha=0.05$ 的情况下检验各班级的平均分数有无显著差异(设各个总体服从正态分布,且方差相等).

8. 一家牛奶公司有 4 台机器装填牛奶,每桶的容量为 4 L. 下面是从 4 台机器中抽取的样本数据:

单位:L

机器 1	机器 2	机器 3	机器 4
4.05	3.99	3.97	4.00
4.01	4.02	3.98	4.02
4.02	4.01	3.97	3.99
4.04	3.99	3.95	4.01
4.00	4.00		
4.00			

试检验 4 台机器的装填量是否相同(显著性水平 $\alpha=0.01$).

9. 设 4 名工人操作机器 A_1,A_2,A_3 各一天,其日产量如下:

单位:个/d

机器 \ 工人	B_1	B_2	B_3	B_4
A_1	50	47	47	53
A_2	53	54	57	58
A_3	52	42	41	48

试问不同机器或不同工人对日产量有无显著影响(显著性水平 $\alpha=0.05$)?

10. 下面给出了在 5 个不同地点、不同时间空气中的颗粒状物含量的数据:

单位:mg/m³

时间 \ 地点	1	2	3	4	5	$T_{i\cdot}$
1995 年 10 月	76	67	81	56	51	331
1996 年 1 月	82	69	96	59	70	376
1996 年 5 月	68	59	67	54	42	290
1996 年 8 月	63	56	64	58	37	278
$T_{\cdot j}$	289	251	308	227	200	1 275

试在显著性水平 $\alpha=0.05$ 的情况下检验不同时间的颗粒状物含量的均值有无显著差异.

11. 为了解3种不同配比的饲料对仔猪生长影响的差异,在3种不同品种的仔猪中各选3头进行试验,分别测得其3个月间体重增加量,见下表. 取显著性水平 $\alpha=0.05$,试分析不同饲料与不同品种对仔猪的生长有无显著影响(假定其体重增长量服从正态分布,且各种配比的方差相等).

单位:kg

饲料 \ 品种	B_1	B_2	B_3
A_1	51	56	45
A_2	53	57	49
A_3	52	58	47

12. 在某种金属材料的生产过程中,热处理温度(因素 B)与时间(因素 A)各取两个水平,产品强度的测定结果(相对值)见下表,在同一条件下每个实验重复两次. 设各水平搭配下强度的总体服从正态分布且方差相同,各样本独立. 试分析热处理温度、时间以及这两者的交互作用对产品强度有无显著影响(显著性水平 $\alpha=0.05$).

单位:MPa

A \ B	B_1	B_2
A_1	38.0 38.6	47.0 44.8
A_2	45.0 43.8	42.4 40.8

13. 为了保证某零件镀铬的质量,需重点考察通电方法和液温的影响. 选取3个通电方法:现行方法(A_1)、改进方案一(A_2)、改进方案二(A_3);选取两个液温水平:现行温度(B_1)、增加10 ℃(B_2). 每个水平组合进行两次试验,所得结果见下表(指标值以大为好). 试问通电方法、液温和它们的交互作用对该质量指标有无显著影响(显著性水平 $\alpha=0.01$)?

单位:g

A \ B	B_1		B_2	
A_1	9.2	9.0	9.8	9.8
A_2	9.8	9.8	10.0	10.0
A_3	10.0	9.8	10.0	10.0

14. 在某化工生产中为了提高收率,选择了3种不同浓度 $A_i(i=1,2,3)$,4种不同温度 $B_j(j=1,2,3,4)$,在每组浓度与温度组合下各做两次实验,若

$$\sum_i\sum_j\sum_k y_{ijk}^2=2\,752,\quad \sum_i\sum_j\sum_k y_{ijk}=250,$$

$$\sum_{i} y_{i\cdot\cdot}^2 = 21\ 188,\quad \sum_{j} y_{\cdot j\cdot}^2 = 15\ 694,\quad \sum_{i,j} y_{ij\cdot}^2 = 5\ 374.$$

试分析不同浓度、不同温度以及它们之间的交互作用对收率有无显著影响(显著性水平 $\alpha=0.05$).

15. 一种火箭使用了 4 种燃料、3 种推进器进行射程试验,对于每一种燃料与推进器的搭配,各发射火箭 2 次,测得结果见下表:

燃料 \ 推进器	B_1	B_2	B_3
A_1	58.2　52.6	56.2　41.2	65.3　60.8
A_2	49.1　42.8	54.1　50.5	51.6　48.4
A_3	60.1　58.3	70.9　73.2	39.2　40.7
A_4	75.8　71.5	58.2　51.0	48.7　41.4

试检验燃料、推进器以及两个因素的交互作用对火箭射程是否有显著影响(显著性水平 $\alpha=0.05$).

16. 假设一元线性回归模型为

$$\begin{cases} Y_i=\beta_0+\beta_1 x_i+\varepsilon_i, i=1,2,\cdots,n, \\ \text{各 } \varepsilon_i \text{ 独立同分布 } N(0,\sigma^2). \end{cases}$$

试求出回归系数 β_0,β_1 和 σ^2 的最大似然估计,并与其最小二乘估计进行比较.

17. 假设一元回归直线通过原点,即一元线性回归模型为

$$\begin{cases} Y_i=\beta x_i+\varepsilon_i, i=1,2,\cdots,n, \\ \text{各 } \varepsilon_i \text{ 独立,且 } E\varepsilon_i=0, \mathrm{Var}(\varepsilon_i)=\sigma^2. \end{cases}$$

试求出回归系数 β 的最小二乘估计和 σ^2 的无偏估计.

18. 试写出通过原点的二元线性回归模型、结构矩阵 $\boldsymbol{X}$、正规方程组的系数矩阵 $\boldsymbol{X}^{\mathrm{T}}\boldsymbol{X}$、常数项矩阵 $\boldsymbol{X}^{\mathrm{T}}\boldsymbol{Y}$ 以及回归系数的最小二乘法估计公式.

19. 某医院用光色比色计检验尿汞时,得到尿汞含量与消光系数读数的结果如下:

尿汞含量 x	2	4	6	8	10
消光系数 y	64	138	205	285	360

已知它们之间的关系如下

$$Y_i=\beta_0+\beta_1 x_i+\varepsilon_i,\quad i=1,2,3,4,5.$$

各 ε_i 相互独立,均服从 $N(0,\sigma^2)$分布. 试求 β_0,β_1 的最小二乘估计,并对假设 $H_0:\beta_1=0$ 进行检验(显著性水平 $\alpha=0.01$).

20. 考察温度对产量的影响,测得下列 10 组数据:

温度 x/℃	20	25	30	35	40	45	50	55	60	65
产量 y/kg	13.2	15.1	16.4	17.1	17.9	18.7	19.6	21.2	22.5	24.3

(1) 求经验回归方程 $\hat{y}=\hat{\beta}_0+\hat{\beta}_1 x$;

(2) 检验回归的显著性(显著性水平 $\alpha=0.05$);

(3) 求 $x=42$ ℃时产量 Y 的预测值及置信度为 0.95 的预测区间.

21. 为研究某一种化学反应过程中温度 x 对产品得率 Y 的影响,测得数据如下:

温度 x/℃	100	110	120	130	140	150	160	170	180	190
得率 y/%	45	51	54	61	66	70	74	78	85	89

(1) 求 Y 与 x 的回归方程;

(2) 对所得回归方程进行显著性检验(显著性水平 $\alpha=0.05$);

(3) 求当 $x_0=125$ 时,得率 Y_0 置信度为 95%的预测区间.

22. 出钢时所用的盛钢水的钢包受钢水的侵蚀而容积不断增大. 为找到使用次数 x 与增大容积 Y 之间的关系,对一钢包做 15 次试验,测得数据如下:

x	1	2	3	4	5	6	7	8	9	10	11	12	13	14	15
y/m^3	6.42	8.20	9.58	9.50	9.70	10.00	9.93	9.99	10.49	10.59	10.60	10.80	10.60	10.90	10.76

试求 x 与 Y 之间的经验回归函数(提示:由散点图可知 Y 与 x 的回归函数大致为:$y=a\mathrm{e}^{\frac{b}{x}}$).

23. 电容器充电达某电压时记为时间的计算原点,此后电容器串联电阻放电,测定各时刻的电压 U,测量结果如下:

时间 t/s	0	1	2	3	4	5	6	7	8	9	10
电压 U/V	100	75	55	40	30	20	15	10	10	5	5

若 U 与 t 的回归函数关系为 $U=U_0\mathrm{e}^{-ct}$,其中 U_0,c 未知,求 U 对 t 的回归方程.

24. 气体在容器中被吸收的比率 Y 与气体的温度 x_1 和吸收液体的蒸气压力 x_2(kPa)有关,测得试验数据如下:

x_1/℃	78.0	113.5	130.0	154.0	169.0	187.0	206.0	214.0
x_2/kPa	1.0	3.2	4.8	8.4	12.0	18.5	27.5	32.0
y/%	1.5	6.0	10.0	20.0	30.0	50.0	80.0	100.0

求 Y 关于 x_1,x_2 的二元线性回归方程,并进行显著性检验(显著性水平 $\alpha=0.05$).

25. 为研究货运总量 Y 与工业总产值 x_1、农业总产值 x_2、居民非商品支出 x_3 的关系,得到有关数据见下表:

编 号	1	2	3	4	5	6	7	8	9	10
$y/(10^4\ \mathrm{t})$	160	260	210	265	240	220	275	160	275	250
x_1/亿元	70	75	65	74	72	68	78	66	70	65
x_2/亿元	35	40	40	42	38	45	42	36	44	42
x_3/亿元	1.0	2.4	2.0	3.0	1.2	1.5	4.0	2.0	3.2	3.0

试求出线性回归方程,并进行检验(显著性水平 $\alpha=0.05$).

26. 下面给出某种产品每件平均单价 Y 与批量 x 之间的关系的 12 组数据:

x/元	20	25	30	35	40	50	60	65	70	75	80	90
y/件	1.81	1.70	1.65	1.55	1.48	1.40	1.30	1.26	1.24	1.21	1.20	1.18

选取模型 $Y=\beta_0+\beta_1x+\beta_2x^2+\varepsilon,\varepsilon\sim N(0,\sigma^2)$，对其进行拟合，试求其回归方程.

27. 某种膨胀合金含有两种主要成分，对其进行试验，得到的结果如下表所示，从中发现这两种成分含量和 x 与合金的膨胀数 Y 之间有一定关系.

试验序号	1	2	3	4	5	6	7	8	9	10	11	12	13
x/g	37	37	38	38.5	39	39.5	40	40.5	41	41.5	42	42.5	43
y	3.4	3.0	3.0	3.27	2.1	1.83	1.53	1.7	1.8	1.9	2.35	2.54	3.9

(1) 试确定 x 与 Y 之间的关系表达式；

(2) 求出系数的最小二乘估计；

(3) 对回归方程及各项自变量进行显著性检验($\alpha=0.05$)[提示：由散点图可知 Y 与 x 的关系为 $Y=\beta_0+\beta_1x+\beta_2x^2+\varepsilon$，并假设 $\varepsilon\sim N(0,\sigma^2)$].

28. 研究同一地区土壤中所含植物可给态磷的情况，得到 18 组数据如下：

单位：mol/L

土壤样本	x_1	x_2	x_3	y
1	0.4	53	158	64
2	0.4	23	163	60
3	3.1	19	37	71
4	0.6	34	157	61
5	4.7	24	59	54
6	1.7	65	123	77
7	9.4	44	46	81
8	10.1	31	117	93
9	11.6	29	173	93
10	12.6	58	112	51
11	10.9	37	111	76
12	23.1	46	114	96
13	23.1	50	134	77
14	21.6	44	73	93
15	23.1	56	168	95
16	1.9	36	143	54
17	26.8	28	202	168
18	29.9	51	124	99

已知 Y 与 x_1,x_2,x_3 之间有如下关系：

$$Y_i=\beta_0+\beta_1x_{i1}+\beta_2x_{i2}+\beta_3x_{i3}+\varepsilon_i,\quad i=1,2,\cdots,18.$$

其中，x_1 为土壤内所含无机磷浓度，x_2 为土壤内溶于 K_2CO_3 溶液并受溴化物水解的有机磷浓度，x_3 为土壤内溶于 K_2CO_3 溶液但不溶于溴化物的有机磷浓度，Y 为 20 ℃土壤内的玉米中可给态磷的浓度. 各 ε_i 相互独立，均服从 $N(0,\sigma^2)$ 分布. 试求出回归方程，并对方程及各因子的显著性进行检验（显著性水平 $\alpha=0.05$）.

29. 设线性模型为

$$\begin{cases} Y_1=\beta_1+\varepsilon_1, \\ Y_2=2\beta_1-\beta_2+\varepsilon_2, \\ Y_3=\beta_1+2\beta_2+\varepsilon_3, \\ \varepsilon_1,\varepsilon_2,\varepsilon_3 \text{ 独立，且均值都为 } 0\text{，方差都为 } \sigma^2. \end{cases}$$

其中，$\boldsymbol{\beta}=(\beta_1,\beta_2,\beta_3)^{\mathrm{T}}$ 为未知参数向量.

(1) 求 $\boldsymbol{\beta}$ 的最小二乘估计 $\hat{\boldsymbol{\beta}}=(\hat{\beta}_1,\hat{\beta}_2,\hat{\beta}_3)^{\mathrm{T}}$；

(2) 求 $\mathrm{Cov}(\hat{\boldsymbol{\beta}})$.

30. 现对某 4 个物体进行称量，“1”表示将物体放在天平左边盘内，“-1”表示将物体放在右边盘内，y 是使天平达到平衡时，在右端盘内所加砝码的质量. 一共称量了 4 次. 得到如下数据：

x_1	x_2	x_3	x_4	y/g
1	1	1	1	20.2
1	−1	1	−1	8.0
1	1	−1	−1	9.2
1	−1	−1	1	1.4

试求这 4 个物体的质量 $\beta_1,\beta_2,\beta_3,\beta_4$ 的最小二乘估计及其方差. 若对这 4 个物体分别单独进行称量，并用样本均值作为被称量物体质量的无偏估计，试求得到同样精度（方差）的无偏估计的情况下所需称量的次数.

第10章 数理统计实验

数理统计是研究统计推断方法和理论的一门课程,随着人类社会的进步和科学技术的发展,实际问题的统计分析涉及大量的计算,因此数理统计中所研究的方法和理论在实际问题中的应用越来越多地依赖于统计软件,常用的统计软件有 Excel,Matlab 和 R. 本章将介绍这 3 种软件的一些基本统计分析命令,并结合一些具体的例子来说明如何利用这 3 种软件实现典型的统计推断方法.

10.1 用 Excel 进行统计分析

Excel 是 Microsoft 公司的办公套装软件 Office 的一个重要组成部分,是目前最流行的一种电子表格软件. 它可以进行各种数据的处理、统计分析和辅助决策,并广泛应用于管理、数据分析、金融、工程计算和日常事务处理等领域. 目前常用的版本有 Excel 2003,Excel 2007,Excel 2010和 Excel 2013.

由于 Excel 主要是和数字打交道的,因此对数据的统计分析是 Excel 必不可少的功能. 随着 Excel 版本的不断升级,其统计分析功能也越来越强大,它专门为统计分析所设置的函数大大简化了统计计算,并且通过加载宏添加的数据分析工具更是使复杂的统计分析变得简单快捷.

基于Excel 2010,本节将介绍 Excel 中常用的统计分析函数,并通过例子来说明如何利用 Excel 软件进行统计分析.

Excel 2010提供了数据分析工具,在进行复杂的统计分析时可借助统计分析工具,在使用数据分析工具时必须先进行加载. Excel 2010加载数据分析工具的步骤如下:

(1) 单击左上“文件”,然后单击“选项”,弹出“Excel 选项”窗口,如图 10. 1. 1 所示.

(2) 单击“加载项”,在“管理”框中,选择“Excel 加载宏”,然后单击“转到”,弹出“加载宏”窗口,如图 10. 1. 2 所示.

(3) 单击“确定”,“数据分析”命令将出现在“数据”选项卡上的“分析”组中.

图 10. 1. 1 “Excel 选项”对话框

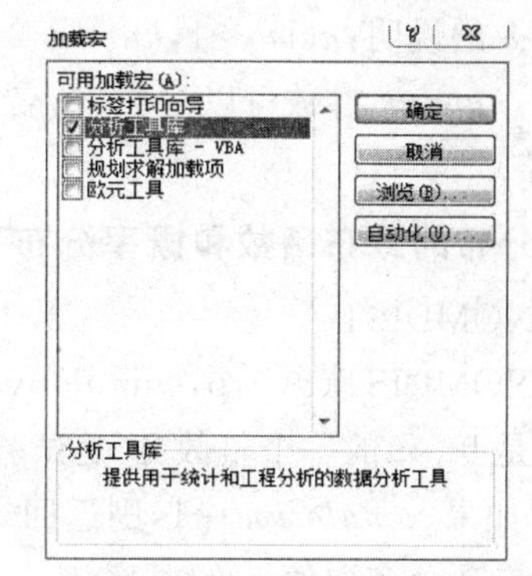

图 10. 1. 2 “加载宏”对话框

10. 1. 1 常用的统计函数

1. 算术平均值

函数 AVERAGE

格式 AVERAGE(number1,number2,…)

2. 几何平均值

函数 GEOMEAN

格式 GEOMEAN(number1,number2,…)

3. 众数

函数 MODE

格式 MODE(number1,number2,…)

4. 中位数

函数 MEDIAN

格式 MEDIAN(number1,number2,…)

5. 方差

函数 VAR

格式 VAR(number1,number2,…)

6. 标准差

函数 STDEV

格式 STDEV(number1,number2,…)

7. 偏度

函数 SKEW

格式 SKEW(number1,number2,…)

8. 峰度

函数 KURT

格式 KURT(number1,number2,…)

命令 1～8 的说明：*number*1，*number*2，…是其各描述性统计量值的参数，参数个数限制在 30 个以内，*number* 参数可以是数字、名称、数组或者包含数字的引用，忽略空白、逻辑值和文本单元格.

9. 二项分布的分布函数和概率分布

函数 BINOMDIST

格式 BINOMDIST(x,n,p,cumulative)

说明：x 是 0～n 的一个整数，n 是试验次数，p 是每次试验中成功的概率，*cumulative* 是一个逻辑值. 如果 *cumulative*＝1，则返回 x 处的分布函数值；如果 *cumulative*＝0，则返回概率分布值，即二项分布取值 x 的概率.

10. 泊松分布的分布函数和概率分布

函数 POISSON

格式 POISSON(x,λ,cumulative)

说明：x 是事件发生的次数，λ 是数学期望，*cumulative* 是一个逻辑值. 如果 *cumulative*＝1，则返回 x 处的分布函数值；如果 *cumulative*＝0，则返回概率分布值，即泊松分布取值 x 的概率.

11. 正态分布的分布函数和概率分布

函数 NORM. DIST

格式 NORM. DIST(x,μ,σ,cumulative)

说明：x 是任意的一个实数，μ 是正态分布的期望，σ 正态分布的标准差，*cumulative* 是一个逻辑值. 如果 *cumulative*＝1，则返回 x 处的分布函数值；如果 *cumulative*＝0，则返回分布密度函数值.

12. t 分布的分布函数和概率分布

函数 T. DIST

格式 T. DIST(x,df,tails)

说明：x 是任意的一个实数，df 是分布的自由度. 如果 *tails*＝1，则返回 x 处的单尾 t 分布的分布函数值；如果 *tails*＝2，则返回 x 处的双尾 t 分布的分布函数值.

13. t 分布的分位数

函数 T. INV

格式 T. INV(α,df)

说明：α 是 0～1 的数，df 是分布的自由度，返回值是累积分布函数取值为 α 的分位点.

14. 标准正态分布的分位数

函数 NORMSINV

格式 NORMSINV(α)

说明：α 是 0～1 的数，返回值是累积分布函数取值为 α 的分位点.

15. χ^2 分布的分位数

函数 CHIINV

格式 CHIINV(α,df)

说明：α 是 0～1 的数，df 是分布的自由度，返回值是累积分布函数取值为 α 的分位点.

16. F 分布的分位数

函数 F. INV

格式 F. INV(α,df1,df2,)

说明：α 是 0～1 的数，$df1$，$df2$ 是分布的自由度，返回值是累积分布函数取值为 α 的分位点.

10.1.2 典型实验

下面介绍几个用 Excel 进行统计分析的实验.

实验 10.1.1 将某班的期中概率论与数理统计成绩建为一个数据文件，如图 10.1.3 所示. 试用 Excel 求出平均成绩、成绩的标准差、最高成绩、最低成绩.

解 (1) 单击单元格 C2，输入函数"＝AVERAGE(A2:A16)"，按 Enter 键即得到平均成绩.

(2) 单击单元格 C3，输入函数"＝STDEV(A2:A16)"，按 Enter 键即得到成绩的标准差.

(3) 单击单元格 C4，输入函数"＝MAX(A2:A16)"，按 Enter 键即得到最高成绩.

(4) 单击单元格 C5，输入函数"＝MIN(A2:A16)"，按 Enter 键即得到最低成绩.

结果如图 10.1.4 所示.

A16

	A	B	C
1	成绩		
2	100		
3	99		
4	96		
5	100		
6	96		
7	99		
8	75		
9	97		
10	68		
11	76		
12	62		
13	67		
14	34		
15	88		
16	85		

图 10.1.3 某班期中概率论与数据统计成绩

C15

	A	B	C
1	成绩		
2	100	平均值	82.8
3	99	标准差	19.06455
4	96	最高分	100
5	100	最低分	34
6	96		
7	99		
8	75		
9	97		
10	68		
11	76		
12	62		
13	67		
14	34		
15	88		
16	85		

图 10.1.4 数据处理

下面以实验 10.1.1 的数据为例，介绍如何通过使用数据分析工具，直接得到数据的描述统计量.

(1) 单击"数据"选项卡中的"数据分析"按钮，弹出"数据分析"对话框，如图 10.1.5 所示.

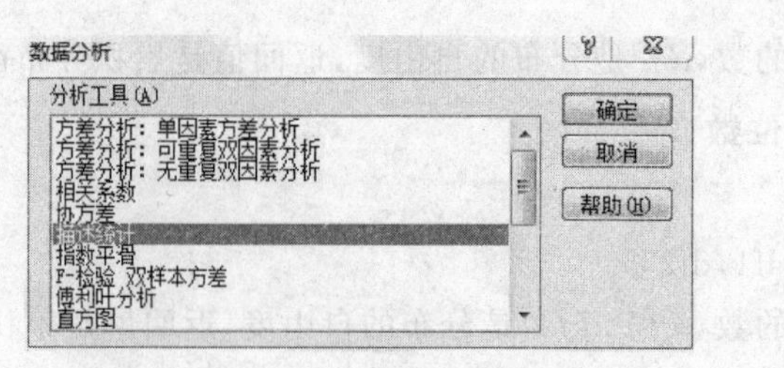

图 10.1.5 “数据分析”对话框

(2) 选择“描述统计”，单击“确定”，弹出“描述统计”对话框，如图 10.1.6 所示.

(3)“输入区域”中输入“A2:A16”. 选中“输出区域”单选按钮，在右侧文本框中输入单元格 B2. 选择“汇总统计”“平均数置信度”“第 K 大值”(右侧输入 1)“第 K 小值”(右侧输入 1)，点击“确定”，即得图 10.1.7.

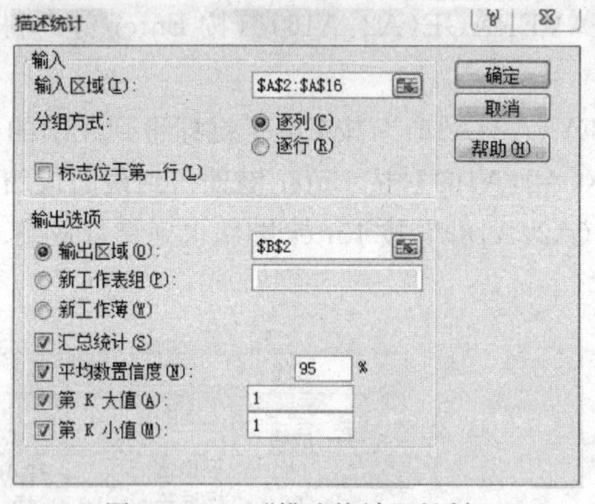

图 10.1.6 “描述统计”对话框

	A	B	C
1	成绩		
2	100	成绩	
3	99		
4	96	平均	82.8
5	100	标准误差	4.922446
6	96	中位数	88
7	99	众数	100
8	75	标准差	19.06455
9	97	方差	363.4571
10	68	峰度	1.54596
11	76	偏度	-1.27143
12	62	区域	66
13	67	最小值	34
14	34	最大值	100
15	88	求和	1242
16	85	观测数	15
17		最大(1)	100
18		最小(1)	34
19		置信度(95	10.5576

图 10.1.7 描述性数据

通过数据分析工具可以方便快捷地得到很多描述性统计量，比单独利用 Excel 自带函数计算方便得多.

实验 10.1.2(随机数生成) 在实际问题中，经常需要通过数值模拟来检验统计方法的正确性和有效性，这就需要用到随机数生成器. 试用数据分析工具生成 10 个均值为 2、方差为 9 的正态分布.

解 (1) 单击“数据”选项卡中的“数据分析”按钮，弹出“数据分析”对话框，如图 10.1.5 所示.

(2) 选择“随机数发生器”，单击“确定”，弹出“随机数发生器”对话框，如图 10.1.8 所示.

(3)“变量个数”框中填 1，“随机数个数”框中填“10”，“分布”框中选择“正态”，“平均值”框中填“2”，“标准偏差”框中填“3”，“输出区域”框中填“A1:A10”，点击“确定”，即可得到图 10.1.9中的数据.

其他分布的随机数可类似生成.

实验 10.1.3 某种水稻在 10 块实验田上的亩产量如图 10.1.10 所示，假设产量服从正态分布，试求水稻的平均亩产量、产量的标准差、产量的 0.95 置信区间.

随机数发生器
变量个数(V):
1
随机数个数(B):
10
确定
取消
分布(D):
正态
帮助(H)
参数
平均值(E) =
2
标准偏差(S) =
3
随机数基数(R):
输出选项
输出区域(O):
$A$1:$A$10
新工作表组(P):
新工作薄(W)

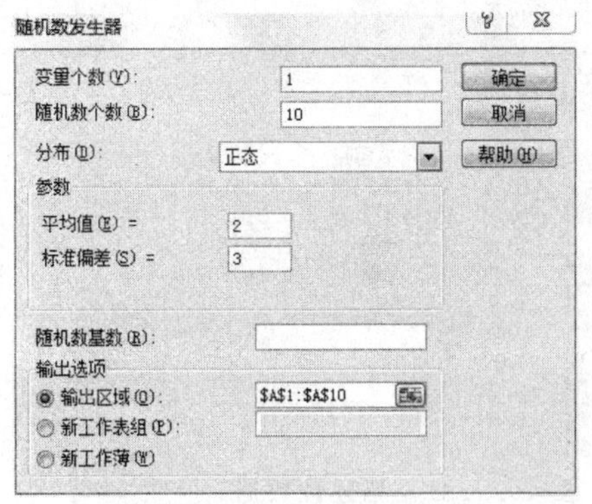

图 10.1.8 “随机数发生器”对话框

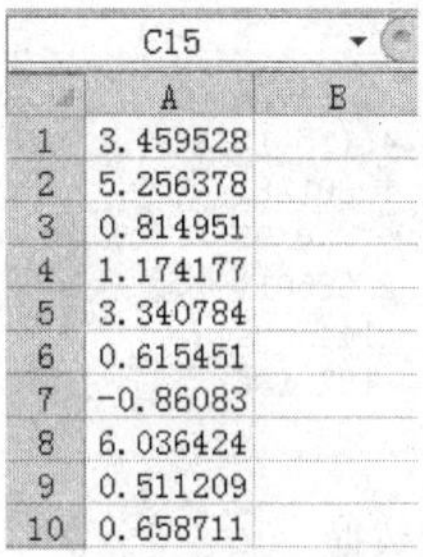

C15
A
B
1 3.459528
2 5.256378
3 0.814951
4 1.174177
5 3.340784
6 0.615451
7 -0.86083
8 6.036424
9 0.511209
10 0.658711

图 10.1.9 随机数的数据处理

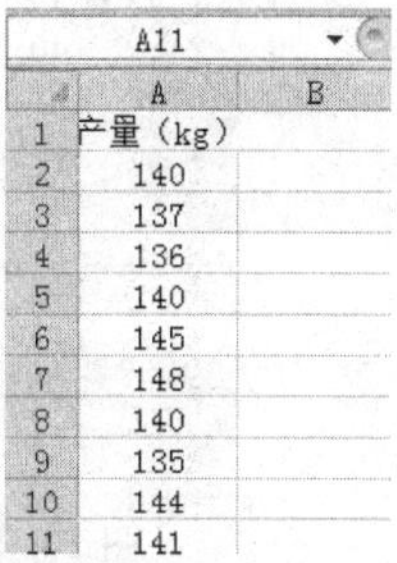

A11
A
B
1 产量(kg)
2 140
3 137
4 136
5 140
6 145
7 148
8 140
9 135
10 144
11 141

图 10.1.10 某水稻的亩产量

解 (1) 选择单元格 C2，单击“插入函数”按钮，打开“插入函数”对话框，选择“COUNT”函数，单击“确定”按钮，打开“函数参数”对话框，在“Value1”中输入“A2:A11”，点击“确定”，得到样本容量.

(2) 选择单元格 C3，单击“插入函数”按钮，打开“插入函数”对话框，选择“AVERAGE”函数，单击“确定”按钮，打开“函数参数”对话框，在“Number1”中输入“A2:A11”，点击“确定”，得到样本均值.

(3) 选择单元格 C4，单击“插入函数”按钮，打开“插入函数”对话框，选择“STDEV”函数，单击“确定”按钮，打开“函数参数”对话框，在“Number1”中输入“A2:A11”，点击“确定”，得到样本标准差.

(4) 选择单元格 C5，输入公式“=C4/SQRT(C2)”，得到样本标准误差.

(5) 选择单元格 C7，单击“插入函数”按钮，打开“插入函数”对话框，选择类别为“全部”. 选择“TINV”函数，单击“确定”按钮，弹出“函数参数”对话框，在“Probability”中输入双尾概率正态分布概率“(1－C6)/2”，在“Deg_freedom”中输入自由度“C2－1”，点击“确定”得到 t 值.

(6)选择单元格 C8，输入公式“=C3＋C7 * C5”，得到置信上限；选择单元格 C9，输入公式“=C3－C7 * C5”，得到置信下限.

以上操作所得结果如图 10.1.11 所示.

实验 10.1.4 包糖机正常工作时所包出的糖的质量服从均值为 10 kg 的正态分布，现从某天包糖机包出的糖中抽取 12 袋，试检验包糖机是否正常工作，数据如图 10.1.12 所示.

解 (1) 与实验 10.1.3 相同，得到样本容量和样本均值.

(2) 单击单元格 C5，输入“=VAR(A2:A13)”，按 Enter 键得到样本方差.

(3) 单击单元格 C6，输入“=(C4－10)/(SQRT(C5)/SQRT(C3))”，按 Enter 键得到 t 值.

(4) 单击单元格 C6，单击“插入函数”，选择函数分类“全部”，选择“TDIST”，点击“确定”按钮，弹出“函数参数”对话框，如图 10.1.13 所示，“X”框中填“ABS(C7)”，“Deg_freedom”框中填“C3－1”，“Tails”框中填“2”，点击“确定”，即得图 10.1.12 中的结果.

从 p 值可以看出在显著性水平 0.05 下，包糖机正常工作.

实验 10.1.5 某家保险公司非常关心其营业部加班程度和业绩之间的关系，决定对现状进行调查. 该公司收集了 10 周内每周加班工作时间的数据和签发的新保单的数据，如图 10.1.14 所示. 试建立加班工作时间和签发的新保单的数目之间的回归模型.

D10			
	A	B	C
1	产量（kg）		
2	140	样本容量	10
3	137	样本均值	140.6
4	136	样本标准差	4.115013
5	140	样本标准误差	1.301281
6	145	置信水平	0.95
7	148	t值	2.685011
8	140	置信上限	144.094
9	135	置信下限	137.106
10	144		
11	141		

图 10.1.11　描述性数据

C8			
	A	B	C
1	重量（kg）		
2	10.1		
3	10.3	样本容量	12
4	10.4	样本均值	10.09167
5	10.5	样本方差	0.066288
6	10.2	t值	1.233346
7	9.7	p值	0.243152
8	9.8		
9	10.1		
10	10		
11	9.9		
12	9.8		
13	10.3		

图 10.1.12　描述性数据

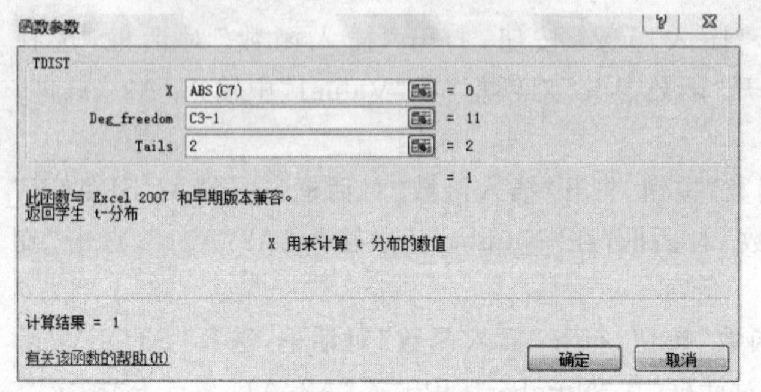

图 10.1.13　“函数参数”对话框

	A	B	C
1	周	加班时间	每周新保单数
2	1	3.5	825
3	2	1	215
4	3	4	1070
5	4	2	550
6	5	1	480
7	6	3	920
8	7	4.5	1350
9	8	1.5	325
10	9	3	670
11	10	5	1215

图 10.1.14　某公司营业部加班时间与业绩数据表

解　方法一：

(1) 绘制散点图. 选择数据所在的区域 B1:C11，单击“插入”选项卡，点击“图标”组中的“散点图”命令，在下拉菜单中选择“仅带数据标记的散点图”，即可画出散点图. 通过散点图可以看出，加班时间和新保单的数据呈线性关系.

(2) 添加趋势线. 单击“布局”选项卡，点击“分析”组中的“趋势线”命令，在下拉菜单中选择“其他趋势选项”命令，弹出“设置趋势线格式”对话框，如图 10.1.15 所示，选择“线性”“显示公式”和“显示 R 平方值”，单击“关闭”即得到图 10.1.16.

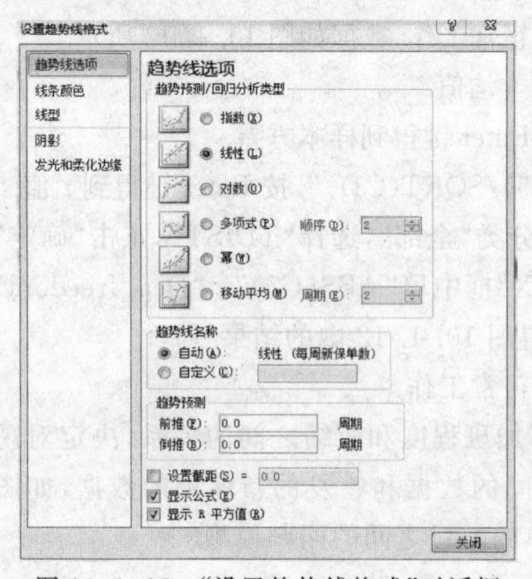

图 10.1.15　“设置趋势线格式”对话框

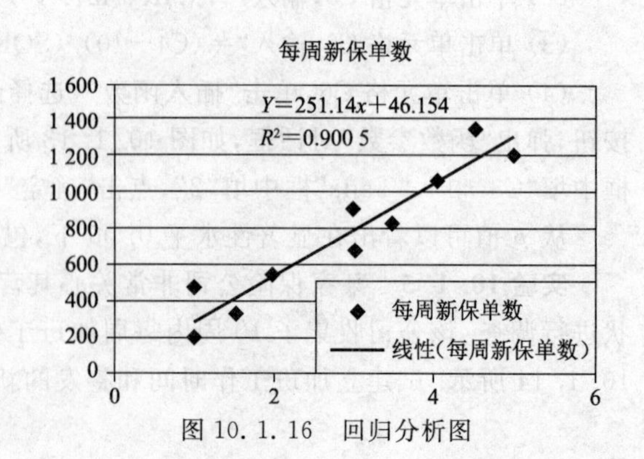

图 10.1.16　回归分析图

方法二：

(1) 在“数据”选项卡中单击“数据分析”按钮，弹出“数据分析”对话框，如图 10.1.17 所示，选择“回归”，点击“确定”，弹出“回归”对话框，如图 10.1.18 所示.

(2) 在“Y 值输入区域”中输入因变量加班时间所在的区域“C2:C11”，在“X 值输入区域”中输入自变量新签保单数所在的区域“B2:B11”，点击“确定”，即得到图 10.1.19.

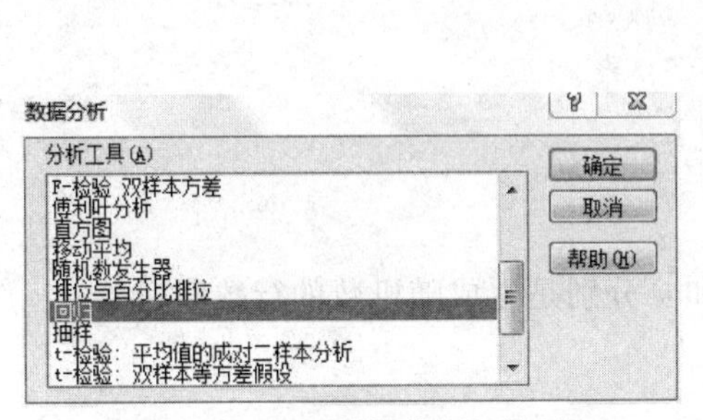

图 10.1.17 “数据分析”对话框

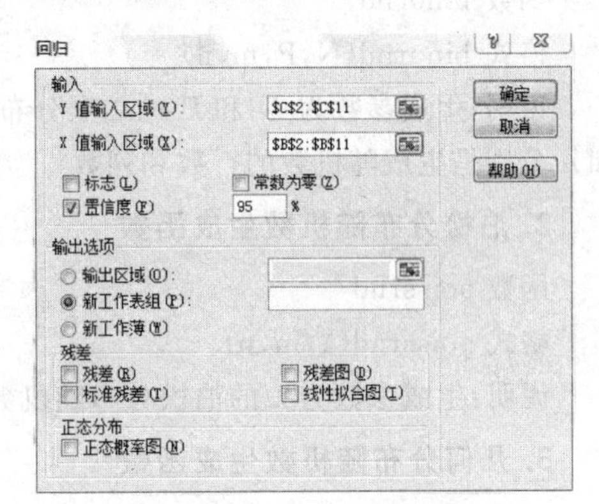

图 10.1.18 “回归”对话框

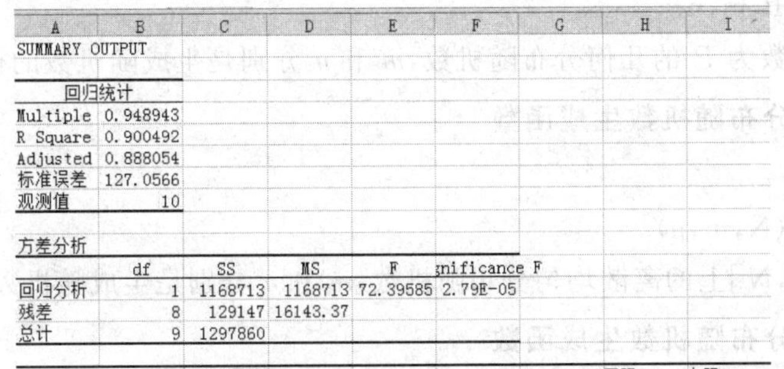

A	B	C	D	E	F	G	H	I
SUMMARY OUTPUT								
回归统计								
Multiple	0.948943							
R Square	0.900492							
Adjusted	0.888054							
标准误差	127.0566							
观测值	10							
方差分析								
	df	SS	MS	F	gnificance F			
回归分析	1	1168713	1168713	72.39585	2.79E-05			
残差	8	129147	16143.37					
总计	9	1297860						
	Coefficien	标准误差	t Stat	P-value	Lower 95%	Upper 95%	下限 95.0%	上限 95.0%
Intercept	46.15385	93.23403	0.495032	0.633886	-168.844	261.1519	-168.844	261.1519
X Variabl	251.1741	29.52011	8.508575	2.79E-05	183.1006	319.2476	183.1006	319.2476

图 10.1.19 方差分析表

10.2 用 Matlab 进行统计分析

Matlab 是 Matrix & Laboratory(矩阵工厂与矩阵实验室)的缩写，是美国 Mathworks 公司开发的一款主要面对科学计算、可视化和交互式程序设计的数学科技应用软件，是目前最优秀的科学计算类软件. 由于其强大的功能，Matlab 已广泛应用于工程计算、控制设计、图像处理、金融建模、统计分析等领域.

Matlab 包含数百个内部函数和三十几种工具箱，其中的统计工具箱专门用来进行统计分析. Matlab 内部函数包含了绝大部分常用的统计分析命令，而统计工具箱包含很多常用统计分析 M 文件，这些内部函数和 M 文件使得用户可以方便地利用 Matlab 软件进行统计分析.

本节将介绍 Matlab 中常用的统计分析函数，并通过例子来说明如何利用 Matlab 软件进行统计分析.

10.2.1 常用的统计函数

1. 二项分布随机数生成函数

函数 binornd

格式 binornd(N,P,m,n)

说明:生成参数为 N 和 P 的二项分布随机数,N 和 P 可以是向量,但必须维数相同,m 和 n 分别是生成随机数的行数和列数.

2. 泊松分布随机数生成函数

函数 poissrnd

格式 poissrnd(λ,m,n)

说明:生成参数为 λ 的泊松分布随机数,m 和 n 分别是生成随机数的行数和列数.

3. 几何分布随机数生成函数

函数 geornd

格式 geornd(P,m,n)

说明:生成参数为 P 的几何分布随机数,m 和 n 分别是生成随机数的行数和列数.

4. 离散均匀分布随机数生成函数

函数 unidrnd

格式 unidrnd(N,m,n)

说明:生成$[1,N]$上的离散均匀分布随机数,m 和 n 分别是生成随机数的行数和列数.

5. 连续均匀分布随机数生成函数

函数 unifrnd

格式 unifrnd(A,B,m,n)

说明:生成$[A,B]$上的均匀分布随机数,m 和 n 分别是生成随机数的行数和列数.

6. 正态分布随机数生成函数

函数 normrnd

格式 normrnd(μ,σ,m,n)

说明:生成均值为 μ、标准差为 σ 的正态分布随机数,m 和 n 分别是生成随机数的行数和列数.

7. t 分布随机数生成函数

函数 trnd

格式 trnd(N,m,n)

说明:生成自由度为 N 的 t 分布随机数,m 和 n 分别是生成随机数的行数和列数.

8. 指数分布随机数生成函数

函数 exprnd

格式 exprnd(λ,m,n)

说明:生成参数为λ的指数分布随机数,m和n分别是生成随机数的行数和列数.

9. 二项分布概率分布

函数 binopdf

格式 binopdf(k,n,p)

说明:生成参数为n,p的二项分布随机变量取值为k的概率.

10. 泊松分布概率分布

函数 poisspdf

格式 poisspdf(k,λ)

说明:生成参数为λ的泊松分布随机变量在k处的概率.

11. 正态分布分布密度

函数 normpdf

格式 normpdf(x,μ,σ)

说明:生成参数为μ,σ的正态分布随机变量在x处的分布密度值.

12. t 分布分布密度

函数 tpdf

格式 tpdf(x,n)

说明:生成自由度为n的t分布随机变量在x处的分布密度值.

13. 指数分布分布密度

函数 exppdf

格式 exppdf(x,λ)

说明:生成参数为λ的指数分布随机变量在x处的分布密度值.

14. 二项分布的分布函数

函数 binocdf

格式 binocdf(k,n,p)

说明:生成参数为n,p的二项分布在k处的分布函数值.

15. 泊松分布的分布函数

函数 poisscdf

格式 poisscdf(k,λ)

说明:生成参数为λ的泊松分布在k处的分布函数值.

16. 均匀分布的分布函数

函数 unifcdf

格式 unifcdf(x,A,B)

说明:生成$[A,B]$上的均匀分布在x处的分布函数值.

17. 正态分布的分布函数

函数 normcdf

格式 normcdf(x,μ,σ)

说明:生成均值为 μ、标准差为 σ 的正态分布在 x 处的分布函数值.

18. t 分布的分布函数

函数 tcdf

格式 tcdf(x,N)

说明:生成自由度为 N 的 t 分布在 x 处的分布函数值.

19. 指数分布的分布函数

函数 expcdf

格式 expcdf(x,λ)

说明:生成参数为 λ 的指数分布在 x 处的分布函数值.

20. 正态分布分位数

函数 norminv

格式 norminv(α,μ,σ)

说明:α 是 0 到 1 之间的数,累积分布函数取值为 α 的分位点.

21. t 分布分位数

函数 tinv

格式 tinv(α,n)

说明:α 是 0 到 1 之间的数,n 是自由度,累积分布函数取值为 α 的分位点.

22. 指数分布分位数

函数 expinv

格式 expinv(α,λ)

说明:α 是 0 到 1 之间的数,累积分布函数取值为 α 的分位点.

23. 平均值

函数 mean

格式 mean(A)

说明:如果 $\boldsymbol{A}$ 是向量,则返回算术平均值;如果 $\boldsymbol{A}$ 是矩阵,则返回由 $\boldsymbol{A}$ 中各列元素的平均值组成的向量.

24. 中位数

函数 median

格式 median(A)

说明:如果 $\boldsymbol{A}$ 是向量,则返回中位数;如果 $\boldsymbol{A}$ 是矩阵,则返回由 $\boldsymbol{A}$ 中各列元素的中位数组成的向量.

25. 几何平均数

函数 geomean

格式 geomean(A)

说明:如果 $\boldsymbol{A}$ 是向量,则返回几何平均数;如果 $\boldsymbol{A}$ 是矩阵,则返回由 $\boldsymbol{A}$ 中各列元素的几何平均数组成的向量.

26. 方差

函数 var

格式 var(A)

说明:如果 **A** 是向量,则返回样本方差;如果 **A** 是矩阵,则返回由 **A** 中各列元素的样本方差组成的向量.

27. 标准差

函数 std

格式 std(A)

说明:*A* 是向量,则返回样本标准差.

28. 经验分布函数

函数 cdfplot

格式 [h,stats]=cdfplot(X)

说明:生成样本 **X** 的分布函数图形,*h* 表示曲线的环柄,*stats* 表示样本的一些统计特征.

29. 盒形图

函数 boxplot

格式 boxplot(X)

说明:生成矩阵 **X** 的每一列的盒形图.

30. 正态分布的参数估计

函数 normfit

格式 [muhat,sigmahat,muci,sigmaci]=normfit(X,α)

说明:*muhat*,*sigmahat* 分别为正态分布均值和标准差的极大似然估计,*muci*,*sigmaci* 分别为均值和方差的置信区间,其置信度为(1-α)×100%. 缺省时默认为 0.05,即置信度为 95%.

31. 二项分布的参数估计

函数 binofit

格式 [phat,pci]=binofit(X,N,α)

说明:二项分布参数的极大似然估计,*pci* 是置信水平为(1-α)×100%的置信区间,缺省时默认为 0.05,即置信度为 95%.

32. 泊松分布的参数估计

函数 poissfit

格式 [Lambdahat,Lambdaci]=poissfit(X,α)

说明:泊松分布参数的极大似然估计,*Lambdaci* 是置信水平为(1-α)×100%的置信区间,缺省时默认为 0.05,即置信度为 95%.

33. 指数分布的参数估计

函数 expfit

格式 [muhat,muci]=expfit(X,α)

说明:指数分布参数的极大似然估计,*muci* 是置信水平为$(1-\alpha)\times 100\%$的置信区间,缺省时默认为 0. 05,即置信度为 95%.

34. 方差已知,单正态总体的均值的假设检验

函数 ztest

格式 h=ztest(x,μ,σ,α)

说明:x 为正态总体样本,μ 为待检验的均值,σ 为标准差,α 为显著性水平. $h=0$ 表示显著性水平 α 下不能拒绝原假设;$h=1$ 表示显著性水平 α 下可以拒绝原假设.

35. 方差未知,单正态总体的均值的假设检验

函数 ttest

格式 h=ttest(x,μ,α)

说明:x 为正态总体样本,μ 为待检验的均值, α 为显著性水平. $h=0$ 表示显著性水平 α 下不能拒绝原假设;$h=1$ 表示显著性水平 α 下可以拒绝原假设.

36. 两正态总体均值差的检验(方差未知但相等)

函数 ttest2

格式 [h,sig,ci]=ttest2(x,y,α)

说明:x,y 为两个正态总体的样本,α 为显著性水平. $h=0$ 表示显著性水平 α 下不能拒绝原假设;$h=1$ 表示显著性水平 α 下可以拒绝原假设. *sig* 为原假设为真时得到的观察值的概率,当 *sig* 为小概率时则对原假设提出质疑,*ci* 为均值差的 $1-\alpha$ 置信区间.

10. 2. 2 典型实验

实验 10. 2. 1 设某种清漆 9 个样品的干燥时间分别为(单位:h):

6. 0 5. 7 5. 8 6. 5 7. 0 6. 3 5. 6 6. 1 5. 0

设干燥时间服从正态分布 $N(\mu,\sigma^2)$. 求 μ,σ 的极大似然估计和 95%的置信区间.

解

```
>>X=[6.0,5.7,5.8,6.5,7.0,6.3,5.6,6.1,5.0];
>>[mu,sigma,muci,sigmaci]=normfit(X,0.05)
mu=
    6
sigma=
    0.5745
muci=
    5.5584
    6.4416
sigmaci=
    0.3880
    1.1005
```

实验 10. 2. 2 对电池的寿命进行研究,有 15 个样本,测得失效时间分别为(单位:h):

115 119 131 138 142 147 148 155 158 159 163 166 167 170 172

设电池寿命服从参数为λ指数分布. 求λ的极大似然估计和95%的置信区间.

解

```
>>X=[115 119 131 138 142 147 148 155 158 159 163 166 167 170 172];
>>[muhat,muci]=expfit(X,0.05)
muhat=
      150
muci=
      95.7870
      268.0043
```

实验 10.2.3 某车间使用一台包装机包装葡萄糖,包得的袋装糖的质量是一个随机变量,服从正态分布. 当机器正常运行时,其均值为0.5 kg,标准差为0.015 kg. 某日开工后为检验包装机是否正常工作,随机地抽取9袋包好的糖,称得净重为(单位:kg):

0.497 0.506 0.518 0.524 0.498 0.511 0.520 0.515 0.512

试问机器是否正常工作?

解 本题可化为在方差已知的情况下,检验均值是否为0.5.

```
>>X=[0.497 0.506 0.518 0.524 0.498 0.511 0.520 0.515 0.512];
>>[h,sig,ci,zval]=ztest(X,0.5,0.015,0.05,0)
h=
      1
sig=
      0.024 8
ci=
      0.501 4
      0.521 0
zval=
      2.244 4
```

实验 10.2.4 为了检验正常条件下一种杂交作物的两种新处理方案,在同一地区随机地挑选8块地,在每块试验地上按两种方案种植作物. 这8块地的单位面积产量分别是(单位:kg):

一号方案产量	86	87	56	93	84	93	75	79
二号方案产量	80	79	58	91	77	82	74	66

假设这两种方案的产量都服从正态分布,方差相同,试问这两种方案的产量在显著性水平0.05的情况下有无明显差异?

解

```
>>X=[86 87 56 93 84 93 75 79];
>>Y=[80 79 58 91 77 82 74 66];
>>[h,sig,ci]=ttest2(X,Y,0.05)
h=
      0
```

```
sig=
      0.319 1
ci=
      -6.187 4
      17.687 4
```

实验 10.2.5 为了调查某广告对销售收入的影响,某商店记录了 5 个月的销售收入 Y(万元)和广告费用 X(万元),数据如下:

月份:	1	2	3	4	5
X:	1	2	3	4	5
Y:	10	10	20	20	40

试建立 X 和 Y 之间的回归模型.

解

```
>>X=[1  2  3  4  5 ]';
Y=[10 10 20 20 40]';
Z=[ones(5,1),X];
[b,bint,r,rint,stats]=regress(Y,Z);
b=
      -1.000 0
      7.000 0
bint=
      -21.211 2       19.211 2
      0.906 1       13.093 9
stats=
      0.816 7       13.363 6       0.035 4       36.666 7
```

由结果可得,截距项和回归系数的估计分别为-1 和 7,置信区间分别为[-21.211 2,19.211 2],[0.906 1,13.093 9],可决系数为 0.816 7,F 检验值为 13.363 6,p 值为 0.035 4,误差方差的估计为 36.666 7.

10.3 用 R 进行统计分析

R 可以看作一种计算机语言,也可以看作一个软件. R 是 S 语言的一种实现,而 S 语言是贝尔实验室开发的一种用来进行数据探索、统计分析、作图的解释性语言,同时 R 又是一个集统计分析和图形显示为一体的统计软件. R 是完全免费的自由软件,具有 UNIX,LINUX,MacOS 和 Windows 平台的版本,可在 http://cran.r-project.org 进行下载. R 具有数据存储和处理、统计分析、统计制图等功能. 由于 R 是免费的自由软件,用户可以自由下载并编写自己的软件包放入 R 中,因此 R 越来越受用户的喜爱和重视. 随着版本的升级,R 的功能越来越强大,并且许多世界著名统计学家维护着 R 的许多软件包,这些软件包可以实现目前最新、最前沿的统计分析方法.

本节将介绍 R 中常用的统计分析函数,并通过一些例子来说明如何利用 R 软件进行统计分析.

10.3.1 常用的统计函数

1. 二项分布随机数生成函数

函数 rbinom

格式 rbinom(m,n,p)

说明:生成参数为 n 和 p 的二项分布的随机数,m 表示生成随机数的个数.

2. 泊松分布随机数生成函数

函数 rpois

格式 rpois(n,λ)

说明:生成 n 个参数为 λ 的泊松分布的随机数.

3. 几何分布随机数生成函数

函数 rgeom

格式 rgeom(n,p)

说明:生成 n 个参数为 p 的几何分布的随机数.

4. 标准均匀分布随机数

函数 runif

格式 runif(n,0,1)

说明:生成 n 个[0,1]上均匀分布的随机数.

5. 正态分布随机数

函数 rnorm

格式 rnorm(n,μ,σ)

说明:生成 n 个均值为 μ、标准差为 σ 的正态分布随机数.

6. t 分布随机数

函数 rt

格式 rt(n,df)

说明:生成 n 个自由度为 df 的 t 分布随机数.

7. 指数分布随机数

函数 rexp

格式 rexp(n,λ)

说明:生成 n 个参数为 λ 的指数分布随机数.

8. 二项分布的分布函数

函数 pbinom

格式 pbinom(k,n,p)

说明:返回参数为 n 和 p 的二项分布在 k 处的分布函数值.

9. 泊松分布的分布函数

函数 ppois

格式 ppois(x,λ)

说明:返回参数为 λ 的泊松分布在 x 处的分布函数值.

10. 几何分布的分布函数

函数 pgeom

格式 pgeom(x,p)

说明:返回参数为 p 的几何分布在 x 处的分布函数值.

11. 标准均匀分布的分布函数

函数 punif

格式 punif(x,0,1)

说明:返回标准均匀分布在 x 处的分布函数值.

12. 正态分布的分布函数

函数 pnorm

格式 pnorm(x,μ,σ)

说明:返回均值为 μ、标准差为 σ 的正态分布在 x 处的分布函数值.

13. t 分布的分布函数

函数 pt

格式 pt(x,df)

说明:返回自由度为 df 的 t 分布在 x 处的分布函数值.

14. 指数分布的分布函数

函数 pexp

格式 pexp(x,λ)

说明:返回参数为 λ 的指数分布在 x 处的分布函数值.

15. 正态分布分位数

函数 qnorm

格式 qnorm(α,μ,σ)

说明:α 是 0 到 1 之间的数,返回均值为 μ、标准差为 σ 的正态分布分布函数取值为 α 的点.

16. t 分布分位点

函数 qt

格式 qt(α,df)

说明:α 是 0 到 1 之间的数,返回自由度为 df 的 t 分布分布函数取值为 α 的点.

17. 指数分布分位数

函数 qexp

格式 qexp(α,λ)

说明:α 是 0 到 1 之间的数,返回参数为 λ 的指数分布分布函数取值为 α 的点.

18. 平均值

函数 mean

格式 mean(x)

说明：x 是对象(向量、矩阵、数组或数据框)，返回算术平均值. 求矩阵各行或者各列的均值可以使用命令 apply(x,margin,mean). 如果 $margin=1$，则返回矩阵 x 个行的均值；如果 $margin=2$，则返回矩阵 x 各列的均值.

19. 加权平均值

函数 weighted. mean

格式 weighted. mean(x,w)

说明：x 是对象(向量、矩阵、数组或数据框)，w 是 x 的权，返回加权平均值.

20. 求和

函数 sum

格式 sum(x)

说明：x 是对象(向量、矩阵、数组或数据框)，返回和.

21. 排序

函数 sort

格式 sort(x,decreasing=FALSE)

说明：按从小到大对 x 排序；当 $decreasing$=TRUE 时，按从大到小排序.

22. 中位数

函数 median

格式 median(x)

说明：返回数据 x 的中位数.

23. 方差

函数 var

格式 var(x)

说明：返回数据 x 的方差.

24. 标准差

函数 sd

格式 sd(x)

说明：返回数据 x 的标准差.

25. 散点图

函数 plot

格式 plot(x,y)

说明：x 和 y 是向量，生成 y 关于 x 的散点图.

26. 直方图

函数 hist

格式 hist(x)

说明：x 是数值型向量，绘制出数据的直方图.

27. t 检验

函数 t. test

格式 t. test(x,y=NULL,alternative=c("two. sided","less","greater"),

μ=0,var. equal=FALSE,conf. level=0. 95)

说明：x 和 y 是数据构成的向量（如果只有 x 则进行单个正态总体均值检验；否则进行两个正态总体的均值检验），alternative 表示备择假设，"two. sided"是默认值，表示双边检验，"less"和"greater"表示单边假设检验，μ 表示原假设，*var. equal*＝FALSE 表示方差不同，*var. equal*＝TRUE 表示方差相同，*conf. level* 是置信水平.

28. 方差比检验.

函数 var. test

格式 var. test(x,y,ratio=1, alternative=c("two. sided","less","greater"), conf. level=0. 95)

说明：x 和 y 是数据构成的向量，*ratio* 是方差比的原假设，默认值是 1，其他参数同上.

10. 3. 2 典型实验

实验 10. 3. 1 下面是合成纤维强度（单位：g）的一组测量数据，试求数据的描述性统计量.

1. 3 2. 5 2. 5 2. 7 3. 5 4. 2 5. 0 6. 4 6. 3 7. 0 8. 0 8. 1

解 首先编写一个统一的函数，命名为 data_outline. R：

```
data_outline<-function(x){
n<-length(x)
m<-mean(x)
v<-var(x)
s<-sd(x)
me<-median(x)
cv<-100 * s/m
css<-sum((x-m)^2)
uss<-sum(x^2)
R<-max(x)-min(x)
R1<-quantile(x,3/4)-quantile(x,1/4)
sm<-s/sqrt(n)
g1<-n/((n-1) * (n-2)) * sum((x-m)^3)/s^3
g2<-((n * (n+1))/((n-1) * (n-2) * (n-3)) * sum((x-m)^4)/s^4-(3 * (n-1)^2)/((n-2) * (n-3)))
data. frame(N=n,Mean=m,Var=v,std_dev=s,Median=me,std_mean=sm,CV=cv,CSS=css,USS=uss,R=R,R1=R1,Skewness=g1,Kurtosis=g2,row. names=1)
}
```

执行下列代码：

```
> source("C:\\Users\\Administrator\\Desktop\\data_outline. R")
> x<-c(1. 3,2. 5,2. 5,2. 7,3. 5,4. 2,5. 0,6. 4,6. 3,7. 0,8. 0,8. 1)
> data_outline(x)
1 N    Mean       Var       std_dev    Median   std_mean      CV
  12  4. 791 667  5. 464 47  2. 337 621   4. 6   0. 674 812 9  48. 785 12
   USS       CSS      R     R1    Skewness       Kurtosis
1
  335. 63  60. 109 17  6. 8   3. 9  0. 080 719 44  -1. 462 091
```

实验 10. 3. 2 某车间生产滚珠，从长期实践中发现滚珠直径服从正态分布，其方差为 0. 05，从某天的产品中随机抽取 6 个，量得直径(单位:mm)如下：

14. 70　15. 21　14. 90　14. 91　15. 32　15. 32

试检验均值是否为 15(显著性水平 $\alpha=0.05$)，并给出均值的 95%置信区间.

解 执行下列代码：

```
> x<-c(14. 70,15. 21,14. 90,14. 91,15. 32,15. 32)
> t. test(x,mu=15)
        One Sample t-test
data:  x
t = 0. 5675, df = 5, p-value = 0. 594 9
alternative hypothesis: true mean is not equal to 15
95 percent confidence interval:
  14. 788 2  15. 331 8
sample estimates:
mean of x
15. 06
```

实验 10. 3. 3 设某产品的生产工艺发生了改变，在改变前后分别独立测得若干件产品的某项指标，其结果如下：

改变前：　21. 6　20. 8　22. 1　21. 2　20. 5　21. 9　21. 4
改变后：　24. 1　23. 8　24. 7　24. 0　23. 7　24. 3　24. 5

假定产品的该项指标服从正态分布，求工艺改变前后该产品的此项指标有无变化？

解 执行下列代码：

```
> x<-c(21. 6,20. 8,22. 1,21. 2,20. 5,21. 9,21. 4)
> y<-c(24. 1,23. 8,24. 7,24. 0,23. 7,24. 3,24. 5)
> t. test(x,y)
         Welch Two Sample t-test
data:  x and y
t = -10. 8945, df = 10. 162, p-value = 6. 278e-07
alternative hypothesis: true difference in means is not equal to 0
95 percent confidence interval:
  -3. 371423 -2. 228577
sample estimates:
mean of x mean of y
```

```
21.35714  24.15714
```

实验 10.3.4 来自柯西分布的一组随机数(参数真值为 1)如下：

```
[1]     2.90171522  -1.33641068    0.66416327  -0.07486781  -0.99572987
[6]     0.29746132   1.51436749    0.62225329   1.46119935   3.55890260
[11]   -0.94837106   4.17204638    0.88506578   2.17320061   6.07563420
[16]    0.19302255   1.68335363   -2.34784309   5.20471947   3.22724533
[21]    3.36190756  -0.29819043    2.58391244   1.68114706  -0.36790646
[26]   -3.63284492   0.03844799    0.02121881   1.75827703   1.21433992
[31]    3.69270848  -0.12662159  -19.83217708   3.33687558   2.31309549
[36]  -31.83536756  -2.93583118   -0.18788124   0.61249219  -0.13441777
[41]   12.15285979   2.07073883  290.76191754   2.01423672   0.24970827
[46]   -5.89115257  -0.15020079    0.43401344  -1.39745243   0.88479835
[51]   -0.80824706  -1.37396186   -1.77183939  -1.22335216   2.61603348
[56]    0.83715375   4.76500482    1.99133080   0.79800113   0.64648013
[61]    0.20268350   0.53627116    1.26020390   3.21375250   1.99720033
[66]   -7.10104049   3.95586491   -9.19593162   3.61024510   6.76622300
[71]    1.26869682   3.13230408    5.08718160   0.95249589   6.34656321
[76]    0.51099553   2.51372607    0.21600781   2.42714098   1.30634476
[81]    0.56611361   0.57713657    0.60874980   0.98350287   0.19772127
[86]   -3.39240659 -18.39957191   -0.10540720   1.13973707  -4.39050739
[91]    1.56558509 -20.42881126    4.61399821  -0.40760188   0.83750107
[96]    0.21188583   0.78525298    1.57681335   3.21834915   3.09745282
```

其分布密度为

$$f(x,\theta)=\frac{1}{\pi[1+(x-\theta)^2]},\quad x\in\mathbf{R}.$$

试求 θ 的极大似然估计.

解 对数似然方程为

$$\sum_{i=1}^{100}\frac{x_i-\theta}{1+(x_i-\theta)^2}=0,$$

其中，$x_i\,(i=1,\cdots,100)$为上述数据. 该方程很难得到一个显式解，因此只能求数值解.

执行下列代码：

```
> f<-function(theta) sum((x-theta)/(1+(x-theta)^2))
> thetahat<-uniroot(f,c(0,5))
> thetahat
```

```
$root
[1] 0.8440656
$f.root
[1] 2.287012e-06
$iter
[1] 7
$estim.prec
[1] 6.103516e-05
```

实验 10.3.5 某种膨胀合金含有两种主要成分，对其进行试验，结果如下：

金属成分含量(单位：%)：

37.0 37.5 38.0 38.5 39.0 39.5 40.0 40.5 41.0 41.5 42.0 42.5 43.0

膨胀系数：

3.40 3.00 3.00 3.27 2.10 1.83 1.53 1.70 1.80 1.90 2.35 2.54 2.90

试建立金属成分含量(自变量)和膨胀系数(因变量)之间的回归模型.

解 执行下列代码：

```
> x<-c(37.0,37.5,38.0,38.5,39.0,39.5,40.0,40.5,41.0,41.5,42.0,42.5,
43.0)
> y<-c(3.40,3.00,3.00,3.27,2.10,1.83,1.53,1.70,1.80,1.90,2.35,2.54,
2.90)
> lm.sol<-lm(y~1+x)
> summary(lm.sol)
Call:
lm(formula = y~1 + x)
Residuals:
    Min        1Q        Median     3Q       Max
-0.8792     -0.4692     0.2208     0.4808    0.9108
Coefficients:
              Estimate Std.   Error     t value    Pr(>|t|)
(Intercept)   8.00923         3.63661   2.202      0.0499 *
x             -0.14000        0.09082   -1.542     0.1514
---
Signif. codes:  0 '***' 0.001 '**' 0.01 '*' 0.05 '.' 0.1 ' ' 1

Residual standard error: 0.6126 on 11 degrees of freedom
Multiple R-squared:  0.1777,     Adjusted R-squared:  0.1029
F-statistic: 2.376 on 1 and 11 DF,  p-value: 0.1514
```

附 表

附表1 泊松分布表

$$P\{X \leqslant n\}=\sum_{k=0}^{n}\frac{\lambda^{k}}{k!}\mathrm{e}^{-\lambda}$$

λ	n									
	0	1	2	3	4	5	6	7	8	9
0.1	0.904 8	0.995 3	0.999 8	1.000 0	1.000 0	1.000 0	1.000 0	1.000 0	1.000 0	1.000 0
0.2	0.818 7	0.982 5	0.998 9	0.999 9	1.000 0	1.000 0	1.000 0	1.000 0	1.000 0	1.000 0
0.3	0.740 8	0.963 1	0.996 4	0.999 7	1.000 0	1.000 0	1.000 0	1.000 0	1.000 0	1.000 0
0.4	0.670 3	0.938 4	0.992 1	0.999 2	0.999 9	1.000 0	1.000 0	1.000 0	1.000 0	1.000 0
0.5	0.606 5	0.909 8	0.985 6	0.998 2	0.999 8	1.000 0	1.000 0	1.000 0	1.000 0	1.000 0
0.6	0.548 8	0.878 1	0.976 9	0.996 6	0.999 6	1.000 0	1.000 0	1.000 0	1.000 0	1.000 0
0.7	0.496 6	0.844 2	0.965 9	0.994 2	0.999 2	0.999 9	1.000 0	1.000 0	1.000 0	1.000 0
0.8	0.449 3	0.808 8	0.952 6	0.990 9	0.998 6	0.999 8	1.000 0	1.000 0	1.000 0	1.000 0
0.9	0.406 6	0.772 5	0.937 1	0.986 5	0.997 7	0.999 7	1.000 0	1.000 0	1.000 0	1.000 0
1.0	0.367 9	0.735 8	0.919 7	0.981 0	0.996 3	0.999 4	0.999 9	1.000 0	1.000 0	1.000 0
1.1	0.332 9	0.699 0	0.900 4	0.974 3	0.994 6	0.999 0	0.999 9	1.000 0	1.000 0	1.000 0
1.2	0.301 2	0.662 6	0.879 5	0.966 2	0.992 3	0.998 5	0.999 7	1.000 0	1.000 0	1.000 0
1.3	0.272 5	0.626 8	0.857 1	0.956 9	0.989 3	0.997 8	0.999 6	0.999 9	1.000 0	1.000 0
1.4	0.246 6	0.591 8	0.833 5	0.946 3	0.985 7	0.996 8	0.999 4	0.999 9	1.000 0	1.000 0
1.5	0.223 1	0.557 8	0.808 8	0.934 4	0.981 4	0.995 5	0.999 1	0.999 8	1.000 0	1.000 0
1.6	0.201 9	0.524 9	0.783 4	0.921 2	0.976 3	0.994 0	0.998 7	0.999 7	1.000 0	1.000 0
1.7	0.182 7	0.493 2	0.757 2	0.906 8	0.970 4	0.992 0	0.998 1	0.999 6	0.999 9	1.000 0
1.8	0.165 3	0.462 8	0.730 6	0.891 3	0.963 6	0.989 6	0.997 4	0.999 4	0.999 9	1.000 0
1.9	0.149 6	0.433 7	0.703 7	0.874 7	0.955 9	0.986 8	0.996 6	0.999 2	0.999 8	1.000 0
2.0	0.135 3	0.406 0	0.676 7	0.857 1	0.947 3	0.983 4	0.995 5	0.998 9	0.999 8	1.000 0
2.1	0.122 5	0.379 6	0.649 6	0.838 6	0.937 9	0.979 6	0.994 1	0.998 5	0.999 7	0.999 9
2.2	0.110 8	0.354 6	0.622 7	0.819 4	0.927 5	0.975 1	0.992 5	0.998 0	0.999 5	0.999 9
2.3	0.100 3	0.330 9	0.596 0	0.799 3	0.916 2	0.970 0	0.990 6	0.997 4	0.999 4	0.999 9
2.4	0.090 7	0.308 4	0.569 7	0.778 7	0.904 1	0.964 3	0.988 4	0.996 7	0.999 1	0.999 8
2.5	0.082 1	0.287 3	0.543 8	0.757 6	0.891 2	0.958 0	0.985 8	0.995 8	0.998 9	0.999 7

续表

λ	n									
	0	1	2	3	4	5	6	7	8	9
2. 6	0. 074 3	0. 267 4	0. 518 4	0. 736 0	0. 877 4	0. 951 0	0. 982 8	0. 994 7	0. 998 5	0. 999 6
2. 7	0. 067 2	0. 248 7	0. 493 6	0. 714 1	0. 862 9	0. 943 3	0. 979 4	0. 993 4	0. 998 1	0. 999 5
2. 8	0. 060 8	0. 231 1	0. 469 5	0. 691 9	0. 847 7	0. 934 9	0. 975 6	0. 991 9	0. 997 6	0. 999 3
2. 9	0. 055 0	0. 214 6	0. 446 0	0. 669 6	0. 831 8	0. 925 8	0. 971 3	0. 990 1	0. 996 9	0. 999 1
3. 0	0. 049 8	0. 199 1	0. 423 2	0. 647 2	0. 815 3	0. 916 1	0. 966 5	0. 988 1	0. 996 2	0. 998 9
3. 1	0. 045 0	0. 184 7	0. 401 2	0. 624 8	0. 798 2	0. 905 7	0. 961 2	0. 985 8	0. 995 3	0. 998 6
3. 2	0. 040 8	0. 171 2	0. 379 9	0. 602 5	0. 780 6	0. 894 6	0. 955 4	0. 983 2	0. 994 3	0. 998 2
3. 3	0. 036 9	0. 158 6	0. 359 4	0. 580 3	0. 762 6	0. 882 9	0. 949 0	0. 980 2	0. 993 1	0. 997 8
3. 4	0. 033 4	0. 146 8	0. 339 7	0. 558 4	0. 744 2	0. 870 5	0. 942 1	0. 976 9	0. 991 7	0. 997 3
3. 5	0. 030 2	0. 135 9	0. 320 8	0. 536 6	0. 725 4	0. 857 6	0. 934 7	0. 973 3	0. 990 1	0. 996 7
3. 6	0. 027 3	0. 125 7	0. 302 7	0. 515 2	0. 706 4	0. 844 1	0. 926 7	0. 969 2	0. 988 3	0. 996 0
3. 7	0. 024 7	0. 116 2	0. 285 4	0. 494 2	0. 687 2	0. 830 1	0. 918 2	0. 964 8	0. 986 3	0. 995 2
3. 8	0. 022 4	0. 107 4	0. 268 9	0. 473 5	0. 667 8	0. 815 6	0. 909 1	0. 959 9	0. 984 0	0. 994 2
3. 9	0. 020 2	0. 099 2	0. 253 1	0. 453 2	0. 648 4	0. 800 6	0. 899 5	0. 954 6	0. 981 5	0. 993 1
4. 0	0. 018 3	0. 091 6	0. 238 1	0. 433 5	0. 628 8	0. 785 1	0. 889 3	0. 948 9	0. 978 6	0. 991 9
5	0. 006 7	0. 040 4	0. 124 7	0. 265 0	0. 440 5	0. 616 0	0. 762 2	0. 866 6	0. 931 9	0. 968 2
6	0. 002 5	0. 017 4	0. 062 0	0. 151 2	0. 285 1	0. 445 7	0. 606 3	0. 744 0	0. 847 2	0. 916 1
7	0. 000 9	0. 007 3	0. 029 6	0. 081 8	0. 173 0	0. 300 7	0. 449 7	0. 598 7	0. 729 1	0. 830 5
8	0. 000 3	0. 003 0	0. 013 8	0. 042 4	0. 099 6	0. 191 2	0. 313 4	0. 453 0	0. 592 5	0. 716 6
9	0. 000 1	0. 001 2	0. 006 2	0. 021 2	0. 055 0	0. 115 7	0. 206 8	0. 323 9	0. 455 7	0. 587 4
10	0. 000 0	0. 000 5	0. 002 8	0. 010 3	0. 029 3	0. 067 1	0. 130 1	0. 220 2	0. 332 8	0. 457 9
11	0. 000 0	0. 000 2	0. 001 2	0. 004 9	0. 015 1	0. 037 5	0. 078 6	0. 143 2	0. 232 0	0. 340 5
12	0. 000 0	0. 000 1	0. 000 5	0. 002 3	0. 007 6	0. 020 3	0. 045 8	0. 089 5	0. 155 0	0. 242 4
13	0. 000 0	0. 000 0	0. 000 2	0. 001 1	0. 003 7	0. 010 7	0. 025 9	0. 054 0	0. 099 8	0. 165 8
14	0. 000 0	0. 000 0	0. 000 1	0. 000 5	0. 001 8	0. 005 5	0. 014 2	0. 031 6	0. 062 1	0. 109 4
15	0. 000 0	0. 000 0	0. 000 0	0. 000 2	0. 000 9	0. 002 8	0. 007 6	0. 018 0	0. 037 4	0. 069 9

λ	n									
	10	11	12	13	14	15	16	17	18	19
5	0. 986 3	0. 994 5	0. 998 0	0. 999 3	0. 999 8	0. 999 9	1. 000 0	1. 000 0	1. 000 0	1. 000 0
6	0. 957 4	0. 979 9	0. 991 2	0. 996 4	0. 998 6	0. 999 5	0. 999 8	0. 999 9	1. 000 0	1. 000 0
7	0. 901 5	0. 946 7	0. 973 0	0. 987 2	0. 994 3	0. 997 6	0. 999 0	0. 999 6	0. 999 9	1. 000 0
8	0. 815 9	0. 888 1	0. 936 2	0. 965 8	0. 982 7	0. 991 8	0. 996 3	0. 998 4	0. 999 3	0. 999 7

续表

λ	n									
	10	11	12	13	14	15	16	17	18	19
9	0.706 0	0.803 0	0.875 8	0.926 1	0.958 5	0.978 0	0.988 9	0.994 7	0.997 6	0.998 9
10	0.583 0	0.696 8	0.791 6	0.864 5	0.916 5	0.951 3	0.973 0	0.985 7	0.992 8	0.996 5
11	0.459 9	0.579 3	0.688 7	0.781 3	0.854 0	0.907 4	0.944 1	0.967 8	0.982 3	0.990 7
12	0.347 2	0.461 6	0.576 0	0.681 5	0.772 0	0.844 4	0.898 7	0.937 0	0.962 6	0.978 7
13	0.251 7	0.353 2	0.463 1	0.573 0	0.675 1	0.763 6	0.835 5	0.890 5	0.930 2	0.957 3
14	0.175 7	0.260 0	0.358 5	0.464 4	0.570 4	0.669 4	0.755 9	0.827 2	0.882 6	0.923 5
15	0.118 5	0.184 8	0.267 6	0.363 2	0.465 7	0.568 1	0.664 1	0.748 9	0.819 5	0.875 2

λ	n									
	20	21	22	23	24	25	26	27	28	29
8	0.999 9	1.000 0	1.000 0	1.000 0	1.000 0	1.000 0	1.000 0	1.000 0	1.000 0	1.000 0
9	0.999 6	0.999 8	0.999 9	1.000 0	1.000 0	1.000 0	1.000 0	1.000 0	1.000 0	1.000 0
10	0.998 4	0.999 3	0.999 7	0.999 9	1.000 0	1.000 0	1.000 0	1.000 0	1.000 0	1.000 0
11	0.995 3	0.997 7	0.999 0	0.999 5	0.999 8	0.999 9	1.000 0	1.000 0	1.000 0	1.000 0
12	0.988 4	0.993 9	0.997 0	0.998 5	0.999 3	0.999 7	0.999 9	0.999 9	1.000 0	1.000 0
13	0.975 0	0.985 9	0.992 4	0.996 0	0.998 0	0.999 0	0.999 5	0.999 8	0.999 9	1.000 0
14	0.952 1	0.971 2	0.983 3	0.990 7	0.995 0	0.997 4	0.998 7	0.999 4	0.999 7	0.999 9
15	0.917 0	0.946 9	0.967 3	0.980 5	0.988 8	0.993 8	0.996 7	0.998 3	0.999 1	0.999 6
16	0.868 2	0.910 8	0.941 8	0.963 3	0.977 7	0.986 9	0.992 5	0.995 9	0.997 8	0.998 9
17	0.805 5	0.861 5	0.904 7	0.936 7	0.959 4	0.974 8	0.984 8	0.991 2	0.995 0	0.997 3
18	0.730 7	0.799 1	0.855 1	0.898 9	0.931 7	0.955 4	0.971 8	0.982 7	0.989 7	0.994 1
19	0.647 2	0.725 5	0.793 1	0.849 0	0.893 3	0.926 9	0.951 4	0.968 7	0.980 5	0.988 2
20	0.559 1	0.643 7	0.720 6	0.787 5	0.843 2	0.887 8	0.922 1	0.947 5	0.965 7	0.978 2

附表 2 标准正态分布表

$$\Phi(x)=\frac{1}{\sqrt{2\pi}}\int_{-\infty}^{x} e^{-\frac{t^2}{2}}\mathrm{d}t$$

x	0	1	2	3	4	5	6	7	8	9
0.0	0.500 0	0.504 0	0.508 0	0.512 0	0.516 0	0.519 9	0.523 9	0.527 9	0.531 9	0.535 9
0.1	0.539 8	0.543 8	0.547 8	0.551 7	0.555 7	0.559 6	0.563 6	0.567 5	0.571 4	0.575 3
0.2	0.579 3	0.583 2	0.587 1	0.591 0	0.594 8	0.598 7	0.602 6	0.606 4	0.610 3	0.614 1

续表

x	0	1	2	3	4	5	6	7	8	9
0.3	0.617 9	0.621 7	0.625 5	0.629 3	0.633 1	0.636 8	0.640 6	0.644 3	0.648 0	0.651 7
0.4	0.655 4	0.659 1	0.662 8	0.666 4	0.670 0	0.673 6	0.677 2	0.680 8	0.684 4	0.687 9
0.5	0.691 5	0.695 0	0.698 5	0.701 9	0.705 4	0.708 8	0.712 3	0.715 7	0.719 0	0.722 4
0.6	0.725 7	0.729 1	0.732 4	0.735 7	0.738 9	0.742 2	0.745 4	0.748 6	0.751 7	0.754 9
0.7	0.758 0	0.761 1	0.764 2	0.767 3	0.770 4	0.773 4	0.776 4	0.779 4	0.782 3	0.785 2
0.8	0.788 1	0.791 0	0.793 9	0.796 7	0.799 5	0.802 3	0.805 1	0.807 8	0.810 6	0.813 3
0.9	0.815 9	0.818 6	0.821 2	0.823 8	0.826 4	0.828 9	0.831 5	0.834 0	0.836 5	0.838 9
1.0	0.841 3	0.843 8	0.846 1	0.848 5	0.850 8	0.853 1	0.855 4	0.857 7	0.859 9	0.862 1
1.1	0.864 3	0.866 5	0.868 6	0.870 8	0.872 9	0.874 9	0.877 0	0.879 0	0.881 0	0.883 0
1.2	0.884 9	0.886 9	0.888 8	0.890 7	0.892 5	0.894 4	0.896 2	0.898 0	0.899 7	0.901 5
1.3	0.903 2	0.904 9	0.906 6	0.908 2	0.909 9	0.911 5	0.913 1	0.914 7	0.916 2	0.917 7
1.4	0.919 2	0.920 7	0.922 2	0.923 6	0.925 1	0.926 5	0.927 9	0.929 2	0.930 6	0.931 9
1.5	0.933 2	0.934 5	0.935 7	0.937 0	0.938 2	0.939 4	0.940 6	0.941 8	0.942 9	0.944 1
1.6	0.945 2	0.946 3	0.947 4	0.948 4	0.949 5	0.950 5	0.951 5	0.952 5	0.953 5	0.954 5
1.7	0.955 4	0.956 4	0.957 3	0.958 2	0.959 1	0.959 9	0.960 8	0.961 6	0.962 5	0.963 3
1.8	0.964 1	0.964 9	0.965 6	0.966 4	0.967 1	0.967 8	0.968 6	0.969 3	0.969 9	0.970 6
1.9	0.971 3	0.971 9	0.972 6	0.973 2	0.973 8	0.974 4	0.975 0	0.975 6	0.976 1	0.976 7
2.0	0.977 2	0.977 8	0.978 3	0.978 8	0.979 3	0.979 8	0.980 3	0.980 8	0.981 2	0.981 7
2.1	0.982 1	0.982 6	0.983 0	0.983 4	0.983 8	0.984 2	0.984 6	0.985 0	0.985 4	0.985 7
2.2	0.986 1	0.986 4	0.986 8	0.987 1	0.987 5	0.987 8	0.988 1	0.988 4	0.988 7	0.989 0
2.3	0.989 3	0.989 6	0.989 8	0.990 1	0.990 4	0.990 6	0.990 9	0.991 1	0.991 3	0.991 6
2.4	0.991 8	0.992 0	0.992 2	0.992 5	0.992 7	0.992 9	0.993 1	0.993 2	0.993 4	0.993 6
2.5	0.993 8	0.994 0	0.994 1	0.994 3	0.994 5	0.994 6	0.994 8	0.994 9	0.995 1	0.995 2
2.6	0.995 3	0.995 5	0.995 6	0.995 7	0.995 9	0.996 0	0.996 1	0.996 2	0.996 3	0.996 4
2.7	0.996 5	0.996 6	0.996 7	0.996 8	0.996 9	0.997 0	0.997 1	0.997 2	0.997 3	0.997 4
2.8	0.997 4	0.997 5	0.997 6	0.997 7	0.997 7	0.997 8	0.997 9	0.997 9	0.998 0	0.998 1
2.9	0.998 1	0.998 2	0.998 2	0.998 3	0.998 4	0.998 4	0.998 5	0.998 5	0.998 6	0.998 6
3.0	0.998 7	0.998 7	0.998 7	0.998 8	0.998 8	0.998 9	0.998 9	0.998 9	0.999 0	0.999 0
3.1	0.999 0	0.999 1	0.999 1	0.999 1	0.999 2	0.999 2	0.999 2	0.999 2	0.999 3	0.999 3
3.2	0.999 3	0.999 3	0.999 4	0.999 4	0.999 4	0.999 4	0.999 4	0.999 5	0.999 5	0.999 5
3.3	0.999 5	0.999 5	0.999 5	0.999 6	0.999 6	0.999 6	0.999 6	0.999 6	0.999 6	0.999 7
3.4	0.999 7	0.999 7	0.999 7	0.999 7	0.999 7	0.999 7	0.999 7	0.999 7	0.999 7	0.999 8

附表 3 t 分布表

$$P\{t(n)\leqslant t_p(n)\}=p$$

n	p								
	0.750	0.800	0.900	0.950	0.960	0.975	0.990	0.995	0.999
1	1.000 0	1.376 4	3.077 7	6.313 8	7.915 8	12.706 2	31.820 5	63.656 7	318.308 8
2	0.816 5	1.060 7	1.885 6	2.920 0	3.319 8	4.302 7	6.964 6	9.924 8	22.327 1
3	0.764 9	0.978 5	1.637 7	2.353 4	2.605 4	3.182 4	4.540 7	5.840 9	10.214 5
4	0.740 7	0.941 0	1.533 2	2.131 8	2.332 9	2.776 4	3.746 9	4.604 1	7.173 2
5	0.726 7	0.919 5	1.475 9	2.015 0	2.191 0	2.570 6	3.364 9	4.032 1	5.893 4
6	0.717 6	0.905 7	1.439 8	1.943 2	2.104 3	2.446 9	3.142 7	3.707 4	5.207 6
7	0.711 1	0.896 0	1.414 9	1.894 6	2.046 0	2.364 6	2.998 0	3.499 5	4.785 3
8	0.706 4	0.888 9	1.396 8	1.859 5	2.004 2	2.306 0	2.896 5	3.355 4	4.500 8
9	0.702 7	0.883 4	1.383 0	1.833 1	1.972 7	2.262 2	2.821 4	3.249 8	4.296 8
10	0.699 8	0.879 1	1.372 2	1.812 5	1.948 1	2.228 1	2.763 8	3.169 3	4.143 7
11	0.697 4	0.875 5	1.363 4	1.795 9	1.928 4	2.201 0	2.718 1	3.105 8	4.024 7
12	0.695 5	0.872 6	1.356 2	1.782 3	1.912 3	2.178 8	2.681 0	3.054 5	3.929 6
13	0.693 8	0.870 2	1.350 2	1.770 9	1.898 9	2.160 4	2.650 3	3.012 3	3.852 0
14	0.692 4	0.868 1	1.345 0	1.761 3	1.887 5	2.144 8	2.624 5	2.976 8	3.787 4
15	0.691 2	0.866 2	1.340 6	1.753 1	1.877 7	2.131 4	2.602 5	2.946 7	3.732 8
16	0.690 1	0.864 7	1.336 8	1.745 9	1.869 3	2.119 9	2.583 5	2.920 8	3.686 2
17	0.689 2	0.863 3	1.333 4	1.739 6	1.861 9	2.109 8	2.566 9	2.898 2	3.645 8
18	0.688 4	0.862 0	1.330 4	1.734 1	1.855 3	2.100 9	2.552 4	2.878 4	3.610 5
19	0.687 6	0.861 0	1.327 7	1.729 1	1.849 5	2.093 0	2.539 5	2.860 9	3.579 4
20	0.687 0	0.860 0	1.325 3	1.724 7	1.844 3	2.086 0	2.528 0	2.845 3	3.551 8
21	0.686 4	0.859 1	1.323 2	1.720 7	1.839 7	2.079 6	2.517 6	2.831 4	3.527 2
22	0.685 8	0.858 3	1.321 2	1.717 1	1.835 4	2.073 9	2.508 3	2.818 8	3.505 0
23	0.685 3	0.857 5	1.319 5	1.713 9	1.831 6	2.068 7	2.499 9	2.807 3	3.485 0
24	0.684 8	0.856 9	1.317 8	1.710 9	1.828 1	2.063 9	2.492 2	2.796 9	3.466 8
25	0.684 4	0.856 2	1.316 3	1.708 1	1.824 8	2.059 5	2.485 1	2.787 4	3.450 2
26	0.684 0	0.855 7	1.315 0	1.705 6	1.821 9	2.055 5	2.478 6	2.778 7	3.435 0
27	0.683 7	0.855 1	1.313 7	1.703 3	1.819 1	2.051 8	2.472 7	2.770 7	3.421 0
28	0.683 4	0.854 6	1.312 5	1.701 1	1.816 6	2.048 4	2.467 1	2.763 3	3.408 2
29	0.683 0	0.854 2	1.311 4	1.699 1	1.814 2	2.045 2	2.462 0	2.756 4	3.396 2
30	0.682 8	0.853 8	1.310 4	1.697 3	1.812 0	2.042 3	2.457 3	2.750 0	3.385 2

续表

n	p								
	0.750	0.800	0.900	0.950	0.960	0.975	0.990	0.995	0.999
31	0.682 5	0.853 4	1.309 5	1.695 5	1.810 0	2.039 5	2.452 8	2.744 0	3.374 9
32	0.682 2	0.853 0	1.308 6	1.693 9	1.808 1	2.036 9	2.448 7	2.738 5	3.365 3
33	0.682 0	0.852 6	1.307 7	1.692 4	1.806 3	2.034 5	2.444 8	2.733 3	3.356 3
34	0.681 8	0.852 3	1.307 0	1.690 9	1.804 6	2.032 2	2.441 1	2.728 4	3.347 9
35	0.681 6	0.852 0	1.306 2	1.689 6	1.803 0	2.030 1	2.437 7	2.723 8	3.340 0
36	0.681 4	0.851 7	1.305 5	1.688 3	1.801 5	2.028 1	2.434 5	2.719 5	3.332 6
37	0.681 2	0.851 4	1.304 9	1.687 1	1.800 1	2.026 2	2.431 4	2.715 4	3.325 6
38	0.681 0	0.851 2	1.304 2	1.686 0	1.798 8	2.024 4	2.428 6	2.711 6	3.319 0
39	0.680 8	0.850 9	1.303 6	1.684 9	1.797 5	2.022 7	2.425 8	2.707 9	3.312 8
40	0.680 7	0.850 7	1.303 1	1.683 9	1.796 3	2.021 1	2.423 3	2.704 5	3.306 9

附表 4 χ^2 分布表

$$P\{\chi^2(n) \leqslant \chi_p^2(n)\} = p$$

n	p									
	0.005	0.010	0.025	0.050	0.100	0.900	0.950	0.975	0.990	0.995
1	0.000 0	0.000 2	0.001 0	0.003 9	0.015 8	2.705 5	3.841 5	5.023 9	6.634 9	7.879 4
2	0.010 0	0.020 1	0.050 6	0.102 6	0.210 7	4.605 2	5.991 5	7.377 8	9.210 3	10.596 6
3	0.071 7	0.114 8	0.215 8	0.351 8	0.584 4	6.251 4	7.814 7	9.348 4	11.344 9	12.838 2
4	0.207 0	0.297 1	0.484 4	0.710 7	1.063 6	7.779 4	9.487 7	11.143 3	13.276 7	14.860 3
5	0.411 7	0.554 3	0.831 2	1.145 5	1.610 3	9.236 4	11.070 5	12.832 5	15.086 3	16.749 6
6	0.675 7	0.872 1	1.237 3	1.635 4	2.204 1	10.644 6	12.591 6	14.449 4	16.811 9	18.547 6
7	0.989 3	1.239 0	1.689 9	2.167 3	2.833 1	12.017 0	14.067 1	16.012 8	18.475 3	20.277 7
8	1.344 4	1.646 5	2.179 7	2.732 6	3.489 5	13.361 6	15.507 3	17.534 5	20.090 2	21.955 0
9	1.734 9	2.087 9	2.700 4	3.325 1	4.168 2	14.683 7	16.919 0	19.022 8	21.666 0	23.589 4
10	2.155 9	2.558 2	3.247 0	3.940 3	4.865 2	15.987 2	18.307 0	20.483 2	23.209 3	25.188 2
11	2.603 2	3.053 5	3.815 7	4.574 8	5.577 8	17.275 0	19.675 1	21.920 0	24.725 0	26.756 8
12	3.073 8	3.570 6	4.403 8	5.226 0	6.303 8	18.549 3	21.026 1	23.336 7	26.217 0	28.299 5
13	3.565 0	4.106 9	5.008 8	5.891 9	7.041 5	19.811 9	22.362 0	24.735 6	27.688 2	29.819 5
14	4.074 7	4.660 4	5.628 7	6.570 6	7.789 5	21.064 1	23.684 8	26.118 9	29.141 2	31.319 3
15	4.600 9	5.229 3	6.262 1	7.260 9	8.546 8	22.307 1	24.995 8	27.488 4	30.577 9	32.801 3
16	5.142 2	5.812 2	6.907 7	7.961 6	9.312 2	23.541 8	26.296 2	28.845 4	31.999 9	34.267 2

续表

n	p									
	0.005	0.010	0.025	0.050	0.100	0.900	0.950	0.975	0.990	0.995
17	5.697 2	6.407 8	7.564 2	8.671 8	10.085 2	24.769 0	27.587 1	30.191 0	33.408 7	35.718 5
18	6.264 8	7.014 9	8.230 7	9.390 5	10.864 9	25.989 4	28.869 3	31.526 4	34.805 3	37.156 5
19	6.844 0	7.632 7	8.906 5	10.117 0	11.650 9	27.203 6	30.143 5	32.852 3	36.190 9	38.582 3
20	7.433 8	8.260 4	9.590 8	10.850 8	12.442 6	28.412 0	31.410 4	34.169 6	37.566 2	39.996 8
21	8.033 7	8.897 2	10.282 9	11.591 3	13.239 6	29.615 1	32.670 6	35.478 9	38.932 2	41.401 1
22	8.642 7	9.542 5	10.982 3	12.338 0	14.041 5	30.813 3	33.924 4	36.780 7	40.289 4	42.795 7
23	9.260 4	10.195 7	11.688 6	13.090 5	14.848 0	32.006 9	35.172 5	38.075 6	41.638 4	44.181 3
24	9.886 2	10.856 4	12.401 2	13.848 4	15.658 7	33.196 2	36.415 0	39.364 1	42.979 8	45.558 5
25	10.519 7	11.524 0	13.119 7	14.611 4	16.473 4	34.381 6	37.652 5	40.646 5	44.314 1	46.927 9
26	11.160 2	12.198 1	13.843 9	15.379 2	17.291 9	35.563 2	38.885 1	41.923 2	45.641 7	48.289 9
27	11.807 6	12.878 5	14.573 4	16.151 4	18.113 9	36.741 2	40.113 3	43.194 5	46.962 9	49.644 9
28	12.461 3	13.564 7	15.307 9	16.927 9	18.939 2	37.915 9	41.337 1	44.460 8	48.278 2	50.993 4
29	13.121 1	14.256 5	16.047 1	17.708 4	19.767 7	39.087 5	42.557 0	45.722 3	49.587 9	52.335 6
30	13.786 7	14.953 5	16.790 8	18.492 7	20.599 2	40.256 0	43.773 0	46.979 2	50.892 2	53.672 0
31	14.457 8	15.655 5	17.538 7	19.280 6	21.433 6	41.421 7	44.985 3	48.231 9	52.191 4	55.002 7
32	15.134 0	16.362 2	18.290 8	20.071 9	22.270 6	42.584 7	46.194 3	49.480 4	53.485 8	56.328 1
33	15.815 3	17.073 5	19.046 7	20.866 5	23.110 2	43.745 2	47.399 9	50.725 1	54.775 5	57.648 4
34	16.501 3	17.789 1	19.806 3	21.664 3	23.952 3	44.903 2	48.602 4	51.966 0	56.060 9	58.963 9
35	17.191 8	18.508 9	20.569 4	22.465 0	24.796 7	46.058 8	49.801 8	53.203 3	57.342 1	60.274 8
36	17.886 7	19.232 7	21.335 9	23.268 6	25.643 3	47.212 2	50.998 5	54.437 3	58.619 2	61.581 2
37	18.585 8	19.960 2	22.105 6	24.074 9	26.492 1	48.363 4	52.192 3	55.668 0	59.892 5	62.883 3
38	19.288 9	20.691 4	22.878 5	24.883 9	27.343 0	49.512 6	53.383 5	56.895 5	61.162 1	64.181 4
39	19.995 9	21.426 2	23.654 3	25.695 4	28.195 8	50.659 8	54.572 2	58.120 1	62.428 1	65.475 6
40	20.706 5	22.164 3	24.433 0	26.509 3	29.050 5	51.805 1	55.758 5	59.341 7	63.690 7	66.766 0

附表 5 F 分布表[0.90 分位数 $F_{0.90}(f_1, f_2)$]

f_2	f_1									
	1	2	3	4	5	6	7	8	9	10
1	39.86	49.50	53.59	55.83	57.24	58.20	58.91	59.44	59.86	60.19
2	8.53	9.00	9.16	9.24	9.29	9.33	9.35	9.37	9.38	9.39
3	5.54	5.46	5.39	5.34	5.31	5.28	5.27	5.25	5.24	5.23

f_2	f_1									
	1	2	3	4	5	6	7	8	9	10
4	4. 54	4. 32	4. 19	4. 11	4. 05	4. 01	3. 98	3. 95	3. 94	3. 92
5	4. 06	3. 78	3. 62	3. 52	3. 45	3. 40	3. 37	3. 34	3. 32	3. 30
6	3. 78	3. 46	3. 29	3. 18	3. 11	3. 05	3. 01	2. 98	2. 96	2. 94
7	3. 59	3. 26	3. 07	2. 96	2. 88	2. 83	2. 78	2. 75	2. 72	2. 70
8	3. 46	3. 11	2. 92	2. 81	2. 73	2. 67	2. 62	2. 59	2. 56	2. 54
9	3. 36	3. 01	2. 81	2. 69	2. 61	2. 55	2. 51	2. 47	2. 44	2. 42
10	3. 29	2. 92	2. 73	2. 61	2. 52	2. 46	2. 41	2. 38	2. 35	2. 32
12	3. 18	2. 81	2. 61	2. 48	2. 39	2. 33	2. 28	2. 24	2. 21	2. 19
14	3. 10	2. 73	2. 52	2. 39	2. 31	2. 24	2. 19	2. 15	2. 12	2. 10
16	3. 05	2. 67	2. 46	2. 33	2. 24	2. 18	2. 13	2. 09	2. 06	2. 03
18	3. 01	2. 62	2. 42	2. 29	2. 20	2. 13	2. 08	2. 04	2. 00	1. 98
20	2. 97	2. 59	2. 38	2. 25	2. 16	2. 09	2. 04	2. 00	1. 96	1. 94
25	2. 92	2. 53	2. 32	2. 18	2. 09	2. 02	1. 97	1. 93	1. 89	1. 87
30	2. 88	2. 49	2. 28	2. 14	2. 05	1. 98	1. 93	1. 88	1. 85	1. 82
60	2. 79	2. 39	2. 18	2. 04	1. 95	1. 87	1. 82	1. 77	1. 74	1. 71
120	2. 75	2. 35	2. 13	1. 99	1. 90	1. 82	1. 77	1. 72	1. 68	1. 65
250	2. 73	2. 32	2. 11	1. 97	1. 87	1. 80	1. 74	1. 69	1. 66	1. 62

f_2	f_1									
	12	14	16	18	20	25	30	60	120	250
1	60. 71	61. 07	61. 35	61. 57	61. 74	62. 05	62. 26	62. 79	63. 06	63. 20
2	9. 41	9. 42	9. 43	9. 44	9. 44	9. 45	9. 46	9. 47	9. 48	9. 49
3	5. 22	5. 20	5. 20	5. 19	5. 18	5. 17	5. 17	5. 15	5. 14	5. 14
4	3. 90	3. 88	3. 86	3. 85	3. 84	3. 83	3. 82	3. 79	3. 78	3. 77
5	3. 27	3. 25	3. 23	3. 22	3. 21	3. 19	3. 17	3. 14	3. 12	3. 11
6	2. 90	2. 88	2. 86	2. 85	2. 84	2. 81	2. 80	2. 76	2. 74	2. 73
7	2. 67	2. 64	2. 62	2. 61	2. 59	2. 57	2. 56	2. 51	2. 49	2. 48
8	2. 50	2. 48	2. 45	2. 44	2. 42	2. 40	2. 38	2. 34	2. 32	2. 30
9	2. 38	2. 35	2. 33	2. 31	2. 30	2. 27	2. 25	2. 21	2. 18	2. 17
10	2. 28	2. 26	2. 23	2. 22	2. 20	2. 17	2. 16	2. 11	2. 08	2. 07
12	2. 15	2. 12	2. 09	2. 08	2. 06	2. 03	2. 01	1. 96	1. 93	1. 92
14	2. 05	2. 02	2. 00	1. 98	1. 96	1. 93	1. 91	1. 86	1. 83	1. 81
16	1. 99	1. 95	1. 93	1. 91	1. 89	1. 86	1. 84	1. 78	1. 75	1. 73
18	1. 93	1. 90	1. 87	1. 85	1. 84	1. 80	1. 78	1. 72	1. 69	1. 67

续表

f_2	f_1									
	12	14	16	18	20	25	30	60	120	250
20	1.89	1.86	1.83	1.81	1.79	1.76	1.74	1.68	1.64	1.62
25	1.82	1.79	1.76	1.74	1.72	1.68	1.66	1.59	1.56	1.54
30	1.77	1.74	1.71	1.69	1.67	1.63	1.61	1.54	1.50	1.48
60	1.66	1.62	1.59	1.56	1.54	1.50	1.48	1.40	1.35	1.32
120	1.60	1.56	1.53	1.50	1.48	1.44	1.41	1.32	1.26	1.23
250	1.57	1.53	1.50	1.47	1.45	1.41	1.37	1.28	1.22	1.18

附表 6 F 分布表[0.95 分位数 $F_{0.95}(f_1, f_2)$]

f_2	f_1									
	1	2	3	4	5	6	7	8	9	10
1	161.4	199.5	215.7	224.6	230.2	234.0	236.8	238.9	240.5	241.9
2	18.51	19.00	19.16	19.25	19.30	19.33	19.35	19.37	19.38	19.40
3	10.13	9.55	9.28	9.12	9.01	8.94	8.89	8.85	8.81	8.79
4	7.71	6.94	6.59	6.39	6.26	6.16	6.09	6.04	6.00	5.96
5	6.61	5.79	5.41	5.19	5.05	4.95	4.88	4.82	4.77	4.74
6	5.99	5.14	4.76	4.53	4.39	4.28	4.21	4.15	4.10	4.06
7	5.59	4.74	4.35	4.12	3.97	3.87	3.79	3.73	3.68	3.64
8	5.32	4.46	4.07	3.84	3.69	3.58	3.50	3.44	3.39	3.35
9	5.12	4.26	3.86	3.63	3.48	3.37	3.29	3.23	3.18	3.14
10	4.96	4.10	3.71	3.48	3.33	3.22	3.14	3.07	3.02	2.98
12	4.75	3.89	3.49	3.26	3.11	3.00	2.91	2.85	2.80	2.75
14	4.60	3.74	3.34	3.11	2.96	2.85	2.76	2.70	2.65	2.60
16	4.49	3.63	3.24	3.01	2.85	2.74	2.66	2.59	2.54	2.49
18	4.41	3.55	3.16	2.93	2.77	2.66	2.58	2.51	2.46	2.41
20	4.35	3.49	3.10	2.87	2.71	2.60	2.51	2.45	2.39	2.35
25	4.24	3.39	2.99	2.76	2.60	2.49	2.40	2.34	2.28	2.24
30	4.17	3.32	2.92	2.69	2.53	2.42	2.33	2.27	2.21	2.16
60	4.00	3.15	2.76	2.53	2.37	2.25	2.17	2.10	2.04	1.99
120	3.92	3.07	2.68	2.45	2.29	2.18	2.09	2.02	1.96	1.91
250	3.88	3.03	2.64	2.41	2.25	2.13	2.05	1.98	1.92	1.87

f_2	f_1									
	12	14	16	18	20	25	30	60	120	250
1	243.9	245.4	246.5	247.3	248.0	249.3	250.1	252.2	253.3	253.8
2	19.41	19.42	19.43	19.44	19.45	19.46	19.46	19.48	19.49	19.49
3	8.74	8.71	8.69	8.67	8.66	8.63	8.62	8.57	8.55	8.54
4	5.91	5.87	5.84	5.82	5.80	5.77	5.75	5.69	5.66	5.64
5	4.68	4.64	4.60	4.58	4.56	4.52	4.50	4.43	4.40	4.38
6	4.00	3.96	3.92	3.90	3.87	3.83	3.81	3.74	3.70	3.69
7	3.57	3.53	3.49	3.47	3.44	3.40	3.38	3.30	3.27	3.25
8	3.28	3.24	3.20	3.17	3.15	3.11	3.08	3.01	2.97	2.95
9	3.07	3.03	2.99	2.96	2.94	2.89	2.86	2.79	2.75	2.73
10	2.91	2.86	2.83	2.80	2.77	2.73	2.70	2.62	2.58	2.56
12	2.69	2.64	2.60	2.57	2.54	2.50	2.47	2.38	2.34	2.32
14	2.53	2.48	2.44	2.41	2.39	2.34	2.31	2.22	2.18	2.15
16	2.42	2.37	2.33	2.30	2.28	2.23	2.19	2.11	2.06	2.03
18	2.34	2.29	2.25	2.22	2.19	2.14	2.11	2.02	1.97	1.94
20	2.28	2.23	2.18	2.15	2.12	2.07	2.04	1.95	1.90	1.87
25	2.16	2.11	2.07	2.04	2.01	1.96	1.92	1.82	1.77	1.74
30	2.09	2.04	1.99	1.96	1.93	1.88	1.84	1.74	1.68	1.65
60	1.92	1.86	1.82	1.78	1.75	1.69	1.65	1.53	1.47	1.43
120	1.83	1.78	1.73	1.69	1.66	1.60	1.55	1.43	1.35	1.30
250	1.79	1.73	1.68	1.65	1.61	1.55	1.50	1.37	1.29	1.23

参考文献

[1] 严士健,刘秀芳. 测度与概率. 北京:北京师范大学出版社,2003.

[2] 复旦大学. 概率论. 北京:人民教育出版社,1979.

[3] 盛骤,谢式千,潘承毅. 概率论与数理统计. 北京:高等教育出版社,1993.

[4] 茆诗松,程依明,濮晓龙. 概率论与数理统计教程. 北京:高等教育出版社,2011.

[5] 王清河,常兆光,李荣华. 随机数据处理方法. 第3版. 东营:石油大学出版社,2005.

[6] 庄君,蒋敏杰,李秀霞,等. Excel统计分析与应用. 修订版. 北京:电子工业出版社,2013.

[7] 何正风,张德丰,周品,等. MATLAB概率论与数理统计分析. 第2版. 北京:机械工业出版社,2012.

[8] 薛毅,陈立萍. 统计建模与R软件. 北京:清华大学出版社,2007.

[9] 何晓群,刘文卿. 应用回归分析. 北京:中国人民大学出版社,2001.

[10] Stampfli J, Goodman V. 金融数学. 蔡明超译. 北京:机械工业出版社,2004.

[11] Kalbfleisch J G. Probability and Statistical Inference. Berlin:Springer-Verlag,1985.